蒸気タービン

新改訂版

一般社団法人
ターボ機械協会編

日本工業出版

改訂の序

　ターボ機械協会では協会設立15周年記念出版事業としてターボ機械協会編「蒸気タービン」を、メーカー、電力会社、エンジニアリング会社各社から選出いただいた編集委員が中心となり、蒸気タービンの設計・製造・運用の第一線で活躍中の技術者諸氏に執筆いただき、各社のご協力のもとに1990年に初版を出版した。以来20年以上を経た今日でも「蒸気タービン」は多くの職場において実務と教育に活用して頂いている。この度、本年にターボ機械協会設立40周年を迎えるにあたり、記念事業の一環として長年に渡り絶版となっていた「蒸気タービン」の新改定版を出版するに至った。

　本書では蒸気タービンの発展、技術開発動向、基礎事項として熱サイクル、タービンの内部流れ、構造、制御システムを解説し、性能向上、信頼性向上、試験・製造・検査・規格及びプラントの運用・保守などに関する応用技術について述べている。

　今回の改訂では最新技術や実際の設計の現場において重要な設計法の解説を追加して、教科書として更に充実した内容とすることを目指した。また、機械駆動蒸気タービンの章を新たに設けた。蒸気タービンの開発・設計・製造の現場や、設備設計や運転・保守の現場で活躍されている技術者の教則本として、さらには大学院・大学・高専での教科書や参考書として活用していただけるものと確信している。

　今回の改定版の企画、執筆、編集、出版のために、蒸気タービンメーカー、電力会社、エンジニアリング会社等から多数の技術者の方々に改定編集委員会に参加していただき、ご尽力いただきました。ここに、心からの謝意を表します。おわりに、事務局の方々のご支援とご尽力に心から感謝申し上げます。

　　2013年9月

　　　　　　　　　　　　　　　　　　　　　　　　　　「蒸気タービン」改訂編集委員会
　　　　　　　　　　　　　　　　　　　　　　　　　　　　　委員長　　田沼　唯士

「蒸気タービン」改訂編集委員会

委員長	田沼　唯士	（帝京大学）
幹　事	新関　良樹	（東芝）
	渋川　直紀	（東芝）
	原口　元成	（日立製作所）
	芝沼　慶人	（日立製作所）
	酒井　吉弘	（富士電機）
	和泉　　栄	（富士電機）
	馬越龍太郎	（三菱重工業）
	渡辺英一郎	（三菱重工業）
	太田　正人	（三菱重工業）
委　員	戸田　暁人	（荏原エリオット）
	三原　久行	（シンコー）

　　　　　　　　　　　　　井手　紀彦（新日本造機）
　　　　　　　　　　　　　渡邊　英人（中部プラントサービス）
　　　　　　　　　　　　　岡野　　隆（千代田化工建設）
　　　　　　　　　　　　　二宮　史尚（東京電力）
　　　　　　　　　　　　　大地　昭生（東北テクノアカデミア）
　　　　　　　　　　　　　高畑　博之（東洋エンジニアリング）
　　　　　　　　　　　　　北川　和広（日揮）
　　　　　　　　　　　　　渡辺　健治（三井造船）
　　　　　　　　　　　　　秦　　　聰（三菱重工コンプレッサ）

執筆者　　第1章　　田沼　唯士（帝京大学）
　　　　　第2章　　大地　昭生（東北テクノアカデミア）
　　　　　第3章　　渋川　直紀（東芝）
　　　　　　　　　　新関　良樹（東芝）
　　　　　第4章　　酒井　吉弘（富士電機）
　　　　　　　　　　和泉　　栄（富士電機）
　　　　　　　　　　森山　高志（富士電機）
　　　　　　　　　　森田　耕平（富士電機）
　　　　　第5章　　岡野　　隆（千代田化工建設）
　　　　　　　　　　芝沼　慶人（日立製作所）
　　　　　　　　　　室星　孝徳（日立製作所）
　　　　　　　　　　渡邊　英人（中部プラントサービス）
　　　　　　　　　　戸田　暁人（荏原エリオット）
　　　　　第6章　　新関　良樹（東芝）
　　　　　　　　　　渋川　直紀（東芝）
　　　　　第7章　　太田　正人（三菱重工業）
　　　　　　　　　　吉田　博明（三菱重工業）
　　　　　　　　　　山下　勝也（三菱重工業）
　　　　　　　　　　森　　一石（三菱重工業）
　　　　　　　　　　宮脇　俊裕（三菱重工業）
　　　　　　　　　　大山　宏治（三菱重工業）
　　　　　　　　　　田中　良典（三菱重工業）
　　　　　　　　　　堤　　一也（三菱重工業）
　　　　　　　　　　栗村　隆之（三菱重工業）
　　　　　　　　　　平川　裕一（三菱重工業）
　　　　　第8章　　原口　元成（日立製作所）
　　　　　　　　　　沼田　泰洋（日立製作所）
　　　　　　　　　　千葉　弘明（日立製作所）
　　　　　　　　　　李　　宏元（日立製作所）
　　　　　　　　　　芝沼　慶人（日立製作所）

第9章　　二宮　史尚（東京電力）
　　　　寺崎　博文（東京電力）
　　　　一倉　健悟（東京電力）
　　　　原口　元成（日立製作所）
　　　　太田　正人（三菱重工業）
第10章　　北川　和広（日揮）
　　　　畠中　光宏（日揮）
　　　　戸田　暁人（荏原エリオット）
　　　　秦　　聰（三菱重工コンプレッサ）
　　　　堤　　雅徳（三菱重工業）
　　　　三原　久行（シンコー）

「蒸気タービン」編集委員会（1990年2月）
　　　　委員長　　植田　辰洋（工学院大学）
　　　　幹　事　　秋葉　雅史（横浜国大）
　　　　委　員　　池田　　隆（東芝）
　　　　　　　　角家　義樹（三菱重工業）
　　　　　　　　河崎　正道（荏原製作所）
　　　　　　　　初芝　信次（東京電力）
　　　　　　　　原口　元成（日立製作所）
　　　　　　　　横井　　正（東洋エンジニアリング）
　　　　　　　　吉川　修平（富士電機）

執筆者　第1章　秋葉　雅史
　　　　第2章　横井　　正
　　　　第3章　池田　　隆（担当）　川岸　裕之
　　　　第4章　吉川　修平（担当）　奥田　道夫・酒井　吉弘・吉江　耕也
　　　　　　　　　　　　　　　　　山本　隆夫・加藤　佳史・渡辺　　徹
　　　　第5章　河崎　正道（担当）　井口　和春・戸田　暁人
　　　　第6章　池田　　隆（担当）　川岸　裕之
　　　　第7章　角家　義樹（担当）　神吉　　博・川本　和夫・安田　千秋
　　　　　　　　　　　　　　　　　渡辺英一郎・黒沢　　勝・武井　真男
　　　　　　　　　　　　　　　　　上田　悦紀
　　　　第8章　原口　元成（担当）　川田　陽一・白石　寧顕
　　　　第9章　初芝　信次（担当）　上原　謙一・脇田　忠良・宇佐美　敦

目　次

第1章　蒸気タービンの概要
- 1.1 蒸気タービンの役割と重要性 …………………………………………………………… 2
  - 1.1.1 蒸気タービンの役割 …………………………………………………………… 2
  - 1.1.2 蒸気タービンの重要性 ………………………………………………………… 2
- 1.2 発展の歴史 ………………………………………………………………………………… 4
  - 1.2.1 発達の過程 ……………………………………………………………………… 4
  - 1.2.2 海外の現状 ……………………………………………………………………… 6
  - 1.2.3 日本の状況 ……………………………………………………………………… 7
- 1.3 分類と形式 ………………………………………………………………………………… 9
  - 1.3.1 蒸気の内部作用による分類 …………………………………………………… 9
  - 1.3.2 蒸気の流れ方向による分類 …………………………………………………… 10
  - 1.3.3 タービン出入口の蒸気の状態による分類 …………………………………… 11
  - 1.3.4 タービンの形式による分類 …………………………………………………… 13
  - 1.3.5 被駆動機の用途による分類 …………………………………………………… 14
- 1.4 技術開発の方向 …………………………………………………………………………… 15
  - 1.4.1 大容量火力用蒸気タービン …………………………………………………… 15
  - 1.4.2 コンバインドサイクル用タービン …………………………………………… 16
  - 1.4.3 原子力用タービン ……………………………………………………………… 16
  - 1.4.4 地熱・太陽熱タービン ………………………………………………………… 17
  - 1.4.5 産業用中小型蒸気タービン …………………………………………………… 17

第2章　熱サイクルおよび経済性
- 2.1 蒸気タービンの基準サイクル …………………………………………………………… 20
  - 2.1.1 ランキンサイクル ……………………………………………………………… 20
  - 2.1.2 ランキンサイクルの理論熱効率 ……………………………………………… 21
  - 2.1.3 設計パラメータが効率に及ぼす影響 ………………………………………… 22
  - 2.1.4 再熱サイクル …………………………………………………………………… 23
  - 2.1.5 再生サイクル …………………………………………………………………… 24
  - 2.1.6 再熱再生サイクル ……………………………………………………………… 24
  - 2.1.7 火力発電所としての熱効率計算 ……………………………………………… 24
- 2.2 タービン形式と経済性 …………………………………………………………………… 26
  - 2.2.1 復水タービン …………………………………………………………………… 26
  - 2.2.2 背圧タービン …………………………………………………………………… 26
  - 2.2.3 抽気復水タービン ……………………………………………………………… 27
  - 2.2.4 混圧タービン …………………………………………………………………… 28
- 2.3 各種蒸気タービンサイクルと高効率化 ………………………………………………… 28
  - 2.3.1 石油化学プラントにおける蒸気タービンサイクル ………………………… 28
  - 2.3.2 ガス・蒸気タービン複合サイクル …………………………………………… 30
  - 2.3.3 コジェネレーションシステム ………………………………………………… 32
  - 2.3.4 超々臨界圧火力プラント ……………………………………………………… 32
  - 2.3.5 先進超々臨界圧火力プラント ………………………………………………… 33
  - 2.3.6 石炭ガス化複合発電 …………………………………………………………… 33

第3章　タービン内部の流れ
- 3.1 蒸気の流動 ………………………………………………………………………………… 36
  - 3.1.1 蒸気の流れの特徴 ……………………………………………………………… 36

	3.1.2	圧縮性流体の基礎方程式	36
	3.1.3	蒸気タービン内の流れ	37
3.2	諸損失と効率		43
	3.2.1	一般	43
	3.2.2	プロファイル損失	45
	3.2.3	二次損失	45
	3.2.4	排気損失	45
	3.2.5	乾き翼列効率	48
	3.2.6	湿り損失	48
	3.2.7	内部漏洩損失	49
	3.2.8	翼車の回転円板損失など	49
3.3	設計法		49
	3.3.1	タービンの設計プロセス	49
	3.3.2	一次元設計	49
	3.3.3	三次元設計	51
	3.3.4	翼形設計	52
	3.3.5	長翼設計	54
	3.3.6	計算例	56
3.4	記号法		58

第4章　タービン主機の構造

4.1	全体の構造		62
	4.1.1	車室の構成	62
	4.1.2	タンデムコンパウンド機とクロスコンパウンド機	64
	4.1.3	コンバインドサイクル用蒸気タービン	64
4.2	車室		65
	4.2.1	流入部	65
	4.2.2	高圧および中圧車室	67
	4.2.3	低圧車室	68
	4.2.4	グランドパッキン	69
4.3	ブレード		71
	4.3.1	静翼（ノズル）	71
	4.3.2	動翼	74
4.4	タービン車軸		78
	4.4.1	車軸の構成	79
	4.4.2	高中圧車軸と冷却構造	79
	4.4.3	低圧車軸	80
	4.4.4	高中低圧一体車軸	81
	4.4.5	ターニング装置	81
4.5	軸封システム		81
4.6	軸受および潤滑システム		82
	4.6.1	軸受	82
	4.6.2	潤滑油システム	84
4.7	弁		85
	4.7.1	止め弁	85
	4.7.2	制御弁	86
	4.7.3	抽気弁および混圧弁	87
	4.7.4	その他の弁	87

第5章　タービンの制御システム

5.1 調速装置 … 90
- 5.1.1 調速装置 … 90
- 5.1.2 機械式調速装置 … 90
- 5.1.3 電気油圧式（電子式）調速装置 … 94

5.2 蒸気圧力及びその他の制御 … 99
- 5.2.1 発電機の制御 … 100
- 5.2.2 蒸気圧力制御 … 101
- 5.2.3 プロセス制御 … 103

5.3 非常装置および各種保安装置 … 104
- 5.3.1 非常停止装置 … 104
- 5.3.2 監視計器 … 105
- 5.3.3 保安装置 … 105
- 5.3.4 自動制御装置 … 108
- 5.3.5 統合監視、保安、制御装置 … 108

5.4 制御油圧系統 … 109

5.5 系統安定化 … 110
- 5.5.1 電力安定化技術 … 110
- 5.5.2 発電設備における系統安定化対策 … 112

5.6 タービン加減弁制御技術 … 113
- 5.6.1 ガバニング … 113
- 5.6.2 タービン制御技術 … 117
- 5.6.3 コンバインド蒸気タービンのバルブマネージメント … 121

第6章　性能向上技術

6.1 高温・高圧化 … 124
- 6.1.1 蒸気条件の変遷 … 124
- 6.1.2 技術的課題 … 124
- 6.1.3 A-USCの開発動向 … 127

6.2 大容量化と長翼開発 … 127
- 6.2.1 技術的課題 … 127
- 6.2.2 長翼の開発方法 … 130
- 6.2.3 最近の動向 … 130

6.3 損失低減 … 131
- 6.3.1 損失分析 … 131
- 6.3.2 損失低減技術の動向 … 134

第7章　信頼性向上技術

7.1 寿命診断 … 146
- 7.1.1 非破壊的評価 … 146
- 7.1.2 破壊的評価 … 149
- 7.1.3 非破壊検査装置 … 149

7.2 異常診断 … 150
- 7.2.1 振動診断 … 150
- 7.2.2 性能診断 … 153

7.3 翼および軸振動対策 … 154
- 7.3.1 翼の信頼性向上技術 … 154

	7.3.2	軸振動対策 ···	159
7.4	スケールおよびドレンエロージョン対策 ·································		160
	7.4.1	スケール対策 ···	160
	7.4.2	ドレンエロージョン対策 ···	164
7.5	基礎設計と耐震基準への対応 ···		164
	7.5.1	基礎設計 ···	164
	7.5.2	耐震基準への対応 ··	166

第8章　試験・製造・検査技術・規格

8.1	性能試験 ···		170
	8.1.1	一般 ···	170
	8.1.2	性能試験規格 ··	170
	8.1.3	基準流量計 ···	170
	8.1.4	性能試験実施時の一般事項 ······································	171
	8.1.5	性能試験測定方法と計測点 ······································	172
	8.1.6	性能計算方法 ··	173
	8.1.7	性能試験結果の評価 ···	175
8.2	製造技術 ···		176
	8.2.1	タービン軸材 ··	176
	8.2.2	タービン軸加工 ···	176
	8.2.3	動翼加工 ···	176
	8.2.4	車室加工 ···	179
	8.2.5	静翼加工 ···	179
	8.2.6	タービン組立 ··	179
	8.2.7	ロータ高速回転バランスシステム ····························	182
8.3	検査技術 ···		182
	8.3.1	非破壊検査の方法と分類 ··	182
	8.3.2	非破壊検査の目的と効果 ··	182
	8.3.3	各種非破壊試験の方法とタービン部品への適用例 ······	183
	8.3.4	振動計測 ···	186
8.4	蒸気タービン規格 ···		188
	8.4.1	一般仕様に関する規格 ··	188
	8.4.2	海外規格 ···	190

第9章　運用技術と保守

9.1	プラントの運転 ···		196
	9.1.1	運用上の留意点 ···	196
	9.1.2	起動準備 ···	198
	9.1.3	起動昇速 ···	199
	9.1.4	並列・負荷上昇 ···	199
	9.1.5	通常運転 ···	200
	9.1.6	プラント停止操作 ··	200
	9.1.7	保安装置作動試験 ··	200
	9.1.8	給電運用による出力調整 ··	201
	9.1.9	周波数変動範囲の拡大（英国規格対応等） ···············	201
	9.1.10	実際の周波数変動対応（復水絞り運転） ···················	202
	9.1.11	最低負荷運転 ··	203
	9.1.12	ボイラー変圧運転 ··	203

9.2	運転自動化		204
	9.2.1	自動化の目的	204
	9.2.2	自動化システム	204
	9.2.3	蒸気タービンの運転自動化	206
9.3	コンバインドサイクル運転法		209
	9.3.1	コンバインドサイクル発電の仕組み	209
	9.3.2	コンバインドサイクル発電の構成	209
	9.3.3	運用上の注意点	210
	9.3.4	運転方法	212
9.4	プラントの保守		214
	9.4.1	日常保守	214
	9.4.2	定期点検と定期事業者検査	214
	9.4.3	定期点検時の補修	214

第10章　機械駆動用蒸気タービン

10.1	機械駆動用蒸気タービンの特徴		218
	10.1.1	機械駆動用蒸気タービンの使用環境	218
	10.1.2	適用規格	220
10.2	機械駆動用蒸気タービンの形式と用途		221
	10.2.1	機械駆動用蒸気タービンの形式	221
	10.2.2	機械駆動用蒸気タービンの用途	225
10.3	機械駆動用蒸気タービンの設計		231
	10.3.1	翼流路（フローパス）設計	233
	10.3.2	軸系・軸受設計	235
	10.3.3	低圧段翼設計	239
	10.3.4	長期運転技術	243
10.4	舶用蒸気タービン		247
	10.4.1	概要	247
	10.4.2	構造	248
	10.4.3	設計	249
10.5	機械駆動用蒸気タービンの運転		251
	10.5.1	機械駆動用蒸気タービンの運転範囲	251
	10.5.2	機械駆動用蒸気タービンの起動トルク例	251
	10.5.3	機械駆動用蒸気タービンの冷機起動例	251
	10.5.4	機械駆動用蒸気タービンの自動起動	253
	10.5.5	舶用蒸気タービンの運転	253
10.6	最新の技術動向（FLNGへの適用）		254
	10.6.1	蒸気タービン適用メリット	254
	10.6.2	FLNG向け蒸気タービン技術	254

付録　わが国産の主要な事業用蒸気タービン　256

索引　259

第1章
蒸気タービンの概要

1.1 蒸気タービンの役割と重要性
 1.1.1 蒸気タービンの役割
 1.1.2 蒸気タービンの重要性
1.2 発展の歴史
 1.2.1 発達の過程
 1.2.2 海外の現状
 1.2.3 日本の状況
1.3 分類と形式
 1.3.1 蒸気の内部作用による分類
 1.3.2 蒸気の流れ方向による分類
 1.3.3 タービン出入口の蒸気の状態による分類
 1.3.4 タービンの形式による分類
 1.3.5 被駆動機の用途による分類
1.4 技術開発の方向
 1.4.1 大容量火力用蒸気タービン
 1.4.2 コンバインドサイクル用タービン
 1.4.3 原子力用タービン
 1.4.4 地熱・太陽熱タービン
 1.4.5 産業用中小型蒸気タービン

第1章　蒸気タービンの概要

1.1　蒸気タービンの役割と重要性
1.1.1　蒸気タービンの役割

蒸気タービンは高温高圧の蒸気を静翼列で増速させながら周方向に旋回させ、旋回する蒸気の速度と圧力のエネルギーを動翼列が受け止めて、動翼列が衝動作用または衝動作用と反動作用の両方により植え込まれた軸（rotor）を回転させる原動機である。一組の静翼列と動翼列を段落（stage）と呼ぶが、1段落だけで構成される単段蒸気タービンから2段落以上、多いものは30段落以上で構成される多段蒸気タービンなどがある。従って数百kWクラスから1,700MWクラスと出力の範囲が広く、幅広い用途に利用されている。

図1.1に典型的な発電用大型蒸気タービン（700MWクラス）の全景を示す。左手手前から高中圧タービン（この設計では高中圧が一つの車室に入っている）、右手奥側に低圧タービンが2車室続いている。高中圧タービンには上半左右各2本の高圧蒸気配管と中圧蒸気配管が結合されて、ボイラーからの蒸気を高中圧タービンに供給している。写真では見えないが同様の蒸気配管は下半側車室に真下からも結合されている。ケーシングの上部にある中圧排気部と低圧車室を連結している大型配管はクロスオーバー管とよばれ、中圧タービンの排気を低圧2車室に供給している。図1.2は同じタービンの組立中の全景写真である。手前から高中圧タービン、低圧タービンが2車室、その後ろに発電機があり、

図1.1　発電用大型蒸気タービン（東芝）

図1.2　組立中の大型蒸気タービン（東芝）

各ローター（車軸）は直列に結合された構成になっていて、タンデムコンパウンド形（単軸くし形）タービンと呼ばれている。発電機が1台で済むメリットがあり、火力用大型機では近年この形式が主に採用されている。このクラスの蒸気タービンは主に石炭やLNGを燃料として一台で数十万世帯分の電力を供給することができる。

図1.3は産業用小型蒸気タービンの例を示す。途中で一部の蒸気が抽気され、隣接する化学プラントで使用されたり、冷暖房用に利用され、タービンが発生した動力は所内発電用や、圧縮機などの生産設備の駆動用などに利用される。

更に、蒸気タービンは船舶等の駆動用原動機としても使用されている。

1.1.2　蒸気タービンの重要性

蒸気タービンは様々な用途に使用されているが、大型蒸気タービンの主な用途である発電用を例として、蒸気タービンの重要性について説明する。

世界の電力需要は今後も継続して増加し、2009年から2035年まで年率2.4%の増加を続けると予測されている[1]。

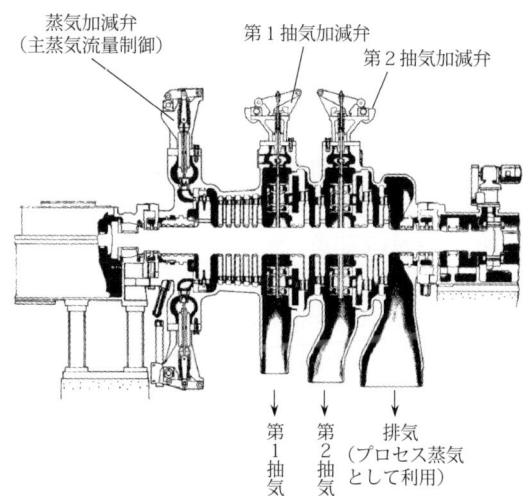

図1.3　産業用小型蒸気タービン

発電の方式は、利用するエネルギーの種類によって、火力発電、原子力発電、そして水力、地熱、バイオマス、風力、太陽光、太陽熱などの再生可能エネルギー発電などに分類できる。蒸気タービンは火力、原子力、地熱、太陽熱などの幅広い発電システムで採用されている。

全世界で使用されている発電用原動機の大半は蒸気タービンであり、高い効率で発電して、安定的で持続的な電力を供給するために、蒸気タービンは重要な役割を担っている[2][3]。

電力に対する期待として、もう一つの重要な側面は価格である。家庭用であれ産業用であれ、電力料金の社会に及ぼす影響は大きい。いかに低コストで安定した良質な電力を継続的に供給するかが、発電システムに対する社会的な要請である。更に、近年では、環境負荷低減のために、発電に起因する二酸化炭素排出量を大幅に低減して行くことが求められている。二酸化炭素削減の取り組みには、他国の排出枠の買い取りも含まれており、我が国では発電価格に組み込まれるコストになっている。すなわち、蒸気タービン発電システムの効率が向上すれば同じ電力量に対して、燃料費用が低減でき、併せて二酸化炭素発生量低減に伴う他国排出枠買い取り費用の削減も実現できる。

蒸気タービンの輸出国である日本においては、各メーカーは世界各国の短期、中期、及び長期の需要動向を調査、予測しながら、新機種、新技術の開発を進めている。電力需要の主要因は、人口の増減、経済状況、電源未開発地域での電源開発動向、そして近年では環境負荷低減、二酸化炭素排出量削減に向けた各国政府の方針、計画、関連法案などであると考えられている。

世界人口動向に関する統計資料[4]によると、2008年の人口統計と2035年の推定値を比較すると、ほとんど全ての地域で人口が増加しており、最大の人口を擁することになると推定されているアフリカでは年率1.9%の増加率となっている。世界平均では年率1.0%の増加が見込まれている。世界各国のGDP成長率を見ると、Non-OECD諸国平均では、2008年から2035年まで4.6%、世界平均でも3.2%の経済成長が予測されている。

2011年時点の各種統計データから推定された発電量の燃料別動向を図1.4に示す[3]。石炭火力が一貫して最大であり、コンスタントに増加している。2008年には全体の40%であり、2035年でも37%と予測されている。これに対して増加率が最も大きいのは再生可能エネルギーで2008年から2035年にかけて年率3.1%で増加すると予測され、2015年には天然ガスを抜いて2番目の電力エネルギーとなることが注目される。なお、石炭火力発電電力量の国別予測推移[3][4][5]では、中国を始めとする発展途上国における増加が顕著である。

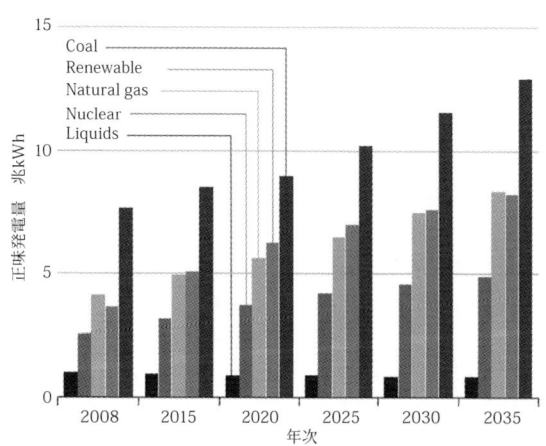

図1.4　世界発電量の燃料別動向

図1.4の世界発電量の燃料別動向のデータにおいて、石炭火力と原子力発電の大半は蒸気タービンを用いた発電システムであり、天然ガスを用いるコンバインドサイクル発電では約1/3の出力は蒸気タービンが分担している。再生可能エネルギーの大半は

水車と風車であるが、地熱発電と今後増加すると見込まれているバイオマス、地中海沿岸諸国及び北アフリカ、中東地域で建設が進むと予測されている太陽熱発電システムにおいても蒸気タービンが使用される。一方、日本においても商用運転が始まった石炭ガス化発電は、2035年までには石炭火力全体の5%～10%程度まで実用化が進むと予測されている[4]。以上の考察により図1.4のデータから推定した発電用蒸気タービンの需要動向を図1.5に示す[2]。2007年には12.1兆kWhで世界総発電量の65%に達し、再生可能エネルギーの割合が増加する2035年においても59%と、今後も6割前後の比率で推移することが分かる。補修市場も合わせると蒸気タービンの需要は着実に増加して行くことが分かる。

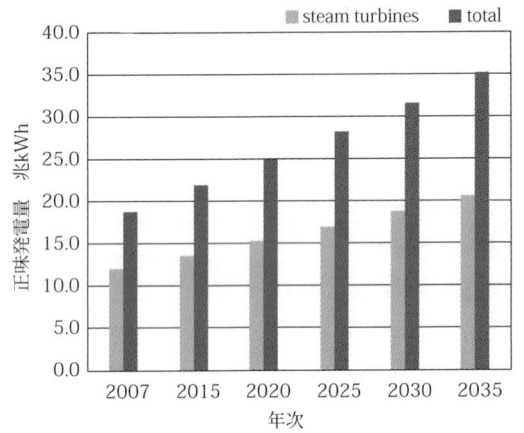

図1.5 発電用蒸気タービンの需要動向

1.2 発展の歴史

1.2.1 発達の過程

蒸気タービンが産業用や発電用に実用化されたのは約130年前の1880年代で、蒸気機関がワット（J. Watt、1769年に特許）により実用に供されてより約100年経過している。蒸気タービンを簡単に定義するならば、蒸気の持つ熱エネルギーを速度に変換して運動のエネルギーとし、これを羽根車により機械的エネルギーに変換して仕事として取り出す回転原動機となる。すなわち回転原動機において蒸気を扱う理論と技術、そして構成部品の製造技術の進歩に、100年を要したということである。

蒸気力によって直接に機械を回転させようとした装置や考え方は蒸気機関の発明よりかなり古く、2000年以上も前に遡る。紀元前120年頃、アレクサンドリアの数学者ヘロン（Heron）の考えた蒸気球が記録に残っている最古のものである。また1629年にイタリアの科学者ブランカ（Giovani de Branca）が蒸気を羽根車に吹きつけて回転させ、鉱石を細かくする装置を考えたが実用に到らなかった。前者が反動式タービン、後者が衝動式タービンの創始と言われている。

近代の蒸気タービンは1882年にスウェーデンのド・ラバル（Carl Gustaf Patrik de Laval）がミルクの遠心分離用に、1884年に英国のパーソンス（Sir. Charles Algernon Parsons）が電力発生用に製作したことに始まる。

ド・ラバルのタービンは末広ノズルを用いて、蒸気を音速を超えて流し、これを1段の羽根車に吹きつけて26,000rpmで回転させた。規定回転数での振動を考え、危険速度の存在を知って撓み軸を採用しており、羽根車の遠心力による応力軽減を考えて、等応力円板を用いた。しかし、単段のために高速回転となり、減速ギアの工作容量などから、小容量に限られていたが、技術的価値は高い。

これに対してパーソンスは多数の羽根列を使用して、熱エネルギーを小刻みに速度エネルギーに変換し、蒸気速度の高速化と回転数の過大を防ぐ方針で進んだ。その結果、最初のタービンは109段の羽根列を回転胴に植え込んだ構造で、出力10馬力、17,000rpmであった（図1.6）。

図1.6 Parsons製第1号タービン発電機

反動タービンはパーソンスタービンの部分的改良により大容量化が可能で、今日に至った。衝動タービンはド・ラバルの欠点である高速回転を避ける発明や改造が行われたが、これには二つの流れがある。

回転する羽根列の数を増やす方向で進んだのが米国のカーチス（Charles G. Curtis）で、1896年に速度複式タービンを発明した。

カーチスタービンはド・ラバル型と同じく末広ノズルを用いて高速蒸気を作るが、1897年のフランスのラトー（A. Rateau）、1903年のスイスのツェリー（Y. H. Zeolly）らの発明は多数のノズルと円板形羽根車を交互に設け、蒸気の圧力を小刻みに下げ、これによって発生した速度エネルギーをこれに続く回転羽根で動力に変ずるようにした圧力複式タービンである（図1.7）。

以上は軸流タービンであるが、逆方向回転の半径流タービンとして成功したのが1911年にスウェーデンのユングストローム兄弟（Birger & Fredrik Ljungstrom）により発明された反動タービンである。2個の回転子を有して互いに逆方向に回転する複回転式でその効率は優れているが、構造上、中容量までである。

これに対して、容量が大きくなった現代のタービンを比べると興味深いことがある。図1.8は火力発電用の反動タービンである。回転軸はドラム形で高圧部は1段の衝動段と2段以降の反動段から成り立っており、中圧部は反動段が複流になっている。車室は二重構造である。図1.9は衝動形のタービンを示す。高圧部は全段衝動段、中圧部は衝動段が複流になっている。ロータは各段落の動翼植え込み部間に溝があるディスク形でノズル（静翼）ダイアフラムがディスクの間に配置される。衝動タービンも車室は二重構造を採用している。初期のタービンに比べるとこの二つのタービンの外観は似かよっている。両者の低圧部を比べると類似性がはっきりしてくる。特に最終段は植え込み部側が低反動度、先端側が高反動度となり、反動タービンと衝動タービンの最終段の設計の違いが小さくなっている。容量が大きくなると各段落の翼長は相対的に長くなり、半径方向に最適な反動度を採用した設計を採用することになる。この結果、どちらのタービンも似かよった構造になって来ていると言える。

図1.10～図1.12の三つの図は事業用火力蒸気タービンの使用最高温度と蒸気圧力、最大出力の変遷を示す。1920年代に蒸気に対する工学技術は高圧

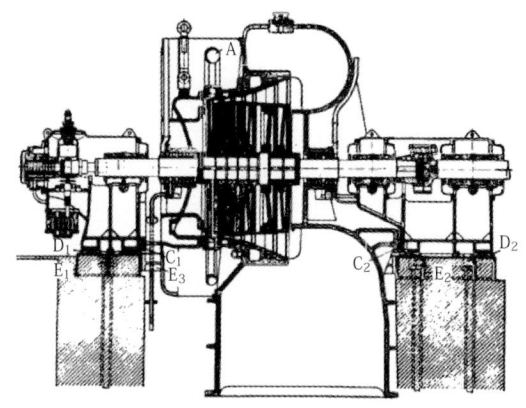

図1.7　初期のZeollyタービン（出力11MW）

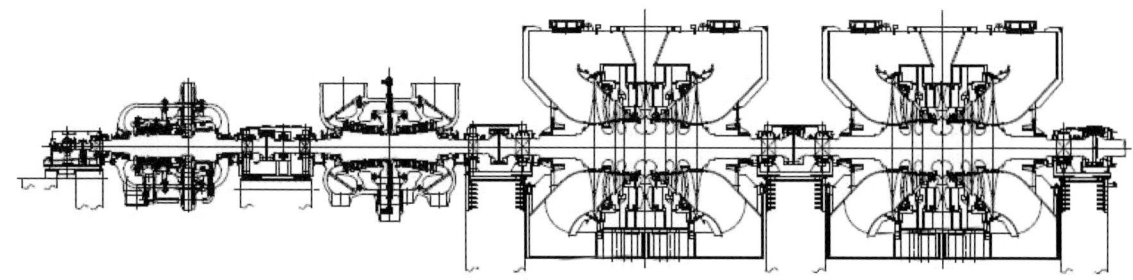

図1.8　1000MW 3,600rpm火力用タービン断面図（三菱重工業）

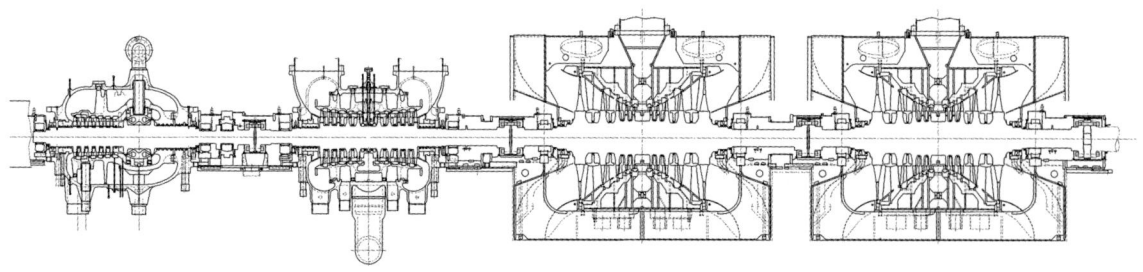

図1.9　887MW 3,600rpm火力用タービン断面図（日立製作所）

高温の領域へ進んでいった。1922年には英国において3.2MPaG（ゲージ圧）、370℃（70°F）機が建設された。エッシャーウィス社では蒸気圧力17.7MPaGの高圧タービンを1926年に製作した。

第1次世界大戦と第2次世界大戦の間の時代は蒸気圧力3〜4MPaG、温度が400〜450℃が支配的であった。1929年に米国ゼネラルエレクトリック社で製造された出力208MW機は永く最大出力と最高効率を維持していた。

第2次世界大戦後は米国において意欲的に蒸気条件の向上が計られたが、主要材料にオーステナイト鋼を使用しなくて良い温度が判明し、1960年代から1980年代にかけて長期間16〜24.1MPaG、535℃〜566℃（1,000°F〜1,050°F）、最大出力1,300MWの範囲内で設計されてきた。

わが国のように、燃料を輸入に依存する国においては、発電の高効率化が優先課題である。1960年代までは欧米の技術水準の吸収を進め、1970年代以降は自主技術の開発に邁進してきた。その結果、1980年代後半より欧米を凌ぐ高温高圧化技術の開発と実機適用が進み[6]、蒸気圧力31MPaG、蒸気温度は主蒸気入口600℃、再熱入口620℃、タンデムコンパウンド機の最大出力1,000MWを実現している。パーソンスが実用タービンを製作した初期の時代と比較すると、この130年間で圧力が60倍、温度が450℃上昇し、単機出力は17万倍に増加し、kW・hr当たりの熱消費量は1/50以下に減少したことになる。

1.2.2 海外の現状

蒸気タービンほど発明者の技術を尊重し、個々に発展した機械は稀有である。ストドラ（Aurel Boleslav Stodola）は有名な著書[7]の中で衝動形、反動形や輻流形の理論を別々に発展させ、続く研究者もこの考え方をとり続けてきた。

技術の流れとして、大型化の進展に伴って種々な形式のタービンが類似してきたことは前述の通りであるが、最近では、メーカーの合併等の経済・経営的要因から技術の融合が加速されている。すなわち1991年より実施されたEC諸国の経済的統合を踏まえ、各社生き残りをかけて競争力強化のための合併や企業連携が国境を越えて進んでいる。ド・ラバルとユングストロームの流れをくむスウェーデンのASEA社とストドラの指導を受けて反動形を製作してきたスイスのBrown Boveri社が1988年1月に合併してオランダに本社を置くASEA・Brown Boveri社（ABB）となった。その後西独のAEG社の蒸気タービン部門やイタリアのFranco Tosi社をも買収して重電部門で世界最大の企業となった。西独のMAN社、Rateau-Schneider社を合併したフランスの

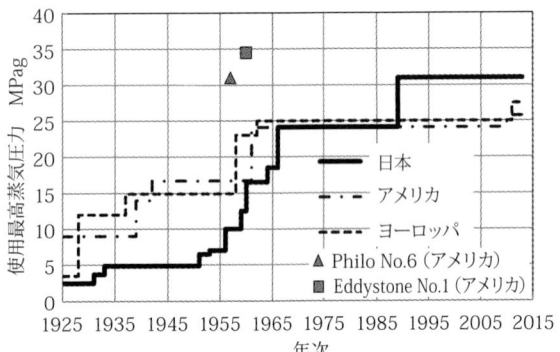

図1.10 使用最高蒸気圧力の変遷（事業用火力）

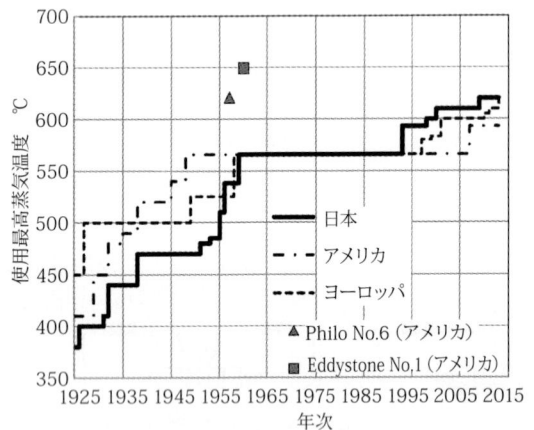

図1.11 使用最高蒸気温度の変遷（事業用火力）

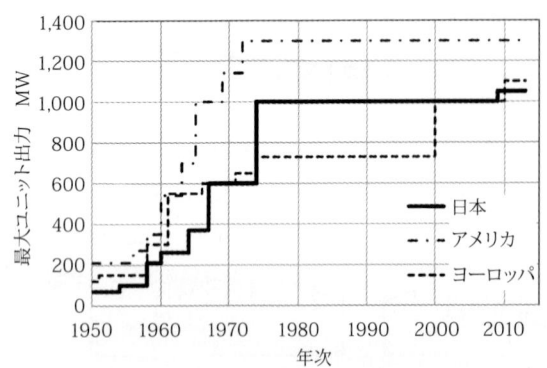

図1.12 最大出力の変遷（事業用火力）

アルストーム社（Alsthom）と英国のトップメーカー、ゼネラル エレクトリック・カンパニー（GEC）が合併してGEC Alsthom社（その後、Alstom）となり、更にAlstom社はABB社の蒸気タービン・ガスタービン部門を合併して現在のAlstom社となった。

一方、米国においては最大メーカーのゼネラル・エレクトリック社（General Electric Co.）と二位のウエスチングハウス社（Westinghouse Electric Co.）が、自社の合理化により蒸気タービンの製造を続行していたが、ドイツのジーメンス社（Siemens）がウエスチングハウス社の蒸気タービン・ガスタービン部門を合併して今日に至っている。事実上北米ではGE社が唯一の大型蒸気タービンメーカーとなった。2015年にGE社はAlstom社の蒸気タービン部門を合併した。

中小容量機を製造しているメーカーは、例えばElliot社が荏原製作所と開発、製造を含めた国際分業を行うなど、競争力維持に努めている。

ソ連のレニングラード工場やチェコのSKODA社は東欧経済圏の中で独自の働きをしていたが、ソ連の崩壊、東西ドイツ統一と言った大きな体制変換を経て、ソビエト国内のタービンメーカーはSiemens、Alstomなどの欧州メーカーとの連携を強めている。チェコのSkoda Power社は韓国のDoosan重工社に合併された。

中国では哈爾濱（ハルピン）、上海、東方の3大タービン廠が自国の巨大な需要を背景に欧州と日本の各メーカーとの合作を通じて技術導入を進め、現在では1,000MWクラスの超々臨界圧タービンの製造まで行っている。中国メーカーはアジア地域への低コスト機の輸出を増やしている。これに対して、インドは海外メーカーの生産拠点の誘致を積極的に進めており、日本の各メーカーもインド南部を中心にタービン製造工場を建設してインドやアジア地域へのタービンの供給を進めている。

わが国を含む全世界の発電設備容量は2011年に5,429GWとなり、今後も年率2%以上の増加率で増加を続けて、2035年には9,340GWになると予測されている[5]。2011年における蒸気タービンを使用した発電設備は火力、原子力、地熱、太陽熱などで、全発電量の約7割を占めている[2]。

北米においては、石炭火力による発電量が2011年に約2,000TWhと全発電量の大半を占めているが、今後の需要増加は天然ガス発電と風力などの再生可能エネルギー発電の増加で対応する計画となっている。

欧州における電源の構成は石炭火力が主体のドイツ、英国、デンマーク、脱石油化で原子力を推進したフランス、ベルギー、天然ガスの比重が高いオランダ、水力の比重が高いスイスなどと、確保できるエネルギー資源の状況と政府の方針により多様である。欧州の電力系統は強固で融通が活発で、発電原価の安いフランス、スイスが輸出国となっている。

1.2.3 日本の状況

わが国の蒸気タービンの歴史は、まず製品輸入、技術導入による製造、ついで自主技術による製造の道程をたどった。第二次世界大戦後も当初は同じ道を歩んだが、今や設計、製造技術共に世界の先導的役割を果たしている。

陸用の蒸気タービンが実用されたのは、1904年（明治37年）に東京市街鉄道が深川に500kWの立型カーチスタービンを導入して、発電を行ったのが最初である。翌年には東京電灯がパーソンス社から深川発電所向けに同じく500kWの横型タービンを購入し、上野で開催された博覧会へ送電した。技術提携による国産化の意欲も強く、三菱合資会社はパーソンス社と1904年に、海軍は1907年にカーチス社と技術提携した。その後川崎造船所（現川崎重工業）は、ジョン・ブラウン社（John Brown、英国）、石川島造船所（現IHI）はエッシャ・ウィス社（Escher Wyss、スイス）と提携した。早くも1908年には試作を兼ねて自家発電用の0.5MWの蒸気タービンが三菱長崎造船所において国産化された。

舶用タービンの開発と国産化は海軍が積極的に推進した。1919年に進水した戦艦長門には独自設計による4軸で59.7MWの3流排気タービンが実装されたが、これは艦本式タービンの源流となった。

陸上用の蒸気タービンは艦船用の技術を基礎に発達していった。1930年には輸入機に対抗して国産技術で八幡製鉄所用に25MWタービンが製造された（図1.13）。1933年に建設された宇部第2発電所の18MWタービン2台は三菱重工長崎造船所、東京石川島造船所で製造されたが3,600rpmの世界記録品であった。1937年に完成した尼崎第2発電所の75MWタービンは1800rpmながら容量的に世界に誇りうる機械で、1975年に休止になるまで35年間にわたり活躍した。

このように昭和初期に外国技術を吸収し、更に独

第1章 蒸気タービンの概要

図1.13　運転中の八幡製鉄所25MWタービン

自の努力で世界の第一線レベルまで進んだわが国の蒸気タービンの技術も、第2次世界大戦を挟んだ10年間は完全に進歩は停滞した。その間に発展した欧米の発電技術に大きな遅れをとった。

戦後、火力発電所は一部が賠償に指定されたが、戦前計画されて戦後に完成したのは日本発送電会社港第2発電所の54MWである（1947年12月）。1952年に賠償が解除され、電源開発促進法が公布され自主的な開発が進められることになった。1951年に九州電力筑上発電所の35MWタービンが完成したが、入口圧力5.88MW、入口温度482℃であった。この系列に属するのが中部電力名港発電所55MWタービンなど、8プラントである。

1953年に電力会社の世界銀行からの火力借款が成立し、輸入プラントとして中部電力三重発電所に66MWタービンが1955年に完成した。その後は1号機は輸入し、以後は国産化する形態がとられた。メーカーも外国メーカーと技術提携を行い、技術消化に努めた。その結果早くも1967年には東京電力姉ヶ崎発電所において超臨界圧24.1MPa（ゲージ圧）を採用した600MWタービンが建設され、1年

表1.1　わが国における主な事業用蒸気タービン

会社名	発電所名	出力 MW	入口圧力 MPaG（ゲージ圧）	蒸気温度℃ 入口／再熱	回転速度 (min^{-1})	形式-最終段翼長（インチ）	種類	製作者
北海道	苫東厚真4号	700	25.00	600/600	3,000	TC4F-43	火力用	日立
	泊　3号	912	5.50	270.8/269.5	1,500	TC4F-54	原子力用	三菱重工
	森	25	0.59	162.4	3,000	SCDF-26	地熱用	東芝
東北	原町2号	1,000	24.50	600/600	3,000/1,500	CC4F-41	火力用	日立
	東通2号	1,100	6.55	282/194	1,500	TC6F-41	原子力用	東芝
	葛根田2号	30	0.34	147.5	3,000	SCSF-23	地熱用	東芝
東京	常陸那珂2号	1,000	24.50	600/600	3,000/1,500	CC4F-41	火力用	日立
	広野5号	600	24.50	600/600	3,000	TCDF-48	火力用	三菱重工
	柏崎刈羽7号	1,356	6.69	284/264	1,500	TC6F-52	原子力用	GE/東芝
中部	川越1、2号	700	31.00	566/566/566	3,600	TC4F-33.5	火力用	東芝
	浜岡5号	1,380	6.69	283.7/252.6	1,800	TC6F-52	原子力用	日立
	碧南4号	1,000	24.10	566/593	3,600	TC4F-48	火力用	東芝
北陸	七尾大田2号	700	24.10	593/593	3,600	TC4F-40	火力用	東芝
	志賀2号	1,358	6.69	283.7/252.6	1,800	TC6F-52	原子力用	日立
関西	海南4号	600	24.10	538/552/566	3,600	TC6F-30	火力用	東芝
	大飯3、4号	1,180	5.90	274/257.8	1,800	TC6F-44	原子力用	三菱重工
	舞鶴1号	900	24.50	595/595	3,600/1,800	CC4F-46	火力用	三菱重工
中国	三隅#1	1,000	24.50	600/600	3,600/1,800	CC4F-46	火力用	三菱重工
	島根#2	820	6.55	282	1,800	TC6F-38	原子力用	日立
四国	伊方3号	890	5.10	266/250	1,800	TC4F-52	原子力用	三菱重工
	橘湾1号	700	24.10	566/593	3,600	TC4F-40	火力用	東芝
九州	苓北2号	700	24.10	593/593	3,600	TC4F-40	火力用	東芝
	玄海4号	1,180	5.90	274/257.8	1,800	TC6F-44	原子力用	三菱重工
	八丁原	55	0.69	169.6	3,600	TCDF-25	地熱用	三菱重工
沖縄	牧港9号	125	17.80	538/538	3,600	TCDF-22.2	火力用	富士電機
電源開発	橘湾1号、2号	1,050	25.00	600/610	1,800	CC4F-48	火力用	GE/東芝、三菱重工
	磯子新2号	600	25.00	600/620	3,000	TCDF-48	火力用	日立

後には国産機も完成した。また1機1,000MWの容量をもつタービンも1974年に完成した。

研究、開発に努力を払ったメーカー各社は1972年に完成した中部電力知多発電所の700MW機以降、大形タービンの独自設計を行っている。1989年に営業運転を始めた中部電力川越発電所の700MWタービンは入口圧力が31.1MPaゲージ、566/566/566℃の2段再熱タービンで、30年前米国で高圧高温化が頓挫して以来の注目すべき製品である（表1.1）。

再生可能エネルギーによる安定した発電方式として注目されている地熱発電設備は日本重化学松川発電所で22MW機が1966年に運転を開始したが、わが国の2010年の設備全容量は540MWである[8]。火山国の有利さを生かした研究開発の結果、2010年の全世界の設備容量10.7GWの内の約70%がわが国のメーカーにより製造されていることは特筆に値する。

舶用としては1972年に5万馬力の再熱タービンがジャパン・アンブローズ号用の主機として石川島播磨重工で製造された。1970年代に舶用主機はディーゼル機関にほぼ置き換わったが、蒸発ガス利用のボイラーを備えるLNG運搬船の主機として20〜30MW級の推進用蒸気タービンが製造されている。

1.3 分類と形式

蒸気タービンの分類の方法として、過去においては発明者の名前を用いていた。それは、蒸気の作用と構造の特徴と製造者を示す方法であったが、現在においては複合化されて区別が困難である。ここでは、以下の五つの観点から分類する。

1）蒸気の内部作用による分類
2）蒸気の流れ方向による分類
3）タービン出入口の蒸気の状態による分類
4）タービンの形式による分類
5）被駆動への用途による分類

1.3.1 蒸気の内部作用による分類

タービンのノズルまたは静翼と回転羽根または動翼の一組を段（stage）または圧力段（pressure stage）と呼んでいる。各段毎に蒸気の持つ熱エネルギーを機械仕事に変換するが、この方法により衝動段（impulse stage）と反動段（reaction stage）とに大別する。

図1.14に任意の段落内の蒸気状態の変化をh-s線図を用いて示す。入口の静圧P_1、静温T_1、静エンタルピーh_1より出口静圧P_3まで断熱膨張を行うとh_3の

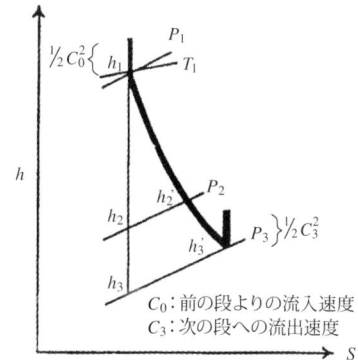

図1.14 段落内の状態変化

点となる。h_1-h_3を断熱熱落差（adiabatic heat drop）または有効熱落差（available energy）と呼ぶ。ノズル出口の静圧をP_2とすると、ノズル内でP_1からP_2まで膨張すると摩擦損失などでh_2でなくh_2'となり、ここの間で熱エネルギーが速度エネルギーになる。動翼ではこの速度エネルギーと更にP_2よりP_3まで膨張することにより加わる速度エネルギーが動翼に仕事を与えて、h_3'より次の段落に入る。ノズルだけで膨張して、動翼で膨張しない場合は$P_2=P_3$となり、これを衝動段と呼ぶ。$P_2>P_3$で動翼で膨張する場合いを反動段という。

$$r = \frac{h_2'-h_3'}{h_1-h_3} \cong \frac{h_2-h_3}{h_1-h_3} \quad \cdots (1.1)$$

ここで、rを反動度という。$r≥0.5$の段落で構成されるタービンは反動タービンと呼ばれる。

図1.15は段落内のノズルと羽根、または静翼と動翼における蒸気圧力と速度の関係を示したものである。カーチス段はノズル下流の速度エネルギーを回転羽根で2回以上に分けて仕事に変換する衝動段で、速度複式（velocity compound）とも呼ばれる。

現在は、多数の段落を有するタービンの各段落において、流体力学的に最適な設計が行われている。この場合は羽根の根元から先端まで反動度は変化しており、一次元的に段落の反動度を定義する場合には平均直径における蒸気の状態により計算される。

純粋な意味で衝動タービンと反動タービンを定義できるのは初期に製作された小形のタービンのみである。反動タービンの代表はパーソンスタービン（図1.16）であり、衝動タービンとしてはツェリータービン（図1.7）がある。

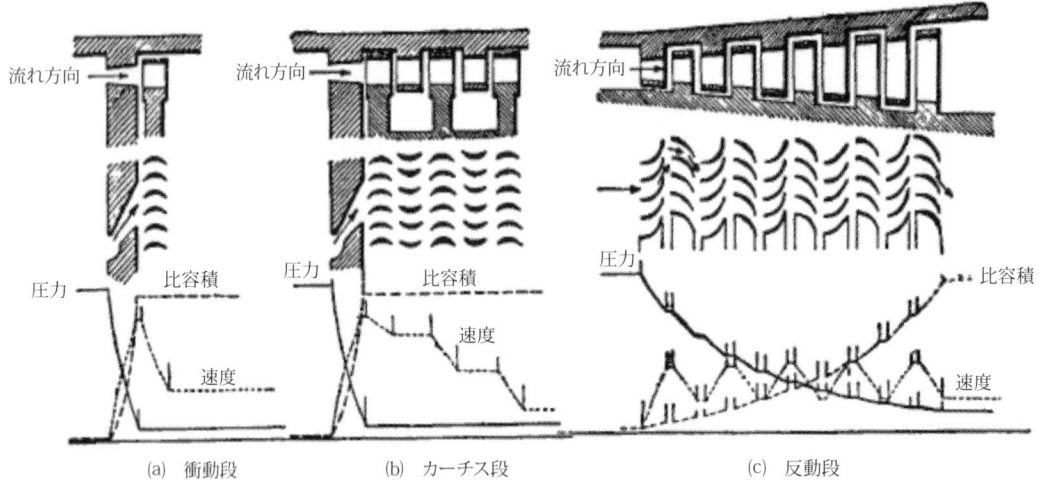

(a) 衝動段　　(b) カーチス段　　(c) 反動段

図1.15　段落内のノズルと羽根、または静翼と動翼における蒸気圧力と速度の関係

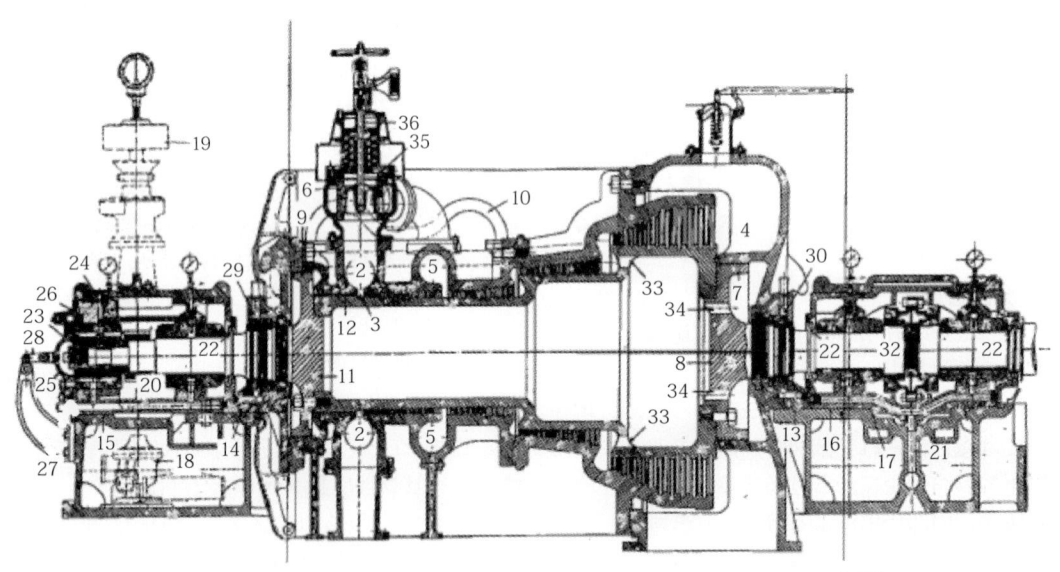

図1.16　反動タービンの断面図（3MW、1,500rpm、Brush Parsons、1915年製）

1.3.2　蒸気の流れ方向による分類

回転軸に対して蒸気の流れる方向による分類である。回転軸は通常、水平に置かれるが、初期のタービンや小型のポンプ駆動用など特殊な場合、垂直に設置されることもある。

(1)　軸流タービン（axial flow turbine）

ドラムに動翼を取り付けたパーソンスの反動タービンも、ディスク（円板）に羽根を植え込んだ衝動タービンもこの形式で発展し、ほとんどがこの形式である。蒸気が概ね軸方向に段落に流入し、段落の出口でも概ね軸方向に流出する。設計によっては段落の出入口で周方向速度成分を持たせることもある。

(2)　輻流タービン（または半径流タービン radial flow turbine）

羽根車または動翼の入口（前縁）から出口（後縁）にかけて蒸気が半径方向に移動して運動量の交換をを行うタービン。小流量のタービンはこの形式が有利であるが蒸気タービンではあまり実用されていない。歴史的には図1.17のLjungstromタービンをこの形式に分類されるが、作動原理は一般的な輻流タービンとは異なる[9]。このタービンは逆方向に回転する二つの軸をもち、反動度は1.0である。

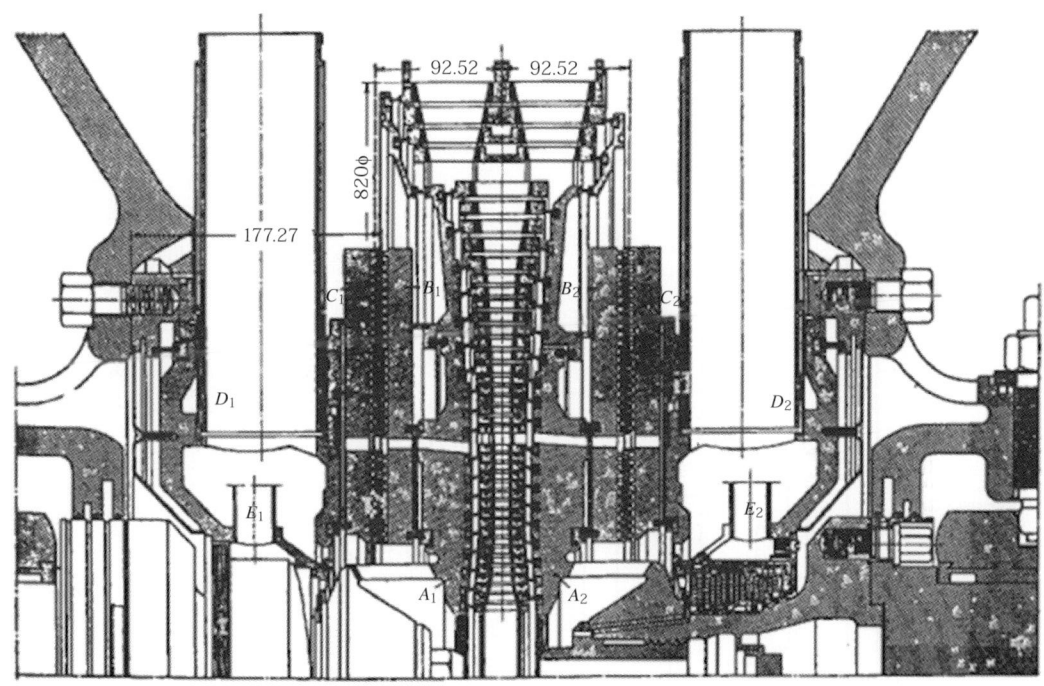

図1.17　Ljungstromタービンの断面図（1MW、3,000rpm）

(3) 反復流入タービン

蒸気を接線方向に出し入れするタービン。図1.18に示すTerryタービンがこの形式で、熱水混合蒸気を使用する場合などの特殊用途向きである。

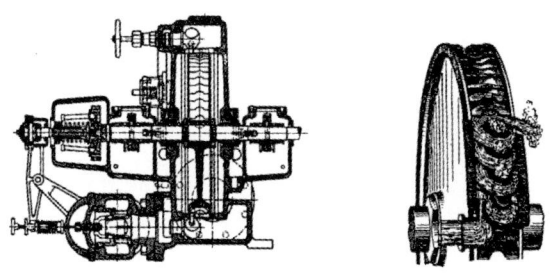

図1.18　Terryタービンの断面図（左）と説明図（右）

1.3.3　タービン出入口の蒸気の状態による分類

図1.19にタービン出入口の蒸気の状態による分類を示す。一般に熱落差は圧力差により定まるので、タービン排気を復水器で凝縮させて高真空を作る。復水器を持つタービンは復水タービン（condensing turbine）と総称される。蒸気タービンサイクルのサイクル効率を向上させるために、途中段落の蒸気を抽気してボイラー給水を加熱したり、高圧タービン排気をボイラーに戻して再熱する方法が採用されている。また、蒸気タービン排気や途中段落からの抽気を工場などのプロセス蒸気として利用する場合や、プロセス蒸気をタービンに供給して発電や機械駆動に使用する場合があり、蒸気タービンはこれらの形態に適した設計がされる。

(1) 単純復水タービン
　　（straight condensing turbine）

タービンに流入した蒸気をすべて復水器へ流す形式である。比較的出力が小さく、取扱が容易であることを求められる自家発電用、製鉄所の送風機駆動用に用いられる。また、使用蒸気中に不純物を含み、入口蒸気条件が劣る地熱発電用はほとんどこの形式である。

(2) 再生サイクル用タービン
　　（regenerative condensing turbine）

タービンの復水を給水加熱器により温度を上げてボイラーへ戻す再生サイクル用のタービンである。そのため途中段落より給水加熱器へ送気する抽気口を持つ構造である。理論的には抽気段落を増すほどサイクル効率が上昇するが、構造的制約を受け、入口圧力に超臨界圧力を採用した場合でも抽気は7～8段である。

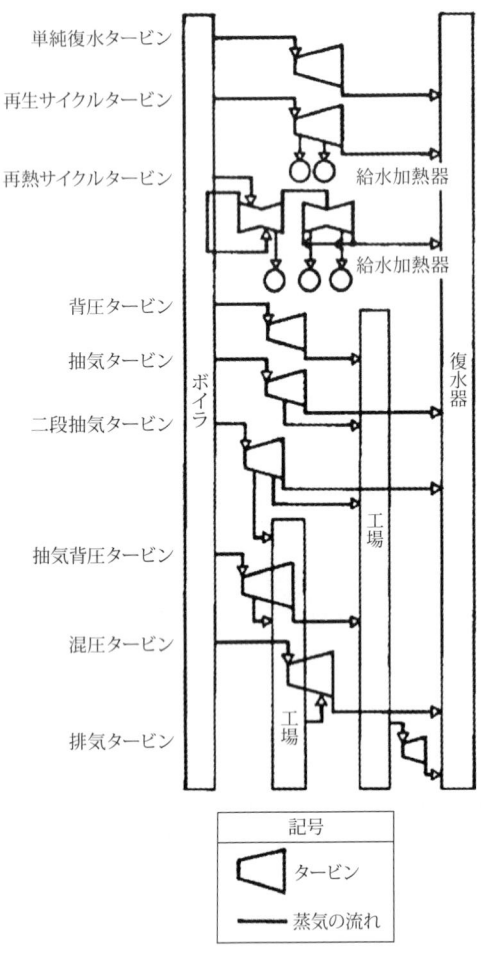

図1.19　タービン出入口の蒸気の状態による分類

(3) 再熱サイクル用タービン（reheat turbine）

入口蒸気圧力を高くすると、排気の湿り度が増し最終段羽根の浸食が増大する。そのため中間段落より一度ボイラー再熱器へ蒸気を導き、加熱して再びタービンに給気する。一般に給水加熱も行い、再熱再生サイクルタービンとして使用される。プラント効率も良く、現在の大形蒸気タービンの大半が採用している形式である。更に効率を向上させるため2段再熱を採用するプラントもあり、将来の主流となると言われている。

(4) 湿分分離器付タービン
（moisture separation turbine）

軽水炉より発生する蒸気は飽和である。従って排気の湿り度は大きい。再熱器と同様の効果を持たせるため中間段落より一度湿分分離器へ蒸気を送り、湿分分離を行うタービンで、同時に羽根にも特別な湿分分離用の溝を持つ構造となっている。原子力用は出力も大きく、蒸気量も多いので長い羽根を要求される。応力が過大にならないように回転数は1,500rpmか1,800rpmである。図1.20に代表的な原子力タービンの断面図を示す。

(5) 背圧タービン
（back pressure turbine, top turbine）

ボイラよりの高圧蒸気を工場に必要な圧力までタービンで膨張させて動力を発生し、排気をすべて工場用蒸気として使用する。わずかの燃料費の増加で動力を発生でき、復水器で持ち去る熱量がないので熱経済上有利である。ただし、必要動力と必要蒸気量をバランスさせることは容易ではない。動力の補給は外部電源または他の復水タービンより受ける。排気を低圧のタービンで利用する場合は、特に前置タービン（図1.21）と呼ばれる。

(6) 抽気タービン
（extraction turbine, bleeder turbine）

動力および定められた圧力の蒸気を必要とする場合に使用する。工場用蒸気をタービンの途中段落から抽気し、残りを復水器へ導くものを抽気復水タービンと言う。また排気を工場で使用する場合は抽気背圧タービンと呼ばれ、抽気圧力と排気圧力を調整することはできるが、同時に電力量は調整できない（図1.22）。2段の抽気を行うタービンもある。

(7) 混圧タービン（mixed pressure turbine）

タービンの中間段落へ低圧の蒸気を給気して、この段落以降で入口蒸気と合わせて膨張させて動力を発生させる。例えば、ガスタービンを蒸気タービンを組み合わせて発電するコンバインドサイクルで

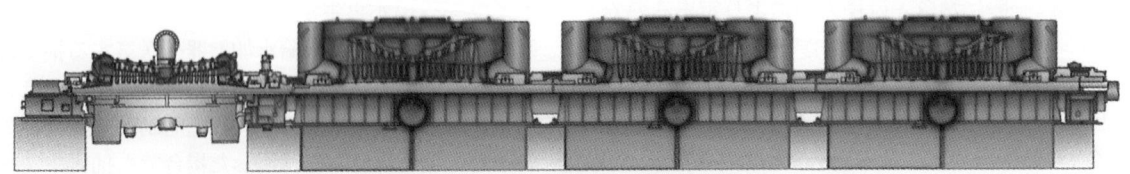

図1.20　原子力用タービン（1,100MW、東芝）

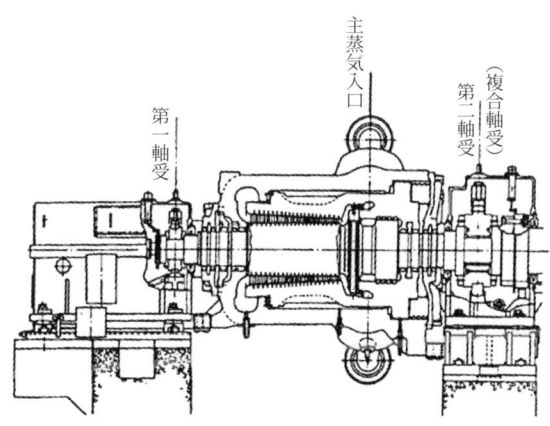

図1.21 つぼ形前置タービン（41MW、富士電機）

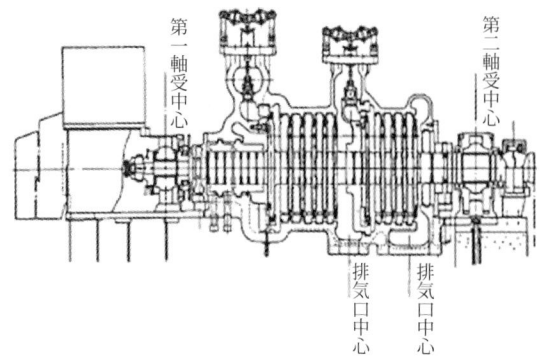

図1.22 抽気背圧タービン（10MW、日立）

は、排熱吸収を良くするために複圧式の回収ボイラーを使用するが、その低圧蒸気が中間段落に送入されている。また、熱水卓越形の地熱発電では、出力増加のために二段フラッシュ蒸気がタービン中間段落に送入される（図1.23）。

(8) 排気タービン（exhaust turbine）

他の機器から発生する余剰蒸気や排気蒸気をタービンに入れ復水器圧力まで膨張させて動力を発生させる。セメントキルンの排熱回収などに使用される。

(9) アキュムレータタービン
　　　（accumulator turbine）

動力の変動が大きくボイラ制御が追従しないときや排熱蒸気量の変動が大きいとき、アキュムレータを設置して、圧力や蒸発量の変動を少なくする。このようなとき使用する復水タービンで入口蒸気は飽和である。

1.3.4 タービンの形式による分類

出力の大きなタービンでは真空度の高い低圧側で、蒸気の比容積が大きいため蒸気通路面積を大きくする必要があること、高圧側と低圧側では蒸気温度が異なりロータ材料に要求される特性が異なるなどの理由から高温部と低温部とを別個の車室に分割している。タービン入口から再熱器へ送り出す間を高圧、再熱器より低圧までの中間を中圧、それ以降を低圧の3部分に一般的に分割している。分割した車室、ロータを一列に並べて一台の発電機につない

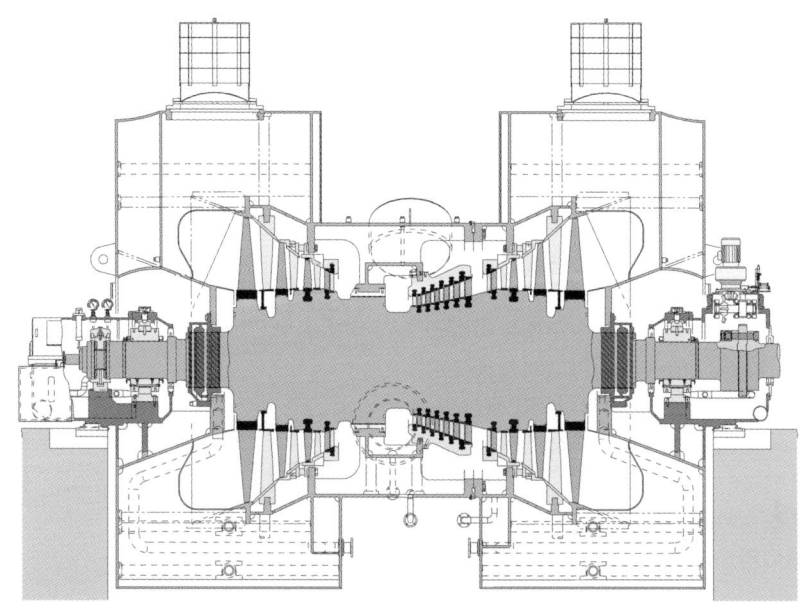

図1.23 混圧反転式地熱タービン（95MW, 富士電機）

第1章 蒸気タービンの概要

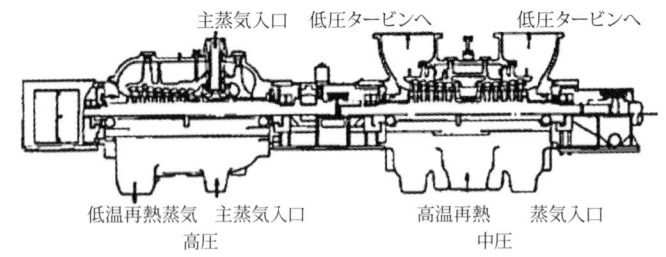

(a) プライマリ軸

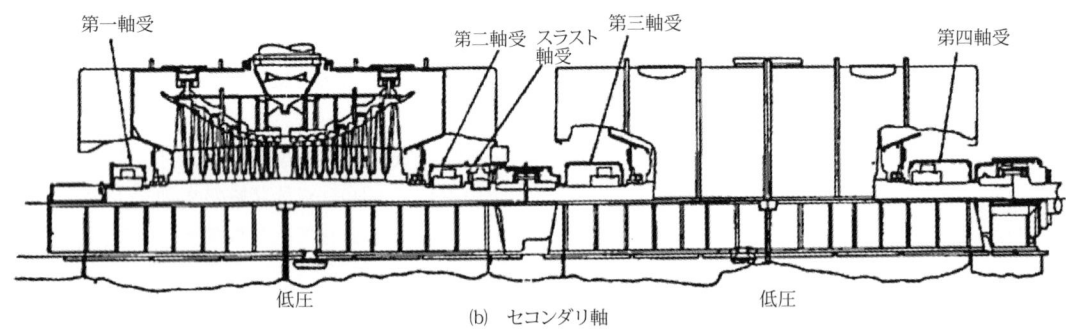

(b) セカンダリ軸

図1.24 並列形再熱再生タービン（1,000MW、東芝）

だ構成を単軸くし形（tandem compound）と呼ぶ。この場合、最大容量は発電機の製作容量で決まり、現在は1,000MWまで製造されている。また、分割した車室、ロータを平行に並べて各軸毎に発電機を持つ構成を二軸並列形（cross compound）と呼ぶ。プライマリ軸、セカンダリ軸の回転数と出力を等しくした場合は同一仕様の発電機を使用できるが、大容量の場合などはセカンダリ軸に低圧を集めて4極発電機を用いる設計もできる（図1.24）。

低圧タービンの排気容量によって使用する最終段動翼の環状面積と低圧部の排気流数（フロー数）を選定する。蒸気タービンメーカー各社は回転数毎にあらかじめ開発した標準的な最終段動翼を持っている。排気流数によって複流（double flow）、3流（triple flow）、4流（four flow）、6流（six flow）などの形式が採用されている。これらをまとめて、TC4F-40（tandem compound four flow turbine with 40 inch last stage blades）、CC4F-48（cross compound four flow turbine with 48 inch last stage blades）などと表示し、タービン形式、フロー数、最終段翼長を簡潔に示すことができる（図1.25）。

1.3.5 被駆動機の用途による分類

発電用には回転数を一定として出力のみを変化させることが多い。被駆動機の特性が回転数変化と出

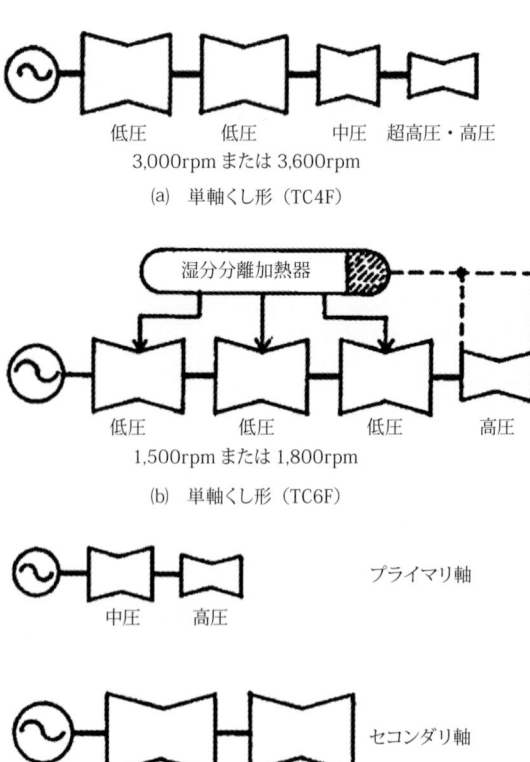

図1.25 タービン形式と車室の配置

力変化とに相関関係があるような場合には、原動機として蒸気タービンを選択することが有利となることが多い。

(1) 移動形
船舶主機用、機関車用（この場合、減速装置の他に後進用のタービンが別に設置される）

(2) 定置形
発電用（電力系統に直接結ばれているものが主であるが、紡績機用には高周波発電機を高速で駆動している例もある）。

送風機用、圧縮機用、ポンプ用（回転数変化により吐出圧、流量制御を行うことができ、被駆動機の構造を簡単にできる）。

抄紙機用、ケーンミル用（負荷変動があっても回転数が一定となるように調速機の調定率を0としている）。

なお、使用する蒸気の発生方式によって原子力用、地熱用、ごみ焼却炉用、排熱回収用などと分類されることもある。

1.4 技術開発の方向

最初の節で述べたように、蒸気タービンは国内でも海外でも発電用を始めとして様々な分野で重要な役割を果たしており、蒸気タービンの重要性は将来も変わらないと言って良い。従って、今後も蒸気タービンに関する技術の向上が要請されている。機種毎に今後の技術課題と開発の方向を述べる。

1.4.1 大容量火力用蒸気タービン

世界の発電量の中で最大の発電方式は蒸気タービンを用いた石炭火力発電であり、中国を中心とした発展途上国での比率が大きい。一方で、石炭火力からは、最新鋭の超臨界圧蒸気タービン発電システムにおいても、kWhあたり0.9kgの二酸化炭素が排出されており、他の発電方式と比較すると、より一層の発電効率の向上により、二酸化炭素の排出量を削減することが求められる。

近年において、風車や太陽電池などの再生可能エネルギーによる発電量の増加に伴い、発電系統の電力変動の制御が重要な課題になっている。発電量の大きな蒸気タービンシステムがこの負荷変動の制御の一端を担うことが要請されておりこれに関連する技術開発が必要となっている。

(1) 高温高圧化
1989年7月に完成した中部電力㈱川越発電所1号機700MWタービンは31.1MPaG、566/566/566℃の蒸気条件を持つ2段再熱タービンでタービン室熱効率48.39%（LNG燃料）を達成した。

現在では、600℃級の超々臨界圧蒸気タービン発電システムは国内では広く普及している。海外でも北米や中国などの最新プラントには次々に採用されている。将来に向けて、さらに高効率化を目指して700℃級〜750℃級のA-USC（Advanced Ultra-Supercritical）蒸気タービン発電システムの研究開発が日本及び欧州の各社で推進されている。これまでは高温材料の開発が中心であったが、今後、冷却構造や高性能化のための開発設計のフェーズに入って行くと思われる。

(2) 大型化のための高性能最終段翼の開発
高温高圧化と並行して、大型化を進めることで着実な性能向上が図られてきた。火力用のタンデムコンパウンド機（高、中、低圧タービンの車軸が全て一列に連結され、発電機1台を駆動する方式）では発電機出力の上限として1,000MW機が上限とされているが、今後の技術の進展が期待される。

大型化のためには、低圧最終段の長翼化が必要となるため、タービンメーカー各社にて高性能の長翼の開発が進められてきた。現在の最長翼は、60Hz機では48インチ〜50インチの翼長を持つ長翼である。このクラスになると既存材料の耐力限界に近くなることと、動翼先端付近の相対流入速度が音速を超えるので、より大きな技術的なブレークスルーが必要とされると考えられる。

(3) 高性能化
図1.26に大型蒸気タービンの損失の構成例を示す。この図は、最新設計の大型超臨界圧蒸気タービンを想定して作成したものである。適度な翼高さを持ち、比較的設計の容易な中圧タービンにおいてはこれまでの性能向上技術を十分に反映した最適設計が行われていて、損失は小さい。これに対して、入口から排気側に向けて翼長が急激に増大し、下流段落では超音速を含む高速流れとなり、更に蒸気の一部が凝縮して水滴となる湿り蒸気流れとなるための付加的な損失が発生するため、低圧部の翼列の損失は比較的大きく、今後の性能向上のポテンシャルを有している。低圧排気損失もそれに次いで大きいので、長翼の開発と性能の良い排気ディフューザの開発が望まれる。高圧タービン翼の損失が大きいのは、翼高さが短く流れの不均一が生じやすい初段の性能

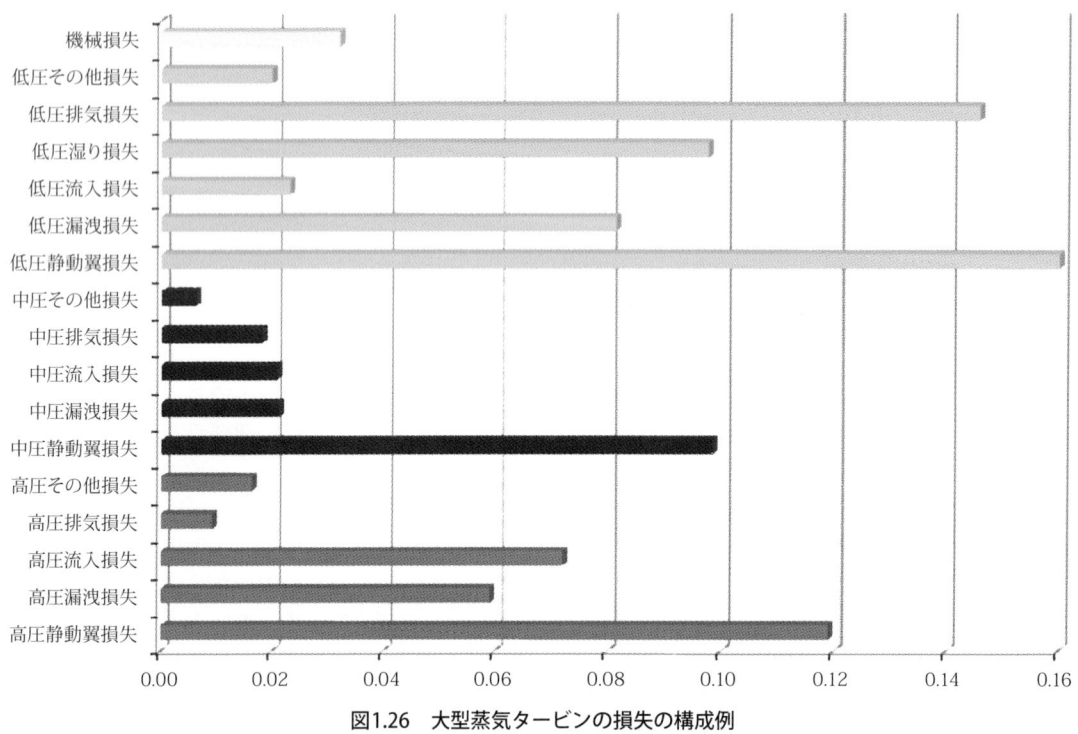

図1.26　大型蒸気タービンの損失の構成例

が低いことに大きな原因があり、この部分にも性能向上の余地がある。

(4) 部分負荷運転への対応

前述したように、今後予想される再生利用可能エネルギーによる発電量の増加により、火力蒸気タービンには負荷調整の役割が重要となる。低負荷運転状態においては、低圧タービン下流に逆流を生じることがあるので、従来以上に部分負荷特性の把握が重要になる。このことは、過度に動翼の構造強度を高めて、翼を過度に厚くするなどの性能低下を招くことがないように、性能向上設計の一環として、注力すべきテーマである。

1.4.2 コンバインドサイクル用タービン

ガスタービンの大容量化が進んだため、コンバインド用蒸気タービンの容量も大型化しており、一軸形で150MW級、GTと別軸の多軸形では500MW級の設計が増えている。更に入口蒸気温度が600℃の設計も実機への適用が始まっている。従って、石炭火力の技術課題、技術動向はコンバインドサイクル用蒸気タービンにも当てはまる。

一方、一軸形タービンの高圧部は翼長が短く、短翼段落の性能向上技術の開発は高圧タービン性能向上のために重要な課題である。

ガスタービンと連結された一軸形では、起動時に蒸気タービン側の温度が急上昇するなど、過酷な条件となることが問題だったが、クラッチでガスタービンと連結する技術が採用されるようになり、蒸気タービンの性能向上設計の上でも効果が期待できる。

1.4.3 原子力用タービン

加圧水型原子炉（PWR）においても沸騰水型原子炉（BWR）においても蒸気タービンへの供給蒸気条件はほぼ同等で、技術課題も共通している。ただし、BWR用の原子力タービンは給水が原子炉に戻るため、使用できる材料に制約があり、特別な配慮が必要な設計項目がある。

空力性能向上技術は火力用に開発して実績ができた技術を原子力で採用しており、技術課題は共通している。ただし、火力タービンと比較して湿り度が大きいこと、高圧タービンでも湿り蒸気となることから、湿り蒸気の熱力学的、流体力学的特性を精度良く考慮できる流れのシミュレーションの開発が各国にて精力的に進められている。

湿り蒸気は動翼の浸食の原因となり、性能低下の要因でもある。適切に湿分を除去する技術は従来から様々な方法が開発されて来たが、引き続き重要な

課題である。

1.4.4 地熱・太陽熱タービン

地熱タービンも太陽熱タービンも蒸気圧力、温度が低く、湿り度が大きいことで原子力と共通した課題がある。更に、地熱タービンにおいては、地熱蒸気中に含まれる腐食性不純物やスケール付着への対策を行いながら、大型化と性能向上が進められている。

太陽熱タービンに関しては、負荷変動が非常に大きく、急速起動、急速停止に対応できる構造設計や制御設計が求められている。

1.4.5 産業用中小型蒸気タービン

機械駆動用タービンは回転数が変動するため、運転回転数の範囲で十分に動翼の振動が低減できる設計にする必要がある。同時に、産業用タービンにおいても性能向上が求められており、振動の原因となる非定常流体力の精度良い予測が必要とされている。

＜参考文献＞
(1) OECD/IEA, World Energy Outlook 2011, November（2011）
(2) 田沼唯士：世界の電力需要と蒸気タービン, ターボ機械, 第40巻第5号, pp.2-8（2012）
(3) DOE/EIA, International Energy Outlook 2011, September（2011）, http://www.eia.gov/forecasts/archive/ieo11/
(4) DOE/EIA, International Energy Outlook 2010, May（2010）, http://www.eia.gov/forecasts/archive/ieo10/
(5) OECD/IEA, World Energy Outlook 2012, November（2012）
(6) タービン・発電機および熱交換機, 火原協会講座31, 火力原子力発電技術協会, 2005
(7) A. Stodola, Dampf unt Gas-Turbinen, Julius Springer（1922）
(8) 酒井吉弘：地熱用蒸気タービンの大型化・性能向上の歩み①, ターボ機械, 第40巻第5号, pp.9-15（2012）
(9) 安井澄夫：ターボ機械Ⅰ 理論と設計の実際, 29, 実教出版（1977）
(10) 藤川卓爾：蒸気タービンの歴史(1)(2)(3), 火力原子力発電, Vol. 61, No. 7,8,9, 火力原子力発電技術協会（2010）
(11) C. Zietemann, Brechnung und Konstruktion der Dampfturbinen, Julius Springer（1930）
(12) Flugel, Die Dampfturbinen ihre Berechnung und Koustraktion unit einem Anhang ubher die Gasturbinen, J. Ambosius Barth,（1931）
(13) W. J. Goudie, Steam Turbines, Longmans, Green（1922）
(14) E. F. Church, Steam Turbines, McGraw-Hill（1950）
(15) J. F. Lee, Theory and Design of Steam and Gas Turbines, McGraw Hill（1954）
(16) J. K. Salisbury, Steam Turbines and Their Cycles, John Wiley & Sons（1950）
(17) R. L. Bartlet, Steam Turbine Performance and Economics, Mc. Graw（1958）
(18) 大賀眞二：蒸気及び瓦斯タービン, 岩波（1937）
(19) 菅原菅雄：蒸気ボイラー及び蒸気原動機, 丸善（1963）
(20) 植田辰洋：ボイラおよび蒸気原動機, 共立出版（1957）
(21) 日本機械学会編, 機械工学便覧, 動力プラント（1986）
(22) 火力原子力発電技術協会編, タービン発電機講座（1978）
(23) W. Traupel, Steam Turbine, Yesterday, Today and Tomorrow, Proc. I. Mech. E. Vol.193, pp. 391-400（1979）
(24) F. R. Harris, The Persons Centenary-a hundred years of steam turbines, Proc. I. Mech. E. Vol.198, No. 53 pp.1-42,（1984）
(25) EPRI CS-2555, Project 1403-2 Final Roport, Engineering Assessment of an Advanced Pulverized Coal Power Plant Aug.（1982）
(26) Akiba M. et-al. The Design of a 700MW steam Turbine with Advanced Steam Conditions, APC, April（1985）
(27) Wozney G. P. et al, Turbine Research and Development for Improved Coal-Fired Power Plant, APC, April（1986）
(28) 特集 蒸気タービン, ターボ機械, 第16巻9号（1988）

第2章
熱サイクルおよび経済性

2.1 蒸気タービンの基準サイクル
    2.1.1 ランキンサイクル
    2.1.2 ランキンサイクルの理論熱効率
    2.1.3 設計パラメータが効率に及ぼす影響
    2.1.4 再熱サイクル
    2.1.5 再生サイクル
    2.1.6 再熱再生サイクル
    2.1.7 火力発電所としての熱効率計算

2.2 タービン形式と経済性
    2.2.1 復水タービン
    2.2.2 背圧タービン
    2.2.3 抽気復水タービン
    2.2.4 混圧タービン

2.3 各種蒸気タービンサイクルと高効率化
    2.3.1 石油化学プラントにおける蒸気タービンサイクル
    2.3.2 ガス・蒸気タービン複合サイクル
    2.3.3 コジェネレーションシステム
    2.3.4 超々臨界圧火力プラント
    2.3.5 先進超々臨界圧火力プラント
    2.3.6 石炭ガス化複合発電

第2章　熱サイクルおよび経済性

2.1　蒸気タービンの基準サイクル

蒸気タービンは、事業用火力発電、産業用自家発電の主原動機として、あるいは各種産業設備の大型機械駆動機として使われる。図2.1に事業用火力発電所の全体概念図を示す。

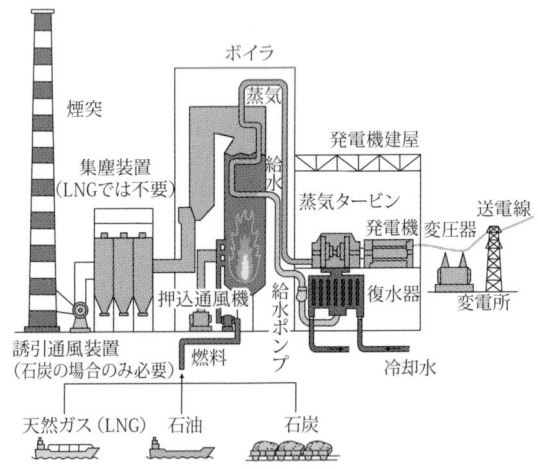

図2.1　火力発電所の全体概念図[10]

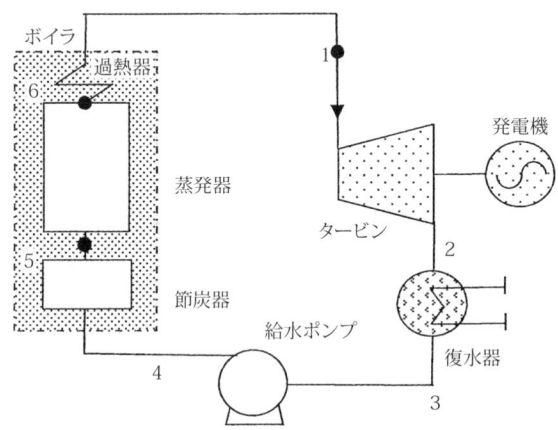

図2.2　ランキンサイクルのシステム構成図[10]

いろいろな熱サイクルのうち、最も効率の高い理想のサイクルはカルノーサイクルであるが、カルノーサイクルは実際の蒸気サイクルの状態変化では実現困難な部分を含んでおり、そのままサイクルの基準として取り扱うには適していない。

そこで、実際の蒸気原動所の基準サイクルとしては、主に下記に挙げたサイクルが採用される。

1) ランキンサイクル　　3) 再生サイクル
2) 再熱サイクル　　　　4) 再熱再生サイクル

2.1.1　ランキンサイクル（Rankine cycle）

ランキンサイクルは、蒸気原動所プラントとしては、最も基本的なシステムで、そのシステム構成図を図2.2に示す。すなわち、まず蒸気タービンで蒸気の断熱膨張により機械的仕事を取り出す。排気蒸気は復水器で冷却水により飽和復水になる。

飽和復水は、ボイラ給水ポンプによってボイラの圧力まで昇圧される。この圧縮水は、ボイラの蒸発器と過熱器によって飽和水、飽和蒸気そして過熱蒸気へと変化する。

このランキンサイクルの各要素における状態変化およびエネルギの入力・出力の大きさを、T−s線図（図2.3）およびh−s線図（モリエ線図、図2.4）に表してみる。なお、Tは絶対温度、hはエンタルピ、sはエントロピを表す。

ここで、各ポイントの状態は次のとおりである。

1　　ボイラ過熱器出口（＝タービン入口）の過熱蒸気

1-2　蒸気タービン内の断熱膨張（理想状態を示す）

2　　蒸気タービン出口（＝復水器入口）の湿り蒸気

2-3　復水器の凝縮過程

3　　復水器出口（＝給水ポンプ入口）

3-4　給水ポンプ内でのボイラ圧力P_1に至るまでの断熱圧縮過程

4　　給水ポンプ出口（＝ボイラ入口）の圧縮水

4-5　ボイラ内での給水の飽和状態に至るまでの

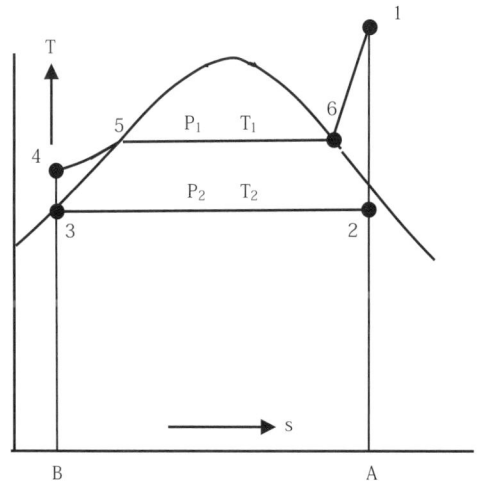

図2.3 ランキンサイクルのT－s線図

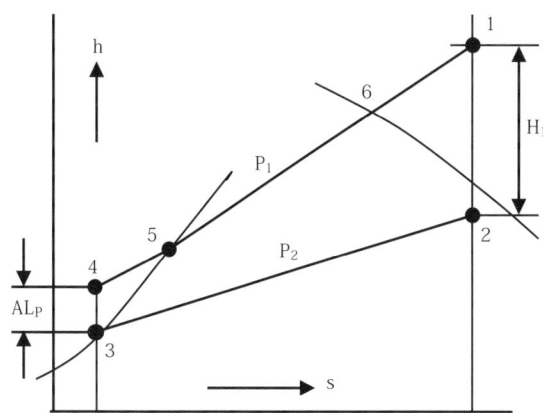

図2.4 ランキンサイクルのh－s（モリエ）線図

　　等圧（P_1）加熱過程
5　　ボイラ内で飽和水の状態となる点
5-6　ボイラ蒸発器における飽和水以降の等圧蒸発過程
6　　ボイラ蒸発器出口（＝過熱器入口）の飽和蒸気
6-1　ボイラ過熱器での等圧加熱過程

2.1.2　ランキンサイクルの理論熱効率

ランキンサイクルにおける作動蒸気の1kg当たりのエネルギーの受熱量と外部に対して行う有効仕事量は、次のように与えられる（図2.3参照）。

ボイラおよび過熱器内の過熱量
　$Q_1 = h_1 - h_4 =$ 面積B4561A

復水器内の放熱量　$Q_2 = h_3 - h_4 =$ 面積B32A
有効仕事 $AL = Q_1 - Q_2 =$ 面積123456
ランキンサイクル理論効率（ideal cycle efficiency）
　$\eta_{Ran} = AL/Q_1 =$ 面積123456/面積B4561A

$$\eta_{Ran} = \frac{h_1 - h_4 - (h_2 - h_3)}{h_1 - h_4} \qquad \cdots (1.1)$$
$$= \frac{h_1 - h_2 - (h_4 - h_3)}{h_1 - h_3 - (h_4 - h_3)}$$

ここで、タービン内断熱熱落差　$h_1 - h_2 = H_1$
1kgの水になされる給水ポンプの所用仕事をL_Pとおくと、

$$\eta_{ran} = \frac{H_1 - L_p}{(h_1 - h_3) - L_p} \qquad \cdots (1.2)$$

初圧力P_1が低く、したがってL_Pの大きさが無視できる場合は

$$\eta_{ran} \fallingdotseq \frac{H_1}{h_1 - h_3} \qquad \cdots (1.3)$$

ここで、
　h_1：タービン入り口蒸気のエンタルピ　（kJ/kg）
　h_3：復水器出口飽和水のエンタルピ　（kJ/kg）
なお、ランキンサイクルにおける蒸気タービンの内部損失を考慮するとh-s線図は、図2.5の太線1-2'のようになる。

本図において細線1-2は理想状態すなわち断熱変化を表し、タービン排気の実際の点は断熱膨張の場合の点2に対して点2と同じ等圧線上の点2'になる。ここで

$$\frac{h_1 - h_2'}{h_1 - h_2} = \frac{H_1'}{H_1} \qquad \cdots (1.4)$$

は、タービンの内部効率（internal thermal efficiency）に相当する。

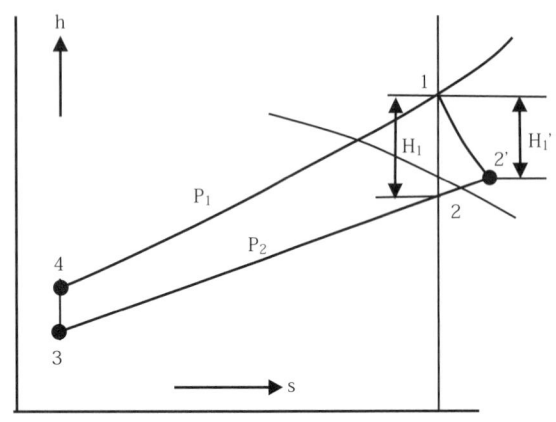

図2.5 諸損失を考慮したランキンサイクルのh−s線図

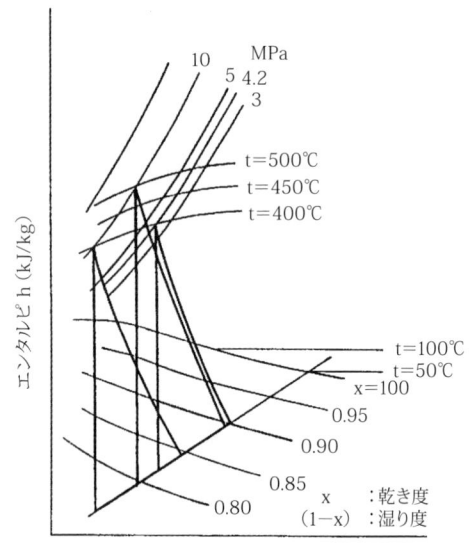

図2.6 タービン排気の湿り度

2.1.3 設計パラメータが効率に及ぼす影響

(1) 蒸気入口圧力

ランキンサイクルの有効仕事の大きさが、図2.3において面積123456で表されることから、入口圧力P_1を高く取るほどサイクルの熱効率は良くなる。

自家発電等の中小規模の蒸気サイクルでは、経済的な圧力を決める目安として次のような標準値がある。

$$P = K\sqrt{G}$$

　　P：タービン入口圧力（MPaG）
　　G：タービン入口蒸気量（t/h）
　　K：定数　　8〜10

入口温度を上げずに入口圧力のみを高く取り過ぎると、図2.6に示したように排気の湿り度が過度に大きくなりタービン低圧段の内部損失が増加する。

また、一般に湿り度8〜12％程度となると湿り蒸気による翼のエロージョン対策を必要とするようになる。そのような場合、入口温度の高温化にまだ余地がのこされていれば入口圧力の高圧化とともに入口温度の高温化を行えば効果的である。

水蒸気の臨界圧力と温度は各々22.12MPa、374.2℃であるが、事業用大規模火力では、この圧力を越える超臨界圧力（super critical pressure）を採用している。日本で多く採用されている圧力は24.1MPaGでありこの場合熱効率は40％程度である。蒸気入口圧力の増加による効率向上（1行上の条件からの相対向上値）を表2.1に示す。

(2) 蒸気入口温度

図2.3においてタービン過熱蒸気の温度を等圧線

表2.1 蒸気入口圧力と効率の関係

蒸気温度 （℃）	蒸気圧力の変化 （MPaG）	発電端効率向上 （相対値）（％）
538/538	10〜12.5	1.4
538/538	12.5〜16.6	1.7
538/566	12.5〜24.1	2.0
538/552/566	16.6〜24.1	2.2
538/566/566	24.1〜31	2.7

6-1に沿ってより高い温度にすれば、サイクルの有効効率（面積123456/面積B4561A）が高くなることがわかる。

入口温度の高温化による効果はその他に、排気湿り度を低くすることにもつながり、湿りによるタービン内部損失が軽減する。また、構造上の湿り度対策も回避できることになり、二重の効果があるといえる。一般的によく用いられる蒸気条件の目安を表2.2に示す。

入口温度の採用上限範囲は主として材料上の問題と経済性から決まる。蒸気入口温度にさらされる部分は、過熱器、配管、弁、蒸気タービン前段部分で使用材料と構造面の技術的問題と経済的理由から初温度の限界がある。現状の実用上の最高温度レベルは、超臨界圧力と超々臨界圧力火力で採用されている566〜620℃であるが、現在、先進超々臨界圧力火力として700℃級の実用化を目指した開発が進められている。

表2.2 蒸気入口圧力・温度の一般的標準レベル

入口圧力（MPaG）	入口温度（℃）
2	320～350
4.1	400～440
6	440～480
8.6	480～510
10	510～538
12.5	510～538
16.6	538～566
24.1	538～566
25	600～620
＊31	700～725

＊現在、国家プロジェクトで開発中

(3) 排気圧力

タービン排気圧力をより低く取れば、図2.3のT-s線図においてサイクル熱効率を決定する面積123456/面積B4561Aのうちのライン2-3がより低温側へ下がることになり、効率改善の効果が特に大きい。

排気圧力を低く取ることによる効率向上の傾向を図2.7に示す。復水タービンの排気は湿り蒸気であるから、その圧力は復水器での温度によっておのずから決まる。これをどこまで下げられるかは、次のような点を考慮して決定する。

①復水器冷却水の温度と復水器コスト
②タービン最終段の湿り度
③タービン最終段の蒸気容積流量と翼長

一般に冷却水が工場循環水の場合は、真空度650～700mmHg（15～8kPa）、海水の場合で真空度722～734mmHg（5～3.5kPa）程度が現実的な設計値となる。海外の場合は冷却塔を適用するケースが多いのでこの場合は工場循環水の場合と同程度の排気圧力となる。

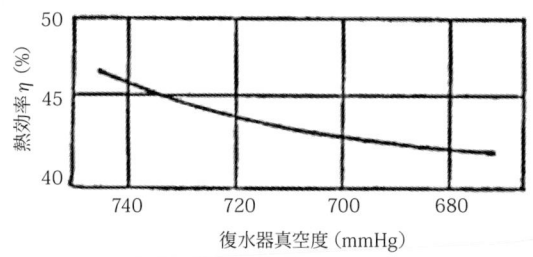

図2.7 復水器真空度[11]

2.1.4 再熱サイクル（reheat cycle）

ランキンサイクルの効率を高める手段を前節で述べたが、入口圧力を高めるにしても排気圧力を下げるにしても、サイクル効率向上はタービン出口蒸気の湿り度の限界に阻まれる。また、これを解決するために入口温度を上げようとすると材質上の限界がある。そこでこれらの理由によるランキンサイクルの効率的限界を越える一つの方法として再熱サイクルが組まれる。

再熱サイクルでは、図2.8のようにタービンでの膨張を二段階または三段階に分け、中間段圧力まで膨張した蒸気をボイラに戻して再熱器で入口温度と同程度のレベルまで再加熱したあと次の段のタービンへ送る。

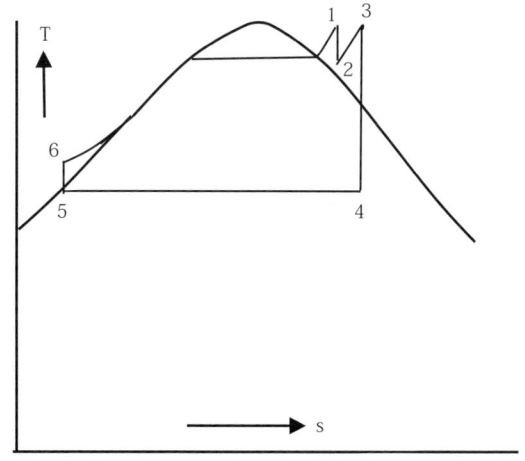

図2.8 再熱サイクルのT-s線図

その結果、図2.6で理解出来る様に、タービン排気が過剰湿り域に達しなくなる。また、高温部のサイクルの形がカルノーサイクルに近づくことになりサイクル熱効率が向上する。

再熱サイクルによる効率の向上は、ランキンサイクルよりも相対的評価で4～5%（効率の差として1.5～2%）になる。1段再熱をさらに2段再熱にすることによって相対値で1～1.5%向上する。

また、例えば主蒸気圧力24.1MPaGの1段再熱サイクルにおいて、蒸気入口温度538/538℃をベースに538/566℃に上げることによって熱効率相対値で0.8%向上し、566/566℃に上げた場合は1.8%向上する。

事業用火力では、ほとんど例外なく再熱サイクル

（超臨界で通常1段、場合によっては2段、超々臨界で2段）が採用される。自家発電プラントでは、建設費をおさえ、かつ、より単純なシステムとするため再熱サイクルは通常採用されていない。

2.1.5 再生サイクル（regerative cycle）

ランキンサイクルの熱損失の大部分は、復水器で冷却水に捨てられる放熱が占めている。この点を改善するために考案された再生サイクルは、タービン排気の一部分をサイクルの中で熱回収し、復水器に送られる蒸気の量を減らすように熱サイクルを組み立てたものである。すなわち、タービンの中間段で抽気し、抽気加熱器に導いてポンプ昇圧後のボイラ給水を加熱する。抽気加熱器では、蒸気の凝縮潜熱は、外部に捨てられることなく、給水を加熱する形で熱回収される。

再生サイクルのシステム構成図とT-s線図を図2.9、図2.10に示す。

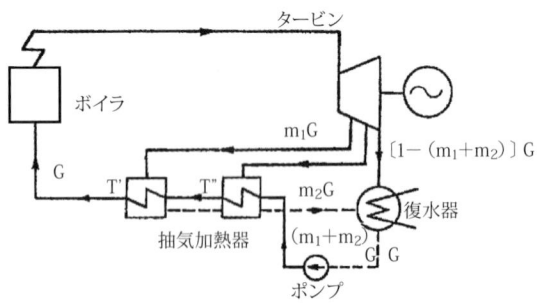

図2.9 再生サイクルのシステム構成[12]

抽気段数が多い程効率は向上するが、建設費は高くなる。経済的に有利な標準段数としては、次のとおりである。

20～50MW	4～5段
50～100MW	5～6段
100～150MW	6～7段
150～220MW	7～8段
220MW以上	8～9段

また、600℃級のUSC（Ultra Super Critical pressure）プラントでは抽気温度が高くなる。そのために最終加熱器出口に給水加熱器を設置し、中圧タービンの抽気等を利用して給水温度を更に高めるサイクルも実用化されている。これは再熱後の蒸気を抽気として利用しているのでHARP（Heater Above the Reheat Point）と呼ばれる場合もある。

2.1.6 再熱再生サイクル
（reheat－regenerative cycle）

再熱サイクルと再生サイクルは、ランキンサイクルの効率を高めるために考案されたものであるが、その内容は、同時に両立し合うことが出来る。これが再熱再生サイクルである。再熱再生サイクルは再熱器、再熱蒸気管系およびタービン自体を含めて全装置は複雑となり高価となるが、圧力9.8MPa、温度538℃以上の高圧高温の大型発電所では、この再熱再生サイクルによって得られる熱経済性の利得が大きいので広く採用されている。

1段再熱、2段抽気の再熱再生サイクルの蒸気系統の実例を図2.11に示す。

2.1.7 火力発電所としての熱効率計算

2.1.2においてランキンサイクルの理論熱効率の基本を述べたが、本項では発電所としての効率をサイクルの各要素の側から述べる。

ボイラ効率 $\eta_b = \dfrac{(h_1-h_4)G}{H \cdot B} \times 100$ （%） …（2.1）

熱サイクル効率 $\eta_r = \dfrac{h_1-h_2}{h_1-h_4} \times 100$ （%） …（2.2）

タービン有効効率 $\eta_e = \dfrac{3600 \cdot P_t}{G(h_1-h_2)} \times 100$ （%）

…（2.3）

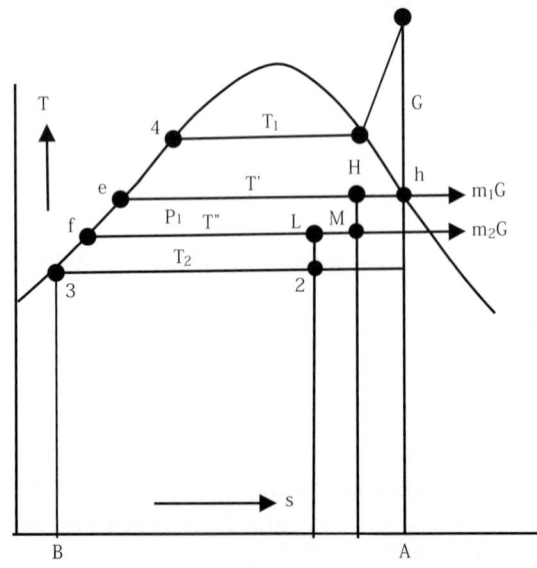

図2.10 再生サイクルのT-s線図[12]

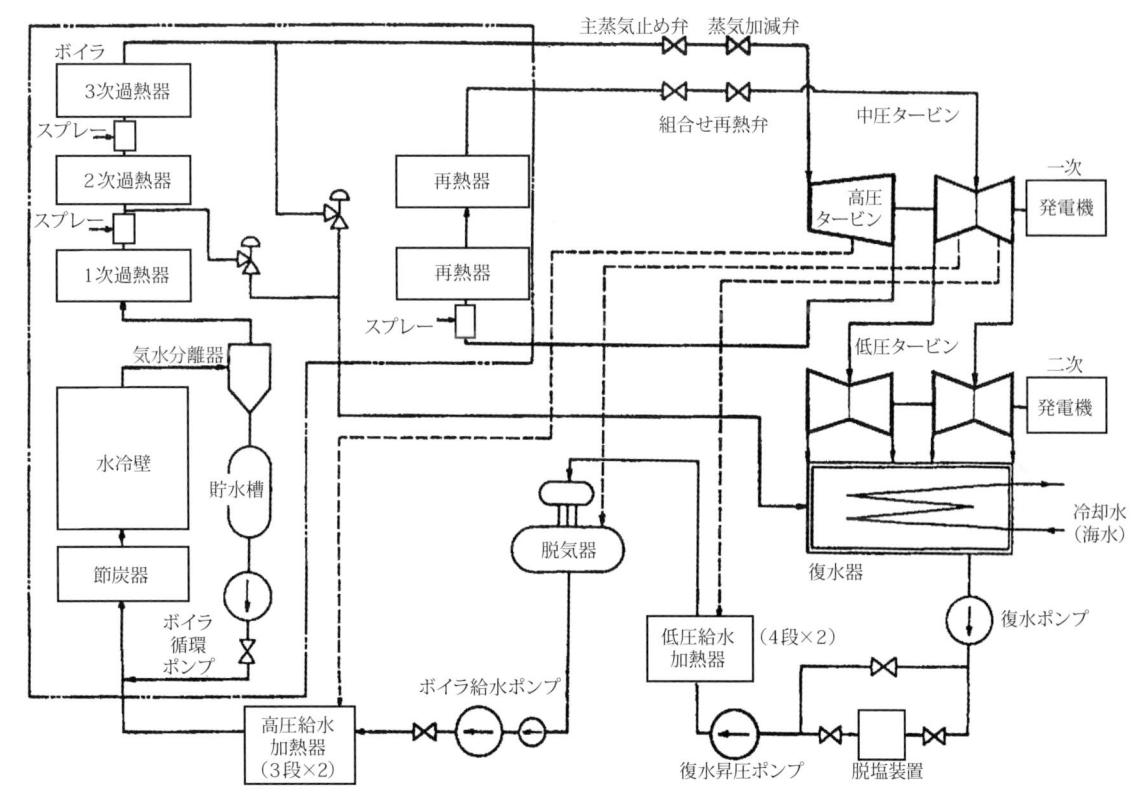

図2.11　火力発電所　蒸気系統図

タービン熱効率

$$\eta_t = \eta_e \cdot \eta_r = \frac{3600 \cdot P_t}{G(h_1 - h_4)} \times 100 \quad (\%) \quad \cdots (2.4)$$

発電機効率　$\eta_g = \dfrac{P_g}{P_t} \times 100 \quad (\%) \quad \cdots (2.5)$

発電端熱効率

$$\eta_p = \eta_b \cdot \eta_t \cdot \eta_g = \frac{3600 P_g}{H \cdot B} \times 100 \quad (\%) \quad \cdots (2.6)$$

送電端熱効率　$\eta_{p'} = \eta_p (1-L) \times 100 \quad (\%) \quad \cdots (2.7)$

所内率　$L = \dfrac{P_a}{P_g} \quad \cdots (2.8)$

ただし、
h_1：過熱器出口における蒸気のエンタルピ
　　　　　　　　　　　　　　　　　　（kJ/kg）
h_2：タービン出口圧力まで断熱膨張させたときの蒸気のエンタルピ　　　（kJ/kg）
h_4：節炭器入口における給水のエンタルピ
　　　　　　　　　　　　　　　　　　（kJ/kg）
G：蒸発量（kg/h）
H：燃料の発熱量（kJ/kg）

火力発電所における熱効率は、わが国では、高位発熱量基準（HHV基準）で示すのが一般的であるがガスタービン、コンバインドサイクルでは低位発熱量基準（LHV基準）で表示されることが多い。天然ガスの場合、LHV基準では熱効率はHHV基準に比べ相対値で約10%高く表示される。本章では熱効率はHHV基準で表示している。

B：燃料消費量（kg/h）
P_t：タービンの軸出力（kW）
P_g：発電機出力（kW）
P_a：所内使用電力（kW）

〔再熱式の場合〕

ボイラ熱効率

$$\eta_b = \frac{D_o \cdot h_o + R_o \cdot h_{ro} - W_f \cdot h_w - R_i \cdot h_{ri}}{H \cdot B} \times 100$$

…（2.9）

タービン熱効率

$$\eta_t = \frac{3600 P_t}{D_o \cdot h_o + R_o \cdot h_{ro} - W_f \cdot h_w - R_i \cdot h_{ri}} \times 100$$

…（2.10）

ここで、

- D_o：過熱器出口（高圧タービン入口）における蒸発量 （kg/h）
- h_o：同上における蒸気のもっているエンタルピ （kJ/kg）
- R_o：再熱器出口（タービン再熱段入口）の蒸発量 （kg/h）
- h_{ro}：同上における蒸気のもっているエンタルピ （kJ/kg）
- W_f：給水量（kg/h）
- h_w：節炭器入口の給水のもっているエンタルピ （kJ/kg）
- R_i：再熱器入口（高圧タービン出口）の蒸気量 （kg/h）
- h_{ri}：同上における蒸気のもっているエンタルピ （kJ/kg）

200MW以上の規模の火力発電所における概略値のいくつかを示すと次のとおりである。

- ボイラ効率（η_b）……………… 86〜93%
- タービン有効効率（η_e）……… 84〜92%
- 熱サイクル効率（η_r）………… 43〜48%
- タービン熱効率（η_t）………… 37〜47%
- 発電機効率（η_g）……………… 98〜99%
- 所内率（L）……………………… 3〜7%

事業用大規模発電所について主蒸気入口圧力24.1MPaGと31MPaGのいくつかのケースについて、その発電効率の計画値を表2.3に示す。

なお、蒸気タービンの熱サイクルに関しては、(1)〜(9)などの文献が知られている。

2.2 タービン形式と経済性
2.2.1 復水タービン（condensing turbine）

蒸気タービンには、図2.12に示すように復水タ

表2.3 超高圧・高温火力プラントの効率[13]
（700MWクラス石炭専焼の場合）

蒸気条件		タービン形式	発電端効率 %
MPaG	℃		
24.1	538/538	T・C	40.5
24.1	538/566/566	T・C	41.3
31	566/566/566	T・C	42.2
25	600/600	T・C	44.0
*31	725/725/725	T・C	48.0

*現在国家プロジェクトで開発中

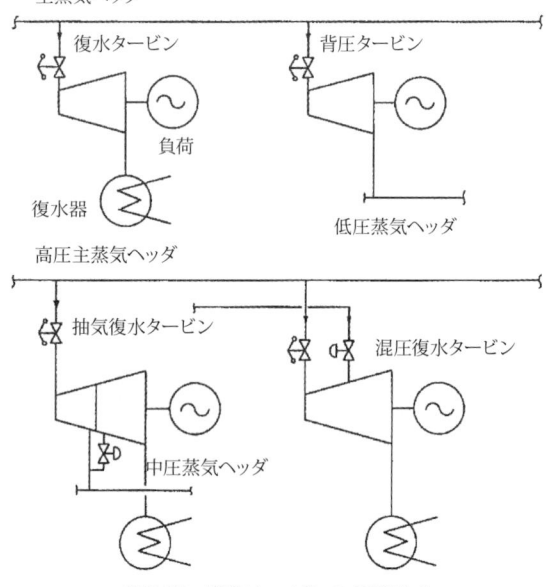

図2.12 蒸気タービンの各種形式

ービン、背圧タービン、抽気背圧タービン、抽気復水タービン、混圧タービン等の使い方がある。

このうち、全量復水式の復水タービンは、蒸気の持っているエンタルピを最大限に活用出来る。したがって、事業用火力発電所のように、発電のみを目的とするプラントではこの形式が採用される。

復水タービンは、排気を全量復水器で凝縮させるため、大量の潜熱を冷却水すなわち系外へ捨てることになり、これが大きな熱損失となる。

経済的な面では、復水タービンは段数が多く低圧段の容積流量が非常に大きくなり、タービン低圧部の寸法が大きくなる。また、復水器が必要となるため、建設費と運転保守の点でコスト高になる。

2.2.2 背圧タービン（back pressure turbine）

自家用発電所においては、電気のみでなく蒸気の

需要もあり、蒸気供給設備としての役割を果たす場合が多い。すなわち、タービンを背圧タービンとして、排気圧力をプラント内外の蒸気需要に応じた圧力レベルに設定する。タービンそのものとしては、図2.13に一例を示したように有効熱落差が非常に小さくなり、タービン出力が小さくなる。

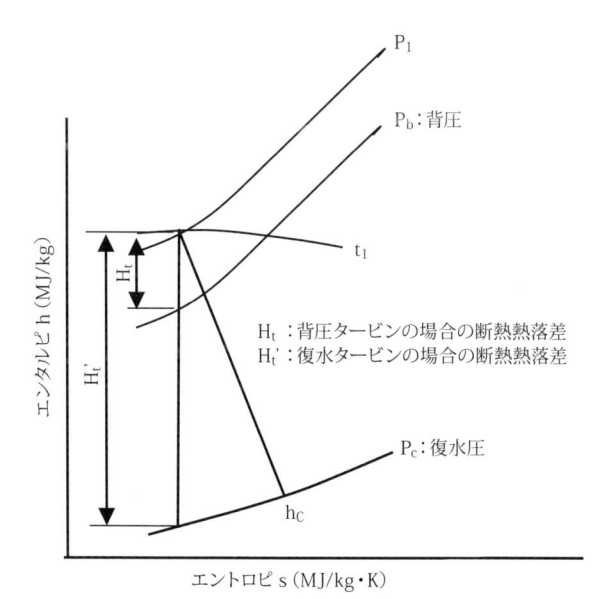

図2.13 背圧タービンの熱落差

しかし、出口蒸気がプロセス工程などプラントの中で潜熱まで含めて有効に利用されれば、全体として高い熱効率を実現出来るので、蒸気の需要量が充分にある場合は背圧タービンの採用が適する。

また、タービン段落数が減り構造が簡単であり、排気部分の寸法が小さくなるのでコスト的に最も安価である。

背圧タービン（または抽気背圧タービン）は、蒸気を多量に消費する石油精製、石油化学、紙パルプ、繊維、食品工業等の分野に多く使用されている。これらの実際の用途において蒸気負荷と電気負荷は季節やプロセス変動によりそれぞれ独立して変化する。

背圧タービンの場合、このアンバランスには対応出来ないので、系統電力からの受電量の増減又は高圧蒸気からの減圧減温で対応することになる。

復水タービンを用いプロセス蒸気をボイラから直接得る場合と比較して、同一出力、同一熱量のプロセス蒸気を供給する背圧タービンによる熱の節約量は、蒸気の保有潜熱まで全て有効利用されるとした場合、次のような式で表される。

この節約熱量をE（MJ/h）で表すと、

$$E = \frac{H_t \cdot \eta_i}{H'_t \cdot \eta_{ic}} \cdot G h_c \qquad \cdots (2.11)$$

ここで、

 G：背圧タービン蒸気量（kg/h）
 η_i：背圧タービン内部効率
 η_{ic}：復水タービン内部効率
 H_t：背圧タービン断熱熱落差（MJ/kg）
 H'_t：復水タービン断熱熱落差（MJ/kg）
 h_c：復水器での蒸気の保有熱（MJ/kg）

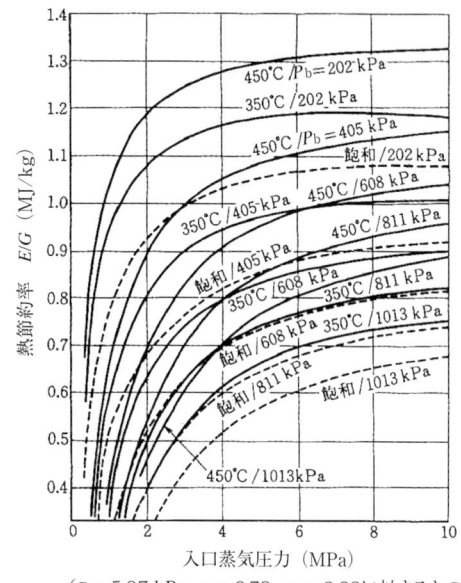

（P_c=5.07 kPa, η_i=0.78, η_{it}=0.82に対するもの）

図2.14 背圧タービンによる熱経済性[14]

蒸気1kgに対する熱節約量E/Gをタービン入口圧力、温度の関係で纏めると図2.14のようになる。

これから明らかなように、高温・高圧化しH_tを大きくするほど、あるいは、背圧タービンの背圧を低くしてH_tをH'_tに近づけるほど節約熱量が増加することが分かる。

また、抽気を含む抽気背圧タービンも、熱サイクルの中での特徴は背圧タービンと同様である。

2.2.3　抽気復水タービン（extraction condensing turbine）

背圧タービンを用いると、排気の蒸気が余ってしまう場合は、抽気復水タービンを用い、抽気復水の

需要量に応じて抽気量を加減する方式が採用される。

タービンの必要出力は、低圧タービン蒸気量の増減によって維持される。したがって、この抽気復水タービンでは、復水タービンと背圧タービン両方の特徴を兼ね備えつつ、抽気蒸気需要量とタービン必要出力の両方を満足することが出来る。

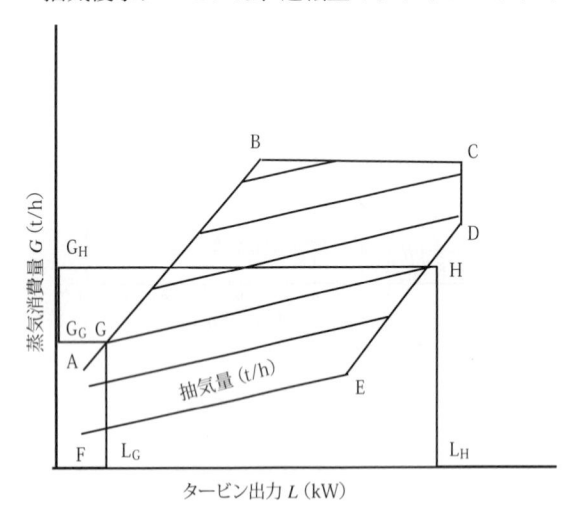

抽気復水タービンの蒸気消費量線図を図2.15に示す。この図の中でラインFEは抽気量運転範囲の下限、ラインBCは入口蒸気量の上限を示し、ラインABは低圧タービン流量運転範囲の下限、ラインDEはその上限を、ラインCDは出力の上限を示している。

ある任意の抽気量における性能カーブがラインGHとした場合、この抽気量需要が変わらなくても、出力はタービン入口蒸気量をG_GからG_Hまで増減する（したがって低圧タービンも同じ差で増減する）ことによって、出力をL_GからL_Hまで変化させることが出来る。

抽気復水タービンは、運転上のフレキシビリテイが得られる反面、抽気制御弁が増えるなど構造面でコスト高になる。

鉱業、鉄鋼工業、セメント工業などは蒸気需要量よりも電力需要量の方が大きく、復水タービンや抽気復水タービンがよく用いられる。

2.2.4 混圧タービン（mixed pressure turbine）

中低圧蒸気が、プラントの中で余っていて、それをタービンの中間段に導入して有効利用する手段もある。これが混圧タービンで、余剰気味の中低圧蒸気をタービンの中間段に導入し、低圧タービン動力の一部として活用する。プラントの蒸気バランスを向上するため、この方式を採用するケースも少なくない。

製紙工場の自家発電プラントでは、中圧のソーダ回収ボイラを設け、圧力レベルの異なる二つの系統の蒸気を各々別のタービンに入れる代わりに図2.16のように混圧タービンに導くことによって効率的なシステムを組んでいる。なお、このタービンは混圧に加えて2段抽気を有している抽気混圧復水タービンである。

図2.17に混圧タービンを応用し省エネルギ化を

図2.15 抽気復水タービンの蒸気消費量線図

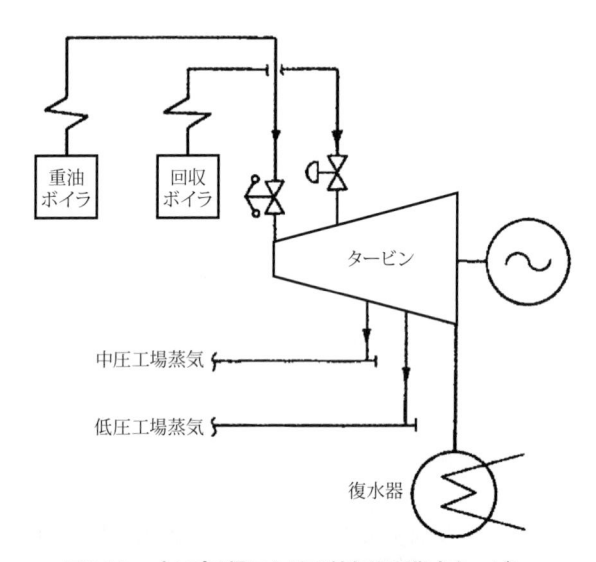

図2.16 パルプ工場における抽気混圧復水タービン

図った熱電併給自家発プラントの事例を示す。

なお、混圧タービンの形式には、制御弁通過後タービン段落に入る前に高圧蒸気と混気する絞り調速式（図2.18）と、1段段落（ノズル及び動翼）通過後に混気するノズル調速式（図2.19）とがある。

前者は部分負荷効率で後者より劣る反面、構造がより簡単であるといった特徴がある。

2.3 各種蒸気タービンサイクルと高効率化
2.3.1 石油化学プラントにおける蒸気タービンサイクル

石油化学など、産業プラントに組み込まれた場合の蒸気サイクルの実際的なバランスフローの事例を

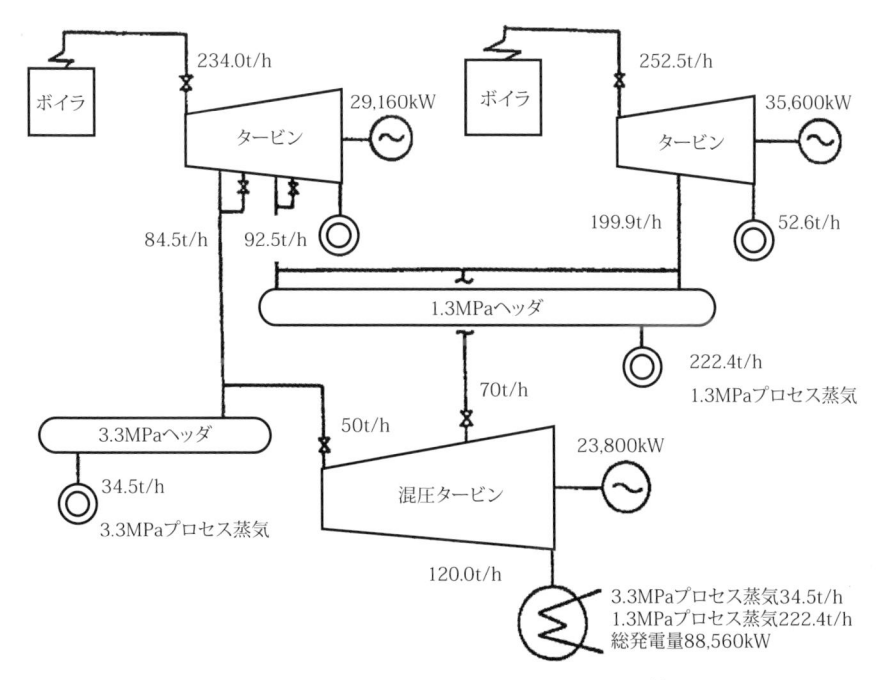

図2.17　熱電併給プラントの混圧タービン事例[15]

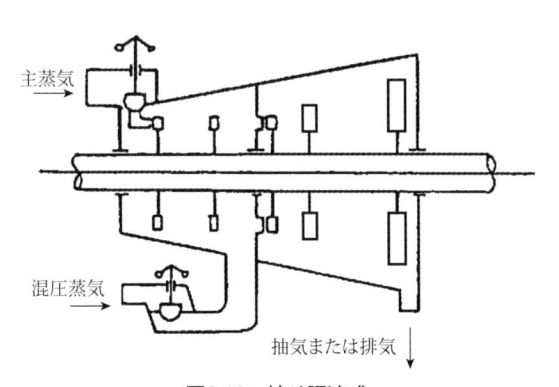

図2.18　絞り調速式

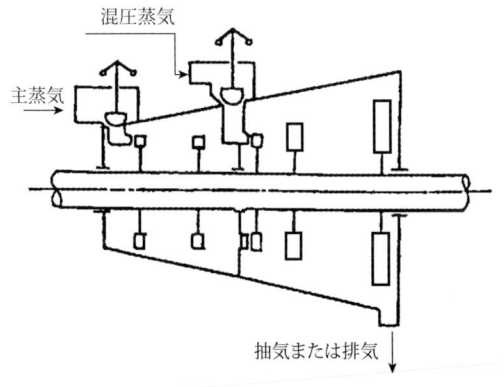

図2.19　ノズル調速式

図2.20に示す。

このプラントの蒸気は下記の圧力レベルからなる。

　　10MPaG　　500℃（SHS）
　　4MPaG　　380℃（HS）
　　1.5MPaG　　260℃（MS）
　　0.35MPaG　　200℃（LS）

SHSは、高温で操作されるプロセス分解炉の余熱を熱源として発生する。

このSHSの大部分は、大型のコンプレッサー駆動タービンに使われる。このタービンは、抽気復水タービンになっており、高圧段に入ったSHSの大半が、HS蒸気として抽気ヘッダに排気される。

HS蒸気は、タービンから抽気とパッケージボイラの発生蒸気とからなり、プラント内の多数の蒸気タービンに使用され、一部は、高温レベルのプロセス加熱用に使われる。

MS蒸気は、HS系統背圧タービンの排気及びMSからなり、小型背圧タービンとプロセス加熱用に使われる。

最後のLS蒸気は、MS系統背圧タービンの排気及びMSからの減圧蒸気からなる。このLS蒸気は、脱気器、プロセスリボイラ、スチームトレース等に使われる。復水器とプロセス熱交換器で凝縮して出来

29

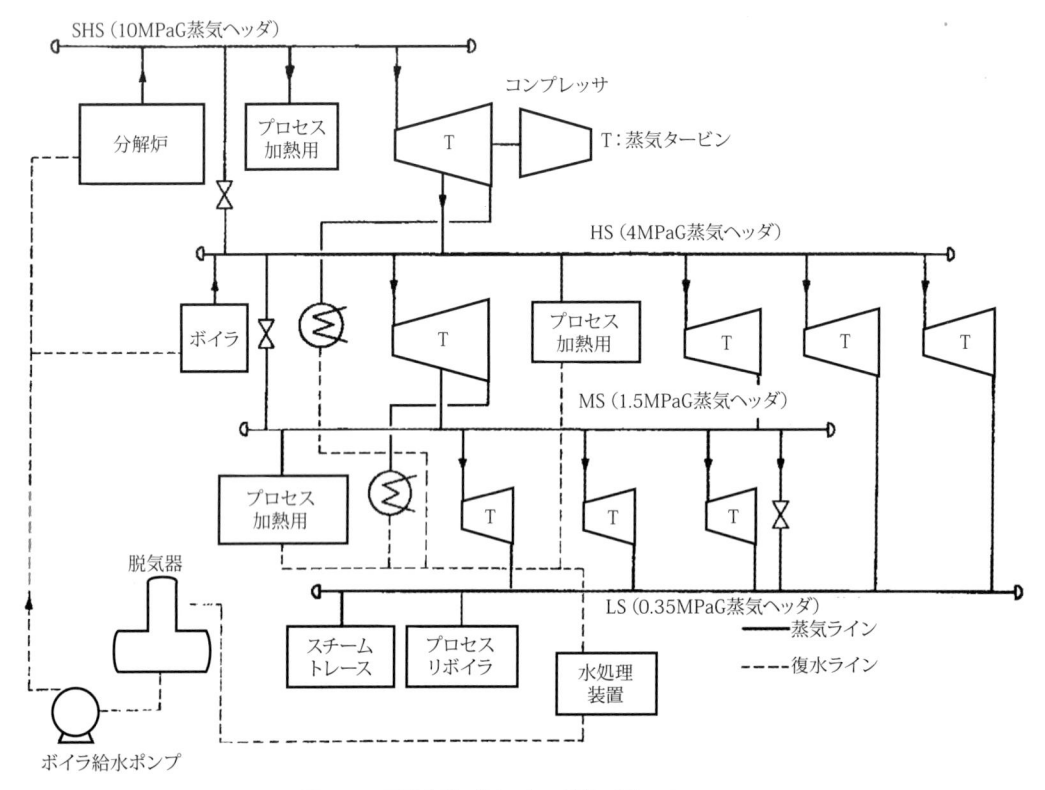

図2.20　石油化学プラントの蒸気バランスフロー

た復水は、脱気処理後、ボイラ給水ポンプによって、プロセス分解炉及びパッケージボイラに送られる。

この蒸気サイクルのエネルギ損失の大部分は、タービンコンデンサの凝縮潜熱であり、ついで、各タービンの機械損失、配管等の放熱損失、ブローオフ、漏れ損失などである。

なお、化学、石油化学プラントの蒸気サイクルは初圧力10～12MPaG以下がほとんどである。

そのため、この事例のように再熱サイクルを組むことはせず、その中で複数の蒸気タービンとプロセス工程熱源をカスケード内に組み合わせて蒸気の有効利用を図っているのが特徴である。

2.3.2　ガス・蒸気タービン複合サイクル
（gas and steam turbine combined cycle）

熱機関の理想的なサイクルであるカルノーサイクル（Carnot cycle）を図2.21のT-s線図上で考えた場合、有効効率は、$(T_1-T_2)/T_1$で決まる。

T_2は外気温度や冷却水温度より低く取ることは出来ない。したがって有効効率は、入熱過程部分の温度T_1の高さで決定される。ランキンサイクルの場合、

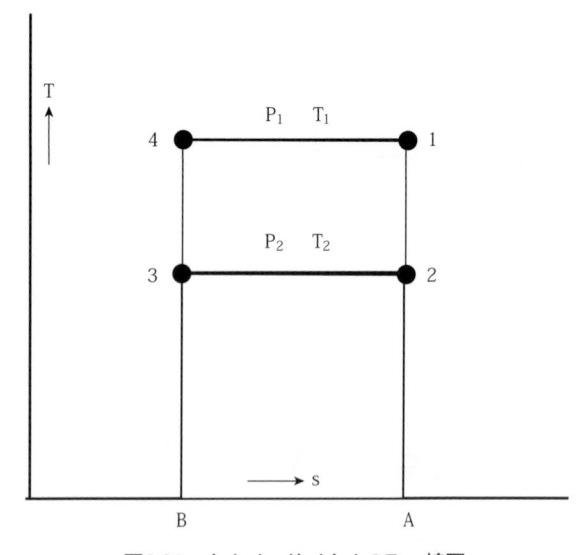

図2.21　カルノーサイクルのT-s線図

前述T_1に相当する部分が蒸気入口温度である。

ボイラを焚く燃料の燃焼温度そのものは、1,700～1,800℃の高温であり、蒸気をこの温度にまで上

げられれば最も理想の効率が得られる。

しかし、実用上の最高温度レベルは現状で600℃将来、700℃程度である。

ところで、熱エネルギは、それが持っている熱量の大きさだけでは、真の有効なエネルギの大きさを表したことにはならない。それは、前述のカルノーサイクルでの効率で分かるように、熱サイクルの入熱部の温度のレベルの高さによってエネルギの有効性の違いがあるためである。このような考え方により、ある熱エネルギが持っている機械的最大有効エネルギの大きさを定量的に把握し、これをエクセルギ（exergy）と名付けた。

燃料の有するエクセルギを最大限に活用するということに着目してみると、ボイラで発生した蒸気は、初めに使われた燃料の温度レベルに比べはるかに低いため、燃料のエクセルギを最大限に使ったとは言えない。

そこで、この点を改善した熱サイクルとして、高温熱機関とランキンサイクルを組み合わせた熱サイクルが考えられ、ガスタービンの発達に伴って実用化されるようになってきた。これがガス・蒸気タービン複合サイクル、一般にコンバインドサイクルまたは複合発電と呼ばれているものである。

そのサイクル構成図のいくつかを図2.22に示す排熱回収系統の形式は排熱回収式、排気助燃式など種々あるが、事業用で建設されているコンバインドサイクルの多くは、排熱回収式である。

排熱回収式において、燃料はガスタービンで燃焼し直接電力など機械エネルギに25～40%の効率で変換される。ガスタービンの排気ガスは550～600℃の高温であるので、これを排熱ボイラに通して中圧蒸気で回収する。中圧蒸気はランキンサイクルを組んで蒸気タービンを回す。

全体の熱効率を考察すると、まず、燃料の熱量を100%として、ガスタービンの熱効率を38%、発電端効率36%とすると、排ガスに100－38＝62%の熱が出てゆく。

ランキンサイクルの熱効率を27%と見るとボトミングサイクルで62%×0.27＝17%の発電を行う。したがって、この場合、全体として53%という高い熱効率を実現したことになる。

図2.23は熱の入出力バランスを熱精算図の形で図示したものである。蒸気量の減少のため、復水器損失がかなり減少し、これがサイクル効率向上に結

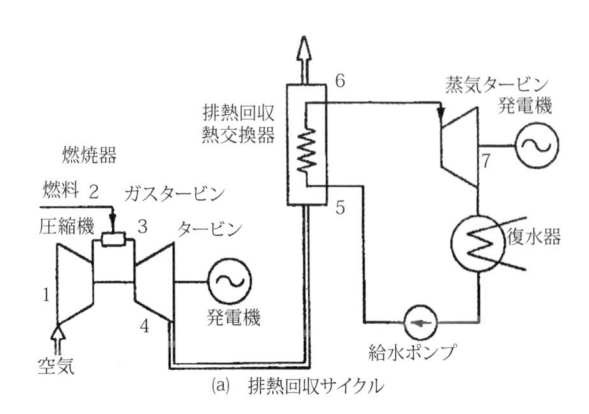

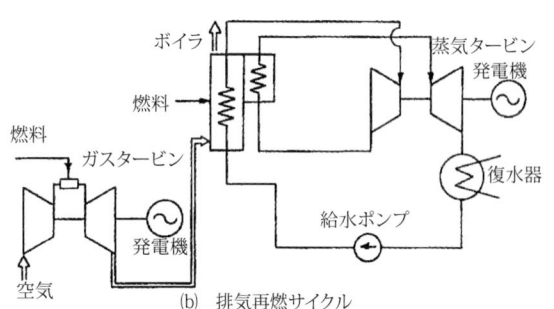

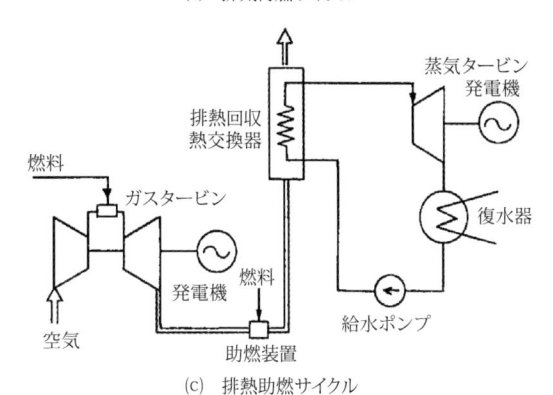

図2.22　コンバインドサイクルのサイクル構成図

(a) 排熱回収サイクル

(b) 排気再燃サイクル

(c) 排熱助燃サイクル

びついたといえる。

また、サイクルの状態変化をT-s線図に表すと図2.24のようになる。サイクル全体の出力は面積1234+面積567で表される。

本図において、コンバインドサイクルとしての熱効率は次の式で表される。

$$\eta_t = \eta_c + (1-\eta_c)\eta_s \quad \cdots (2.12)$$

η_t：コンバインドサイクルの熱効率
η_c：ガスタービン熱効率
η_s：蒸気タービンサイクルの熱効率

第2章　熱サイクルおよび経済性

(a) 1500℃コンバインド熱精算図

(b) USC汽力サイクル熱精算図

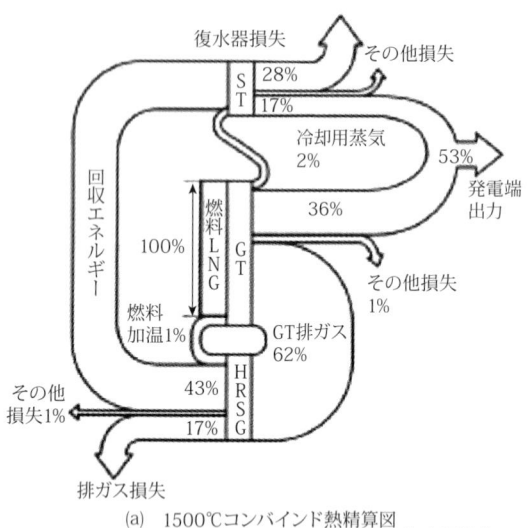

図2.23　コンバインドサイクルおよび汽力サイクルの熱精算図

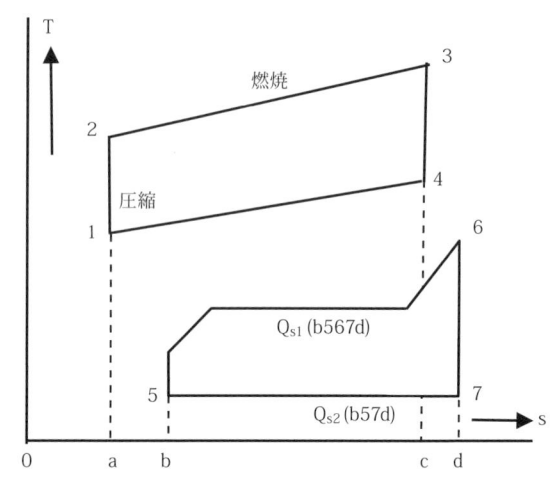

図2.24　コンバインドサイクルのT-s線図

$$\eta_s = \frac{Q_{s1} - Q_{s2}}{Q_{s1}} \quad \cdots (2.13)$$

ここで、
　Q_{s1}：蒸気サイクルでの入熱量
　Q_{s2}：蒸気サイクルでの放熱量

図2.25、図2.26に典型的なコンバインドサイクルの系統構成および1軸型パワートレイン構成図（ガスタービン、蒸気タービン、発電機）を示す。

コンバインドサイクルでは、複数台のガスタービンに蒸気タービン1台の組み合わせを多軸型という。

これに対し、ガスタービンと蒸気タービンを1軸上に連結し、これを複数台組み合わせた方式を1軸型という。前者は高負荷時の効率に優れ、後者は部分負荷効率と起動特性に優れている。

2.3.3　コジェネレーションシステム
　　　　（co-generation system）

コジェネレーションシステムは、熱と電力を同時に発生供給するシステムで、日本語で熱電併給システムまたは熱併給発電という。つまり、電力と共に熱（通常は蒸気）を供給しようとするものである。

コンバインドサイクルでは排熱ボイラの発生蒸気をランキンサイクルに組み込んだが、コジェネレーションでは、発生蒸気の全量または一部分を熱源として外部に供給する。

蒸気需要が非常に多い場合は、ガスタービンの排熱ボイラに助燃燃料を送り追いだきをする。逆に、蒸気需要が少なく、蒸気の発生をおさえて発電の割合を増やす場合は、コンバインドサイクルを組み、蒸気の一部だけを外部へ供給する。

また、ガスタービンを使わず、背圧抽気蒸気タービンを使ったサイクルも広い意味でコジェネレーションといえる。

2.3.4　超々臨界圧火力プラント
　　　　（USC=Ultra Super Critical pressure）

我が国で採用されてきた超臨界圧火力プラントの圧力、温度は各々、24.1MPaG、538/566℃である。その効率は40%（HHV基準）のレベルにあるが更に効率向上を図るため、超々臨界圧（USC）が開発された。これは蒸気圧力31MPaGまで上昇させ蒸気温度を566℃の2段再熱サイクルとすることにより熱効率を5%向上させた。

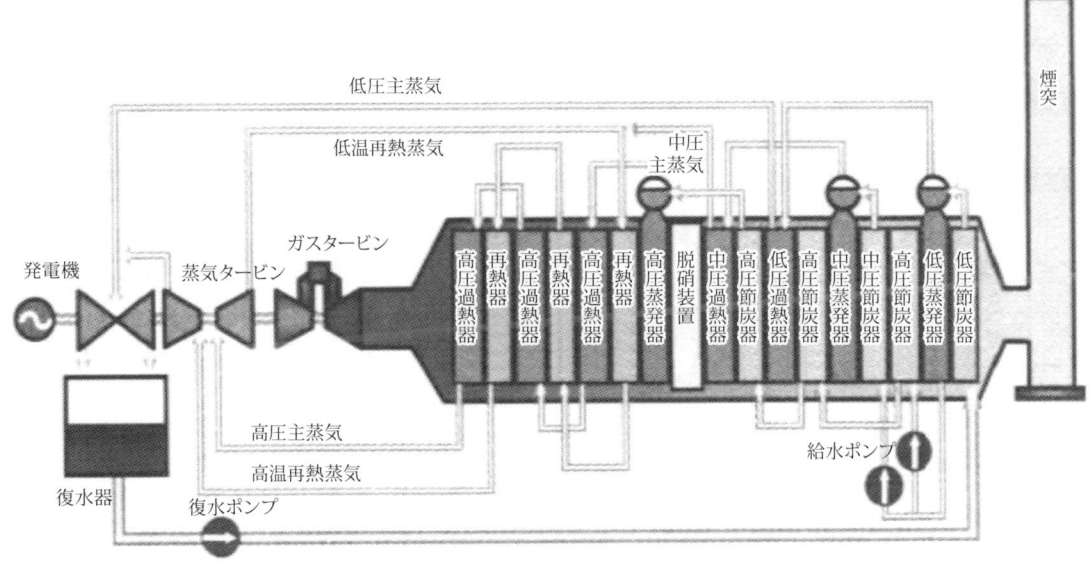

図2.25　コンバインドサイクル系統図[16]

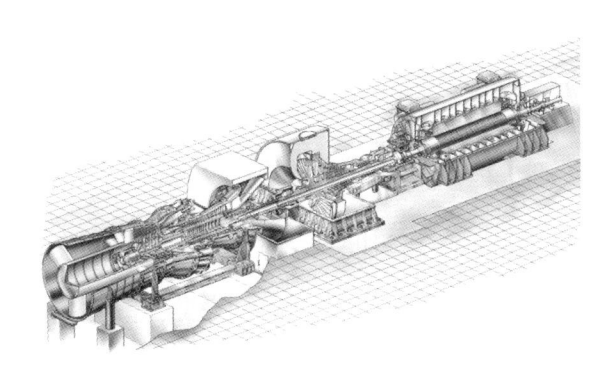

図2.26　1,300℃級1軸型パワートレイン[16]

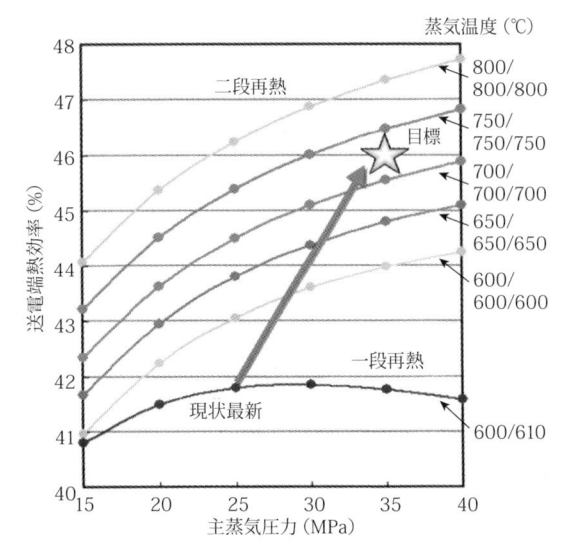

図2.27　A-USCによる効率向上[17]

この蒸気条件は中部電力㈱川越火力1、2号機に採用され熱効率42%を達成した。

その後、蒸気圧力は25MPaGとして蒸気温度600℃まで上昇させた火力プラントも超々臨界圧火力（USC）と呼称され、42%レベルの熱効率を達成している。現在、我が国の石炭火力の60%がUSCの蒸気条件を採用している。

2.3.5　先進超々臨界圧火力プラント（A-USC＝advanced ultra super critical pressure）

USC火力より蒸気温度を更に100℃上昇させ700℃とした先進超々臨界圧火力プラントの開発が国家プロジェクトとして推進されている。

熱効率はUSC火力より相対的に10%以上向上させ熱効率46%を目標としている。図2.27にA-USCによる効率向上を示す。

この蒸気条件を達成するためにはボイラ、タービンの高温部にNi基超合金を多用することからNi基超合金の開発が実用化のポイントである。

2.3.6　石炭ガス化複合発電（IGCC＝integrated coal gasification combined cycle power plant）

石炭ガス化複合発電は石炭をガス化し、脱硫、脱塵、洗浄した後ガスタービン燃料として用いる。

ガスタービンの排ガスは排熱回収ボイラで蒸気を発生させ蒸気タービンを回すコンバインドサイクル

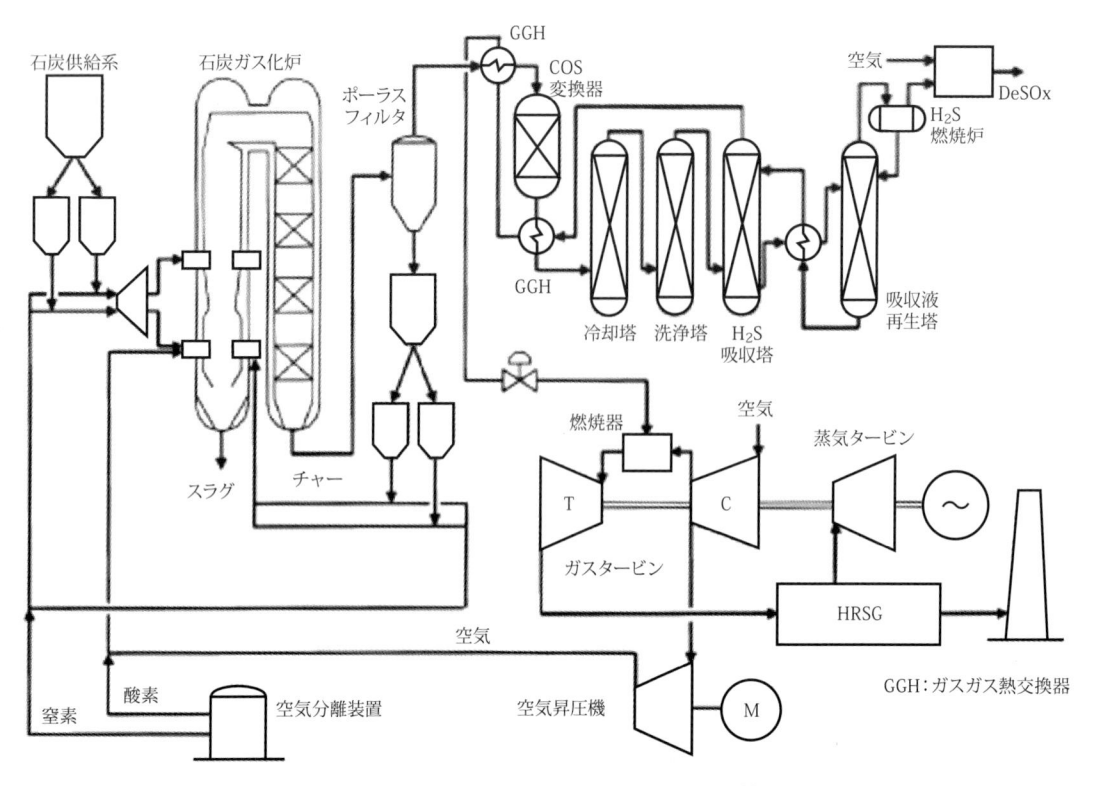

図2.28　250MW勿来 IGCC実証プラント系統[16]

である。

　この発電システムは2007年9月から国家プロジェクトとして勿来実証プラントで試験が行われた。図2.28に実証プラントの系統図を示す。

　石炭使用量は1,700t/日、出力250MW、1,200℃のガスタービンが使用された。

　5,000時間の長時間信頼性を完了し、現在、商用プラントとして運用されている。

＜参考文献＞

(1) 乾　昭文・大地昭生・他：電気電子工学通論，実教出版（2010.3）
(2) 飯田義亮・他：1,500℃級コンバインドサイクル，東芝レビューVol.56，No.6（2001）
(3) Traupel, W., "Thermische turbomaschinen", Springer-Verlag（1988）
(4) Stodola, A., "Dampf- und Gasturbinen：Mit einem Anhang über die Aussichten der Wärmekraftmaschinen", J. Springer（1922）
(5) Spencer, R. C.et al., "A Method for Predicting the Performance of Steam Turbine-Generators, 16,500kW and Larger", ASME Paper 62-WA-209（1974.7）
(6) Bartlett, R. L., "Steam Turbine Performance and Economics", McGraw-Hill Book Co., Inc.（1958）
(7) Salisbury, J. K., "Steam Turbines and Their Cycles", John Wiley & Sons（1950）
(8) Cotton, K. C., "Evaluating and Improving Steam Turbine Performance", Cotton Fact Inc（1993）
(9) シチェグリヤエフ・トロヤノフスキ：蒸気タービン－理論と構造－，タービン研究会編，三宝社（1982）
(10) 乾　昭文・大地昭生・他：発送変電工学，技報堂出版（2012.3）
(11) 飯島一利他：火力発電，電気学会（オーム社）（1969）
(12) 大賀恵二・斉藤武：工業熱力学通論，日刊工業新聞社（1975）
(13) 中村裕交：'82新テクノロジーシンポジウム－超高圧・高温火力プラントについて（1982）
(14) 機械工学便覧　応用編　B6　動力プラント，p.102（1991）
(15) 江口満・宮川清：水島第二火力発電所の混圧タービンプラント，火力原子力発電（1979.4）
(16) 火原協会講座37 コンバインドサイクル発電　平成22年度改定版，火力原子力発電技術協会（2010）
(17) 福田雅文他：A-USCタービンへの取り組み，ターボ機械（2013.1）

第3章
タービン内部の流れ

3.1 蒸気の流動

 3.1.1 蒸気の流れの特徴

 3.1.2 圧縮性流体の基礎方程式

 3.1.3 蒸気タービン内の流れ

3.2 諸損失と効率

 3.2.1 一般

 3.2.2 プロファイル損失

 3.2.3 二次損失

 3.2.4 排気損失

 3.2.5 乾き翼列効率

 3.2.6 湿り損失

 3.2.7 内部漏洩損失

 3.2.8 翼車の回転円板損失など

3.3 設計法

 3.3.1 タービンの設計プロセス

 3.3.2 一次元設計

 3.3.3 三次元設計

 3.3.4 翼形設計

 3.3.5 長翼設計

 3.3.6 計算例

3.4 記号法

第3章　タービンの内部流れ

3.1　蒸気の流動
3.1.1　蒸気の流れの特徴

蒸気タービンの段は静翼列と動翼列（衝動段落ではノズルとバケットとも呼ばれる）で構成されており、他の軸流ターボ機械に比べて次の特徴が挙げられる。

- 通常の蒸気タービンサイクルでは、圧縮過程は昇圧ポンプで行われ、ボイラで生成された蒸気はタービン内部では、温度、圧力における状態を表す蒸気表（モリエ線図）に従った膨張流となる。
- 一般火力用タービンの低圧部や軽水炉用原子力タービン、地熱用タービンでは、作動流体が湿り蒸気となる。すなわち蒸気膨張の過程で、過飽和現象に続いて自然凝縮という相変化現象が生じ、その後の蒸気の流れは微細な水滴を含む混相流となる。さらに、発生した水滴は、翼や壁面に付着し、液膜、液脈の形成や2次噴霧などを繰り返しながら蒸気通路部を移動する。
- 通常、蒸気タービンが高い入口圧力と低い排気圧力を有するために、段によって、また、運転条件によって、レイノルズ数やマッハ数が大きく変化することがその翼列の特徴である。翼弦長を代表長さにとったレイノルズ数は、高圧タービンの前方段では10^8、低圧出口段では10^5のオーダーとなる。
- 低圧部では段あたりの膨張比が大きいためにタービン通路部の外周壁面の広がり角が大きくなる。また、最終段では体積流量が著しく大きくなるために長大な翼が必要となり、その先端部の回転マッハ数が2以上となる場合もある。
- 高圧初段や小容量タービンでは、蒸気体積流量が小さく、環状流路とすると通路部高さが十数ミリと極端に低くなるため、一部の円弧範囲にのみ作動流体を流して流路高さを確保する部分送入段が使われる場合があるのも、蒸気タービンの特徴の一つである。

3.1.2　圧縮性流体の基礎方程式

蒸気タービンの内部流れは圧縮性流れで、タービンの熱膨張過程を把握し、設計する上で、次の方程式からなる基礎式が重要である。
- 状態方程式
- 連続の式
- 運動量方程式
- エネルギ保存式

a．状態方程式

理想気体の状態方程式は、p、v、Tをそれぞれ圧力、比容積、温度として、

$$pv = RT \quad (Rは気体定数) \qquad \cdots(3.1)$$

定常運転状態の蒸気タービン内部では熱交換がないものとし、無損失を仮定するならば、蒸気は断熱膨張することになり、上式は

$$pv^\kappa = const \quad (\kappa は比熱比) \qquad \cdots(3.2)$$

となる。比熱比κは、圧力、エンタルピにより変化するが、超々臨界圧を含む過熱蒸気範囲で$\kappa=1.3$、飽和蒸気の場合は$\kappa=1.135$として用いることで比較的良い近似で熱膨張計算が可能である。

ただし、過熱蒸気域から湿り域まで蒸気が膨張する場合には精度が低下するので、蒸気表を使用するのが一般的である。

b．連続の式

定常流では任意の断面を通る気体の流量は一定であるから、徐々に面積が変化する図3.1のような流管を考えたとき、

$$G = F \cdot c/v = const \qquad \cdots(3.3)$$

となる。両辺の対数値をとって微分を施すと、

$$lnG = lnF + lnc - lnv \qquad \cdots(3.4)$$

$$\frac{dF}{F} + \frac{dc}{c} - \frac{dv}{v} = 0 \qquad \cdots(3.5)$$

上式は、面積が増加する流路では、流速が増加するに従い比容積が増加することを意味している。

c. 運動方程式

図3.1で、微小巾dx前後における運動量の増加
$$G(c+dc)-G\cdot c=Gdc=F\cdot c\cdot dc/v$$
と以下に示す外力、

断面Fと$F+dF$に働く圧力
$$p\cdot F-(p+dp)(F+dF)=-p\cdot dF-F\cdot dp$$

側面に働く圧力のx成分
$$p\cdot dF$$

運動の方向にさからう抵抗力（側面に働く摩擦力）
$$-dR$$

のつりあいから、

$$F\cdot c\cdot dc/v$$
$$=-p\cdot dF-F\cdot dp+p\cdot dF-dR$$
$$=-F\cdot dp-dR \qquad \cdots(3.6)$$

となり、これが一次元流の運動量変化の方程式を表している。

F：任意の断面における断面積、p：圧力
c：流速、v：比容積、G：流量

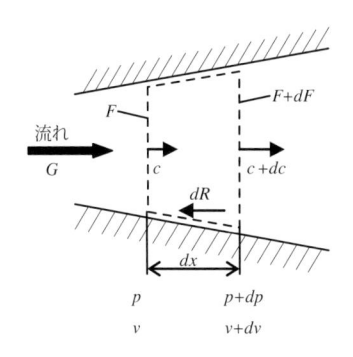

図3.1　流管内の一次元流れ

d. エネルギ式

エネルギの保存式は系へ与えられるエネルギと系外部へ放出エネルギの合計式で表わされる。

いま、
$c^2/2$：速度cの蒸気1kgあたりの運動エネルギ
q　　：1kgの蒸気に与えられる熱量
L　　：1kgの蒸気当りの仕事
h　　：蒸気のエンタルピ

とし、添え字inは系の入口、exは出口を表すものとすると、保存則から、

$$h_{in}+\frac{c_{in}^2}{2}+q_{in}=h_{ex}+\frac{c_{ex}^2}{2}+L_{ex} \qquad \cdots(3.7)$$

この式は蒸気の定常流の場合のエネルギ保存方程式を示しており、系内の摩擦の有無によらず成り立つ。タービン内にて外部と熱交換をしないと仮定すると、$L_{ex}=0$であるから、蒸気膨張の運動エネルギの増加は次式となる。

$$\frac{(c_{ex}^2-c_{in}^2)}{2}=h_{in}-h_{ex} \qquad \cdots(3.8)$$

すなわち、蒸気の運動エネルギの変化はエンタルピの変化で表される。タービンの適正な運転状態では翼列により蒸気が加速され、入口に対して出口エンタルピが減少する。本式は、蒸気の状態変化と流速やタービン仕事を関連付ける基本式として活用頻度が多い。

3.1.3　蒸気タービン内の流れ

(1)　膨張線（expansion line）

前段から後段に向かって膨張変化する蒸気タービン段落の1次元的な流れは、図3.2に示すようなエンタルピ・エントロピ線図（h-s線図）上に一本の線として示すことができ、これを膨張線と呼んでいる。蒸気の絶対速度はc、動翼上の座標系から見た相対速度はwで表す。同図は、理解のために模式的に表したものであり、静翼入口を1、静翼の出口すなわち動翼の入口を2、動翼の出口を3として静圧、静エンタルピを示している。同じ位置で、流れがせきとめられた（stagnation）状態を仮定して蒸気の持つ運動エネルギを加味した、全圧及び全エンタルピは位置を表す番号の前に0を付けて区別する。すなわち、圧力Pの添え字01、02、03、02relおよび03relは、それぞれ、静翼入口、出口、動翼の出口の静止座標系におけるせきとめ状態、動翼入口、出口の回転座標系におけるせきとめ状態を示す。

静翼入口1において、蒸気はh_1の静エンタルピを有し、静圧はp_1であるが、流速c_1による運動エネルギ分を加味した

$$h_{01}=h_1+\frac{c_1^2}{2} \qquad \cdots(3.9)$$

が全エンタルピである。蒸気は静翼出口2まで翼列内を速度c_2まで増速しながら通過し、静エンタルピはh_2まで降下するが、系外への仕事はなく、摩擦等による圧力損失が生じても全エンタルピ保存される（$h_{02}=h_{01}$）。動翼列により系外にタービン仕事がなされると、動翼出口3で全エンタルピはh_{03}まで減少する。h_{03}の内訳である静エンタルピh_3と流速c_3

の配分は翼列設計によって決まる。

(2) 効率（efficiency）

タービン内で蒸気に損失が生じなければ、膨張過程でエントロピは増加せず、h-s線上でエントロピsが一定の線上をたどって出口圧力との交点まで到達する。入口から出口までの等エントロピ変化におけるエンタルピ落差（熱落差）を断熱熱落差と呼ぶ。実際には壁面境界層、流路内渦、漏れ、衝撃波、相変化、水滴衝突などによる諸損失による全圧損失、エントロピ増加が生じるため、膨張線の終点エンタルピは増加し、エンタルピ落差（実熱落差）は減少する。一般に、実熱落差/断熱熱落差の比を段落内部効率（stage internal efficiency）と定義し、出口圧力の取り方により以下の2種類が用いられる。

トータル・トータル効率（total to total efficiency）

$$\eta_{tt} = \frac{h_{01} - h_{03}}{h_{01} - h_{03ss}} \quad \cdots(3.10)$$

トータル・スタティック効率（total to static efficiency）

$$\eta_{ts} = \frac{h_{01} - h_{03}}{h_{01} - h_{3ss}} \quad \cdots(3.11)$$

η_{tt}は動翼から流出する作動流体の運動エネルギを下流の段落で有効に利用することを想定した定義であり、多段落タービンの排気段落以外の評価に使用される。ただし、段落間の損失は別途評価する必要がある。η_{ts}は段落後の運動エネルギを全て損失とみなす定義であり、多段落の排気段や単段落構成の場合の性能評価に用いられる。

(3) 速度三角形（velocity triangle）

タービンの段における実際の流れは流体に粘性があるために、翼列に境界層、剥離、二次流れが生ずる。これに起因して、相互に相対運動をしている静翼と動翼においては、流れは周期的な非定常流となる。しかし、考え方と取扱いを容易にするため、粘性を無視し、定常流を仮定する。さらにポテンシャル流としての翼列ピッチ間の速度分布も無視して軸対象流とし、かつ、静翼と動翼とのタービン段の各円筒流面の翼列間では絶対速度、相対速度、周速度の間に図3.3に示す三角形で表される関係が得られ、これを速度三角形（velocity triangle）と呼ぶ。周速度は径に比例するため、一般に同一の段でも径の異なる流面上ではあい異なる設計となるが、最も基本的な考察では、段の平均径（PCD：Pitch Circle Diameter）における速度三角形をもって段の平均特性を表すと考える。

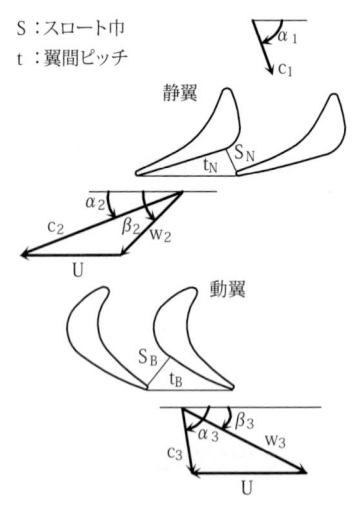

図3.3 タービンの速度三角形

(4) 段落仕事（stage work）

実際の軸流タービン低圧段など、流路壁面の広がり角が大きい段では、平均径での速度三角形に、さらに半径方向の速度成分も加えて考えなければならないが、段落の負荷に対応する速度三角形の一次元

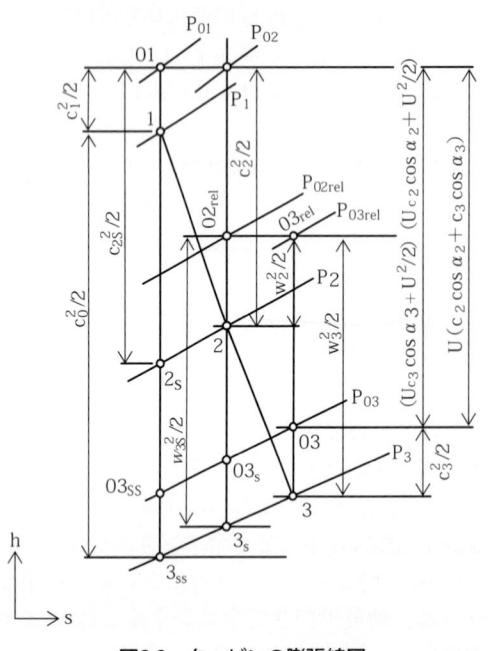

図3.2 タービンの膨張線図

な初期設定を与えるためそれを無視して考えると、翼列間を通過する流れの角運動量保存を表すオイラー（Euler）の式は以下に示す簡単な表現になる。

まず、質量流量をG、トルクをT、動翼入口・出口の流路平均半径をそれぞれr_2、r_3、接線方向速度を$v_{\theta2}$、$v_{\theta3}$とすると、流体の角運動量保存則より

$$T = G(r_2 v_{\theta2} - r_3 v_{\theta3}) \qquad \cdots(3.12)$$

となる。ここで、図3.3のように速度、角度を定義し、回転方向を正とした場合、（3.12）式は、

$$T = G(r_2 c_2 \cos\alpha_2 - r_3 c_3 \cos\alpha_3) \qquad \cdots(3.13)$$

単位時間に動翼が蒸気から受取る仕事（動力$J/s=W$）は、

$$\begin{aligned} L &= T\omega \\ &= G(r_2\omega c_2\cos\alpha_2 + r_3\omega c_3\cos\alpha_3) \end{aligned}$$

さらに$r_2 = r_3$の場合には、

$$= GU(c_2\cos\alpha_2 + \cos\alpha_3) \qquad \cdots(3.14)$$

（3.14）式が軸流タービンのEulerの式で、仕事が流量と周速、動翼列前後の周方向速度の変化の積で表されることを示している。また、図3.2の膨張線で見ると、（3.14）式をGで除した単位質量流量あたりの仕事が段落入口と出口の全エンタルピ降下と等しいことが分かる。さらに、静翼出口と動翼出口の速度三角形に余弦定理を用いて（3.14）式を変形すると、

$$L = \frac{G\{(c_2^2 - c_3^2) + (w_3^2 - w_2^2)\}}{2} \qquad \cdots(3.15)$$

（3.15）式の右辺第1項は流体の絶対速度エネルギの変化によって動翼に与えられた仕事であり、第2項は動翼から見た流体の相対速度が増速することによって生じた反動力によって流体から動翼に作用した仕事である。

(5) 反動度（reaction）

前述の反動力によってなされた仕事の全仕事に対する割合Rxを反動度と呼び、次式で定義する。

$$Rx = \frac{(w_3^2 - w_2^2)}{[(c_2^2 - c_3^2) + (w_3^2 - w_2^2)]} \qquad \cdots(3.16)$$

また、図3.2によりエンタルピ変化に置き換えると（3.16）式は

$$Rx = \frac{h_2 - h_3}{h_{01} - h_{03}} \qquad \cdots(3.17)$$

と書き、動翼前後の静エンタルピ降下（＝動翼での増速による運動エネルギ増加）の段落全エンタルピ降下に対する割合と捉えることもできる。

反動度はタービンを設計する際の重要なパラメータであり、設計条件と制約条件に合った反動度を設定してタービン翼の設計をする必要がある。図3.4に軸流タービンの各種反動度に対応する速度三角形を示す。(a)は$w_2 = w_3$の場合で、衝動タービンと呼ばれる。(c)は反動度が0.5（50％反動度）で、図示されているように、静翼出口と動翼出口の速度三角形は相似になるので、静翼と動翼は同じプロファイルになる。このタービンは一般的に反動タービンと呼ばれる。

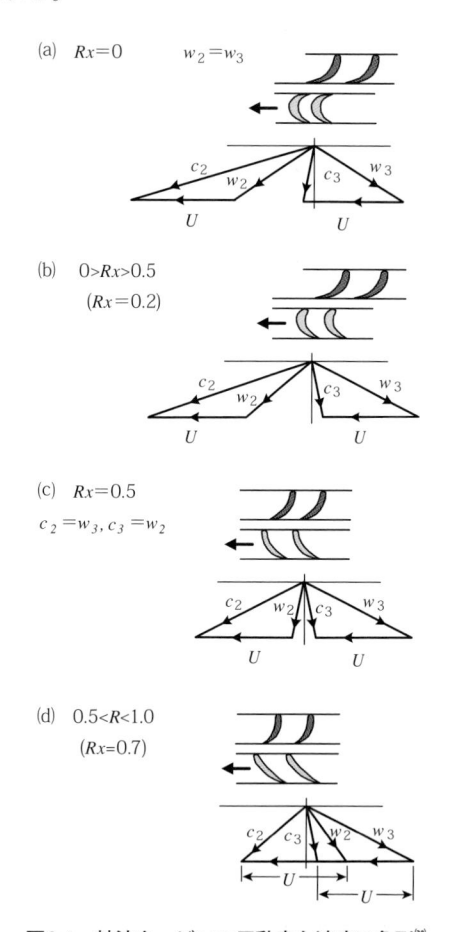

図3.4　軸流タービンの反動度と速度三角形[20]

実際の設計では、タービンの根元から先端にかけて、周速Uは次のように変化する。

$$\frac{U_h}{U_t} = \frac{D_h}{D_t} = BR$$

ここでD_hは内周径、D_tは外周径、D_h/D_tはボス比BRと呼ばれる。

　内径に対して翼長が短く、ボス比BRが1に近ければ一本の動翼で近似的に同じ反動度の設計が可能であり、反動度はある程度選択可能である。一方、ボス比BRが小さくなると根元と先端では周速度Uが大きく異なり、従って反動度の設定は大きな制約を受ける。典型的な例として、出力1,000MWクラスの蒸気タービンの最終段動翼では翼長は1m以上となり、ボス比BRが0.5を下回る。これにより、根元では20%前後(b)、中央では50%前後(c)、先端では70%前後(d)の反動度となり、これに対応して翼型も各高さで異なったプロファイルを設計する必要がある。断面毎に翼断面を変更する設計を三次元設計と呼んでいる。

(6) 速度係数（velocity coefficient）

　実際の翼列を通過する蒸気には翼面摩擦等のエネルギ損失が発生するので、流出速度は等エントロピ変化から得られる速度より低下する。その度合いを速度係数として表すと翼列の計算式が整理できる。

　図3.2および図3.3を参照し、翼列内の速度エネルギに対するエネルギ損失係数をζとして静翼出口についてみると、

$$\frac{1}{2}c_2^2 = (1-\zeta_N)\cdot\frac{1}{2}c_{2s}^2 \quad \text{より、}$$

また、静翼速度係数 $\varphi_N = \sqrt{(1-\zeta_N)}$ とおいて、

$$c_2 = c_{2s}\sqrt{(1-\zeta_N)} = \varphi_N \cdot c_{2s} \qquad \cdots (3.18)$$

となる。

　ここで、多段落からなる高圧タービン段落のように、熱落差が比較的小さく、各段排気速度がほぼ同一に設計され、$c_1 \fallingdotseq c_3$, $h_2-h_{3s} \fallingdotseq h_{2s}-h_{3ss}$等の近似が成り立つ段落については、反動度$Rx$について、

$$Rx = \frac{h_2-h_3}{h_{01}-h_{03}} \approx \frac{h_{2s}-h_{3ss}}{h_1-h_{3ss}} \qquad \cdots (3.19)$$

と近似可能となり、(3.18)式は、

$$\begin{aligned}
c_2 &= \varphi_N c_{2s} \\
&= \varphi_N\sqrt{2(h_{01}-h_{2s})} \\
&= \varphi_N\sqrt{2\left(h_1-h_{3ss}-h_{2s}+h_{3ss}+\frac{c_1^2}{2}\right)} \qquad \cdots (3.20) \\
&= \varphi_N\sqrt{2\left((1-Rx)(h_1-h_{3ss})+\frac{c_1^2}{2}\right)}
\end{aligned}$$

また、動翼についても同様に、

$$Rx = \frac{h_2-h_3}{h_{01}-h_{03}} \approx \frac{h_2-h_{3s}}{h_1-h_{3ss}} \qquad \cdots (3.21)$$

を利用して、動翼速度係数 $\varphi_B = \sqrt{(1-\zeta_B)}$ として、

$$\begin{aligned}
w_3 &= w_{3s}\sqrt{(1-\zeta_B)} = \varphi_B w_{3s} \\
&= \varphi_B\sqrt{2(h_{02rel}-h_{3s})} \\
&= \varphi_B\sqrt{2\left(h_2-h_{3s}+\frac{w_2^2}{2}\right)} \\
&= \varphi_B\sqrt{2\left(Rx(h_1-h_{3ss})+\frac{w_2^2}{2}\right)} \qquad \cdots (3.22)
\end{aligned}$$

となる。

　h_1-h_{3ss}は断熱熱落差、c_1、w_2は翼列入口速度であり、φ_N、φ_Bと設計条件から出口速度が概算できる。一般的な翼列の平均エネルギ損失係数を、静翼列で2〜6%程度、動翼列で4〜8%と想定すると、φ_Nは0.97〜0.99、φ_Bは0.96〜0.98となる。

(7) 流量係数（flow coefficient）

　翼列のスロートを通過する蒸気流量Gは、静翼については、

$$\begin{aligned}
G &= A_N c_2 \sin\alpha_2 / v_2 \\
&= \phi_N A_N (S_N/t_N)\sqrt{2(1-Rx)(h_1-h_{3ss})+c_1^2}/v_N
\end{aligned} \qquad \cdots (3.23)$$

動翼については、

$$\begin{aligned}
G &= A_B w_3 \sin\beta_3 / v_3 \\
&= \phi_B A_B (S_B/t_B)\sqrt{2Rx(h_1-h_{3ss})+w_2^2}/v_B
\end{aligned} \qquad \cdots (3.24)$$

ここで、
　A：環帯面積
　v：比容積
　S：スロート幅
　t：ピッチ

ϕ：流量係数

添え字
　N：静翼または静翼スロート部
　B：動翼または動翼スロート部

c_2、w_3が亜音速の場合、$v_2 \fallingdotseq v_N$、$v_3 \fallingdotseq v_B$となることから、（3.23）式、（3.24）式中のc_2、w_3にそれぞれ（3.20）式、（3.22）式の関係を代入整理すると、翼列形状と流出角の関係、

$$\sin\alpha_2 \cong \left(\frac{\phi_N}{\varphi_N}\right)\left(\frac{S_N}{t_N}\right) \quad \cdots(3.25)$$

$$\sin\beta_3 \cong \left(\frac{\phi_B}{\varphi_B}\right)\left(\frac{S_B}{t_B}\right) \quad \cdots(3.26)$$

が得られる。流量係数は、翼形状、圧力比、湿り度等により変化する。湿り蒸気の流量係数は過熱蒸気の場合より大きくなり、yを湿り度として概略

$$\phi_{wet} = \frac{\phi_{dry}}{\sqrt{1-y}} \quad \cdots(3.27)$$

の関係がある。

損失のある翼列を通過する流れについて、速度係数φは流速の絶対値、運動エネルギに関する係数であり、流量係数ϕは速度係数と合わせて、連続の式を満足するための幾何学的流出方向からの流出角度の偏差を表す係数であると解釈できる。

(8) 臨界圧力比（critical pressure ratio）

低圧タービン排気室は高真空度に保たれる場合が多く、後半段落では翼列前後の圧力比p/p_0が臨界圧力比を下回る遷音速、超音速段となる。臨界圧力比に達すると翼列スロートでチョークし、通過流量は臨界流量で固定される。

近似的に理想気体として、エンタルピで表現されたエネルギ式（（3.9）式参照）を比熱と温度を用いて記述すると、

$$CpT_0 = Cp \cdot T + \frac{c^2}{2} \quad \cdots(3.28)$$

音速と温度の関係式　$a^2 = \kappa RT$によって、これは

$$\frac{a_0^2}{\kappa-1} = \frac{a^2}{\kappa-1} + \frac{c^2}{2} \quad \cdots(3.29)$$

となり、辺々に$(\kappa-1)/a^2$を掛けると、

$$\frac{a_0^2}{a^2} = \frac{T_0}{T} = 1 + \frac{\kappa-1}{2} \cdot M^2 \quad \cdots(3.30)$$

さらに等エントロピ関係$p_0/p = (T_0/T)^{\wedge}(\kappa/(\kappa-1))$を用いて逆数をとると、

$$\frac{p}{p_0} = \left(1 + \frac{\kappa-1}{2}M^2\right)^{-\kappa/(\kappa-1)} \quad \cdots(3.31)$$

スロートにおいて流れが音速に達するとチョークすることから、（3.31）式で$M=1$とおくと、臨界圧力をp_cとしてその臨界圧力比

$$\frac{p_c}{p_0} = \left(\frac{2}{\kappa+1}\right)^{\frac{\kappa}{\kappa-1}} \quad \cdots(3.32)$$

が得られる。水蒸気の平均的な比熱比κを、過熱域で$\kappa=1.30$、湿り域で$\kappa=1.135$として計算すると、臨界圧力比は過熱域で$p_c/p_0=0.546$、湿り域で0.577となる。

また、再び等エントロピの関係を用いて、温度、密度に関しても、下記の関係が成り立つ。

$$\frac{T_c}{T_0} = \frac{2}{\kappa-1} \quad \cdots(3.33)$$

$$\frac{\rho_c}{\rho_0} = \left(\frac{2}{\kappa-1}\right)^{\frac{1}{\kappa-1}} \quad \cdots(3.34)$$

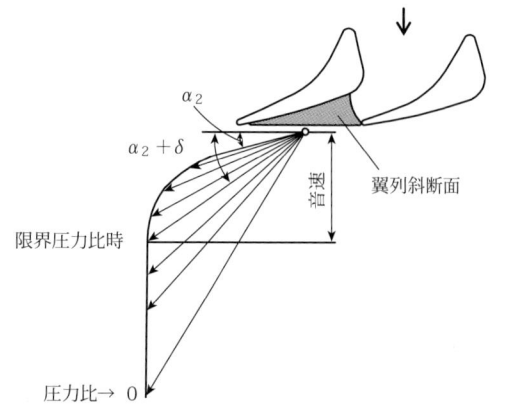

α_2：亜音速流の流出角
δ：臨界圧力比以下での流出角の偏向

図3.5　圧力比による翼列出口の流出角変化

先細翼列で出口圧を臨界圧より下げ続けると翼列出口で蒸気密度も低下するため、タービン環状流路

を通過する流量が臨界流量となるように流出角が軸方向に偏向し、軸方向速度が増加する（図3.5）。

音速を超える条件での使用を想定してスロート下流で末広流路を形成する遷音速または超音速翼列としておけば、翼列の出口圧と入口よどみ圧が臨界圧力比以下になっても、出口とスロートの面積比で定まる限界値までは流出角を変えることなく増速が行われる。圧力比が上記限界値と一致するとき、適正膨張状態と呼ぶ。それ以下となると不足膨張状態となって、先細翼列と同様の傾向となる。逆に、末広翼列で限界値に達しない場合、超過膨張が生じて流れの損失が増すので、その使用には注意を要する。

末広翼列では、増速と同時に翼列出口の圧力も下がり、タービンの熱落差が増加して出力増につながる。しかし、さらに出口圧を下げ続けると、やがて軸流速度が音速に到達して、いわゆる軸流チョークの状態となる。軸流チョークを生じると、それ以上の出口圧低下の情報は上流に伝わらず、タービン出口の状態は変化しなくなるので、出力も一定となる。また、翼列出口の速度三角形の周方向速度は固定され、軸流速度のみが増加する。翼列入口出口で保存される流量の関係から軸流チョーク時の圧力比を導出できる。

臨界圧力比から決まる臨界流量m^*は、翼列スロート（添字：c）で、

$$m^* = A_c \cdot a_c \cdot \rho_c = A_c \cdot \sqrt{\kappa R T_c} \cdot \frac{p_c}{RT_c}$$
$$= A_c \cdot \sqrt{\frac{\kappa}{RT_c}} \cdot p_c \qquad \cdots (3.35)$$

T_c、p_cを式（3.32）、（3.33）、（3.34）を用いて入口変数で表すと、

$$m^* = \frac{A_c \cdot p_0}{\sqrt{RT_0}} \sqrt{\kappa \left(\frac{2}{\kappa+1}\right)^{\frac{\kappa+1}{\kappa-1}}} \qquad \cdots (3.36)$$

同様に、軸流チョーク時の環状面積とそこでの温度、圧力をA_c^*、T_c^*、p_c^*と表すと、臨界流量は保存されるから、

$$m^* = \frac{A_c \cdot p_0}{\sqrt{RT_0}} \sqrt{\kappa \left(\frac{2}{\kappa+1}\right)^{\frac{\kappa+1}{\kappa-1}}}$$
$$= A_c^* \cdot \sqrt{\frac{\kappa}{RT_c^*}} \cdot p_c^* \qquad \cdots (3.37)$$

環状面積とスロート面積の関係
$A_c^* = A_c/\sin\alpha_{2c}$

を用い、温度比を圧力比に置き換えると、

$$\frac{p_c^*}{p_0} = \left(\frac{2}{\kappa+1}\right)^{\frac{\kappa}{\kappa-1}} (\sin\alpha_2)^{\frac{2\kappa}{\kappa+1}} \qquad \cdots (3.38)$$

が得られる。

(9) 半径方向平衡式
　　（radial equilibrium equation）

翼高さが短く、平均径における計算だけで十分な場合を除き、半径方向の状態値や速度の変化を考慮して、翼のねじり角などを決めなければならない。その際、円筒座標系における半径方向のナビエ・ストークス（Navier Stokes）の運動方程式は、r、θ、zをそれぞれ半径方向、周方向、軸方向として、

$$\frac{\partial c_r}{\partial t} + (C \cdot \nabla) \cdot c_r - \frac{c_\theta^2}{r}$$
$$= \frac{1}{\rho}\frac{\partial p}{\partial r} + R + \nu \cdot \left(\nabla^2 c_r - \frac{c_r}{r^2} - \frac{2}{r^2}\frac{\partial c_\theta}{\partial \theta}\right) \qquad \cdots (3.39)$$

ここで、演算子：$\nabla = \frac{\partial}{\partial r} + \frac{1}{r}\frac{\partial}{\partial \theta} + \frac{\partial}{\partial z}$、

$$\nabla^2 = \frac{\partial^2}{\partial r^2} + \frac{1}{r}\frac{\partial}{\partial r} + \frac{1}{r^2}\frac{\partial}{\partial \theta^2} + \frac{\partial}{\partial z^2}$$

　C：速度ベクトル（c_r, c_θ, c_z）
　ρ：密度
　ν：粘性係数
　R：体積力

である。ここで、流れは翼列間で非粘性、軸対象、定常であると仮定すると、

$$\frac{1}{\rho}\frac{\partial p}{\partial r} = \frac{c_\theta^2}{r} - c_r\frac{\partial c_r}{\partial r} - c_z\frac{\partial c_r}{\partial z} \qquad \cdots (3.40)$$

を得る。左辺は半径方向の圧力勾配を示し、右辺がそれと平衡する流れの遠心力と慣性力を示している。ここで、低圧後方段を除く蒸気タービンの多くの段落で流路は勾配が10度未満の内外壁面によって形成されており、半径方向流速成分が他の成分に比べ小さいことを念頭に、設計の初期設定として、半径方向速度成分$c_r=0$と仮定すると、右辺の第2項、第3項はなくなり（3.40）は遠心力と圧力勾配のつりあいのみの（3.41）式となる。

$$\frac{1}{\rho}\frac{\partial p}{\partial r} = \frac{c_\theta^2}{r} \qquad \cdots (3.41)$$

静翼出口の流出角や、翼のねじり角によりc_θの分布が決定される。旋回速度成分があるとき、外径部の圧力が高くなることが分かる。

熱力学第一法則より静圧上昇に伴う状態変化を調べる。静エンタルピをh、静温をtとすると、第一法則は、

$$dh = tds + \frac{A}{g}\frac{dp}{\rho} \quad (Aは熱の仕事当量)$$

であるが、計算を簡単にするため半径方向の状態変化を等エントロピ変化（$ds=0$）とし、密度一定とすると、(3.41)を用いて、

$$\frac{dh}{dr} = \frac{A}{g\rho}\frac{dp}{dr} = \frac{A}{g}\frac{c_\theta^2}{r} \qquad \cdots (3.42)$$

一方、翼列出口の全エンタルピは、

$$h_0 = h + \frac{A(c_z^2 + c_\theta^2)}{2g} \qquad \cdots (3.43)$$

静翼入口で全エンタルピは半径方向に一定と仮定すると、静翼出口でも一定となる。また、動翼での仕事を半径方向一定と設計すれば、その出口でも全エンタルピは一定となる。(3.43)について半径方向に微分をとって(3.42)を用いると、

$$\begin{aligned}\frac{dh0}{dr} &= \frac{dh}{dr} + \frac{A}{g}\left(c_z\frac{dc_z}{dr} + c_\theta\frac{dc_\theta}{dr}\right)\\ &= \frac{A}{g}\left(c_z\frac{dc_z}{dr} + c_\theta\frac{dc_\theta}{dr} + \frac{c_\theta^2}{r}\right)\\ &= 0\end{aligned} \qquad \cdots (3.44)$$

さらに変形して、

$$c_z\frac{dc_z}{dr} + \frac{c_\theta}{r}\frac{d}{dr}(rc_\theta) = 0 \qquad \cdots (3.45)$$

これを単純半径平衡式と呼ぶ。

羽根高さ方向に仕事一定とした設計では、軸流速度c_zと周方向速度c_θの分布が(3.45)式に従うとき、翼列下流での半径方向のつりあいが満足される。半径方向に軸流速度を一定とすると$r\cdot c_\theta = $const.となり、自由渦型（free vortex）設計として翼列設計の初期検討としてよく用いられる。この設計では、静翼列、動翼列の絶対流出速度の周方向成分を半径に逆比例するように速度三角形を設定すればよい。

(10) 湿り蒸気流れ（wet steam flow）

ボイラで発生した高温・高圧の蒸気は、複数のタービン段落を通過するのに従い、その熱エネルギをタービンの機械エネルギに変換させて、低温・低圧の蒸気となる。この蒸気は蒸気線図の飽和蒸気線を通過して湿り域に達しても直ぐには凝縮せず、湿り度が2〜4%程度の状態まで膨張した後に水滴が発生する。これは不純物を含まない蒸気が急激に膨張する場合には、蒸気の核化過程が湿り域に達しても起こらない過飽和状態になるためである。過飽和状態が進行し水分子の集まりを核とした凝縮が始まると急激に復水が行われ、微小水滴（0.1〜1μm程度）が形成される。多くの微小水滴は蒸気流れとともにタービン通路部を通過して復水器へ排出されるが、一部の水滴は慣性力によって流線から逸れて静翼表面に付着する。また、一部の水滴は動翼の回転による遠心力によって外周方向に飛ばされて壁面に付着する。静翼表面に付着した水分と外周壁面の水分の一部は、静翼後縁付近で水膜となって溜まり、翼後縁下流から粗大水滴（数10〜数100μm）となって噴霧して動翼の背側に衝突する。このため、外周壁面の水分を除去するドレン排除溝、静翼表面の水分を除去するスリット付き静翼、水滴の衝突による動翼の浸食を低減するエロージョンシールドなどの対策が実施されている（図6.11参照）。

3.2　諸損失と効率
3.2.1　一般
(1) 損失の種類

タービンの段において生ずる損失をその発生機構に分類すると、まず翼列の内部に生じる損失と翼列の外部に生じる損失に分けられる。翼列の内部で生じる損失の主なものとしては、プロファイル損失と二次損失があり、翼列の外部で生じる損失の主なものとしては流出速度損失（リービング損失）、内部漏洩損失、回転円盤損失などがある。また蒸気タービンの段に特有な損失として湿り損失がある。この発生機構は複雑であるが、便宜上、外部損失として取り扱う。タービン段以外の箇所で生じる損失としては、外部漏洩損失、放熱損失、蒸気弁、連結管、排気室などで生じる圧力損失、軸摩擦損失、直結給油ポンプ駆動動力などの機械損失がある。

(2) 効率の定義

タービンで用いられる効率としては、3.1.3に示した以下の2種類が使い分けられる。それぞれにつき各種損失を用いて表すと、

$$\eta_{tt} = \frac{h_{01} - h_{03}}{h_{01} - h_{03ss}}$$
$$= 1 - \left\{ \begin{array}{l} a_N(\zeta_{PN} + \zeta_{SN}) + a_B(\zeta_{PB} + \zeta_{SB}) \\ + \zeta_\ell + \zeta_M + \zeta_d \end{array} \right\} \quad \cdots(3.46)$$

$$\eta_{ts} = \frac{h_{01} - h_{03}}{h_{01} - h_{3ss}} = \eta_{tt} - \zeta_V \quad \cdots(3.47)$$

ここで、ζ_{PN}、ζ_{PB}、ζ_{SN}、ζ_{SB}は、それぞれ各翼列のプロファイル損失係数、二次損失係数で、各エネルギ損失量と翼列の断熱熱落差の比で定義する。ζ_ℓ、ζ_M、ζ_d、ζ_Vはそれぞれ内部漏洩損失係数、湿り損失係数、回転円盤など損失係数、流出速度損失（リービング損失）で、各エネルギ損失と段の断熱熱落差の比で定義する。静翼と動翼の影響係数a_N、a_Bは図3.6により近似的に求められる[1]。

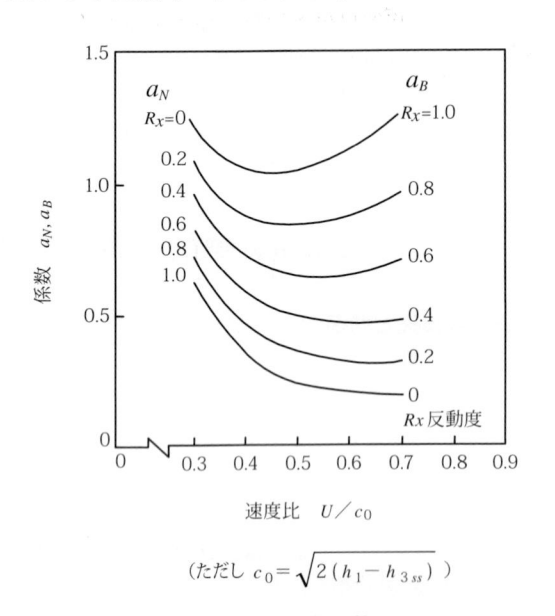

図3.6 翼素性能の影響係数a_N、a_B

$$\eta_u = 1 - \{a_N(\zeta_{PN} + \zeta_{SN}) + a_B(\zeta_{PB} + \zeta_{SB})\} \quad \cdots(3.48)$$

は、翼列固有の効率を意味し、線図効率（diagram efficiency）と呼ばれる。また、蒸気タービンの場合、湿り損失をこれに含めないので、乾き翼列効率（dry bucket and nozzle efficiency）と呼ぶこともある。3.2.5で述べるようにη_uが段ごとの効率計算を行う場合の基礎となる。多段タービンに対して段ごとの内部効率計算を行うと図3.7のような膨張線を得る。

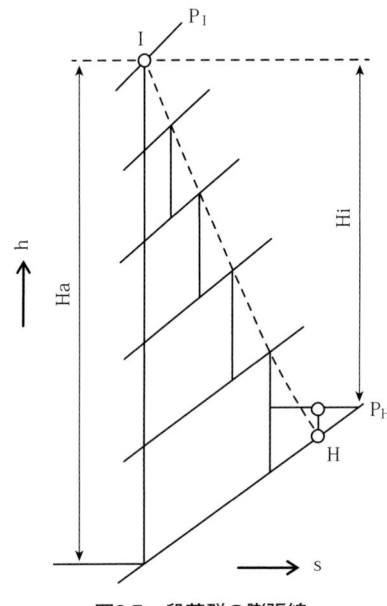

図3.7 段落群の膨張線

かかる段落群の効率として全内部効率（stage group internal efficiency）を定義する。

$$\eta_i = \frac{H_i}{H_a}$$
$$= \frac{\sum_{n-1} \eta_{tti}(h_{01i} - h_{03ssi}) + \eta_{tsn}(h_{01n} - h_{3ssn})}{H_a} \quad \cdots(3.49)$$

ここで、仮に各段の効率を等しくとると、全内部効率はそれよりも大きくなる。これは、蒸気線図の等圧線の間隔が、エントロピが増大する方向に広がる特性を持つこと、すなわち損失の一部が仕事として回復できることを意味する。

この蒸気特性を再熱係数（reheat factor）で表す。

$$\mu = \frac{\sum_{n-1}(h_{01i} - h_{03ssi}) + (h_{01n} - h_{3ssn})}{H_a} \quad \cdots(3.50)$$

仮に$\eta_i = 0.8$とし、過熱域における段落数無限大の場合の再熱係数μ_∞を図3.8に示す[2]。段数がzの場合は図3.8から読み取られるη_∞と式（3.51）で求まる。

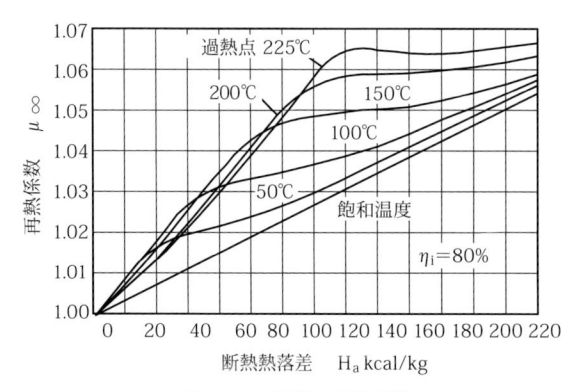

図3.8 無限段の再熱係数

$$\mu \cong 1 + (\mu_\infty - 1)\left(1 - \frac{1}{z}\right)\left(\frac{1-\eta_i}{1-0.8}\right) \quad \cdots(3.51)$$

以上は内部仕事に関連した効率であったが、これより、段以外における損失（ζ_{MH}）を差し引いたものが有効効率である。タービンの機器としての機械効率（mechanical efficiency）η_M と有効効率（effective efficiency）η_e は下記のように定義される。

$\eta_M = 1 - \zeta_{MH}$ $\cdots$(3.52)
$\eta_e = \eta_i \eta_M$ $\cdots$(3.53)

タービン熱サイクルとしての熱効率 は、

$\eta_t = \eta_e \eta_R$ $\cdots$(3.54)

ここで、η_R は理想ランキンサイクルの効率である。しかし、実際のタービン熱サイクルの熱効率（thermal efficiency）を求めるには、各構成機器の熱力学的特性を満足させるように、熱平衡線図（熱流線図）を作るのが通例である。

3.2.2 プロファイル損失（profile loss）

直線翼列風洞試験や翼列理論から得られる翼形固有の損失を、プロファイル損失（profile loss）と定義する。設計流入角と設計流出角を、それぞれに変えた数十種類の翼形について低速風洞実験を行い、設計流入角におけるプロファイル損失係数を流入角、流出角についてまとめたものが図3.9である[1]。プロファイル損失は、

- 翼、羽根車、壁面と流体との摩擦損失
- 翼、羽根車、壁面形状が流れに合っていないことで生じる剥離・渦などの流れの乱れによる損失
- 流れの速度が音速を超えることによって生じる衝撃波による損失

などからなる。従って、厳密には図3.9より求まるプロファイル損失に対して、入射角、後縁厚さ、表面粗さ、レイノルズ数、マッハ数、隣接翼間ピッチなどに対する補正を行う必要がある。最終段動翼に用いる翼形のように、マッハ数が著しく高い場合は一般的な手法で翼形特性を出すことは難しく、個々にその特性を得る必要がある。

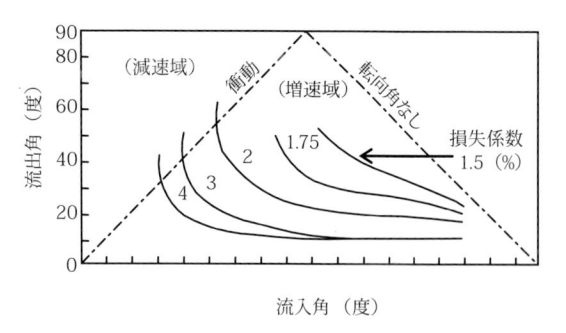

図3.9 プロファイル損失係数

摩擦損失は設計表面粗さを小さく設定すること、流速をできるだけ均一化して表面近くの流速を下げることにより低減できる。剥離や渦による損失を低減するには、動翼と静翼の形状を求められる速度三角形に正確に合わせること、前縁から後縁にいたる表面形状の変化をできるだけ小さくすることが必要である。

3.2.3 二次損失（secondary loss）

二次損失は、主として内外壁面での流体摩擦損失、二次流れにもとづく損失、さらに静翼と動翼の相互干渉にもとづく非定常損失などからなり、実験などで測定することが困難なために、設計においてはプロファイル損失などの独立した損失を段の全損失より差し引いた残りとして定義するのが実用的とされている。この損失は、翼高さにほぼ比例するような特性を持つ。近年ではCFD（Computational Fluid Dynamics）や詳細な計測技術の発達により、流路内での流速分布、圧力分布が解像度よく推定できるようになったので、二次流れや干渉の損失を分離して評価する手法や、その低減策が多数提案されるようになった。

3.2.4 排気損失（exhaust loss）

動翼から流出する絶対速度に対応する速度エネルギが、次段で有効に利用できない場合には、それを損失として取扱う。調速段や排気段、あるいは段口径に大きな段差がある場合には、流出速度損失＝リ

ービング損失（leaving loss）を計上する。特に、復水型の蒸気タービンの最終段では、この損失が非常に大きくなることが多い。リービング損失は、低流量域では流出蒸気の再循環（逆流）によるターンナップ損失（turn-up loss）との区別が、高流量域ではタービン出口から復水器に至る経路での排気室内圧損による損失＝フード損失（hood loss）との区別が困難なために、通常これらを合わせて排気損失（exhaust loss）として取扱う（図3.10）。図3.11に、各損失の膨張線での説明図を示す。タービンで仕事を取り出す実際の終点は最終段出口の全エンタルピであり、これをT.E.P.（Turbine End Point）またはU.E.E.P.（Used Energy End Point）；有効エネルギ最終点と呼ぶ。このポイントは実用上計測が非常に困難なので、設計や性能試験では、まずトータルの膨張線図を復水器の器内圧力（図中ではPC）まで伸ばして交差した点をE.L.E.P.（Expansion Line End Point）；膨張線最終点と定義して、この点まで仮想的には最大にエネルギ回収が出来ると考える。次にこれを基準に外部損失として排気損失を計上してT.E.P.を算出する。すなわち、

$$T.E.P.(U.E.E.P.) = E.L.E.P. + E.T.E.L. \quad \cdots(3.55)$$

排気損失E.T.E.L.は排気の運動エネルギであるリービング損失L.L.とタービン最終段出口から復水器に至る排気経路の圧損であるフード損失H.L.からなり、以下の計算手順で算出する。

1) 圧損計算から、最終段出口の静圧P_bを求める（膨張線上ではH.L.計算に相当）
2) P_bとトータル－スタティックの関係式から最終段出口全圧P_{0b}を求める（L.L.の計算に相当）
3) 断熱膨張線上でP_cとP_{0b}間の熱落差（T.E.L.）を求める

$$T.E.L. = L.L. + H.L. \quad \cdots(3.56)$$

4) T.E.L.にトータル膨張線をPcまで延長した部分の効率η_{elep}を乗じて有効排気損失を求める。

$$E.T.E.L. = T.E.L. \times \eta_{elep} \quad \cdots(3.57)$$

以上が膨張線上でのT.E.P.算出法である。なお、性能評価に用いる実排気損失（E.L.）は、E.L.E.P.での湿り度補正を施した

$$E.L. = E.T.E.L. \times (1 - M_{elep}) \quad \cdots(3.58)$$

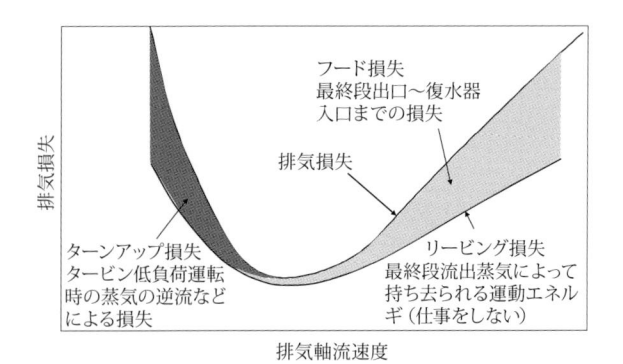

図3.10 排気損失の構成

となる。

図3.11には排気で圧力損失が生じるか、圧力回復するかに応じた2種類の膨張線を示している。

最終段翼出口から復水器までの流路においてフローガイドのディフューザ効果が充分あり、最終翼の排気が持つ運動エネルギが静圧として充分に回復される場合には、最終段出口静圧Pb＜Pcとなり、リービング損失は増加するが、一般的にはU.E.E.P（またはT.E.P.）が下がり、最終段出力が増加して性能上有利となる。このとき、排気ディフューザおよびケーシングでのフード損失が負の値となるため、これをNegative Hoodと呼ぶこともある。

逆に流路の圧力損失が大きくPb＞Pcとなる場合にはPositive Hoodと呼ぶ。NegativeかPositiveかにより排気損失を構成するフード損失の正負が逆転するが、前述1）～4）の計算は共通である。

また、部分負荷運転等、低排気速度運転時にはターンナップ損失がエンタルピ上昇分として別途計上される。

排気損失曲線は最終段によって固有であり、新開発翼では、用いられるタービンの設計仕様に応じて、損失を抑制するように設計される。また、低圧最終段は開発に時間と費用を要するため、通常は、既存翼排気損失曲線を参照し、性能、コストを勘案して設計仕様に望ましい最終段を選定する。基本事項として、ターンアップ損失が急増する範囲では損失予測が難しく、排気が逆流を生じる不安定域となるため、復水器真空度低下時の安定運用や出力確保などを考慮し、連続運用がある条件で軸流マッハ数＜0.3となるような選定は避けるべきである。また、軸流マッハ数＞0.9となると軸流チョークに近づき、排気損失値も著しく大きくなるので推奨されない。

設計点における軸流マッハ数は、部分負荷保証や運用のある汽力プラントでは0.5～0.8程度の範囲から選定される場合が多いが、定格負荷運用が多いコンバインドサイクルプラントでは0.5～0.6が目安とされている。最終段により異なるが、このマッハ数帯が排気損失曲線では極小点（ボトム）を含み若干高流速側に至る範囲と対応する場合が多い。排気損失曲線の例を図3.12に示す[3]。絶対流出速度の運動エネルギであるリービング損失は、最終段出口の速度三角形によって概略決まり、損失が極小となる排気軸流速度は、環状面積に伴う周速の増加とともに高速側に移動する傾向にあるが、同一環状面積でも動翼相対流出角や半径方向の流量配分など設計の違いにより異なる、個々の最終段翼に固有な曲線となる。

以下に図3.11の略語を説明する。

P_c ：復水器内圧力
P_b ：最終段出口静圧
P_{0b} ：最終段出口全圧
M_{elep} ：E.L.E.P.での湿り度
E.L. ：Exhaust Loss（実排気損失）
E.L.E.P. ：Expansion Line End Point
E.T.E.L. ：Effective Total Exhaust Loss（有効排気損失）
H.L. ：Hood Loss（フード損失）
L.L. ：Leaving Loss（リービング損失）
T.E.L. ：Total Exhaust Loss（断熱線上の排気損失）
T.E.P. ：Turbine End Point（U.E.E.Pの別称）
U.E.E.P. ：Used Energy End Point

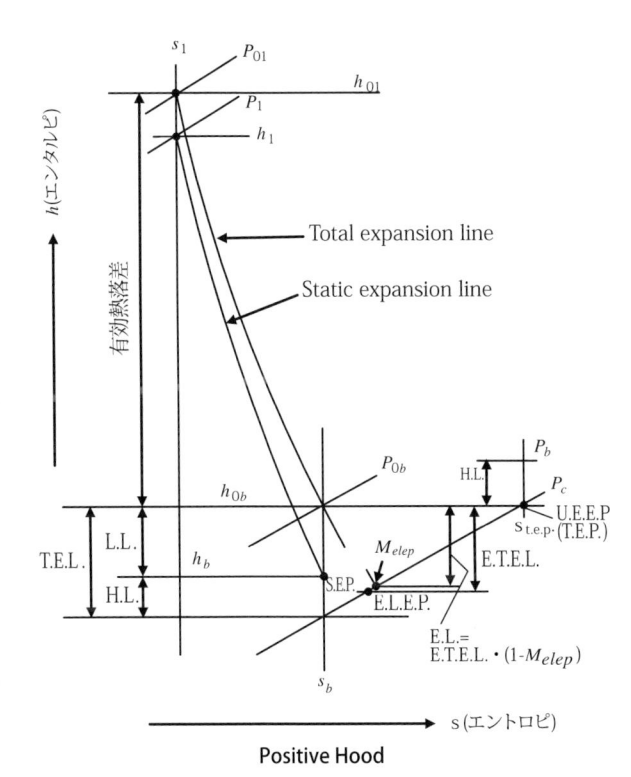

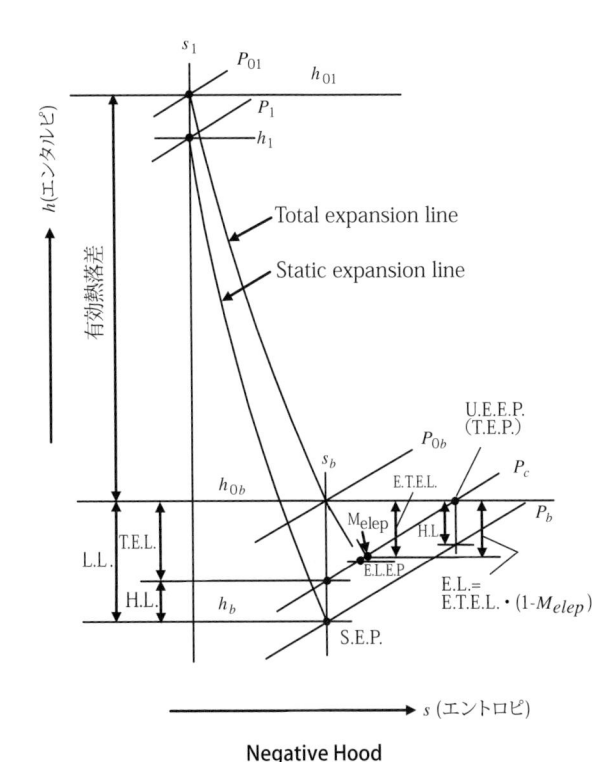

図3.11　膨張線による排気損失説明
（排気ディフューザ性能による2種類）

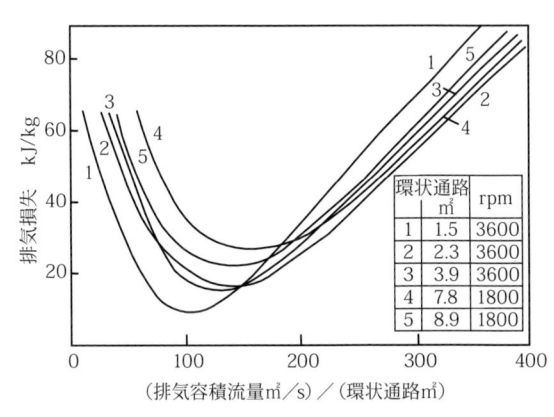

図3.12　最終段別排気損失例

3.2.5 乾き翼列効率
（dry bucket and nozzle efficiency）

段の内部効率を求める場合、静翼と動翼のプロファイル損失と二次損失を積み上げて求めるより、段あるいは類似の段が連続する段群の線図効率を、速度比（velocity ratio）U/C_0と静翼の高さを与えて、直接に図3.13に示すような線図[4]から求めるほうが精度が高い。この線図は、代表的なタービン段落に対して乾き蒸気或いは空気を用いた精度の高い試験で求めた段の効率に、試験条件における内部漏洩損失、回転円盤損失、流出速度損失の分をかさ上げして得られるものである。従って、これらを乾き翼列効率とも呼び、その使用に当たっては、これより湿り損失や実機条件における内部漏洩損失、回転円板損失、流出速度損失を差し引けばよい。

線図効率は適当な静翼と動翼の速度係数を仮定すれば、式（3.48）と速度三角形からも求めることができるが、二次損失があるために精度の良い計算は望めない。

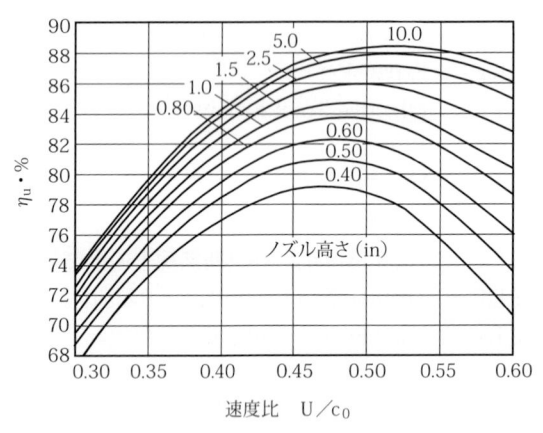

図3.13　乾き翼列効率

3.2.6 湿り損失（moisture loss）

湿り損失は、水滴が動翼に背面衝突するための制動作用、水滴を加速させるための気相側の減速、自然凝縮発生時の不可逆変化などが原因で生じる。古くはBaumannにより「湿り度が1%増加するとタービン効率は1%低下する」という経験則が発表されている[8]。Millerらは実機サイズの試験用タービンを用いて湿り度とタービン効率の関係を求めている[9]。Gyarmathyはタービン湿り蒸気に関する理論的解析を行い[10]、Youngは湿り蒸気流れの諸特性に関する数多くの研究成果を発表している[11][12]。それらを礎として損失要因の詳細な分類が進み、タービン形状や蒸気条件などをパラメータとした損失計算法も提案されている[13][14]。湿り損失の主要な内訳としては図3.14に示すように、以下が挙げられる。

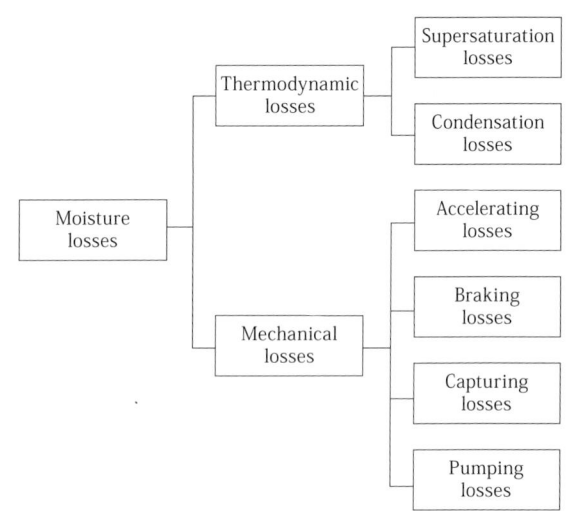

図3.14　湿り損失の内訳[14]

- 過飽和損失（super saturation loss）
  飽和蒸気線近くの蒸気が翼列内で膨張する場合、過飽和状態から水滴核が急激に発生して飽和状態に戻る過程でエントロピが増加して損失が発生する。
- 凝縮損失（condensation loss）
  水滴の周りに蒸気が凝縮する場合、水滴の周りの蒸気は水滴より温度が低く、水滴から蒸気へ熱が放出される。この熱交換は不可逆変化であるため、損失が発生する。
- 加速損失（accelerating loss）
  翼後縁から水滴が噴霧される場合、水滴と蒸気との速度差により摩擦力が生じ、蒸気のエネルギの一部が摩擦損失となる。
- 制動損失（braking loss）
  静翼後縁から噴霧した水滴が動翼に衝突する場合、水滴は動翼の背側に周速度に近い高速で衝突し、動翼の回転方向と逆向きの制動力が生じるため損失が発生する。
- 捕捉損失（capturing loss）
  翼面に水滴が衝突する場合、水滴が有する運動エネルギが失われるため損失が発生する。

- ポンプ損失（pumping loss）
 動翼面に水滴が付着する場合、付着した水滴がポンプ作用により外周側へ移動する際に動翼が水滴になす仕事分の損失が発生する。

3.2.7 内部漏洩損失（internal leakage loss）

静翼ラビリンスを漏れる蒸気量は（3.59）式に示すマーチンの式で求めることができる[5]。本式において、流量係数Kはラビリンスの形式寸法によって大幅に変化する定数で、第6章の図6.28に示すような種々の形式についてタービンメーカの開発対象となっている。

$$g_l = K f_l \sqrt{\frac{P_1}{v_1}} \sqrt{\frac{1-(P_2/P_1)^2}{N+\ln(P_1/P_2)}} \quad \cdots(3.59)$$

g_l：漏れ蒸気量
K：流量係数
f_l：間隙面積
N：歯数
P_1：ラビリンス入口側の圧力
P_2：ラビリンス出口側の圧力
v_1：ラビリンス入口側の比容積

ラビリンス漏洩量損失は、ほぼ段の全蒸気量に対する漏洩量の比となる。翼先端にシュラウドカバーを有する構造のチップ漏洩損失には、比較的精度良く次式が成り立つ[6]。

$$\zeta_{TL} = \frac{\pi D_t \delta_e}{f_N} \sqrt{Rx_m + 1.8 \frac{l_N}{D_m}} \cdot \eta_u \quad \cdots(3.60)$$

η_u：線図効率（式3.48参照）

ここで、

$$\delta_e = 1 / \sqrt{\frac{4}{\delta_z^2} + \frac{1.5}{\delta_r^2} \cdot N_r} \quad \cdots(3.61)$$

f_N：静翼スロート面積
D：径
Rx：反動度
l_N：静翼高さ
N_r：歯数
δ_z：軸方向間隙
δ_r：半径方向間隙
添字
m：平均径
t：外周

3.2.8 翼車の回転円板損失など

回転円板損失（disc friction loss）は次式で求められる。

$$\zeta_d = \frac{C U_R^3 D_R^2}{v_3 G_s (h_{01} - h_{03ss})} \quad \cdots(3.62)$$

ここに、
C：レイノルズ数による定数[7]
U_R：円板外径周速
D_R：円板外径
G_s：段落流量
v_3：動翼出口比容積

さらに、部分送入段では、蒸気の流れていない部分での翼による風損や蒸気送入部の端における損失が生じる。これを部分送入損失（partial admission loss）という。

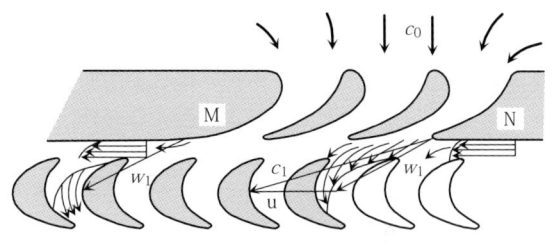

図3.15　部分送入端部の流れ図[6]

3.3 設計法

3.3.1 タービンの設計プロセス

図3.16に蒸気タービンの設計プロセスを示す。モデルタービン試験や要素試験、実スケール回転試験などは時間を要するので、設計に先行して実施される。それ以外のプロセスは主設計と協調して平行して進められる[15]。

3.3.2 一次元設計

(1) 回転数、排気流数と円板径

蒸気タービンの設計条件として、出力、蒸気条件、排気圧力などの仕様が与えられる。これに対し、蒸気タービンの全体的な大きさを決める主要なファクタは、系統周波数で回転する全速機とするかその半速回転とするかの回転数の選択、および排気流数である。

大容量の発電用蒸気タービンの回転数に関しては二極発電機と直結して3,000 rpmもしくは3,600rpmとする場合と、四極発電機と直結して

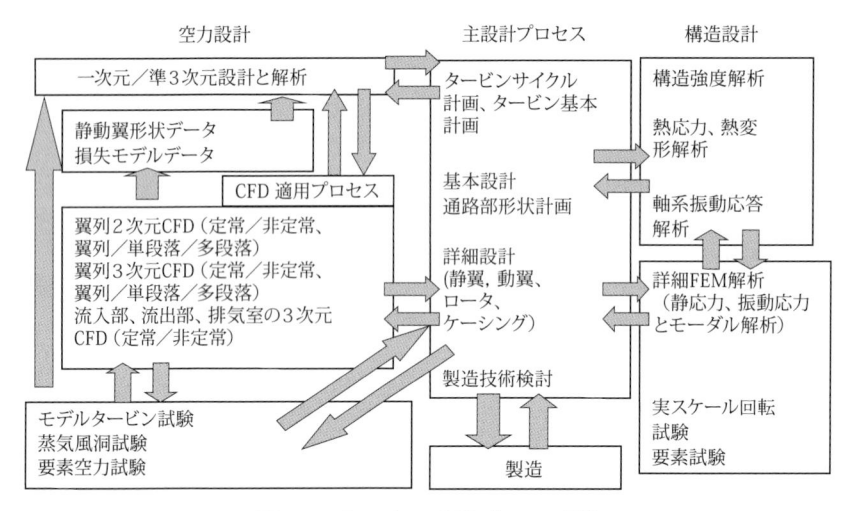

図3.16 タービンの設計プロセス例[15]

1,500rpmもしくは1,800rpmとする場合がある。1,000MW以上の大容量火力機や蒸気条件が低く、排気体積流量で大出力を生み出す軽水炉用原子力タービンでは、四極機として、より長大な最終段動翼を採用し、排気流数の増加を抑えることが多い。

一方、回転体強度より、最大周速が決められるので、回転数とロータ外径はほぼ反比例の関係となる。翼材料開発と翼の遠心応力の推定精度の向上、高周速に対応するCFDの発達により、3,600rpm機では円板外径（IRD）1.6m以上に50インチ翼が植設され、先端外周径は約4.2m、環状面積は11m^{2}を超える最終段翼が実用化されている。3,000rpm機では流体相似の関係から、寸法で1.2倍、面積で1.44倍の翼がラインナップ化されつつある。原子力向け1,500rpm四極機では翼長70インチ超級の最終段が開発完了段階にある（表6.3参照）。

全半速の選定に続き、タービン排気流量と排気真空度から低圧フロー数と適用する最終段を決定する。最終段を出た蒸気の運動エネルギは回収手段がなくタービンの全損失中最大割合を占める排気損失となり、タービン性能への寄与が極めて大きい。従って設計点あるいは性能保証点において適切な排気損失となるように最終段を選定する必要がある。また、大容量蒸気タービンでは排気の体積流量が大きく、単流排気とした場合排気損失増加が著しくなるため、低圧タービンは2ないし6フロー構成とする場合が多い。図3.17は仮想的なA、B2種類の最終段の比較例で、性能重視であればAが、コスト重視

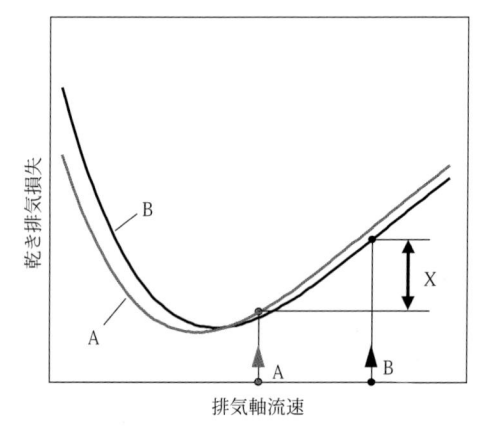

最終段羽根	A	B
単流環状面積比	1	1.5
Flow数	2	1
総環状面積比	2	1.5
排気軸流速度比	3	4
性能差	Base	低下（X）
コスト	高	低

～性能差とコスト差を評価して最終段を決定する～

図3.17 異なる最終段の性能コスト評価例[16]

であればBが有利となる[16]。

設計仕様により小体積流量になる場合には、翼高さが過小になって二次損失が増大して著しく性能が低下することを防ぐため、発電機とタービンの間に減速機を用いて高回転、小口径タービンとすることがある。また、小容量直結衝動タービンでは、環状流路の一部を流路として用い、残り部分を閉止する、部分送入方式を上流一般段の数段にも採用し

て、過小な翼高さを避けることもある。ただし、この場合には、部分送入に伴う損失の増加が生じる。

(2) 速度比、段数と熱落差配分

蒸気条件、排気圧が与えられると、各段の周辺効率が最適値に近づくように、あるいは目標の全内部効率が与えられる場合はそれを得るように、単段当たりの平均速度比の目安を定める。すると既知の周速を用いて単段あたりの平均熱落差が求まる。

再熱係数を考慮したタービンの全熱落差を、その平均熱落差で除することにより、段数の目安が算出される。ここで、段数により増減する軸方向寸法は、軸系の剛性、重量を介してロータ固有振動数、回転不安定度、軸受仕様に深く関わる重要な設計事項であるため、段数は、性能と軸系設計の双方を勘案して決定される。なお、段あたりの負荷を大きく取る衝動型設計を指向した場合でも、再熱式大容量機では段数が16〜23段程度となり、全段を一つのケーシングに収納することは機械的に困難である。そのため、再熱前の高圧部、中圧部および低圧部というように、いくつかの段群に分割する。それらの段群をそれぞれ独立したケーシングに入れる場合（高中圧別体型）や、高圧部と中圧部を同一のケーシングに入れ（高中圧一体型）、低圧のみ独立させる場合などがある。低圧部を複流（2流以上）とする場合、通常は低圧部を対称配置とするために偶数流（2、4、6流）とすることが多い。中圧部に関しても大容量機では強度上、翼高さの増大を防ぐために複流とすることもある。各段の熱落差は、段群ごとに内周径の速度比が等しくなるように定めることが多い。さらに抽気圧などを配慮してその配分の修正を行う必要もある。

(3) 反動度と静翼スロート面積、静翼高さ

反動度は、翼根元より翼先端に向かって増加する。また、図3.9よりわかるように、負の反動度すなわち動翼における圧力上昇は大きな損失を招くので、特殊な場合を除き好ましくない。したがって、衝動タービン（impulse turbine）の翼根元においても、一般に5〜20%程度の反動度を持つようにする。平均径における反動度は式（3.63）より求まる。

$$\frac{1-Rx_m}{1-Rx_h} = \left(\frac{D_h}{D_m}\right)^\beta \quad \cdots (3.63)$$

（$\beta=1.8\sim2.0$、添字h：翼根元、m：平均径）

この反動度を用いて、静翼スロート面積f_Nは、式（3.23）を用いて、亜音速の場合には、

$$f_N = \frac{G_S v_2}{\phi_N \sqrt{2(1-Rx)(h_1-h_{3ss})+c_1^2}} \quad \cdots (3.64)$$

となる。また、幾何学形状から、$f_N=\pi D_m(S_N/t_N)_m \times l_N$であるから、スロートピッチ比$S/t$を定めると、スロート位置での静翼高さ$l_N$が決まる。$S/t$を小さくとることで静翼高さを増し、二次流れ損失を低減することが可能であるが、スロートを過度に閉じるとプロファイル損失が急増することから、$\arcsin(S/t) > 11°$が目安となっている。

3.3.3 三次元設計

各段における内周径IRD（円板外径）と静翼高さが決まると、それを滑らかな線で結ぶことにより、蒸気通路部の内外壁の形状が描ける。さらに平均径における動翼の流入角、流出角、スロート幅については、速度三角形と式（3.22）、（3.24）および（3.26）の関係より求められる。衝動翼については、ボス比BRが0.91以下になると、半径方向の速度三角形の変化による翼列性能への影響が大きくなる。反動翼でもBRが0.83以下となると同様である。その場合は平均径だけに着目した一次元設計に加えて、フローパターン設計（flow pattern design）を行い、各半径位置の速度三角形を計算する。BRが非常に小さい場合や、内外壁の広がり角が大きい場合には、半径方向速度成分も考慮した三次元設計を行う必要がある。

比較的簡便な方法として、（3.45）式で半径方向に軸流速c_zを一定とした簡易フリーボルテックス設計（simplified free vortex design）がよく用いられる。その計算例を図3.18に示す。この設計法では、動翼出口における絶対速度の周方向速度成分を一様に小さくできる特長があるが、動翼の流入、流出角の半径方向変化が大きくなる。したがって、それに合わせて設計する動翼の翼断面のねじりが大きくなる。

図3.19は大容量火力向け48インチ最終段の設計例である。最終段での急激な膨張のため、流路内外壁面に大きく広がり角度をつける設計であるが、最終段（L−0）内では壁面からの剥離を極力抑制するため、凹面型形状が採用されている。本例では子午面流路形状を、軸方向いくつかの離散的な検査面座標と面の曲率で表したもので、軸対称を仮定し、翼間ピッチ周方向の形状については一次元値の半径

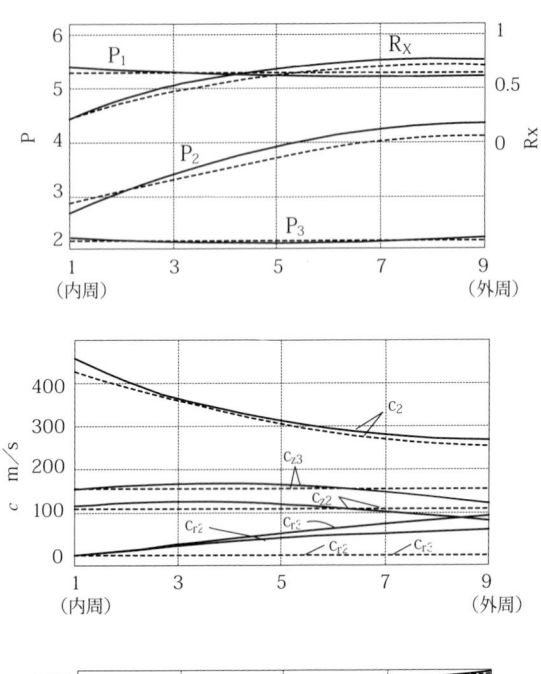

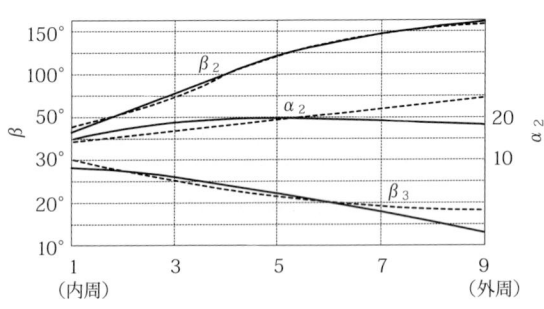

図3.18 三次元設計と簡易フリーボルテックス設計の比較例
（低圧最終段の一段前の段について）

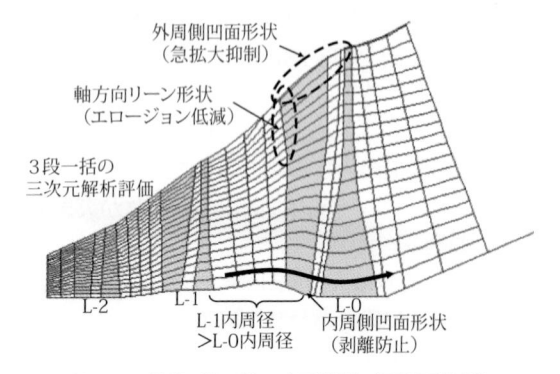

図3.19 最終3段の準三次元設計（子午面流線）

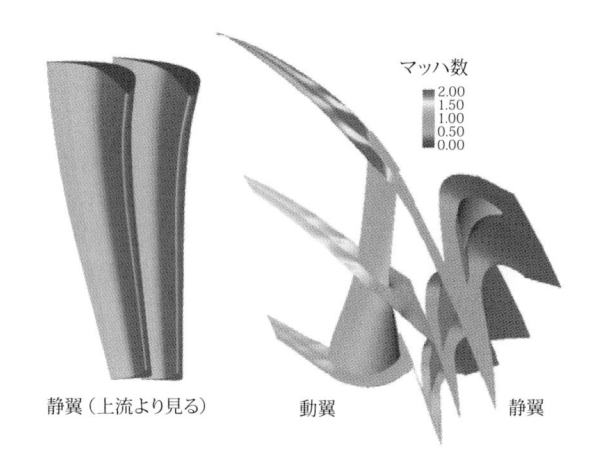

図3.20 周方向、軸方向ともにリーンを施した最終段静翼と三次元粘性解析によるマッハ数分布[17]

方向分布のみを与えて半径方向の遠心力と圧力勾配の運動方程式を解く、流線曲率法と呼ばれる準三次元設計が採用された。準三次元設計は、圧力、流量分布、速度三角形などの子午面のフローパターンを、計算時間をかけずに実施するのに有効な手段である。フローパターンの候補が絞られると、翼列や通路壁の実体のモデルの完全三次元解析により損失分布等を確認しながらの設計に移行する。

図3.20は最終段静翼の三次元設計と解析結果の例である。周方向にリーン（lean）を施してルート側の反動度を上昇させることで、静翼出口の流出マッハ数を低減し、損失発生を抑制すると同時に、外周側で最終段羽根との距離を拡大してエロージョンを低減することを意図して、上流側に湾曲するスキュー（skew）形状にて設計されている[17]。

3.3.4 翼形設計

速度三角形で与えられる流入角、流出角、流出マッハ数を満たすように、静翼および動翼の翼形設計がなされる。翼形（blade profile）の設計法として、以前はスタニッツ法やシュリクト法と呼ばれるホドグラフや写像理論を用いて、理想的な翼表面速度分布から翼形状を設計する方法が用いられていたが、最近は、二次元粘性解析を利用してプロト形状からの微修正により使用条件下で低損失形状を策定する方法や、プロファイルを近似曲線で表し、その曲線を制御するパラメータを変数とした最適化手法も用いられている[18][19]。

タービンは増速翼列であるが、翼背面のスロート以降で局部的に減速域が生じて損失発生の原因となるので、極力その部分の表面速度が流出速度より大きくならないように設計に際して配慮する必要がある。

静翼については、流入角はほぼ軸流方向であり、流出角の半径方向の変化も数度であるため、流出マッハ数に合わせた二、三の基本翼形を予め設計しておき、その取付角を若干変えるだけで全ての速度三角形に対応することができる。流出マッハ数が1を大きく超える場合は末広形のスロート形状が必要になる。強度上、翼断面の剛性が必要な場合には、基本翼形の前縁を上流に延長した、いわゆるロングノーズタイプの翼形を用いる場合があるが、空力的には損失増につながるため、適用には慎重な検討がなされることが望ましい。また、翼後縁の背腹の圧力差による曲げ強度が厳しい場合には、翼後縁を適宜カットバックするなどの手法も用いられるが、後縁厚みの増加も顕著な性能低下要因となることへの配慮が必要である。

動翼については、大幅に変化する流入角、流出角と構造強度的に要求されるピッチコード比、厚み・コード比などの条件も満たす必要があることから、数多くの翼形が必要となる。翼根元から先端にかけての翼形の例を図3.21に示す。通常、翼形の設計はタービンの設計ごとに行うのではなく、数十種類の標準的な翼形をあらかじめ用意しておき、その中より特性の合ったものを選択するという手法がとられる。

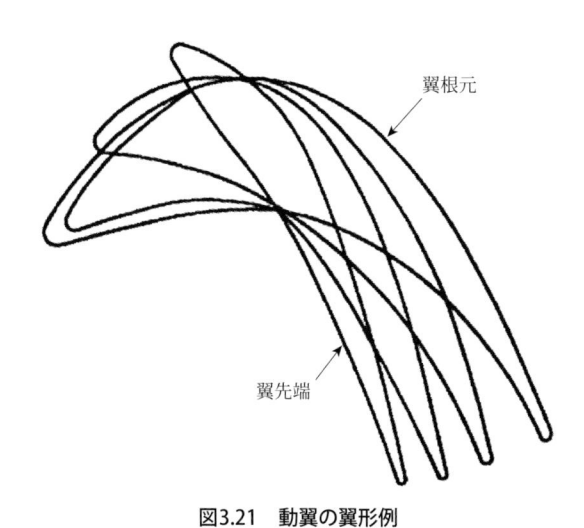

図3.21 動翼の翼形例

次に、与えられた速度三角形を実現するために最適な翼列を設計する方法を説明する。

図3.22は軸流タービンの静翼及び動翼の翼列幾何特性を説明するための図である。翼列の役割は与えられた速度三角形を実現する内部流路を形成することであり、更に流路は滑らかで剥離を生じにくい形状として、流体力学的損失を最小限にできる形状であることが必要である。同時に静翼は作動流体の温度において、翼列前後の差圧に耐えられる形状であること、動翼は静翼と同様の要求に加えて、回転による遠心力に耐え、更にさまざまな要因によって運転中に生じる変動流れ成分による振動応力にも耐えうる形状であることが求められる。振動応力に耐えうる設計は程度の差こそあれ、静翼にも必要である。

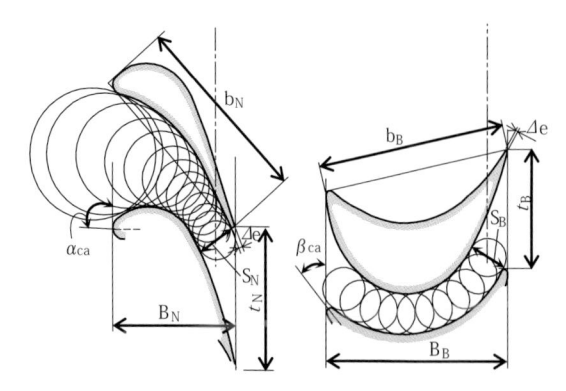

図3.22 軸流タービンの静翼（左）及び動翼（右）の翼列幾何特性（衝動型）[6]

静翼と動翼の後縁厚みΔeは定常応力、振動応力、更に高温部では熱応力も考慮して許容最小厚みが決められる。一方、流体力学的には後縁の厚みは後縁速度欠損を生じさせるので$\Delta e/S_N$、$\Delta e/S_B$を極力小さくすることが望ましい。ここでS_N、S_Bは通路部の最小幅部分であり、スロート（throat）と呼んでいる。従って、構造設計の要請から決まる許容最小厚みに製造公差を考慮した値が設計厚みとなる。bは翼コード（chord）、Bは軸方向コードと呼んでおり、翼断面積、翼断面二次モーメントと合わせて前述した構造強度を確保するために最小値が決められる。

以上の制約を考慮して、流体力学的に最適な翼間流路が設計される。その際に最も重要なパラメータはスロートSとピッチtの比、S/tで、

$$\alpha_{2e} = \arcsin(S_N/t_N)$$
$$\beta_{2e} = \arcsin(S_B/t_B)$$

をそれぞれ静翼と動翼の幾何流出角と呼ぶ。亜音速においては流出角の良い近似値となる。同様に前縁形状から、流入方向の基準とする幾何流入角α_{ca}、β_{ca}を定義している。

図3.22において、静翼は前縁から後縁にかけて流路がしだいに縮小しており、流れは増速するので、反動翼型であり、動翼は通路部の幅がほとんど変わらないので、衝動翼型であることが分かる。

図3.23はタービン翼列の翼面圧力分布の例を反動翼列(a)と衝動翼列(b)について示している。反動翼列では翼列流路で増速するので、特に背側（圧力分布は下側）の圧力が下がって翼列の負荷（腹側と背側の圧力差）が大きくなっている。これに対して、衝動翼列では翼列内での増速がほとんどないので、背側の圧力分布はほぼフラットで圧力がほとんど下がっていないことが分かる。

図3.24はタービン翼列の入射角特性を反動翼列(a)と衝動翼列(b)について示している（出口マッハ数が0.5の例）。i^*は実際の流れが基準流入角に対して翼背側から流入する場合を正として角度差で示したものであり、入射角と呼んでいる。右縦軸の$β_2$は流出角、左縦軸の$ζ$は翼列の流体力学的損失を表す全圧損失係数である。基準流入角には前述の幾何流入角$α_{ca}$、$β_{ca}$を取る場合も多いが、それはあくまで目安であり、翼型を設計して風洞試験や流れの数値シミュレーション（CFD）で入射角特性を求めて、必要があれば形状を調整して設計を確定する。反動翼列は一般的に流入角の変化に対して損失の変化が小さいと言われており、この図でもそのことが読み取れる。

反動型タービンでは、平均径の反動度が約50％となり、最適な速度比が0.7～0.8となる。従って、衝動型設計に比べて段数が1.5倍以上必要となる。限られたタービンの軸長に多数の段を配置するため、ドラム状のロータと静翼形式が採用される。

翼列特性を比較すると、前述のように反動翼は衝動翼に比べて流入角に対する損失感度が小さいので、ボス比BRが0.83以上では、ねじりなしの一定断面翼を用いることができる。但し、より高効率をねらう場合や、動翼の強度的制約を受ける場合には変化断面のねじり翼が用いられる。以上のような反動タービンと衝動タービンの相違があるが、基本的な主要寸法の決定法には大差がない。最近ではメーカ毎の反動、衝動の設計思想は以前ほど明確でなくなり、転向角が小さくプロファイル性能を発揮し易い反動型と、段数が少なくコンパクトなディスク型ロータで、軸シール部のリークを低減し易い衝動型設計が融合しつつある。

3.3.5 長翼設計

最終段を含む低圧最終3段を、運転周波数に対して翼固有値の離調マージンを確保する設計を施すことから、マージン段と呼ぶこともある。マージン段は開発コスト、期間とも長大となり易く、開発シリーズを多数の実機プラントで共通に適用することになる。中でも、湿り蒸気環境下、様々な負荷帯で運用される最終段の長翼化は開発の主題となっている。

最終段を出た運動エネルギは動力として取り出せない排気損失となる。排気環状面積を拡大することで最終段出口の軸流速度を小さくし、排気運動エネルギを減少させることで効率を向上できる。大型タービンメーカ各社において3,600rpm機で50イン

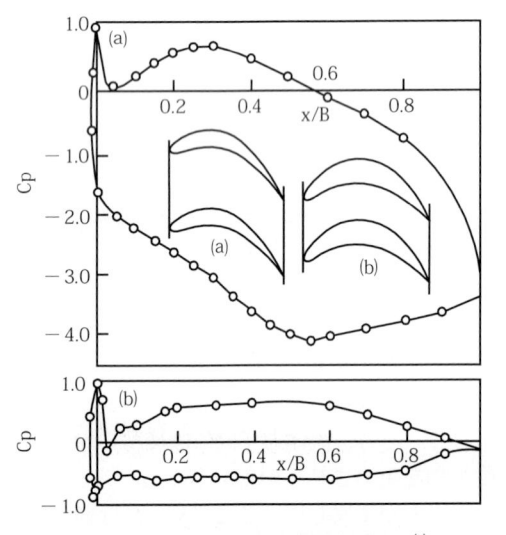

図3.23 タービン翼列の翼面圧力分布[21]
(a) 反動翼列 (b) 衝動翼列

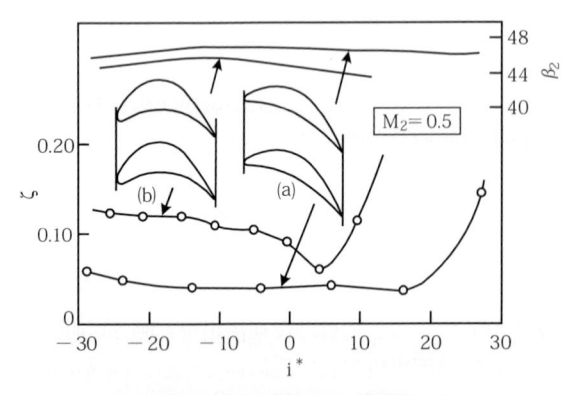

図3.24 タービン翼列の入射角特性[21]
(a) 反動翼列 (b) 衝動翼列

チ、3,000rpm機で60インチ級の最終段長翼をラインナップ化しており、先端周速は約790m/sとなっている。

最終段翼開発においては複数の制限がかかり、各々の設計クライテリアを満足することが求められる。まず低圧タービン全体の計画が示され、ヒートバランスや一次元性能計算から段落負荷配分が決定される。次に翼強度や固有振動数離調、耐侵食性と性能を合わせた一次評価が実施される。図3.25に、50インチ級開発翼の仕様と制限値の関係図を例示する。同一環状面積を実現するために、ボス比BR（ルート径R_h／先端径R_t）が低いほど翼長を伸ばす必要があり、動翼強度が制限を超える。逆にルート径を上げると翼長は短縮されるが、ロータ植込みにかかる応力が厳しくなる。本例では$BR=0.4$でバランスが取れ、最大環状面積が可能となる。エロージョン制限は、浸食が集中して発生する翼先端部の周速と逆比例の関係に近く、BR増加とともに制限曲線が下がってくる。入口相対流入速度の超音速制限は、先端周速マッハ数が2に近づくような最近の長翼設計で重視される課題である。図3.26は最終段先端の速度三角形であり、以下本図の記号で説明する。同一環状面積で比較するとき、例えばBRが縮小すると先端周速Uは低減されて、絶対流出速度cが同じであれば相対流入速度wも減少する。相対流入速度wが過度に増加して超音速流入になると動翼前縁上流に生じる衝撃波や、その衝撃波と境界層との干渉による損失が生じる可能性がある。

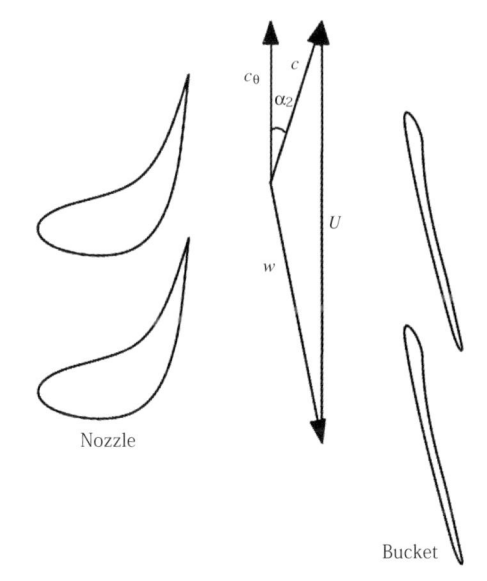

図3.26　最終段先端の速度三角形[22]

各制限内を満足するため、通路部三次元設計や二次元プロファイル設計が実施される。図3.27は超音速流入回避の例で、段落の反動度を40%低減して静翼出口流速を増加し、相対流入速度を低減している。

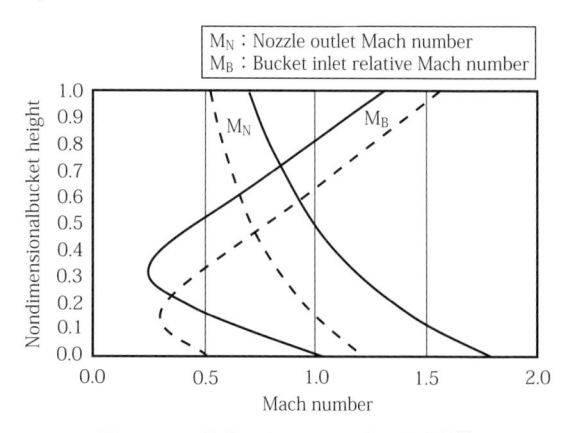

図3.27　反動度によるマッハ数分布変化[22]

反動度の制御は通常静翼、動翼のスロートの半径方向分布の調整で行う。評価は準三次元解析または完全三次元CFDによるが、その際には排気も含めたフローパターンやスパン方向の負荷配分、解析効率値の最適化も同時に実施する。

半径方向のフローパターンが固まると、二次元翼形の詳細設計に移行する。最終段はボス比BRが小

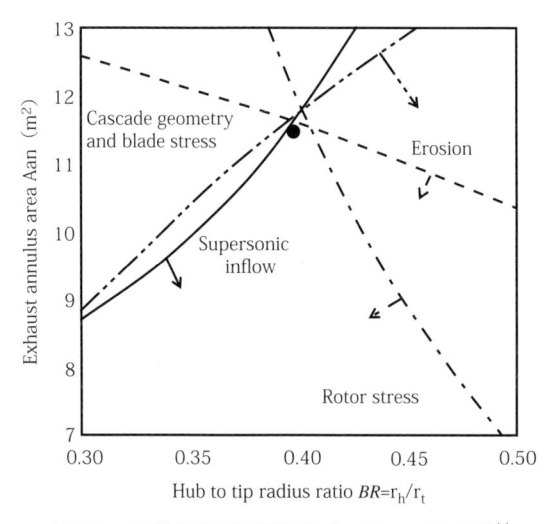

図3.25　最終段翼設計制限図（3,600rpm機の例）[22]

さく、翼根元（ルート）と先端（チップ）での周速比も2倍程度つくため、動翼の速度三角形は半径方向で大きく変化する。そのそれぞれについて低損失な翼形を設計する（図6.34参照）。図3.28に入口超音速翼形の解析と実験検証例を示す。

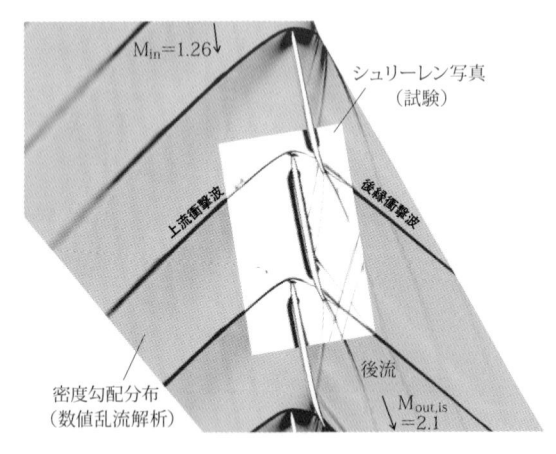

図3.28 超音速タービン翼型の試験と数値乱流解析との比較[23]

(1) 翼間流路は、入口部に最小流路面積部（スロート）を持つ広がり流路である。
(2) 前縁部の翼厚み増加が緩やかである。
(3) 翼圧力面上流側の曲率が小さい。

(1)の特徴により、翼間流路で超音速流が滑らかに加速膨張し、後縁衝撃波を弱くできる。また、(2)と(3)の特徴により、上流衝撃波を弱くでき、かつ入口スロート部の流れを均一化することで、設計流量を満足させることができる。

3.3.6 計算例

次に示す条件のタービンの静翼面積f_N、静翼高さl_N、翼根元反動度Rx_h、速度比U/C_0、および速度三角形を求めよ。また、図3.13の乾き翼列効率に内部漏洩損失、回転円板損失を考慮して、段内部効率を求めよ。

段落流量	: $G_s=350$	(kg/s)
入口圧力	: $P_1=3$	(MPa)
入口温度	: $t_1=500$	(℃)
入口速度	: $c_1=50$	(m/s)
平均径	: $D_m=1.25$	(m)
平均径反動度	: $Rx_m=0.25$	
静翼流出角	: $\alpha_2=13$	(deg)
動翼流出角	: $\beta_3=21$	(deg)
回転数	: $n=3,600$	(rpm)
ノズル流量係数	: $\phi_N=0.94$	
静翼速度係数	: $\varphi_N=0.98$	
動翼速度係数	: $\varphi_B=0.97$	
段落断熱熱落差	: $h_1-h_{3ss}=90$	(kJ/kg)
流量係数	: $K=735$	
ラビリンス歯数	: $N=10$	
ラビリンス径	: 0.7	(m)
半径方向間隙	: 0.7	(mm)
チップ軸方向間隙	: $\delta_a=4.0$	(mm)
チップ半径方向間隙	: $\delta_r=2.0$	(mm)
チップフィン歯数	: $N_r=8$	

圧力$P_1=3$MPa、温度$t_1=500$℃の蒸気の保有するエンタルピは蒸気表より、

$h_1=3456.2$ (kJ/kg)

動翼出口断熱エンタルピは、

$h_{3ss}=h_1-90=3366.2$ (kJ/kg)

式（3.19）より、静翼出口断熱エンタルピは、

$h_{2s}=h_{3ss}+Rx_m(h_1-h_{3ss})=3366.2+0.25\times 90$
$=3388.7$ (kJ/kg)

静翼出口圧力P_2は、P_1、h_1、h_{2s}より、

$P_2=2.46$ (MPa)

静翼出口断熱比容積v_{2s}は、P_2、h_{2s}より、

$v_{2s}=0.1355$ (m³/kg)

$v_2 \fallingdotseq v_{2s}$とすると、式（3.64）より、

$$f_N=\frac{G_s v_{2s}}{\phi_N\sqrt{2(1-Rx_m)(h_1-h_{3ss})+c_1^2}}$$
$$=\frac{350\times 0.1355}{0.94\times\sqrt{2\times(1-0.25)\times 90\times 10^3+50^2}}$$
$$=0.1361\ (m^2)$$

式（3.25）より

$(S_N/t_N) \fallingdotseq \sin\alpha_2/(\phi_N/\varphi_N)$
$=\sin 13°/(0.94/0.98)$
$=0.2345$

静翼高さl_Nは、

$l_N=f_N/\{\pi D_m(S_N/t_N)_m\}$
$=0.1361/(\pi\times 1.25\times 0.2345)$
$=0.148$ (m)

根元径D_hは、

$D_h=D_m-l_N$
$=1.25-0.148$
$=1.102$ (m)

式（3.63）より、翼根元反動度Rx_hは、$\beta=1.9$として、

$Rx_h=1-(1-Rx_m)/(D_h/D_m)^\beta$
$=1-(1-0.25)/(1.102/1.25)^{1.9}$

$\qquad = 0.047$

平均径における周速Uは、
$$U = \pi D_m \times n/60$$
$$\quad = \pi \times 1.25 \times 3,600/60 = 235.6 \text{ (m/s)}$$

よって速度比U/C_0は、
$$U/C_0 = \frac{U}{\sqrt{2(h_1 - h_{3ss})}} = \frac{235.6}{\sqrt{2 \times 90 \times 10^3}} = 0.555$$

式（3.20）より、静翼出口絶対速度c_2は、
$$c_2 = \varphi_N \sqrt{2(1-Rx)(h_1 - h_{3ss}) + c_1^2}$$
$$\quad = 0.98\sqrt{2(1-0.25) \times 90 \times 10^3 + 50^2}$$
$$\quad = 363.4 \text{ (m/s)}$$

速度三角形より、$w_2 = 143.9$ (m/s)
式（3.22）より、動翼出口相対速度w_3は、
$$w_3 = \varphi_B\sqrt{2Rx(h_1 - h_{3ss}) + w_2^2}$$
$$\quad = 0.97\sqrt{2 \times 0.25 \times 90 \times 10^3 + 143.9^2}$$
$$\quad = 248.6 \text{ (m/s)}$$

これらより速度三角形は次図となる。

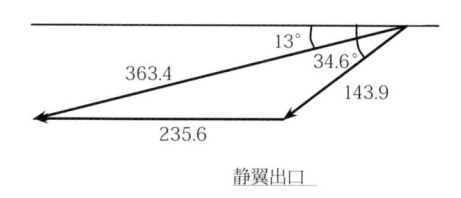

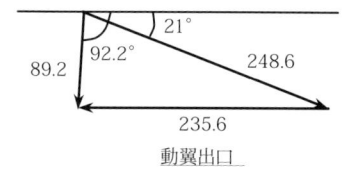

```
        13°
363.4 ╱────34.6°─╲
     ╱              ╲ 143.9
    ╱_____╲
         235.6
         静翼出口


         21°
   ╱─92.2°──╲
89.2         ╲ 248.6
  ╲_____╲
      235.6
      動翼出口
```

（速度三角形）

$U/C_0 = 0.555$、静翼高さ$l_N = 0.148$（m）の場合の乾き翼列効率は図3.13より$\eta_u = 0.874$となる。

次に内部漏洩損失を求める。静翼ラビリンスを漏れる蒸気量g_lは、式（3.59）より求まる。
$$f_l = \pi \times 0.7 \times 0.7 \times 10^{-3} = 1.539 \times 10^{-3} \text{ (m}^2\text{)}$$

ここで、ラビリンス入口出口の状態量は、静翼入口、出口の状態量と等しいと仮定すると、
$P_1 = 3$ MPa、$P_2 = 2.46$ MPa、$v_1 = 0.1160$ m^3/kg。

従ってg_lは、
$$g_l = 735 \times 1.539 \times 10^{-3}\sqrt{\frac{3}{0.1160}}\sqrt{\frac{1-(2.46/3)^2}{10+\ln(3/2.46)}}$$
$$\quad = 1.031 \text{ （}kg/s\text{）}$$

よってラビリンス漏洩損失は、
$\zeta_{CL} = g_l/G_s = 1.031/350 = 0.0029$

チップ漏洩損失ζ_{TL}は式（3.60）、（3.61）より求まる。

（3.61）より
$\delta_e = 0.5547$ （mm）

（3.60）より、
$$\zeta_{TL} = \frac{\pi \times 1.398 \times 0.5547 \times 10^{-3}}{0.1361}$$
$$\quad \times \sqrt{0.25 + 1.8\frac{0.148}{1.25}} \times 0.874$$
$$\quad = 0.0106$$

次に、回転円板損失ζ_dは式（3.62）より定まる。
定数$C = 4.26 \times 10^{-4}$とすると、
$U_R = 207.7$ m/s、$D_R = 1.102$ m、$v_3 = v_{3ss} = 0.1428$ m^3/kg、$G_s = 350$ kg/s、$h_{01} - h_{03ss} = 87,272$ (J/kg) より、

$$\zeta_d = \frac{4.26 \times 10^{-4} \times 207.7^3 \times 1.102^2}{0.1428 \times 350 \times 87272}$$
$$\quad = 0.0011$$

従って、乾き翼列効率から内部漏洩損失と回転円板損失とを差し引いた段内部効率は、
$0.874 - (0.0029 + 0.0106 + 0.0011) = 0.859$
となる。

3.4 記号法

A	環帯面積	η	段落内部効率
B	軸方向コード長	η_e	有効効率
BR	ボス比（ルート径R_H/先端径R_T）	η_M	機械効率
Cp	定圧比熱	η_R	理想ランキンサイクル効率
C	回転円盤損失係数	η_t	熱効率
D	径	η_u	線図効率
F	断面積	κ	比熱比
G	流量	μ	再熱係数
H	熱落差	ν	粘性係数
Ha	段落群断熱熱落差	ρ	密度
K	流量係数（リーク）	ζ	損失係数
L	仕事	ζ_{MH}	段以外の損失
M	マッハ数	ϕ	流量係数
N	歯数	φ	速度係数
P	圧力	ω	角速度
R	気体定数、体積力、抵抗		
Rx	反動度		
S	スロート幅	添字	
T	温度	0	よどみ点
U	周速	1	静翼入口、流路入口
a	音速	2	静翼出口、流路出口
a_N	影響係数（静翼）	3	動翼出口
a_B	影響係数（動翼）	01	静翼入口よどみ
b	翼コード長（chord）	02	静翼入口よどみ
c	絶対速度	03	動翼出口よどみ
f	スロート面積	02rel	動翼入口よどみ（相対）
g	重力加速度、流量	03rel	動翼出口よどみ（相対）
h	エンタルピ	2s	静翼入口からの断熱膨張線の静翼出口点
m*	臨界流量	3s	静翼出口からの断熱膨張線の動翼出口点
l	高さ	3ss	静翼入口からの断熱膨張線の動翼出口点
p	圧力	N	静翼
q	単位質量あたり熱量	B	動翼
r	半径	R	円盤外周
t	翼列ピッチ、静温	b	最終段動翼出口
v	比容積	c	臨界（チョーク）状態
w	相対速度	c*	軸流チョーク状態
y	湿り度	h	ハブ（流路内径側）
z	段数	l	半径方向間隙部
A	熱の仕事当量	m	平均径
C	速度ベクトル	r	半径成分
V	流速	s	段落
α	静翼に関する角度	t	チップ（流路外径側）
α_{2e}	静翼幾何流出角	tt	total-total
β	動翼に関する角度	ts	total-static
β_{2e}	動翼幾何流出角	z	軸方向成分
δ	間隙	θ	周方向成分

<参考文献>
(1) 池田 隆, 鈴木篤英ほか, 蒸気タービンの効率向上, 火力原子力発電, vol.32, No.5 (1981-5)
(2) 石谷清幹, 赤川浩爾, 蒸気工学, コロナ社, p316 (1962)
(3) Warren, G. B. and Knowlton, P. H., "Relative Engine Efficiencies Realizable from Large Modern Steam-Turbine Generator", Trans. ASME, vol.63, p.75 (1941)
(4) Salisbury, J. K., "Steam Turbines and Their Cycles", John Wiley & Sons, p.185 (1950)
(5) 日本機械学会編, 技術資料 管路・ダクトの流体抵抗, 日本機械学会, p.153 (1979)
(6) ア・ヴェ・シチェグリヤエフ, ベェ・エス・トロヤノフスキー, 蒸気タービン, タービン研究会編, 三宝社 (1982)
(7) Daily, J. W. and Nece, R. E., "Chamber Dimension Effects on Induced Flow and Frictional Resistance of Enclosed Rotating Disks", Trans. ASME, Series D, vol.82, No.1, p.217 (1960)
(8) Baumann, K. "Some Recent Developments in large steam turbine practice", Journal of Institution of Electrical Engineers, Vol.59, 1921, pp.565-663
(9) Miller, E. H. and Schofield, P. "The performance of large steam turbine generators with water reactors", ASME Winter Meeting, 1972
(10) Gyarmathy, G. "Foundation of a theory of the wet-steam turbine", FT-TT-63-785, 1964
(11) Young, J. B. "Semi-analytical techniques for investigating thermal non-equilibrium effects in wet steam turbines", International Journal of Heat and Fluid Flow, Vol.5, No.2. 1984, pp.81-91
(12) Young, J. B., Yau, K. K., Walter, P. T., "Fog droplet deposition and coarse water formation in low-pressure steam turbines; a combined experimental and theoretical analysis", Journal of Turbomachinery, Vol.110, 1988, pp.163-172
(13) Kawagishi, H., Onoda, A., Shibukawa, N., Niizeki, Y., "Development of Moisture Loss Models in Steam Turbines", Heat Transfer -Asian Research (HTSR), Paper No.B-11-13
(14) 川岸裕之ほか, 2011, 蒸気タービンの湿り損失評価法の開発, 日本機械学会論文集 (B編), 77巻, 775号
(15) 田沼唯士, 佐々木 隆, 新関良樹, 2007, CFDを活用した高性能蒸気タービンの開発設計, 東芝レビュー, 62 (9), PP.25-29
(16) 渋川直紀, 佐々木隆, 奥野研一, 富永純一, 2006, 蒸気タービンの性能設計技術 低圧部における性能設計技術, ターボ機械, Vol.34, No.4, pp.196-200
(17) Hofer D., et al., Aerodynamic Design Development of Steel 48/40 Inch Steam Turbine LP End Bucket Series, Proc. of ICOPE-03 (2003)
(18) 袁新, 手島智博, 新関良樹, CFDを用いた蒸気タービン通路部の最適化と実設計への適用, 東芝レビュー, Vol.66, No.6, p.10, (2011)
(19) Senoo, S., et .al., "Three Dimensional Design Method for Long Blades of Steam Turbines Using Fourth-Degree Nurbs Surface", ASME paper No.GT2010-22312, 2010
(20) 安井澄夫, 1977, ターボ機械 I 理論と設計の実際, 実教出版
(21) 西山哲男, 1998, 翼型流れ学, 日刊工業新聞社
(22) Senoo, S., et al., "Development of Titanium 3600rpm-50inch and 3000rpm-60inch Last Stage Blades for Steam Turbines", IGTC2011-0249 (2011)
(23) 妹尾茂樹ほか, 蒸気タービン用チタン製50/60インチ最終段長翼, 日立評論, Vol.94, No.11, p.26-p31 (2012)

第4章
タービン主機の構造

4.1　全体の構造
　　4.1.1　車室の構成
　　4.1.2　タンデムコンパウンド機とクロスコンパウンド機
　　4.1.3　コンバインドサイクル用蒸気タービン
4.2　車室
　　4.2.1　流入部
　　4.2.2　高圧および中圧車室
　　4.2.3　低圧車室
　　4.2.4　グランドパッキン
4.3　ブレード
　　4.3.1　静翼（ノズル）
　　4.3.2　動翼
4.4　タービン車軸
　　4.4.1　車軸の構成
　　4.4.2　高中圧車軸と冷却構造
　　4.4.3　低圧車軸
　　4.4.4　高中低圧一体車軸
　　4.4.5　ターニング装置
4.5　軸封システム
4.6　軸受および潤滑システム
　　4.6.1　軸受
　　4.6.2　潤滑油システム
4.7　弁
　　4.7.1　止め弁
　　4.7.2　制御弁
　　4.7.3　抽気弁および混圧弁
　　4.7.4　その他の弁

第4章　タービン主機の構造

4.1　全体の構造

タービン主機は蒸気を遮断したり蒸気量を調整するための弁（valve）、蒸気を保持する車室（casing）、蒸気の熱エネルギを運動エネルギに変換する翼列（blading）、回転動力を発電機などの被駆動機に伝える車軸（rotor）、車軸を支持する軸受（bearing）および軸受台（bearing pedestal）、車軸が車室を貫通している部分からの蒸気の漏れあるいは空気の流入を防ぐグランド（gland）、回転数や出力を自動調整するための調速装置（governor）、運転状態を常に監視し危急の場合にタービンを停止させる保安装置（safety device）、軸受に給油するための潤滑油装置（lubricating system）などからなっている。これらのうち車室（グランドを含む）、車軸、翼列、軸受台（軸受を含む）を本体と呼んでおり、まれには床に直置きの場合もあるが通常は基礎（foundation）と呼ばれる鉄筋コンクリート製（鋼鉄製の場合もある）の架台上に被駆動機とともに設置される（図4.1）。

4.1.1　車室の構成

タービン入口から出口までの熱落差の大きさによって車室の個数が変わる。事業用の大容量機では入口の圧力・温度が高く、しかも再熱を行っているので熱落差が大きく、また入口・出口の圧力比が大きいのでタービン出口の体積流量が相対的に大きくなり排気部分では通常、分流を行っている。このため段落の数が多くなり、従って車室の数も通常2～4個（まれには5個）となる。

多車室構造の場合はそれぞれ圧力段階ごとに高圧タービン、中圧タービン、低圧タービンの要素に分けている（主蒸気圧力が特に高い場合には高圧タービンの前に超高圧タービンを置く場合もある）。この他に、各要素タービンの機能を一体にした超高圧・高圧一体型タービン、高中圧一体型タービン

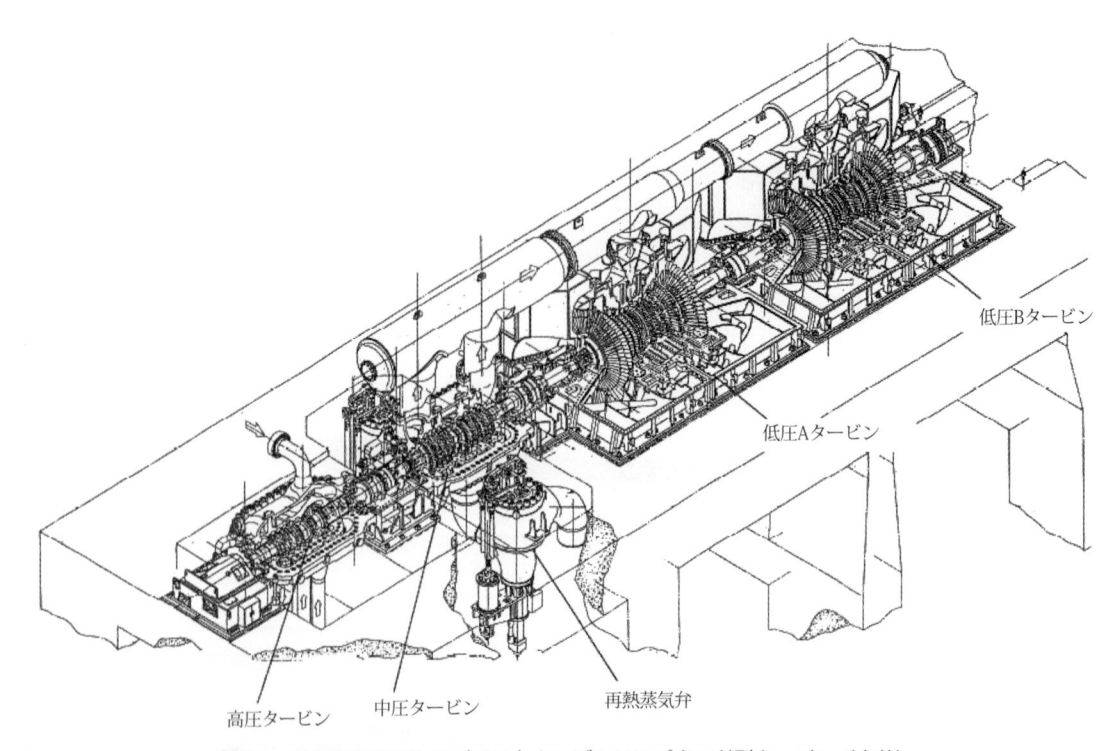

図4.1　1000MW TC4F-40（60Hz）タンデムコンパウンド型タービン（東芝）

（図4.2）、中低圧一体型タービン、高中低圧一体型タービン（図4.3、図4.4）等もある。

図4.1の高圧タービンのように蒸気が一方向のみに流れるものをシングルフロー（single flow）方式、中低圧タービンのように中央から流入して前後に分流するものをダブルフロー（double flow）方式と呼んでいる。ダブルフロー方式では各セクションの流量がシングルフロー方式の半分となるので翼長が短くなり、翼の負担する負荷が半減するので大容量化の場合には強度設計上からも有効な方式である。前後の各セクションは蒸気の流れに対して、互いに逆方向回転翼となる。図4.2の例では前側の第1車室が高中圧一体型タービンとなっており、蒸気は中央前側の入口から入って高圧部を前方に流れ、一旦前端の排気口よりタービンを出て再熱器に入り、再熱されたのち中央後側の入口より再度タービンに入り、中圧部を後方に流れた後、車室後端の排気口より排出される。各セクションには全量の蒸気が流れるのでシングルフロー方式であるが、特にこの方式をカウンターフロー（counter flow）方式と呼ぶことがある。

一方、産業用の小型タービン（図4.5）の場合は入口蒸気圧力・温度が低く熱落差も小さいので通常、車室の数は1～2個である。また、地熱タービンは入口蒸気圧力・温度が低いため、通常は低圧タービンに相当する車室1個で構成される（図4.6）。しかしこれを2個タンデムに連結し多流排気型としたものや、高圧タービンと低圧タービンの2車室で構成したものもある。

タービンの形式、排気の分流数、最終段の翼長が分かる様に記号で表すことがある。図4.2（TC2F-48）はタンデムコンパウンド形式2流排気－最終段翼長

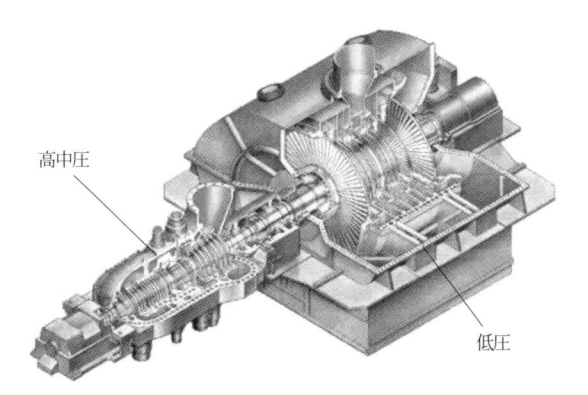

図4.2 600MW TC2F-48（50Hz）高中圧一体型タービン（三菱重工業）

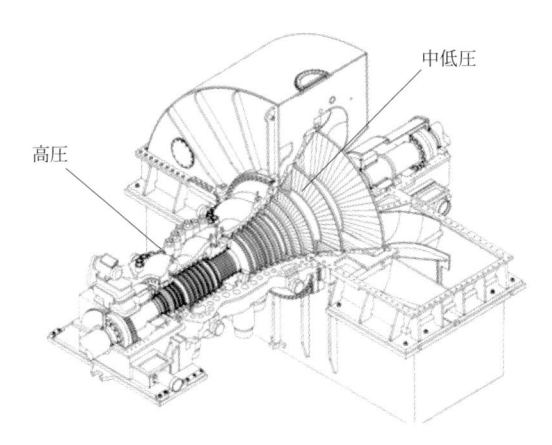

図4.3 80MW SF-40（60Hz）高中低圧一体型タービン（日立）（一軸式コンバインドサイクル用）

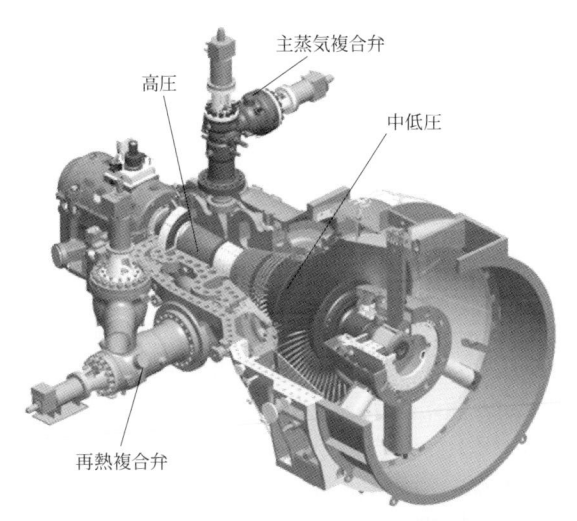

図4.4 66MW SF-32（60Hz）高中低圧一体型再熱タービン（富士電機）（一軸式コンバインドサイクル用）

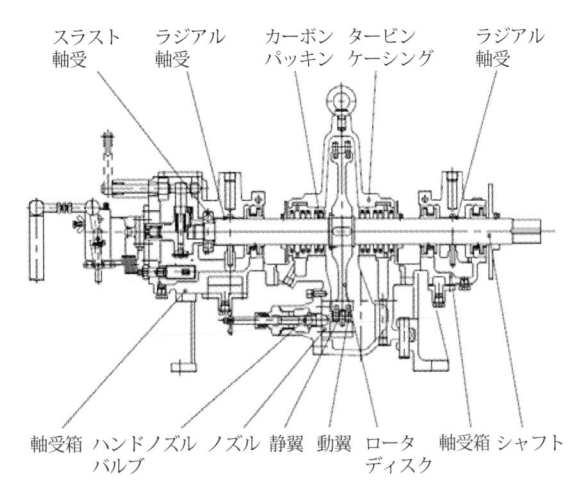

図4.5 0.8MWカーチス単段タービン（シンコー）

図4.6　147.2MW SC2F-31.4（50Hz）地熱タービン（富士電機）

48インチであることを表し、図4.8（CC4F-41）はクロスコンパウンド形式4流排気-最終段翼長41インチ、図4.3（SF-40）は単車室1流排気－最終段翼長40インチ、図4.6（SC2F-31.4）は単車室2流排気－最終段翼長31.4インチであることを表している。

4.1.2　タンデムコンパウンド機とクロスコンパウンド機

多車室構造のタービンは、タンデムコンパウンド形式（tandem compound turbine）とクロスコンパウンド形式（cross compound turbine）とに大別される。

タンデムコンパウンド形式は、図4.7に示すように各要素タービンを順次連結して1本の軸系とし、後端で1台の発電機を駆動するものである。一方、クロスコンパウンド形式は図4.8に示すように全体を2軸のタービン群に分け、それぞれの軸系で発電機を駆動するもので発電機は2台となる。この形式では高圧タービンを含むタービン群をプライマリ機、他の一方をセカンダリ機と呼んでいる。図4.8の例ではプライマリ機が高圧＋中圧、セカンダリ機は低圧＋低圧で構成されているが、プライマリ機が高圧＋低圧、セカンダリ機が中圧＋低圧の場合もある。

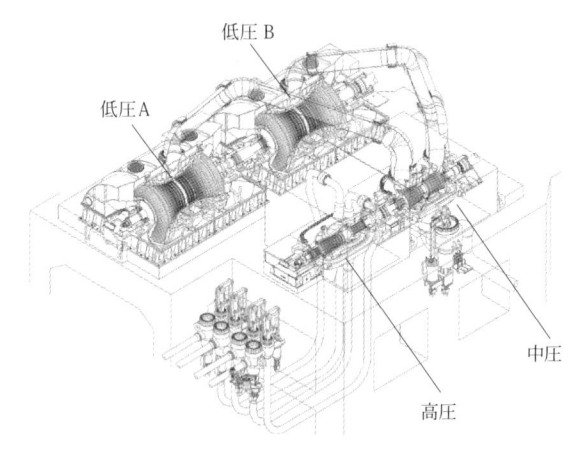

図4.8　1000MW CC4F-41（50Hz）クロスコンパウンド型タービン（日立）

タンデムコンパウンド形式は全長は長くなるが運転上の取扱い、制御等に関してはクロスコンパウンド形式よりも簡単である。一方クロスコンパウンド形式では軸系を2本に分けるため、同じ容量のタンデムコンパウンド形式よりも幅は大きくなるが全長は短かい。両軸のタービン間を蒸気連絡管（crossover pipe）が接続している。クロスコンパウンド形式の場合には、2軸のためプライマリ機とセカンダリ機の回転速度を変えることができる。図4.8の例ではセカンダリ機の構成を低圧＋低圧とし、回転数をプライマリ機の1/2にして4極発電機を駆動している。このようにすることにより低圧タービンの翼長を長く、すなわち排気環状面積を大きくすることができるので低圧タービンの数を増やさずに大容量化が可能となる。

4.1.3　コンバインドサイクル用蒸気タービン

ガスタービンと蒸気タービンを組み合わせたコンバインドサイクル発電には、ガスタービンと蒸気タービンが独立している多軸式と、ガスタービン、蒸気タービン、発電機が一つの軸に連結された一軸式とがある。

図4.9は一軸式コンバインドサイクルの構成例を示す。上側の例ではガスタービン（C）、蒸気ター

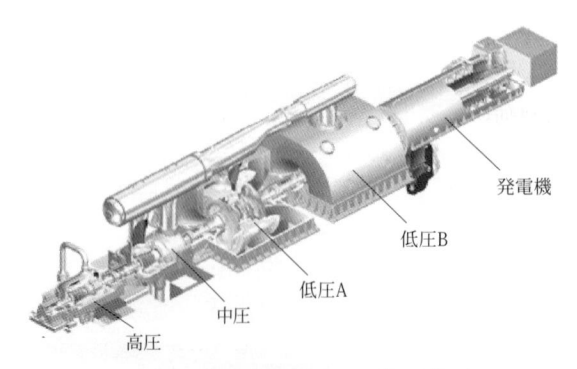

図4.7　1000MW TC4F-50（60Hz）タンデムコンパウンド型タービン（三菱重工業）

C-S-G軸系：スラスト軸受をGT側で共用し、GTとSTを1つに纏めた設計

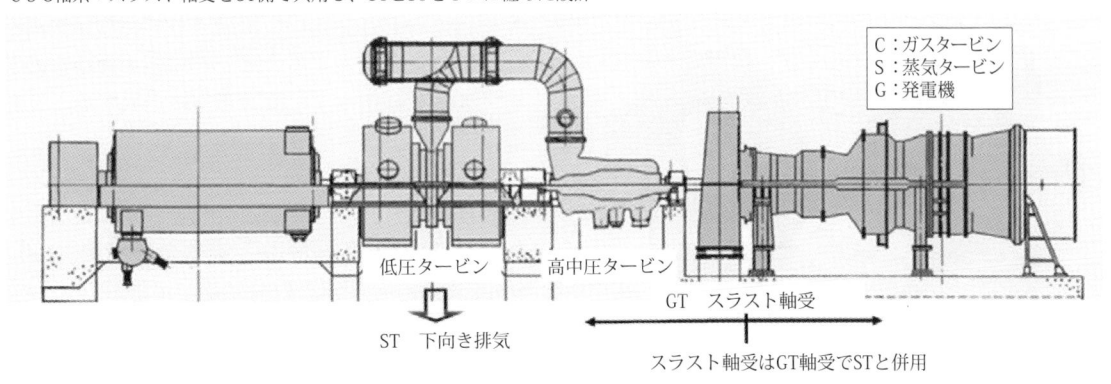

C：ガスタービン
S：蒸気タービン
G：発電機

低圧タービン　高中圧タービン
ST　下向き排気
GT　スラスト軸受
スラスト軸受はGT軸受でSTと併用

C-G-S軸系：GT、STともに独立した設計。STの伸び差を吸収するためにクラッチを配置。

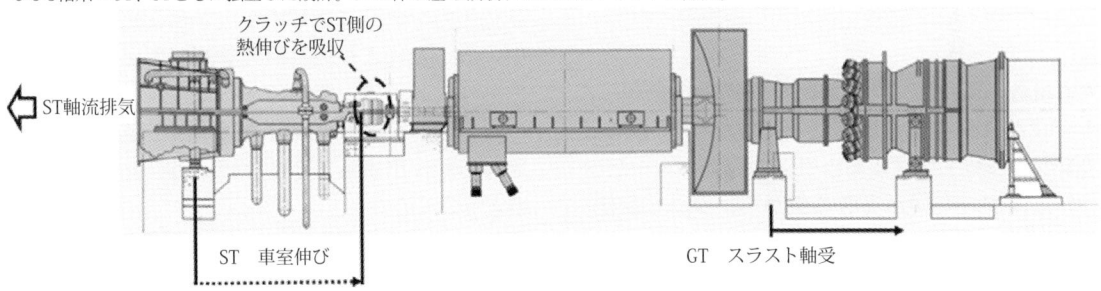

クラッチでST側の熱伸びを吸収
ST軸流排気
ST　車室伸び
ST　車室アンカ点　ST　スラスト軸受位置
GT　スラスト軸受

図4.9　一軸式コンバインドサイクル用蒸気タービン（三菱重工業）

ビン（S）、発電機（G）が直列に連結されており（C-S-G軸系）、ガスタービン・蒸気タービン共用のスラスト軸受がガスタービン側に設置されている。下側の例では、蒸気タービンとガスタービンの中間に発電機が配置されており（C-G-S軸系）、蒸気タービンと発電機の間には自動嵌脱式のクラッチが設置されている。蒸気タービンとガスタービンは個別にスラスト軸受を持っており、クラッチが蒸気タービンの伸び差を吸収する。この方式には、ガスタービンの単独運転が可能なこと、廃熱回収ボイラから蒸気が発生してから蒸気タービンを起動できるため蒸気タービンの空転による損失が生じないこと、伸び差が小さいこと等の利点がある。

4.2　車室（casing）

車室は蒸気流入部と排気部を持つ容器であり、内部には静翼（ノズル）が保持されている。動翼を保持する車軸が車室を貫通しており、貫通部にはグランドパッキンが設けられている。組立分解が容易であり、十分な強度と剛性を有し熱膨張が自由に行えるよう考慮されている。一般に高中圧車室は鋳鋼、低圧車室は鋼板を溶接して製作される。

4.2.1　流入部（steam admission）

蒸気流入部の構造は、ノズル締切り調速（nozzle governing, nozzle-cut-off governing）方式と絞り調速（throttle governing）方式により異なっている。

（1）ノズル締切り調速方式

ノズル締切り調速方式では、ノズルをいくつかのグループに分けて別々の加減弁に接続し、加減弁が開いているノズルグループにだけ蒸気を送入する部分噴射（partial arc admission）を行う。負荷に応じて加減弁を順に開閉することにより、蒸気の容積流量に応じてノズル通路面積を調整できるため、部分負荷における効率低下が比較的少ない反面、定格負荷における効率が多少犠牲になる。ノズル締切り調速を行うタービンの初段は調速段（control stage）と呼ばれ、部分負荷時に働く大きな圧力差や部分送入に伴う大きな変動応力に耐えるよう特別な構造が採用されている。蒸気は一般にノズルボックス（図4.10）と呼ばれる一種の圧力容器を経て、ノズルボックス出口に配置されたノズルに流入する。

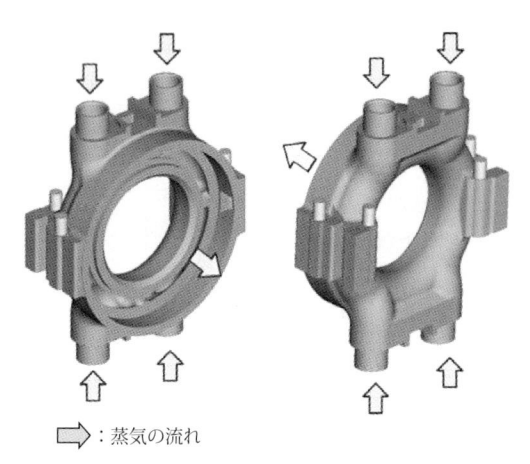

図4.10 ノズルボックス（三菱重工業）

大容量機の場合は、高圧初段を分流した複流形ノズルボックスが採用されることもある（図4.11）。初段ダブルフローノズルボックスの場合、タービン側／発電機側の圧損が異なる事から、タービン側、発電機側それぞれの流量配分を変えている。また、発電機側のパッキンリークは、パッキン通過後にサイクル内へ回収される構造となっている。

図中に示すシールリングは、主蒸気入口管からの蒸気漏洩防止と、内車、外車の軸方向熱伸びを吸収するために設置している。

ノズルボックスを用いず、内部車室にノズルを直接植え込む構造も採用されている。

ノズル締切り調速方式ではオーバロード弁を備えている場合もあり、その場合はオーバロード時にはオーバロード弁を開いて接続されているノズルグループに蒸気を送入する。オーバロード弁からの蒸気をノズルを経由せずに直接車室に送入することもある

(2) 絞り調速方式

絞り調速方式では、調速段を設けず、入口蒸気を初段静翼に全周から送入する全周噴射（full arc admission）を行い、負荷に応じて加減弁の開度を変えることにより流量を調整する。定格負荷で高い効率が得られる反面、部分負荷においては加減弁の絞り損失が増えるため効率が低下する。ただし、主蒸気圧力を負荷に応じて変化させる変圧運転方式を用いることにより絞り損失を減少させることが可能であり、最近は一般的である。

絞り調速方式では部分負荷時にも静翼や動翼に大きな力が作用することはないため、特別な構造を必要としない。

オーバロードに対しては、一般に次のような方法で対応する。

① オーバロード弁を設け、オーバロード時にはオーバロード弁を開けて蒸気を中間段落に導入する（ステージバイパス方式）（図4.12）。

② 加減弁開度を保持し、オーバロード時には主蒸気圧力を上げることにより蒸気流量を増加させる。

③ あらかじめ加減弁を絞っておき、オーバロー

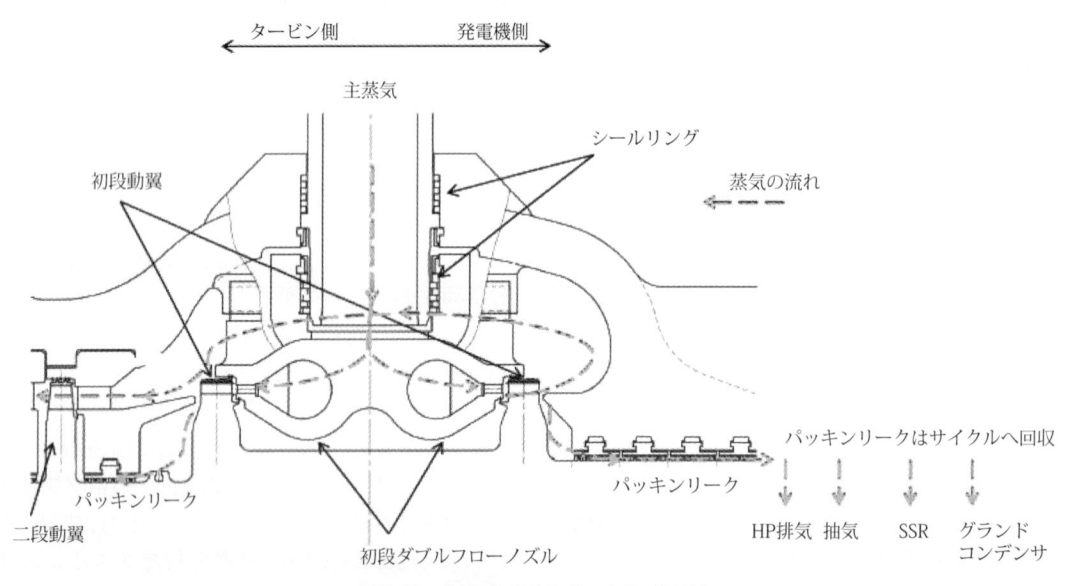

図4.11 複流式ノズルボックス（日立）

第4章　タービン主機の構造

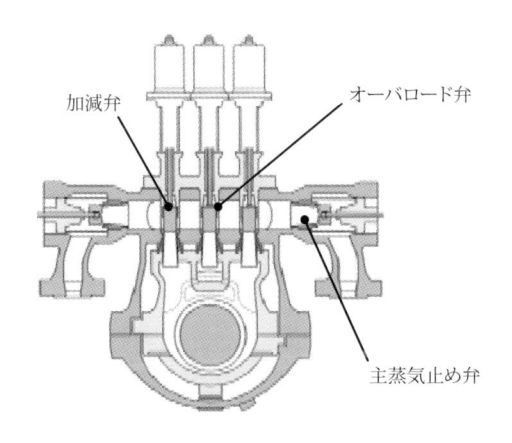

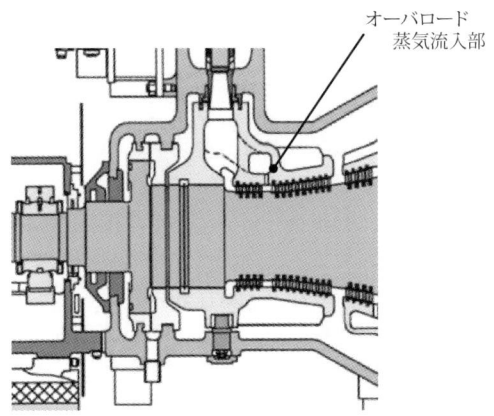

図4.12　オーバロード弁付き全周送入方式（富士電機）

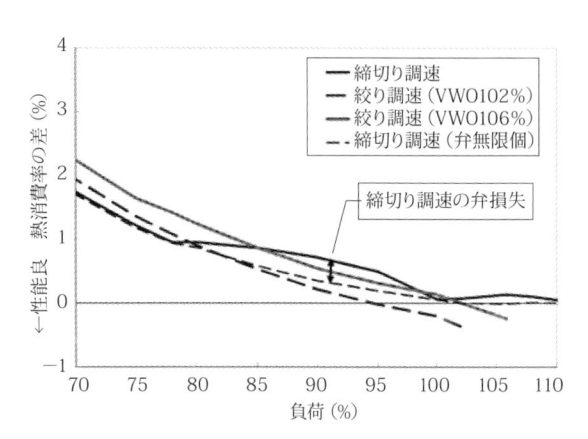

図4.13　ノズル締切り調速と絞り調速の性能比較例
（三菱重工業）

ド時には加減弁を開くことにより蒸気流量を増加させる。

各調速方式には一長一短があり、運転パターンを考慮して最適な調速方式が選定される。図4.13は調速方式の違いによる熱消費率の比較例を示している。

4.2.2　高圧および中圧車室
（high and intermediate pressure casing）

高圧および中圧車室は組立分解および車軸の搬出入を容易にするために水平二つ割り構造が一般的であるが、車室および水平フランジはかなり厚肉なものとなるので、この傾向を緩和するために二重車室構造が多く採用されている。

図4.14に高中圧一体型タービンの二重車室構造の例を示す。翼列で仕事をした圧力・温度の低い蒸気が内・外部車室間を満たすため、外部車室に作用する圧力差は一重車室に比べてほぼ半減し、肉厚を薄くすることができ熱応力も小さく抑えることがで

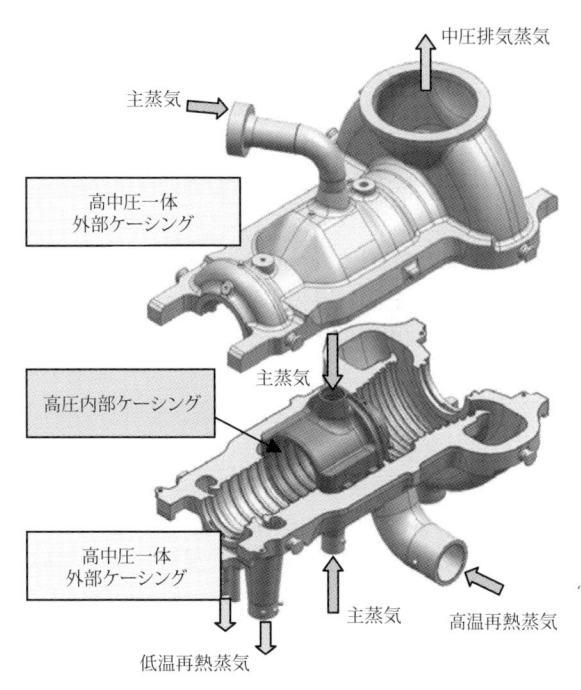

図4.14　高中圧一体型二重車室（東芝）

きる。また、内部車室に対しては外周側が冷却されるためクリープ強度が高くなる。

しかし、起動、停止および急激な負荷変化時などの熱応力発生は避けられず熱疲労クラックの発生しにくい単純な車室構造の開発に努力が払われている。ノズルボックスの採用、加減弁の別置化等も車室の単純化に寄与した例である。高圧外部車室構造を単純化した典型的な例として、水平フランジを持たず、肉厚を一様としたつぼ形車室がある（図4.15）。つぼ形車室は、回転対称体であり熱応力の

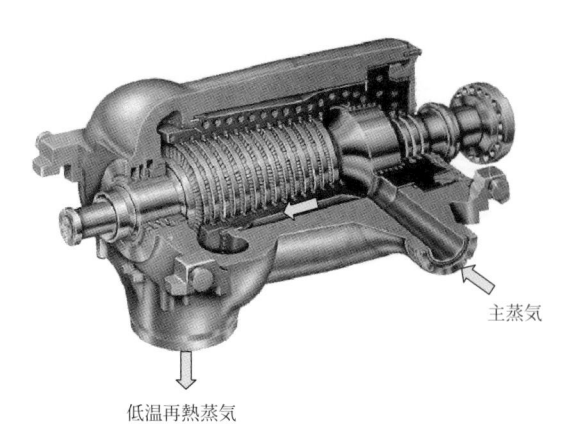

図4.15 つぼ型車室（富士電機）

発生を極めて低く抑えることができるため、特に蒸気圧力・温度の高いユニットに適している。また、超々臨界圧タービンの高圧高温の蒸気にさらされるノズルボックス、内部車室等の耐圧部では改良12%Cr鋳鍛鋼等が採用され、700℃級を超える先進超々臨界圧タービンではNi超合金等の採用が検討されている。

4.2.3 低圧車室（low pressure casing）

図4.16および図4.17に低圧車室の構造を示す。図4.16は軸受台を外部車室と別置とした構造例であり、図4.17は軸受台を外部車室と一体構造とした例である。低圧車室も水平二つ割り構造であるが、内部の蒸気は高中圧車室と比べて圧力、温度ともに低いためクリープ強度を考慮する必要はない。しかし、低圧タービンの入口から排気までの温度降下は非常に大きいため、低圧車室を二重もしくは三重構造とすることにより、各々の車室での温度降下を少なくして車室の熱変形を防止することが多い。内部

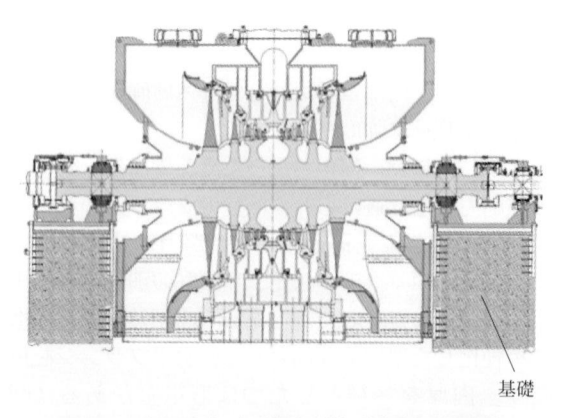

図4.16 低圧車室（三菱重工業）（軸受台別置型）

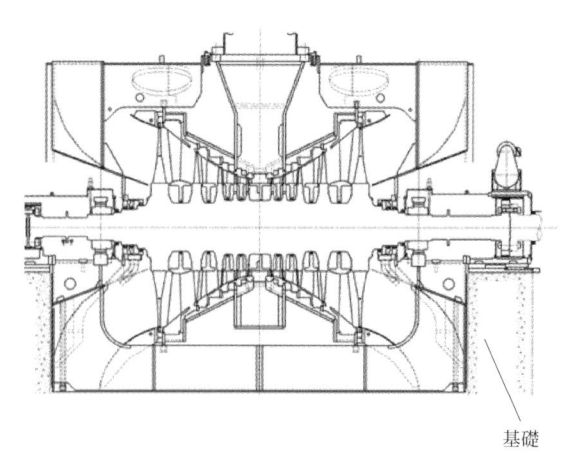

図4.17 低圧車室（日立）（軸受台一体型）

車室の外面にサーマルシールドを取付け、温度勾配を小さくすることもある。こうすることにより外部車室は入口の高温部分とは分離され、低温の排気だけにさらされることになる。

外部車室は、低圧タービンの外形を形成する車室であり、外部は大気圧、内部は復水器真空であるため車室には真空荷重が（大気圧が外圧として）作用している。この真空荷重の他に、一般に内部車室重量および、外部車室の自重が作用するため、これらの荷重に充分耐える強度および剛性を持たせるよう随所にステイおよびリブ等を設けた構造としている。

低圧最終段を出た蒸気は、外部車室とディフューザで構成される排気室を経て復水器に導かれる。ディフューザは断面積を徐々に拡大したラッパ状の流路で、排気蒸気の運動エネルギを圧力エネルギに変換する（流速を落とし圧力を増大させる）ことで、利用できる熱落差を増大させる機能を持っている。排気室の形状は排気損失に大きく影響を及ぼすため復水器までの圧力損失が最小となるように決められる。

外部車室と復水器は同じ圧力容器を形成するが、その構成形態には、ベローズ接続方式、バネ支持方式、復水器一体方式があり、それぞれ復水器や内外車室の荷重支持方法や、真空荷重の作用方式が異なる。図4.18に各々の接続形態と特徴を示す。

原子力用および火力用タービンにおいては、復水器をタービンの下方に配置し、タービンの排気方向を下向きとするのが一般的であるが、コンバインドサイクルプラントや地熱プラントにおいては、機器

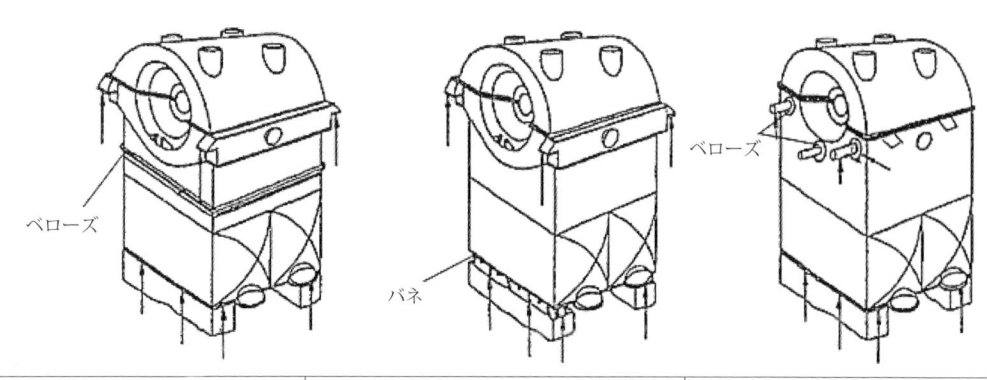

ベローズ接続方式	バネ支持方式	復水器一体方式
外部車室と復水器をベローズ（可撓継手）で接続したものである。外部車室には内外部車室重量及び真空荷重が作用するため、外部車室及びタービン基礎には高い剛性が必要となる。	外部車室と復水器を一体構造の圧力容器とし、復水器下部にバネを配置した構造である。外部車室には内外部車室重量及び復水器の水位変化に応じたバネ反力が作用するが、真空荷重は作用しないため、ベローズ接続と比較して軽量化が計れる。	外部車室と復水器を一体構造の圧力容器とし、外部車室の荷重は復水器に支持される構造である。内部車室の荷重を前後軸受台で支持するため、内部車室とロータとのアライメントは真空荷重や復水器の水位変化の影響を受けない。

図4.18　低圧車室と復水器の連結方法（富士電機）

配置の関係から復水器をタービンの側方に配置し、タービン排気を上向きもしくは横向きとする場合がある。また、シングルフロータービンにおいては、復水器をタービンの排気方向後方に配置し、タービン排気を軸流とすることで排気損失の低減を図る場合もある（図4.9下図）。

低負荷運転時には排気温度が上昇するので、排気室の変形が生ずるのを防ぐため減温用のスプレーを設置することもある。また、低圧車室の上部には、大気放出板（atmospheric relief diaphragm）が設置されており、復水器冷却水の停止やその他の原因で排気室の圧力が万が一大気圧以上になった場合には、蒸気を大気へ放出して排気室および復水器の損傷を防止するようになっている。

4.2.4 グランドパッキン（gland packing）

車軸がタービン車室を貫通する車室の両端部にはグランドパッキンが設けられる（図4.19）。グランドパッキンは、高中圧タービンでは蒸気の漏洩を最小限に抑えるとともに大気中への漏出を防止している。また、低圧タービンでは空気のタービン内への流入を防止し復水器真空を保持している。

グランドパッキンには二つの漏洩蒸気室が設けられている。大気側の蒸気室は接続管を経てグランド蒸気復水器に導かれ、大気圧より低い圧力に調整されている。車室側の蒸気室は軸封蒸気系統に接続され、大気圧より高い圧力に調整される。

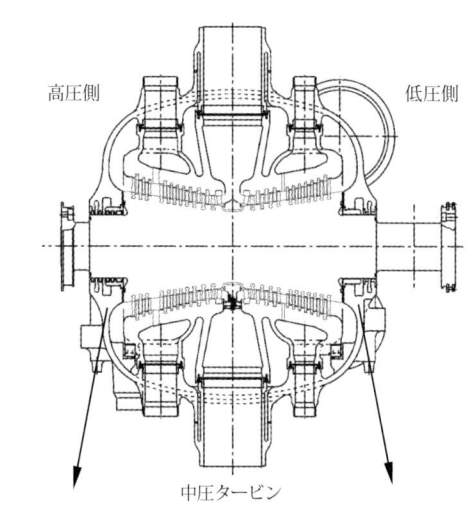

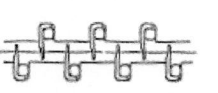

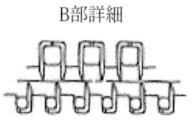

図4.19　グランドパッキン（富士電機）

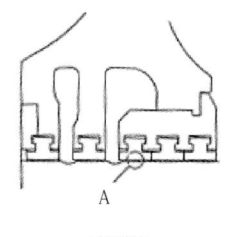

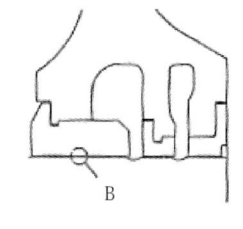

シールリングには、ラビリンス型（labyrinth）、スプリングバックシール（spring back seal）、リーフシール（leaf seal）、ブラシシール（brush seal）、アブレイダブルシール（abradable seal）、ACC（Active Clearance Control）などの種類がある。

ラビリンス型シールの例を図4.19に示す。高圧側のシールリングはT字脚を持つ数個のセグメントから構成され、グランドケースの溝にはめ込まれている。各セグメントはコイルばねあるいは帯状の板ばねにより裏面から支えられており、万一フィンが車軸と接触することがあっても、接触荷重が制限され振動トラブルが生じないよう配慮されている。低圧側のシールリングは、スラスト軸受から離れており車室と車軸との相対伸び差が大きくなるため、車室側と車軸側のフィンを対向させて伸び差の制約をなくしたダブルフィンシール構造が採用されている。

スプリングバックシールの例を図4.20に、リーフシールの例を図4.21に、ブラシシールの例を図4.22に示す。ブラシシールは線径の小さいワイヤとそれを固定するプレートで形成される。ブラシシールの先端（ワイヤ部）は、従来のラビリンスシールに比べて剛性が低く、ロータとの接触時における振動への影響が小さい構造となっている。従い、漏洩蒸気を最大限に低減するため、通常は、ブラシシール先端とロータを接触させて使用する。

＜リーフシールの特長＞
- 非接触化
  ロータ回転時の動圧による浮上力
  リーフシール前後差圧による浮上力
- 低漏洩化
  リーフ（薄板）間の微小隙間の粘性抵抗
  リーフ先端の微小な浮上隙間
- 高差圧対応
  軸方向に高い剛性

図4.23はACCの例で、起動時にはシールセグメントに備えられたバネによってセグメントは外周側に寄っている（図の①の方向）。セグメントと保持部（斜線部）の空間は上流側の圧力によって満たされているので、タービンの翼列に蒸気が流れて負荷を取るようになると、セグメントは徐々に内周側に動くようになりシール性を発揮するようになる。このようにしてセグメントは停止・起動時は外周側に、負荷運転時には内周側に動くようになり、過渡的な回転部と静止部の摩耗を防ぐしくみとなっている。

＜ACCの特長＞
- 起動時はクリアランス拡大
  起動時のフィン接触を防止
- 設定負荷帯でクリアランス減少

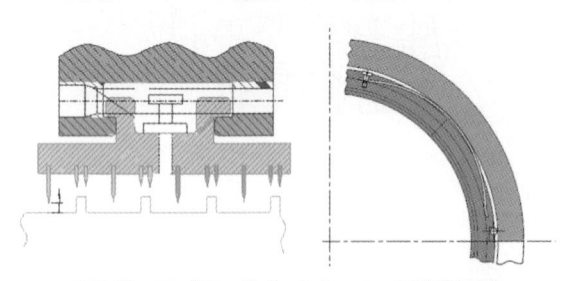

図4.20　スプリングバックシール（三菱重工業）

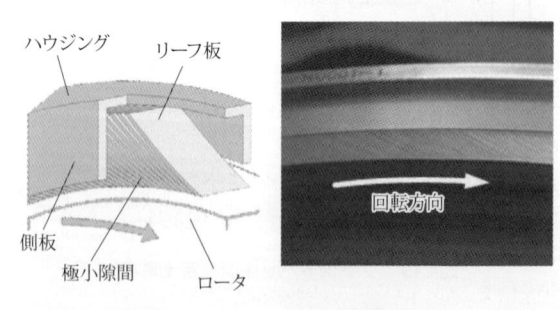

図4.21　リーフシール（三菱重工業）

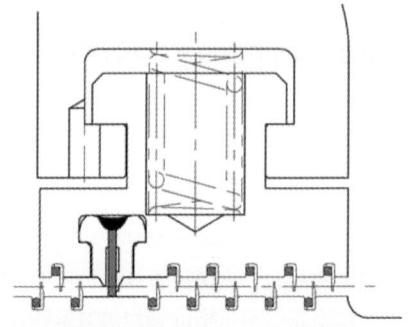

図4.22　ブラシシール（富士電機）

第4章　タービン主機の構造

定格運転中に最小クリアランスを保持

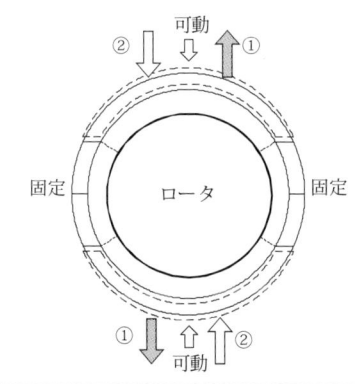

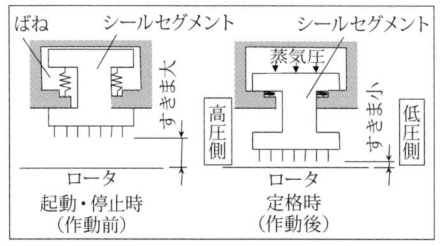

図4.23　ACC（三菱重工業）

ている。ブレードは通常、ケーシング側に固定された静翼（stationary blade）と、ロータに植込まれ、ロータとともに回転する動翼（moving blade）を組合せて用いられる。静翼と動翼の一対を段（stage）と称する。一般に熱落差の大きいタービンは、多数の段で構成されている。

段は作動原理の上から反動段（reaction stage）と衝動段（impulse stage）に分類される（図4.24）。衝動段では圧力差の大部分をノズル（nozzle；衝動段の静翼は一般にノズルと呼ぶ）で速度エネルギに変え、主として動翼に働く衝動力で車軸にトルクを与える。これに対して、反動段では圧力差（正確には熱落差）を静翼と動翼にほぼ均等に配分し、動翼内で蒸気が膨張する際の反動力も利用する。実際には衝動段といえども、性能向上のために若干の反動度をつけて設計するのが一般的である。また翼長が長くなると、ルートからチップにかけて反動度が大きく変化するため、衝動段と反動段の本質的な区別がなくなる。最近は高圧タービンを反動段、中圧タービンを衝動段とする設計や、各段ごとに最適な反動度を選定する設計が一般的になってきている。

4.3　ブレード（blade）

ブレードは蒸気が保有する熱エネルギを速度エネルギに変換し、ロータに回転力を与える役割を担っ

4.3.1　静翼（ノズル）
（stationary blade, nozzle）

静翼（ノズル）は、通路内で蒸気を膨張させて蒸

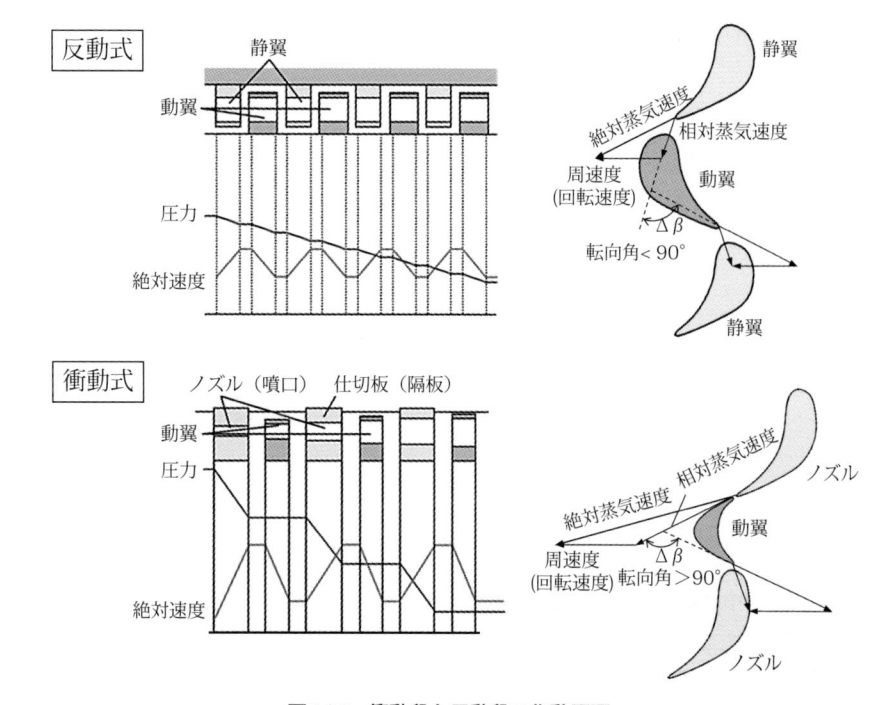

図4.24　衝動段と反動段の作動原理

気に速度エネルギを与えるとともに、流れの向きを変えて回転方向の運動量を作り出す働きをしている。作動原理からもわかるように、衝動段ではノズルと動翼の形状に明瞭な差があるが、反動段では静翼と動翼のプロファイルは似通っており、全く同じプロファイルを使用することもある。

(1) 調速段ノズル

ノズル締切り調速を行うタービンの初段は調速段と呼ばれ、他の段落とは機能、構造とも異なっている。衝動タービン、反動タービンを問わず、調速段にはラトー段またはカーチス段と呼ばれる衝動段が用いられる。

調速段の最大の特徴は、ノズル翼列の一部にのみ蒸気を導入する部分噴射を行うことである。このためノズルは3～8個のグループに分けられ、ノズルグループごとに別々の加減弁に接続されている。負荷に応じて加減弁を順に開閉することによって、蒸気の容積流量に見合ったノズル通路面積が得られる。

ノズルには高温・高圧の蒸気が作用し、また部分負荷時には大きな差圧が働くので、それに耐えられるような構造が採用されている。ノズルは一般にノズルボックスと呼ばれる一種の圧力容器の出口に配置されることが多い（図4.25）。ノズルボックスを用いず、内部車室にノズルを直接植え込む構造も採用されている。ノズルの強度を高めるとともに気密性を良くする目的で、ノズル同士またはノズルとノズルボックス間を溶接する場合もある。

ノズルは1個ずつ製作したものを植え込むこともあるが、放電加工等の方法でモノブロックから一体に製作されることもある。

調速段ノズルには、ボイラからのスケール流入によるソリッドパーティクルエロージョン（solid particle erosion）を生じやすいので注意を要する。このためノズルの後縁を厚くしたり、特殊なコーティングを施す等の対策がとられることもある。

(2) 衝動段静翼

衝動タービンの中間段には、低反動度の衝動段が用いられる。衝動段は1段あたりの熱落差が大きく、またその大部分をノズルで低下させるため、ノズルには大きな圧力差がかかる。これに対処するため、衝動段ノズルには図4.26に示すようなダイヤフラム（diaphragm）構造が採用されている。ノズルダイヤフラムは二つ割り構造になっており、外輪および内輪と称する半円のリングと、ノズル板と称する蒸気通路部から構成される。ノズル板は外輪および内輪に溶接して固定されることが多いが、大形のものではノズル板を外輪および内輪に鋳込むこともある。内輪には多数のフィンをもったラビリンスリングが装着されており、蒸気の漏洩を低減する役割を果たしている。ノズル前後の圧力差が大きいので、ロータを深く彫りこんで内輪の径を小さくし、漏洩面積をできるだけ少なくしている。ノズルダイヤフラムは、ケーシングの溝に外輪をはめ込んで固定される。

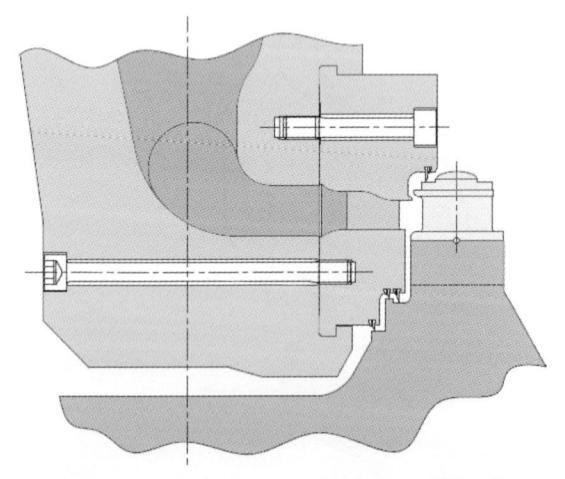

図4.25 ノズルボックスおよび調速段（三菱重工業）

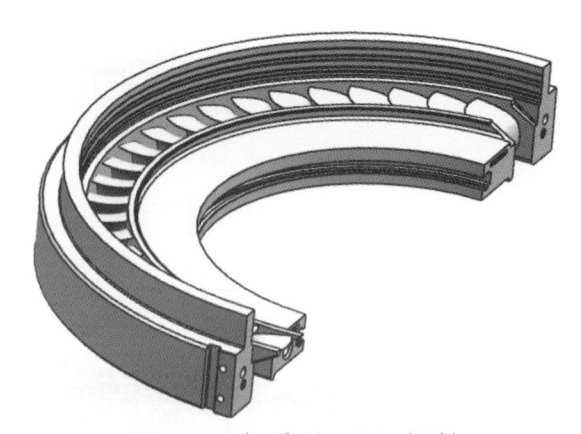

図4.26 ノズルダイヤフラム（日立）

(3) 反動段静翼（stationary blade）

反動タービンの中間段は、平均反動度が50%前後の反動段で構成されている。反動段静翼は一般にブレードリング・静翼ホルダ等と呼ばれる二つ割のリングまたは内部車室に周方向に切られた溝に挿入さ

れる。漏洩蒸気を少なくするため、静翼の先端のシュラウドまたは車軸にシールフィンが設置されている（図4.27）。

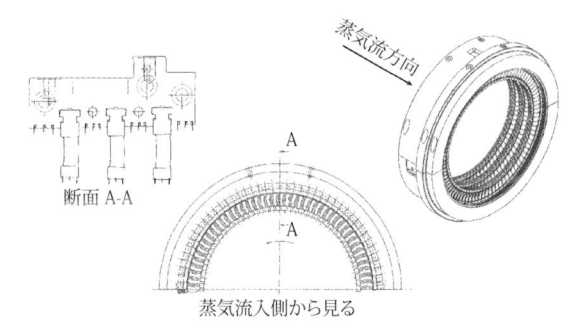

図4.27 反動段静翼（三菱重工業）

(4) 低圧静翼（low pressure stationary blade）

低圧タービンの最後尾に位置する2～3段の長翼は、低圧翼と称される。低圧翼は流れの三次元性が大きく、反動度はルートからチップにかけて大きく変化する。比較的容量の小さい反動タービンでは、低圧翼の静翼にも反動段と同じ構造が採用されることがあるが、一般には低圧翼の静翼をダイヤフラム構造にすることが多い（図4.28）。翼はダイヤフラムの外輪と内輪に溶接されるか鋳込んで固定される。ダイヤフラムの固定方法には、車室の溝に挿入して固定する方式や、ボルトによって固定する方式などがある。ダイヤフラムは、組立、分解の便宜を考え、二つ割りになっている。

翼は、削り出し、精密鋳造、鍛造等の方法で製作されるほか、プレス成形した鋼板を溶接した中空翼も用いられている。

図4.28 ダイヤフラム式低圧静翼（日立）

低圧動翼のエロージョン（erosion）を軽減するために、ダイヤフラムおよびケーシングにドレンキャッチャ（drain catcher）を設けて水滴を捕集したり（図4.30）、スリットを加工してドレンを吸引する構造が採用されている（図4.29）。また静翼を内部から蒸気で加熱して、表面に付着したドレンを蒸発させる方法（静翼ヒーティング）も実用化されている（図4.31）。

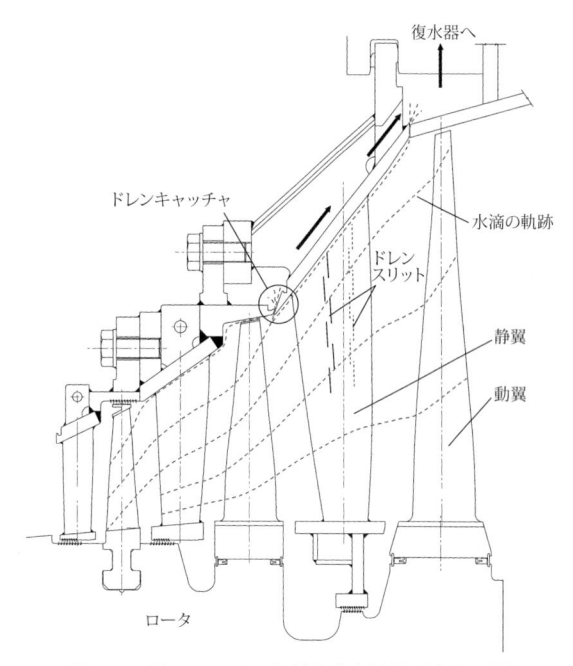

図4.29 ドレンスリット付き中空静翼（富士電機）

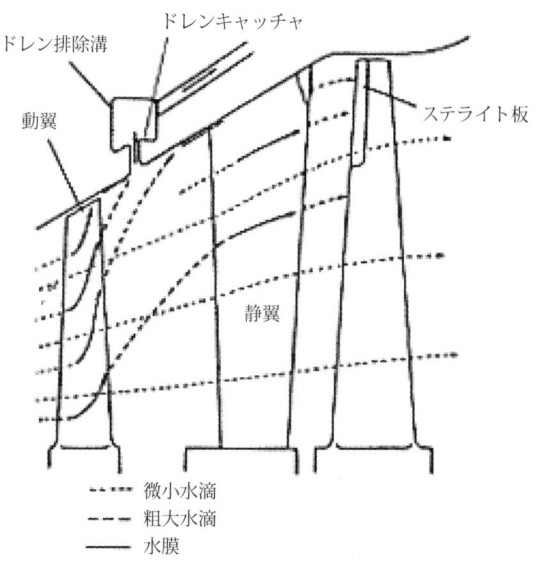

図4.30 ドレンキャッチャ（東芝）

第4章　タービン主機の構造

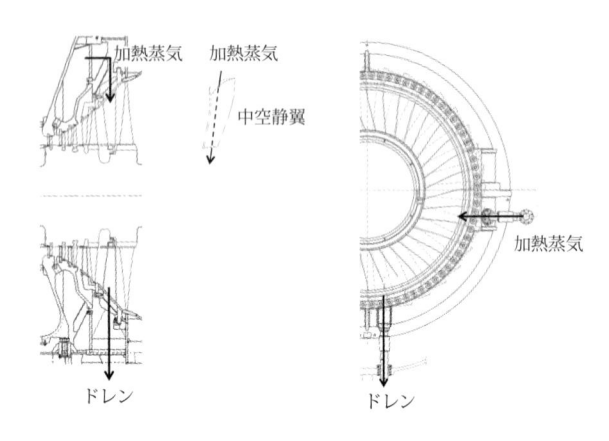

図4.31　静翼ヒーティング（富士電機）

CrMoV鋼が用いられる。特に高温部には、WやNbを入れて高温強度を改善した翼材が用いられることもある。低圧タービンの静翼には、12〜13%Cr鋼が主に用いられる。

4.3.2　動翼（moving blade）

動翼はタービンの性能ならびに信頼性上、最も重要な部品の一つである。静翼で一部速度エネルギに変換された蒸気の熱エネルギをいかに効率良くロータの回転力に変換するかによって、タービン性能が決まると言って良い。また回転体であるがゆえに強度と振動が設計上クリティカルになることが多く、タービン事故停止の原因の約1/4は動翼の損傷によるものであるという統計がある。

動翼には運転中に遠心力による静的応力のほか、蒸気力による静的および動的応力が作用する。従って、動翼を車軸に取り付けるための翼根（翼脚ともいう）には、動翼に作用する静的および動的応力に耐えうる強度と剛性が要求される。翼根には図4.32に示すような様々な種類があり、翼の使用部位や大きさ等に従って最適のものが選ばれる。

(1) 調速段動翼

ノズル締切り調速方式を採用しているタービンでは、高圧初段に調速段が用いられる。一般的に部分噴射を行なうため、動翼は蒸気送入部と非送入部とを交互に通過するごとに衝撃的な蒸気力を受ける。従って、翼の耐力を強化するための特別な配慮がされている。図4.33の例では、一個のブロックから3枚の翼を放電加工により一体に製作して剛性を高めている。動翼のブロックは3本のピンで車軸に固定される。図4.34の例では、2枚の動翼を溶接し

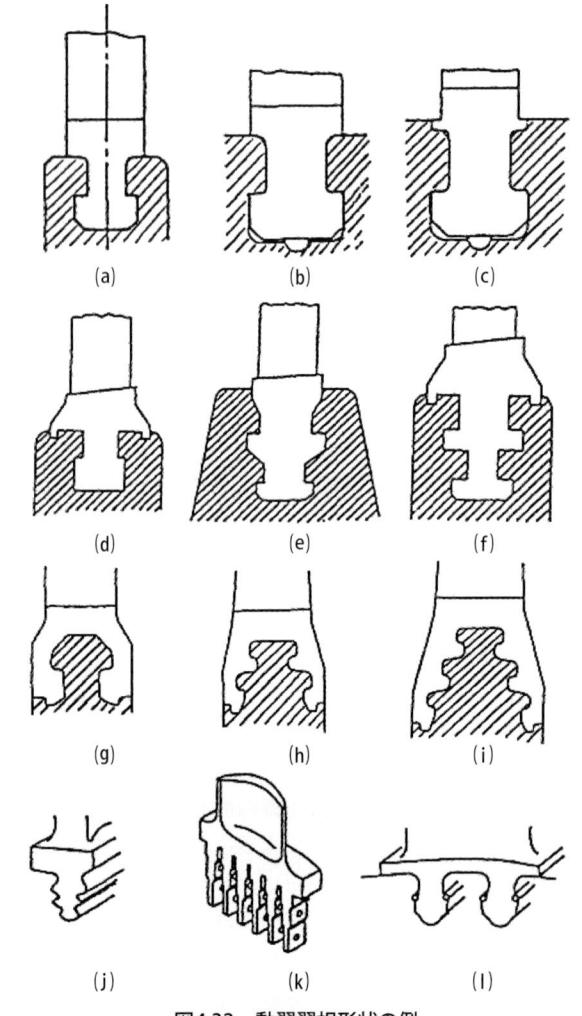

図4.32　動翼翼根形状の例

て一体化している。図4.35の例では、鞍形の翼根を用い、翼と一体に削りだされたシュラウドの上にさらにシュラウドカバーを取り付けたダブルシュラウドが採用されている。図4.36の例は主に調速段に用いられるゲタ溝もしくはアキシャルエントリと呼ばれる翼根である。

(2) 衝動段動翼（impulse blade, bucket）

衝動段は段当たりの熱落差が大きいため動翼には大きな蒸気力が加わる。そのため一般に翼幅を大きくして耐力を高めている。ノズルダイヤフラムがあるため、動翼はディスク状のロータに植え込まれる。翼根の形状には鞍形（図4.32 g〜i）が採用されることが多い。翼端のテノンをかしめることによりシュラウドカバーを固定し、数枚の翼をグルーピ

第4章　タービン主機の構造

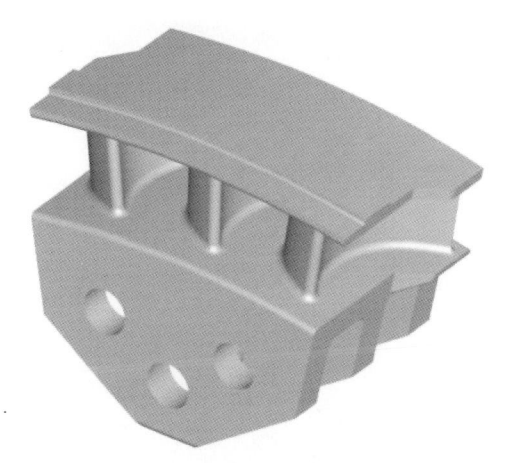

図4.33　調速段動翼（三菱重工業）

図4.36　高圧初段ゲタ溝動翼（日立）

図4.34　調速段動翼（富士電機）

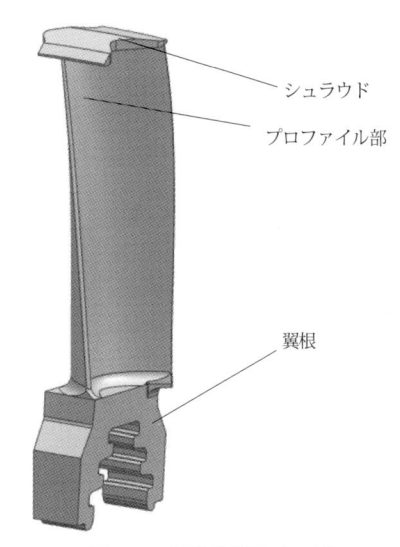

図4.37　衝動段動翼（日立）

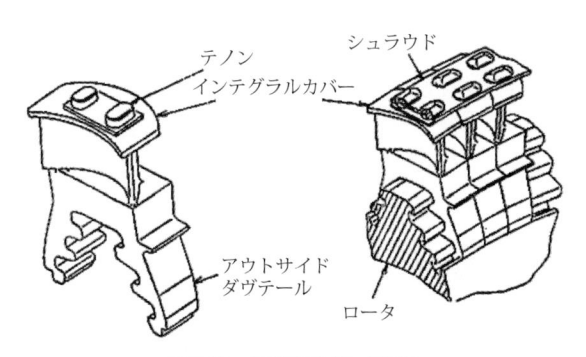

図4.35　調速段動翼（東芝）

ングすることによって剛性を高めるとともに制振効果を持たせている。最近の設計ではプロファイル部と一体に削り出されたインテグラルシュラウドも用いられている（図4.37）。

衝動翼では捩り翼が用いられることが多いが、これは流入角の変化による損失を軽減するだけでなく、翼根元から先端にかけて翼断面積を減少させることにより翼部の遠心力を軽減する上でも有効である。

衝動段でも翼先端の反動度は比較的高いので、翼端の漏洩蒸気を少なくするため、シュラウドに対向する車室にはシールフィンが植えられている。最近は、シール効果を高めるために図4.38に示すようなアブレイダブルシールも用いられている。

＜アブレイダブルシールの特長＞
・切削性が高いコーティング材を羽根チップフィンの対向部に施工。

75

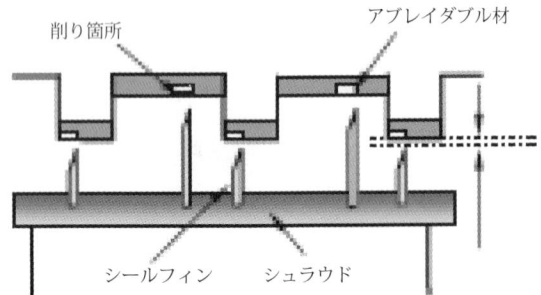

図4.38　アブレイダブルシール（東芝）

- ラビング発生時には、アブレイダブル層が削られるのみで振動に影響しない。
- クリアランスを狭小化でき、漏洩損失の低減により性能が向上する。

(3) 反動段動翼（reaction blade）

一般に反動段は衝動段に比べて段落数が多く、ノズルダイヤフラム構造をとらないため翼は円筒状のロータに固定される。翼根の形状には、一般にタンジェンシャルエントリ式（図4.32 a〜f）またはアキシャルエントリ式（図4.32 j）が使用される。タンジェンシャルエントリ式の場合、翼は周上1箇所に設けられた切欠き部から順に挿入されるので（図4.39）、最後の翼の固定には工夫を要する。図4.40の例では、固定翼と呼ばれる特殊な翼を車軸にネジで固定する方法が採用されている。

図4.41はアキシャルエントリ翼の例である。アキシャルエントリ翼の場合は一般に固定翼は不要である。

動翼の先端にはプロファイル部と一体のインテグラルシュラウドが設けられている（図4.39、図4.41、図4.42）。相隣り合う翼のシュラウド同士の接触によって、運転中の翼振動に対して高い制振効果がもたらされる。いかなる運転状態においても十分な制振効果が得られるように、翼に捩じりのプレストレスを与えることもある。そのためにシュラウドのピッチを僅かに大きくして常温静止状態で翼に弾性捩じりが生ずるよう翼を植える。また、遠心力による翼の捩じり戻りを利用して運転中にシュラウド同士を密着させる方法も採用されている。

反動段は動翼先端の圧力差が大きいため、漏洩損失の低減は非常に重要である。一般にシュラウドに対向する車室または静翼ホルダにシールフィンを植

図4.39　タンジェンシャルエントリ翼の植込み（富士電機）
（シュラウドは翼植込み後に旋削される）

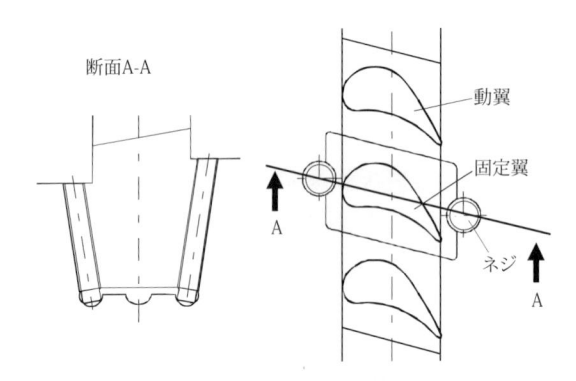

図4.40　タンジェンシャルエントリ翼の固定法（富士電機）

図4.41　アキシャルエントリ翼（三菱重工業）

図4.42 インテグラルシュラウド翼（富士電機）

え、シュラウドを凹凸形状にしてシール効果を高めている。

　反動翼は一般に流入角の変化に対して損失の増加が少ないので、翼根元から先端まで捩じりがない同一翼形が用いられることも多いが、翼長が長い場合は捩じり翼の採用による効率向上効果が大きい。

(4) 低圧動翼（low pressure moving blade）

　最終段落近くになると蒸気の比容積が増大するので、翼長の大きな翼が必要となる。最近ではチタン合金や高強度鋼の使用により3,000rpm 60インチ級、3,600rpm 50インチ級の低圧長翼が開発されている。最終段長翼では翼先端の周速が音速を超えており、中には800m/s近くに達するものもある。速度三角形を考えれば分かるように、翼の相対流入角の翼根元から先端までの変化が大きく、翼はこれに応じて根元から先端にかけ大きく捩じれている。翼長が大きいので固有振動数が低く、低次の回転数ハーモニックス（回転周波数×n；n=1、2、…）から離調することが重要である。キャンベル線図（7.3.1項参照）は長翼の振動特性が一目で分かるようにしたものである。

　低圧長翼の構造には大別して群翼（grouped blades）、全周一群翼（continuously coupled blades）、フリースタンディング翼（free-standing blades）がある。群翼は数枚の翼をシュラウド（カバー）やレーシングワイヤ等により連結してグループ化したもので、それにより翼に制振効果と剛性を持たせている。全周一群翼（図4.43）は全翼をシュラウド（カバー）やタイボス等で連結または接触させたもので、剛性を高めるとともに翼の共振モードを減らすことができる利点がある。フリースタンディング翼（図4.44）は、シュラウドやレーシングワイヤ等がなく個々の翼が独立しているもので、個々の翼の固有振動数の管理・離調が比較的容易である。翼幅を大きくすることにより剛性を持たせている。

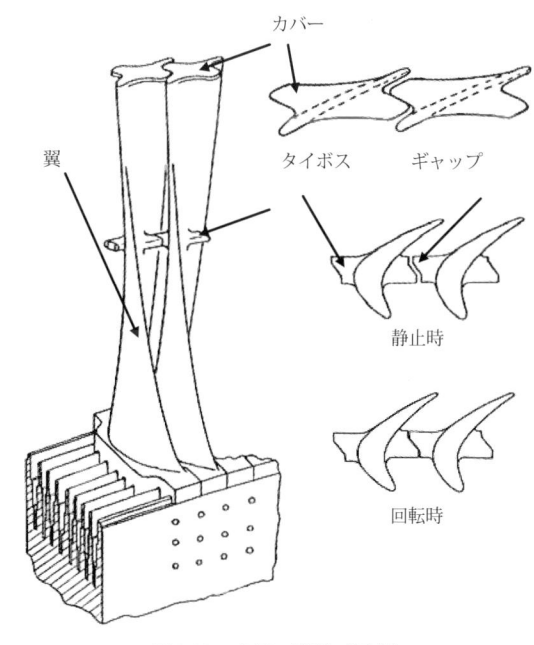

図4.43 全周一群翼（日立）

図4.44 フリースタンディング翼（富士電機）

群翼や全周一群翼の連結方法やシュラウド（カバー）の取付方法には図4.45～図4.47に示すような種々の方式がある。

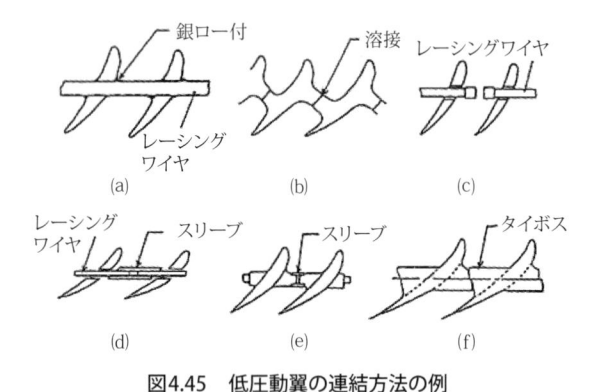

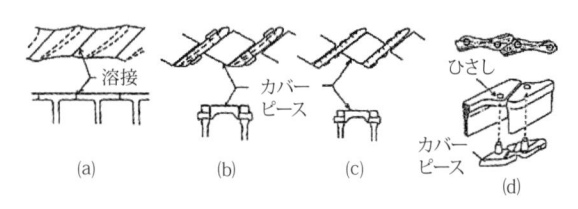

図4.45　低圧動翼の連結方法の例

図4.46　低圧動翼のシュラウド取付方法の例

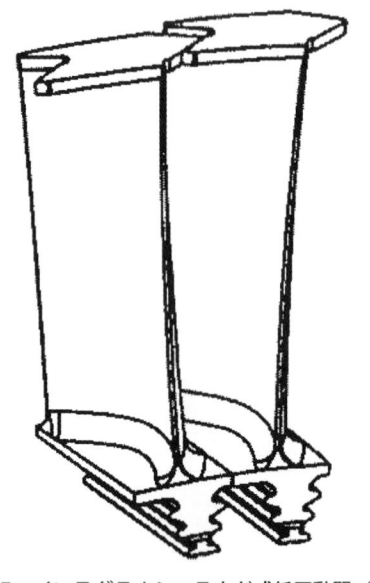

図4.47　インテグラルシュラウド式低圧動翼（日立）

低圧長翼の翼根には、大きな遠心力に耐えられるように一般にアキシャルエントリ式のクリスマスツリー脚（図4.32 j）や、車軸に周方向に切られた溝に翼を差し込んでピンで固定するフォーク脚（図4.32 k、図4.43）が用いられる。このうち、アキシャルエントリ式には、直線状のストレートアキシャルエントリ式（図4.47、図4.48）と円弧状のカーブドアキシャルエントリ式（図4.44）がある。アキシャルエントリ式の翼は、翼が運転中に軸方向に抜け出さないように固定しておく必要がある。図4.48はアキシャルエントリ翼の固定方法の例を示したものである。

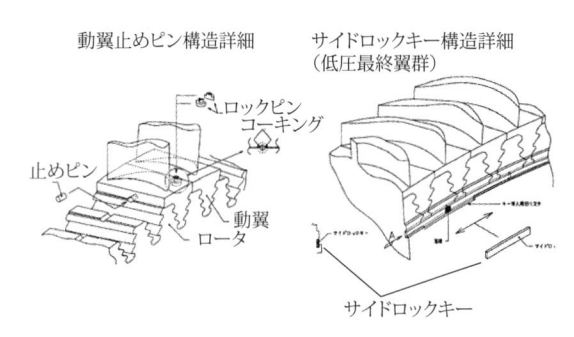

図4.48　アキシャルエントリ式低圧動翼の固定方法（三菱重工業）

低圧翼に特有の問題として、水滴によるエロージョンがある。静翼後縁から引きちぎられた水滴は、充分加速されていないため、翼前縁に大きな相対速度で衝突する（7.4.2項参照）。その結果、動翼前縁が侵食される。対策としてドレン除去や、静翼・動翼間の軸方向距離を大きくし水滴の微細化・加速によって衝突のエネルギを小さくすることが行われるほか、翼前縁にステライト等の硬質金属をロウ付または溶接したり、前縁に焼き入れを施したりする（図4.30）。

(5)　動翼の材料

高中圧タービンの翼材としては12%Cr鋼にMo、V等を添加したもの、あるいはさらにNb等を添加したものが用いられる。600℃級の超々臨界圧発電の初段翼には、NiCr合金やオーステナイト鋼、CoやB等を添加した改良12%Cr鋼等が用いられる。低圧タービンの翼材は12～13%Cr鋼や17-4PH鋼、チタン合金等が用いられる。

4.4　タービン車軸（turbine rotor）

車軸は形状から分類すると円板形（wheel rotor）と円胴形（drum rotor）に大別される。

円板形は主に衝動タービンに用いられ、ノズルダイヤフラムの軸貫通部直径を小さくして漏洩蒸気量を減らすのに適している。円板形車軸は危険速度が定格速度の下にあるたわみ軸が一般的で、スラスト力が生じないように円板には圧力バランス穴があけられている。

円胴形はもっぱら反動タービンに用いられ、比較的短ピッチで多段の翼列を配置するのに適している。危険速度は軸受スパン、軸受剛性、軸径および翼など付加重量等によって決まるが、中小容量の高圧軸および中圧軸を除き、危険速度は定格速度の下にある。また、反動タービンでは翼部で生ずるスラスト力を打ち消すために釣合ピストンが設けられている。

図4.49および図4.50に円板形と円胴形の車軸の概念図を示す。

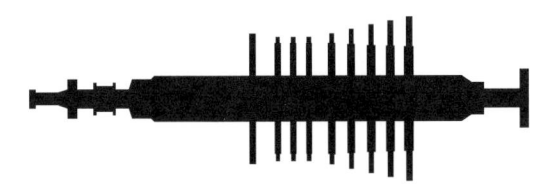

図4.49　円板形車軸（衝動タービン）

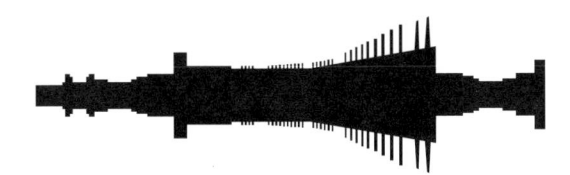

図4.50　円胴形車軸（反動タービン）

4.4.1　車軸の構成

タービン車軸の構成は、大容量機の場合には高圧車軸、中圧車軸、低圧車軸を独立させた構成とするのが一般的であるが、中容量機の場合には高中圧一体車軸と低圧車軸とで構成することが多い。また、小容量機もしくは非再熱機の場合には高中低圧一体車軸が適用されることが多い。図4.51に高圧車軸を、図4.52に中圧車軸を、図4.53に高中圧一体車軸を、図4.54、図4.55に低圧車軸の例を示す。また、高中低圧一体車軸においては、一体鍛造型のほかに高中圧部と低圧部とに異なる鋼種を適用した異材溶接型が適用されることがある。図4.56に高中低圧一体型溶接ロータの例を示す。

図4.51　高圧車軸（日立）

図4.52　中圧車軸（富士電機）

図4.53　高中圧一体車軸（富士電機）

4.4.2　高中圧車軸と冷却構造

大容量化や高温化に伴い、特に軸径の大きい中圧車軸が厳しい条件にさらされる。そのため、翼植込

図4.54　モノブロック型低圧車軸（東芝）
（重量：198ton、全長：12.2m、最大胴径2.7m）

図4.55　焼嵌型低圧車軸（Siemens）
（総重量：310ton、全長：12.2m、最終段翼長1.72m）

図4.56　高中低圧一体型溶接ロータ（三菱重工業）
（2.25Cr鋼＋12Cr鋼＋3.5Ni鋼＋3.5Ni鋼を溶接接続）

部の工夫、材料の選定および冷却法の採用等によって対処している。

566℃を超える大容量機には高、中圧車軸材料として、高温強度に優れた12%Cr鋼が採用されることもあり、仕上重量で30tonを超えるものまで製作されるようになっている。また、600℃級の蒸気温度を適用する超々臨界圧タービン用では、W、Nb、N、B、Co、Ta等の元素を添加し更に高温強度を高めた改良12%Cr鋼（9～10%Cr鋼）が採用されている。さらに、700℃級の蒸気温度に対応するため、Ni基超合金製ロータ材の開発が進められている。

高温クリープ強度が厳しいロータにおいては冷却を適用する場合がある。冷却方式としては、外部冷却方式と内部冷却方式（自己冷却方式）とがある。外部冷却方式は、温度の低い高圧蒸気を中圧タービン段落へ供給する方式で、例えば高圧排気蒸気を中圧第1段動翼根元に導き車軸表面の冷却を行なっている。内部（自己）冷却方式とは、ある段落後の蒸気をより高温にさらされている段落前植込部に供給する方式で、例えば調速段部において、まだ仕事をしていない高温蒸気がノズル出口より洩れて車軸に触れるのを防止するために、調速段出口の低温蒸気を調速段円板に斜めにあけたバランス穴からポンプ作用により強制的に送り込んで車軸表面を冷却している。

12%Cr車軸のジャーナル部は、軸表面を低合金鋼で被覆しないと焼きつきを生じるため、スリーブの焼ばめ、コーティングあるいはオーバレイ溶接が行なわれる。

高圧車軸においては、単機容量および主蒸気圧力の増大に伴い、不安定振動（スチームホワール現象）を起し易くなるため、翼先端部における漏洩蒸気量の低減、軸シール部における漏洩蒸気の旋回流抑制、軸剛性の向上等の対策がとられる。

4.4.3　低圧車軸

低圧車軸材料には強度および低温脆性に対して強い3.5%Ni鍛鋼が用いられる。1,000MW級の低圧車軸は鋼塊重量が500tonを超す大型ロータとなるため、製鋼プロセス上の制約（鋳造後の凝固過程における偏析や鍛錬工程における空隙の密着不良）および調達上の制約（発注先が限定される）を受ける。近年は製鋼技術の進歩により、仕上重量で200ton近くの低圧車軸まではロータ素材を一体鍛造したモノブロック型（図4.54）が採用されることが一般

的であるが、輪切りにした鍛造軸を溶接接合し翼を植える溶接型や、翼を植えた円板を胴径の小さな車軸に焼き嵌めする焼嵌型（図4.55）が適用される場合もある。

再熱蒸気温度の高温化や二段再熱を適用する場合、低圧タービンの入口蒸気温度も350℃を超える高温となるため、低圧車軸材料の長時間焼戻し脆化を防止する観点から不純物元素の含有量を極限まで低下させる対策（低圧軸材のスーパークリーン化）がとられる。

4.4.4 高中低圧一体車軸

高中低圧一体車軸材料には高温強度と低温強靭性という相反する二つの特性が求められる。低圧部の軸直径が比較的小さい低容量機には1%Cr鋼が用いられるが、低圧部の軸直径が比較的大きい中容量機には2～2.25%Cr鋼の適用に加え高中圧部と低圧部とで熱処理条件を変えた傾斜熱処理材が用いられる。低圧部の軸直径が更に大きい場合には、低圧部に3.5%Ni鋼を適用した溶接ロータが用いられる。

4.4.5 ターニング装置

タービン起動前およびタービン停止後における車軸の熱曲がりによる軸偏心量の増大を防止するため、タービンには車軸を低速回転させるターニング装置が備えられる。ターニング装置の駆動方式には、電動モータ駆動方式、油圧モータ駆動方式、油圧タービン駆動方式等がある。電動モータ駆動方式は、AC電源で回転する電動モータの動力を減速歯車やウォームギアを介してタービン軸に伝えるもので、タービン車軸の回転数は一般的に数min^{-1}である。油圧モータ駆動方式は、ジャッキング油ポンプの吐出油圧で回転する油圧モータの動力をタービン軸に伝えるもので、回転数は数十min^{-1}である。油圧タービン駆動方式は、タービン軸上に備えた油圧タービンを補助油ポンプの吐出油により回転させるもので、回転数は100～200min^{-1}である。図4.57に電動モータ駆動式ターニング装置の構造例を示す。

また、メンテナンス時にタービン車軸を微小角度回転させるため、ターニング装置の補助機構として手動式のハンドターニング装置が備えられている。

4.5 軸封システム（gland seal system）

タービンの軸封システムは、起動、停止および運転時を通じてタービンのグランド部からの蒸気の流出を抑え、タービンへの空気の浸入を防止するための装置である。図4.58に軸封システムの概略を示す。

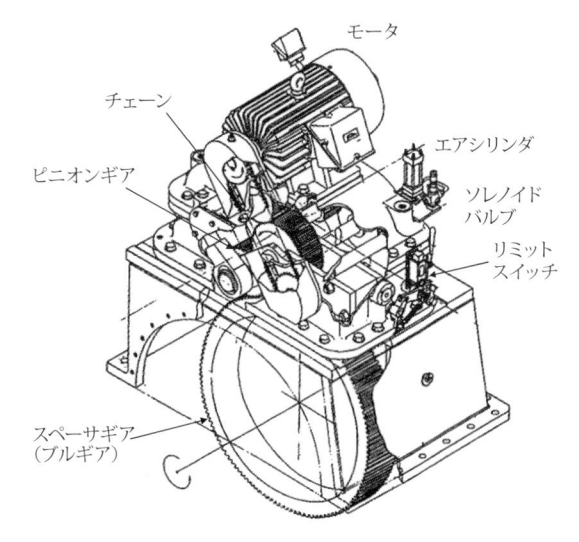

図4.57　ターニング装置（東芝）

復水タービンでは、排気圧力は真空に近い値になっているので、外気がグランド部からタービン内部に流入するのを防ぐために、パッキングランド部の中間に大気圧より僅かに高い圧力の蒸気（シール蒸気）を封入している。このため、すべてのパッキングランドと結合した一本の共通の蒸気ヘッダが設けられており、各グランド部からの流出蒸気はこの蒸気ヘッダに回収される。

各運転状態におけるグランド部のシール蒸気圧力の維持は、グランド蒸気調整器によっておこなわれる。グランド蒸気調整器は、蒸気ヘッダ内の圧力を全ての運転状態において設定された目標値に保つように、グランド蒸気給気弁およびグランド蒸気排気弁を制御する。

タービン起動時には、グランドシール蒸気の全量をグランド蒸気給気系統から給気弁を介して供給するように調整されている。タービンの負荷がある割合に達すると、パッキングランドからの流出蒸気によって蒸気ヘッダ内のシール蒸気が余剰となり、その分は排気弁を介して蒸気ヘッダから放出され、蒸気ヘッダ内の圧力は一定に保たれる。余剰蒸気は復水器へ導かれる場合が多いが、最近では熱回収を目的として低圧の給水加熱器へ導かれるものもある。

給気および排気弁の動作制御方法としては、空気圧式調節器あるいは油圧式調節器 等があるが、近

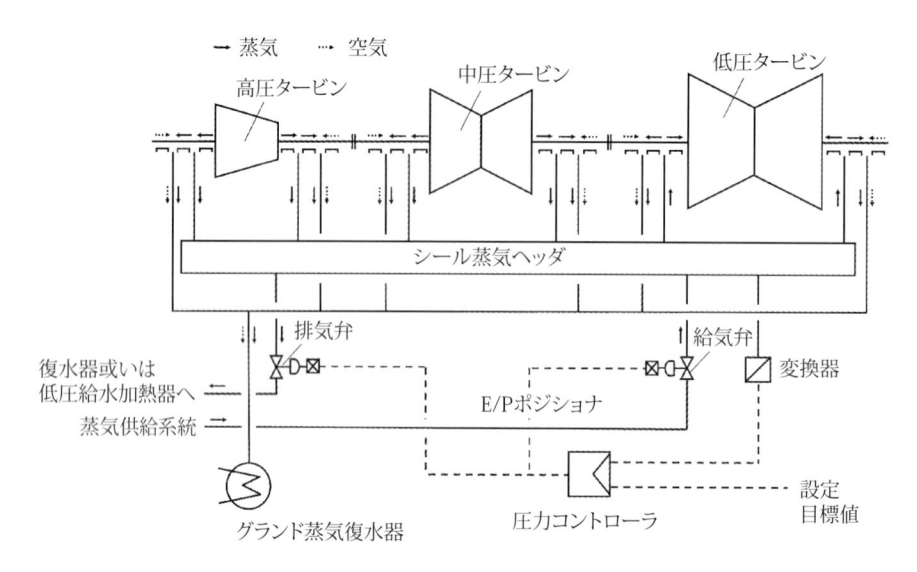

図4.58 軸封システム

年では電空式（電気空気圧式）調節器による方法が採られている。以下に電空式調節器の動作について示す。

電空式調節器は、E/Pポジショナを内蔵した空気圧式弁アクチュエータから成っている。搭載されるE/Pポジショナにより、シール蒸気コントローラからの電気信号が空気信号に変換される。空気信号は、給排気弁の必要な開度を決めるように操作端であるアクチュエータの動作を制御する。

大幅なステップ変化があった場合の操作速度を確保するために、必要に応じて空気ブースタを付属設置する。

グランド蒸気復水器とグランド蒸気排風機は、蒸気タービングランド部を大気圧より僅かに低い真空に保ち、グランド部よりタービン内へ空気が漏入またはグランド部より蒸気が噴出、および噴出した蒸気がタービン軸受潤滑油に混入するのを防止する機器である。

タービングランド部よりの蒸気と空気が配管を通してグランド蒸気復水器に入る。蒸気は器内にてドレンとなりUシールを介して復水器等に回収される。空気はグランド蒸気排風機により大気へ放出される。

4.6 軸受および潤滑システム
  (bearing and lubricating system)

4.6.1 軸受 (bearing)

タービンに用いられる軸受には、ロータの自重、蒸気力荷重及び、振動荷重等によりロータに作用する半径方向荷重を支持するジャーナル軸受と、蒸気タービンの蒸気スラスト荷重、発電機の磁気スラスト荷重やアライメント変化によりロータに作用する軸方向荷重を支持するスラスト軸受とがある。いずれも回転による油膜楔作用で軸受荷重を支える動圧軸受であるが、高速回転する小容量タービンでは潤滑システムの不要な磁気軸受が用いられることがある。

ロータとの摺動面には、Sn、Sb、Cuを主成分とするホワイトメタルが鋳込まれる。ホワイトメタルの軟化開始点は140℃程度であるため、運転中の軸受最高温度は110～120℃以下に制限する必要がある。このため、軸受給油温度は一定温度に調整され、軸受ホワイトメタル温度もしくは軸受排油温度の計測・監視が行なわれる。軸受温度は、軸受面圧、軸受隙間、周速、給油温度に依存して上昇するので、これに見合った強度構造設計が必要となる。軸受の耐力および疲労強度を向上させるため、通常のホワイトメタルにCu量の増量や、Cd、Ni等を添加するなどした強化メタルが使用される場合がある。近年では人体に有毒な重金属であるCd、Pbを含まないホワイトメタルも実用化されている。

ジャーナル軸受では、不釣合振動に対する制振効果やオイルホイップやスチームホワール等の不安定自励振動に対する安定性の確保が必要となる。このため剛性の低いロータや蒸気励振力の大きい高圧ロ

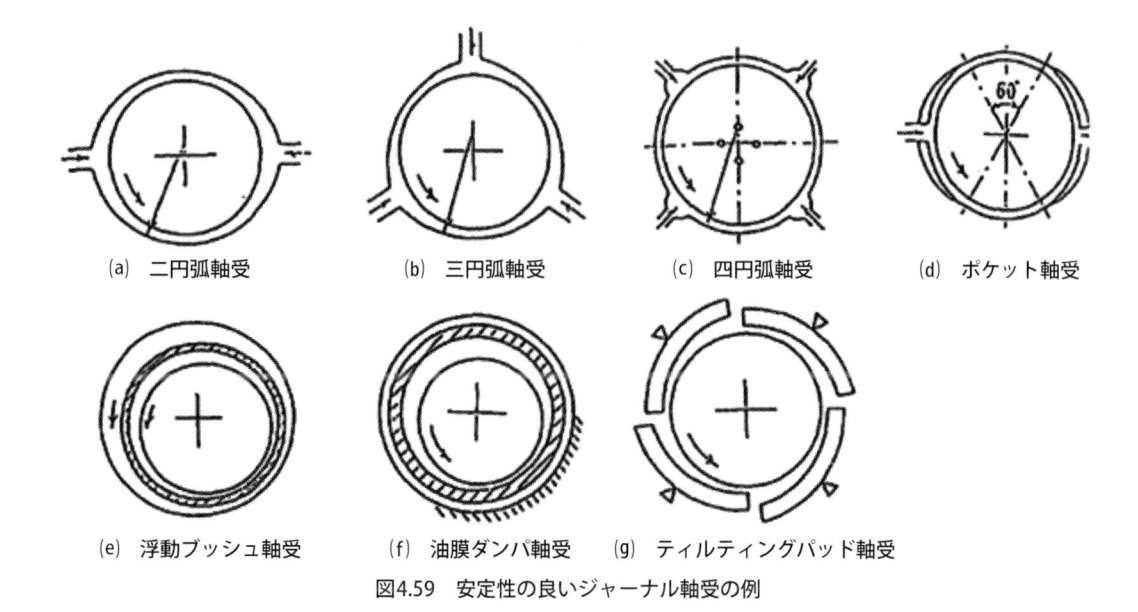

(a) 二円弧軸受 　(b) 三円弧軸受 　(c) 四円弧軸受 　(d) ポケット軸受

(e) 浮動ブッシュ軸受 　(f) 油膜ダンパ軸受 　(g) ティルティングパッド軸受

図4.59　安定性の良いジャーナル軸受の例

ータでは、楔効果を強くした二円弧軸受（図4.64 楕円軸受）等の多円弧軸受、パッドの傾斜により油膜に発生する不安定要因を排除したティルティングパッド軸受が用いられる。ティルティングパッドジャーナル軸受にはLBP（Load Between Pad）式とLOP（Load On Pad）式とがある。他に安定化軸受としては、浮動ブッシュ軸受や油膜ダンパ軸受等がある（図4.59）。図4.60、図4.61にティルティングパッドを適用したジャーナル軸受の例を示す。

軸受金は通常水平二つ割りで、ピンとボルトで組立てられる。軸受の片当りによるメタル損傷や異常振動の発生を防止するため、大型のジャーナル軸受はレベリング機能を持つ球面座を介して軸受箱に支持される。ティルティングパッド型の場合は、パッド背面或いはパッドと支持環を接続するピボット背面の球面端にレベリング機能を持たせているものがある。

ターニング回転時および低速回転時のメタルコンタクトを避けるため、大容量機のジャーナル軸受では、軸受金下部に高圧油を導き車軸をジャッキアップするためのポートを有しているものもある。

スラスト軸受（図4.62）にはパッド可動式のキングスベリー型、ミッチェル型及び固定式のテーパランド型がある。キングスベリー型はレベリングプレートで、ミッチェル型はバネ支持座の追設によ

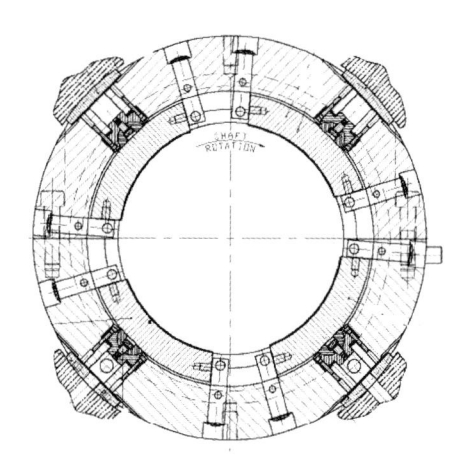

図4.60　ティルティングパッドジャーナル軸受
4パッド式（三菱重工業）

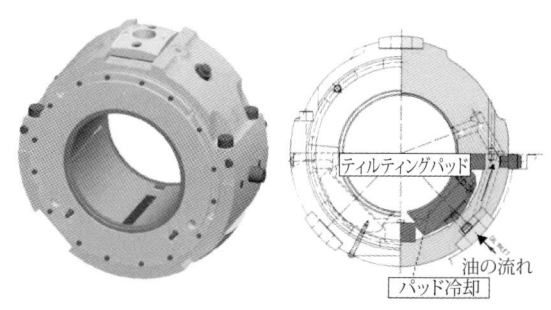

図4.61　ティルティングパッド型ジャーナル軸受
2パッド式（三菱重工業）

第4章　タービン主機の構造

り、パッドにかかるスラスト荷重の均一化を図っており、耐荷重性に優れる。テーパランド型は大きな負荷能力はないが構造が簡単で軸方向寸法が小さい利点がある。ロータの軸方向長さを短縮するために、ジャーナル軸受とスラスト軸受を一体にした複合軸受（図4.63）を用いることもある。

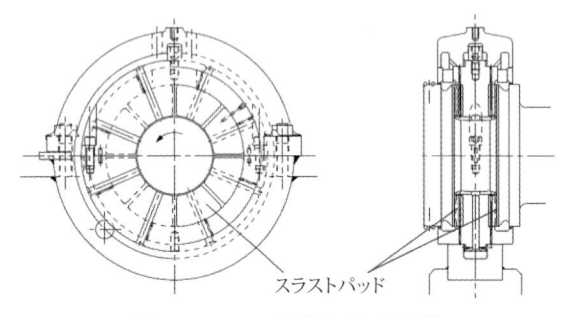

図4.62　スラスト軸受（富士電機）

図4.64　楕円軸受（日立）

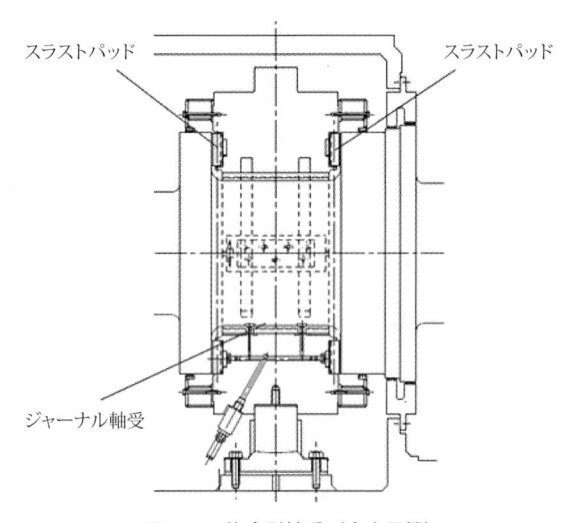

図4.63　複合型軸受（富士電機）

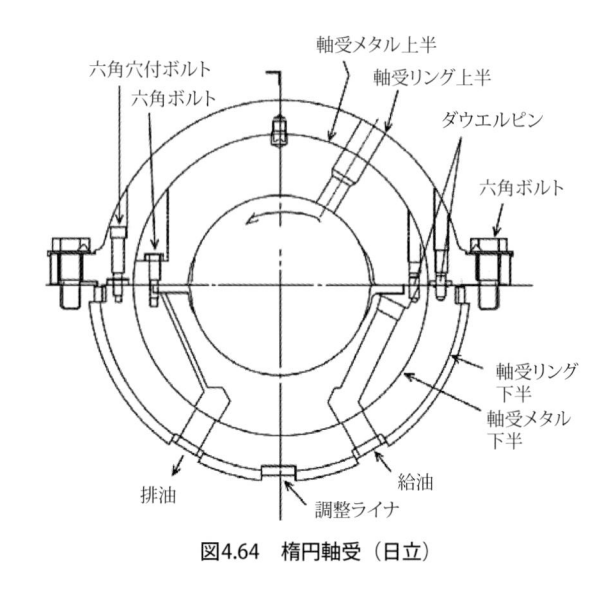

図4.65　LEG軸受（キングスベリー）

ティルティングパッドジャーナル軸受、ティルティングパッドスラスト軸受においては、低温の潤滑油を直接パッド表面に送り込むことにより、パッド表面の温度を効率的に下げ、且つ給油量の低減と軸受内の攪拌損失を低減するタイプの軸受が実用化されている（キングスベリーのLEG（Leading Edge Groove）軸受（図4.65）、ワウケシャのDirect Lubrication軸受等）。

4.6.2　潤滑油システム（lubricating system）

潤滑油システムは油ポンプ、摩擦熱や放散熱量を除去するための油冷却器、異物から軸受を保護するための油フィルタおよび主油タンク等で構成される。

発電用蒸気タービンでは通常運転中の軸受潤滑油給油は、タービン軸端で駆動される主油ポンプによって行われ、またタービンの起動、停止あるいはターニング運転の際には、補助油ポンプ、ターニング油ポンプ、制御油ポンプ、吸込油ポンプ等から給油される。従来の蒸気タービンでは、主油ポンプからの吐出油を潤滑油系統及び制御油系統で共用するものが多かったが、大容量化及び電気油圧式ガバナの

高度化に伴い、潤滑油系統から独立した高圧の制御油系統を設置する例が増えている（図4.66）。

また、近年では主油ポンプを電動化し、タービン軸端駆動の主油ポンプを装備しない例もある。潤滑油系統には軸受給油の他に保安装置、ジャッキ油装置、ターニング装置および発電機の密封油装置への給排油等の系統が必要に応じて付属している。

軸受給油に必要な油圧は主油ポンプ吐出圧よりかなり低いので、その圧力差により油エゼクタ又はブースターポンプを駆動して、潤滑油給油又は主油ポンプ吸込ヘッドに利用している（図4.66）。軸受の損傷防止のため必要な場所には油フィルタを設置するが、最近潤滑油系統全体の清浄度を向上させて軸受の損傷をより低減させる要望から、給油全量のラインフィルタや、オフラインの高精度ポリッシング回路を設置する例も見られる。

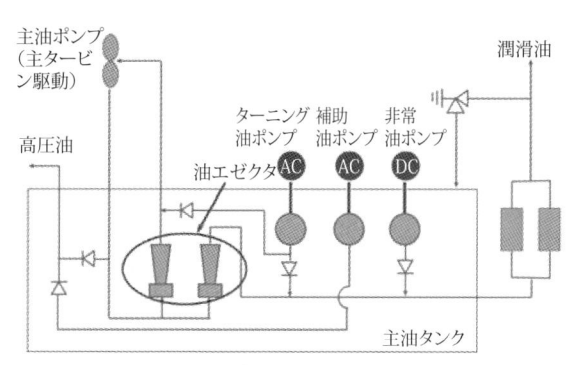

図4.66　潤滑油系統の例（三菱重工業）

4.7　弁（valve）

タービン入口に設けられる弁は、ボイラからの高温高圧の蒸気を最初に受け入れる機器となるため、過酷な環境下での使用に加え、タービン制御機器の操作端として高い信頼性が要求されている。

また、これらの弁には、タービンへの流入蒸気の緊急遮断と蒸気量を制御する機能が要求されるため、蒸気を緊急遮断する止め弁と蒸気量を調節する制御弁が対で設置されるのが一般的で、蒸気タービンの効率を向上させる目的で圧力損失の小さい弁が適用されている。従って、高温高圧化対応、制御性の向上等の技術的課題に対し開発が進められている。

近年、超々臨界圧タービンが実用化され、更に高温高圧のプラントの実現に向けた開発が進められており、主蒸気あるいは再熱蒸気温度が約600℃級までの温度領域では、経済的に有利で熱膨張係数が小さく熱伝導率が大きい等の設計面でも有利な9％Crや改良12％Crの耐熱鋳鋼が採用され、さらに約700℃までの高温化を実現するためにNi基の材料開発が進められている。

一方、製造技術の進歩により鋳鋼品に比べ欠陥が少なく、金属組織が緻密で延性、靭性に富む鍛鋼製の弁ケーシングも採用される機運にあるが、高コストという難点があり普及には至っていない。

これらの弁を駆動するアクチュエータには、大きな駆動力が得やすい油圧式が採用され、電気油圧式制御装置（EHC：electro-hydraulic control）からの制御信号を各弁のアクチュエータに設けられたインタフェース（電油変換器）によって電気／油圧に変換するE/Hアクチュエータが主流になっている。高圧のアクチュエータ駆動油は軸受潤滑油系統とは分離独立し、厳重に清浄度管理のされた難燃性のリン酸エステル系作動油が採用されてきたが、近年は経済性の観点からタービン油や作動油が採用される傾向にある。

駆動油圧は10MPaを超える高圧が一般的で、制御の多様化と信頼性向上、油配管全廃による工期短縮と配置の自由度拡大等、高度のニーズに対応できるよう、給油配管を必要としない電動駆動式アクチュエータや油ポンプを格納した電気機械駆動式アクチュエータの開発も進められている。

4.7.1　止め弁（stop valve）

止め弁は、基本的には保安装置に位置づけられ、通常運転時は全開状態にあり、トリップ信号によりタービンへの蒸気流入を緊急遮断する機能を持つon-off弁である。

弁に付設されるアクチュエータにはバネ単動式が一般的に採用されており、緊急時の閉動作はバネの力により行われ、開動作は油圧によって行われる。

また、確実に閉動作することを確認することを目的に、運転中にフルストローク（流入経路が2つある場合）か部分ストローク（流入経路が1つの場合）で動作試験が実施できる機能を持たせているのが一般的である。

(1) 主蒸気止め弁
　　（main stop valve、main throttle valve）

主蒸気止め弁は主蒸気系統のタービン入口部に主蒸気加減弁と対にしてタービンに直結あるいは別置で設置される。

弁構造は主弁内に子弁を持つダブルプラグ構造が

採用されていることが多く、子弁には次の二種類の用途がある。

① 主弁開動作に先立ち子弁を開き、主弁前後の圧力差を減じることにより操作力を軽減する。
② ノズル室熱応力軽減のため全周噴射起動を行うタービンにおいては、起動時ある負荷域まではこの子弁により蒸気流量を制御する。

図4.67に主蒸気止め弁の構造例を示す。

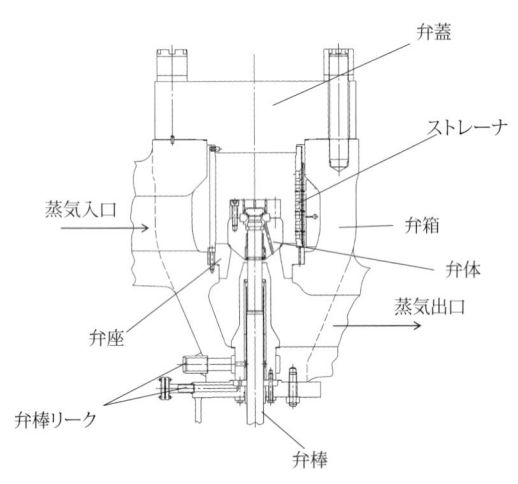

図4.67 主蒸気止め弁（日立）

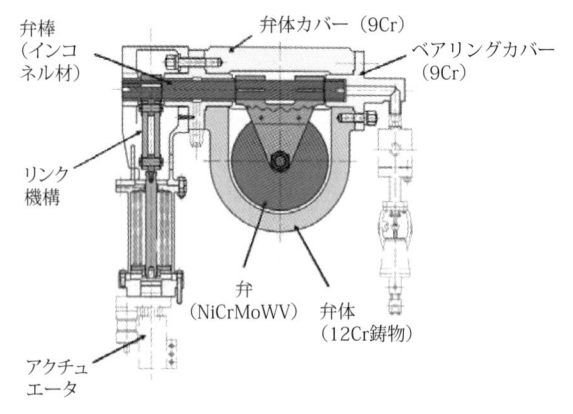

図4.68 スイング型再熱止め弁（三菱重工業）

(2) 再熱蒸気止め弁（reheat stop valve）

再熱蒸気止め弁は再熱蒸気系統のタービン入口部にインタセプト弁（制御弁）と対にしてタービンに直結あるいは別置で設置される。

再熱蒸気止め弁の構造には、主蒸気止め弁と同様のポペット型とスイング型の二種類がある。

弁体は主蒸気止め弁と同様に主弁内に子弁を持つダブルプラグ構造で、タービン起動時には主弁の開動作に先立って子弁を開き、主弁前後の圧力差を小さくした後に主弁が開かれる。

また、スイング型は弁開時の駆動力軽減のためのバイパス管が設けられている。図4.68にスイング型再熱止め弁の例を示す。

4.7.2 制御弁（control valve）

制御弁は止め弁の後流に配置され、タービンへの流入蒸気量を制御する機能とともに、止め弁同様トリップ信号による緊急遮断機能を備えており、止め弁と合わせた二重の安全を保証している。

また、止め弁とは異なり制御機能を持つので途中開度に於いて蒸気流にさらされるため、静的にも動的にも大きな流体力を受けるとともに、弁の出・入口での圧力比が大きく、蒸気流が乱れやすい等、極めて過酷な条件下で使用されている。従って、この蒸気流による振動の発生を抑制することが、機器の信頼性を向上させる上で重要な課題であり、弁と弁座で形成される蒸気流路形状を改善し、流れの安定化を図り、発生する振動レベルを抑えている。

(1) 主蒸気加減弁（main steam control valve、governing valve）

主蒸気加減弁は主蒸気止め弁の後流に設置される制御弁で、タービンの制御方式（ノズル締切調速方式と絞り調速方式）やタービン容量によって、1個から複数個で構成された加減弁が適用される。

弁体には、開動作時の弁前後蒸気差圧を軽減するためのバランス構造や止め弁と同様にダブルプラグ構造が採用されている。

図4.69に主蒸気加減弁の構造例を示す。

(2) インタセプト弁（intercept valve）

インタセプト弁は再熱止め弁の後流側に設置される制御弁で、主蒸気系統に比べボリュームフローが大きいため、弁口径が主蒸気加減弁より大きくなるが、基本的には主蒸気加減弁と同じ構造である。

第4章　タービン主機の構造

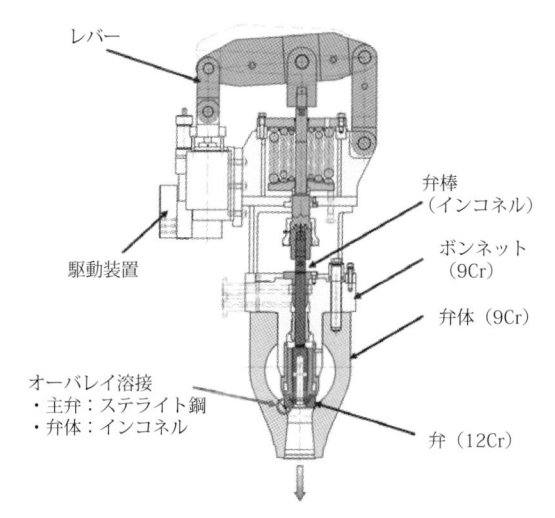

図4.69　蒸気加減弁（三菱重工業）

図4.70に複合弁ケーシングに組み込まれた主蒸気止め弁と主蒸気加減弁の構造図を示す。

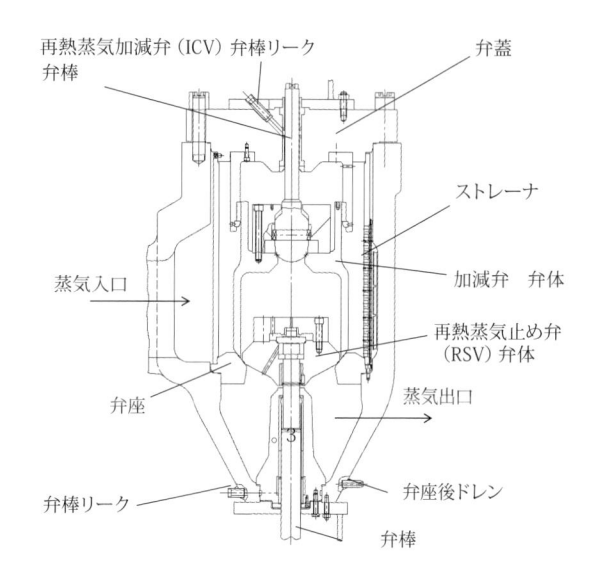

図4.71　組合せ再熱弁（日立）

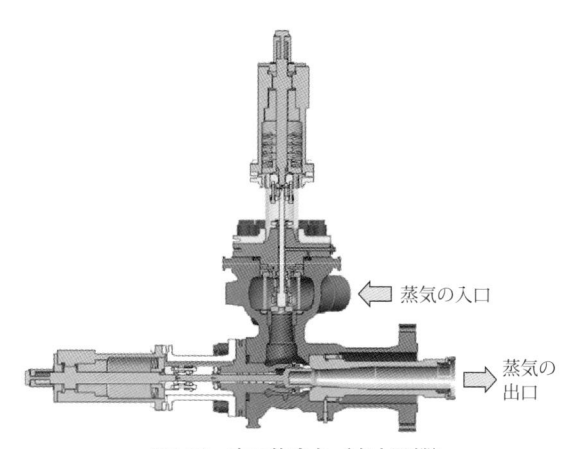

図4.70　高圧複合弁（富士電機）

図4.71に複合弁ケーシングに組み込まれた再熱止め弁とインタセプト弁の構造図を示す。

4.7.3　抽気弁（extraction valve）および混圧弁（mixing valve）

これらの弁は一般的に蒸気温度が450℃以下で使用されるため、材料や構造の課題は少ないが、仕様に合わせて適用範囲が広いことから、種類が多いのが特徴である。

(1) 抽気弁

タービン翼列の中間から外部へ蒸気を供給する弁で、タービンケーシングに直載されているものが多い。

抽気弁に採用される一般構造の例を図4.72に示す。アクチュエータからレバー機構を介し、蒸気室内の弁梁を持ち上げて数個の弁を順番に開けられる構造になっている。

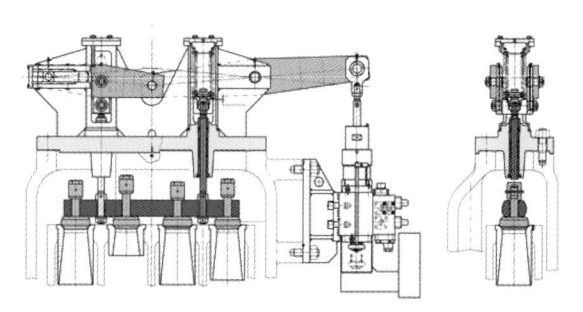

図4.72　抽気弁（富士電機）

(2) 混圧弁

外部の余剰蒸気をタービン翼列の中間へ供給する弁で、ノンリークバタフライ弁とバネ単動式アクチュエータとを組み合わせたタイプのものを混圧配管上に設置するタイプが多く採用されている。混圧弁の外形図を図4.73に示す。

4.7.4　その他の弁

(1) 抽気逆止弁

タービン停止時、抽気系統から逆流を防止し、タービンを保護する目的で設置される弁で、主にスイ

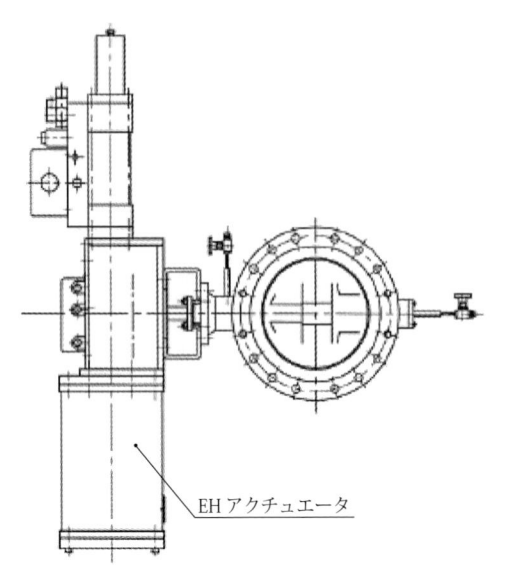

図4.73　混圧弁（富士電機）

ング式チェッキ弁が多く採用される。
　(2)　再熱逆止弁
　タービン停止時、再熱系統からの逆流を防止し、タービンを保護する目的で設置される弁で、主にスイング式チェッキ弁が多く採用される。
　(3)　ダンプ弁
　タービン停止時、高圧タービンの排気温度上昇を防止するために、高圧タービンの排気蒸気を復水器へ排出する弁で、高圧タービンと再熱逆止め弁の間に設置される。
　主にエアシリンダ弁が使用される。
　(4)　ドレン弁
　タービン内部に発生するドレンを排出する弁で、主に電動弁が使用され、インターロックで条件に合わせて動作する。

第5章
タービンの制御システム

- 5.1 調速装置
  - 5.1.1 調速装置
  - 5.1.2 機械式調速装置
  - 5.1.3 電気油圧式(電子式)調速装置
- 5.2 蒸気圧力及びその他の制御
  - 5.2.1 発電機の制御
  - 5.2.2 蒸気圧力制御
  - 5.2.3 プロセス制御
- 5.3 非常装置および各種保守装置
  - 5.3.1 非常停止装置
  - 5.3.2 監視計器
  - 5.3.3 保安装置
  - 5.3.4 自動制御装置
  - 5.3.5 統合監視、保安、制御装置
- 5.4 制御油圧系統
- 5.5 系統安定化
  - 5.5.1 電力安定化技術
  - 5.5.2 発電設備における系統安定化対策
- 5.6 タービン加減弁制御技術
  - 5.6.1 ガバニング
  - 5.6.2 タービン制御技術
  - 5.6.3 コンバインド蒸気タービンのバルブマネージメント

第5章　タービンの制御システム

5.1　調速装置

調速装置とは、タービンの速度制御を行う装置で、機械式及び電気式がある。電気式は、その機能を保持する制御部分が電子式であることから、電子式あるいは電子ガバナと呼ばれることが多い。調速機にはタービンメーカが独自に設計製作しているものと、専門メーカの供給するものがある。

5.1.1　調速装置（speed governing system）

調速装置はタービンの回転数を検出し、蒸気加減弁（governor valve）の開度を調整してタービンに流入する蒸気量を制御し、回転数を一定変動率内に保持することで、タービンの出力を被駆動機の負荷とバランスさせる装置である。また、機械駆動用の場合は、被駆動機側あるいはプロセス側の制御信号によりタービンの設定速度を変更することもできる。

(1)　調速装置の特性
調速装置の特性は次のように定義される。
①　整定速度調定率
　　　（steady state speed regulation）
調速装置の設定を変えずに、タービン出力を定格負荷から無負荷まで変化させたときの回転速度変化量を定格速度に対する比率で表した値。

定格負荷から徐々に負荷を減少すると、タービンの回転数は上昇する。比例帯、速度ドループ、オフセット等と同じ意味を持つ。整定速度調定率は小さいほうが回転数精度は良くなるが、小さすぎると不安定になってハンチングを起こしやすくなる。

②　速度変動率（speed variation）
与えられた整定速度調定率線上における定格速度に対する速度の変化、あるいは振れの割合を速度変動率という。

③　瞬時最大速度上昇率
　　　（maximum momentary speed variation）
タービンを定格負荷で運転中に急激に無負荷にしたとき、速度が一時的に急上昇する。この時の速度上昇分の定格回転数に対する比率を瞬時最大速度上昇率という。

負荷遮断後の瞬時最大速度（instantaneous maximum speed）は一般にエネルギ法により、次式で計算される[1]。

$$N_{最大} = \sqrt{7.3 \times 10^5 / GD^2 \times (E_r + \Delta E_1 + \Delta E_2 + \Delta E_3)}$$

（rpm）

E_r　：定格回転時の回転エネルギ［kJ］
ΔE_1　：負荷遮断後、弁の応答遅れ時間に対して、タービン内に流入するエネルギ［kJ］
ΔE_2　：負荷遮断後、弁の閉鎖時間に対して、タービン内に流入するエネルギ［kJ］
ΔE_3　：負荷遮断後、タービンおよび蒸気管内にあり、速度上昇に使われるエネルギ［kJ］
$GD^2 = 4I$　（I：タービン発電機回転部分の慣性モーメント［kgm²］）

上式により計算された瞬時最大速度が規定値以下となるように、弁の応答遅れ、閉鎖時間を設計する必要がある。

④　速度調整範囲（speed range）
調速装置の速度調整範囲は、定格速度との割合で示され、特に指定のない場合、発電機駆動用タービンではJIS[2]やJEAC[3]で、定格速度の94～106％に、機械駆動用タービンではAPI612[4]で70～105％、API611[5]で85～105％に、設定される。

上述の①から③の特性を図5.1に示す。

(2)　調速装置の特性値
①　国内の発電機駆動用タービンについてはJIS[2]、JEAC[3]で瞬時速度上昇率は11％以下、整定速度調定率は通常3～5％としている。
②　機械駆動用タービン調速装置の特性に関してはNEMA[6]、API611[5]、612[4]等で規定されており、その値は表5.1のようになる。

5.1.2　機械式調速装置

(1)　機械式調速機（mechanical governor）
調速装置は、J. Watt（1736～1819）により蒸気機関の速度を制御する目的で発明された。その後、水車などの速度制御にも応用され、基本的な理論は現在も機械式調速機に受け継がれている。

$$瞬時最大速度上昇率 = \frac{N_2 - N_0}{N_0} \times 100 \ (\%)$$

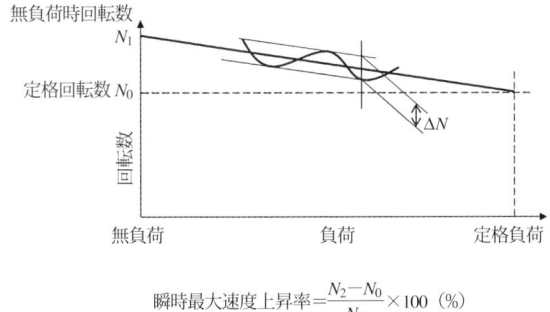

$$最大速度変動率 = \frac{\Delta N}{2 \times N_0} \times 100 \ (\%)$$

$$整定速度調定率 = \frac{N_1 - N_0}{N_0} \times 100 \ (\%)$$

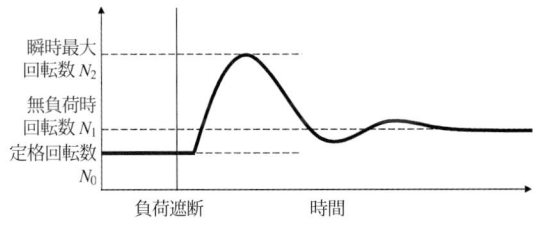

図5.1　調速装置の特性

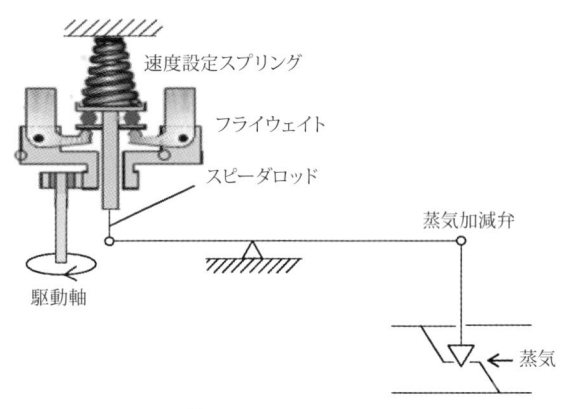

図5.2[10]　機械式調速機（概念図）

表5.1　調速機のクラス（NEMA SM23[6]）

クラス	整定速度調定率 [%]	最大速度変動率 [%]	瞬時最大速度上昇率 [%]
A	10	0.75	13
B	6	0.5	7
C	4	0.25	7
D	0.5	0.25	7

　機械式調速機は、タービンの回転軸にフライウェイトを取り付け、回転数が変化するとフライウェイトの遠心力によりロッドが変位する機構を利用して、加減弁を動かし、蒸気量を調整して回転数を制御する。概念図を図5.2[10]に示す。

　機械式調速機のフライウェイトの位置と蒸気加減弁の開度は、負荷が低下すると速度が上昇するドループ特性（5.2.1項参照）を示す位置関係にある。

　構造が単純で安価であるが、フライウェイトの遠心力を利用していることから、加減弁内を流れる蒸気圧力に抗して弁を作動させるには限界があり、単段タービンなど小型で単純な制御に用途が限定される。

(2)　機械油圧式調速機
　　（Mechanical Hydraulic Governor（MHG））
　機械式調速機に対し、フライウェイトの変位を油圧力に変換し、作動力を増幅させたものが機械油圧式調速機で、概念図を図5.3[10]に、詳細図の例を図5.4[7]に示す。

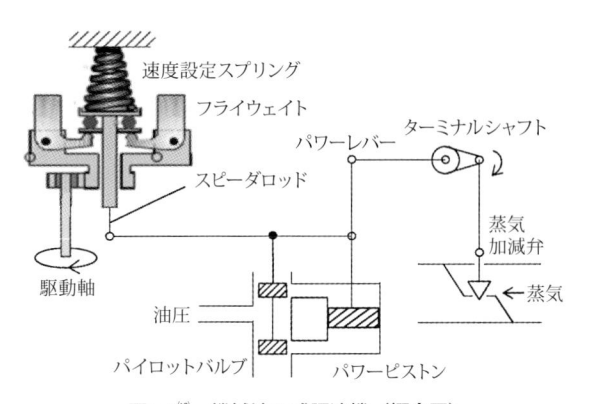

図5.3[10]　機械油圧式調速機（概念図）

　フライウェイトの変位で油圧パイロット弁を動かし、パワーピストンの圧油の出入りを調整する。パワーピストンは、油圧によりその作動力を増幅し、ターミナルシャフトを回転させて加減弁を開閉させる。この機構により、コンパクトな設計で、機械式に比較し、大きな加減弁の作動力を発生させることができる。

　機械油圧式も負荷により速度が変化するドループ特性であることに変わりは無い。

　ドループ特性の調速装置は、負荷に応じて速度が変化する為、機械駆動用タービンのように負荷によらず一定速度を保つ制御（アイソクロナス特性、

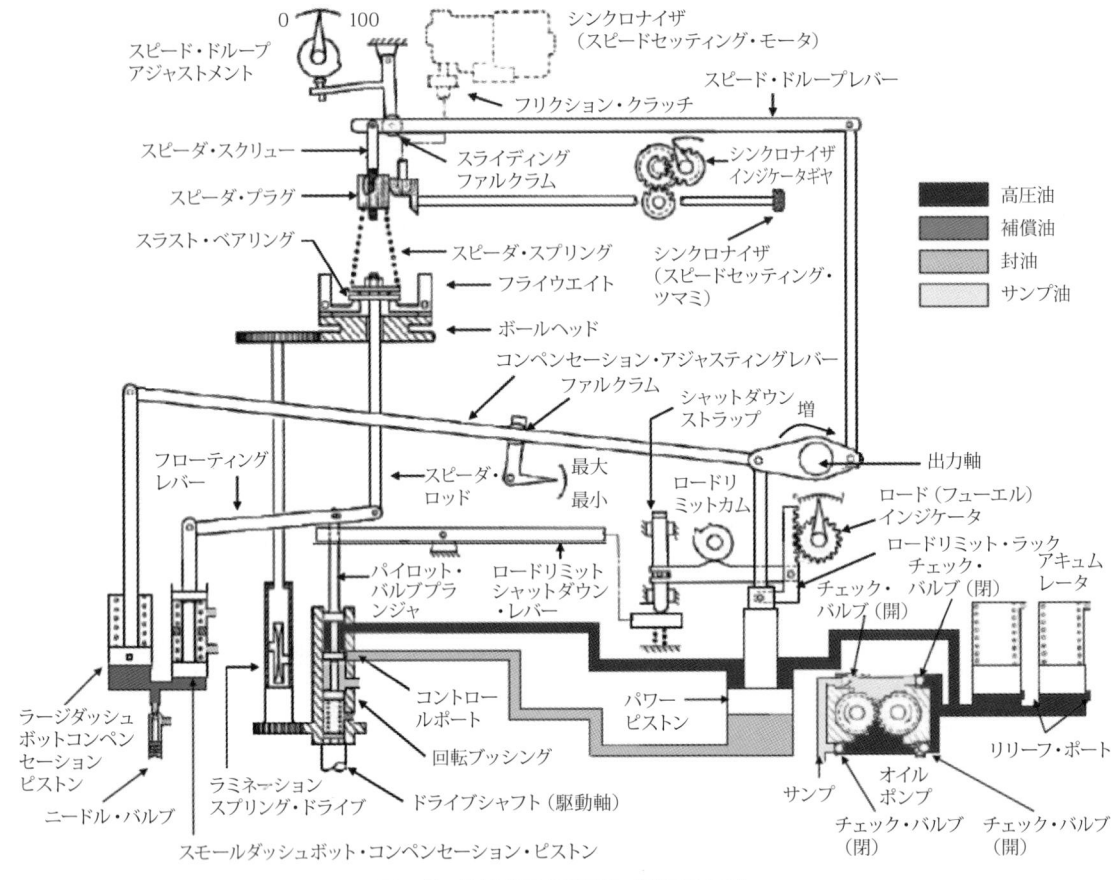

図5.4[7]　機械油圧式調速機（詳細図の例）

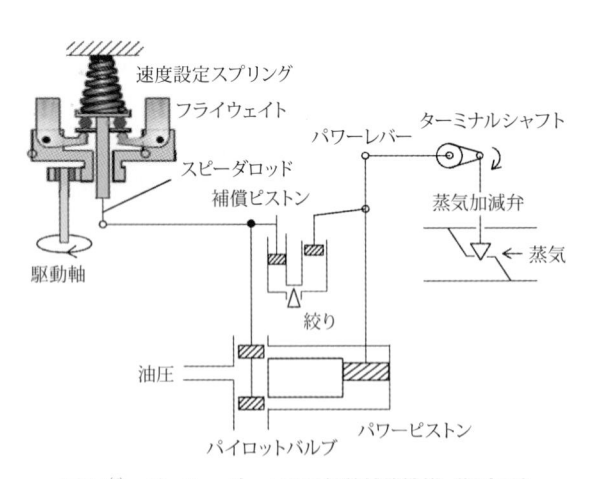

図5.5[10]　ダッシュポット形回転数補償機構（概念図）

5.2.1項参照）が要求される場合は不都合である。機械油圧式に、速度補償機構を付加することで、アイソクロナス特性を有することが可能である。運転速度を設定した回転数に一致させるには、加減弁が負荷に応じて変位した時点で、スピーダロッドを元の位置に戻す機構が必要で、絞りとピストンを利用したダッシュポット補償形の機構概念図を図5.5[10]に示す。

更に、出力ピストンの移動量を機械的に制限し、発生出力に制限を設けるロードリミッタ等の機能を付加することも可能である。

機械油圧式調速機は、その使用目的に応じ幾種類かの調速機がある。参考例として、表5.2[8]に代表的な形式とその特徴を示す。

また、機械油圧式調速機の中には制御入力信号及びパイロット弁作動部のみを電気式とした機械電気油圧式調速機（図5.6[7]）がある。

この調速機はフライウェイトを持つ従来の機械式調速機に、電気信号で作動するパイロット弁を介して作動するピストンをリンク機構で連結させ、機械式調速部の出力と外部の制御入力信号を選択制御して、加減弁を駆動するものである。

第5章　タービンの制御システム

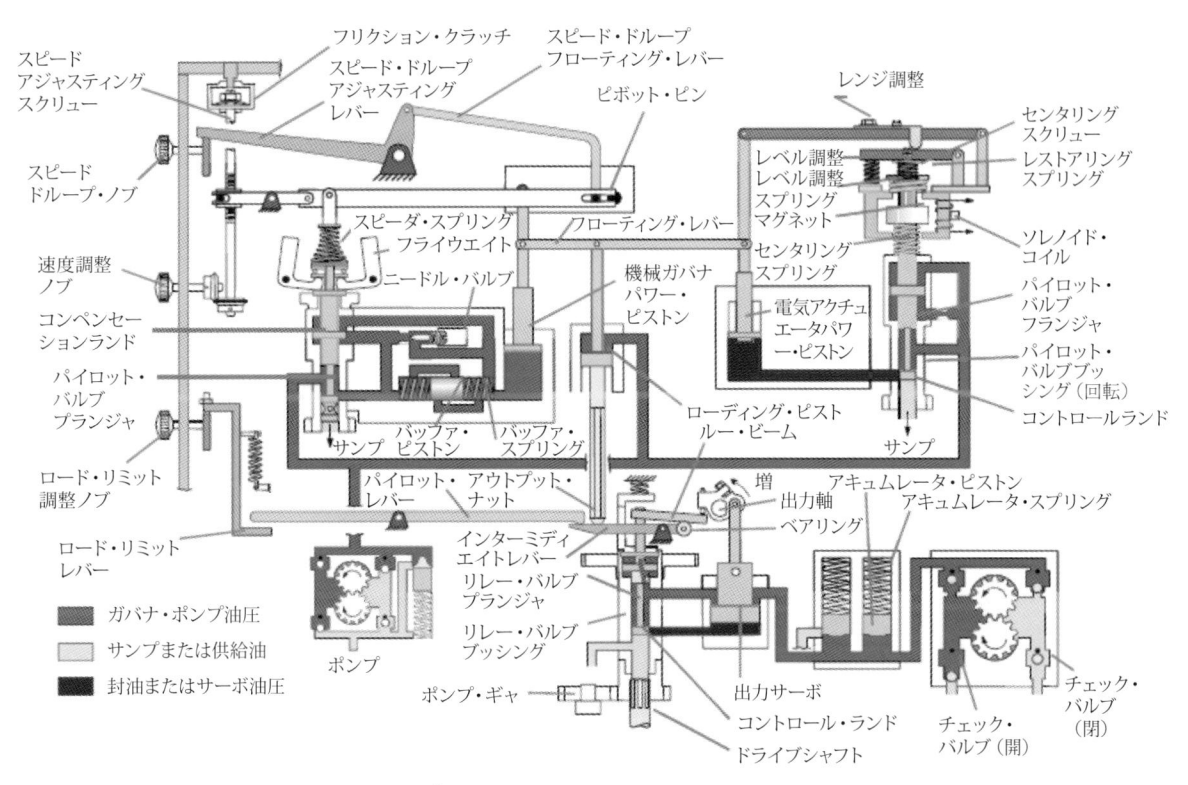

図5.6[7]　機械電気油圧式調速機（詳細図の例）

図中の名称：
- スピード アジャスティング スクリュー
- スピード ドループ・ノブ
- 速度調整ノブ
- コンペンセーションランド
- パイロット・バルブ プランジャ
- ロード・リミット 調整ノブ
- ロード・リミット レバー
- フリクション・クラッチ
- スピード・ドループ アジャスティング レバー
- スピード・ドループ フローティング・レバー
- ピボット・ピン
- スピーダ・スプリング フライウエイト
- ニードル・バルブ
- フローティング・レバー
- 機械ガバナ パワー・ピストン
- センタリング スプリング
- 電気アクチュエータパワー・ピストン
- ローディング・ピストル・ビーム
- バッファ・サンプ
- バッファ・ピストン
- バッファ・スプリング
- パイロット・レバー
- アウトプット・ナット
- インターミディエイトレバー
- リレー・バルブ プランジャ
- リレー・バルブ ブッシング
- ポンプ
- ポンプ・ギヤ
- 増
- 出力軸
- ベアリング
- 出力サーボ
- コントロール・ランド
- ドライブシャフト
- レンジ調整
- センタリング スクリュー
- レベル調整 スプリング マグネット
- レストアリング スプリング
- ソレノイド・コイル
- パイロット・バルブ フランジャ
- パイロット・バルブブッシング（回転）
- コントロールランド
- サンプ
- アキュムレータ・ピストン
- アキュムレータ・スプリング
- チェック・バルブ（開）
- チェック・バルブ（閉）

凡例：
- ガバナ・ポンプ油圧
- サンプまたは供給油
- 封油またはサーボ油圧

表5.2[8]　機械油圧式調速機の特徴（参考）

型式[*1]	制御特性	速度設定方式	仕事量[*2]	補助装置（含オプション）	備考
SG	ドループ	手動、空気圧、モータ	10~30 in-lbs	外部ドループ調整機構	外部油タンクが必要
PSG	アイソクロナス 又はドループ	手動、空気圧、モータ	12.5~37.6 in-lbs	外部ドループ調整機構	外部油タンクが必要
UG	アイソクロナス 又はドループ	手動 空気圧 モータ	8 ft-lbs (UG8) 49 ft-lbs (UG40)	ソレノイド停止装置 低潤滑油機関停止装置 外部ドループ調整機構 ハイドループ装置 速度検出機器取付け 負荷制限装置 速度設定制限装置 遠隔負荷制限装置 （起動時用・UG8D） 速度設定値の検出（UG8D） ブースターサーボモータ	
TG	ドループ	手動	13 ft-lbs (TG13) 17 ft-lbs (TG17)	過速度試験装置	高速の場合 オイルクーラ要
PG	アイソクロナス 又はドループ	手動 空気圧 モータ	1~47 ft-lbs	ソレノイド停止装置及び そのリセット 圧力式停止装置 低潤滑油圧停止装置 過速度試験装置 速度検出機器取付け 負荷制限装置 ブースターサーボモータ	

(*1) 形式はガバナーメーカのモデル名を表示している。
(*2) 一部の型式のモデル番号がft-lbs単位の仕事量と関係していることから（例：TG13の仕事量は13 ft-lbs）、SI表示では無くft-lbs/in-lbsの表示とした。

速度設定部にはモータが使用され、遠隔速度設定増又は減の接点を開閉することにより速度設定値が変えられるので、自動同期装置と接続し同期発電機の運転が可能となる。発電機の同期投入後は電気信号による制御に切り替え、タービン入口圧、排気圧または、負荷制御などの制御が可能である。同期運転中、機械式調速部は設定値を上昇させ負荷遮断時の昇速防止に備える。この調速機は調速機構部が機械式なので、自動調速や複雑なプロセス制御はできない。

5.1.3 電気油圧式（電子式）調速装置 （Electro Hydraulic Governor（EHG））

機械式調速装置は、フライウェイトを回転させる為にタービン本体に直接設置される。電気油圧式では、速度検出部、加減弁駆動部はタービン本体に設置されるが、制御部は電気式（あるいは電子式）となり、制御信号ケーブルを介してタービンから分離して設置され、遠隔操作が可能となる。電気油圧式調速機（以降、「油圧」を省略）とは、通常この電気（電子）式制御部を指し、機械式とは外観、機構とも大きく異なる。レディーメード型とオーダーメード型（5.1.3-(1)-②参照）の電気式調速機の外形を図5.7[7]及び図5.8[7]に示す。

図5.8[7] 電気式調速機外形（オーダーメード型）

図5.7[7] 電気式調速機外形（レディーメード型）

速度の検出は、速度検出用歯車と電磁ピックアップの組み合わせにより発生させた電気パルス信号により行う。制御部から送られた電気信号は、本体に設置される電気/油圧あるいは電気／空気変換装置により油圧又は空気信号に変換され、油圧式または空気式アクチュエータ（5.1.3-(2)項参照）により加減弁を駆動する。電気式（電子式）調速装置の概念図を図5.9[7]に示す。

(1) 制御部
① アナログ式とデジタル式

電気式調速機の制御部には、アナログ式とデジタル式がある。アナログ式は、抵抗やコンデンサーを組み合わせて電気回路を構成、デジタル式はマイクロプロセッサ上で回路を構成する。表5.3[9]に機械式、電気式（アナログ式）と電子式（デジタル式）の比較を示す。

アナログ式は機械式に比較し、精度が高く、応答性の良い制御を可能としたが、制御要求にあわせて電気回路を設計する為、複雑なプロセス制御に対応するには限界があり、また、設計を変更するには電気回路を変更する必要があり、使用開始後の設計変更への対応にも限界がある。従って、小型の蒸気タービン等の比較的簡単な制御の用途に使用される。

電気式調速機は開発当初はアナログ式であったが、マイクロプロセッサの急速な性能向上に伴い、制御部のロジックをコンピュータ上で、自由に設計、変更可能なPLC（Programmable Logic Controller）を使用したデジタル式が主流を占めており、比較的安価に入手できるようになったことも普及に拍車をかけている。

デジタル式はアナログ式と比較して、次の利点がある。

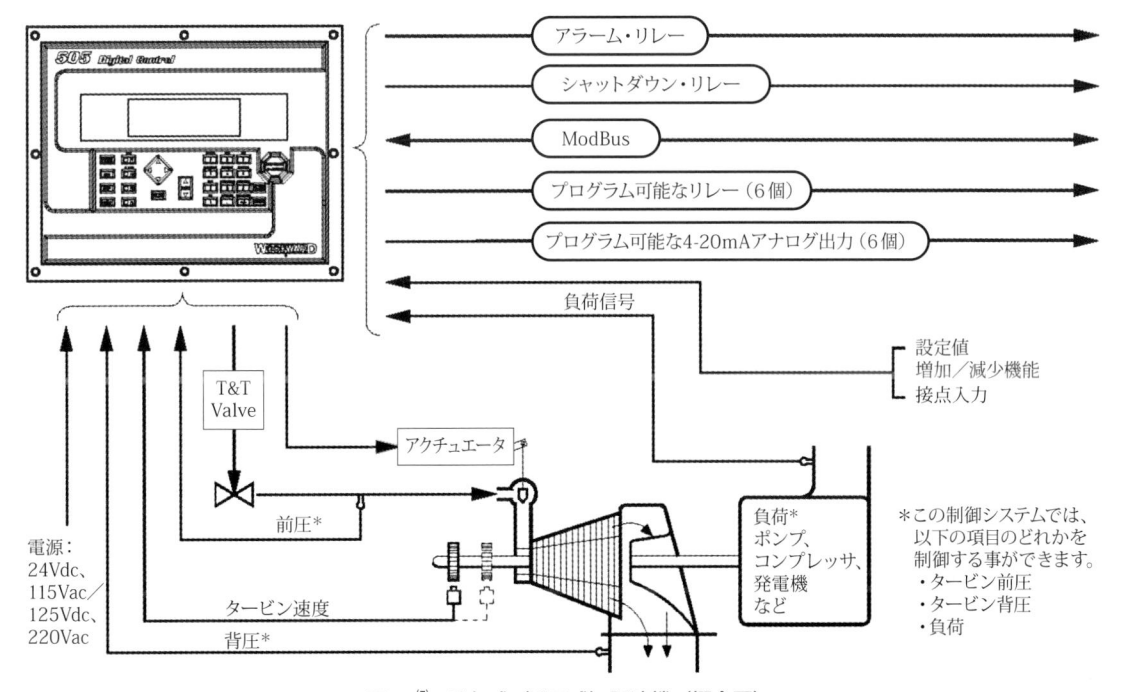

図5.9[7]　電気式（電子式）調速機（概念図）

(ア) 複雑な制御に対応できる。
(イ) 制御内容はソフトウエア上で変更ができる。
(ウ) 一般的に納期が短い。
(エ) コンパクトである。

普及に伴い、回転数制御、発電量制御、蒸気圧力制御のみならずプロセス制御、自動起動／停止運転等のさまざまな運転モードの制御機能が付加されている。

本章においては、アナログ式を『電気式調速機』と、デジタル式を『電子式調速機（電子ガバナ）』と呼ぶこととする。

電子式調速機の制御部の詳細を図5.10[7]に示す。

② レディーメード型とオーダーメード型

電子式調速機は蒸気タービンの基本的制御機能をあらかじめプログラムし、用途に応じて、必要な制御パラメータを入力する比較的安価でコンパクトなレディーメード（既成）型と、PLCの利点を最大限活用し、高度で複雑な制御機能を個別の用途に合わせて設計可能なオーダーメード型に分けられる。

レディーメード型電子式調速機は、タービンの基本制御機能である速度制御部、抽気圧力制御部の他に、蒸気圧力や負荷制御に使える補助制御機能、自動昇速機能等があらかじめプログラムされており、用途に応じたパラメータを設定すれば使用可能となる。また、接点入出力やアナログ入出力もある範囲で任意に設定できるので、通常のタービン制御には十分対応可能な機能を持っている（外観は図5.7参照）。

これらの調速機はタービンの機側に設置することも可能であるが、プロセスガスを扱う圧縮機駆動タービンの場合は、周囲が危険雰囲気場所になり、調速機が適切な防爆仕様となっているか確認が必要である。

オーダーメード型電子式調速機は従来の基本制御機能に加えて、用途に応じた制御方法を自由にプログラムが可能である。接点出力やアナログ出力を自由に設定できることに加え、シリアルリンクあるいは光ファイバーを介して、ネットワーク上に組み込み、プラントのDCS（Distributed Control System）やパソコンと接続し、調速機のパラメタの設定、プログラミング、運転状況をモニタすることも可能である。PLC本体は、必要な数のモジュールがシャーシ上に設置されており、パラメタの設定やプログラミング、運転状況の監視は、PLCと接続されたパソコン上で、調速機メーカが開発した専用のHMI（Human Machine Interface）用ソフトウエアを使

表5.3[9] 機械式、電気式（アナログ形）、電子式（デジタル形）の制御方法

No.	項目	機械油圧式調速装置	電気油圧式調速装置 アナログ形	電気油圧式調速装置 ディジタル形
1	速度検出器	遠心形	電磁ピックアップ／歯車	電磁ピックアップ／歯車
2	速度リレー	制御油圧、油圧シリンダ、加減弁へ	演算増幅器	速度リレー 101　101／記憶装置内の特定エリアに数値として記憶
3	調定率設定	a:b レバー比変更（X Z Y、a b）	抵抗比変更	調定率 10011　111／記憶装置内の特定エリアに数値として記憶
4	負荷制限	補助パイロット弁、負荷制限器より、調速機を経て速度リレーへ、ドレン、制御油圧、油路を制限する	増／減、モータ制御回路、電動ポテンショメータ、可変抵抗	増／減、増は押されている？YES 制限を増加させる／減は押されている？制限を減少させる
5	インタセプト弁制御回路	X、ダッシュポット油、ニードル弁、Y	電気式微分器	S／階差演算式によるソフトウェア処理 演算式 $$\frac{2x_i + x_{i-j} - x_{i-3} - 2x_{i-4}}{10T}$$ T：サンプリング周期 x_i：現在値 x_{i-j}：jサンプリング周期前の値
6	サーボモータ制御弁	油圧パイロット弁／油圧シリンダ／復元レバー	電気－油圧変換サーボ弁／油圧シリンダ／差動トランス	電気－油圧変換サーボ弁／油圧シリンダ／差動トランス
7	加速防止	ロードセンシングリレー	パワーロードアンバランスリレー	パワーロードアンバランスリレー（ハードウェア処理）
8	流量補正機能	機械カム	関数発生器	折点の座標を与えるソフトウェア処理

って行うことが一般的である。HMIの画面の例を図5.11[7]に示す。

また、2重（Redundant）、3重（Triple Module Redundant）の冗長化が可能であり、信頼性を向上させることも容易にできる。最速では5ミリ秒のスキャンレートも可能であり、必要な応答性を確保できる。典型的なシステム構成を図5.12に示す。

自由度と信頼性の高さから、オーダーメード型の

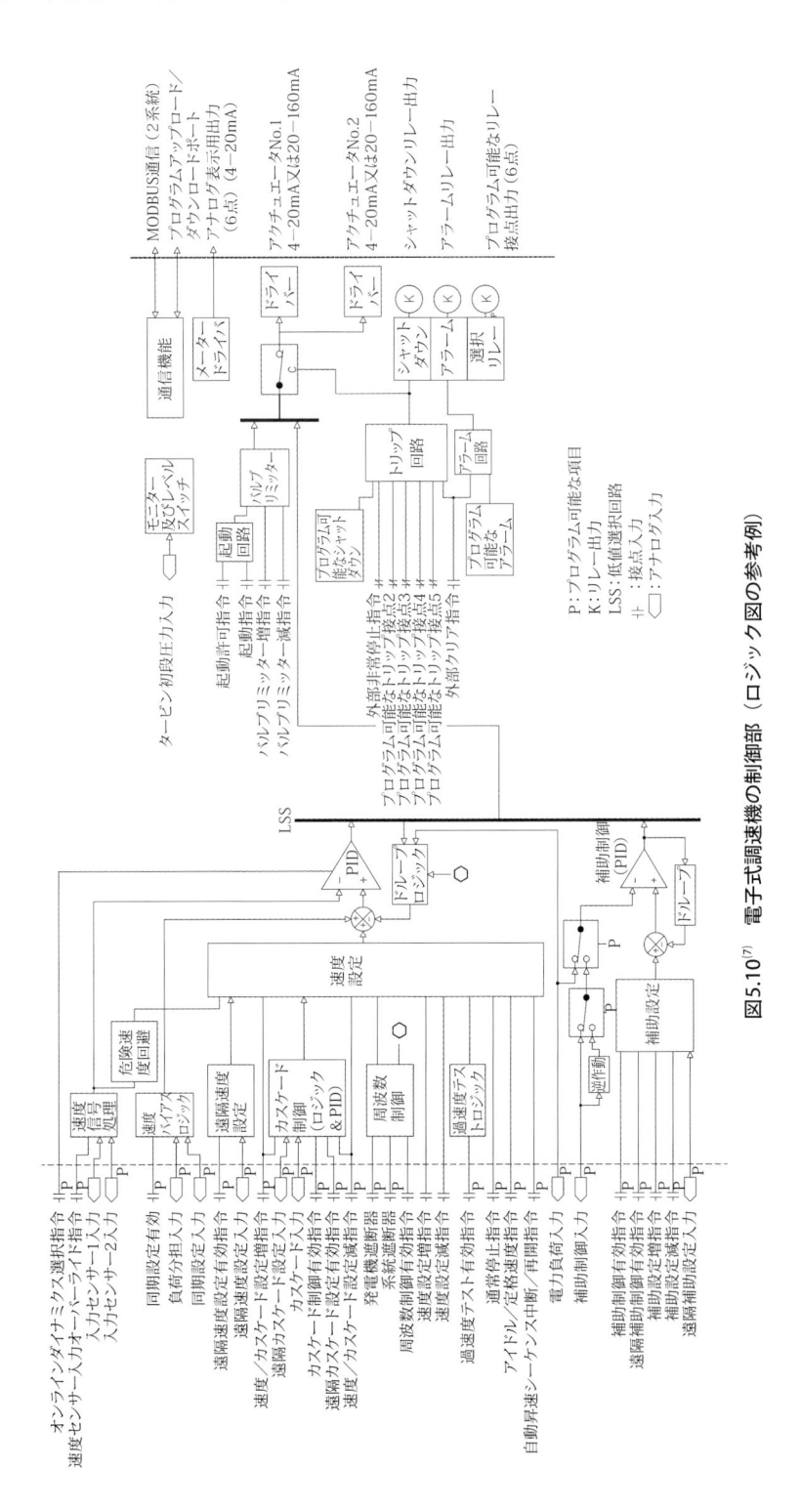

図5.10[7]　電子式調速機の制御部（ロジック図の参考例）

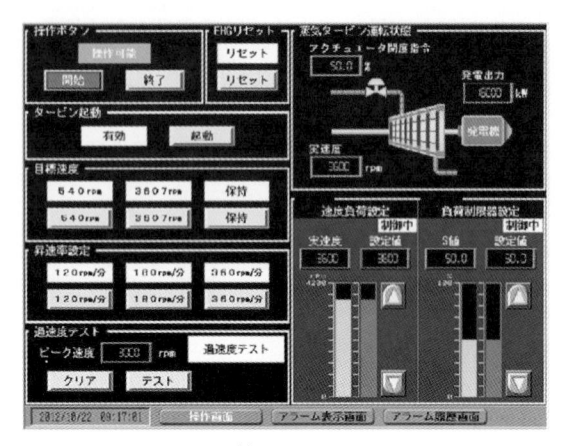

図5.11[7]　HMI画面（例）

(2) 加減弁駆動部

加減弁を駆動するアクチュエータには以下の方式がある。系統図を図5.13、図5.14、図5.15に示す。

① 油圧式：応答性に優れていることから多用される。駆動油供給源が必要となる。

② 空気式：パイロットバルブが計装空気で駆動され、応答性では油圧式に劣る。駆動油供給源が必要となる。

③ 電気式：駆動油や計装空気が必要無い利点はあるが、駆動力が小さい（ガスタービンで用いられる例はいくつかあるが、蒸気タービンへの

調速機は、発電設備の制御や、遠心圧縮機の性能制御、遠心圧縮機のサージ防止装置等の機能をインテグレートして使用する場合が多い。

発電機駆動用タービンにおいて、従来の機械式調速機では、実際の速度上昇を検知してから蒸気加減弁を絞り込むこと、また、速度設定にドループ特性を持たせていることから、瞬時速度上昇率を低く押さえるには限界があった。電子式調速機では発電機遮断器の開信号を受けて速度設定値を瞬時に同期速度以下に下げるとともにドループ特性をアイソクロナス（恒速）特性に切り替える制御（フィードフォワード制御）が可能であり、負荷遮断時の瞬時速度上昇率を低く押さえることができる。

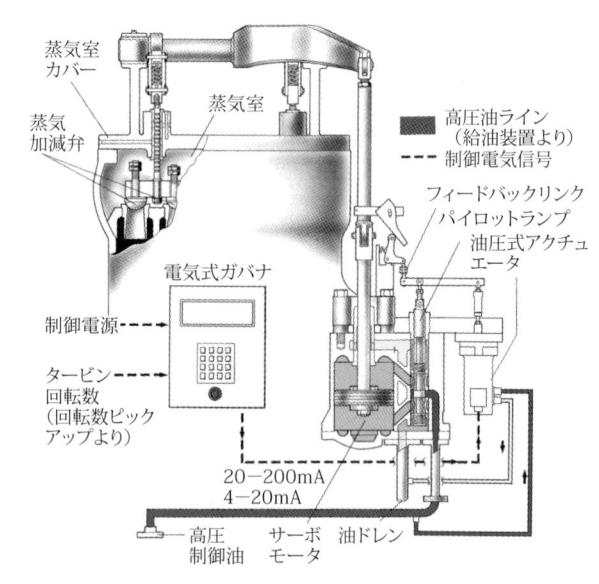

図5.13　加減弁駆動用アクチュエータ（油圧式の例）

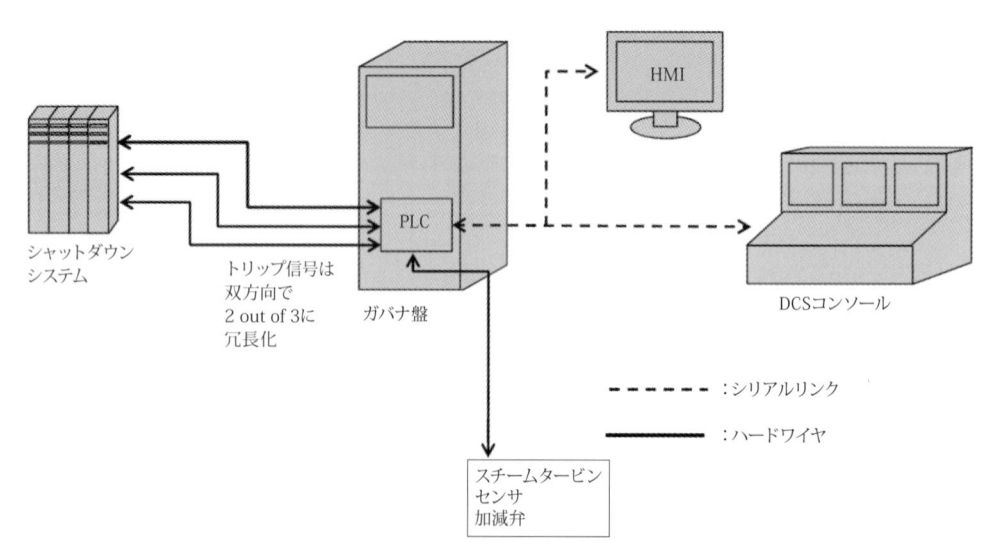

図5.12　電子調速機システム構成

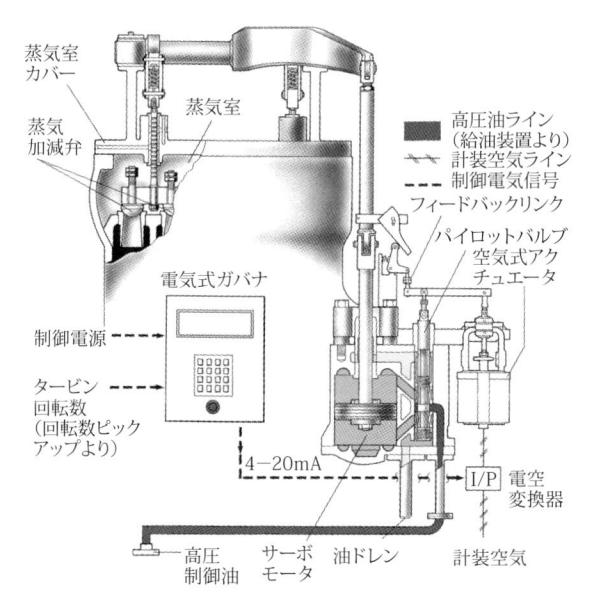

図5.14 加減弁駆動用アクチュエータ（空気式の例）

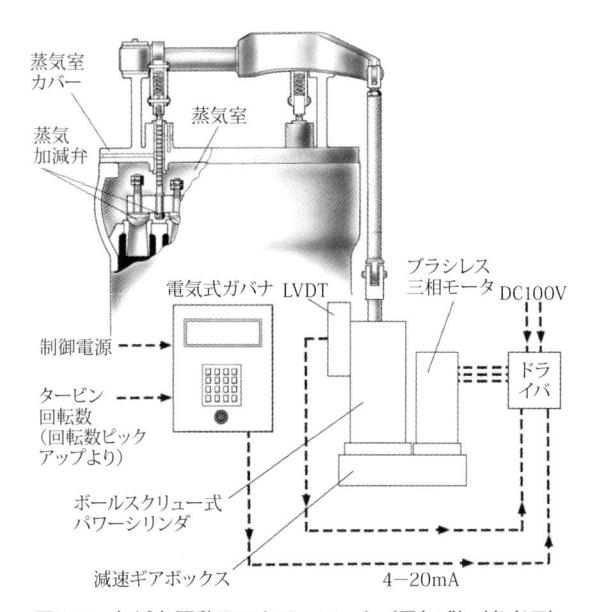

図5.15 加減弁駆動用アクチュエータ（電気式）（参考用）

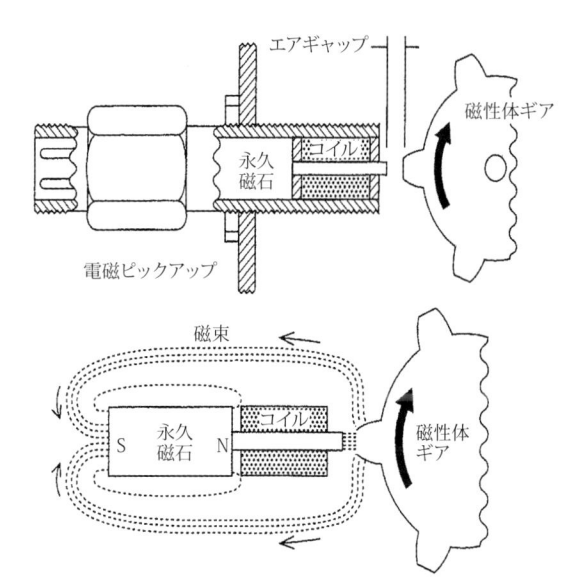

図5.16[10] 電磁速度ピックアップ

5.16[10]に示す様に、永久磁石の一方の極を銅線コイルで覆った単相交流発電機の構造をしている。タービンロータに設置した回転する磁性体のギアの歯先が接近すると磁束が増加し、離れると減少することで誘起されたパルス状の交流電圧の周波数を計測することにより、正確な回転数が測定できる。API612では調速用に最低2つのピックアップの設置が要求されており、後述するオーバースピードトリップに必要な3つのピックアップと合わせると、合計5つのピックアップが必要になる。

ロータの熱延び等により、ピックアップと歯先の位置が軸方向にずれて、計測に支障をきたさないように、ロータの軸方向への移動を十分加味して、設計する必要がある。また、歯先とピックアップの先端は通常1ミリ程度のクリアランスが要求される為、速度が上昇し、振動が大きくなった場合においても接触が起きないように、考慮する必要がある。接触が懸念される場合は、電磁ピックアップに比較し、大きなクリアランスが許容されている渦電流式のピックアップの使用も考慮することがある。

5.2 蒸気圧力及びその他の制御

電気（電子）式調速機の普及及びマイクロプロセッサの性能向上に伴い、速度以外の変数を制御することが容易になり、工場あるいは発電、化学、ガスプラント等の設備内の、電力系統、蒸気系統、プロ

採用は少ない）。

タービン及び被駆動機の軸受に強制潤滑油システムが設置される場合は、この潤滑油システムからアクチュエータの駆動油を流用することが一般的である。全体の系統図を図5.27に示す。

(3) 速度検出部

速度を検出するセンサは、電磁式と渦電流式がある。比較的良く用いられる電磁ピックアップは、図

セス系統を制御して、設備全体のエネルギ効率を最適化するシステムが積極的に採用されている。以下に、発電機のドループ制御に加えて、いくつかの制御例を示す。

5.2.1 発電機の制御

タービン発電機の制御はアイソクロナス（isochronous）とドループ（droop）の方式があり、以下にその特徴を記す。

(1) アイソクロナス（isochronous）

発電機及びタービンの負荷によらず、設定速度が一定の制御方式。図5.17[11]を参照。

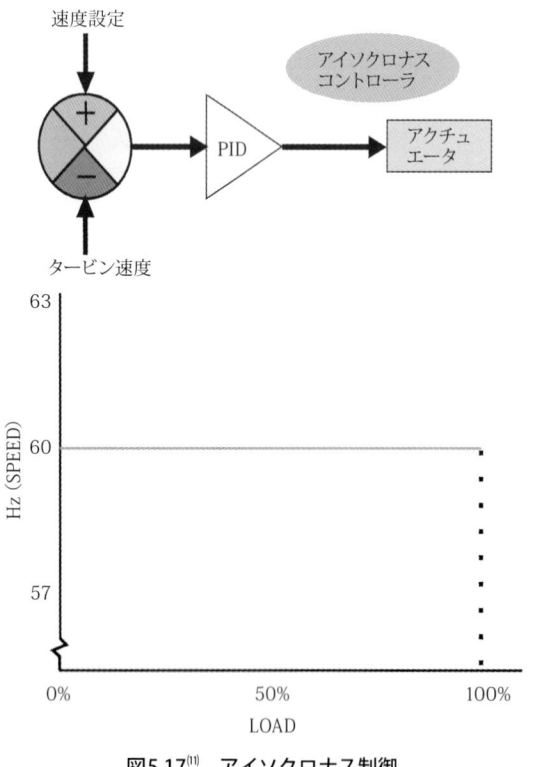

図5.17[11]　アイソクロナス制御

タービン速度すなわち発電周波数を一定に保持できる利点があるが、外部の商用電源系統と接続されていない独立した電源システムの制御に用途が限定される。

アイソクロナス制御のタービン発電機を商用電源と接続した場合、以下の現象が起き、安定した制御は得られない。

発電機の周波数（タービンの設定速度）が商用電源の周波数より高く設定された場合は、電源の周波数を上げる方向、すなわち発電量を増やす方向にタービンは制御されるが、発電量に比べて、商用電源系統がはるかに大きい為、実際の周波数は商用電源系統の周波数に支配されたままで上がらず、タービン発電機は最大発電量での運転となる。

逆に、低く設定された場合は、発電量を減らし、無負荷での運転、あるいは電動機モードでの運転となる。

(2) ドループ（droop）

発電機及びタービンの負荷の増加に対して設定速度を一定の割合で減少させる特性を持った制御方式。図5.18[11]を参照。通常、ドループ率（整定速度調定率）は3〜5％とする。

このドループ特性により、ある周波数に対して発

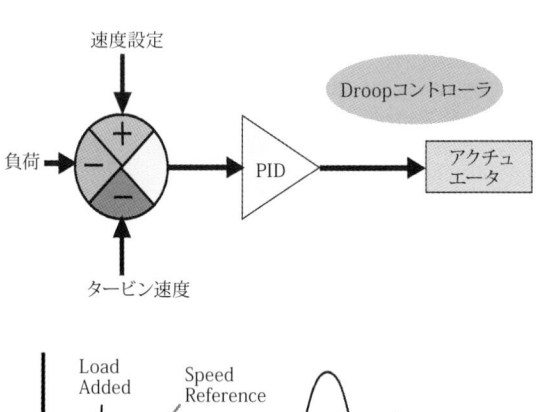

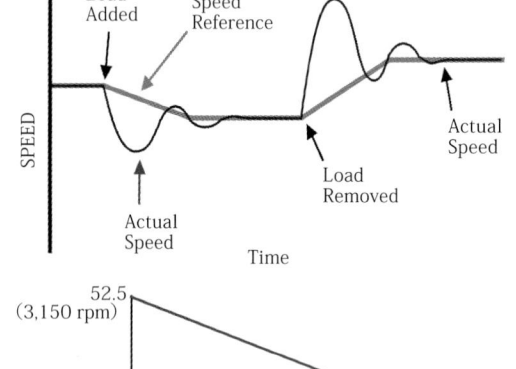

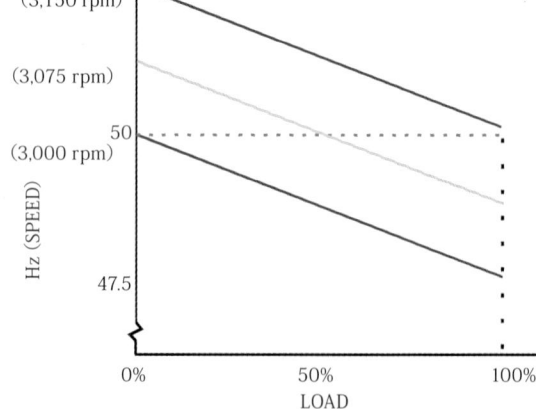

図5.18[11]　ドループ制御（5％の例）

電量が決まり、商用電源系統と接続された発電機の発電量や、複数の発電機の並列運転時の負荷の分配の安定制御が可能となる。

5.2.2 蒸気圧力制御

商用電源系統に接続された発電機の周波数は、商用電源系統の周波数で拘束される、すなわちタービンの速度は一定に制御される為、蒸気加減弁の制御は速度制御から開放され、他の変数の制御に使用することが可能となる。発電量を制御するケースは5.2.1に記述した通りであるので、ここでは、蒸気圧の制御を中心に、工場やプラントの発電設備を例に、いくつかの制御例を記載する。

速度以外の変数の制御においては、タービンの運転速度が電源系統の周波数に拘束され且つ、発電量は制御されていないことが前提条件となる。発電機遮断器が解列されて速度の拘束が切れたり、発電量が制御あるいは制限された場合は、通常、自動的に速度制御に移行し、他変数での制御は無効になる。

(1) 主蒸気・排気圧力制御

工場やプラントの発電設備で、主蒸気圧力を制御する場合の系統図を図5.19[10]に示す。主蒸気ヘッダに圧力検出器/伝送器（pressure transmitter）を設置し、ヘッダ圧の設定値との偏差を制御部で演算して、加減弁を制御する。ヘッダ圧が設定値より高い場合は、加減弁を開けて蒸気消費量を増やしヘッダ圧を下げ、低い場合は加減弁を絞りヘッダ圧を上げる。発電量は成り行きとなり、制御できない。但し、発電量をモニタし、発電量の制限を設けることは可能である。

発生した全ての蒸気をタービンで処理できない場合は、主蒸気ヘッダから低圧ヘッダへのバイパス弁/ラインを介して、主蒸気ヘッダの圧を調整する。このバイパス弁の設定圧は、タービンによる主蒸気ヘッダ制御圧より高く設定し、両者の干渉を避けると同時にエネルギの損失であるバイパス弁を介しての圧力調整を必要最小限とする。

排気圧力制御の場合も同様に、圧力検出器/伝送器を排気蒸気ヘッダに設置して加減弁の制御によりヘッダ圧を一定に保持する。

(2) 抽気圧力制御

抽気タービンの制御について記載する。抽気タービンの系統図を図5.20示す。

主蒸気加減弁から高圧段に流入した蒸気は、抽気加減弁を経由して低圧段に流入し、抽気背圧タービンの場合は低圧蒸気ヘッダへ、抽気復水タービンの場合は、復水器へ流入する。抽気加減弁を絞ると低圧段への蒸気の流入が減り、抽気量が増える。

主蒸気圧力制御と同様に、抽気ヘッダに圧力検出器/伝送器を設置し、抽気ヘッダ圧の設定値との偏差を制御部で演算して、抽気加減弁を制御する。主蒸気圧力も独立して制御が可能である。但し、発電量は成り行きとなり制御できない。

出力、蒸気消費量に加え、抽気量が変数として加わることから、抽気タービンの性能曲線は、出力（横軸）－タービン入口蒸気量（縦軸）上で、エリア（エンベロープ）を描く。図5.21を参照。以下に抽気復水タービンの性能曲線について記載する。

ライン(1)－(2)：抽気量ゼロ（抽気加減弁全開）で高圧段の蒸気が全て低圧段に流入する。抽気が無いと仮想し、高圧/低圧段を合成した復水タービンの性能を示す。抽気加減弁全開のまま、入口蒸気量を増加し、(2)に達すると抽気段の圧力が抽気ヘッダ圧となる。(2)における主蒸気量が復水器に流入する最大蒸気量になる。復水器の設計は(2)での条件に余裕を加味して決定する。

ライン(2)－(3)：(2)から負荷（入口蒸気量）を増すと、抽気段の圧が上がり、蒸気が抽気ラインに流出する。増加した入口蒸気量は全て抽気ラインに流出し、低圧段への流入蒸気量は(2)の状態のままである。従って、出力の増加は全て高圧段によるものとなり、直線の傾きは高圧段タービンの性能カーブと同一となる。

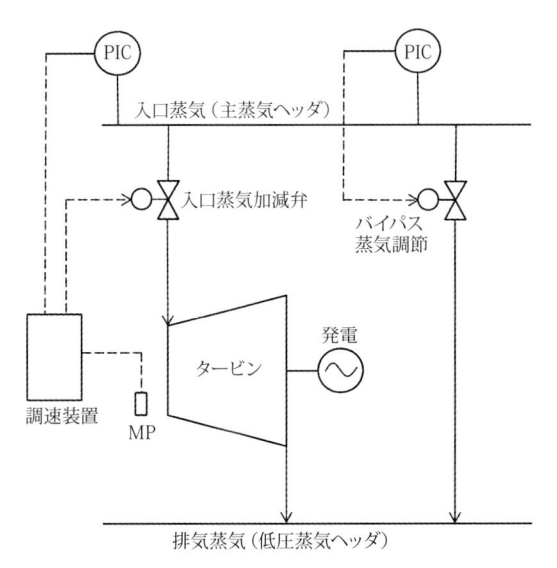

図5.19[10]　主蒸気圧力制御系統図

ライン(3)―(4)：タービン出力限定ライン。発電機定格あるいはタービンの機械的な最大可能出力によりラインが設定される。主蒸気量が増えた場合は、高圧段の出力増分と低圧段の出力減分が相殺して出力が一定となるように、抽気加減弁を閉じて抽気量を増やす。

ライン(4)―(5)：主蒸気加減弁全開ライン。主蒸気加減弁全開時の最大入口蒸気量がラインとなる。高圧段へ流入する蒸気量及びその出力は一定である。抽気加減弁を絞り抽気量を増やすと、低圧段への流入蒸気が減り、低圧段の出力が減少し、(5)に達すると抽気量が最大となる。

ライン(5)―(6)：100％抽気量運転のタービン性能カーブ。出力を減少させるには、主蒸気の加減弁を絞り、主蒸気量を減らす。並行して抽気加減弁を絞り、最大抽気量を確保する。(6)に達すると抽気加減弁は最小開度となり、低圧段には、風損の冷却に必要な最小限の蒸気だけが流入する。抽気ヘッダに流出する蒸気量は一定であることから、ゼロ抽気ラインの(1)―(2)と同様に、高圧／低圧段を合成した復水タービンの性能（傾き）を示す

ライン(6)―(1)：抽気加減弁最小開度ライン。低圧段に流入する蒸気は、冷却に必要な蒸気量のみで一定となる。出力の減少は、主蒸気加減弁を絞り高圧段の出力を減少させることによる為、高圧段タービンの性能を示す。(1)では、主蒸気、抽気の両加減弁は最小開度で、全ての蒸気は低圧段に流入する。蒸気のエネルギはロータの回転の為に消費され、外部への出力はゼロとなる。

P点を運転点とすると、入口蒸気量はQ、出力はR、抽気量はS、復水量は（Q－S）によって表される。ライン(1)―(2)―(3)―(4)―(5)―(6)―(1)は、運転可能なタービンの性能範囲を示す。

制御量が規定された場合のタービンの運転範囲は、次のように示される。例えば抽気量がSで一定の場合、出力はTからUまでの範囲が可能である。また入口蒸気量がQが一定の場合、抽気量はVからWまでの範囲が可能である。このように、ある抽気量に対して入口蒸気量を、ある入口蒸気量に対して抽気量を、一定の範囲で独立して操作することが可能であり、これにより、主蒸気ヘッダ圧、抽気ヘッダ圧の両者を同時に制御することができる。

また出力がRで一定の場合、抽気量はOからYまでの範囲で調整が可能である。

運転点が線図範囲を越えるとリミッタが主蒸気／抽気加減弁への出力信号を制限して範囲内に戻そう

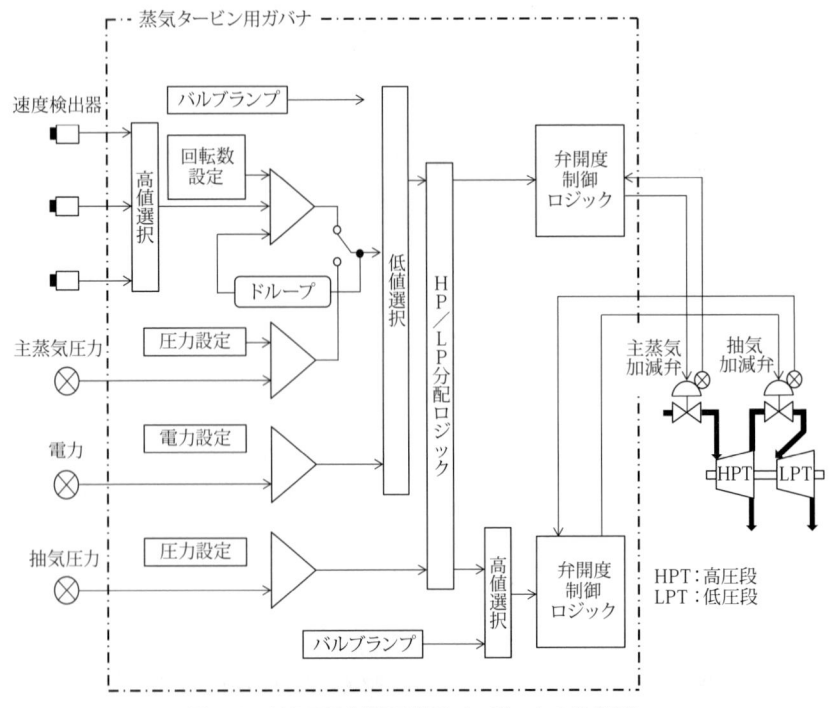

図5.20　抽気圧力制御系統図（ロジックの参考例）

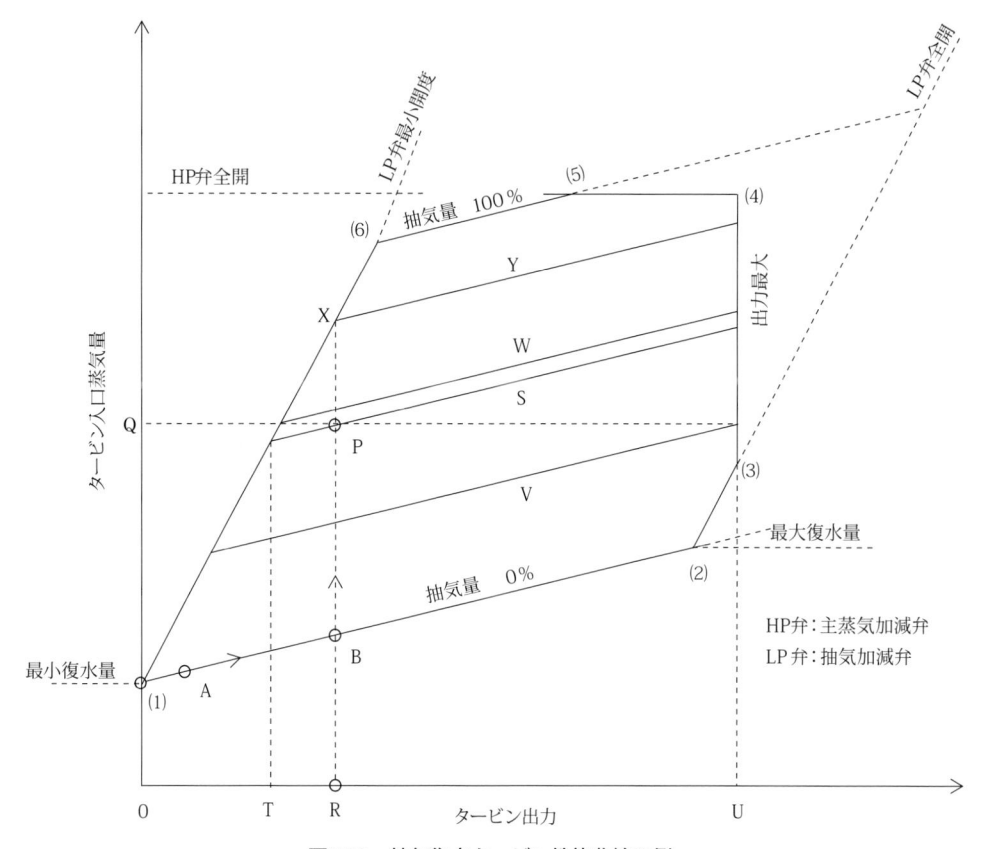

図5.21 抽気復水タービン性能曲線の例

とする。この時制御が不安定とならないように、抽気または速度制御のどちらかの優先を指定し制御の安定を計る。一般的には速度制御を優先する。

(3) 抽気タービン起動時の注意点

抽気タービンは2つの蒸気加減弁が存在することから起動手順には注意を要する。以下に発電用タービン例を示す。

主蒸気止め弁全閉時に、主蒸気加減弁と同様に抽気加減弁も全開とし、抽気量ゼロとして起動する。運転点はライン(1)－(2)上の無負荷運転時のA点となる。

起動後ガバナ制御範囲に入り、B点の負荷運転に入った後、抽気加減弁を徐々に閉じてP点の抽気運転にはいる。

主蒸気圧及び抽気圧制御の場合で、例えば、P点がその時点での安定運転点であれば、自動制御に移行する。その後の運転点は、ヘッダ圧が一定となるように運転範囲内で自動的に調整される。

出力一定制御で、主蒸気圧制御あるいは抽気圧力制御の場合で、例えば、P点がその時点での負荷に対応する安定運転点であれば、自動制御に移行した後の運転点は、ライン(B)－(X)上となる。

抽気加減弁は制御部にリミッタを設けるかあるいは、弁に機械的ストッパを設置し、全閉にならないようにして、低圧段の風損用の冷却用蒸気を確保する。

5.2.3 プロセス制御

5.2.1及び5.2.2では、発電機タービンを例に制御方式を記載したが、同様の制御機能を利用して、プラントのプロセス制御を行うこともできる。

タービン駆動の遠心圧縮機の場合、タービンの速度を調整することで、遠心圧縮機の性能を調整することができる。例えば、処理量が変動するプロセスでは、処理量が増加した場合、タービンの速度を上げて、圧縮機の吸い込み流量を増やし、減少した場合は、速度を下げて圧縮機の吸い込み流量を減らしてバランスを計る。実際には、圧縮機の吸い込み圧を一定に保持（すなわちバランスがとれた状態）す

5.3 非常装置および各種保安装置
5.3.1 非常停止装置
（emergency shutdown device）

非常停止装置はタービンや被駆動機に重大な異常が生じたときにタービンを緊急に停止する装置である。

(1) 非常調速機

非常調速機は、オーバースピードトリップ装置とも呼ばれ、回転数制御機構とは別に独立して設けられており、機械式と電気式がある。方式は異なるが、いずれも主蒸気止め弁の開状態を保持している油圧を抜くことにより主蒸気止め弁を閉める、あるいは小型タービンで機械式の主蒸気止め弁の場合は、機械的にストッパを外しばねの作用により弁を閉めることにより直ちにタービンへの蒸気の流入を遮断する。

一般的な機械式非常調速機は偏重心形トリップ機構で、タービンの速度がトリップ回転数に達すると遠心子の遠心力がスプリングの圧縮力に打ち勝ち、タービン軸から所定量だけ瞬間的に飛び出し、トリップ装置を動作させる。

非常調速機には偏重心形のほかに図5.22[10]に示すような皿バネと重錘を組み合わせた機構（ポゼトリップ）のものもあり、この構造の場合には設定値に対する作動精度が高い、またトリップ前後でロータのバランス状態が変わらないという特長があり、高速のタービンに適する。

電気式は、調速用とは別に設置された速度を検出するセンサからの信号を使用する。設定値に達すると主蒸気止め弁の油圧を保持している電磁弁を開けて油圧を解放し、主蒸気止め弁を作動させることで、蒸気の流入を遮断する。API612では、信頼性の確保を目的に、速度検出センサを3つ設置し、そのうち2つが設定値に達すると作動する『2 out of 3 Voting』と呼ばれるロジックを、調速用から独立し且つ、3重に冗長化した専用のコントローラーおよび電源を使用したシステムを要求している。外観を図5.23[7]に示す。また、API612[4]では、以下が要求されている。
　① 独立した3つ（以上）の回転数測定回路
　② 独立した3つ（以上）のCPUモジュール
　③ 独立した3つ（以上）の電源モジュール

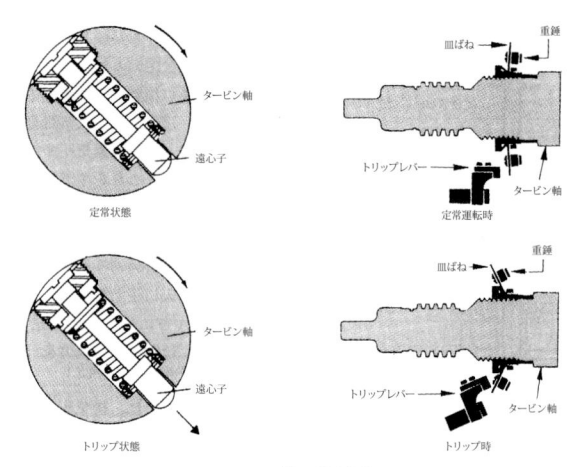

図5.22[10]　機械式オーバースピードトリップ機構の例

　④ 『2 out of 3 Voting』ロジック

電気式の信頼性の向上に伴い、現在では電気式が主流になっている。

API670[12]では、速度センサで過速度を検出してからコントローラーがトリップの信号を発信するまでの時間を40ミリ秒以内とする指針があるが、応答性が適切か否かは、上記に加えて、電磁弁の作動時間、主蒸気止め弁の作動時間等、システム全体で評価する必要がある。

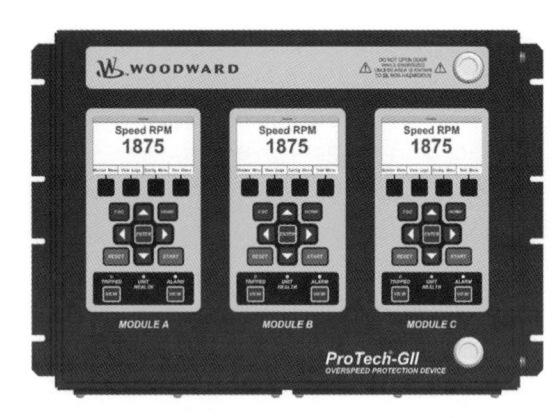

図5.23[7]　電気式オーバースピードトリップ装置

(2) 手動トリップ装置

タービン本体あるいは主蒸気止め弁に設けられたハンドル操作で主蒸気止め弁を閉め、タービンを手動でトリップさせることができる。

(3) 遠隔トリップ装置

電磁弁による油圧開放（小型タービンの場合は電

第5章　タービンの制御システム

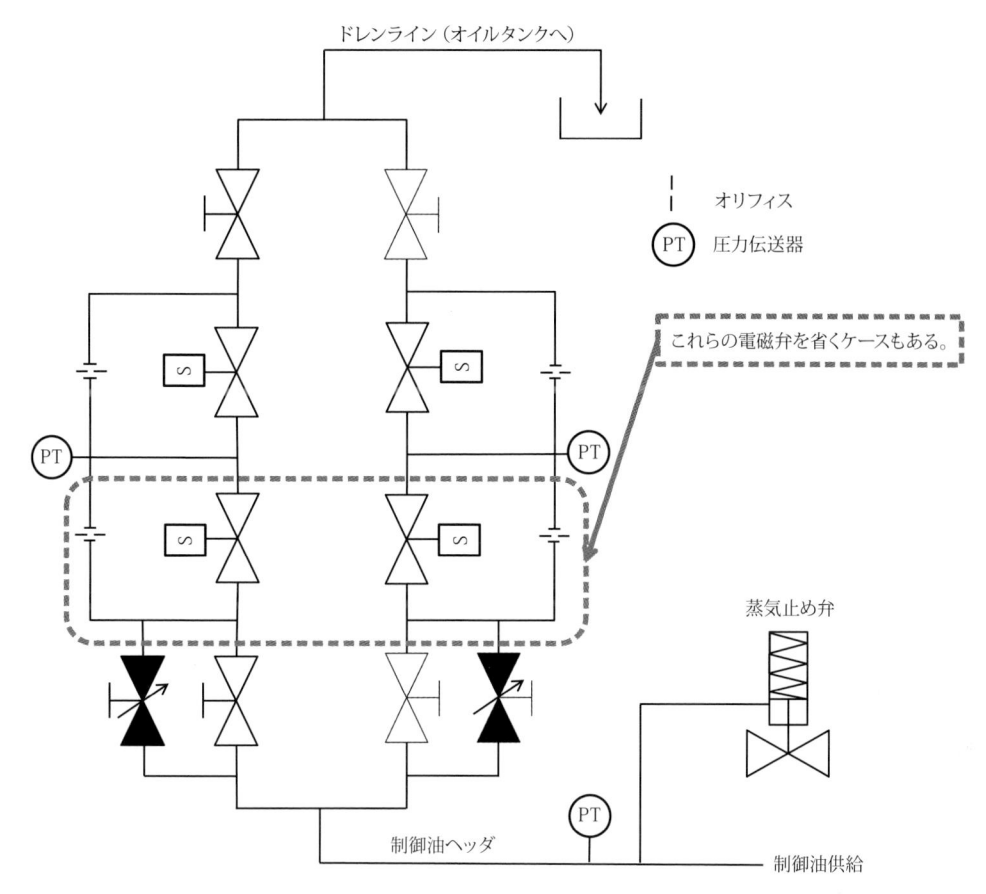

図5.24　トリップ電磁弁構成図の例

磁コイル（ソレノイド）によるメカニカルストッパの開放）により、主蒸気止め弁を動作させる。

　一般的に、発電機重故障、軸受油圧異常低下、スラスト軸受異常等の重故障については、オーバースピードトリップ装置と同様に、信頼性確保の目的から、電子ガバナの制御部あるいはプラントのDCSから独立した応答性の速い（スキャンタイムの短い）専用のPLC（緊急遮断システム、Emergency Shutdown Systemと呼ばれる）に『2 out of 3 Voting』等の冗長化されたロジックを構築する。PLCも3重に冗長化（TMR）するケースも多い。緊急遮断システムから発信された信号は上述の電磁弁、あるいはソレノイドに作用し、主蒸気止め弁を作動させる。手動のトリップ押しボタンを設置し、緊急遮断システムに接続すれば、遠隔の手動トリップが可能となる。

(4)　トリップ電磁弁のオンラインテスト
　油圧開放用の電磁弁は通常、並列に設置され、いずれかが作動すれば油圧が開放され、主蒸気止め弁が閉まるように設計され、信頼性を担保している。図5.24参照。

　これらの電磁弁の作動チェックがタービン運転中にオンラインで可能なように、各ラインに仕切弁が設置され、仕切弁を片方ずつ閉じて、電磁弁を作動させ、油圧が開放されることを確認する。

(5)　トリップブロック
　主蒸気止め弁を動作させる為の油圧の開放機能を冗長化により信頼性を向上させかつ、パッケージ化してコンパクトにした『トリップブロック』と呼ばれるモジュールを採用するケースもある。システム系統図及び概観を図5.25、図5.26[13]に示す。

5.3.2　監視計器（monitoring system）
　タービンを安全に運転するための監視計器を、火力発電用タービンの場合を例として、表5.4[14]に示す。

5.3.3　保安装置（safety device）
　前述の非常調速機に加えて、タービンの運転状態

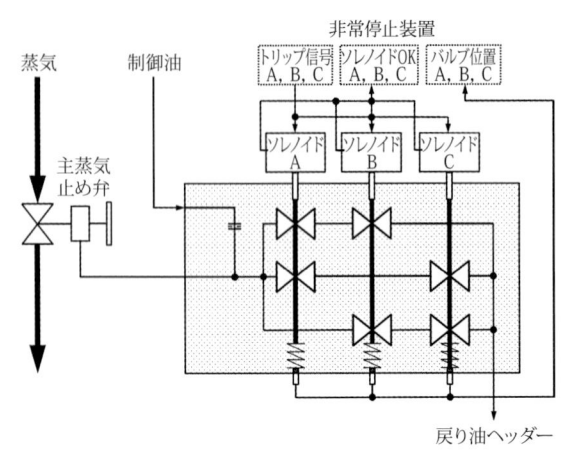

図5.25[13]　トリップブロック系統図

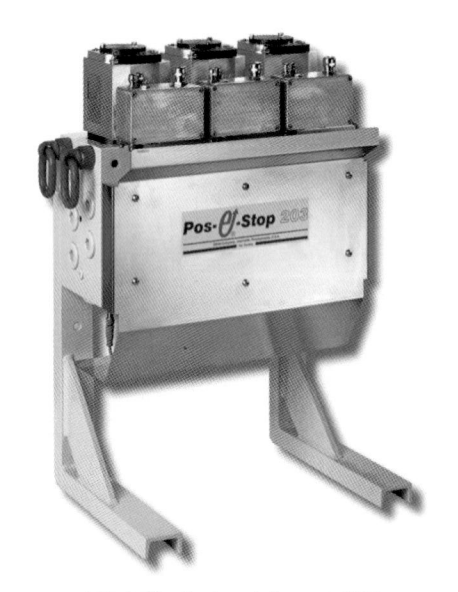

図5.26[13]　トリップブロック外観

の異常による事故および危険を未然に防止するため、各種装置が設けられているが、これらを総称して保安装置と呼ぶ。

(1) 保護インターロック（緊急遮断システム）

保安装置の設置目的は、異常状態を迅速適切に検出しタービン停止を安全確実に行うことである。各個別の保安装置の性能はもちろんのこと、保安装置全般が互いによく協調が取れて合理的かつ有機的な総合保護連動（保護インターロック）が適用されなくてはならない。5.3.1(3)項に記載した通り、信頼性確保の目的から、2重あるいは3重に冗長化され且つ独立したシステムを構築するケースが多い。

(2) 保安装置

タービン周りの保安装置の主な構成とその機能を以下に示す。

① スラスト軸受摩耗遮断装置

タービン内部のクリアランスは極めて小さいので、スラスト軸受の摩耗や焼損でロータとケーシングとの相対位置がずれると重大事故を引き起こす。タービンロータの軸方向の移動量を計測し、軸受の摩耗を早期に検出し、規定値以上になるとタービンをトリップさせる。ロータの移動量は非接触変位計により検出するのが一般的である。

② スラスト軸受温度高検出装置

タービンロータの軸方向の移動量の計測に加えて、軸受のメタル温度を検出することによっても異常を検出できる。軸受メタルに埋め込んだ感温部（測温抵抗体あるいは熱電対）で検知する。

③ 軸振動異常遮断装置

ロータのアンバランス、ケーシングとの接触、アライメントの変化等の異常は、ロータの振動に現われる。一般的に、軸受部に非接触変位計等を設置しロータの振動量を検出し、規定値以上になるとタービンをトリップさせる。

④ 真空低下非常遮断装置

復水タービン排気室の真空度が低い状態で運転すると、排気室および復水器の温度が上昇する。真空度が運転中変動すると、排気室内部の真空と大気圧との差による力と熱膨張の変化の影響で、アライメントが変化して振動を引き起こす恐れがある。運転中の真空度変化は可能な限り避けたほうがよい。このため圧力検出器／伝送器を設け、真空度低下でタービンをトリップさせる。

⑤ 潤滑油圧力低下非常遮断装置

軸受への潤滑油圧力が低下した場合、スタンバイの補助オイルポンプが自動起動し、油圧の更なる低下を防止するが、低下が避けられなかった場合には、軸受及びタービンシャフトの保護を目的に、タービンをトリップさせる。

⑥ 大気放出装置

タービン排気圧力が異常上昇した場合にタービン排気室や復水器等の破損を防止する目的で、機械的な設計圧以上の圧力に上昇しないようにライン中に大気放出弁あるいは、タービン本体に設定圧で破裂して圧力を開放する大気放出板を設ける。大気放出弁は、復水タービンの場合、通常運転時の内圧は負

表5.4 タービン監視計器

区分	計測装置	義務項目 計測	義務項目 記録	勧告項目 計測	勧告項目 記録	推奨項目 計測	推奨項目 記録	備考
蒸気タービン	回転速度			○				火技解釈第27条による。
	主蒸気止め弁の前における蒸気の圧力			○			○	火技解釈第27条による。
	再熱蒸気止め弁の前における蒸気の圧力			○			○	火技解釈第27条による。
	主蒸気止め弁の前における蒸気の温度			○			○	火技解釈第27条による。
	再熱蒸気止め弁の前における蒸気の温度			○			○	火技解釈第27条による。
	排気圧力			○			○	火技解釈第27条による。
	軸受入口油圧力			○				火技解釈第27条による。
	軸受メタル温度又は軸受出口油温度			○				
	蒸気加減弁の開度			○				
	振動の振幅			○	○			(1) 計測については定格出力が10,000kWを超える場合に適用する。 (2) 記録については定格出力が400,000kW以上の場合に適用し、自動的に記録(電子媒体による記録を含む)すること。 (3) 火技解釈第27条による。
							○	定格出力が400,000kW未満の場合に適用する。
	排気温度					○		
	抽気圧力					○		
	高圧、中圧ケーシング出口圧力					○		
	抽気温度温度					○		
	高圧、中圧ケーシング出口温度					○		
	軸受入口油温度					○		
	制御油圧力					○		
	グランド蒸気圧力					○		
	車軸・車室の伸び、伸び差					○		車室が2個以上の場合に適用する。
	軸位置					○		
	ケーシングメタル温度					○		

圧であることから、バルブの隙間から大気を吸い込まないように、シール水によりシールされた弁を使用する。

⑦ 発電機等に故障を生じた時、遮断させる装置(保護インターロック)

⑧ 抽気逆止弁

トリップや負荷遮断時は、タービンの抽気口の圧力が低下し、抽気ラインの圧力が相対的に高い状態となる。蒸気の逆流を防ぐため、抽気配管途中に逆止弁を設け、非常遮断装置や非常調速機が作動した際に、強制的に全閉にする。弁は蒸気力による締め切り力だけでなく、油圧・空気圧等を利用して強制的に閉じる方式を採用している。

⑨ その他
その他の保安装置には以下のものがある。
- 排気室温度高遮断装置
- 油タンクの油面低下警報装置
- 軸電流接地
- 負荷制限装置
- 入口蒸気圧力低下制限装置
- 入口蒸気温度低下制限装置
- 圧力制御ライン圧力異常上昇防止用装置

⑩ 火力発電用タービンについて、JEACに規定の保安装置を、参考として表5.5[14]に示す。

5.3.4 自動制御装置

前記の監視計器、保安装置に加えて、保安の目的として、JEACに規定されている火力発電用タービンの自動制御装置を参考として表5.6[14]に示す。

5.3.5 統合監視・保安・制御装置

PLCの性能が飛躍的に向上し、且つ比較的安価で信頼性の高いものが入手可能になった昨今は、上記の監視、保安、制御の機能を総合的に有し、パソコン上で作動するHMI（Human Machine Interface）

表5.5[14] タービン保安装置

区分	保護装置	義務項目			勧告項目			推奨項目			備考
		自動遮断	自動停止	警報	自動遮断	自動停止	警報	自動遮断	自動停止	警報	
蒸気タービン	過回転		○								(1)「過速度」はJISにおいて過回転と同義である。 (2)火技省令第15条による。
	スラスト軸受摩耗摩擦又はスラスト軸受温度高				(○)注	○					(1)定格出力が10,000kWを超える場合に適用する。 (2)電技解釈第44条及び火技解釈第25条による。 (3)注は、従属動作を表わす。
	復水器真空度低下					○					(1)定格出力が10,000kWを超える場合に適用する。 (2)火技解釈第25条による。
	振動異常		○								(1)定格出力が400,000kWを超える場合に適用する。 (2)火技解釈第15条による。
							○				定格出力が10,000kWを超える場合に適用する。
										○	
	周波数低下									○	主として復水タービンの場合に適用する。
	軸受入口油圧低下					○					
	軸受メタル温度高又は軸受出口油温度高									○	スラスト軸受を含む。
	排気室温度高									○	復水タービンの場合に適用する。
	タービン制御油圧低下									○	
	主油ポンプ吐出圧力低								○		蒸気タービン軸に主油ポンプが結合されており、その軸端に調速装置速度検出部がある場合に適用する（主油ポンプ軸折損による調速昨日喪失に対する保護）。
	調速装置故障					○					電気油圧式ガバナを採用の場合に適用する。
	主蒸気過加熱度低下									○	
	発電機内部故障				(○)注	○					(1)容量が10,000kVA以上の場合に適用する。 (2)電技解釈第44条及び火技解釈第25条による。 (3)注は、従属動作を表わす。

表5.6[14]　蒸気タービンの自動制御装置

区分	自動制御装置	義務項目	勧告項目	推奨項目	備考
蒸気タービン	調速（回転速度及び出力制御）	○			火技省令第14条による。
	抽気圧力制御		○		抽気の圧力を一定に保つ必要のある場合に適用する。
	背圧制御		○		背圧を一定に保つ必要のある場合に適合する。
	昇速制御			○	
	先行予測調			○	
	系統運用のための制御			○	
	軸受入口油温度制御			○	
	グランド蒸気調整			○	
	復水器水位制御			○	
	脱気器水位制御			○	
	給水加熱器水位制御			○	

のソフトウエア、データー蓄積用のサーバー等を併せた統合システムをパッケージで供給するメーカーもある。

あるいは、プラントのDCSメーカーが上記の監視、保安、制御の機能を自らのシステムに組み込むケースもある。

また、インターネットを介して、遠隔診断をリアルタイムで行うことも可能となっている。

何れの場合においても、重大故障に関わるトリップの機能は、冗長化され且つ独立したシステムとして信頼性を確保するケースが多い。

5.4　制御油圧系統

蒸気タービンの加減弁制御油圧系統は、調速機のタイプにより異なる。

(1) 機械油圧式

機械油圧式調速機では、調速信号は内蔵された油ポンプの油圧を介してパワーシリンダの出力軸の変位として伝達される。加減弁が単弁で、操作力が小さくてすむ場合はパワーシリンダの出力軸と加減弁をリンクで連結すれば外部からの制御油圧を必要としない。加減弁が多弁のタービンでは蒸気圧や弁体重量による推力に抗す大きな弁操作力を必要とするので、パワーシリンダの駆動力では不十分となる。この場合は、大きな受圧面積を持ち、外部制御油圧で駆動されるサーボモータを設置して必要な駆動力を得るようにする。

(2) 電気（電子）油圧式

電気（電子）式調速機は調速信号が電気信号で出力され、油圧機構を有していない。従って駆動部には必要な操作力に応じてパワーシリンダやサーボモータを組み合わせ、その駆動力は全て外部からの制御油圧の供給から得ることになる。

制御油圧に使用される油圧は、一般に0.5～1.5MPaであり、必要操作力とサーボモータ面積との組み合わせから適当な圧力が決定される。

制御油給油装置は、通常、軸受潤滑給油装置と共用する。全体の系統図を図5.27に示す。油圧ポンプは発電機駆動用タービンではタービン又は減速機軸端に設け、起動、停止時または、油圧低下時に油圧を供給する補助油ポンプは交流電動機駆動の容積式あるいは遠心式ポンプが使用される。機械駆動用蒸気タービンの場合は主油ポンプを蒸気タービン駆動、補助油ポンプに交流電動機駆動が採用されることが多い。主油ポンプを蒸気タービン駆動とすることで、設備全体の停電時においても、軸受潤滑油及び制御油の供給を継続し、タービンの運転の継続、あるいは安全に停止させることができる利点がある。

また、電気事業法では10,000kW以上の蒸気タービンには、非常用油ポンプの設置が義務付けられている。非常用油ポンプは、停電時も運転が可能なように、バッテリーで駆動される直流電動機駆動とするのが一般的である。

給油装置は上述の油圧ポンプに加え、軸受の冷却後の高温油を冷却し、適正温度の油を供給するための油冷却器と油フィルタ、減圧弁、保護装置などで構成されている。

大型発電用タービン等では、電気油圧式調速機の応答を速めたり、油圧機器（アクチュエータ）の小

第5章 タービンの制御システム

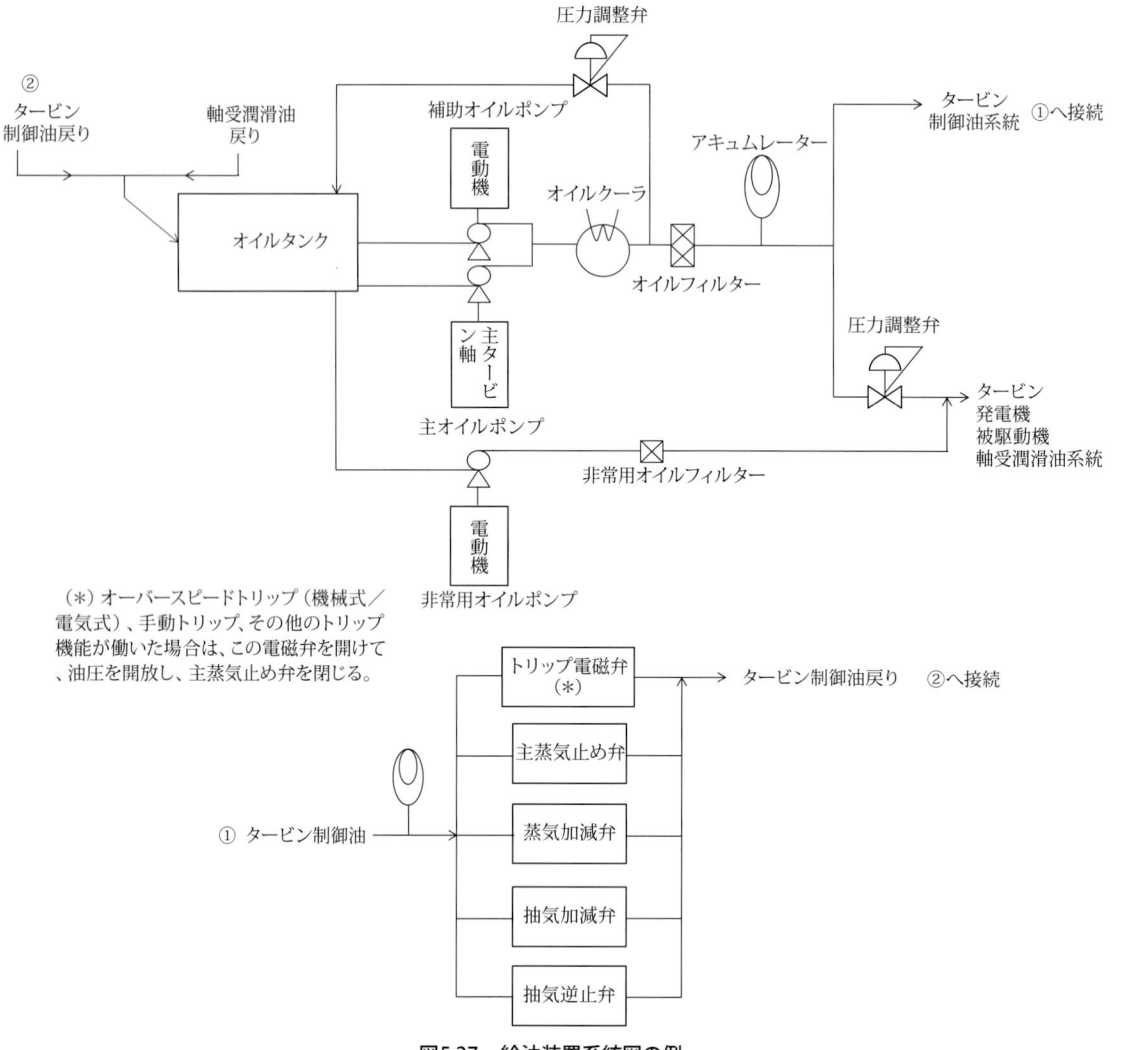

図5.27 給油装置系統図の例

型化のために、制御油圧を16MPa程度と高圧化し、軸受給油とは別に高圧油圧ユニットを設置する場合もある。

また、火災防止のために、高圧の制御油系統を採用する場合は特に、制御油に難燃性油（リン酸エステル等）を使用したり[15]、2重管を採用する場合がある。

5.5 系統安定化
5.5.1 電力安定化技術[16]

わが国の電力系統は、雷をはじめ台風や地震など厳しい自然環境の中で、運用を行っている。送電線の落雷や地震によるタービン発電機の停止など、電力系統にトラブルが発生すると、周波数や電圧などに影響を及ぼすだけでなく、広範囲に停電を引き起こすことがある。これらを防止し、電力の安定供給を維持するため、電力会社では様々な緊急対策制御や広域連系による協調制御等を実施している。

電力系統の周波数は、負荷（需要）と発電（供給）のバランスで決まり、負荷が発電を上回れば周波数が低下し、発電が負荷を上回ると周波数は上昇する。

平常時の小さな負荷変化における微小な周波数変動に対しては、タービン発電機のガバナや負荷の周波数特性によって標準周波数を維持している。事故による連系送電線のルート遮断や、地震による広範囲の電源脱落・負荷脱落など、突発的な需給アンバランスが発生した場合には、周波数の大幅な低下あ

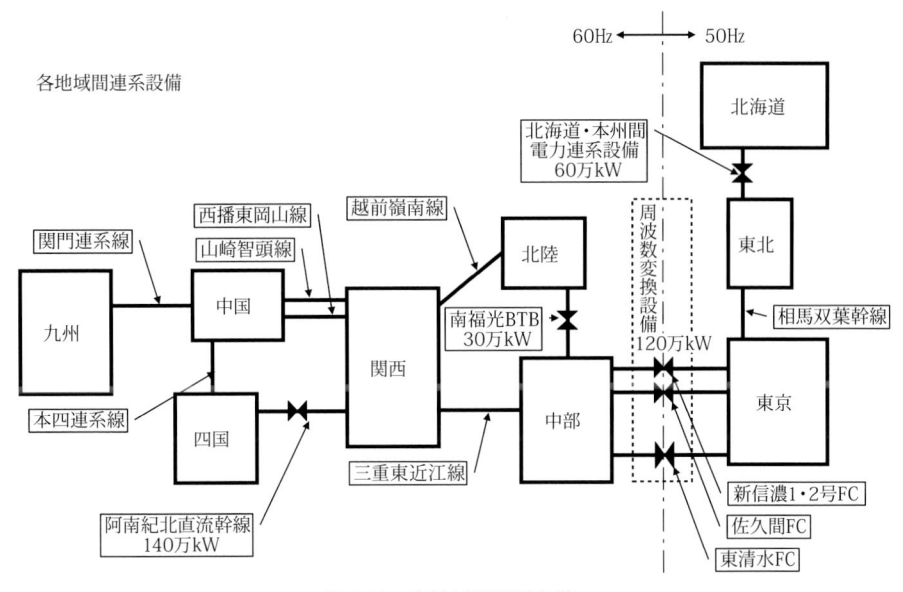

図5.28 各地域間連系設備

るいは上昇といった周波数異常現象を引き起こす。
例えば、製造業などでは、電動機の回転むらによる製品の品質低下を招き、大容量発電プラントではタービン動翼の共振による主機の損傷や、ボイラ補機能力の低下により安定運転が困難となるなどの影響を及ぼすことになる。また、著しく周波数が低下し、タービン発電機の運転限界を超えるおそれがある場合には、保護装置により発電機が遮断され、さらに電力系統の周波数が低下することで発電機の連鎖的な遮断につながり、最終的には大規模・広範囲停電に波及する。

(1) 広域連系による信頼度維持の取組

わが国には50Hzと60Hzの2つの周波数が存在し、沖縄電力を除く電力9社は、交流または直流で連系し、広域連系系統を構築している。図5.28は、日本における広域連系の概要図を示す。

広域連系は、周波数変動の抑制や予備力確保量の削減、緊急時応援融通の受電など、様々なメリットがあるが、その一方で、電源脱落事故が発生すると、交流連系している系統の周波数が低下する。このため、連系各社は協力して信頼度維持に取組んでいる。これらの取組について、周波数低下のケースを例に説明する。

電源脱落事故が発生すると周波数は低下するが、電源脱落の規模が大きいほど、またそのときの系統規模が小さいほど、周波数低下の度合いは大きくなる。このような広域停電に至らないように、電力各社は協調して周波数制御を行っている。

電力会社では、常時や事故時の周波数変動の抑制のため、周波数の変化を検出し、自動的に発電機出力の増減を行うAFC（Automatic Frequency Control）運転を行っている。これによりある規模の瞬動予備力（ガバナフリー容量：負荷制限装置（ロードリミッター）の上下限設定範囲内で出力変化が可能）や運転予備力（定格出力と運転中の発電出力の差分）を確保している。周波数が大きく低下した場合には、50Hz系統と60Hz系統を連系する周波数変換所（FC）を通じて自動応援する機能も備えている。しかし、さらに周波数が低下した場合には、大規模停電を防止するため、事故が発生した会社は自社供給エリア内の揚水機遮断や負荷遮断などを行い、更なる周波数低下の防止に努める。その一方で、連系している他社も、極力連系を維持し、発電機出力を増加するなどして可能な限り応援を継続する。それでも周波数が低下した場合には、連系する他社は最終手段として、会社間連系線を自動または手動で遮断（連系分離）する。このように、電力会社は広域連系を行い、最大限協力して信頼度維持に取組んでいる。

(2) 系統安定化の基本的考え方

系統安定化に当たっては、事故の波及拡大における時間的・地域的要素を考慮して、

・停電を極力狭い範囲に限定できること

- 事故の連鎖的拡大を抑制できること
- 事故後の復旧操作が容易にできること

などの基本性能を満たす必要がある。

系統の一時的故障が大停電にまで発展する過程には、予防・予測・事後といった三つの処理段階があり、系統安定化に当たってはそれぞれに対応した対策を実施している。一例として、「各種安定システムの設置の考え」を表5.6 に示す。

5.5.2 発電設備における系統安定化対策

系統安定化のためには、系統事故時に電源制限を行って安定化する方法がある。しかしながら、電源制限は供給力を喪失することから、供給信頼度上は極力電源を制限せず安定化することが望ましい。ここでは、電源制限せずに系統安定化を実現する、発電設備における対策について説明する。

(1) 調速機（ガバナ）制御

調速機は、タービン発電機の回転数を一定に保つ装置であり、回転数偏差を基に設定された調定率（ガバナ特性）に基づき加減弁を自動的に調整して一定回転数となるよう発電出力を制御する（図5.29）。

特に系統周波数への感度が高い中・大容量のタービン発電機は、調速機の効果を積極的に活用したガバナフリー運転が採用され、その速応性から平常時はもとより、単独系統発生や電源脱落などの異常時の周波数安定化に対し効果を発揮する（但し、定格出力運転では、過負荷運転を避けるためロードリミッタ運転に切替える場合もある）。

今後、太陽光発電など再生可能エネルギーが大量導入された場合の、急峻な出力変動に伴う系統周波数の安定化ニーズから、ガバナフリー運転はより重要な運用対策の一つとなることが予想される。

(2) 超速応励磁装置

系統事故などのじょう乱発生時、発電機の励磁を迅速かつ適切に制御して過渡および定態安定度を向上させるため、最近の大容量発電機のほとんどには、サイリスタ直接励磁を代表とする超速応励磁方式が採用されている。超速応励磁では、AVRを含む励磁系の応答速度が速く、系統事故後の発電機位相角動揺の第1波の抑制には効果を発揮するものの、定態安定度が低下して第2波以降の減衰が悪くなり、場合によって振動発散することがある。このため、図5.30に示すように、超速応励磁方式に系統安定化装置PSS（Power System Stabilizer）を付加し、発電機位相角動揺時にΔP（有効電力出力偏差）や$\Delta\omega$（回転数偏差）などの安定化信号を励磁系に

表5.6 各種安定システムの設置の考え

方式	原理	特質
超速応励磁方式+PSS 【PSS：Power System Stabilizer】	系統じょう乱時の発電機端子電圧の変動を迅速にとらえ、これを高速に制御することにより発電機の同期化力を増し、位相角変動を制御する。	・過渡安定度、定態安定度の両者の向上に有効。 ・発電機運転に必要なAVRの性能向上で充分であり、特別な付加設備は少ない。
タービン高速バルブ制御（EVA）【EVA：Early Valve Actuation】	系統故障により発電機が加速するときタービン入力（加速エネルギー）を高速に減少させることにより発電機の加速を制御する。	・過渡安定度、特に系統事故直後の相差角動揺第1波の制御に効果がある。 ・ロードセンシングへの条件追加で対応が出来る(経済的)。
制動抵抗（SDR）【SDR：System Dumping Register】	系統故障により発電機が加速するとき発電機端子に制動抵抗することにより発電機の加速を制御する。	・過渡安定度、特に系統事故直後の相差角動揺第1波制御に効果がある。 ・主回路は抵抗器、開閉器、制御装置の構成である。 ・制動抵抗の適用による系統異常現象の発生は無く、系統の制御性能、保護継電方式などに対する悪影響は殆ど無い。
電源制御（中部電力の場合）【TSC：Transient Stability Control】	発電機を強制的に系統から解列することにより他の発電機の加速を防止する。	・過渡、定態ともに効果がある。 ・システム構成が簡易である。
負荷制御（中部電力の場合）【SSC：System Stabilizing Controller】	大電源線が故障によりルート遮断となった場合、広域脱調へ発展する恐れがあり、この対応として負荷遮断を行い、広域脱調を防止する。	・広域安定度維持対策として60Hz各社で電源脱落許容量を決定している。
高速遮断	系統故障を高速で遮断することにより発電機の加速を制御する。	・系統故障の高速遮断により発電機の加速を制御する。

第5章 タービンの制御システム

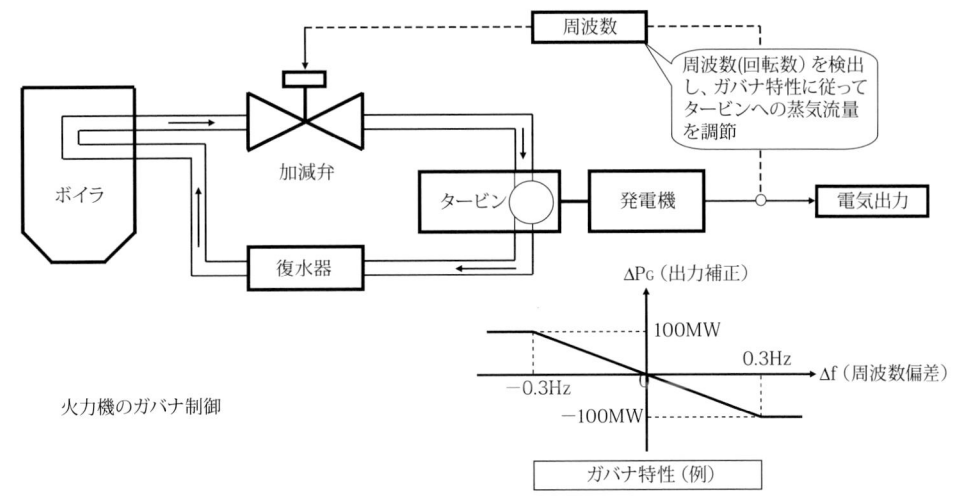

図5.29 調速機（ガバナ）制御

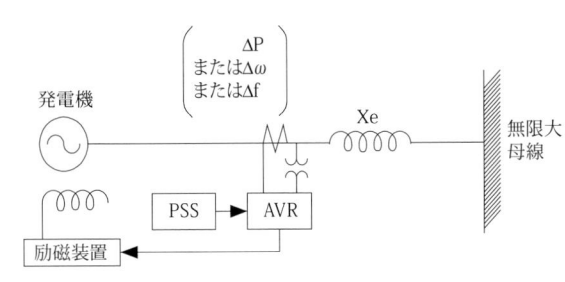

図5.30 PSSの励磁系への適用略図

与えることにより定態安定度を改善する。
　また、過渡安定度への効果をさらに強めるために、超速応励磁系の界磁頂上電圧を高める対策がある。
　(3) 高速バルブ制御
　高速バルブ制御はEVA（Early Valve Actuation）と呼ばれる、火力プラント制御を利用した系統安定化方法の1つである。
　これは、図5.31に示すように、安定化装置等の系統側の指令によって蒸気タービン発電機における高圧～中圧タービン間の中間阻止弁ICV（Intercept Valve）を高速に制御し、中低圧タービンへ流れる再熱蒸気を一時的に遮断するものであり、プラント制御であるロードセンシング制御機構に追加する機能である。
　系統事故が発生すると、その電圧低下時間中は発電した電力を全て送電することはできなくなり、発電機の機械入力（タービン出力）と電気出力の間のアンバランスにより、加速エネルギーが生じる。

EVAは、事故除去後にICVを高速に動作させることで発電機の機械入力を一時的に抑制し、減速エネルギーとして働かせることで、過渡安定度を向上させるものである。
　中部電力㈱では、知多火力5、6号機（各700MW機）、知多第二火力1、2号機（各700MW機）、碧南火力1～5号機（700MW 3機、1,000MW 2機）で採用している。EVAによるICV動作特性は、図5.32に示すように、動作後約10秒で故障前出力まで復帰するため、発電抑制による方法に比べ、電力安定供給の面で効果がある。また、知多火力6号機により発電機出力60％（430MW）時のICV実動作試験を行い、プラント側に特に問題ないことを確認した[17]。
　現在運用中のオンライン過渡安定度維持システムでは、これらを制御対象として、電源制限の台数抑制に貢献している。

5.6 タービン加減弁制御技術
5.6.1 ガバニング
　蒸気タービン加減弁のガバニングには弁の開き方により、ノズルガバニングとスロットルガバニングの2方式がある。何れの方式を採用するかはタービンの熱設計、ユーザとの契約、ボイラの制御方式により決定される。
　(1) タービンの熱設計
　以降、4弁式加減弁を例に説明する。
　ノズルガバニングは弁開度要求信号（タービン出

113

第5章 タービンの制御システム

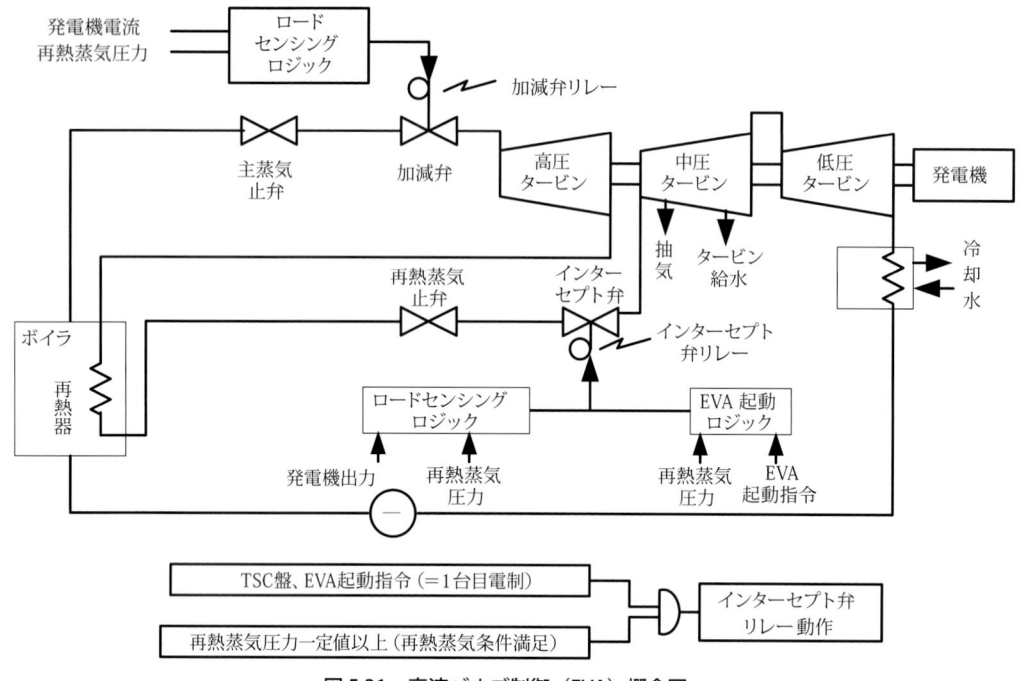

図 5.31 高速バルブ制御（EVA）概念図

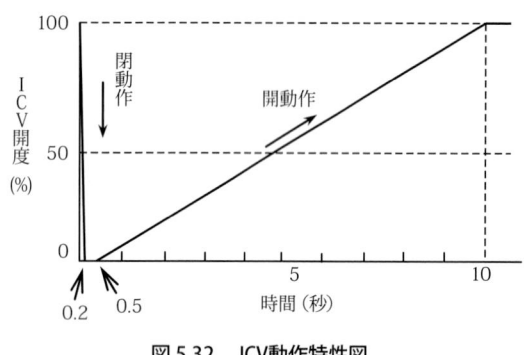

図 5.32 ICV動作特性図

力）に対し、弁をNo.1弁からNo.4弁まで順々に開いていく方式であり、開く方式により、4アドミッション、3アドミッション、2アドミッションという呼び方をする。

4アドミッション：弁をNo.1弁からNo.4弁まで順々に開く。

次の弁は前の弁の蒸気制御範囲最大点で開きはじめる。

3アドミッション：No.1弁とNo.2弁を同時に開き、ついでNo.3弁、No.4弁と順々に開く

2アドミッション：No.1弁とNo.2弁及びNo.3弁を同時に開き、最後にNo.4弁を開く

一方スロットルガバニング方式は 4弁を同時に開閉する方式である。

小容量蒸気タービン及びコンバインドサイクル用蒸気タービンにおいて、加減弁の員数を2個または1個とする場合には 必然的にスロットルガバニング方式が採用される。

ノズルガバニングとスロットルガバニングには以下の得失がある。

ノズルガバニングは、スロットルガバニングに比較して、加減弁全開点での絞り損失が小さくなるため、部分負荷運転を多用するプラント効率を重視したプラントで採用される。また後述するようにユーザとの性能保証が部分負荷で規定される場合に採用される。

ガバニング方式と加減弁部分での圧力損失（熱損失）の関係を理解するために、図5.33に無限個の加減弁が有る理想的な蒸気タービンの加減弁の損失特性（添字1）に対し、加減弁4個の蒸気タービンにおける4アドミッションから1アドミッションの損失の関係を示す（添字2、3、4、5）。また 添え字6に示す曲線は後述する3アドコンバインドガバニングである。

図より明らかな通り、無限個の加減弁で得られる効率に対し、アドミッション数が減るに従い、弁の損失が増えるために、定格負荷点より下の部分負荷

第5章 タービンの制御システム

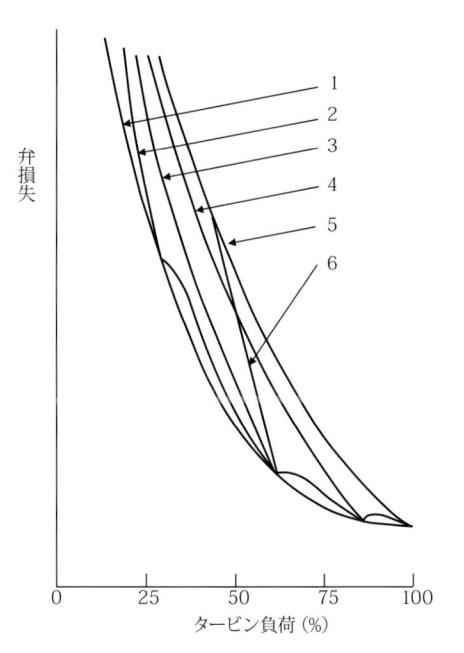

図5.33 ガバニング方式と圧力損失

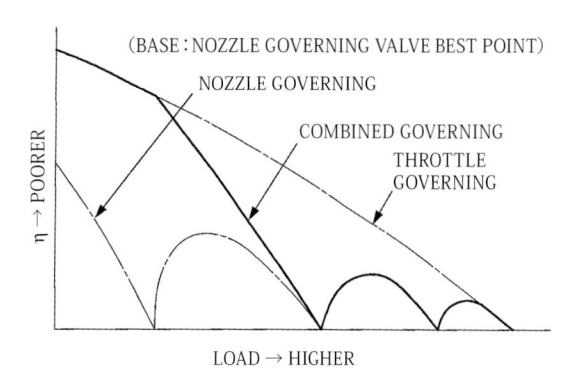

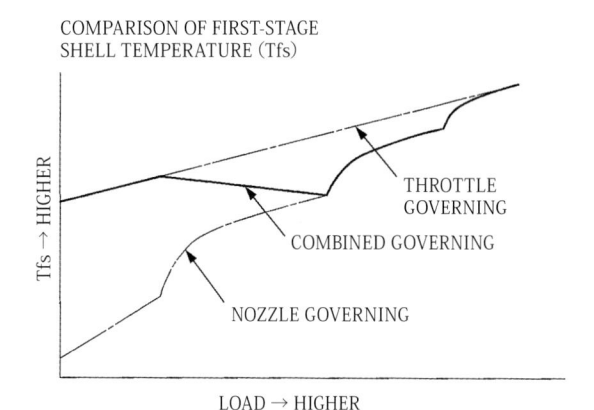

図5.34 各ガバニング方式による効率と初段後温度の関係

領域では効率が悪くなる。

スロットルガバニング（1アドミッション）は、定格負荷点以外の部分負荷領域では、加減弁損失により効率は落ちるが、高圧初段後温度特性において負荷変化に対する温度変化幅が、ノズルガバニングに比較して小さいため、タービンに対するストレスは相対的に小さい。

このため定格運用が主体の原子力タービン及び加減弁開度が全開近傍で運転される変圧ボイラとの組み合わせのタービンに採用される。これらガバニング方式の関係を図5.34に示す。

スロットルガバニングは、タービンの初段ノズルに対して、等しく蒸気を落ち込み流すため、蒸気速度が低く、ノズルに対して与えるストレスが少なく、ボイラ起動直後に生じるボイラ側から飛来する微粒子によるエロージョン発生のポテンシャルが低い。

以上を図5.37にスロットルガバニング、ノズルガバニング及びコンバインドガバニングの関係を示す。また図5.35は実際に加減弁のノズル配分に対応して各加減弁への流量配分を示した線図である。No.1 No.2加減弁同時開の3アドコンバインドガバニングの設計例である。

この図面より明らかな通り、コンバインドガバニング方式の採用により低負荷領域で初段後温度が約30℃上がることより初段後温度の変動幅はノズルガバニング（90℃）に対してコンバインドガバニ

表5.7 ガバニング方式によるメリット・デメリット

ガバニング方式	メリット	デメリット
ノズルガバニング	部分負荷での効率が高い	低負荷領域において間欠的に初段バケットに蒸気噴流が作用するこのため　高圧初段ノズル及びバケットに与えるストレスが大きい
スロットルガバニング	ノズルボックスが不要 蒸気加減弁の個数を減らすことが可能 定格負荷運用プラントに適する 変圧運転プラントに適する	部分負荷での効率が低い

115

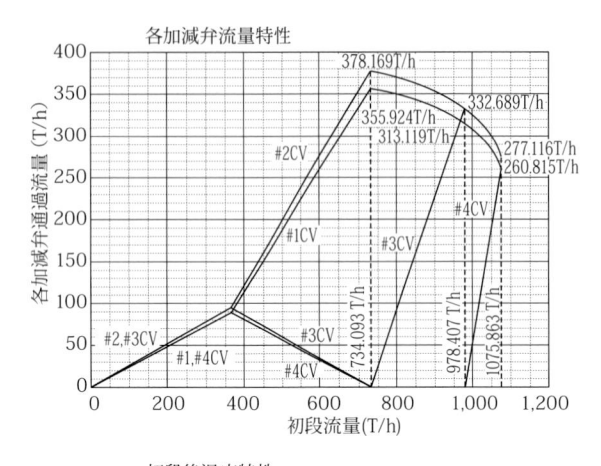

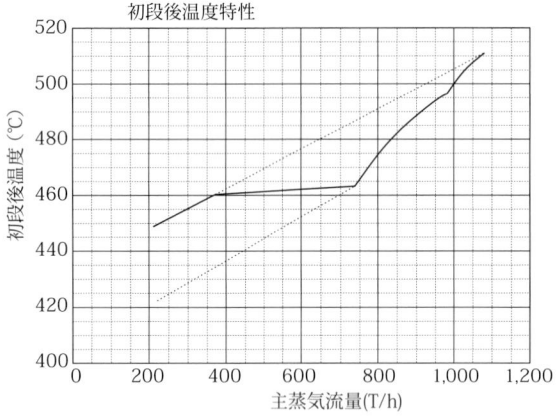

図5.35 コンバインドガバニングの設計例

ングは60℃程度となる。
(2) ユーザとの契約
　一般的に4弁式加減弁を具備する蒸気タービンの場合、3弁全開点が定格出力となる様に初段ノズル枚数を選定する。
　従い、ユーザとの契約仕様書において、出力保証点が定格出力一点の場合には、2アドミッションが採用される。
　No.4加減弁の機能は夏期、復水器真空度が悪くなった場合に出力を得るために主蒸気流量を増やす、オーバーロード弁の機能を持たせる。
　また、ユーザとの契約において、出力保証点が定格（100%）以外に、例えば75%を含む2点保証の場合には、2弁全開点を75%、3弁全開点を100%となる様にノズル枚数及び各弁流量の割り当てを行ない、3アドミッションを採用する。
　同様に、性能保証点が3点の場合には、4アドミッションを採用し、ノズル枚数並びに各弁流量の割

り当ては出力性能保証点を考慮して決められる。
　(3) ボイラの圧力制御方式とタービン蒸気加減弁の関係
　ボイラの圧力制御方式には　定圧方式と変圧方式がある。ボイラ出力（タービン負荷）のほぼ全範囲に渡り定格圧力で運転される定圧方式にたいして、変圧方式はボイラ出力（タービン負荷）に比例して圧力が上昇する。
　定圧方式では出力の制御は蒸気加減弁の開度調整によりタービンに流入する蒸気量を制御増減させることにより行なうが、変圧方式における出力制御は、ボイラ圧力を増減させて、蒸気の持つエンタルピ量を変化させ、タービンへの熱投入量を制御する。この関係を図5.36に示す。

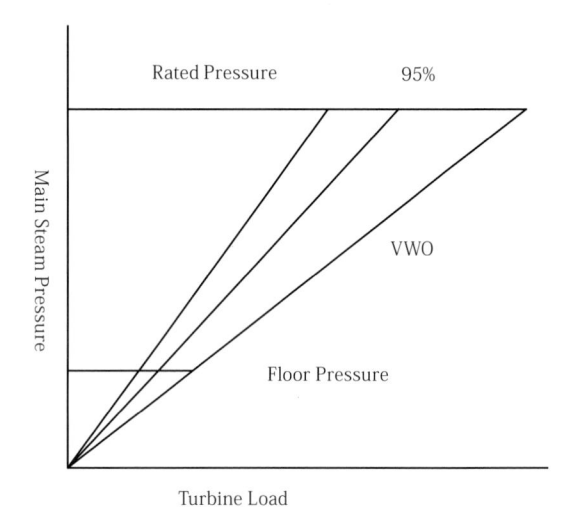

図5.36 定圧・変圧運転方式

　この図において、VWOとは加減弁全開であり、完全変圧運転の状態を示す。実機の蒸気タービンでは一軸コンバインドサイクル用蒸気タービンで適用される方式である。
　蒸気タービンプラントでは需要側から発電機出力の増減要求を中央給電指令信号としてボイラへの燃料投入量を増減させるが負荷の増加要求に対処するためにボイラの運転特性を考慮して90%～95%負荷で定格圧力となるように若干加減弁を絞り勝手で変圧特性が計画される。
　体積流量が一定であるため、加減弁はほぼ全開位置で運転される。このため、変圧方式でのガバニングはスロットルガバニングが採用される。

ガバニング方式

アドミッション	弁開方式	オリジナル	コンバインドガバニング
1	全弁同時開 (No.1～No.4弁同時開) スロットルガバニング	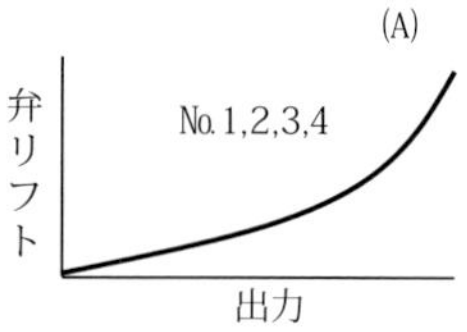 (A) 弁リフト No.1,2,3,4／出力	
2	順次開 (No.1～No.3弁同時開)	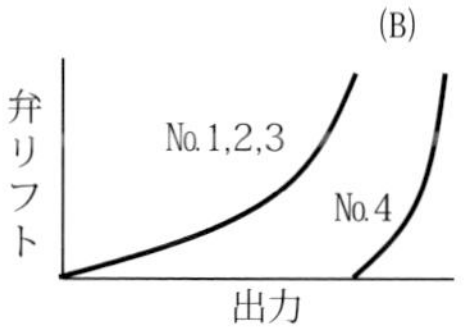 (B) 弁リフト No.1,2,3 / No.4／出力	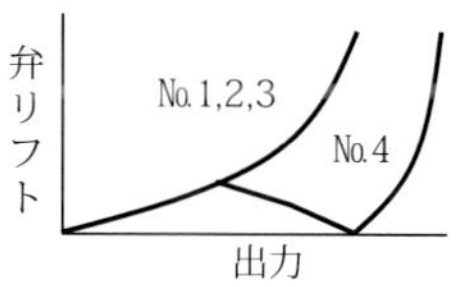 弁リフト No.1,2,3 / No.4／出力
3	順次開 (No.1、No.2弁同時開)	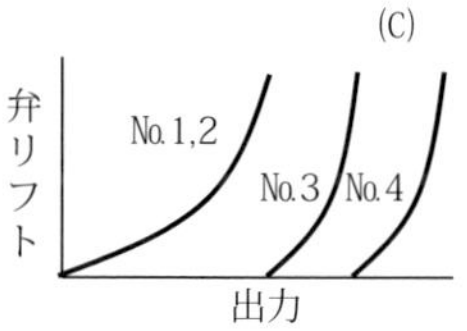 (C) 弁リフト No.1,2 / No.3 / No.4／出力	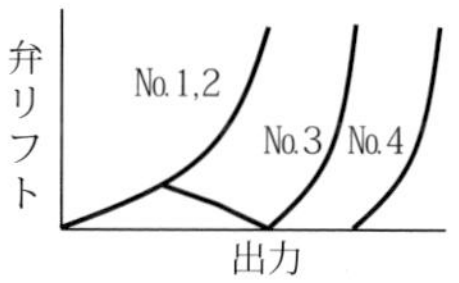 弁リフト No.1,2 / No.3 / No.4／出力
4	順次開 ノズルガバニング	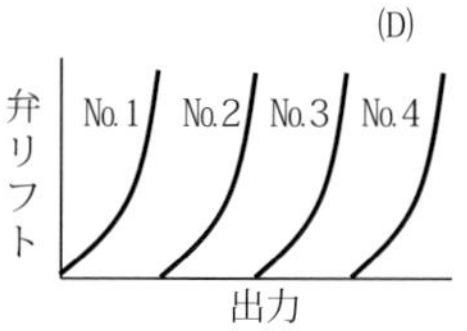 (D) 弁リフト No.1 No.2 No.3 No.4／出力	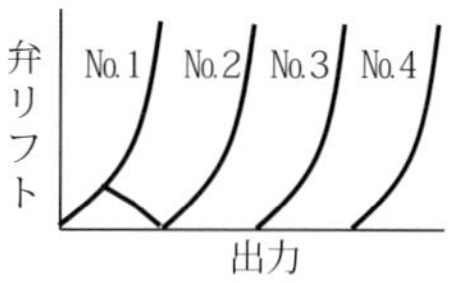 弁リフト No.1 No.2 No.3 No.4／出力

コンバイントガバニング　：順次開方式（ノズルガバニング）において弁開き始めから低負荷の領域を全弁同時開方式
　　　　　　　　　　　　（スロットルガバニング）としたもの
2シフトガバニング　　　：全弁同時開(A)と順次開の組合せを制御盤内部の電気カムの切り替えで行なうもので、
　　　　　　　　　　　　定期点検後の起動では(A)を使い、タービンが暖機されたところで順次開方式に切り替える。
　　　　　　　　　　　　順次開は(B)、(C)、(D)の何れかの開方式を一つ選択する。
　　　　　　　　　　　　　・(A)+(B)
　　　　　　　　　　　　　・(A)+(C)
　　　　　　　　　　　　　・(A)+(D)

図5.37　スロットルガバニング、ノズルガバニング及びコンバインドガバニングの関係

5.6.2　タービン制御技術

蒸気タービンは効率向上と大出力化を図るために主蒸気の高温高圧化及び主蒸気流量を増やしてきた。

大型化及び高効率化での技術検討課題を挙げ、蒸気タービン制御装置としての蒸気加減弁に課せられた技術動向について述べる。

(1) MHGシステムとEHGシステムについて

蒸気タービンの加減弁制御装置として機械式ガバナと電気油圧式ガバナについて述べる。

機械式ガバナ（Mechanical Hydraulic Governor MHG）の一例として図5.38に示すガバナボールを用いた制御装置について概説する。

主な構成機器とその機能は表5.8の通りである。

〔基本動作〕

① 負荷制限器とスピードリレーは一対一の対応をとる。負荷制限器の設定位置に対応して補助パイロットから油が入り、回転パイロット経由でスピードリレーに供給される。制御油は補助パイロットの頂点が中立点になるまで供給される結果、負荷制限器の位置に対応する位置でスピードリレーがバランスする。図中に加減弁位置CV位置0％点と100％点を記載したが、負荷制限器を図中の上方向に操作するとスピードリ

表5.8　MHGの主な構成機器と機能

	主要構成機器	機能
1	負荷制限器（Load Limiter）	スピードリレーの開度を規定する
2	負荷設定器／ガバナ（Speed Load Changer）	回転パイロット廻りのガイドブッシュ位置を決めタービン軸回転数を規定する。 無負荷相当で94％から106％速度に設定可能。若しくは95％から107％に設定可能。
3	ガバナボール	タービン軸回転数を上下の位置信号に変換する機能を持つ。
4	回転パイロット	ガバナボールの上下の動きに連動して動き、ガイドブッシュと連携してスピードリレーの給油路を接断してスピードリレー内部の油圧を制御する。
5	回転パイロット廻りのガイドブッシュ	タービン軸回転数を規定する
6	補助パイロット	回転パイロット経由スピードリレーへの給油路を接断してロードリミッタ位置をスピードリレ位置に反映させる。
7	スピードリレー	加減弁の開度を示す。
8	レバーリンク	力及び位置信号を伝達する。 梃子（レバー比）を変更することでドループの傾斜を変えることが出来る。傾斜調整率は通常4％または5％に設定される。

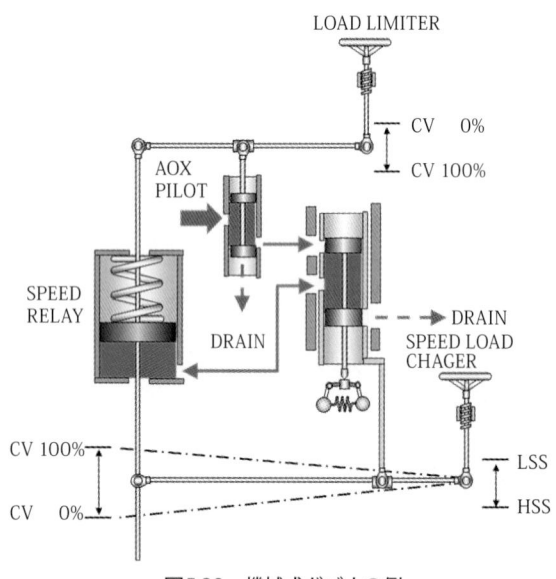

図5.38　機械式ガバナの例

レー位置では図中の下方向に動く。

② 負荷設定器／ガバナ（Speed Load Changer）は回転パイロット廻りのガイドブッシュを上下に動かすことでタービン軸の回転数のバランス点を規定することが出来る。タービンの速度はガバナボールに伝えられ、回転パイロットの位置信号に置換される。タービンの速度が速い場合はガバナボールが相対的に開き回転パイロット位置は図中下方向に動く。遅い場合は回転パイロットは上方向に動く。この上下動作に際し

て回転パイロットの外側のガイドブッシュ位置に応じて補助パイロットから供給される制御油をスピードリレー側に供給したり若しくはスピードリレーの油を抜く（ドレン）することでタービンの速度に対応したスピードリレーの位置が決まり、ドループの特性を得ることが出来る。

前述した①②の関係を特性図に示すと図5.39の特性となる。

右図はドループの特性を示し、負荷設定器／ガバナの位置を無負荷で94％（Low Speed Limit）から106％（High Speed Limit）の間で動かしたときの全体の特性を示す。

例えば無負荷位置104％に負荷設定器／ガバナを置いた場合には負荷100％で定格速度（100％）となり、軸速度が上昇すると共に加減弁位置がスピードリレー位置に対応して絞りこまれ、無負荷位置で104％速度となるように制御される。

左図は右図を基本に負荷設定器／ガバナの位置に対するタービン速度の関係を示すものであり、負荷設定器／ガバナの位置に対応した速度の調整範囲が判る。

電気油圧式ガバナの簡易ロジックを図5.40に示す。基本的には電気油圧式ガバナの前述の機械式ガバナ機器を全て電気的なロジックに置換したものであるが、動作設定及び作用は機械式ガバナと同じである。

尚、各要素に割り当てられた機能は機械式ガバナ

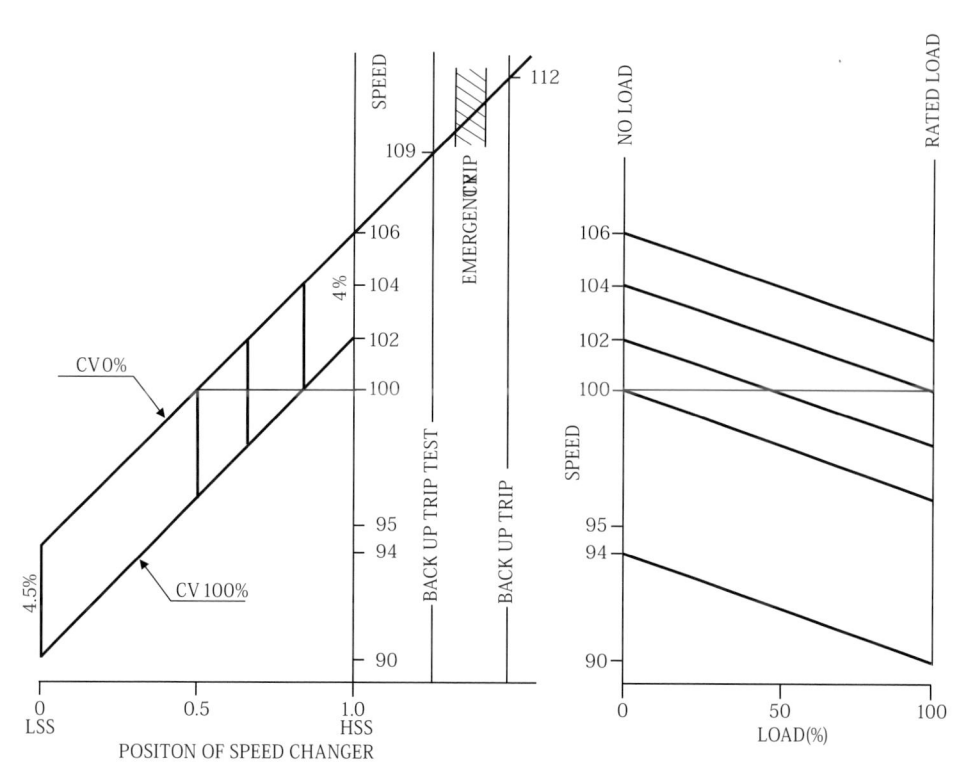

図5.39　機械式ガバナの基本動作

と同一である。

　また、本図は原子力プラントにおけるタービン制御の基本的な概念図を示すが、速度信号と主蒸気圧力信号の２者を取り込み、それぞれ加減弁流量要求量を算出して低値優先回路に導いて流量信号の低い値が採用される。そして弁開度信号として加減弁に信号が送られる。

　即ち、通常運転中加減弁は炉圧の制御を行っているが、速度-負荷特性は若干バイアスを設けて待機させタービン速度が規定値よりも上昇した場合には速度に応じて加減弁開度を閉め込むように動作する。

(2) タービンの大出力化と
　　タービン加減弁の即応化の関係

　蒸気タービンの大形化に伴い主蒸気流量が増大する。一方主弁類（主蒸気止め弁、蒸気加減。再熱蒸気止め弁、インタセプト弁）には制限流速があるので流量増加に対応して弁口径を拡大する必要がある。弁口径の拡大に伴い、全ての弁構成部品（弁箱、弁内部構造物（弁体・弁棒・弁座））並びに弁駆動装置の大型化が必要となる。主弁の駆動装置が大型化すると駆動装置を構成する油圧シリンダの直径&行程が増え、弁の開閉に伴う制御油量が増える。従い、増えた制御油量を迅速に処理するためにサーボ弁や電磁弁を大容量化するほかに油圧シリンダの底の部分を強制的に開くバイパス機構を設け、弁への急速閉止要求信号に対して　シリンダへの制御油供給を阻止すると共にシリンダ内部の油を急速に排出して急速閉止への要求に対応する。

　タービンの大型化と効率向上とが同時に行なわれる場合に、出力の増分に対するタービンロータや発電機ロータの回転体部分の慣性２次モーメントの増分が小さいため、相対的に軸は流入蒸気量に対して軽くなる。負荷遮断事象が発生してタービンが無負荷になった際に制御弁の完全閉止までにタービンに流れ込む蒸気によりロータが過速しやすい。

　例えばタービン軸速度が大きくなった場合の先行非常調速機能として加減弁やインターセプト弁を急速に閉止させる機能をタービンの制御装置に組み込む。

　またシリンダの駆動用制御油量を減らす手段として、供給油圧の高圧化も有効である。図5.41には

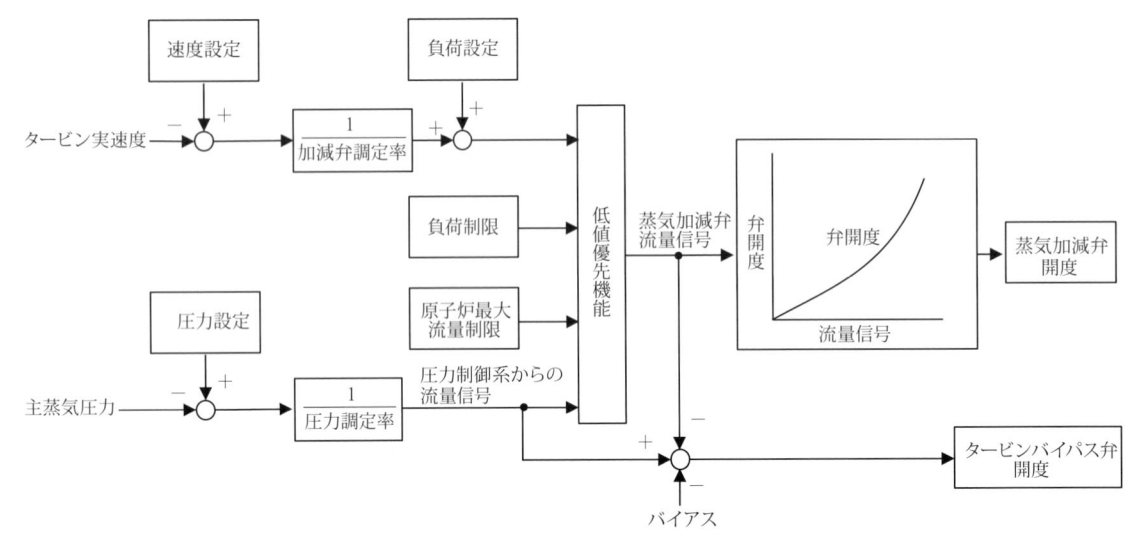

図5.40 電気油圧式ガバナの簡易ロジック

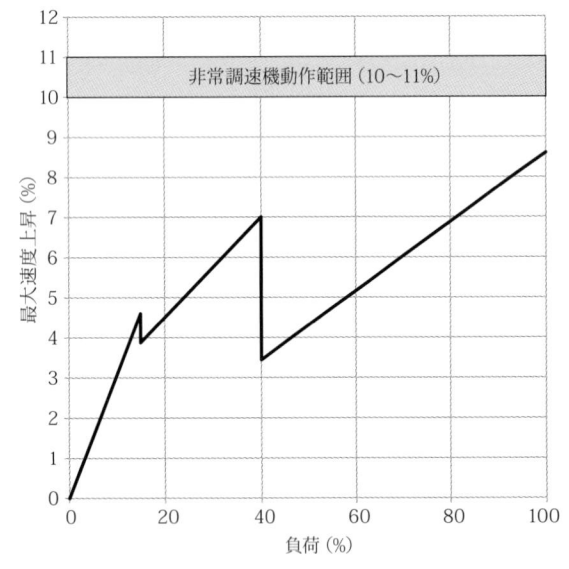

図5.41 負荷遮断時の計画速度上昇特性

大型火力タービンの負荷遮断時の計画速度上昇特性を示す。

タービン負荷15%以下は通常のサーボ弁による閉止を行なうが、15%以上はインタセプト弁、更に40%以上は加減弁も急速閉止してタービンへの流入エネルギを極小化させて軸の過速度防止を図る。

(3) タービンの熱応力について

建設当初はベースロード運用で計画された火力機も、やがて系統運用上の要請で負荷調整を担うミドル運用主体になる場合が多い。このため、ミドル運用に対応した制御技術を予め盛り込み、寿命消費について考慮する。

ミドル運用とは需要側の負荷要求の増減により、主として数時間単位で負荷を増減する運用で、夜間に部分負荷まで下げたり、週末停止を行なう。

これに対応すべく、タービンロータの熱応力を算出し材料劣化を把握して寿命消費率を管理し、タービンロータの更新計画を行なう。

タービンロータの熱応力はタービンにとって最も厳しい高圧初段並びに中圧入口部のタービンロータの表面温度を近傍の温度計測、並びにロータの運転速度、蒸気条件等により求め、さらにそれらのデータに基づきロータの熱応力に影響する起動時の蒸気圧力温度上昇特性及びタービン速度上昇率、負荷上昇率等の特性の適正化を図る。

タービン起動時に注視する項目としてロータの熱応力と並び、重要なパラメータとなる軸振動並びに伸び差があるが、基本的に起動特性曲線について十分な事前検討をして起動パターンを決めておき、またロータ熱応力を管理し制限値以下の起動を行なうことで、タービン各部が起動過程で十分に暖機されるので突発的な事象は回避され、伸び差や軸振動がクリチカルパスになる事は無い。

尚、近年、熱応力を予測計算してタービンの起動時間をさらに短縮させることを企図したプラントもある。

5.6.3 コンバインド蒸気タービンの バルブマネージメント

(1) コンバインドサイクルの基本構成

コンバインドサイクルはガスタービンで発生する高温の排気ガスを排熱回収ボイラに導き、排気ガス中のエネルギーを回収して得られる蒸気を蒸気タービンに入れ、プラントに投入した燃料のエネルギーを可能な限り電気に変換させる発電システムである。

コンバインドサイクルにはガスタービンと蒸気タービンの組み合わせにより、多軸式、一軸式がある。

多軸式は複数のガスタービンとそれに対応した排熱回収ボイラの発生蒸気を集合させて1台の蒸気タービンに導く方式である。一軸式に比較して蒸気タービンが大型化しプラントの定格出力点での効率が良くなる。しかし、部分負荷では効率は悪く、プラントの保守作業（定期検査）も従来式の火力プラントに準じた作業手順となる。

多軸式の蒸気タービンはガスタービンの制御機構とは完全に独立した制御機構を持つために、基本的な制御方式は従来型蒸気タービンと同じである。コンバインドサイクルの特質上排熱回収ボイラの圧力制御を担う運用に重点が置かれ、スロットルガバニングが採用される。

一軸式はガスタービン、排熱回収ボイラ、蒸気タービン及び発電機が一つのパッケージとなった小型発電プラントである。複数台の一軸式のプラントを設置する事で発電所の全体の総発電量は増やすことができるが、基本的には制御や運用は軸毎に独立しており、個別に運転／停止を選択出来る。このため、一軸式を複数台設置した発電プラントでは定期検査を順番に行なうことで間断無く保守作業を実施することで保守人員と保守コストの平準化が図れるメリットがある。熱効率は多軸式の定格出力点と比較して若干低くなる。しかし、運転軸数を増減させることでプラントの部分負荷での効率は多軸式より高い。

(2) コンバインド蒸気タービンの加減弁制御

一軸式はガスタービンロータと蒸気タービンロータが同一軸上で直結され、ガスタービンの制御装置が燃料投入量やガスタービンのコンプレッサ入口翼の開度調整により軸速度／負荷制御を行うため蒸気タービン側の制御装置は限定的且つ補助的な役目を負う。

ガスタービンは蒸気タービンに比較して無負荷であっても圧縮機駆動負荷があるために無負荷速度を維持するためのエネルギー投入量が多い。蒸気タービンの無負荷運転での投入エネルギーが定格の3％～5％に対してガスタービンは約30％である。つまり、蒸気タービンが無負荷速度（場合によっては所内負荷・地域単独）運転を行なう場合に制御対象となる加減弁の開度は3％～5％の微小開度なので、弁開度の僅かな振れや弁開閉指令信号に対する偏差が軸速度に影響しやすい。これに対してガスタービンでは蒸気タービンよりも相対的に重い負荷を背負っているために制御弁の位置は中間付近であり、燃料制御弁の開度偏差に対する速度変化の割合が少なく速度制御は安定的である。このため、一軸式の蒸気タービンの加減弁は主として下記3つの機能を持つ。

① 先行非常調速機能
② 蒸気タービンのクーリング蒸気の制御
③ 排熱回収ボイラの圧力制御

以下にこの3つの機能について述べる。

(3) 先行非常調速機能

前述した通り、一軸式では軸の速度・負荷制御はガスタービンの制御装置で行なわれるため、蒸気タービンの制御装置としてはガスタービン制御装置の補助的な先行非常調速機能を行なう。

系統事故等で軸に過速事象が生じた場合に、軸の速度上昇がやがて非常調速機動作に至るまで上昇する可能性があるが、加減弁制御機構に先行非常調速機能を設けて軸速度が105％以上に上昇した時に高圧加減弁を急速閉止させて蒸気タービンへの蒸気の導入を遮断し軸へのエネルギーインプットを阻止することで過速を抑制する。

(4) 蒸気タービンのクーリング蒸気の制御

蒸気タービンはガスタービンに直結しているので、軸起動時及び負荷遮断運転時には蒸気タービンはガスタービンにより回される。この間、制御の主体はガスタービンであるが、ガスタービンの回転にリンクした回転数となる。

この時に蒸気タービン内部は復水器真空が維持されるが、風損による局部過熱が生じ、流れが澱むと翼やロータへの熱履歴が作用する一方、回転体側に熱伸びが生じ静止体部分との摺損に至る可能性もある。これを防止するために低圧蒸気加減弁を微開させて蒸気をタービンの低圧段落に導入してクーリン

グを行なう。

(5) 排熱回収ボイラの圧力制御

排熱回収ボイラの圧力制御を蒸気タービンの加減弁が担い、ボイラ圧の異常低下の際に加減弁を絞り込む機能を有する。

適切な制御圧力設定値をプラント計画段階で策定し、ボイラの圧力制御範囲の下限値を考慮した圧力設定値とすると、通常運転値には加減弁は蒸気圧力を下げる様に全開状態を保持し、弁の部分開で生じる圧力損失の低減を図ることが出来る。

＜参考文献＞
(1) 日本機械学会編，機械工学便覧（応用編−B6），動力プラント，p.76（1986）
(2) JIS B 8101，蒸気タービンの一般仕様
(3) JEAC 3703，発電用蒸気タービン規定，日本電気協会
(4) API 612, Petroleum, Petrochemical and Natural Gas Industries−Steam Turbines− Special-purpose Applications
(5) API 611, General-purpose Steam Turbines for Petroleum, Chemical, and Gas Industry Services
(6) NEAM (National Electrical Manufacturers Association), SM23
(7) ウッドワード・ジャパン提供，カタログ等
(8) ウッドワード・ジャパン提供，調速機の特徴
(9) 日本機械学会編，機械工学便覧（応用編−B6），動力プラント，p.77（1986）
(10) 朝倉書店，流体機械ハンドブック，pp.435-437，セクション5.1（1997）
(11) ウッドワード・ジャパン，タービン制御の基礎
(12) API 670, Machinery Protection Systems
(13) 荏原エリオットカタログ
(14) JEAC 3201-2008　火力発電所の計測制御規程
(15) 印出裕晤・安元昭寛ほか，大容量再熱蒸気タービン用電子油圧式ガバナ，火力発電，Vol.21, No.7（1970）
(16) 緊急時需給制御と系統制御（電気評論：2012.11）
(17) 中部電力㈱：タービン高速バルブ制御（EVA）の知多火力5、6号機への適用

第6章
性能向上技術

- 6.1 高温・高圧化
  - 6.1.1 蒸気条件の変遷
  - 6.1.2 技術的課題
  - 6.1.3 A-USCの開発動向
- 6.2 大容量化と長翼開発
  - 6.2.1 技術的課題
  - 6.2.2 長翼の開発方法
  - 6.2.3 最近の動向
- 6.3 損失低減
  - 6.3.1 損失分析
  - 6.3.2 損失低減技術の動向

第6章　性能向上技術

　蒸気タービンの性能は、プラント効率に大きな影響を与えるため、様々な技術が開発されている。本章では、高温・高圧化、大容量化と長翼開発、損失低減の3つの観点から、性能向上技術について述べる。

6.1　高温・高圧化

　蒸気タービンの主蒸気条件を高温・高圧化することは、その基準サイクルであるランキンサイクルの熱効率を向上させる上で非常に有効な手段となる。このため、一世紀以上にもわたる蒸気タービンの長い歴史の中で、蒸気条件の高温・高圧化は容量の増大とともに着実に達成されてきた。特に、近年の二酸化炭素排出抑制や化石燃料の枯渇、発電コスト低減に対する高い要求から、さらに熱効率を高めるため、蒸気条件の高温・高圧化をはかる機運が高まっている。

　本節では、高温高圧化の技術的課題、適用例等について説明する。

6.1.1　蒸気条件の変遷

　第1章に示したように、蒸気タービンの入口蒸気条件は米国では1960年代、日本では1968年ごろ超臨界圧時代に入るまで急速な上昇を示し、発電効率の向上に寄与してきた。

　米国のPhilo 6号、Eddystone 1号機は超臨界ユニットの先駆的役割を果たし、Philo 6号では31.0MPag、621/566/538℃、Eddystone 1号機では34.5MPag、649/566/566℃とこれまでの最高の蒸気条件が採用されたが、その後のユニットでは、経済性技術的問題から圧力、温度とも24.1MPag、538/538/566℃が超臨界圧の標準的蒸気条件として定着した。

　わが国では、当初、米国技術の導入により24.1MPag、538/538℃または24.1MPag、538/566℃が超臨界圧の標準的蒸気条件として採用されたが、燃料費の高騰から後者の蒸気条件のユニットが多く建設されてきた。主蒸気温度は1950年代に538℃から566℃に向上し、その後この条件が採用される期間が長くつづいたが、1989年に川越1号機で31.0MPag566/566/566℃（二段再熱）が採用され、1993年には碧南3号機で再熱温度593℃が、松浦2号機で主蒸気温度592℃が採用され、さらに1998年に三隅1号機ではこれが600℃に上昇した。2000年になると電源開発の橘湾1号機で再熱蒸気温度610℃が達成された。超臨界圧で温度が566℃を超えるものは一般に超々臨界圧（USC：Ultra Super Critical pressure）と呼ばれる[2][3]。

　現在、わが国の石炭火力発電所の約半数はUSCが占めており、海外に対してもこの条件のプラントが多数建設されている。USCに至る蒸気温度の高温化は12Cr鋼に代表される耐熱鋼の実用化によるところが大きい。しかしながらこの種のFe基材料では、蒸気温度600℃～620℃程度が適用限界であり、これ以上の高温化は容易ではない。

　これに対し、さらなる効率向上のためNi基合金を導入し、100℃以上の蒸気温度向上を狙った先進超々臨界圧（A-USC：Advanced Ultra Super Critical pressure）タービンの開発が進められており、これについては後述する。

　図6.1には年代別の蒸気条件の進展と計画予想を、図6.2には大容量火力機の変遷例を示す。

6.1.2　技術的課題

(1)　タービン材料

　主蒸気温度、圧力の上昇にともない、材料の許容

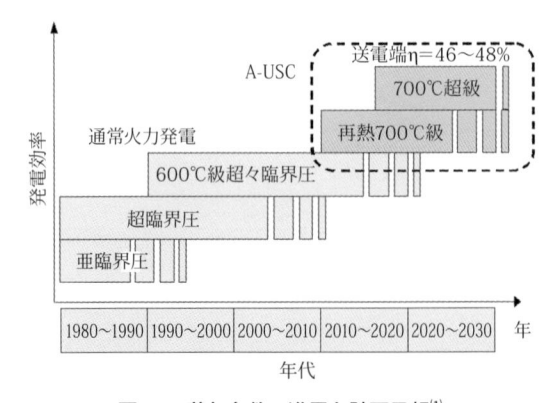

図6.1　蒸気条件の進展と計画予想[1]

第6章 性能向上技術

24.1MPag 538/538 TC4F-33.5 1974年 (a)

再熱高温化 ↓

24.1MPag 538/566 TC4F-33.5 1981年 (b)
中圧12Crロータ

USC化 ↓

31.0MPag 566/566/566 TC4F-33.5 1989年 (c)
超高圧・高圧一体

最終段の長翼化 →

24.1MPag 538/566 TC4F-Ti40 1991年 Ti40インチ翼 (d)

主蒸気高温化 高中圧一体化 ↓

24.1MPag 566/566 TC4F-Ti40 1995年 (e)
高中圧一体

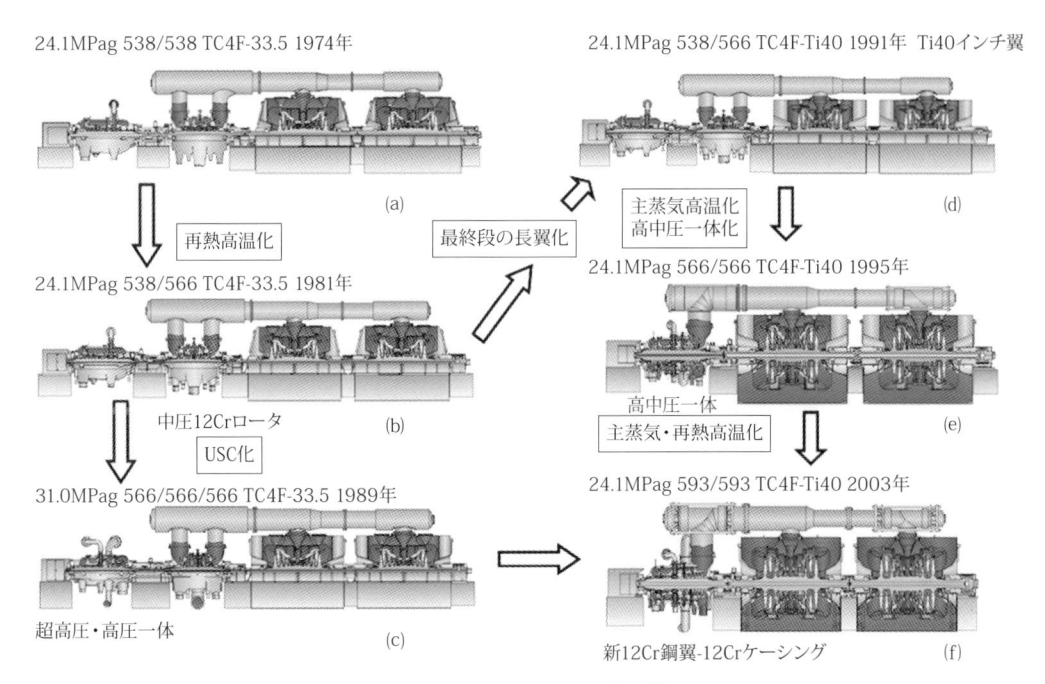

主蒸気・再熱高温化 ↓

24.1MPag 593/593 TC4F-Ti40 2003年 (f)
新12Cr鋼翼-12Crケーシング

図6.2　大容量火力機の変遷[1]

応力が低下するため、静止部および回転部の強度が問題となる。このため、耐熱高張力鋼の採用が不可欠となる。

図6.3に各蒸気条件におけるロータおよびケーシング材料例を示す。

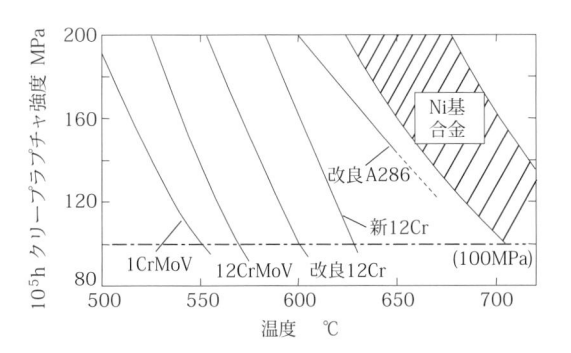

図6.3　蒸気タービン用高温材料[4]

超臨界圧機の標準的蒸気条件である24.2MPa、538℃ではCr-Mo-V鋼を主体とした低合金鋼が使用され、蒸気条件が31.1MPa、566℃級となると高温強度に優れた12Cr鋼が使用される。12Cr鋼は熱膨張係数が低合金鋼よりも約15％小さいため、ユニットの起動停止といった過渡的な温度変化に対しても熱応力を抑えることができる。蒸気温度が593℃を超えると12Cr鋼に対して強化元素を添加することで高温特性を改良した耐熱鋼が用いられる。

600℃を超える蒸気条件に対しては、12Cr鋼のようなフェライト系の材料よりも高温強度に優れるオーステナイト系や、さらに析出硬化型のA286のような合金の適用も試みられた。しかしながら、これらは熱膨張率が大きく熱応力が増加すること、大型鋼塊の取り扱いが難しいなど、蒸気タービンに適用する上での問題がある。さらに、火力発電プラントがベースロード運転だけでなく負荷調整機能も要求されるようになってきていることもあって、近年では12Cr鋼をさらに〜650℃程度の蒸気温度まで使用できるように改良が進められている。

一方、6.1.3で述べるA-USCでは、700℃以上の蒸気温度を目指している。これは、ジェットエンジンやガスタービンのガス温度に比べると低い温度ではあるが、蒸気タービンでは複雑な冷却を行わないことから、材料の高温特性に対する依存度が大きく、Ni基合金の採用が不可欠となる。Ni基合金は、すでにジェットエンジンやガスタービンで広く実用化されている材料ではあるが、蒸気タービンでは、部品のサイズ・重量が非常に大きいことなどから、新たな技術開発が必要となっており、A-USC開発のポイントとなっている。

(2) ロータ

前述のように、高温・高圧にさらされる高圧・中圧セクションでは、高温クリープ特性に優れたCr-Mo-V鋼や12Crの鋼鍛造材などが適用されるが、低圧セクションでは、低温脆性特性と最終段翼の大きな遠心力に耐える必要があるため、Ni-Cr-Mo-V鋼鍛造材などが適用される。したがって高低圧一体型の蒸気タービンでは、両方の特性を併せ持つロータが必要となる。

このため、高温部と低温部の熱処理を変えることにより、566℃級の高温セクションと、翼長1m級の最終段を有した低温セクションを同一ロータで両立させることができる。

もう一つの解決策は、異なる材質のロータを接合する方法であり、ボルトによる軸継手で結合する場合と溶接によって接合する場合がある（図6.6参照）。

このような異種材料の溶接接合は、高低圧一体型ロータだけでなく、高温高強度部材の使用量を低減してコスト低減、短納期化をはかる手段としても有用であり、積極的な適用が進められている。

(3) 冷却

ガスタービンでは冷却が当たり前に行われているが、温度レベルが低い蒸気タービンでは、効率の低下を伴う冷却の適用は限られていた。しかしながら、一層の高温化が求められるなかで、限られたコスト・性能の材料を用いて十分な信頼性を得るために図6.4に示すような蒸気タービン独特の冷却技術が開発されている。ここに挙げた例はいずれも高温の再熱蒸気が流入する中圧タービン入口であるが、(a)では高圧タービンの排気を利用しており、(b)では中圧ノズル通過後の低温蒸気を利用するとともに、流出蒸気を高速の旋回流として、再熱蒸気の熱エネルギを運動エネルギに変えて蒸気温度を低下させることでロータ表面温度の高温化を防いでいる。

(4) 軸系の安定性

蒸気条件の高温高圧化にともなって蒸気の保有するエネルギが増大する一方、回転部の大きさはほとんど変わらず、出力密度が高くなるため、ロータにはスチームホワール（steam whirl）と呼ばれる不安定振動が発生する可能性がある。

図6.5に示すように、蒸気タービンには、動翼先端部と静止部の間（チップ）、ノズルと回転軸の間（ノズル）、回転軸の貫通部（グランド）にラビリンスシールが設けられている。

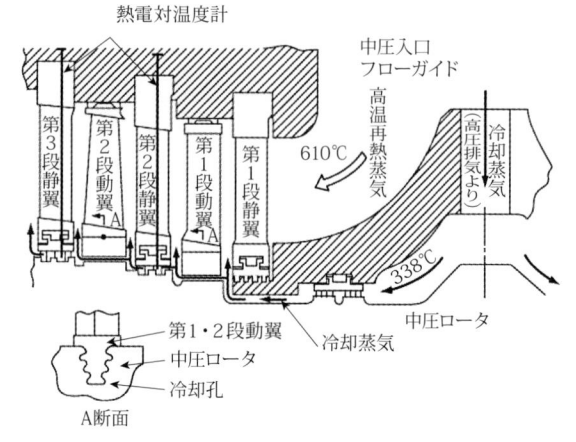

(a) 中圧ロータ冷却構造の例[5]

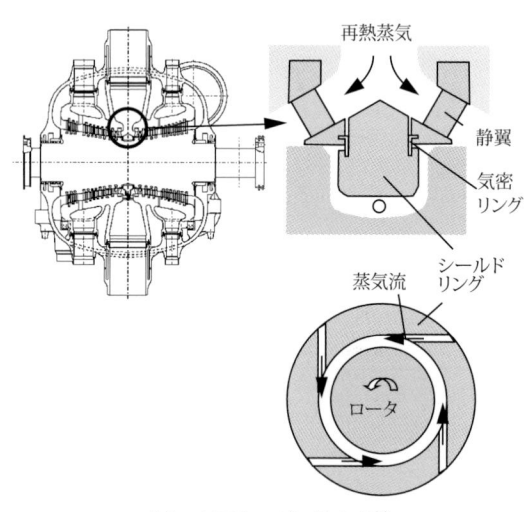

(b) 中圧タービン流入部[6]
（シールドリング付き静翼とボルテックスクーリング）
図6.4 冷却構造の例

ラビリンスシールは効果的に蒸気の漏洩量を抑制できるものの、回転軸の振動を増大させるような力が発生する場合がある。軸が偏芯し、シール部間隙が周方向に不均一となると、シール力が発生するが、特にシール力の偏芯垂直方向成分は、ホワール力と呼ばれ、振動増大の主要因であることがわかっている。

このホワール力には、

① 動翼チップ部漏洩蒸気量の周方向不均一がもたらすトルクアンバランスによるホワール力
② チップシール、グランドシール、ノズルシールにおける蒸気圧力の周方向不均一に起因するホワール力

の二種類がある。

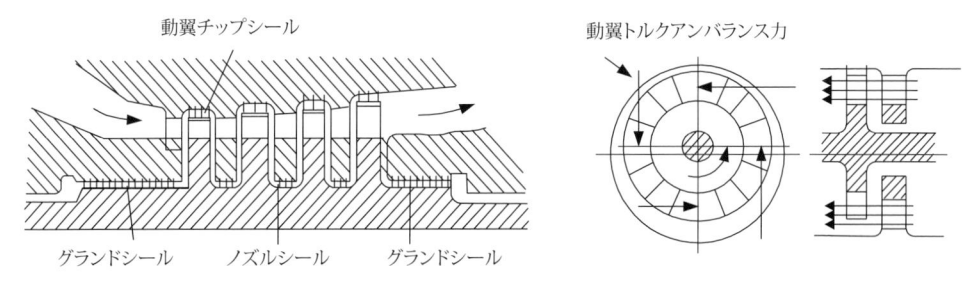

図6.5 ホワール力の発生原因

このようなロータ各部で発生するホワール力を正確に把握するには、モデル試験により、ラビリンスシール前後圧力、シールフィン先端部とロータの間隙、シール形状などとホワール力との関係を明らかにする必要がある。

また、近年の計算機性能の向上により、ホワール力評価に3次元流体解析を適用した事例も報告されている。

一般にロータ剛性が高い方が、スチームホワールに対する安定性は増大する。また、軸受としては安定性に優れたティルティングパッド軸受の適用が望ましいと言える。

6.1.3 A-USCの開発動向

A-USCの開発は国内主要メーカーが参画する国家プロジェクトを中心として進められている。これまで述べてきたように、従来のUSCタービンから一段階高い温度条件をクリアするための蒸気タービン用Ni基ベース高温材の開発がポイントの一つであるが、これを活用し、より低コストで信頼性の高い高温蒸気タービンを実現すべく、開発が進められている。

図6.6は検討が進められている1,000MW、700MW、500MW級のA-USC蒸気タービンの技術的特長と断面図を示す。

6.2 大容量化と長翼開発

大容量化、あるいはこれと単流あたりの大容量化によって流数を減少することによるコンパクト化については、中・高圧段落での課題もあるが、ここではとくに影響の大きい低圧段落の長翼開発について説明する。

わが国における発電プラントの容量および性能の向上は、タービン最終段落の長翼化によるところが大きい。すなわち、タービンを大容量化するには、最終段落を通過する蒸気の体積流量が膨大となるため、長翼化によってより大きな環状面積を得ることが必要となる。また、よりコンパクトなタービンを実現するためには、長翼化によって低圧タービンの流数を低減することが有効である。一方、最終段落では、プラント出力の10％前後を発生するため、性能に与える影響も大きく、重要な開発課題となる。

6.2.1 技術的課題

(1) 三次元流れ

タービンの最終段落付近の流れは、翼高さの小さな段落と異なり半径方向に広がりをもつ三次元流れとなっている（図6.7）。

これは作動流体である蒸気の体積が高圧タービン入口から最終段落入口まで膨張する間に約2,000倍にもなること、また最終段落だけに注目しても段落入口、出口の圧力比が大きいため体積が急激に膨張することによる。

また、最終段落のボス比（boss ratio：外径／内径）は2以上の値をとることも多いが、この場合、翼の周速はルートとチップでは2倍以上異なる。このため、翼に対する流れの流入角も翼高さ方向に大きく変化し、このため翼形状としても三次元的に大きくねじれたものとなる。

さらに、流れのパラメータである圧力、速度、流れ角等も翼高さ方向に大きく変化するため、性能の優れた翼を設計するためには、三次元的な流れの予測技術が必要となる。

(2) 遷音速流れ

一般に、最終段の先端周速は音速（最終段落の蒸気条件での音速は390m/s程度）を上回るため、翼列の相対流れも局所的に音速を超える遷音速流れとなる。

動翼の相対入口マッハ数M_{w2}と相対出口マッハ数

第6章 性能向上技術

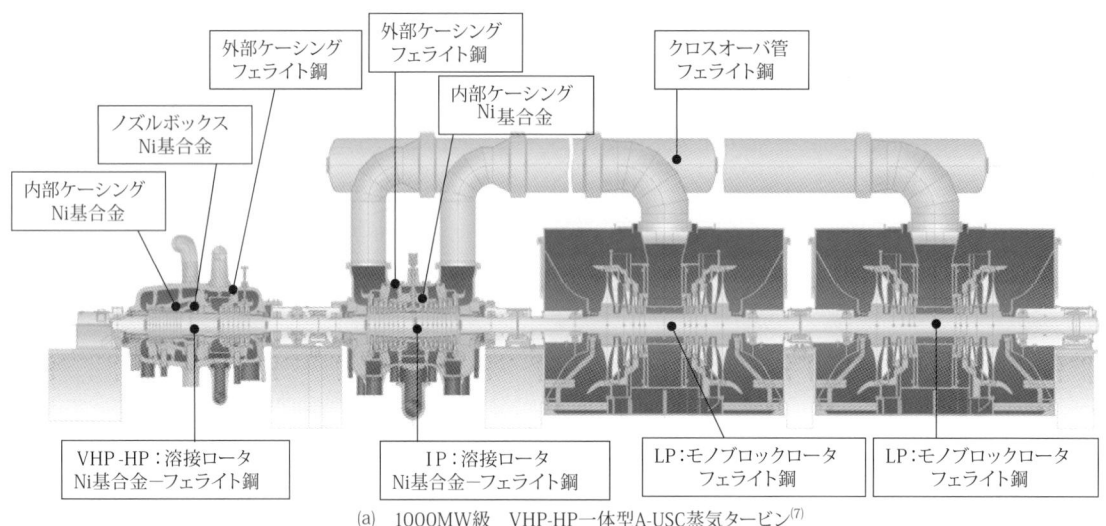

(a) 1000MW級 VHP-HP一体型A-USC蒸気タービン[7]

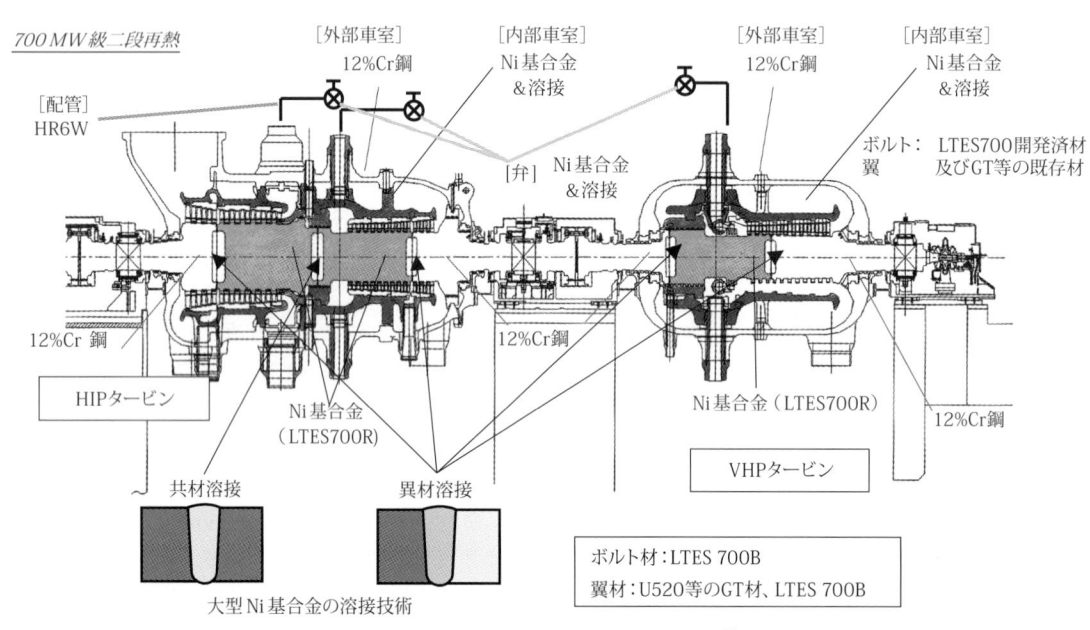

(b) 700MW級A-USC蒸気タービン（VHP＋HIP）[8]

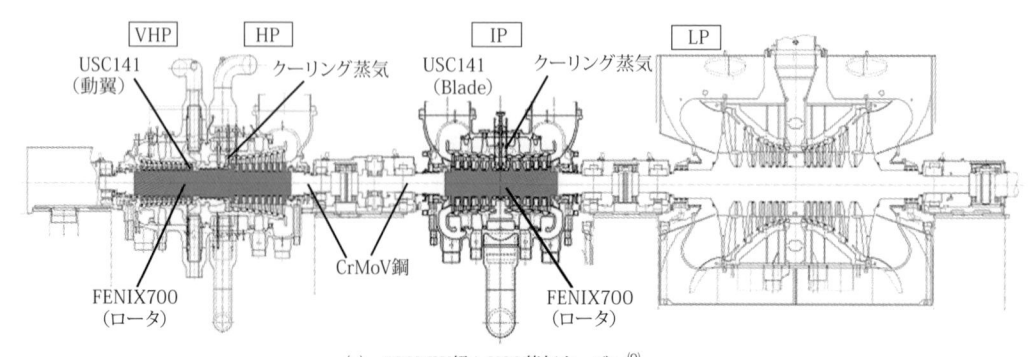

(c) 500MW級A-USC蒸気タービン[9]

図6.6　A-USC断面図

128

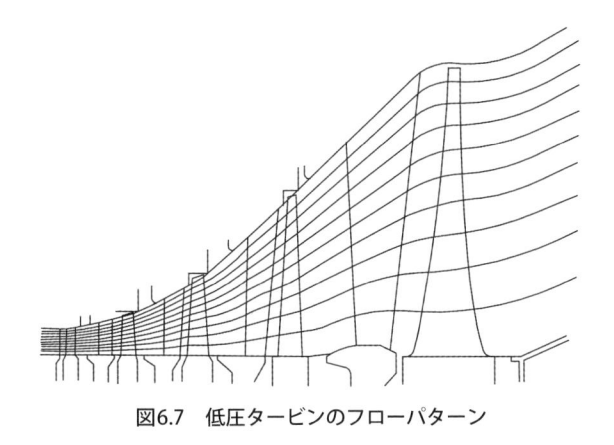

第6章　性能向上技術

図6.7　低圧タービンのフローパターン

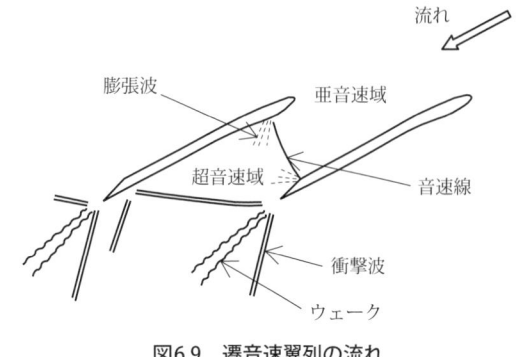

図6.9　遷音速翼列の流れ

M_{W3}の分布の例を図6.8に示す。ルート側では反動度が小さく、流入マッハ数は1.0弱、流出マッハ数は1.0強であるが、チップ側では反動度が大きく、マッハ数0.7前後で流入し、約1.7で流出している。したがってルート部では転向角のみを与えるような衝動翼形が、チップ部では転向角がほとんどなく、亜音速から超音速まで効率よく加速できる遷音速翼形が必要となり、これを翼高さ方向のフローパターン設計にしたがって連続的に変化させる必要がある。

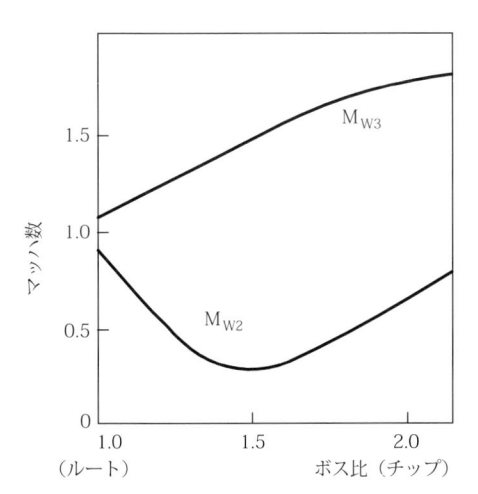

図6.8　最終段動翼入口、出口マッハ数分布の例

図6.9にはチップ部の遷音速翼列の流れを模式的に示す。遷音速翼列では、翼列出口部と後方の流れの適合のために、翼後縁から衝撃波が生じる。翼列出口部と後方の流れをスムーズにつなげ、衝撃波による損失を最小とすることが設計のポイントとなる。翼長が増加し、先端外径が大きくなれば先端周速も増加し、流入マッハ数が増加し、チップ部における衝撃波損失の増大を避けることが難しくなる。

(3) 湿り蒸気流れ

一般の火力発電用蒸気タービンでは最終段の前方1～2段落以降の段落は湿り域で運転される。

湿り蒸気が性能に与える影響については第3章に述べたが、図6.10に示すように損失としては過冷却の蒸気が急激に凝縮する際の復水衝撃などがある。また、信頼性の面では粗大水滴によるエロージョン（erosion）の問題がある。上流側のノズルに付着した水滴はその後縁に集積され、そこから粗大水滴となって噴出するが、これは主流に対して速度に対して低い速度までしか加速されないため、後方の動翼に対しては非常に大きな相対速度となって衝

図6.10　湿り損失の内訳

129

突することになる。

図6.11には低圧タービンの後方段落における湿り蒸気の挙動を模式化して示す。湿り損失やエロージョンを低減するためには、相変化を考慮した段落設計や、発生した水分の効率的な排除、動翼に対する水滴速度の減少、動翼前縁の耐エロージョン対策などが必要となる。具体的な湿り損失低減策については、6.3.2節に、動翼前縁のエロージョン対策については7.4.2節で述べるので参照されたい。

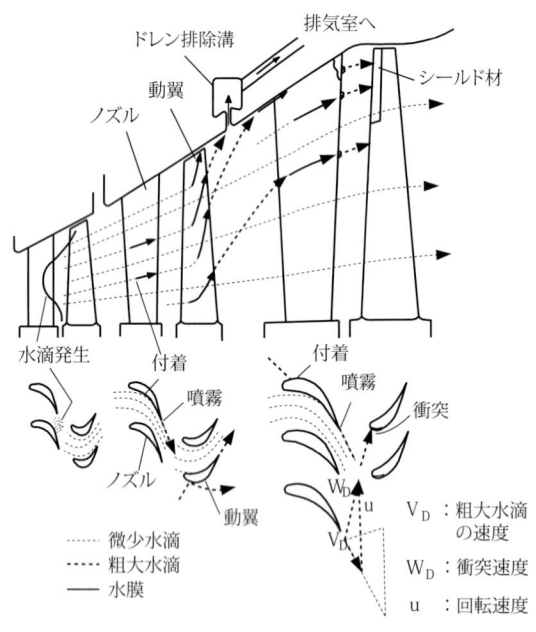

図6.11　湿り蒸気の挙動

6.2.2　長翼の開発方法

これまで述べたように、最終段落には種々の技術的な課題があるため、その開発には多方面にわたる検討、解析、要素試験が必要となる。図6.12には最終段落の開発フローチャート例を示す。

近年では、6.3.2(1)に述べるような数値解析技術や最適化技術が大幅に導入されるとともに、実機大試験設備の導入により、現状解明や性能向上策が高度化されるとともに、実機適用までの時間短縮がはかられている。

このように、最終段落やその前方1～2段落の長翼については、その開発に多大の資源と時間を要するため、一般的な段落のように一般的な設計手法を確立してプラント毎に適用するのではなく、シリーズをラインナップしておき、最適な最終段落を選択して使用することが通例である。

6.2.3　最近の動向

最終段の長翼化、高性能化、ラインナップの整備は、コンパクト・高性能な大容量プラントの実現に直接的に結びつくため、タービンメーカーの実力を示す指標でもある。このため、各メーカーは最終段の長翼化に多大の努力を払っている。とくに、60Hz 2極機では50Hz機に対して回転数が高く、同じ構造・強度の制約で相似設計された場合には環状面積が$1/(1.2)^2$とかなり小さくなるため、最新の長翼化技術の開発対象となっている。

最終段の構造は、1980年代から全速回転用のものとしては、最も低次である一次の振動応力の低減に効果のある全周一群翼と呼ばれるものが主流となっている

1980年代の材料・設計技術では60Hz 2極機（全速回転：3,600min^{-1}）としては33.5インチ程度が限界といわれていたが、中部電力と東芝、日立、三菱の共同研究により世界的にも注目されるチタン合金製の40インチ翼が開発され、碧南火力1号機をはじめとして幅広く採用された。チタン合金は従来の12Cr鋼を主体とするスチール翼材に対して60％程度比重が軽く、長翼化にともなう遠心力の増加を低減できるメリットがある。40インチ翼は33.5インチ翼に対して40％近く環状面積を増加すること

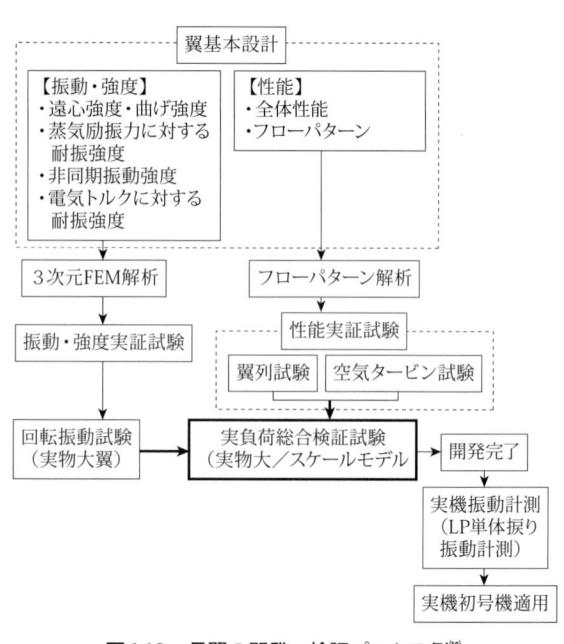

図6.12　長翼の開発・検証プロセス例[10]

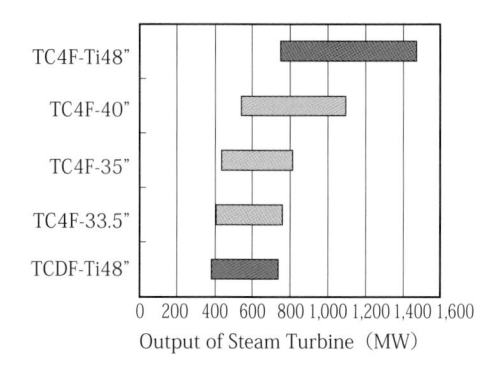

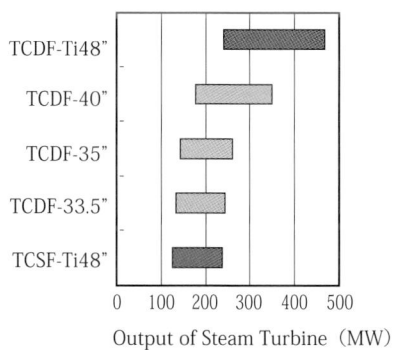

図6.13 最終段翼長とタービン構成例[11]

ができ、排気損失の低減により約1.6%の効率向上が可能となった。さらに、2010年には3,600min^{-1}48～50インチ級のチタン翼が実用化されて、40インチ級に対して約1%の相対的な効率向上を実現している。このようにチタン翼は大きな技術的進歩をもたらしたが、スチール翼材に対してコストが高いことが問題であり、チタン翼の開発でもたらされた設計・開発ノウハウを活用し、より安価なスチール製最終段の長翼化もはかられている。15Cr鋼を使用した3,600min^{-1}40インチ／3,000 min^{-1}48インチ級翼は流体性能の向上と遠心力の低減のためにチップ付近がさらに薄翼化されるとともに、流体性能、振動・構造上の全体最適化がはかられており2000年代の大容量プラントに多く適用されている。さらに、2011年には世界に先駆けた3,600min^{-1}50インチスチール翼も開発されている。

大容量の蒸気流量を処理する必要がある原子力タービンでは4極機（半速回転：50Hz、1,500min^{-1}／50Hz、1,500min^{-1}）が用いられる。これに対しては現在1,000MW～1,350MWクラスのプラントで52インチ級の翼が開発、適用されている。さらに最近では火力機技術を反映した長翼の実用化が進められている。

長翼の開発については、前述の環状面積の拡大のみではなく、DSS（Daily Start and Stop）運用等の多起動回数プラントに適した翼や、大陸内陸部など空冷コンデンサで大気温度が高く高真空が望めないプラントに適した翼、腐食環境にある地熱タービンに適した翼についての開発・改良も進められている。

国内タービンメーカーが事業用タービンとして使用している主な最終段翼の要項を表6.1～表6.4に示す。植込み構造・連結構造については同様構造であっても各社で呼称が異なる場合がある。

6.3 損失低減

蒸気タービンにおける各種損失の低減は、発電プラントの熱効率向上に対して大きな影響を与えるため、常に追求されているテーマである。蒸気タービンの性能向上技術には、蒸気条件の高温高圧化もあるが、損失の低減はサイクル、あるいは蒸気条件によらず、どのようなタービンに対しても適用できる共通技術であるため、その応用範囲は広い。

本節では、タービンの損失分析および損失低減技術について説明する。

6.3.1 損失分析

タービンにおける損失は、種々の要因が組み合わさって生じる。このため、効率の向上をはかるためには、まず損失の発生部位、発生原因を正しく分析、把握する必要がある。図6.14には大型火力タービンの損失の内訳を分析した結果を示す。段落損失が全体の2/3を占めること、排気損失も全体の1/6を占め無視できないことがわかる。

図6.15には出力750MWのタービンについて段落損失の原因を分析した結果を示す。グラフの横軸の幅は各段落の理論出力を、縦軸は損失係数を表す。つまり、棒グラフの面積が損失量の絶対量を示す。この図から、以下のことがわかる。

- プロファイル損失は平均して3%を占めるが、特に初段のノズルプロファイル損失と最終段の動翼プロファイル損失が大きい。前者はボイラスケールによる侵食や部分負荷時の大きな差圧に対して十分な強度を持たせるためにノズル後縁厚さを大きくしているためであり、後者は流出マッハ数が高いためである。

表6.1 最終段落の要項（東芝）

回転数 min⁻¹	翼高さ inch	翼高さ mm	環状面積 m²	PCD inch	PCD mm	先端周速 m/s	植込構造	連結構造	材料	備考
3,000	23	584	3.4	72.5	1,842	381	ネストフィンガー	2本ワイヤ・群翼	12Cr鋼	火力用
	26	660	4.8	91	2,311	467	ネストフィンガー	全周一群翼	12Cr鋼	火力用
	31.2	792	5.8	91.2	2,316	488	ネストフィンガー	全周一群翼	12Cr鋼	地熱タービン用
	33.5	851	6.8	99.5	2,527	531	ネストフィンガー	全周一群翼	12Cr鋼	火力用
	37	940	8.3	111	2,819	590	カーブド逆クリスマス	全周一群翼	15Cr鋼	火力用、高排圧対応
	42	1,067	9.5	112	2,845	614	ネストフィンガー	全周一群翼	12Cr鋼	火力用
	48	1,219	11.9	122	3,099	678	カーブド逆クリスマス	全周一群翼	15Cr鋼	火力用
	57.6	1,463	15.7	134.4	3,414	766	カーブド逆クリスマス	全周一群翼	Ti-6Al-4V	火力用
3,600	23	584	3.1	65.5	1,664	424	ネストフィンガー	全周一群翼	12Cr鋼	地熱タービン用
	26	660	3.8	72	1,829	469	ネストフィンガー	全周一群翼	12Cr鋼	地熱タービン用
	26	660	4.0	76	1,930	488	ネストフィンガー	全周一群翼	12Cr鋼	火力用
	30	762	5.2	85	2,159	551	ネストフィンガー	全周一群翼	12Cr鋼	火力用
	33.5	851	6.1	90.5	2,299	594	ネストフィンガー	全周一群翼	12Cr鋼	火力用
	35	889	6.6	93.33	2,371	614	ネストフィンガー	全周一群翼	12Cr鋼	火力用
	40	1,016	8.7	107.2	2,724	705	カーブド逆クリスマス	全周一群翼	Ti-6Al-4V	火力用
	40	1,016	8.2	101.7	2,582	678	カーブド逆クリスマス	全周一群翼	15Cr鋼	火力用
	48	1,219	10.9	112	2,845	766	カーブド逆クリスマス	全周一群翼	Ti-6Al-4V	火力用
1,500	35	889	7.8	110	2,794	289	アウトサイド	2本ワイヤ・群翼	12Cr鋼	原子力用
	41	1,041	11.5	138	3,505	357	ネストフィンガー	2本ワイヤ・群翼	12Cr鋼	火力・原子力用
	48	1,219	14.1	145	3,683	385	ネストフィンガー	2本ワイヤ・群翼	12Cr鋼	原子力用
	52	1,321	16.7	158.8	4,034	421	ネストフィンガー	2本ワイヤ・群翼	12Cr鋼	原子力用
1800	43	1,092	11.5	132	3,353	419	ネストフィンガー	2本ワイヤ・群翼	12Cr鋼	火力・原子力用
	48	1,219	13.3	137	3,480	443	ネストフィンガー	全周一群翼	12Cr鋼	火力・原子力用
	52	1,321	15.3	145	3,683	472	ネストフィンガー	全周一群翼	12Cr鋼	原子力用

表6.2 最終段落の要項（三菱日立パワーシステムズ（旧日立製作所））

回転数 min⁻¹	翼高さ inch	翼高さ mm	環状面積 m²	PCD inch	PCD mm	先端周速 m/s	植込構造	連結構造	材料	備考
3,000	26	660	3.8	72	1,829	391	フォーク	CCB	12Cr鋼	火力用
	26	660	4.8	91	2,311	467	フォーク	CCB	12Cr鋼	火力用
	33.5	851	6.8	99.5	2,527	531	フォーク	CCB	12Cr鋼	火力用
	40	1,016	8.8	108	2,743	590	フォーク	CCB	12Cr鋼	火力用
	43	1,092	10.1	116	2,946	634	フォーク	CCB	12Cr鋼	火力用
	48	1,219	12.0	123	3,124	682	アキシャル	CCB	12Cr鋼	火力用
	60	1,524	16.9	139	3,531	794	アキシャル	CCB	Ti-6Al-4V	火力用
3,600	26	660	3.8	72	1,829	469	フォーク	CCB	12Cr鋼	火力用
	26	660	4.0	76	1,930	488	フォーク	CCB	12Cr鋼	火力用
	30	762	5.2	85	2,159	551	フォーク	CCB	11Cr鋼	火力用
	30	762	5.4	89	2,261	570	フォーク	CCB	11Cr鋼/12Cr鋼	火力用
	33.5	851	6.1	90.5	2,299	594	フォーク	CCB	12Cr鋼	火力用
	36	914	7.1	97	2,467	637	アキシャル	CCB	12Cr鋼	火力用
	40	1,016	8.4	104	2,642	689	フォーク	CCB	Ti-6Al-4V	火力用
	40	1,016	8.3	103	2,604	682	アキシャル	CCB	12Cr鋼	火力用
	45	1,143	9.7	106	2,703	725	アキシャル	CCB	12Cr鋼	火力用
	50	1,270	11.7	116	2,942	794	アキシャル	CCB	Ti-6Al-4V	火力用
1,500	35	889	7.8	110	2,794	289	フォーク	テノン・シュラウド	12Cr鋼	原子力用
	41	1,041	11.5	138	3,505	357	フォーク	2本TieWire	12Cr鋼	火力・原子力用
	52	1,321	16.9	160	4064	423	フォーク	2本TieWire	12Cr鋼	原子力用
1,800	38	965	8.9	115	2921	366	フォーク	2本TieWire	12Cr鋼	火力・原子力用
	38	965	9.8	127.5	3239	396	フォーク	2本TieWire	12Cr鋼	原子力用
	43	1,092	11.5	132	3353	419	フォーク	2本TieWire	12Cr鋼	原子力用
	52	1,321	16.0	152	3861	488	フォーク	CCB	12Cr鋼	原子力用

表6.3　最終段落の要項（三菱日立パワーシステムズ（旧三菱重工業））(ISB*：Integral Shroud Blade)

回転数 min^{-1}	翼高さ		環状面積 m²	PCD		先端周速 m/s	植込構造	連結構造	材料	備考
	inch	mm		inch	mm					
3,000	30	762	5.3	87	2,210	467	クリスマスツリー	ISB*	17-4PH鋼	火力・地熱用
	35.4	900	7.5	104	2,642	556	クリスマスツリー	ISB	17-4PH鋼	火力用
	40.5	1,029	8.0	98	2,489	553	クリスマスツリー	ISB	17-4PH鋼	火力用
	43.2	1,104	9.3	105	2,667	592	クリスマスツリー	ISB	17-4PH鋼	火力用
	48	1,220	11.3	116	2,946	654	クリスマスツリー	ISB	17-4PH鋼	火力用
	60	1,524	16.5	136	3,454	782	クリスマスツリー	ISB	13Cr鋼	火力用
3,600	25	635	3.8	75	1,905	479	クリスマスツリー	ISB	17-4PH鋼	火力・地熱用
	29.5	750	5.2	87	2,210	558	クリスマスツリー	ISB	17-4PH鋼	火力用
	33	838	6.6	98	2,489	627	クリスマスツリー	ISB	17-4PH鋼	火力用
	36	920	6.4	88	2,235	595	クリスマスツリー	ISB	17-4PH鋼	火力用
	40	1,016	7.8	97	2,464	656	クリスマスツリー	ISB	17-4PH鋼	火力用
	45	1,150	10.1	110	2,794	743	クリスマスツリー	ISB	チタン合金	火力用
	50	1,270	11.5	113	2,870	780	クリスマスツリー	ISB	13Cr鋼	火力用
1,500	44	1,118	11.8	132	3,353	351	クリスマスツリー	群翼	17-4PH鋼	火力・原子力用
	49	1,245	14.5	145	3,688	387	クリスマスツリー	ISB	17-4PH鋼	火力・原子力用
	54	1,375	15.6	142	3,615	392	クリスマスツリー	ISB	17-4PH鋼	火力・原子力用
	54	1,375	15.6	162	4,125	432	クリスマスツリー	ISB	17-4PH鋼	火力・原子力用
	65	1,650	22.5	171	4,338	470	クリスマスツリー	ISB	17-4PH鋼	火力・原子力用
	74	1,880	27.3	182	4,624	511	クリスマスツリー	ISB	17-4PH鋼	火力・原子力用
1,800	40	1,016	9.8	120	3,048	383	クリスマスツリー	群翼	17-4PH鋼	火力・原子力用
	41	1,041	10.1	121	3,073	388	クリスマスツリー	ISB	17-4PH鋼	火力・原子力用
	44	1,118	11.8	132	3,353	421	クリスマスツリー	群翼	17-4PH鋼	火力・原子力用
	46	1,170	12.5	134	3,405	431	クリスマスツリー	ISB	17-4PH鋼	火力・原子力用
	52	1,320	15.0	142.5	3,620	466	クリスマスツリー	群翼	17-4PH鋼	火力・原子力用
	54	1,375	15.6	142	3,615	470	クリスマスツリー	ISB	17-4PH鋼	火力・原子力用
	54	1,375	15.6	162	4,125	518	クリスマスツリー	ISB	17-4PH鋼	火力・原子力用
	62	1,567	19.0	152	3,853	511	クリスマスツリー	ISB	17-4PH鋼	火力・原子力用
	74	1,880	27.3	182	4,624	613	クリスマスツリー	ISB	17-4PH鋼	火力・原子力用

表6.4　最終段落の要項（富士電機）

回転数 min^{-1}	翼高さ		環状面積 m²	PCD		先端周速 m/s	植込構造	連結構造	材料	備考
	inch	mm		inch	mm					
3,000	13.7	348	1.6	56.2	1,428	279	T字脚	インテグラルシュラウド	13Cr鋼	火力・地熱用
	19.2	487	2.4	61.7	1,567	323	T字脚	インテグラルシュラウド	13Cr鋼	火力・地熱用
	21.8	555	3.1	69.1	1,755	363	T字脚	インテグラルシュラウド	13Cr鋼	火力・地熱用
	24.0	609	3.8	79.1	2,009	411	カーブドクリスマス脚	フリースタンディング	13Cr鋼	火力・地熱用
	26.2	665	4.4	83.5	2,121	437	カーブドクリスマス脚	フリースタンディング	13Cr鋼	低真空用
	27.4	697	4.7	84.8	2,153	448	カーブドクリスマス脚	フリースタンディング	13Cr鋼	火力・地熱用
	31.4	798	5.8	91.6	2,328	491	カーブドクリスマス脚	フリースタンディング	13Cr鋼	火力・地熱用
	31.4	798	5.8	91.6	2,328	491	カーブドクリスマス脚	インテグラルシュラウド	12Cr鋼	火力用・低真空用
	36.0	914	7.3	100.2	2,544	543	カーブドクリスマス脚	フリースタンディング	12Cr鋼	火力用
	36.1	918	7.3	100.4	2,550	545	カーブドクリスマス脚	フリースタンディング	13Cr鋼	地熱用
	38.5	977	8.8	113.3	2,877	605	カーブドクリスマス脚	フリースタンディング	12Cr鋼	火力用
	45.3	1150	11.0	120.1	3,050	660	カーブドクリスマス脚	フリースタンディング	16Cr-4Ni鋼	火力用
3,600	11.4	290	1.1	46.8	1,190	279	T字脚	インテグラルシュラウド	13Cr鋼	火力・地熱用
	16.0	406	1.7	51.4	1,306	323	T字脚	インテグラルシュラウド	13Cr鋼	火力・地熱用
	18.2	462	2.1	57.6	1,462	363	T字脚	インテグラルシュラウド	13Cr鋼	火力・地熱用
	20.0	507	2.7	65.9	1,674	411	カーブドクリスマス脚	フリースタンディング	13Cr鋼	火力・地熱用
	21.8	554	3.1	69.6	1,767	437	カーブドクリスマス脚	フリースタンディング	13Cr鋼	低真空用
	22.9	581	3.3	70.6	1,794	448	カーブドクリスマス脚	フリースタンディング	13Cr鋼	火力・地熱用
	26.2	665	4.1	76.4	1,940	491	カーブドクリスマス脚	フリースタンディング	13Cr鋼	火力・地熱用
	26.2	665	4.1	76.4	1,940	491	カーブドクリスマス脚	インテグラルシュラウド	12Cr鋼	火力用・低真空用
	30.0	762	5.1	83.5	2,120	543	カーブドクリスマス脚	フリースタンディング	12Cr鋼	火力用
	30.1	765	5.1	83.6	2,125	545	カーブドクリスマス脚	フリースタンディング	13Cr鋼	地熱用
	32.0	814	6.1	94.4	2,397	605	カーブドクリスマス脚	フリースタンディング	12Cr鋼	火力用
	37.7	958	7.6	100.0	2,541	660	カーブドクリスマス脚	フリースタンディング	16Cr-4Ni鋼	火力用

第6章 性能向上技術

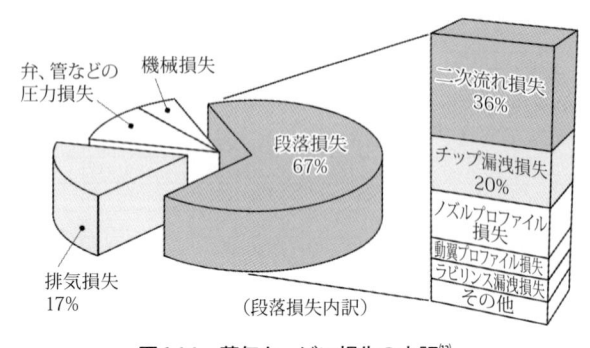

図6.14 蒸気タービン損失の内訳[12]

- 二次損失は、翼長が短い高圧段落や低圧部の前半の段落で大きくなり、ほぼプロファイル損失と同程度の大きさである。
- 動翼のチップ漏洩損失は、静翼における漏洩損失より大きい。静翼（ノズル）での圧力降下が大きい衝動段落では、シール半径位置を小さくし、シールを強化することでこの損失の低減をはかっている。
- 低圧段落における湿り損失は、段落損失の中でも大きな割合を占めている。この割合は、ほぼ全段落が湿り域に入る原子力タービンや地熱タービンでは一層増大し、主要な損失原因となる。

6.3.2 損失低減技術の動向

前項の損失分析により、蒸気タービンにおける損失の種類、大きさを把握することができた。このように、損失の種類は多岐にわたるため、それぞれを確実に減少させる施策が必要となる。

表6.5には主要な段落損失（排気損失を含む）の

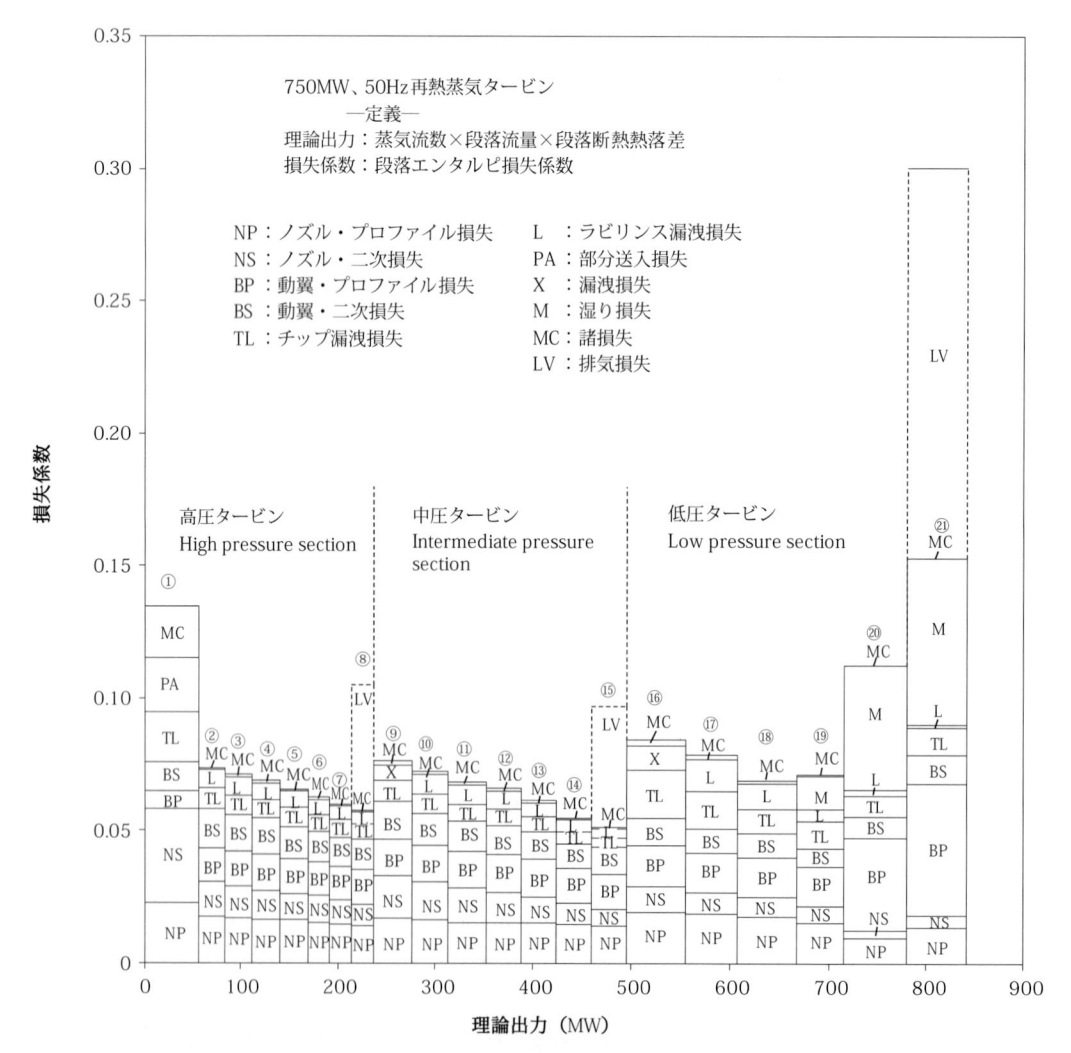

図6.15 段落損失の分布

第6章　性能向上技術

表6.5　主要なタービン損失と低減策

損失の種類	内容	主な対策
プロファイル損失	翼列試験で得られる二次元翼素の損失	翼形の高性能化 流入角の最適化（三次元設計）
二次損失	内外壁面での流体摩擦や二次流れ（渦流）による損失	翼高さの増加 二次流れの防止
漏洩損失	動翼先端やノズルラビリンスにおける漏れ蒸気損失	フィン数の増加、形状改良 クリアランスの減少
湿り損失	水滴を含んだ蒸気（湿り蒸気）によって発生する損失	ドレンの分離・減少 ノズル動翼間距離の拡大
排気損失	タービンを流出する蒸気の速度エネルギ損失や排気室の圧力損失	最終段翼長の増加 排気室形状・ディフューザ改良

内容と代表的な低減策を示す。これらの対策は、構造やコストによる制約を受けるため、効果とのバランスを判断して開発、採用する必要がある。

(1) CFDと最適化

近年の蒸気タービンの高性能化は数値解析技術の発展と活用抜きでは語れない。

特にCFD（Computational Fluid Dynamics）により、時間とコストのかかるモデル試験を最小限としながら、流れの現象を詳細に解明できるようになった。解析を活用することで、回転場内の流れや、多数の現象が複合した複雑現象、非定常現象など、試験では入手の難しい情報を比較的容易に、かつ高い空間・時間分解能で入手することが可能となった。

また、形状パラメータを容易に変更して評価することが可能であることも大きな長所であり、最適化手法と組み合わせることで設計問題に帰結することができる。

単段落の定常解析は設計ツールとしても日常的に用いられるようになっているが、計算機能力の向上に伴い、以下の方向で改良が進められている。

- 非定常現象の解明。蒸気タービンの段落間の現象など、タービン内の流れはほとんどが非定常であり、これらを厳密に扱うためには必要となる。
- マルチスケール。解析の精度には境界条件が大きく影響するが、これを正しく与えることは難しい。
  例えば、中間段落の入口・出口条件を与えることは困難であるため、全段落を一括した解析を実施することが望ましい。この場合、通路部など比較的大きなスケールの流れと、漏れ流れなど、小さなスケールの流れが混在した解析となる。
- マルチフィジクス。低圧段落における湿り蒸気流れ解析や構造・流体の連成解析など。

図6.16にはタービン一般段落（高圧タービン下

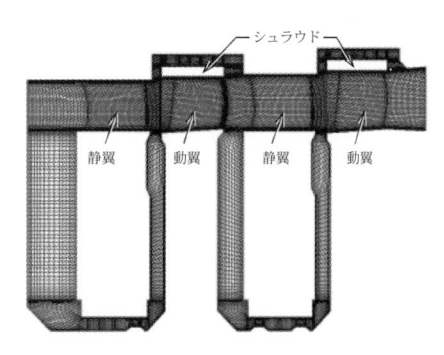

(a) 解析メッシュ例（高圧下流段）

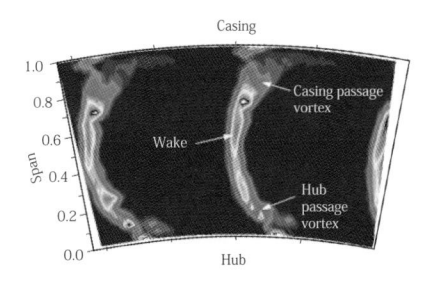

(b) 高応答プローブによる損失分布計測例

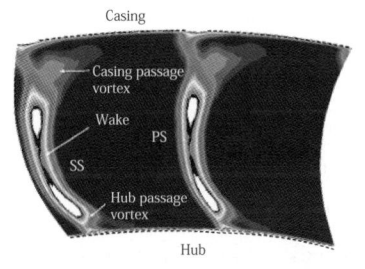

(c) 非定常粘性解析による損失分布計測例

図6.16　タービン一般段落の解析例[13]

第6章 性能向上技術

流段）について、全流路を扱い非定常で解析した結果と試験結果を比較した例を示す。また、図6.17には湿りを考慮した低圧タービンの解析例を、図6.18および図6.19には蒸気タービン段落の最適化システムと、これによって最適化された段落例を示す。

(2) 高性能翼形

翼断面形状はタービン段落の最も基本的な要素で、高性能化の研究も広く行われている。

一般に、タービン段落では反動度が高い方が翼素性能は高いが、段落負荷をとることが難しくなる。

図6.20は反動度の最適化（高反動度化）をはかった例であるが、新たに開発されたHX翼では段落効率とともに効率がピークとなる速度比は大きくなっている。このように、性能向上のためには高反動翼化をはかる傾向にあるが、必要段落数が増加し、コストや構造に影響を及ぼすため、高負荷翼形の開発がすすめられるとともに、蒸気タービン全体設計に適した最適反動度が選択される。したがって、この目的に合致した翼形の開発が進められている。

このような翼形の生成には数値解析手法が威力を

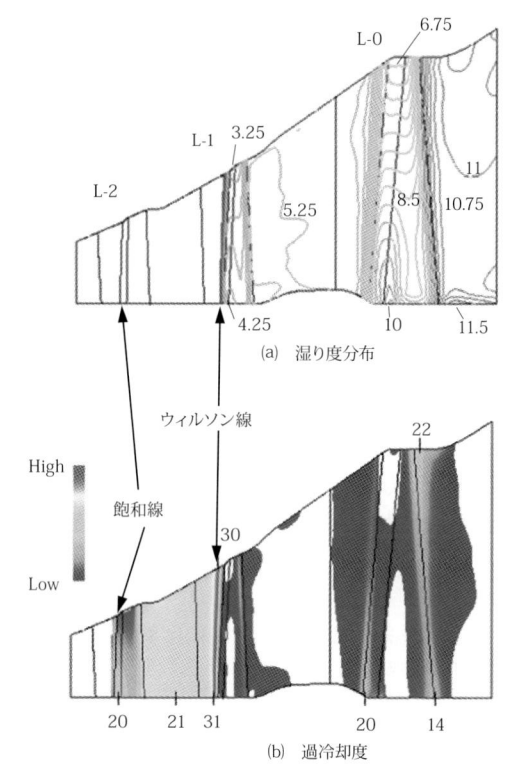

図6.17　低圧タービンの流体解析例[14]

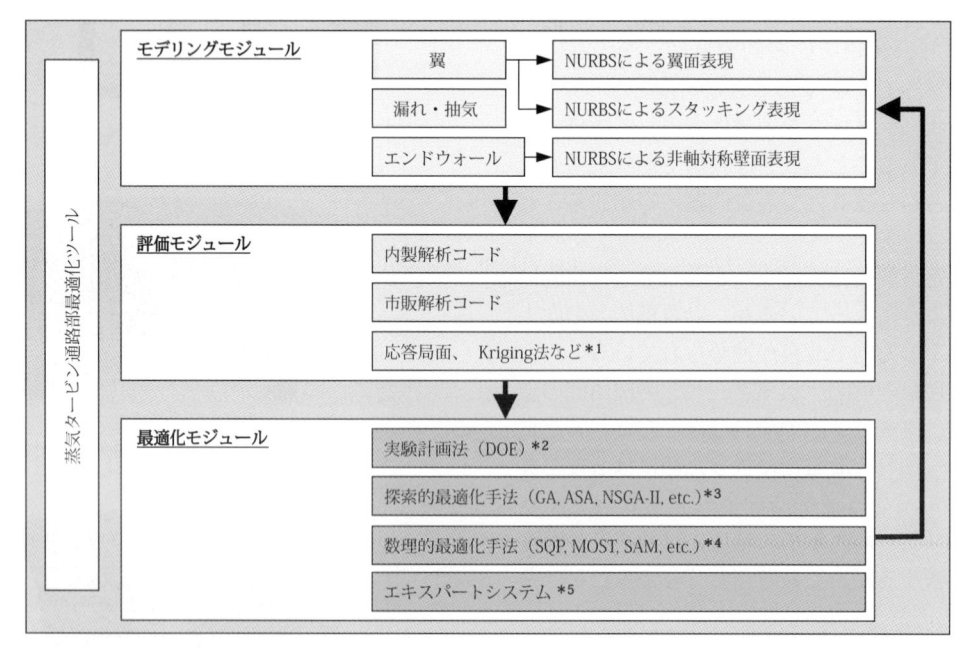

図6.18　タービン段落の最適化システム例[15]

NSGA-II : Non-Dominated Sorting Genetic Algorithm
SQP : Sequential Quadric Programming
MOST : Multifunctional Optimization System Tool
SAM : Successive Approximation Method
*1～5：市販ツールに搭載された機能

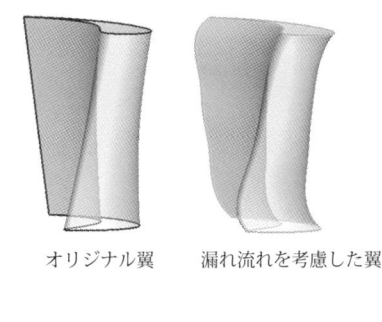

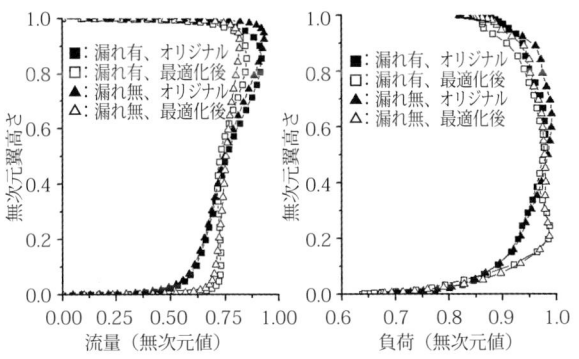

オリジナル翼　　漏れ流れを考慮した翼

(a) 流量分布の比較　(b) 負荷分布の比較
図6.19　タービン段落の最適化例[15]

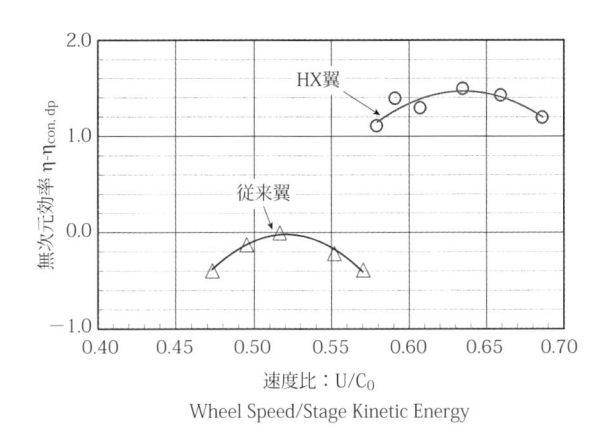

図6.20　高反動度化による効率改善例[16]

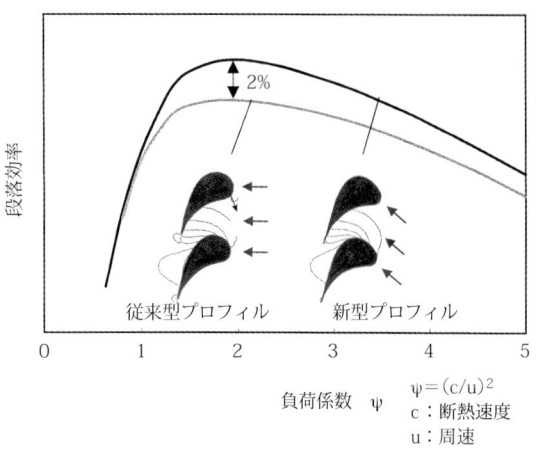

図6.21　反動翼列の改良例[17]

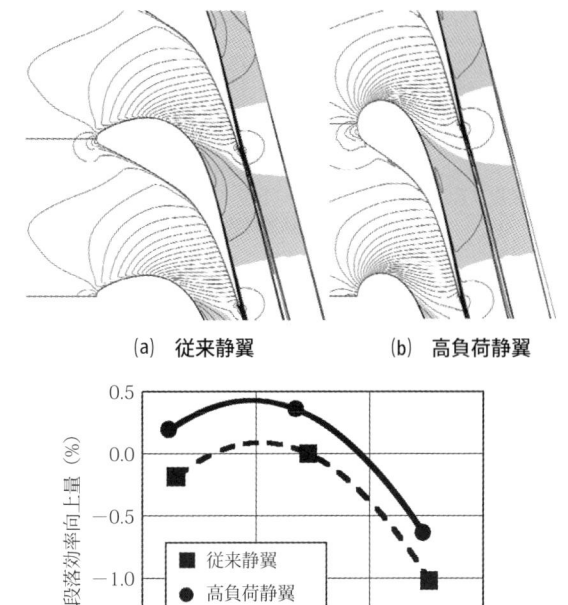

(a) 従来静翼　　(b) 高負荷静翼

(c) 高負荷静翼による段落効率向上量（空気タービン試験結果）
図6.22　衝動段静翼の高負荷化[18]

発揮する。与えられた速度分布や圧力分布を実現する翼形を直接求める逆解法なども開発されているが、CFDと最適化を組み合わせた設計手法は運用に柔軟性があり、計算機能力の向上とともに広く適用されるようになってきている。図6.21は反動翼を改良した例を、図6.22には衝動段静翼の改良例、図6.23には衝動段動翼の改良例を示す。

(3) 二次損失の低減
タービン翼間の境界層が二次流れによって巻き上がり、大きな渦に成長してロスになる二次損失は各段落に共通して発生するが、エンドウォール（ロータ、ケーシング内面）の境界層に起因する現象であるため、翼高さの低い段落ほど受ける影響は相対的に大きい。図6.24にはタービン翼列内部の二次流れの様子を模式化して示す。

実際のタービン翼列内の流れは、前述の二次流れに加え、さらにこれに対向して発生する渦や、漏れ流れの影響を受けた複雑な流れとなる。前述の二次

第6章 性能向上技術

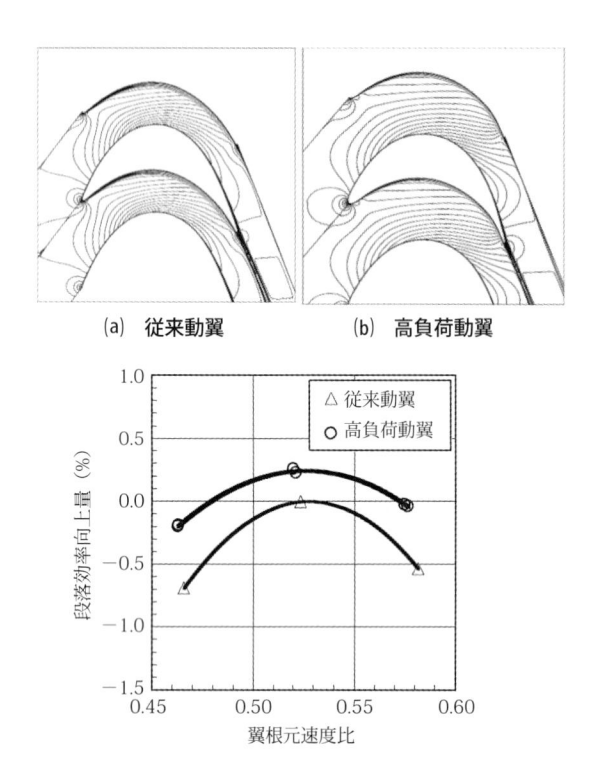

(a) 従来動翼　　(b) 高負荷動翼

(c) 高負荷動翼による段落効率向上量（空気タービン試験結果）
図6.23　衝動段動翼の高負荷化[18]

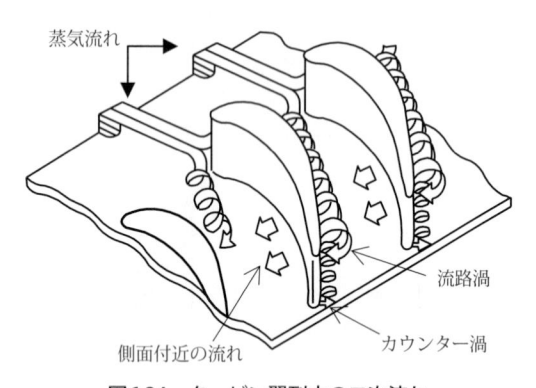

図6.24　タービン翼列内の二次流れ

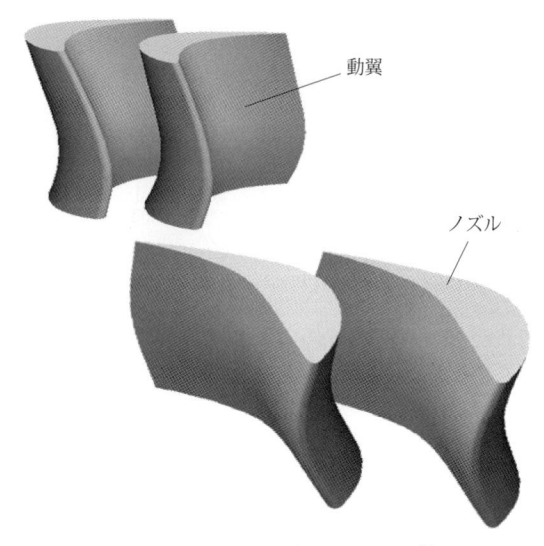

図6.25　リーンノズル・動翼の例[19]

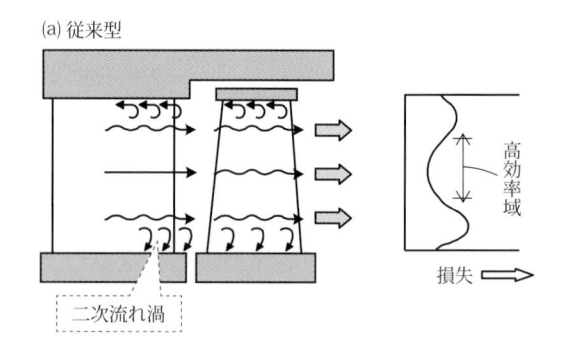

(a) 従来型

(b) 新型AFP (Advanced Flow Pattern)

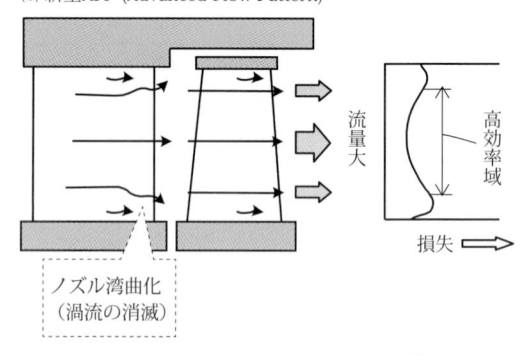

図6.26　流量配分による損失低減[20]

流れに対し、主流以外のこれらの流れを総称して二次流れと呼ぶこともある。

　二次損失の低減のためには、ノズルや動翼のスタッキングをラジアル線に対して周方向に傾斜またはわん曲（leaned）させる方法や、軸方向に傾ける（swept）方法が行われる（図6.25）。また、翼高さ方向のスロート分布の調整により、流量分布の適正化がはかられる（図6.26）。また、ノズル・動翼間の漏れ流れの最適化によって壁面境界層や二次流れ渦の低減がはかられている（図6.27）。

　実際の翼列内の流れは複数の現象が組み合わさった複雑な流れであり、単純な考え方だけで性能向上をはかることは難しいが、6.3.2(1)に示したようにCFDと最適化手法を組み合わせることで、このような現象を一括して考慮した性能改善が期待できる。

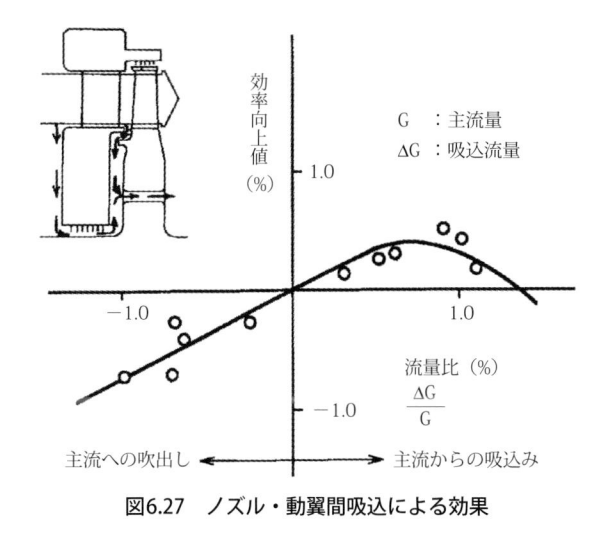

図6.27 ノズル・動翼間吸込による効果

(4) 漏洩損失の低減

回転部と静止部の間に必ず存在する間隙における漏洩蒸気量を減らすことは、効率向上に直接的なインパクトを与え、その効果も大きい。

動翼の先端部には漏洩量の低減のためチップフィンが設けられるが、図6.28に示すように、翼の連結構造としてスナッバ構造が採用されるとともに、その形状の改善がはかられている。

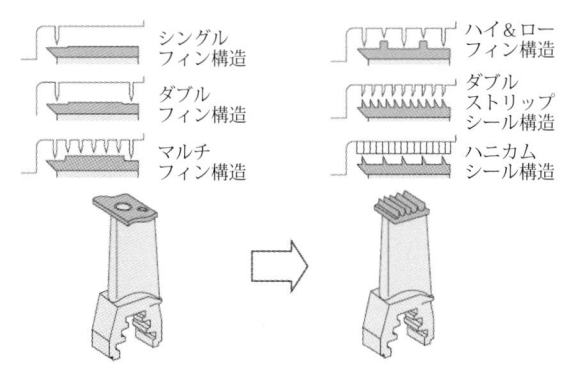

図6.28 羽根締結方式と先端シールの改善[21]

フィン形状の改良とともに、漏洩量の低減のためには間隙を狭めることが最も有効である。チップフィンの先端には回転時にラビングが発生しないための間隙が必要となるが、組立て性だけでなく、起動・停止や部分負荷運転など運転条件による間隙の変化を考慮する必要がある。

このため、アブレイダブルシール（abradable seal：図6.29）と呼ばれる可削性の素材を対向面に施工することや、ブラシシール（brush seal：図6.30）と呼ばれる多数の細い線材を束ねて構成されるシールを用いることで、接触時のダメージの軽減による間隙の最小化がはかられる。図6.31に示すセンシタイズパッキンは、ばねでシールを支持し、接触時にシールを逃がす構造となっている。

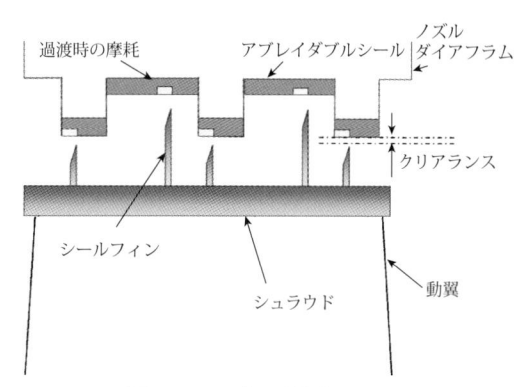

図6.29 アブレイダブルシール

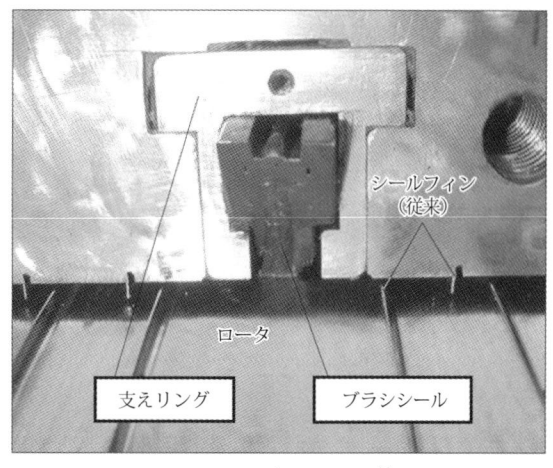

図6.30 ブラシシール[6]

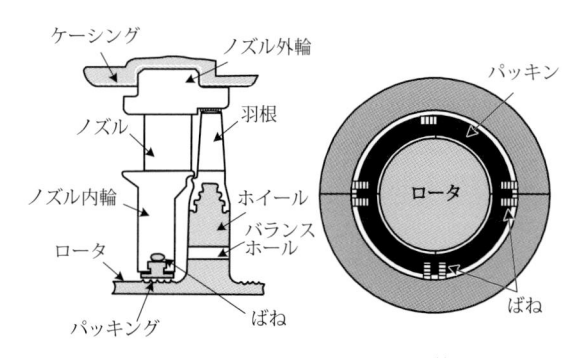

図6.31 センシタイズトパッキン[20]

また、リーフシール（leaf seal）は図6.32に示すように薄板を周方向に積層したもので、ロータ回転時に動圧とリーフシール前後差圧により微小な浮上間隙を維持する。この微小な間隙とリーフ間の微小間隙の粘性抵抗により低漏洩化がはかられるとともに、軸方向に高い剛性を持つため高差圧にも対応できる特徴を持つ。

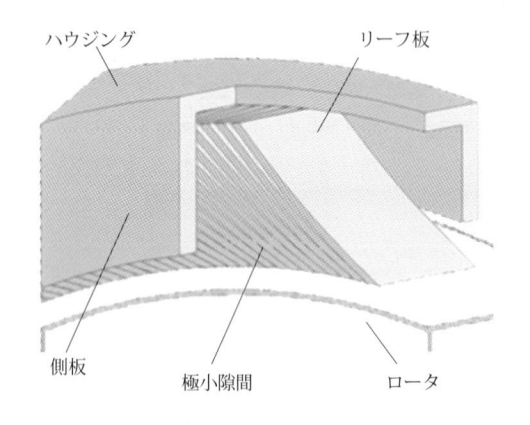

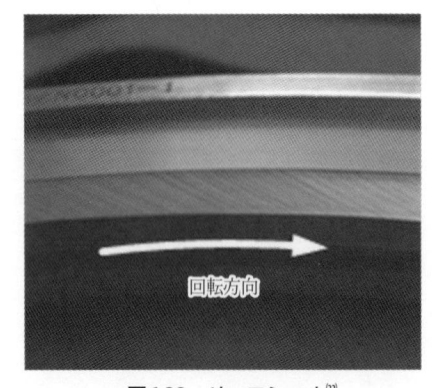

図6.32　リーフシール[22]

一方、運転条件の変化で変化する間隙に追従して、この間隙を能動的に小さく維持する方式としてアクティブクリアランスコントロール（ACC：Active Clearance Control）がある。図6.33に示す方法では、蒸気圧とばね力により、①の起動・停止時には上下方向の間隙を大とし、②の定格時には間隙を小さくするものである。

(5)　三次元設計

かつては、流速の半径方向成分を無視した二次元フローパターンがタービンの通路部設計として多用されてきた。この方法は翼高さが比較的低い段落には適しているが、低圧段落のように通路高さが急激に拡大し、半径方向速度成分を無視できない部分で

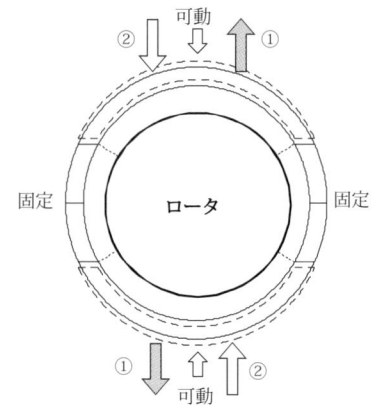

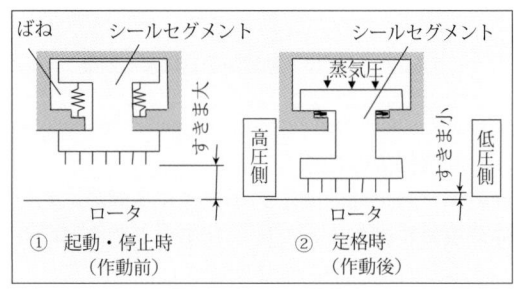

図6.33　アクティブクリアランスコントロール[22]

は精度が劣り、結果として動翼に流入する蒸気の方向が設計流入角からずれるため、動翼流入損失の原因となる。

このため、流れの半径方向成分を考慮しつつ任意のフローパターンを与えて設計できる種々の三次元流れ設計法が開発されている。さらに最近では粘性も考慮した三次元圧縮性乱流解析手法が進歩し、より精度の高い流れの予測が可能となっている。

その一例として図6.34に最終段落の三次元解析結果を示すが、低圧段落では(a)に示すチップ側と(c)に示すルート側では流れも翼形状も全く異なることがわかる。

図6.35は長翼の先端部分の翼形状を見直すことでマッハ数特性を改善した例を示す。

(6)　湿り損失の低減

6.2.1(3)湿り蒸気流れで述べたように、湿り損失は、熱的損失である過飽和損失、凝縮損失と機械的損失である加速損失、制動損失、捕捉損失、ポンプ損失に分類される。

このうち、熱的損失については、発生そのものを避けることはできないので、段落負荷配分の適正化などにより、損失の低減がはかられる。このために

(a) チップ断面

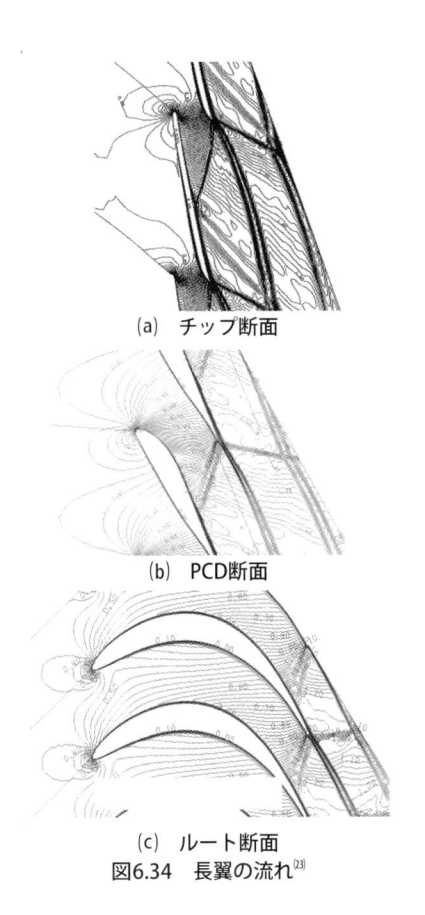

(b) PCD断面

(c) ルート断面

図6.34　長翼の流れ[23]

図6.35　長翼先端マッハ数特性の改善[23]

は(1)で述べたように数値解析を活用して、湿り現象を正しく把握することが必要となる。

機械的損失については、液相、つまりドレンの効果的な除去と、粗大水滴の動翼に対する衝突速度の低減が有効である。粗大水滴の衝突は、エロージョンにより動翼などを浸食するので、信頼性向上や寿命延伸の観点からも、この影響を低減することは重要である（第7章参照）。

粗大水滴は第3章に述べたように、主流中の微小水滴がノズル翼面に付着、後縁付近に集積し、これが飛散することで発生する。したがって、粗大液滴の発生を防ぐことと、発生した液滴の除去が必要となる。

ドレン除去機構の例を図6.36に示す。ドレン除去機構としては、動翼の遠心力として外周壁面に飛ばされた水滴を効率的に分離、除去するドレンキャッチャ（drain catcher）、ノズル内部を中空にしてノズル翼面と壁面に形成される水膜を吸引して粗大

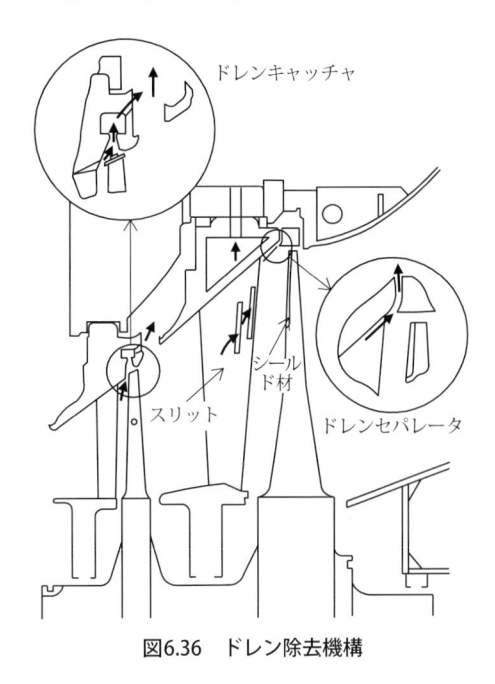

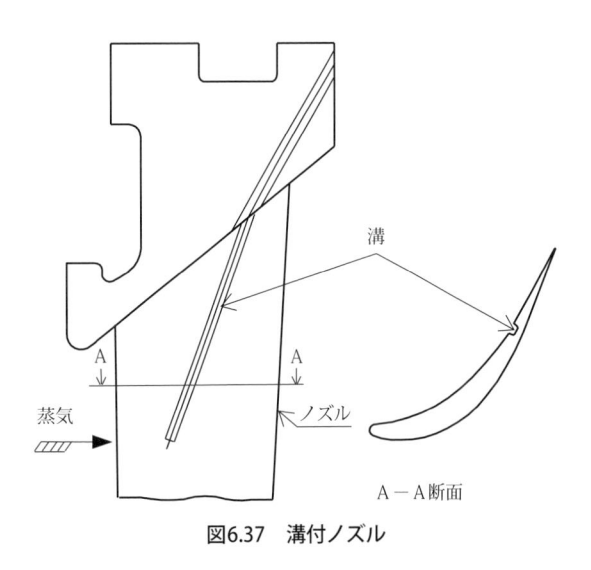

図6.36　ドレン除去機構

図6.37　溝付ノズル

水滴の発生を抑制するスリット（slit）やドレンセパレータ（drain separator）などがある。さらにノズル腹面に溝を加工し、この溝から水膜を吸引して系外に除去する方法も使用されている（図6.37）。また、図6.38に示すように、動翼に溝を設け、遠心力を積極的に利用して液相をケーシング側に飛ばすMEB（Moisture Extracting Bucket）も原子力タービンや地熱タービンを中心に適用されている。

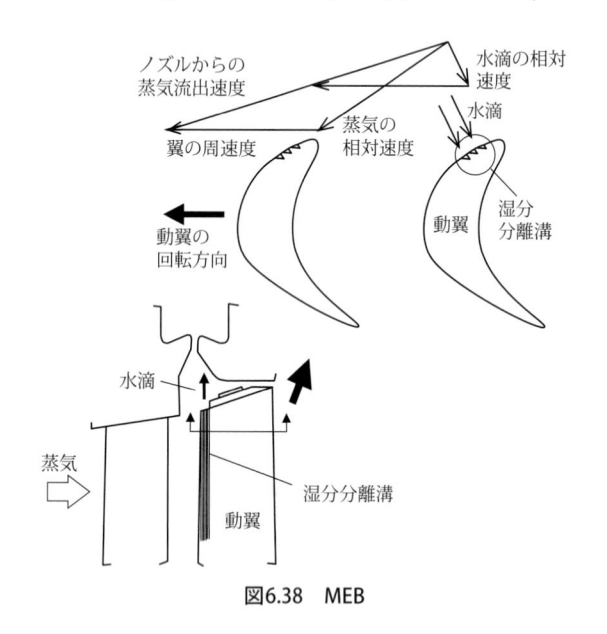

図6.38　MEB

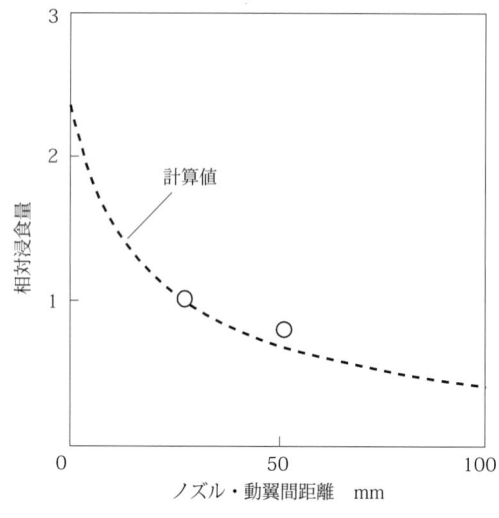

図6.39　ノズル・動翼間距離と侵食量

また、ノズルと動翼の距離を広げることよって水滴の加速を促進し、動翼に対する相対速度差を低減することができ、図6.39に示すように、液滴が動翼に与えるダメージを軽減することができる。翼間距離は流体性能や、機械全体のサイズにも影響を与えるため、これらを勘案して最適間隔が選定される。

(7) その他の圧力損失の低減

ここまで、主に翼列部分についての損失低減方法や動向について述べてきたが、蒸気タービンの損失は翼列以外の高圧タービン、中圧タービン、低圧タービンの流入・流出部分、各タービンを接続するクロスオーバ管などの管路、各弁などにおける圧力損失を低減することも性能向上のためには重要となる。

このような損失は、一次元的には流路断面積を増して低流速化することで低減することができるが、機器サイズの増大が避けられない。このため、CFDを活用することによって、損失の原因となっている局所的な偏流などを抑制した最適な形状を求め、これを採用することで、機器サイズを増加することなく損失を低減することが行われている。

(8) 排気損失の低減

低圧排気室は、タービン最終段翼を出た蒸気を復水器に導く部分である。最終段出口の蒸気はまだ速度エネルギを持っているが、これは下流で活用されることが無いので、全て損失となってしまう。したがってできるだけ少ない圧力損失で、できるだけ圧力回復をはかってエネルギ回収することがタービン全体の性能向上に有効となる。

最終段における排気室圧損などを含めたこれらの損失は一般に排気損失と呼ばれ、厳密には内部損失には含まれない（第3章参照）。

図6.40に示したような下方排気型の排気室の内部の流れは複雑な三次元流れとなるため、理論的な扱いは困難であり、実験的なアプローチとともにCFDの活用が有効である。

図6.41は下方排気室において、最終段外径Dと軸方向距離Lの比L/Dと排気損失の関係をCFDと試験の結果を比較して示したもので、排気室サイズを大きくすることで損失が低減することが示されている。しかしながら、低圧排気室はタービン全体のサイズに占める影響も大きく、いたずらに大型化することはできない。このため、内部流れの改善、とくにディフューザ部分の改良による性能改善がはかられている。

第6章 性能向上技術

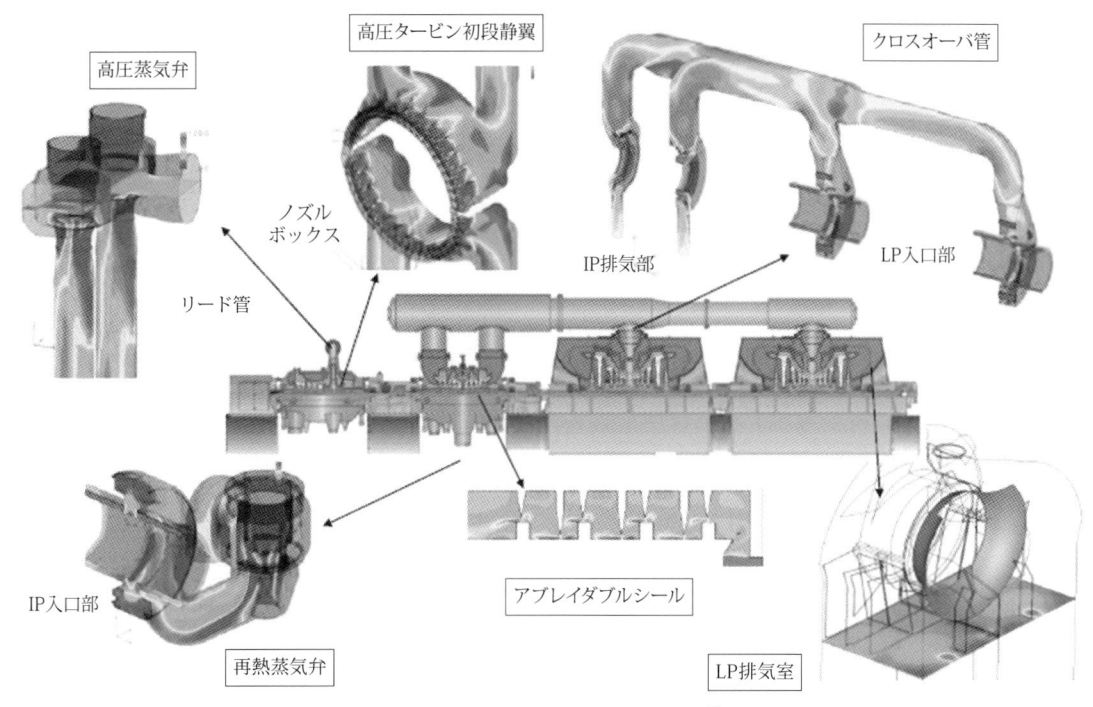

図6.40 CFDによる各種圧損の改善[24]

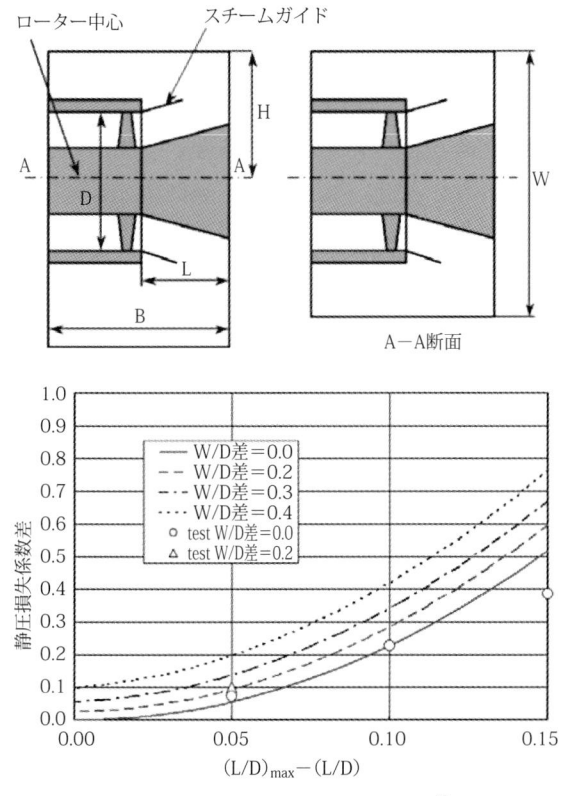

（ラベル：高圧蒸気弁、高圧タービン初段静翼、クロスオーバ管、ノズルボックス、IP排気部、LP入口部、リード管、IP入口部、再熱蒸気弁、アブレイダブルシール、LP排気室）

図6.41 排気室サイズと損失の関係[25]

（ラベル：ローター中心、スチームガイド、A-A断面、凡例：W/D差=0.0、W/D差=0.2、W/D差=0.3、W/D差=0.4、test W/D差=0.0、test W/D差=0.2、縦軸：静圧損失係数差、横軸：$(L/D)_{max}-(L/D)$）

図6.42に下方排気室のCFD解析の例（流跡線）を示す。このケースではディフューザを非対称として高性能化をはかっている。図6.43は下方排気室のディフューザ部分の詳細解析結果を上流側から同じく流跡線で示したものであるが、流れが軸に対して非対称であることがわかる。

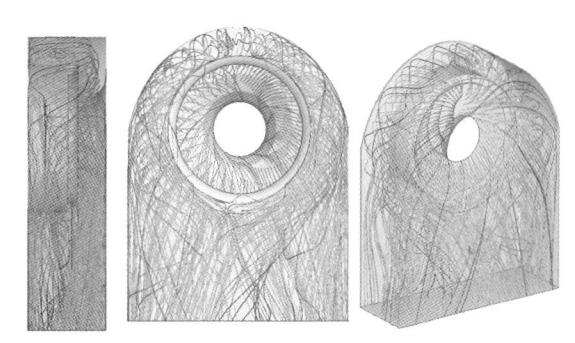

図6.42 下方排気室の流動解析例[26]

単流形のタービンではシンプルな軸流排気室としてディフューザ性能の向上をはかることができる。図6.44には軸流排気室の解析例を示す。

143

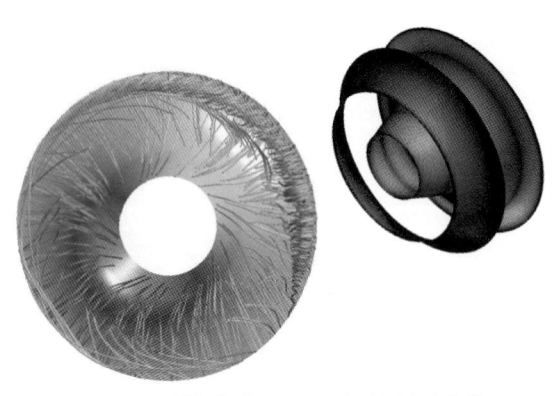

図6.43　排気室ディフューザの流動解析例[27]

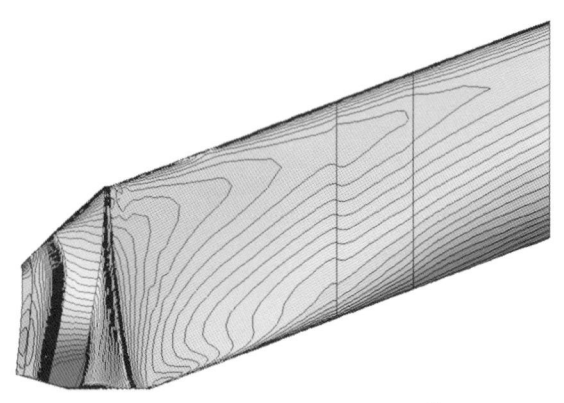

図6.44　軸流排気室の流動解析例[10]

＜参考文献＞
(1) 野本秀雄：蒸気タービンの進展と将来展望，日本ガスタービン学会誌，Vol.41，No.1，p.78（2013）
(2) 山田宏彰・服部洋市・駒井伸好・佐藤　恭・大平浩之・柳澤隆博：超々臨界圧発電システム，火力原子力発電，Vol.52，No.10，p.15（2001）
(3) 石丸豊彦：石炭火力発電の現状と展望，日本ガスタービン学会誌，Vol.38，No.5，p.12（2010）
(4) 福田雅文・杼谷直人・齊藤英治・和泉　栄：A-USCタービンの開発，材料とプロセス，Vol.20，p.258（2007）
(5) 田中良典・樽谷佳洋・馬越龍太郎・中野　隆・角屋好邦：世界最高効率1000MW級蒸気タービンの特徴と運転実績，三菱重工技報，Vol.39，No.3，p.132（2002）
(6) 中村憲司・田部井崇博・高野　哲：蒸気タービンの最新技術，富士時報，Vol.83，No.3（2010）
(7) 高橋武雄：A-USC向けタービンの開発1,000MW級，ターボ機械，Vol.41，No.1，p.30（2013）
(8) 西本　慎・山本隆一・瀬戸山正幸・川崎憲治・平川裕一：A-USC向けタービンの開発700MW級，ターボ機械，Vol.41，No.1，p.37（2013）
(9) 齊藤英治：A-USC石炭火力プラントの開発動向500MW級，ターボ機械，Vol.41，No.1，p.42（2013）
(10) 福田寿士・大山宏治・宮脇俊裕・森　一石・角屋好邦・平川裕一：蒸気タービン超長大最終翼群3600rpm-50IN/3000rpm-60INの開発，三菱重工技報，Vol.46，No.2，p.18（2009）
(11) Murata Y., Shibukawa, N., Murakami, I., Kaneko, J. and Okuno, K., "Development of 60Hz Titanium 48-inch Last Stage Blade for Steam Turbine," JSME-51, ICOPE-11（2011）
(12) 大森達朗・清國寿久：高温・高圧蒸気タービン，東芝レビュー，Vol.56，No.6，p.17（2001）
(13) 渡辺英一郎・他：高性能新形蒸気タービンの開発，三菱重工技報，Vol.40，No.4，p.212（2003）
(14) S. Senoo, et al.：Non-Equilibrium Homogenously Condensing Flow Analyses as Design Tools for Steam Turbines, Proceedings of ASME Fluid Engineering Division Summer Meeting, FED SM2002-31191,July 14-18（2002）
(15) 袁新・手島智博・新関良樹：CFDを用いた蒸気タービン通路部の最適化と実設計への適用，東芝レビュー，Vol.66，No.6，p.10（2011）
(16) 藤井秀敏・瀬川　清・木村哲晃：最適反動度を採用した高効率蒸気タービン，日立評論，Vol.89，No.2，p.23（2007）
(17) 酒井吉弘・中村憲司・和泉　栄：富士・シーメンスの大容量高温・高圧蒸気タービン，富士時報，Vol.73，No.12，p.10（2000）
(18) 瀬川　清・鹿野芳雄・木村哲晃：蒸気タービンの性能向上技術，平成16年度火力原子力発電大会論文集，1-1-10（2004）
(19) 北口公一：コンバインド発電用蒸気タービンの最新技術動向，日本ガスタービン学会誌，Vol.38，No.4，p.7（2010）
(20) 元廣幸雄・高橋義幸：最新の性能向上技術によるタービンロータ取替え，火力原子力発電，Vol.63，No.3，p.59（2012）
(21) 山中哲哉・児玉寛嗣・林　知幸：東欧における火力発電所のリハビリテーション，東芝レビュー，Vol.59，No.12，p.34（2004）
(22) 大崎展弘：注目されるタービンシール技術，火力原子力発電，Vol.59，No.4，p.21（2008）
(23) Hofer, D., Slepski, J., Tanuma, T., Shibagaki, T., Shibukawa, N. and Tashima, T., "Aerodynamic Design and Development of Steel 48/40 Inch Steam Turbine LP End Bucket Series," ICOPE-03（2003）
(24) 沖田信雄・高橋　亨・佐藤　理：高効率蒸気タービン及び発電機，東芝レビュー，Vol.63，No.9，p.12（2008）
(25) 岩井保憲・佐伯祐志・大石　勉・新関良樹・佐々木隆・田沼唯士：蒸気タービン低圧排気室の高性能化，第14回動力・エネルギー技術シンポジウム講演論文集，p.353（2009）
(26) 大山弘治・田中良典：蒸気タービン高効率化技術の最新動向,日本ガスタービン学会誌,Vol.38,No.4,p.13（2010）
(27) Tanuma, T., Sasao, Y., Yamamoto, S., Niizeki, Y., Shibukawa, N and Saeki, H., "Numerical Investigation of Three-Dimensional Wet Steam Flows in an Exhaust Diffuser with Non-Uniform Inlet Flows from the Turbine Stages in a Steam Turbine," ASME Paper, GT2015-6949（2012）

第7章
信頼性向上技術

- 7.1 寿命診断
    - 7.1.1 非破壊的評価
    - 7.1.2 破壊的評価
    - 7.1.3 非破壊検査装置
- 7.2 異常診断
    - 7.2.1 振動診断
    - 7.2.2 性能診断
- 7.3 翼および軸振動対策
    - 7.3.1 翼の信頼性向上技術
    - 7.3.2 軸振動対策
- 7.4 スケールおよびドレンエロージョン対策
    - 7.4.1 スケール対策
    - 7.4.2 ドレンエロージョン対策
- 7.5 基礎設計と耐震基準への対応
    - 7.5.1 基礎設計
    - 7.5.2 耐震基準への対応

第7章 信頼性向上技術

7.1 寿命診断（life assessment）

電源供給の主力となっていた火力発電設備の多くは昭和30年代から40年代に建設されており、運転時間で10万時間を越えるユニットが現有設備の半数を超える状況に達している。一方、昼夜間の電力需要の変動増大、およびベースロード運用となる原子力発電設備の増強にともない、火力発電設備は負荷調整用として頻繁な起動・停止あるいは経済負荷配分制御（ELD：economical load dispatching）等のより多様な運用が必要となっている。特に近年、深夜停止起動（DSS：daily start and stop）あるいは週末停止起動（WSS：week-end start up and shutdown）の回数が急激に増加しており、従来にも増して厳しい環境下に置かれつつある。このような過酷な運用条件下で、経年火力の信頼性を確保しつつ電力の安定供給を図るには、ロータ、車室等の重要な部品の経年劣化の程度を適確に把握し、適切な保全計画によって延命化等を行うための寿命診断技術の確立が必要となってくる。表7.1にタービン部品に認められる経年劣化損傷現象を示す。高温環境下で使用される部品では、疲労、クリープおよび脆化が評価対象であり、低温環境下で使用される部品では脆化および腐食に代表される環境支配型の劣化損傷が評価対象である。これらの各劣化・損傷に対する寿命評価としては非破壊的評価、破壊的評価および解析的評価があるが、近年、非破壊的評価、破壊的評価の発達が目覚しく、表7.2に示すものが提案されている。これらはき裂発生までの状態を評価するもので、従来のき裂の進展を評価する探傷検査とは目的を異にしている。

表7.1 タービン部品の経年劣化現象

部品	経年劣化現象						
	疲労	クリープ	軟化	脆化	腐食	浸食	内在欠陥進展
高中圧ロータ	○	○	○	○			○
低圧ロータ				○	○		○
高中圧内部車室		○	○				
主要弁		○	○				
配管		○	○				
高中圧翼		○					
低圧翼					○	○	
ボルト	○	○	○				

7.1.1 非破壊的評価
（NDE：non-destructive evaluation）

クリープあるいは疲労損傷におけるき裂発生現象は、その過程において、材質変化、き裂核の増殖・成長をともなう。NDEはこれらの変化を非破壊的に測定し寿命評価に供するものであり、代表的なものを記す。

(1) クリープ損傷（creep damage）

① 硬さ法　高温で長時間使用される高中圧ロータ等では硬さの低下が認められ、硬さは部位の性質を調べる上で最も簡便な方法として利用されている。

この評価法としては、材料特性の推定、作用温度・応力の推定、損傷度の推定がある。

図7.1は硬さからクリープ破断特性を推定する例で、硬さ低下とともにクリープ破断強度が低下することを示している。硬さは材料の強さ

表7.2 タービンの寿命評価法

対象とする劣化現象	非破壊的評価法	破壊的評価法
クリープ	硬さ 電気抵抗 組織観察（Aパラメータ）	ミニチュアクリープ破断試験
疲労	硬さ X線回析 組織観察（微視き裂測定）	―
脆化	初期化学成分をもとにした評価 電気化学的特性	微小パンチテスト

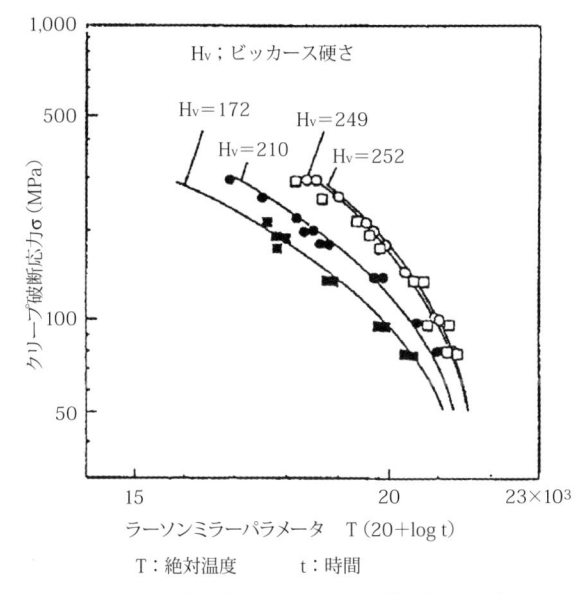

図7.1 硬さによるCrMoVロータ材のクリープ破断特性の推定結果と試験結果の比較
（―――推定曲線）

に対応するもので、クリープ特性（クリープ破断、クリープ速度）の推定に供される[1]。図7.2(a)に長時間加熱時の軟化特性を示すが、硬さ比が一本の曲線で表わされることから、本図を利用して作用温度の推定が可能となる。また、図7.2(b)に応力による加速軟化をΔG（ラーソンミラーパラメータの対数値の差）で関係づけたが、応力作用部位および高温低応力部位の硬さ計測より図7.2(a)および7.2(b)を介して作用応力評価が可能である[2]。

図7.3はクリープ損傷と硬さ低下量の関係を表わしたもので、実線の変動巾はあるがよい相関が得られており、高温高応力部の硬さと当該部の加熱軟化のみによる硬さとの差を求めてクリープ損傷を評価するものである[3]。

② 電気抵抗法　材料の電気抵抗は長時間加熱材では低くなり、応力負荷時は低下がさらに加速されることを利用して、クリープ損傷材と無負荷加熱材の電気抵抗の差を求めることで損傷度を評価するものである。本手段では4端子電位差法の原理を用いた電気抵抗測定法を使用し、基準部と評価部の電気抵抗比低下量を求め、図7.4の検定曲線よりクリープ損傷を評価する[3]。本図では、若干の変動はあるもののクリープ損傷の小さな領域でよい相関が得られてい

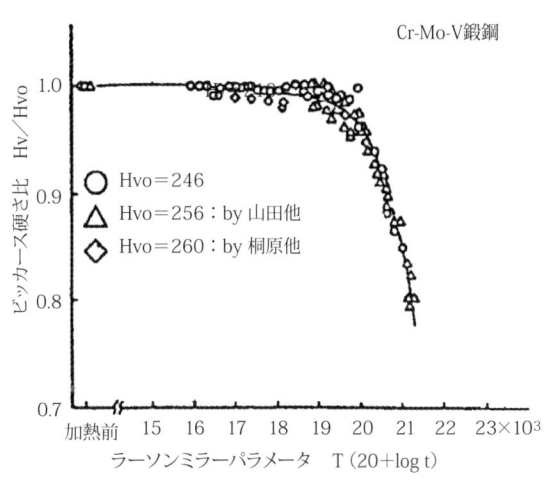

(a) 加熱による硬さ低下

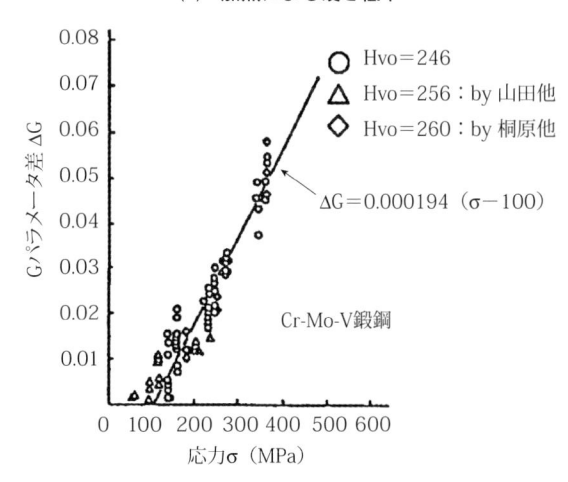

(b) 応力による硬さ低下
図7.2 クリープ劣化に伴う硬さ低下

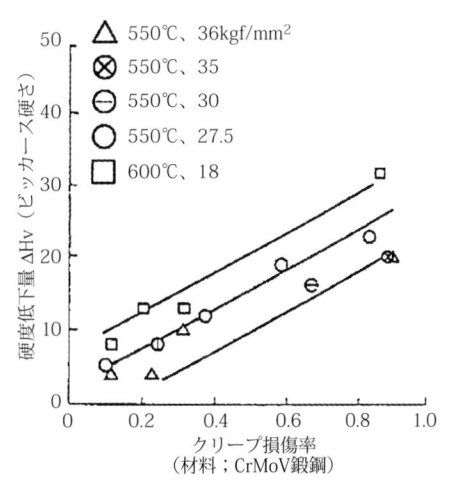

図7.3 クリープ損傷と硬さ低下量との関係

第7章 信頼性向上技術

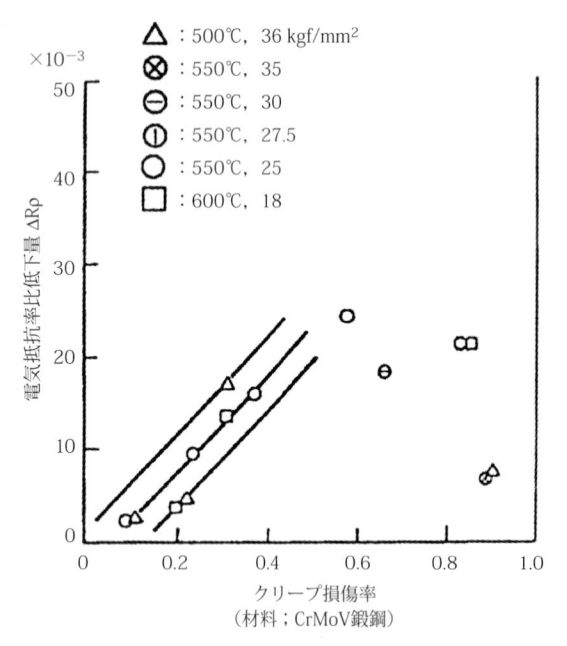

図7.4 クリープ損傷と電気抵抗率比低下量との関係

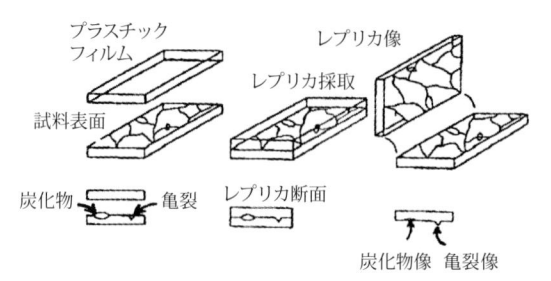

凡例：
- △ : 500℃, 36 kgf/mm²
- ⊗ : 550℃, 35
- ⊖ : 550℃, 30
- ⦶ : 550℃, 27.5
- ○ : 550℃, 25
- □ : 600℃, 18

（材料；CrMoV鍛鋼）

図7.6 プラスチックレプリカの採取手順

る。

③ 組織観察法（Aパラメータ法）材料がクリープ損傷を受けると、結晶粒界に図7.5のように、クリープボイド（キャビティ）と呼ばれる微小な空孔が発生する。クリープボイドはクリープ損傷の進行とともにその数が増加し、連結して破損に至る。クリープボイドの発生状況とクリープ損傷との関係を定量化したのが本方法（Aパラメータ法）であり、レプリカ採取技術と組合せて使用される。すなわち、図7.6の手順で金属表面の炭化物、クリープボイドの凹凸をプラスチックフィルムに転写し[4]、クリープボイド発生粒界数に着目して観察する。観察粒界に対するクリープボイド発生粒界の比（損傷粒界比）を求め、図7.7の検定曲線よりクリープ損傷を評価する[2]。

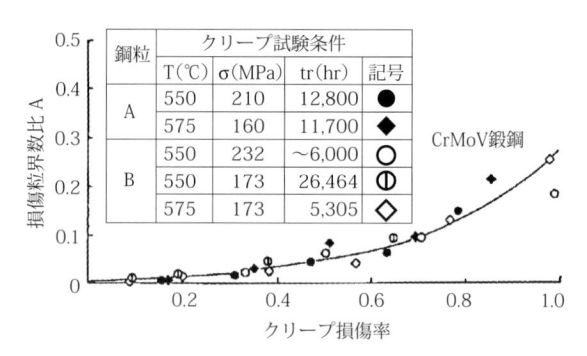

図7.7 クリープキャビテーションによる寿命評価法

クリープ試験条件：

鋼粒	T(℃)	σ(MPa)	tr(hr)	記号
A	550	210	12,800	●
	575	160	11,700	◆
B	550	232	～6,000	○
	550	173	26,464	⦶
	575	173	5,305	◇

CrMoV鍛鋼

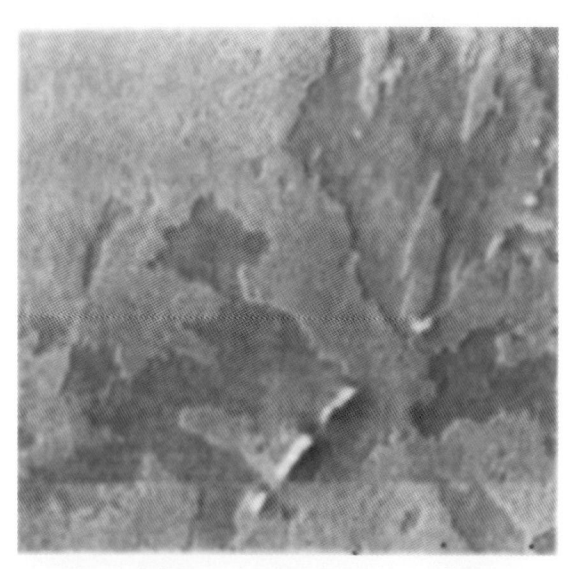

図7.5 高中圧ロータに認められたクリープボイド

(2) 疲労損傷（fatigue damage）

① 硬さ法　疲労損傷の過程で材料が軟化することは一般に知られており、硬さ測定結果は、材料特性の推定と損傷度の推定に供される。この評価法では硬さ測定結果より、疲労特性（低サイクル疲労、繰返応力・ひずみ関係）と引張特性（引張強さ、耐力）を推定する。

② X線回折法　高中圧ロータの外周溝底では疲労損傷が危惧されるが、評価部位は極めて狭く硬さ測定は困難なものもある。このような場合は硬さ法に代わりX線回折法による半価幅測定が適用されている。図7.8は提案されている疲労損傷評価法を示したもので、き裂発生限界線図と組合せて半価幅比と繰返し数から疲労損傷を評価する[5]。

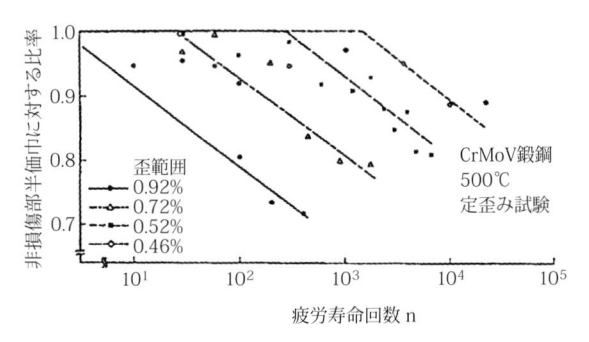

図7.8 X線回折法による疲労寿命評価法

③ 組織観察法（微視き裂測定法） 繰り返し負荷を受ける部材の表面には、疲労損傷の過程で微小なき裂が発生し、損傷進行に伴い成長、合体を繰り返して主き裂を形成する。本方法はこの点に着目し、主き裂に至る微視き裂の成長挙動を表面のレプリカ観察にて検出し、疲労損傷を評価するものである。実機では評価部位の最大き裂長さを極値統計手法にて求め、図7.9の関係から疲労損傷を評価する[6]。

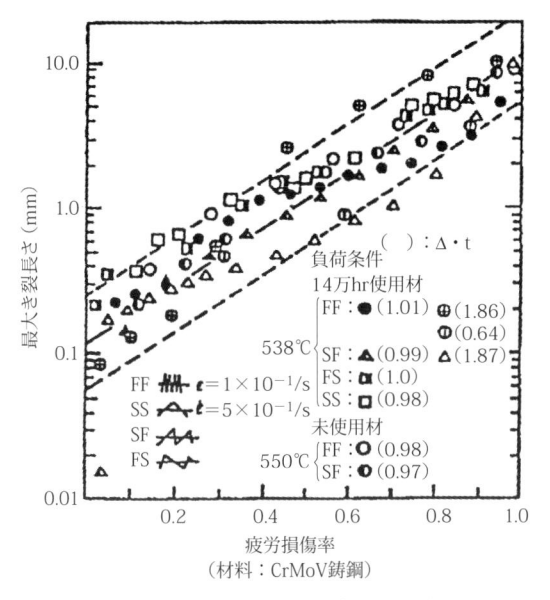

図7.9 疲労損傷と、き裂長さの関係

(3) 脆化（embrittlement）

脆化は不純物元素、特にリン（P）およびスズ（Sn）の粒界偏析により起こる現象であり、シャルピー衝撃試験で脆性破面率が50%となる延性脆性遷移温度（FATT：fracture appearance transition temperature）の上昇として評価される。非破壊的な脆化評価は、粒界性状の変化を分極特性でとらえようとする電気化学的方法[7]、不純物元素の偏析した結晶粒界がエッチングされやすいことを利用した化学エッチング法[8]、初期化学成分をもとに推定する方法[9]、および分極特性、結晶粒度、製造記録データの組合せによる方法が提案されている[10]。

図7.10には前述のうち各種非破壊値の組合せによるものを示す。

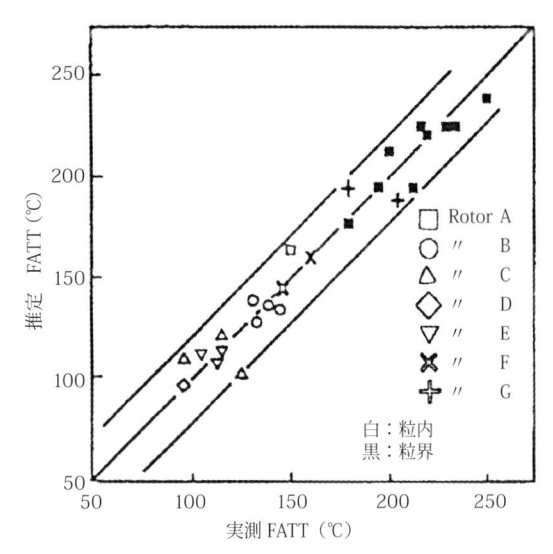

図7.10 FATTの推定値と実測値の比較

7.1.2 破壊的評価（DE：destructive evaluation）

一般にタービン部品はサンプル採取に制限のあるものが多いが、ミニチュアサンプルの採取が実用化されつつあり[11]、破壊的評価の例としてはクリープ破断試験と微小パンチ試験が代表である。図7.11はロータ材のクリープ破断試験をミニチュア試験片を用いてアイソストレス法（応力は作用応力とし、温度加速条件下で複数本の試験を実行）にて実施した結果である[12]。試験結果を評価温度まで外挿して精度良く余寿命を求めようとするものである。

図7.12は脆化評価のための微小パンチ試験結果を示す[13]。本図は10mm角で厚さ0.5mmの小さな試験片を破壊し、その時の破壊エネルギと50%FATTの関係を表わしたものであり、50%FATTが、直接、簡単な破壊試験ベースで評価できる利点がある。

7.1.3 非破壊検査装置
(non-destructive evaluation equipment)

非破壊的評価の実機適用に当っては、有効な非破

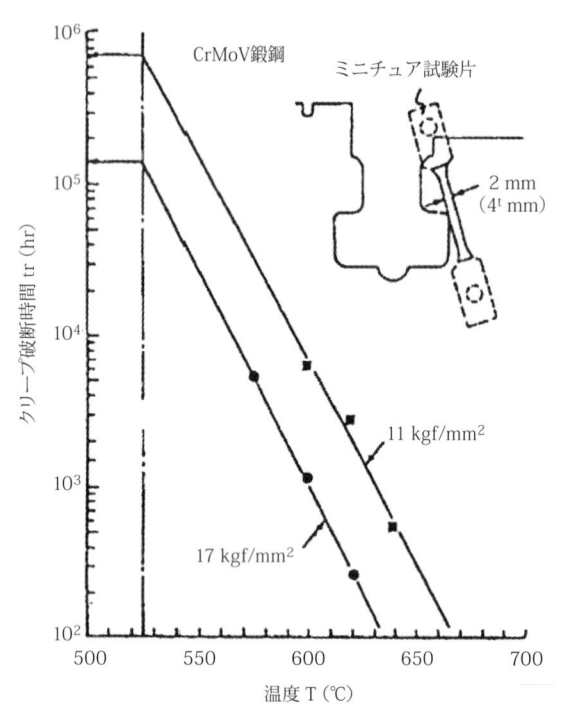

図7.11 ミニチュア試験片を用いたISO-STRESS法によるクリープ余寿命推定

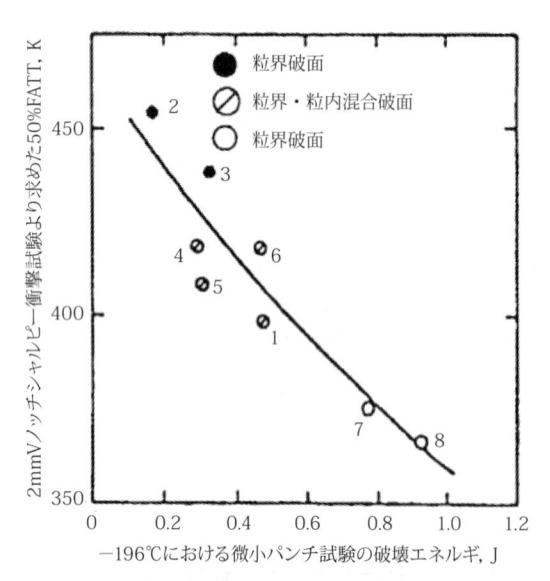

図7.12 微小パンチ試験の破壊エネルギ値と50% FATTの関係（CrMoVロータ材）

図7.13 ロータ中心孔の余寿命診断装置（MACH-Ⅰ）

壊量を確実に得るため、あるいは、従来では測定が困難であった部位に対して評価を行うために各種の装置が開発されている。図7.13はロータ中心孔に対し硬さ計測、レプリカ採取を行うものである[14]。

7.2 異常診断（diagnostic system）
7.2.1 振動診断（vibration diagnosis）

タービンにおいては温度・圧力等のプロセスデータに加えて通常軸振動も監視対象となっている。これは振動がタービンの健全性を表わす重要な指標であり、異常や故障の早期発見に適しているのみでなく、異常や故障の原因を推定する上でも有益なデータとなるためである。タービンにて発生する異常振動は各種存在するが大別すると表7.3に示す強制振動（回転周期振動）と自励振動（回転非同期振動）に分類される。各々の振動の原因はタービンの各種異常・故障と対応しており、軸振動データを解析することにより逆にタービンの異常・故障原因が診断可能である。一例としてタービンを含む回転機械における異常振動原因調査のフローを表7.4に示すが、振動数により上記の異常振動の種別が判定できる。さらに、負荷と振動の相関や回転数との相関を考慮に入れることにより図7.14に示すロジックからタービンの異常・故障が特定される[15]。

従来は上記の調査フローやロジックに基づき振動専門家が異常振動原因診断を実施していたが、コンピュータ技術の発展に伴って自動診断システムが開発されている。自動診断システムの機能フローの一例を図7.15に示すが、振動データおよびプロセスデータの自動集録、異常判定、警報出力、原因診断が自動化されている[16]。

異常判定では従来の振動レベル監視に加えて、表7.5に示すようにスペクトルやベクトルの監視も実行されるため異常の早期発見が可能となっている[17]。原因診断に関しては、図7.16に示す異常原因とその

第7章 信頼性向上技術

表7.3 異常振動の分類[17]

項目\分類	強制制御	自励制御
種類	・不つりあい振動 ・脈動による振動 ・2倍調波振動	・オイルホイップ ・スチーム・ホワール ・内部摩擦による振れまわり
判断	本来正常であるが、レベルが大きい場合は異常振動	根本的な異常振動であり対策が不可欠
対策	外力が大きすぎるか、または共振している場合が多いので、いずれかを対策	・原因となっている軸受・シールの改良 ・外部減衰の増加

表7.4 異常振動原因調査のフロー[17]

調査対策のステップ	着目点		計測器
振動の大きさ計測	どこの部分が振動しているか 変位・速度・加速度のどれが問題か	軸・軸受け・ケーシング・基礎 変位　速度　加速度 油膜軸受・ころがり軸受	汎用振動計 監視計器
振動波形の観察	振動が回転又は回転の倍数と同期しているか	同期振動　　非同期振動 強制振動　　自励振動	FFT分析器
振動数の分析	原理的に存在する振動数と、異常な振動数 高サイクルの振動数成分	n, 2n, nz, 2nz　　f_1, f_2 その他ころがり軸受の振動数	手動フィルタ リアルタイムアナライザ FFT分析器
位相の分析	不つりあいが大きいか、感度が高過ぎるか	大きさ 位相関係 危険速度 ダンピング	フィールドバランサ モード円計測装置
原因の総合判断	工作上の問題か 設計上の問題か	残留不つりあい カップリング精度 ミスアライメント 危険速度　軸受特性	
対策	つりあわせ 軸受修正	分解再低速バランス フィールドバランス 軸受修正 軸受支持剛性向上 アライメント修正	フィールドバランサ
確認	振動計測・確認	不つりあい振動 油温等の変化 振動数分析	監視計器 上記計測器

時発生する振動数成分の関連を表わす因果マトリクスを利用する振動数別得点法を始めとする各種の自動診断法が多数開発されている。さらに、知識工学を応用したエキスパート・システムもある[18]。このため、異常原因の診断のみでなく、異常・故障に対する処置・対策を提示する保修支援システムへの展開が進められており、火力発電プラントの信頼性・稼働率の向上に大きく寄与すると期待されている。

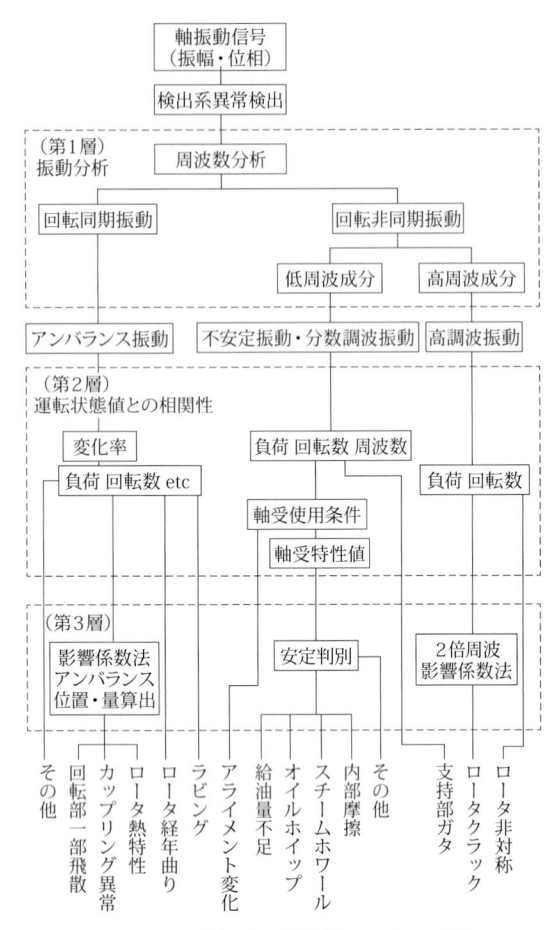

図7.14　異常振動原因診断のロジック例[15]

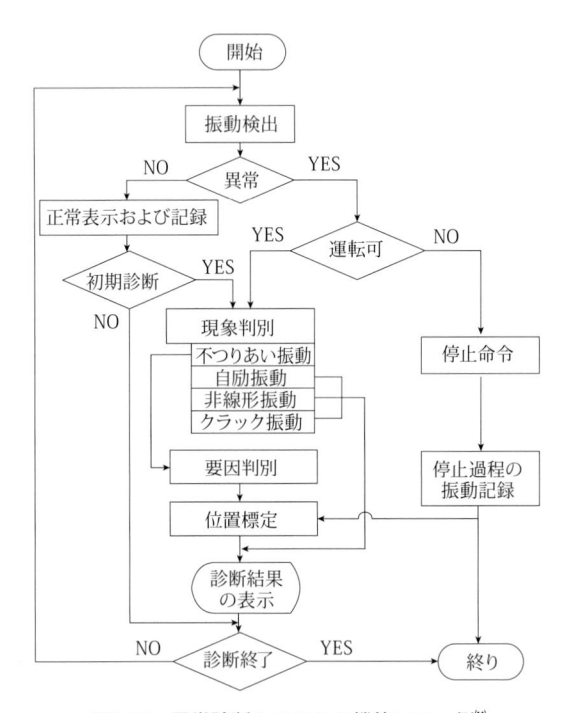

図7.15　異常診断システムの機能フロー例[11]

表7.5　異常検出法[17]

番号	名称		処理方法
1	管理図（Shewartの3σ法）	$\mu-3\sigma \sim \mu+3\sigma$ 振幅	計測値が$\mu-3\sigma \sim \mu+3\sigma$の範囲を超えたら異常と判定する。ただし、$\mu$：平均値　σ：標準偏差
2	トレンド（傾向検査）	振幅／時間 t	計測値の変化傾向を推定し、変化を予測することにより異常を早期検知する。
3	ベクトル変化		回転数成分の位相変化により異常を検知
4	スペクトル変化	振幅　しきい値レベル　周波数 Hz	周波数帯域ごとにしきい値を設定し、周波数帯域ごとのしきい値検査を実施する。

第7章　信頼性向上技術

原因 \ 現象	振動数成分														
	低周波振動	0.3〜0.49 f_n	1/2 f_n	0.51〜0.99 f_n	回転数成分				f_{nZ}	軸危険速度			ギヤメッシュ振動数			音響域振動
					f_n	$2f_n$	$3f_n$	高次 f_n		一次 f_{c1}	二次 f_{c2}	三次 f_{c3}	f_G	$2f_G$	$3f_G$	
転がり軸受損傷																***
接触	*	*	*	*	*					*	*	*				***
軸クラック					***	***	*	*								*
キャビテーション																***
ギヤ損傷													***	*	*	**
電磁振動																***
羽根振動									***							
ミスアライメント					**	**	*	*								
軸非対象						***										
アンバランス					***											
初期曲がり					***											
ドラフトコア		***														*
がた・非線形		*	**	*	*	*	*	*								
オイルホイップ		***									***					
スチームホワール		***	*	***							***					
サージング	***															

（注）　＊：弱　　＊＊：中　　＊＊＊：強

図7.16　因果マトリクスの例[18]

7.2.2　性能診断
7.2.2.1　ASME PTCPM 概論

ASMEではユニットを常時最高効率点で運転するためにはどうすれば良いか、という課題に取り組んでいる（PTC-PM-2010 PTCPM：Performance Test Code Performance Monitoring）。

PTCは元々性能試験の方法や計器の仕様について記述した米国の規格集である。PTCPMはその一部でユニット性能の常時監視につき取り扱ったもので1993年が初版、2010年版が最新版である。

性能最適化から得られる利得は下記の通りである。

① 経済面：発電原価の低減、有効なメンテナンス計画、将来の投資計画の改善に繋がる経済性の向上。
② 技術面：運用の改善と補修工事を通して、ユニットの信頼性の向上が図れる。
③ 情報面：ユニットを常時監視して最適化することにより、これまで技術的に不明であった点や経済的に評価出来なかった問題を明確化できる。

ユニットは構成要素が多い。また、各構成機器の設計点とユニットの最高効率点が合致するとは必ずしも限らない。例えばタービンは負荷によらず一定の蒸気温度により設計されている場合が多いが、ボイラは勾配を持った蒸気温度により設計されている場合が多い。また、最低負荷が10％以下での運転が設計条件には考慮されていない機器もある。

PTCPMでは実機の運転データとコンピュータ上に構築されたモデルを用いて性能や出力に対する影響の大きいパラメータを抽出することを推奨している。「経験的アプローチ（Empirical Approach）」という。

すなわち、実機を用いて様々なパラメータ（単一もしくは一群）を変化させ、性能や出力を計測し、大きく影響の出るものを選定する（cause-and-effect relations）。

通常はグロスかネットの電気出力が変化すれば熱消費率が変化する。多くの場合は、復水器真空度、給水加熱器の温度上昇、ボイラ効率に影響を及ぼすボイラ用燃料流量、タービン第1段圧力などを計測して、変化が何によってもたらされたかというこ

とを突き止めることになる。

大切なことは、どのパラメータが大きな影響をもたらすかを見極め最適点を発見することである。

パラメーターや機器の中では性能に対する影響がほとんど無視できるものから影響が大きいものまで沢山ある。これらの中からどれを選択すれば良いという問いに対しては、正確で普遍的なものは無い。

しかしながら、一般的には自らの変化が他に及ぼす変化の大きいものから調査するのが最も効率的であるとされ、下記のパラメータが多くの火力ユニットに推奨されている。

① 燃焼に関するパラメータ（炭種。燃料油の粘性と温度、過剰酸素、主蒸気／再熱蒸気温度とボイラー出口ガス温度）
② 主蒸気圧とタービン制御弁の状態
③ コンデンサーと冷却塔の状態
④ 給水ヒーターの状態
⑤ タービンの状態
⑥ 補機動力レベルと補機の状態

また前述のように実機の実測データとコンピュータからの出力・性能予測データを併用することが推奨されている。特に蒸気温度、タービンの加減弁位置、復水器真空度などが出力や性能に及ぼす影響などは市販のソフトウエアでも充分に役立つとされている。

7.2.2.2 プラント性能劣化診断のLOGIC TREE

ASME PTCPMではプラント性能の経年劣化を診断する上でのLOGIC TREEを公開している（図7.17）。

PTCPMではこの図を使用する際の注意事項として以下の点を列挙している。

- ユニットが最初に立ち上がった時（Initial-Start Up）の性能試験データを大切にすること。
- 通常は受取り時に実施された性能試験のデータが一番計器精度が良い。従ってこれをベースデータと定めるのが一つの考え方である。
- データをユニットの運開時から蓄積して行くことは大切なことである。但し、精度が落ちるデータは使ってはならない。
- 運転モードの変更や弁シーケンスの変更には注意を要する。

更にPTCPMではプラント全体のアイソレーションの重要性について以下のように説いている。

① プラントの損失には予測可能な損失と予測不可能な損失がある。これは予測された熱消費率と実際の熱消費率の差に相当する。予測不可能な損失は前もってアイソレーションや正確な計測によって回避されなくてはならない。
② サイクルのアイソレーションもしくは正規化：流入、流出もしくはバイパスするフローを最小化すること
③ 予め定められた決定プロセスを一般に案内するために、ロジック・ツリーは構築されている。そして利用できる情報に基づいて問題範囲を狭くしていく方法を取る。たとえば、熱消費率のケースではロジック・ツリーは、全体を調査し問題の要因と考えられる分野（システム、主要な器材など）を特定する。
④ タービンサイクルの測定に関しては、以前に実行したアイソレーションの方法を適用するのが好ましい。ホットウエルと脱気器貯蔵タンク・レベルの変化の計測からリーク量が判る。PTC6によると、受け取り時の性能試験ではリーク蒸気量と主蒸気量の比率は0.1％以下であり、定期的に実施される性能試験では0.5％以下が推奨されている。
⑤ 以下に示す項目は、性能問題に従事する技術者が、特にアイソレーションで注意する必要があるものである。

- 高圧給水加熱器の非常用ドレン→復水器系統
- BFPTの高圧駆動蒸気系統
- 抽気系統の漏洩蒸気→復水器
- 使われていない給水加熱器
- 手動弁のシートリーク、弁フランジ／パッキンからの漏れ

7.3 翼および軸振動対策
7.3.1 翼の信頼性向上技術
(1) 翼応力

蒸気タービン翼は、その用途、容量により翼長、翼巾、翼構造等、広い範囲で使用されているが、翼に作用する応力は、定常応力と振動応力に大別され、それぞれが下記の要因によって発生する。

① 定常応力（steady stress）
- 遠心力による引張応力（centrifugal stress）
- 遠心力による曲げ応力：半径方向の各断面の重心位置のずれによって生じる偏心応力（eccentric stress）
- 遠心力によるねじり戻り応力：低圧最終翼のよ

第7章　信頼性向上技術

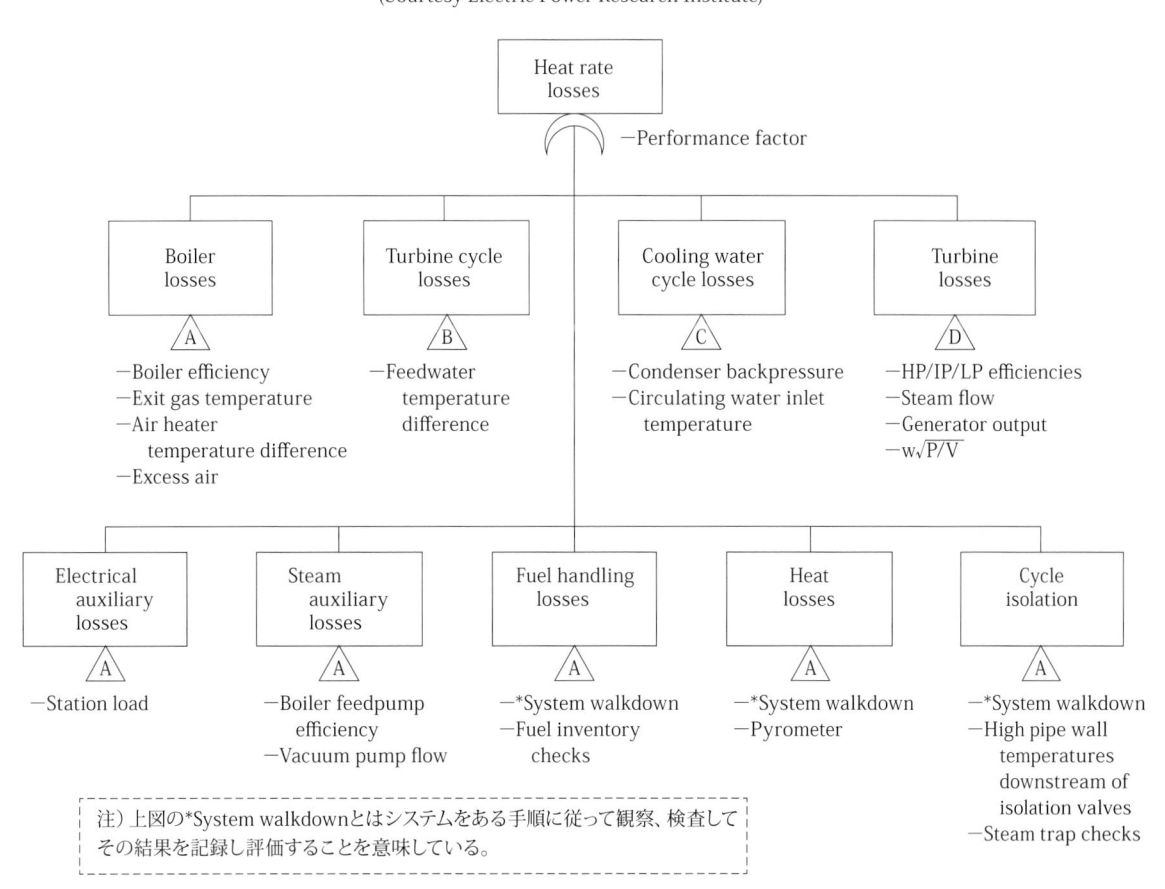

Fig. 2-3.6.2.3-1 Heat Rate Logic Tree － Main Diagram
(Courtesy Electric Power Research Institute)

```
                         Heat rate
                          losses
                            │
                            └─ Performance factor
    ┌───────────┬───────────┼───────────┬───────────┐
  Boiler     Turbine cycle  Cooling water  Turbine
  losses       losses      cycle losses    losses
    △A          △B           △C            △D
 ─Boiler      ─Feedwater   ─Condenser    ─HP/IP/LP
  efficiency   temperature   backpressure  efficiencies
 ─Exit gas    difference   ─Circulating  ─Steam flow
  temperature              water inlet   ─Generator
 ─Air heater               temperature    output
  temperature                            ─w√P/V
  difference
 ─Excess air

  ┌──────────┬──────────┬──────────┬──────────┐
Electrical  Steam      Fuel        Heat       Cycle
auxiliary   auxiliary  handling    losses     isolation
losses      losses     losses
  △A         △A         △A          △A         △A
─Station    ─Boiler     ─*System    ─*System   ─*System
 load        feedpump    walkdown    walkdown   walkdown
             efficiency ─Fuel       ─Pyrometer ─High pipe wall
            ─Vacuum      inventory               temperatures
             pump flow   checks                  downstream of
                                                 isolation valves
                                                ─Steam trap checks
```

注）上図の*System walkdownとはシステムをある手順に従って観察、検査して
その結果を記録し評価することを意味している。

図7.17　プラント性能劣化診断のLOGIC TREE[19]

うに半径方向に翼断面がねじれている場合に生じる遠心力によるねじり戻り応力（untwist stress）
- 蒸気力による曲げ応力（steam bending stress）
② 振動応力（vibratory stress）
- 蒸気励振力との共振応力：回転数のハーモニックとの共振、ノズルウェーク振動数との共振、等。
- 電気的励振力との共振応力：発電機出力のトルクアンバランスによって励振される翼軸連成ねじり振動。
- 自励振動応力：低負荷、低真空域で発生する最終翼の失速フラッタ、等。

これらの応力を、材料の許容応力以下にすることが信頼性確保の基本であり、そのためには、各応力を正確に評価する技術が必要となる。定常応力は、それ自身を材料の許容応力以下にすることはもちろんであるが、この定常応力と材料強度により許容振動応力が定まるため、耐振強度制約上も正確に求めることが要求される。低圧最終翼のように、翼長が長く、ねじりの大きい翼の応力解析には、図7.18[20]に示すような三次元有限要素法による詳細な解析が必要となる。

また、強度上重要部位である翼植込部は、各メーカにより構造的な違いもあるが、いずれも三次元的に複雑な応力分布となるため、三次元有限要素法解析を実施する。

低圧最終翼群には高クロム鋼が用いられて来たが近年はチタンも用いられるようになった。メーカでは新材料の適用に当たって、各種試験評価に加え、長期検証試験を実施している。

評価項目としては、引張強度、衝撃特性、耐遅れ

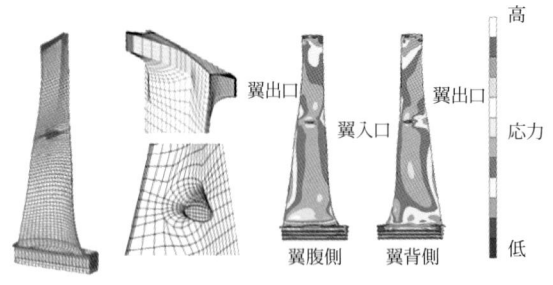

第7章 信頼性向上技術

(a) FEM解析モデル　(b) 静的強度解析結果

図7.18 三次元FEMモデルと静的強度解析結果[20]

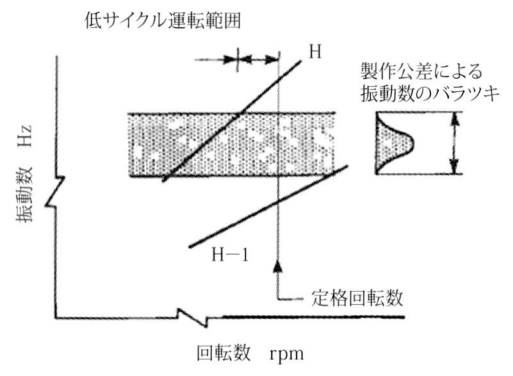

図7.19 共振回避設計

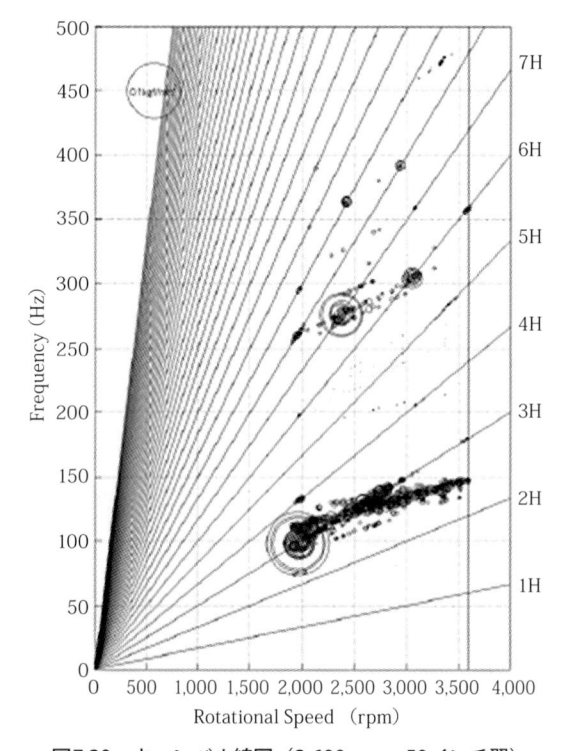

割れ性、高サイクル疲労強度、低サイクル疲労強度、腐食環境下での腐食疲労強度、フレッティング疲労強度、耐エロージョン性などを実施し、長大翼材料としての要求特性を満足していることを確認している事例が見られる[21]。

(2) 翼の耐振設計と検証

翼の信頼性は、耐振強度のいかんにかかっていると言っても過言ではなく、以下に配慮すべき主な項目を示す。

① 共振回避（tuning）：蒸気タービンの翼列内流れは、一般に周方向に完全に均一ではなく、その不均一性により回転中の動翼からみると回転数のハーモニック成分の励振力を受けることになる。この周方向の不均一の理由は、上流側の静翼のピッチ、流出角の不均一、車室補強材、水平フランジ等の静止部の非対称性および入口・排気・抽気の影響等によるもので、その励振成分は、一般にハーモニックが小さい程大きく、ハーモニックが大きくなると小さくなる傾向がある。翼の固有振動数が、この回転数のハーモニック成分と一致した場合には、共振現象となり大きな振動応力が発生するため、十分な耐力を有する設計とする必要がある。

この共振に対する対策としては、共振しても充分な耐力を有するように設計する方法と、共振を回避するよう設計する方法の二種類ある。蒸気タービンに使用されている翼の大半はこの共振しても充分な耐力を有するように設計されている。しかし、低圧最終翼群のように翼長が長く固有振動数が低いものに対しては、その低次モードに対して、共振を回避した設計を行っている。

共振回避は、図7.19に示すように製作上の

図7.20 キャンベル線図（3,600rpm、50インチ翼）

振動数のバラツキを考慮してもタービンの高低サイクル運転範囲で確実に回避できるよう、振動数の予測には高精度が要求される。振動数の計算には、ビーム理論に加えて三次元有限要素法解析が行われ、最終的には実物翼による回転振動試験によって振動数の確認が行われる。図7.20に回転振動試験で求めたキャンベル線図（campbell diagram）の例を示す。

このように共振回避を行う翼でも、その高

次振動モードに対しては、共振しても十分な耐力を有するように設計する必要があり、その励振力の推定が重要となる。この励振力は、翼の耐振設計上重要なパラメータであり、そのデータは、試験タービンによる実負荷試験および実機テレメータ試験結果から蓄積されたものが使用される。

② フラッタ振動（flutter vibration）：前述の共振応力の場合は、高負荷時ほど応力は大きく強度的に厳しくなるため、最大流量時でも許容応力を満足するよう設計されるが、低圧最終翼の場合、低負荷・低真空域においても高い応力が発生する。図7.21に試験タービンで計測された応力分布を示すが、低負荷・低真空時には流れが大きく乱れ翼先端部で流れのはくり等が生じ、自励振動である失速フラッタや、ランダム励振力に対する選択共振等の現象が生じる。すなわち負荷が小さく排気真空度が低下すると、図7.22に示すような大きな逆流が発生する。翼先端部では流入マッハ数が増し、流入角が大きくなり翼型とのインシデンス角が増加して失速域に入るため、空力減衰が負となり失速フラッタが発生する場合がある[22]。その対策としては、真空運転制限値を設ける一方、設計的には、翼型の流入角の増加、インシデンス角の低減、翼の剛性を上げること、また構造的なダンピングを増加するなどの対策が講じられている。フラッタ発生限界を求めるためには解析的な手法も試みられているが、一般には、二次元のフラッタ翼列試験（図7.23）[23]での検証、最終的には試験タービンによる実負荷試験による確認が行われている。

③ 翼軸連成ねじり振動（blade-disc-shaft coupled torsional vibration）：発電機に3相間の

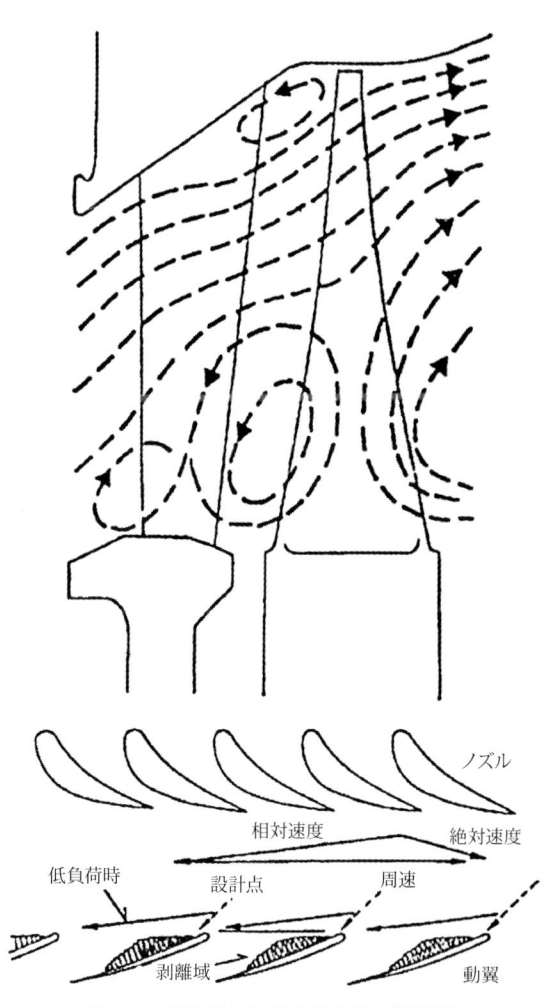

図7.22 低負荷における最終段の逆流現象

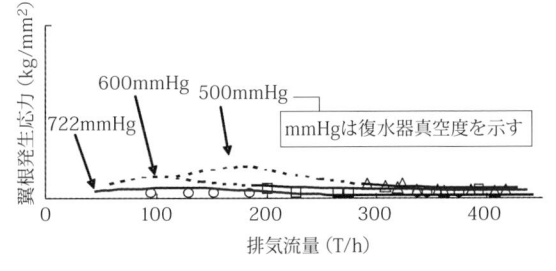

図7.21 振動応力（実負荷試験結果）

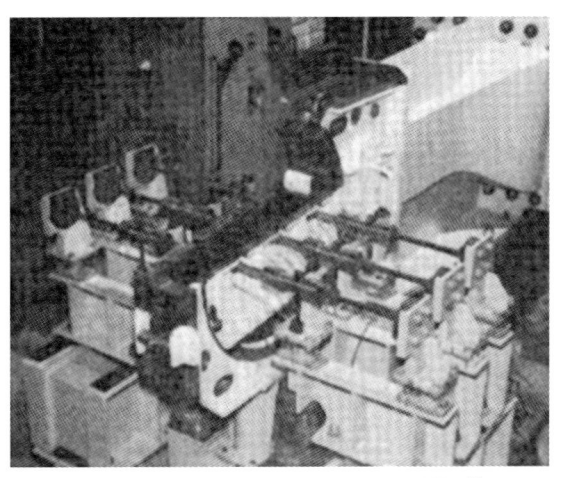

図7.23 高速風胴によるフラッタ試験装置[23]

不平衡負荷が存在すると、系統周波数の2倍周波数の変動電気トルクが発生し、これが翼・ディスク・軸の連成系のねじり固有振動数と一致すると動翼に過大な応力が発生する。図7.24(a)に示すように軸がねじり振動をすると翼は周方向に強制加振されるが、動翼の振動は、円周方向成分だけでなく軸方向成分も同時に持つため、軸方向にも必ず振動する。しかも軸のねじり振動による強制加振は一円周同位相であるため、図7.24(b)のように全周同相のディスクのアンブレラ型屈曲振動と呼ばれる振動を引き起こす。従って、この軸のねじり振動と翼・ディスクの連成した固有振動数と、系統周波数の2倍の周波数との共振を回避する設計とする必要がある。図7.25[24]に連成振動モードの計算例を示す。

この振動数を検証するためには、軸をすべて結合した状態でその固有振動数を計測する必要があるため、実機でのテレメータ試験による計測が行われる。

また工場出荷時の確認手段として、単体ロータでのねじり加振試験による振動数検証が行われている（図7.26）。

④ 試験タービンによる実負荷試験翼の信頼性確認（Verification by Actual Steam Test Facility）：低圧最終翼の長翼化に伴って実機翼の不適合事象が多く観られるようになって来た。これを防ぐためには開発の最終段階において実物翼あるいはスケールモデル翼を作成し当該翼が将来に渡って運転されるであろう条件下で信頼性を確認するのが最も賢明な手法である。

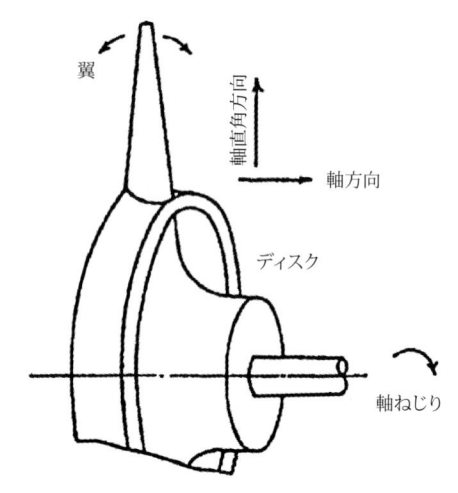

(a) 翼と軸の連成振動

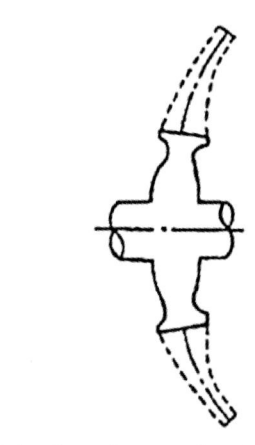

(b) ディスクのアンブレラ型屈曲運動
図7.24 翼軸連成振動

図7.27は代表的な実負荷試験装置である。低圧車室の内部構造は実機とほぼ同じに作られており、実機と同じ内部流れが実現出来る。こ

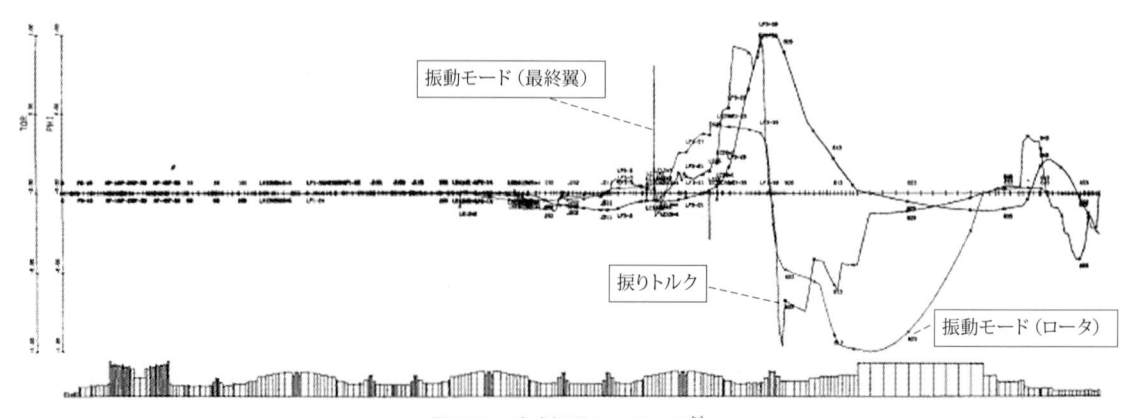

図7.25 連成振動モードの例[24]

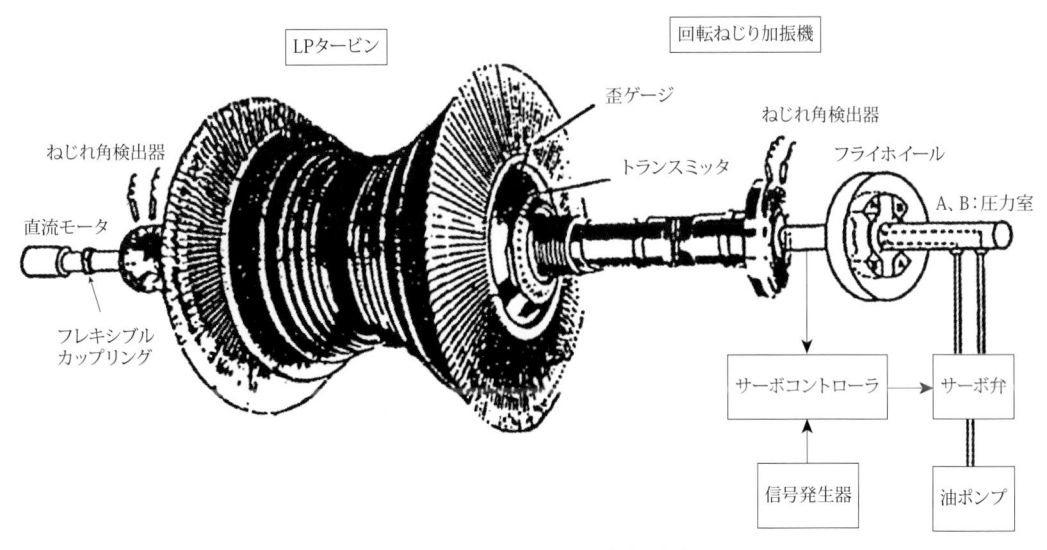

図7.26　単体ロータねじり加振試験

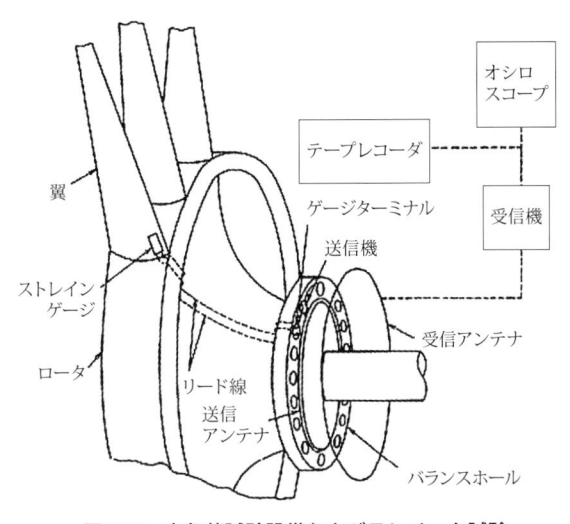

図7.27　実負荷試験設備およびテレメータ試験

れにより対象翼の安全性を確認するばかりでなく、翼設計において基本となる励振力やダンピングなどのデータが取得でき、翼の信頼性向上に対して大きく寄与する。

実負荷条件の試験としては、実機に対するテレメータ試験も有効である。こうした負荷条件における翼設計データの集積とその設計プラクティスへの反映が翼の信頼性向上にとって重要である。

7.3.2　軸振動対策

(1) 軸振動解析技術、軸系設計技術

日本において、タービン軸系の振動解析技術は1970年代より急速に発達した。その結果、危険速度やアンバランス応答解析精度が図7.28に示すように向上し[25]、後述のロータバランス技術の発展ベースになった。また、タービンと結合される2極発電機の非対称性に基づく振動やロータにクラックが入った場合の応答も定量的に可能[26]となり、この種の振動の低減や前述の異常診断技術のベースとなった。

軸系設計技術としては、実機の振動実績に即した新しい危険速度判定基準としてQファクタ設計法（図7.29）が提案され[27]実用化されている。この考え方の普及により、振動感度の高い軸系の未然防止など実質の種々の問題が解決した。軸受の研究成果も含め、軸系振動解析技術の発展により、ほとんどの振動トラブルを設計時点で防止することが可能となり、蒸気タービンの信頼性が飛躍的に向上した。

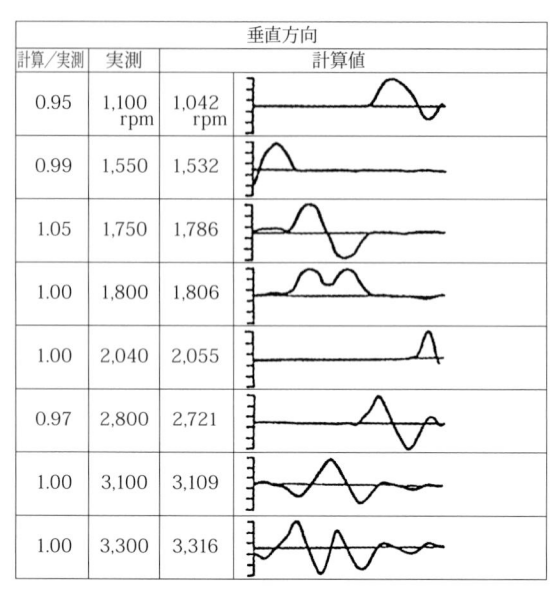

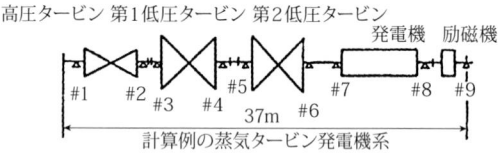

計算/実測	実測	計算値	垂直方向
0.95	1,100 rpm	1,042 rpm	
0.99	1,550	1,532	
1.05	1,750	1,786	
1.00	1,800	1,806	
1.00	2,040	2,055	
0.97	2,800	2,721	
1.00	3,100	3,109	
1.00	3,300	3,316	

高圧タービン　第1低圧タービン　第2低圧タービン　発電機　励磁機
#1　#2　#3　#4　#5　#6　#7　#8　#9
37m
計算例の蒸気タービン発電機系

図7.28　多軸受弾性ロータ系の危険速度と振動モード

(2) ロータバランス技術

振動解析技術と同様、1970年代にロータのバランス技術は飛躍的に進歩し、日本の技術レベルは1970年代末には世界のトップレベルに至った。

まず1972年に図7.30に示すモード円バランス法と呼ばれる方法がヨーロッパで研究されていたモーダルバランス法をベースに実用化され、従来手法ではバランスの困難な長大タービンロータのバランスに飛躍的な能率と精度の向上をもたらした[28]。その後この手法は様々な形で各社に実用化された。また、ミニコンピュータの発展によりコンピュータバランスシステムの開発、実用化も進んだ。ここで築かれたデータ処理技術は前述の異常診断システムのベースとなった。

これらのバランス技術の発展により、現地でフィールドバランスのために運転される回数は飛躍的に低減した。また、ロータの製造技術の進歩も目覚しく、機械加工精度の向上や工場バランス精度の向上により、現地でのバランスを必要とせず低振動で運転されるユニットも増加している。

(3) 軸ねじり振動（torsional vibration）

タービン発電機ユニットのねじり振動現象としては短絡やしゃ断器の再閉路に基づく過渡ねじり振動、電力系統の負荷の不平衡による定常ねじり振動や送電系統との関係による低次不安定振動などがある。いずれの現象も、研究が進み、詳細な計算が可能となっており、軸系の設計に生かされている。また、重要なユニットについては、ねじり振動監視装置も開発・設置され種々のデータが蓄積されている。実験的にタービンのねじり振動特性を確認する加振システムや実験手法も実用化されている[29]。

(4) オイルホイップ（oil whip）、
　　スチームホワール（steam whirl）

回転数より低い振動数で振動するこれら一連の振動は古くから研究されて来たが、最近特に研究が進んだ。軸受油膜に基づくオイルホイップについては、前述の軸振動解析技術の進歩と、軸受動特性に関する理論的解析と実験的検証が進み、かなりの精度で予測が可能となるとともに、対策用としてのティルティングパット軸受などの実用化が進んでいる。また、実機についての直接的な検証技術として運転中の加振テスト法も実用化され、この種の振動に対する安定余裕も検証可能となった[30]（図7.31）。

一方、蒸気タービンの作動流体としての高圧蒸気によって発生するとされるスチームホワールについても近年研究が進んだ。この現象の原因とされる動翼部のもれ変化によるスチームホワールや、ラビリンスシールによる不安定力の基礎的研究が進み、ある程度の精度で理論的予測が可能となりつつある。類似の振動が表れる現象として、流体の乱れによるランダムな応答などがあるが、これは不安定振動でないことから、振動レベルが小さければ問題ないことも検証された。

7.4　スケールおよびドレンエロージョン対策

7.4.1　スケール対策（solid particle erosion）

高温、高圧下で運転される蒸気タービンでは、タービン入口部に位置する調速段ノズル等に浸食が認められることがある。この浸食は主としてタービン起動時にボイラ側から飛来するスケールによって起こるもので、図7.33のようにノズル出口端に欠損を生じる。ノズルの浸食が進行するとタービン効率が低下するのみならず、調速段動翼への影響もあるため、積極的な防止方法が望まれており、下記の代表的な対策が考えられる。

① コーティング等によるノズル表面の硬化処理

② バルブマネージメント（負荷運転中での弁切換）による起動時全周噴射運転
③ 主蒸気の起動時タービンバイパス
④ 主蒸気管等の化学洗浄
⑤ ボイラチューブのクロマイジング

そのなかで蒸気タービンにおいては実施が容易で効果が大きい防止方法として(1)および(2)の対策が実用化されている。

(1) ノズル表面のコーティング（nozzle coating）

ノズル表面の硬化処理法についてはプラズマスプレー等各種の方法が実用化されているが、その代表的なものがディフュージョンコーティング、あるいはほう化処理と呼ばれているものである[31]〜[33]。

本方法は、ボロン等の元素を金属表面に蒸着・拡

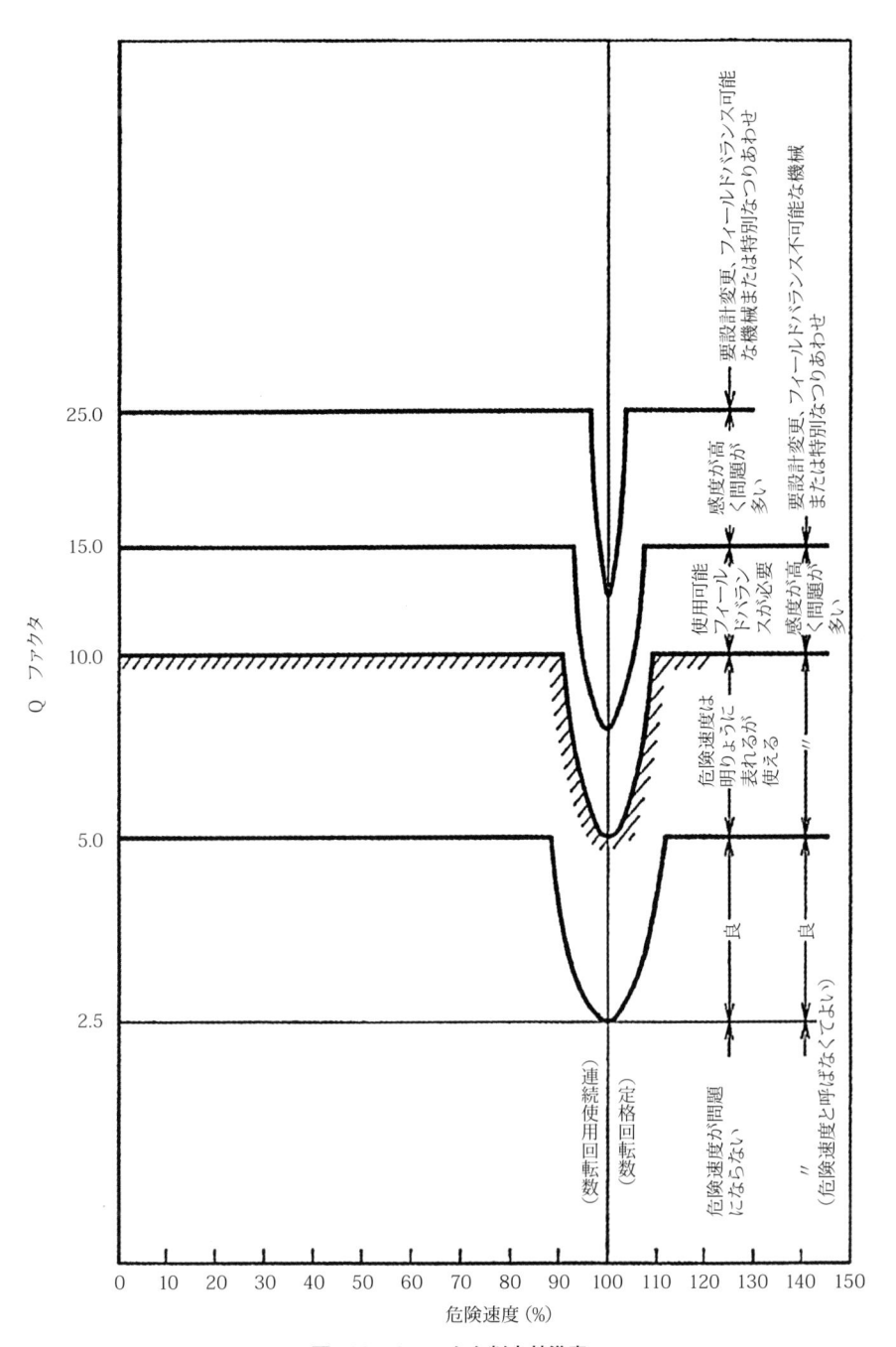

図7.29 Qファクタ判定基準案

第7章 信頼性向上技術

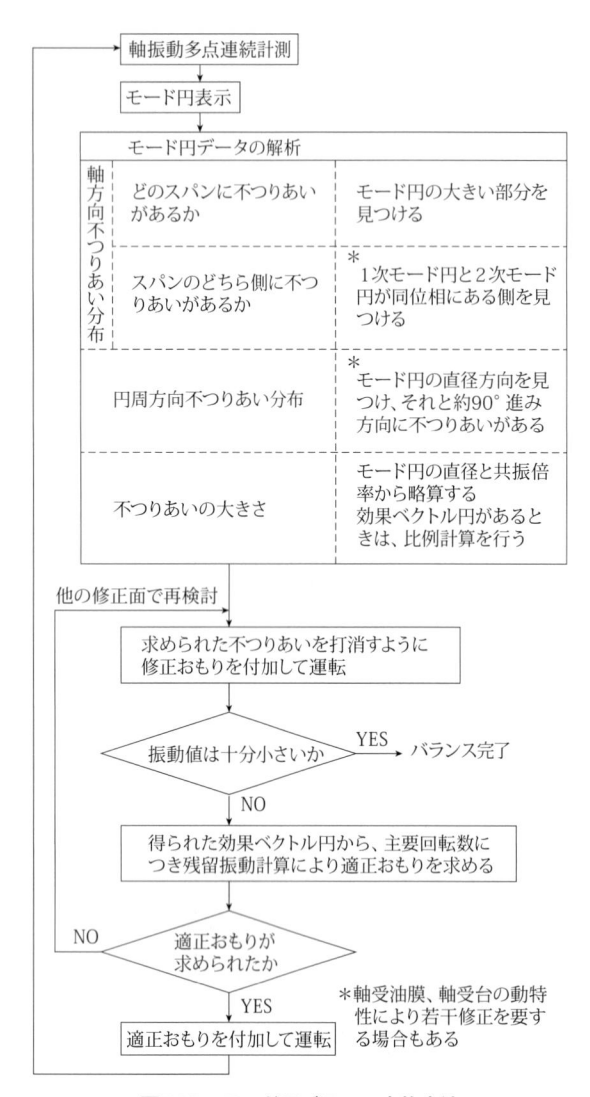

図7.30 モード円バランス実施方法

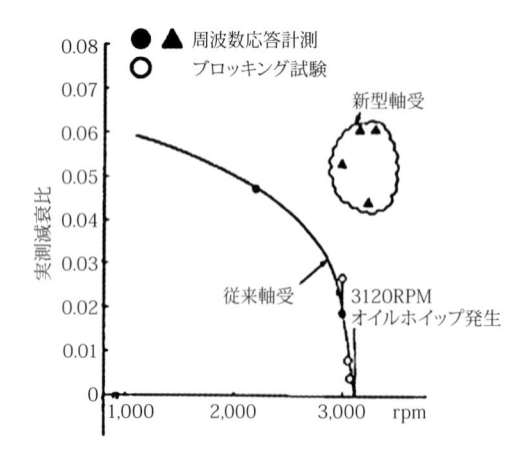

図7.31 オイルホイップ安定性検証テスト結果

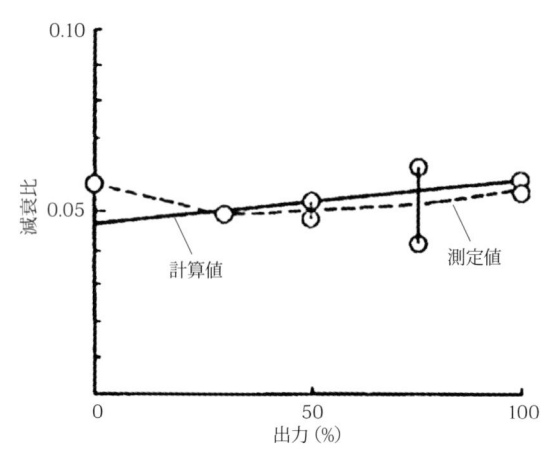

図7.32 スチームホワール安定性検討結果

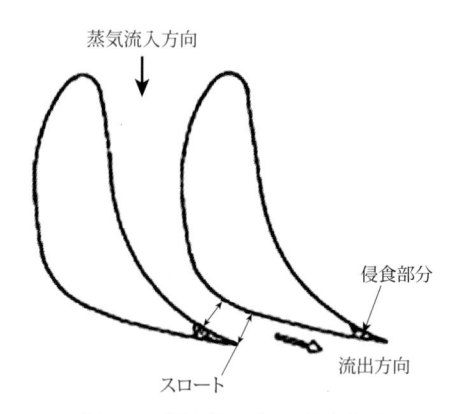

図7.33 調速段ノズルの浸食箇所

散せ、金属組織的に結合させることにより硬化層を得る方法で、次の特徴を有している。

① コーティング層は約80〜100μmと薄いが非常に硬い皮膜を形成する（ビッカース硬さで1,500〜1,700に達する）。
② コーティング層と母材との結合が強い。
③ コーティング層が薄いため蒸気通路への影響が少ない。
④ ノズル全体に均一にコーティングできる。

本方法のノズルブロックへの適用例を図7.34に示すが、コーティングは蒸気通路面全体に実施する。図7.35にコーティング層の断面ミクロ組織を示すが、約90μmの良好なコーティング層が形成されている。図7.36は実機で検証された耐摩耗性の例であるが、コーティング（ほう化処理）を実施したノズルは、未処理ノズルに比し、同一運転時間に

第7章　信頼性向上技術

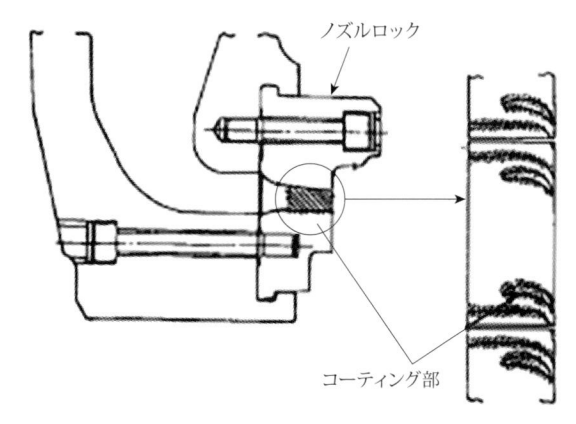

図7.34　コーティング範囲

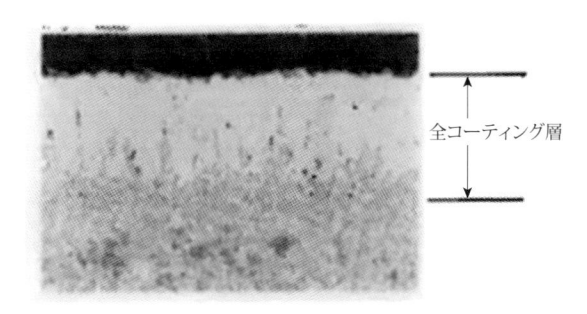

図7.35　コーティング層の断面ミクロ組織

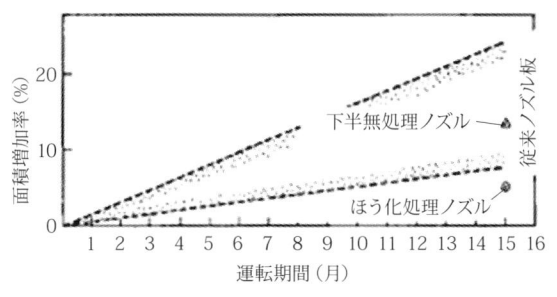

図7.36　耐エロージョン試験結果

対する浸食量が著しく低減されている。

(2)　バルブマネージメント（valve management）

スケールによるノズル浸食は、スケールの比重が大きいことによる慣性効果のため、スケールが蒸気の流れに追従できずノズル出口部の壁面に衝突することにより生じる。この浸食速度は蒸気速度の約2〜3乗に比例するため、蒸気速度を下げれば浸食速度は大幅に低減でき、ノズルの浸食防止に対して効果的な方法である。

一方、ボイラスケールのタービンへの飛来量は実機での調査によれば、タービンの起動初期に多く、並列後の負荷上昇と共に急激に飛来量が減少し、併入後約40〜50時間を経れば飛来量は起動時初期の1/100程度以下にまで減少する。

通常の事業用火力機（締切り調速の場合）では起動時、蒸気部分導入率25〜50%の運転が行われているが、スケール飛来量の多いこの期間に、蒸気速度を低下させるため、全周噴射とし、その後、部分噴射に切替えるバルブマネージメント機能の採用により、ノズルの浸食量を大巾に低下させることができる。

以上のノズルコーティングおよびバルブマネージメントは実機に適用されており顕著な効果を上げている。図7.37にノズルエロージョン対策として実施したノズルの状況を示すが、約20ヶ月運転後、従来ノズル出口端に認められていた浸食はなくコーティングの効果が表われている。

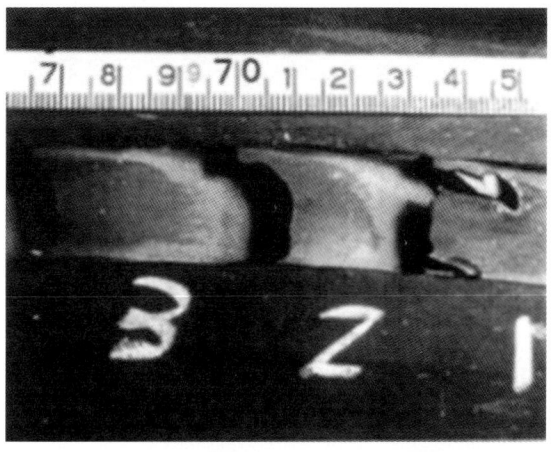

(a)　ノズル損傷状況（コーティング未施）

(b)　20ヶ月運転後の状況（コーティング施行）
図7.37　実機ノズルコーティングの状況

7.4.2 ドレンエロージョン対策（drain erosion）

火力発電用の低圧タービン最終翼群や原子力発電用タービンは、水滴を含む湿り蒸気中で作動するため、これに起因する動翼のエロージョンや性能低下の問題が生じる。特に低圧最終翼の先端部では、長翼化にともない周速が700m/sに達する場合もあり水滴のエロージョンに対する評価法および防止技術が翼の信頼性向上に対して重要な課題となっている（第6章参照方）。

① 有害水滴の除去
② 静動翼間の軸方向スペースの適正化
③ 耐エロージョン材の張付等の処置

エロージョンに対して最も厳しい動翼先端前縁部には耐エロージョン性に優れたステライト材が貼り付けられる。タービン翼材に対して耐エロージョン性を試験した例を図7.38[34]に示す。

図7.38に静動翼間の軸方向スペースの適正化と静翼スリットや静動翼間のドレンセパレータによる粗大水滴の除去例が紹介されている。

ステライトの貼り付けは銀ロウ付け等により最も一般的に行われるが、反面ステライト材の剥離を心配せねばならない。近年では母材の水滴が当たる箇所の硬化処理を実施する（flame hardening）耐エロージョン性に優れた物質をコーティングする（HVOF）[35][36]などの対策によりステライト材の貼り付けと異なる方法を採用している例も見られる。また、近年ではCAE技術の進歩により粗大水滴の軌跡を計算してエロージョン損傷に及ぼす影響を評価して、設計的に影響を最小限に留める工夫も観られている[37]。

図7.39は静動翼間での粗大水滴の大きさと挙動を推定してエロージョンの評価を実施した例である。

7.5 基礎設計と耐震基準への対応
7.5.1 基礎設計

図7.40にタービンの基礎形状の一例を示す。

タービンのLP車室は基礎上の台板に載っており凸形状をしたアンカによって軸方向、軸直角方向に膨張することが出来る。

HIPタービンはLP1タービンと連結している。

図7.41のようにセンタリングビームを介して軸方向に伸び、HP軸受箱まで車室の熱伸びを伝達する。

スラスト軸受はHP軸受箱に格納されており、ロータはHP軸受箱を起点として左側へ伸びる。

図7.42はタービンの基礎形状の図7.40とは異なる例である。この場合は下記の点に留意して固定点とスラスト軸受の位置が決定されている。

- 低圧ケーシング：各々、軸方向に固定

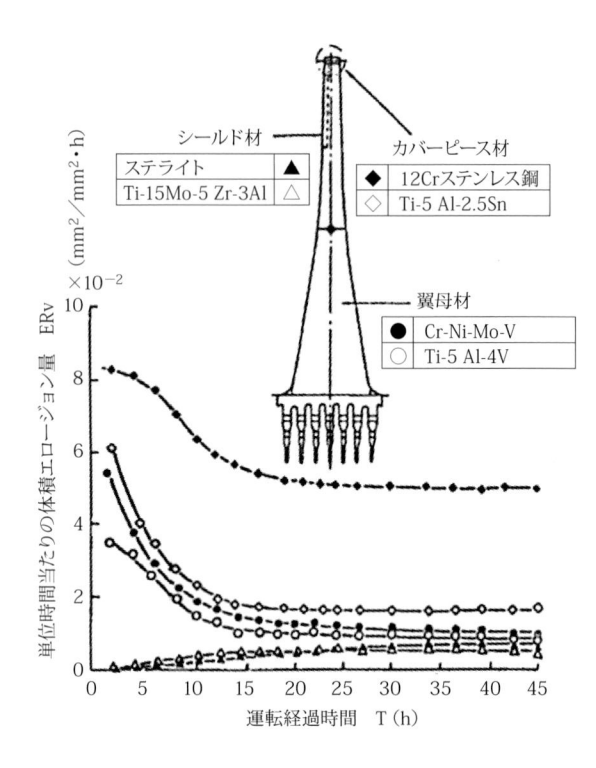

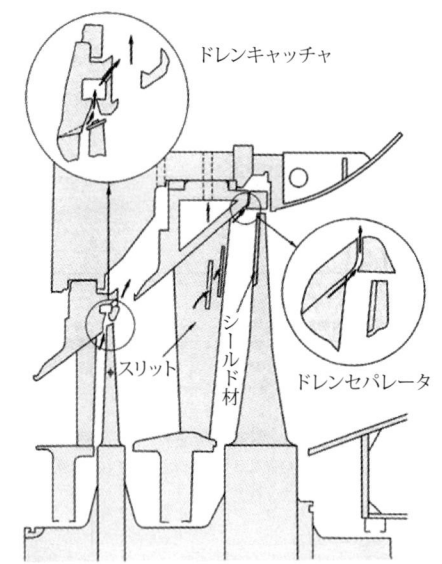

図7.38 タービン翼材の耐エロージョン特性

第7章 信頼性向上技術

減肉評価
水滴エロージョン損傷の評価式
$$ERm \propto d_{3-2}^{2.5\sim3.1} * V_d^5 * G_w^{0.9\sim1.0}$$
平均エロージョン　平均水滴直径　水滴衝突速度　衝突水滴定量

脆化評価
エロージョン試験機による、脆化の因子の特定、物性のパラメタライズ実験式構築が必要

現象メカニズム不明

システム設計と運転条件に依存　　材料に依存

計測とCAEで因果律の解析

静翼　　動翼

〈水滴の発生〉→〈翼面補集〉〈粗大水滴の発生〉〈微細化〉〈衝突〉

水滴エロージョン

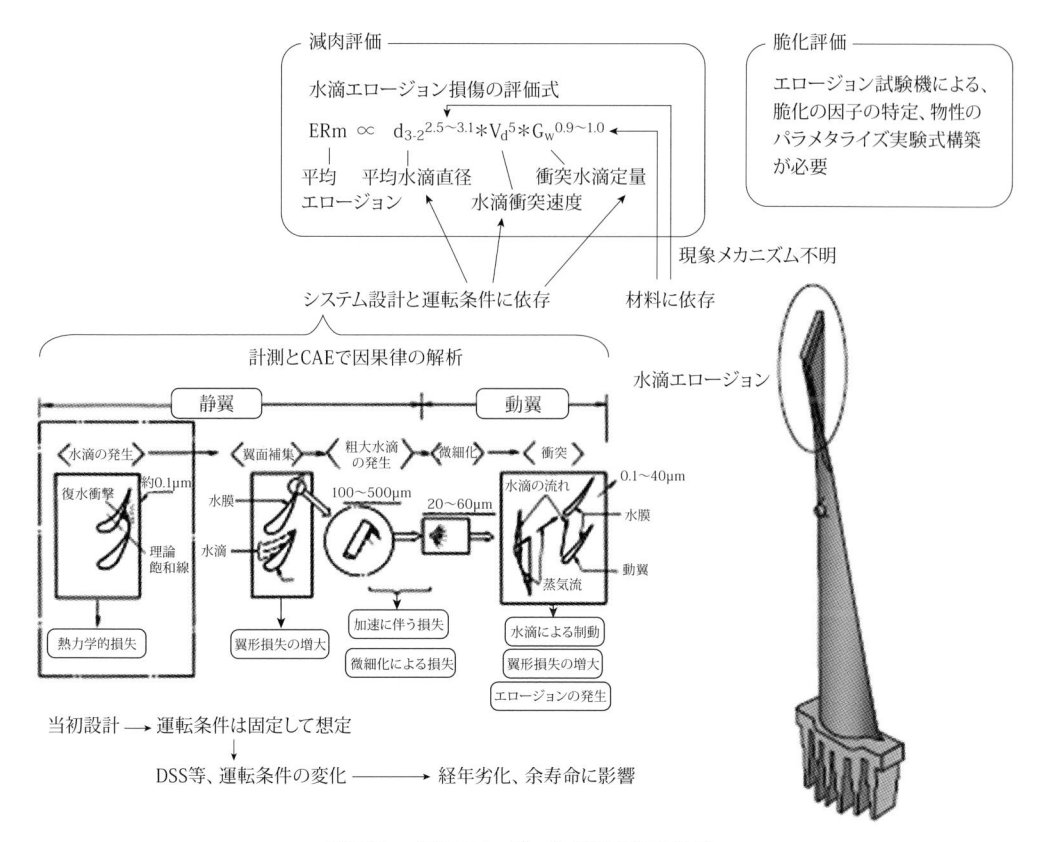

約0.1μm
復水衝撃
理論飽和線

100〜500μm
水膜
水滴

20〜60μm

0.1〜40μm
水滴の流れ
水膜
動翼
蒸気流

熱力学的損失　翼形損失の増大　加速に伴う損失／微細化による損失　水滴による制動／翼形損失の増大／エロージョンの発生

当初設計 → 運転条件は固定して想定
DSS等、運転条件の変化 → 経年劣化、余寿命に影響

図7.39　水滴エロージョン評価方法の分析

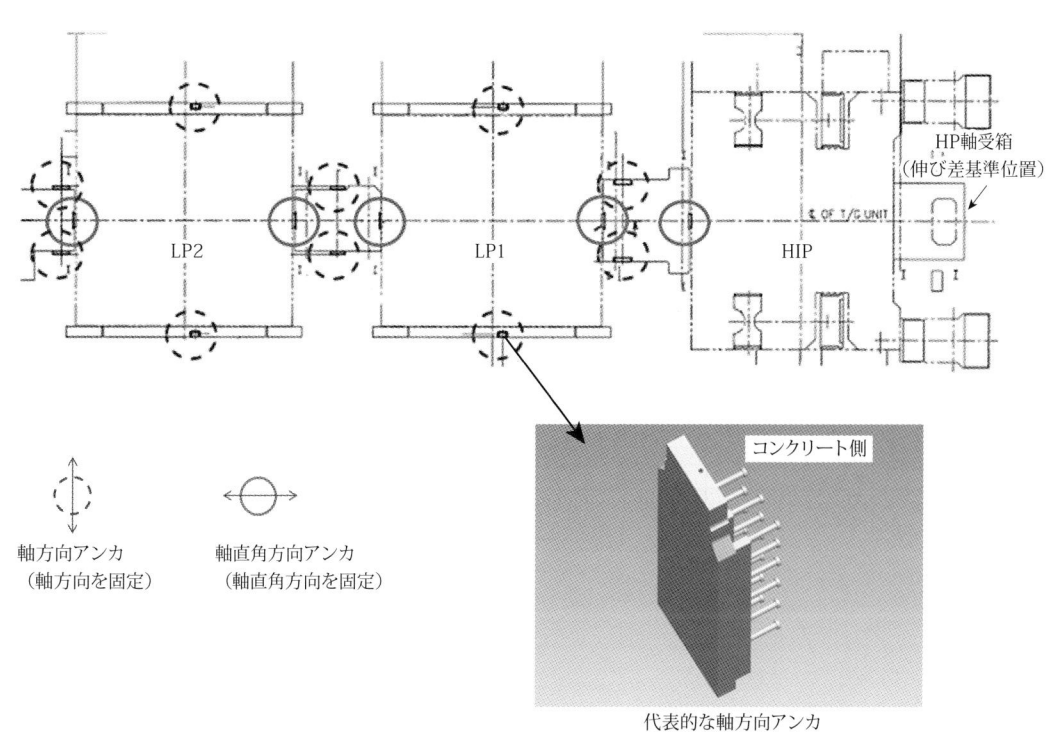

LP2　LP1　HIP
HP軸受箱（伸び差基準位置）

↕ 軸方向アンカ（軸方向を固定）
↔ 軸直角方向アンカ（軸直角方向を固定）

コンクリート側
代表的な軸方向アンカ

図7.40　代表的なタービンの基礎形状と埋め込み金物（三菱重工業）

第7章 信頼性向上技術

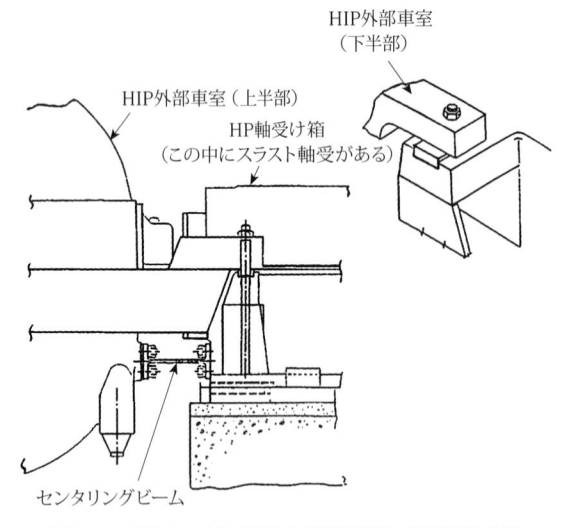

図7.41 HIPタービン廻りの基礎形状と埋め込み金物（三菱重工業）

- 中圧ケーシング/高圧ケーシング：中圧ケーシングの低圧ケーシング側にて固定。
- スラスト軸受位置：高圧ケーシングと中圧ケーシングの間（高・中圧翼列の伸び差を最小にするため）。

7.5.2 耐震基準への対応

蒸気タービンの耐震設計では以下の2点に留意する必要がある。

① 地震時の或るしきい値以上の震度もしくは加速度が計測された場合はタービン本体は安全に停止できること。

② 地震時においてタービン本体や補機が転倒しないこと。

③ 地震時においてタービン本体や補機が破損しないこと（通常は本体と基礎を連結している埋め込み金物の強度をチェックする）。

一般にタービンを設計する場合には顧客から設計条件として地震時の加速度もしくは震度が与えられる場合が多い。各メーカは独自に社内規格を持っている。この社内規格は①～③に則って強度計算指針が決められている。また、我が国の原子力発電所の場合には原子力安全委員会により「発電用原子炉施設に関する耐震設計審査指針」[38]として下記が定められている。

Sクラス（原子力圧力容器など）

自ら放射性物質を内蔵しているか又は内蔵している施設に直接関係しており、その機能そう失により放射性物質を外部に放散する可能性のあるもの、及びこれらの事態を防止するために必要なもの並びにこれら事故発生の際に、外部に放散される放射性物質による影響を低減させるために必要なものであって、その影響、効果の大きいもの。

Bクラス（廃棄物処理設備など）

上記において、影響、効果が比較的小さいもの。

Cクラス（タービン、発電機など）

Sクラス、Bクラス以外であって、一般産業施設と同等の安全性を保持すればよいもの。

「発電用原子炉施設に関する耐震設計審査指針」では「耐震設計方針」として以下の定義に従った地

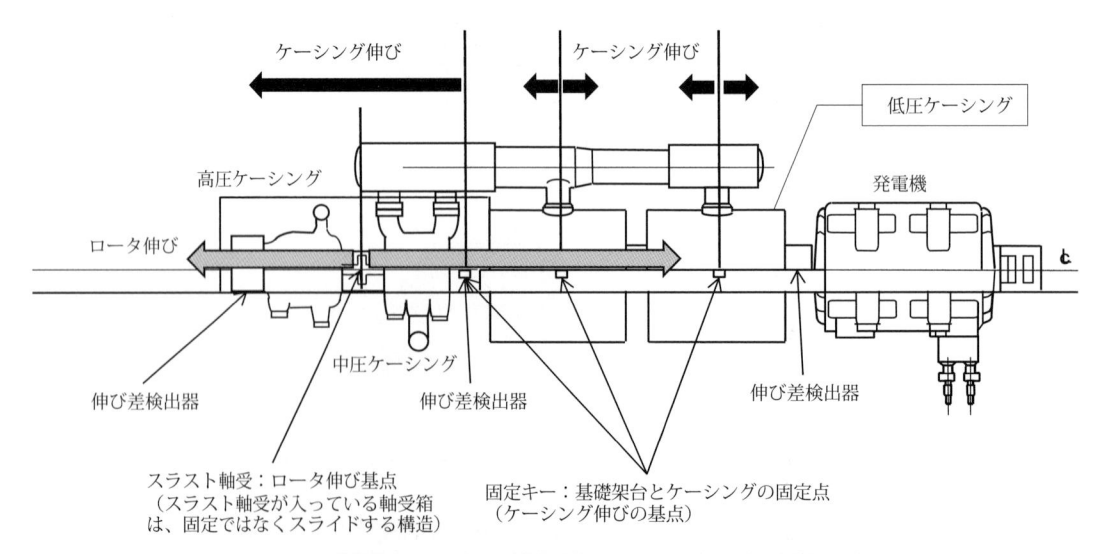

図7.42 代表的なタービンの基礎形状と埋め込み金物（日立製作所）

震力を算定して強度評価に用いるように定義している。

(1) 静的地震力

① 水平地震力

1) 水平地震力を算定する上での基準面は原則として地表面とする。ただし、建物・構築物の構造や外周の地盤との関係等の特徴を考慮する必要がある場合は、適切に基準面を設定し、算定に反映させること。

2) 基準面より上の部分の水平地震力については、建物・構造物の各部分の高さに応じ、当該部分に作用する全体の地震力とし、次の式による。

$Q_i = n \cdot C_i \cdot W_i$ …(1)

Q_i：基準面より上の部分に作用する水平地震力

n：施設の重要度分類に応じた係数（Sクラス3.0、Bクラス1.5、Cクラス1.0）

C_i：地震層せん断力係数であり、次の式による。

$C_i = Z \cdot R_t \cdot A_i \cdot C_0$ …(2)

C_iの算出式において、

Z：地震地域係数（地域による違いを考慮せず、1.0とする。）

R_t：振動特性係数であり、安全上適切と認められる規格及び基準その他適切な方法により算出するものとする。

・ここでいう「安全上適切と認められる規格及び基準」とは、建築基準法等がこれに相当する。ただし、建物・構築物の構造上の特徴や地震時における応答特性、地盤の状況等を考慮して算定された振動特性を表す数値が、建築基準法等に掲げる方法で算出した数値を下回ることが確かめられた場合においては、当該算定による値（0.7を下限とする）まで減じたものとすることができる。

A_i：地震層せん断力係数の高さ方向の分布係数であり、R_tと同様に安全上適切と認められる規格及び基準その他適切な方法により算出するものとする。

C_0：標準せん断力係数で0.2とする。

W_i：当該部分が支える固定荷重と積載荷重の和

② 鉛直地震力

Sクラスの静的地震力算定における鉛直地震力は、次式による鉛直震度から算定する。

$C_v = R_v \cdot 0.3$ …(3)

この式において、

C_v：鉛直震度

R_v：鉛直方向振動特性係数で1.0とする。

ただし、特別の調査又は研究に基づき、1.0を下回ることが確かめられた場合においては、当該調査又は研究の結果に基づく数値（0.7を下限とする）まで減じたものとすることができる。

荷重の組み合わせと許容限界について、次の記述が明記されている。機器配管制許容限界については、「発生する応力に対して降伏応力又はこれと同等な安全性」を有することを基本的な考え方としたが、具体的には、電気事業法に定める「発電用原子力設備に関する技術基準」等がこれに相当する。

<参考文献>

(1) 村松正光・木村和成ほか：蒸気タービン部品の寿命予測と保守管理，火力原子力発電，Vol.35, No.8, pp.785-795（1984.8）

(2) 後藤 徹・角屋好邦ほか：Cr-Mo-V鍛鋼部材のクリープ疲労特性とクリープ疲労損傷の検討，第26回高温強度シンポジューム前刷集（1988）

(3) 桐原誠信・祐川正之ほか：火力タービン材料の劣化診断技術の開発，火力原子力発電，Vol.35, No.9, pp.955-946（1984.9）

(4) 須藤義悦・田中元幸ほか：経年火力におけるボイラ耐圧部の余寿命診断技術の開発，火力原子力発電，Vol.39, No.7, pp.727-734（1988.7）

(5) 後藤 徹・小西 隆ほか：Cr-Mo-V高圧ロータ材のX線による疲労寿命評価法，第26回X線材料強度に関するシンポジューム前刷集（1989）

(6) 森 修二・田村広治ほか：既設発電設備の寿命診断，日立評論，Vol.69, No.10, pp.973-978（1987.10）

(7) 木村和成・綾野真也ほか：蒸気タービンの長寿命化，東電レビュー，Vol.40, No.11, pp.920-923（1985.10）

(8) Viswanathan, R. Bruemmer, S.M., Etching technique for assessing toughness degradation of in-service components J.of Eng.Met.Tech , Vol.110, N.o4, pp.313-318（1988.10）

(9) Elimination of Impurity-Induced Embrittlement in Steel, EPRI NP・1510（1978）

(10) 木村和成・犬伺隆夫ほか：Cr-Mo-V蒸気タービンロータ鋼 経年ぜい化の非破壊推定法，材料，Vol.38, No.425, pp.175-181（1989.2）

(11) McMinn, A., Mercaldi, D., M aterial Sampling for Equipment Evaluation, A SME JPGC-PWR, VOL.3, pp.79-86（1988）

(12) Kadoya Y., Karato H., et al, State-of-the-art NDE Technique for Crack-Initiation Life Assessment of High-Temperature Rotors, 1n t. Conference Life Extension and Assessment at Hague（1988）

(13) 竹田頼正・高野勇作ほか：微小パンチ試験によるCr-Mo-Vロータ材の衝撃特性の推定，材料，Vol.37, No.421,

pp.1178-1184（1988.10）

(14) Kadoya Y.Kawamoto K. et al, Material Characteristics NDE System for High-Temperature Rotors, ASME JPGC・PWR・10（1985）

(15) 中島秀雄・桧佐彰一ほか：大型蒸気タービン軸振動診断システム，火力原子力発電，Vol.38，No.12，pp.65-74（1987.12）

(16) 藤沢二三夫・佐藤一男ほか：弾性ロータの振動診断法およびシステム，火力原子力発電，Vol.39，No.2，pp.19-27（1988.2）

(17) 安田千秋・伊藤良二ほか：回転機械の異常診断システム，火力原子力発電，Vol.40，No.2，pp.37-49（1989.2）

(18) 安田千秋：異常診断エキスパートシステム，日本機械学会第665回講習会教材，P63-72（1988.5）

(19) ASME PTC PM-2010, Performance Monitoring Guidelines for Power Plants, p.64

(20) 大山・福田ほか：蒸気タービン超長大最終翼群，3600rpm-50IN/3000rpm-60IN の開発，三菱重工技報 Vol.46 No.2（2009）発電技術特集

(21) 大山宏治：ステイール製超長大翼の開発と検証，ターボ機械協会，第93回セミナー，H22年7月16日

(22) 荒木達雄：蒸気タービンのフラッタについて，ターボ機械，14巻，第2号（1986.2）

(23) 角家義樹・原田正勝ほか：蒸気タービン用3600rpm 40インチ翼の開発，三菱重工技報，Vol.16，No.3（1979.5）

(24) 肥爪彰夫ほか：現代の電力系統事情に適合した大容量タービン・発電機軸径の在り方と設計技術，三菱重工技報，Vol.15，No.2（1978.3）

(25) 白木万博・神吉　博：機械工業における振動問題(1)〜(7)，機械の研究，29巻，7号〜12号（1977）

(26) Inagaki T., Kanki H., et al, Transverse Vibrations of a General Cracked-Rotor Bearing System, ASME Paper, 8

1・DET・45（1981）

(27) 白木万博・神吉　博ほか：回転機械の新しい危険速度評価法，三菱重工技報，Vol.16，No.2（1979）

(28) 白木万博・神吉　博ほか：大形タービンロータのつりあわせに関する最近の進歩，三菱重工技報Vol.11，No.4（1974）

(29) Kanki H., Yamamoto Y., Experimental Verification of Blade-Disc-Rotor Coupled Torsional Vibration for Large Turbine, ASME DE-Vol. 18.1, p.17（1989）

(30) KankiH. I Fujii H, et al, Solving Sub-synchronous Vibration Problems by Exciting Test in Operating Condition, Proceedings of International Conference on Rotor Dynamics, IFTOMM Tokyo（1986）

(31) Kramer, L. D., Qureshi, J. I., Improvement of Steam Turbine Hard Particle Eroded Nozzle Using Metallurgical Coatings, ASME 83-JPGC-PWR-29（1983）

(32) 池田一昭・渡辺　修ほか：蒸気タービンノズルの固体粒子による浸食とその低減策，火力原子力発電，Vol.36，No.12，pp.l289-1296（1985.12）

(33) Solid Particle Erosion of Utility Steam Turbines, E PRI workshop（1989）

(34) 坪内邦良・安ケ平紀雄ほか：蒸気タービン長翼におけるエロージョン防止技術の開発，目立評論，Vol.70，No.2（1988.2）

(35) John I. Cofer, IV, John K. Reinker et al Advances in Steam Path Technology , GER-3713E

(36) HVOF Solutions" Catalog ©2010 Sulzer Metco

(37) 価値創造型ものづくり力強化に資する協調型フロントローディング設計支援技術開発に関する調査研究，平成19年3月，㈶機械システム振興協会

(38) 発電用原子炉施設に関する耐震設計審査指針，平成18年9月，原子力安全委員会

第8章
試験・製造・検査技術・規格

- 8.1 性能試験
    - 8.1.1 一般
    - 8.1.1 性能試験の目的
    - 8.1.2 性能試験規格
    - 8.1.3 基準流量計
    - 8.1.4 性能試験一般事項
    - 8.1.5 性能試験測定方法と計測点
    - 8.1.6 性能計算方法
    - 8.1.7 性能試験結果の評価
- 8.2 製造技術
    - 8.2.1 タービン軸材
    - 8.2.2 タービン軸加工
    - 8.2.3 動翼加工
    - 8.2.4 車室加工
    - 8.2.5 静翼加工
    - 8.2.6 タービン組立
    - 8.2.7 ロータ高速回転バランスシステム
- 8.3 製造技術
    - 8.3.1 非破壊検査の方法と分類
    - 8.3.2 非破壊検査の目的と効果
    - 8.3.3 各種非破壊試験の方法とタービン部品への適用例
    - 8.3.4 振動計測
- 8.4 蒸気タービン規格
    - 8.4.1 一般仕様に関する規格
    - 8.4.2 海外規格

第8章　試験・製造・検査技術・規格

8.1　性能試験
8.1.1　一般
　蒸気タービンの運転状態での性能を測定することを性能試験といい、機器の健全性と発電プラントの経済性評価に直結する燃料消費量確認を目的とする重要な試験である。このために性能試験は初併入後出来るだけ速やかに行い、機器が規定の性能を満足していることを確認する。さらに機器所有者は蒸気タービンの性能を定期的に測定して機器の状態監視に努めている。

8.1.1.1　性能試験の目的
　蒸気タービンの性能試験は本来蒸気タービン単体の性能を確認するのが目的であるが、蒸気タービン単体の性能を測定する事は技術的に困難な場合が多い。このため、給水加熱器、復水器、給水ポンプ等のプラント補機性能や配管圧力損失、補助蒸気等プラント条件、さらに被駆動機条件－発電機効率－を含めたタービンサイクルでのタービン室熱効率や熱消費率を測定して、タービンサイクル全体で性能を満足していることを確認する。

8.1.2　性能試験規格
　性能試験を行う際には、規格・基準に沿って行うのが一般的である。性能試験規格は、国内外に渡り様々な規格が存在する。
　主な規格・基準（以降規格と記載）は、JIS（日本工業規格）、国際規格のIEC（International Electrical Commission）、および米国機械学会基準のASME（American Society of Mechanical Engineers）PTC（Performance Test Codes）等がある。
　国内においては主にJIS（JIS B 8102：蒸気タービン－受渡試験方法）に基づいて性能試験が行われているが、このJISは国際規格であるIEC規格（IEC 60953-2：Rules for steam turbine thermal acceptance tests）を基に制定されている。
　海外では、米国のASME PTC基準が有名で、PTC 6（Full-Scale Test、Alternative Test）の使用頻度が高い。Full-Scale TestとAlternative Testの大きな違いは以下二点である。

　PTC 6 Full-Scale Testは、低圧タービン膨張線を含めた蒸気タービン全ての状態を把握するために、厳密な測定を行い、熱消費率を算出する試験方法である。このため、流量計、温度計、圧力計、電気計器全てにおいて精密級計器が要求されている。欠点としては計器準備や試験遂行のコストと時間が過大になりがちである事が挙げられる。
　一方のAlternative Testは、計測点をFull-Scale Testより減らし、実用的な熱消費率を求める試験方法である。主要計器のみ精密級計器として、全体の精度に及ぼす影響の少ない測定項目については、簡略計器、計算値、修正曲線を使用して試験費用の過大化を防ぎ、かつ実用上十分な精度を確保することを目的としている。
　但し、試験方法、計測点に関しては事前に試験実施者と機器所有者間にて合意の上取り決める。

8.1.3　基準流量計
　各規格の相違点として、基準流量計がある。性能試験に使用する基準流量計においては、試験実施者と機器所有者間の合意によって決めるが、一次流量計の測定精度が試験精度に及ぼす影響が大きい事から、ASME PTC 6においては復水流量計の使用を推奨している。

8.1.3.1　基準流量計の違いによる試験への影響
　給水加熱器が設置される場合、性能試験の方法として給水流量計基準方式、復水流量計基準方式、主蒸気流量計基準方式の三者に分かれる。
　給水流量計基準方式は、ボイラ入口給水ラインに給水流量計を設置して、給水流量計指示値により、給水流量、主蒸気流量、再熱蒸気流量などの一次流量を算出する。通常、常設の給水流量計をそのまま使用するが試験前に校正される。この方法はコストと手間がかからないのが長所であるが、給水流量計が高温高圧の給水ラインに設置されるためスケール付着等の問題が発生しやすく精度の面で劣るのが欠点である。
　これに対して、復水流量計基準方式では、復水流量計を脱気器入口の低温低圧の復水ラインに設置

し、高圧給水加熱器への抽気流量を熱バランスにより算出して給水流量を求める。復水流量計基準方式は精度が最も高いが、仮設の復水流量計を性能試験直前に設置する場合、コストと手間がかかることが難点である。また、熱バランスにより、給水流量を算出するため計測点が多く計算が煩雑である。

主蒸気流量計基準方式は、三者の中では精度が最も劣るとされており、中容量以上のタービンではほとんど使用されていない。

8.1.4 性能試験実施時の一般事項

性能試験を行う際、試験前に試験実施者と機器所有者間にて試験目的、方法について合意を取る必要がある。以下に性能試験における一般事項の代表例を記す。詳細については、JIS B 8102：2012 P.8 4.2「事前の協定及び手配」[1]、ASME PTC 6-2004 P.7 3-2.2 Agreement Prior to Test[6]を参照する事。

8.1.4.1 性能試験時の調整事項

代表例としてJIS B 8102：2012 P.8 4.2「事前の協定及び手配」の項目のうち、(a)、(b)、(c)、(d)、(f)に該当する項目を下記に記載する。

試験前に協定する必要がある事項及び手配する事項には、次のような物がある。

(1) 試験前に、受け渡し当事者は、試験予定、試験目的、測定方法、必要な修正の範囲に対する運転方法、試験結果の修正及び契約条件との比較方法に関して協定する。
(2) 測定値、計器、計器供給者、指示計器の位置、必要試験員数、記録員数などに関して協定する。
(3) 蒸気条件及び出力を一定に保つ方法について協定する。
(4) 試験中に故障または破損しやすい計器は予備を備える。試験中に計器の取換えを行った記録は、記録表に明記する。
(5) 計器の校正は、方法・時期・校正者について協定する。

8.1.4.2 試験実施時期

性能試験は、タービン初併入後出来るだけ早期に実施する事が望ましい。ASME規定においては、タービンの性能劣化を防ぐために、初併入から8週間以内に性能試験を実施する事が推奨されている。何らかの理由により試験が8週間以内に実施出来ない場合には、試験実施者、機器所有者間で合意した性能劣化を考慮する修正を追加する事が一般的である。

8.1.4.3 試験条件と計測振れ幅

試験精度を上げるために、極力保証条件に近づけた状態で試験を実施する事が望まれる。また、性能試験中は、設計時規定された出力、蒸気条件、負荷、真空度などがほぼ一定に保たれなくてはならない。このため、試験前に運転条件を整定させて1時間以上の安定した条件での試験時間をとらなくてはならない。試験中、機器トラブルや外乱により設計条件からはずれた場合は再試験となる場合がある。試験状態の各測定パラメータの許容偏差及び許容変動のガイドラインはJIS B 8102：2012[3]、ASME PTC 6[8]を参照する事。

8.1.4.4 サイクルアイソレーションについて

性能試験時は、系外への蒸気・水・ドレンの流れ、またはサイクルをバイパスする流れは、サイクル内の流量を正確に把握するために、止める必要がある。計画外の他系統へ流れる流量や、タービンサイクルをバイパスしてしまう流れを止められない場合は、事前に測定または評価する方法を取り決めておく必要がある。

試験時に出来る限り止めるべき主要機器・系統を下記に示す。詳細はJIS B 8102：2012 P.10 4.4.4a 機器及び流れの遮断、ASME PTC 6-2004 P.10、3-5.5 Flows that shall be isolatedを参照する事[2][7]。

① 大容量貯水タンク
② 蒸発器、蒸発器復水器及び蒸発器予熱器のような付属機器
③ 安全運転を兼ねる起動用バイパス系統及び補助蒸気系統
④ タービンスプレー
⑤ 主蒸気止め弁・インターセプト弁・蒸気加減弁等のドレン系統
⑥ 他機器との接続系統
⑦ 給水加熱器を迂回する復水及び給水
⑧ 給水加熱器ドレンバイパス
⑨ 給水加熱器胴ドレン

8.1.4.5 試験時間及び計測間隔

性能試験は、ASME PTC 6で定められているように、通常2時間の測定を2回繰り返す事が一般的である。特に復水流量計のように精度の高い計測が要求されている測定点においては、1分間隔以内の測定が推奨されている。その他主要計測点においては5分以内の計測間隔が推奨されている。2回の試験

にて計測した熱消費率の偏差が0.25%以内に収まらなかった場合は、再試験を行うことが規定されている。

8.1.4.6 試験時のバルブ開度について

性能試験時のバルブ開度は、ASME PTC 6ではバルブ全開試験を推奨している。但し、止むを得ない理由によって全開点での試験が実施出来ない場合には、試験実施者と機器所有者間にて決定した修正方法・修正曲線を用いて修正する。尚、詳細の修正方法、修正式についてはASME PTC 6のValve Point Basis, Mean-of-the-Valve Loop Basis, Valve（s）Basis P.17～18を参照する事[9]。

8.1.5 性能試験測定方法と計測点

性能試験時における計測点は先にも述べたように、主にASME PTC 6 Full-Scale Test又はASME PTC 6 Alternative Testに大別できる。ASME PTC 6 Full-Scale Testは試験精度が高い反面、計測点が多いことや、計算が煩雑になる。

8.1.5.1 計測点

性能試験では、タービン発電機出力、給水系統の復水流量（又は給水流量）、タービン入口蒸気の圧力及び温度、タービン排気圧力、復水器出口の復水温度、最終給水加熱器出口の給水温度等の主要な項目を、特に高い精度で測定する必要がある。また、電気出力、流量測定の差圧、蒸気温度、排気圧力等については、可能な限り多重測定を行う事が望ましい。

ASME PTC 6 Full-Scale Test、JIS B 8102：2012の測定点を図8.1に示す。尚、計測点については本書では規格に準拠するが、最終的な計測点、計測方法は試験実施者と所有者間にて決めた点で実施する。

8.1.5.2 測定計器精度と校正について

性能試験に使用する測定計器は、国際標準あるいは国家標準にトレーサブルな標準器を用いて校正した計器を使用する事が一般的である。計器を校正しない場合には、事前に試験実施者と機器所有者間に

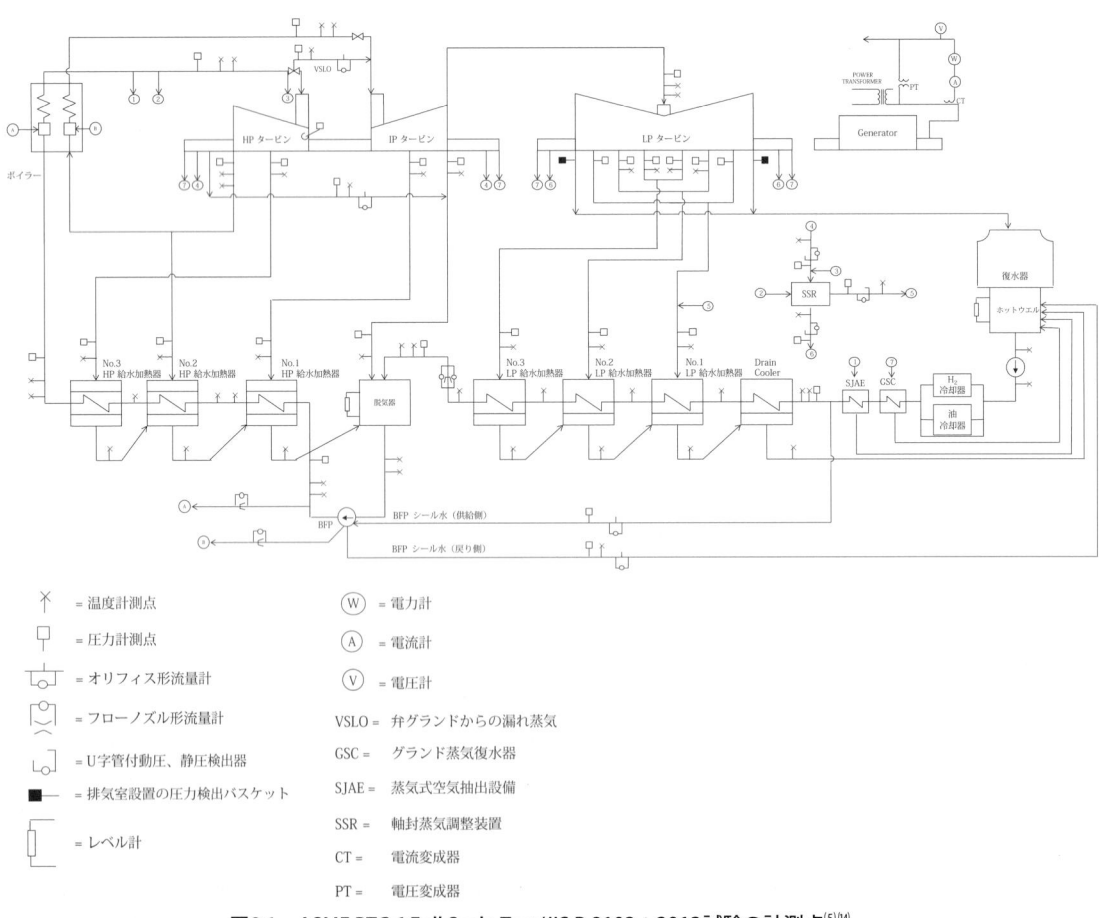

図8.1　ASME PTC 6 Full Scale Test/JIS B 8102：2012試験の計測点[5][14]

て合意を取る必要がある。尚、JIS規格においては、重すい圧力計や、ブルドン管式圧力計、水銀マノメータの使用も記載されているが、近年においては殆どの場合は圧力伝送器を使用したデータロギングシステムによる自動取込を実施している。計測点の測定範囲と許容可能な平均不確かさは、ASME PTC 6-2004 P.91 9-6 "Uncertainty Values"[15]、及びJIS B 8102：2012 P.17表4 [4]を参照する事。

8.1.5.3　発電機出力の測定について

性能試験において、発電機出力の測定は最も重要な測定項目の一つであるが故に、試験用の仮設計器を用いて測定することが望ましい。但し、仮設計器を設置する上では、短絡のリスクも伴う事から、試験実施者と所有者間にて設置を決める。一般的には三相発電機の場合、電機出力の測定は三相電力計方式、二相電力計方式があるが、試験規格では三相電力計方式が推奨されている。詳細の測定結線図は、ASME PTC 6 P.26 "Typical Connections for Measuring Electric Power Output by Three Wattmeter Method" を参照する事[10]。

8.1.5.4　復水流量計仕様について

性能試験においてもう一つの重要な測定項目として、復水流量、または給水流量の測定があげられる。先にも述べた通り、復水流量計を用いた試験は精度が高いが、一方で仮設流量計を脱気器入口に取り付ける必要があり、試験前の準備に手間が掛かる。ASME規定においては、精度の高い復水流量計の使用を推奨している。これは、ポンプ出口では静定した流れを計測する事が困難であり、またサイクル内をバイパスする流量の影響を受けない事からこの位置の流量計設置を推奨している。

ASME規定では、復水流量計の仕様はLow BetaタイプのThroat Tapノズルの使用を推奨しているが、実用上Wall Tapノズルやオリフィスを使用する場合もある。ここでは、一般的なThroat Tapノズルを用いた復水流量計を図8.2[11]に示す。復水流量計は、ノズル流出係数が規定範囲内に収まる事を確認するために、使用する度に校正する事が望ましい。校正を実施する際には、国際標準あるいは国家標準にトレーサブルな校正機関の実流試験設備を用いる。

校正したThroat Tapノズルの復水流量計の流出係数は、ASME規定にて8.1式で定められている。ノズルの校正中に実測された流量係数Cを、C_xについて解く事でノズル固有の流量係数を算出する事が出来る。求めたC_xが、1.0054±0.0025（1.0029≦C_x≦1.0079）以内を規格は推奨している[12][13]。

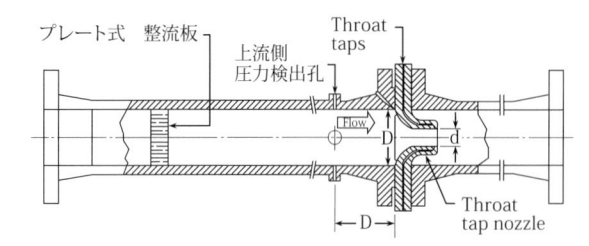

図8.2　Throat Tapノズル形復水流量計

$$C = C_X - 0.185 \times R_d^{-0.2} \times \left(1 - \frac{361{,}239}{R_d}\right)^{0.8} \quad \cdots(8.1)$$

8.1.6　性能計算方法

熱消費率計算のため、タービンサイクルに供給される全熱量とタービンサイクルより他のサイクルに供給する全熱量を把握しなくてはならない。このため、タービンサイクルとボイラの境界となる点の流量とエンタルピは全て実測または計算により求める必要がある。さらに実測データを元に計算した熱消費率を設計条件下の熱消費率へ修正するために必要なデータ類、例えば復水器真空度、発電機力率等も測定する必要がある。

性能試験の測定点と計算方法は、タービン型式により大きく異なる。以下、代表的な再生再熱復水タービンについて熱消費率の算出方法を説明する。

8.1.6.1　熱消費率の定義式

熱消費率の定義式は、一般的には8.2式と8.3式による。8.2式は、修正後の熱消費率の定義式を指す。8.3式[51]は実測熱消費率の定義式であり、実測した入出熱を発電機出力で除したものとして定義される。修正後の定義式に含まれる修正項目、及び入出熱の取り扱い方は契約、及び試験実施者と機器所有者間で合意した事項となる。

$$HR_C = \frac{HR}{\left(1 + \frac{C_1}{100}\right) \times \left(1 + \frac{C_2}{100}\right) \times \cdots \times \left(1 + \frac{C_n}{100}\right)} \quad \cdots(8.2)$$

$$HR = \frac{G_{MS}(H_{MS} - H_{FW}) + G_{CRH}(H_{RS} - H_{CRH}) + G_{RHS}(H_{RS} - H_{RHS})}{P_b (\text{または} P_G)}$$

$$\cdots(8.3)$$

$$G_{MS} = G_{FW} \qquad \cdots (8.4)$$

$$G_{RS} = G_{CRH} + G_{RHS} \qquad \cdots (8.5)$$

8.1.6.2 復水流量の計算式

復水流量の計算式を8.6[19][21]式に示す。式中のExpansion Factor（Fa）については、ASME MFC-3M-1989[20]を参照する事。尚、本書ではSI単位系における復水流量の計算式を示す。流量係数Cについては、8.1式を適用する。

$$G_{CW} = \frac{\Pi}{4} \times d^2 \times F_a \times C \times \varepsilon \times \sqrt{\frac{2 \times \rho \times dP}{1-\beta^4}} \times 3600 \qquad \cdots (8.6)$$

$$\varepsilon = 膨張係数（水の場合1.0） \qquad \cdots (8.7)$$

8.1.6.3 復水流量測定値から最終給水流量の算出方法

下記に、脱気器（Deaerator）前に設置した復水流量計の測定流量から、最終給水流量を算出する方法を示す。各給水加熱器（ヒータ）廻りの熱バランスを8.8式、8.10式、8.12式に示す。熱バランスから求めた各ヒータの抽気流量を8.9式、8.11式、8.13式に示す。また、脱気器廻りの熱バランスを8.14式に、各ヒータ抽気流量と復水流量から算出した最終給水流量を8.17式に示す。尚、本参考書にて示す流量の計算式にはボイラ、プラント側の不明な蒸気漏洩が無い場合を示す。但し、実際には蒸気漏洩はあるので、これらの流量の取り扱いは試験実施者、機器所有者側にて取り決める。

【高圧第3給水加熱器廻り】

$$G_{3H}H_{3H} + G_{FW}H_{3W} = G_{FW}H_{FW} + G_{3H}H_{3D} \qquad \cdots (8.8)$$

$$G_{3H} = \frac{H_{FW} - H_{3W}}{H_{3H} - H_{3D}} G_{FW} = A \cdot G_{FW} \qquad \cdots (8.9)$$

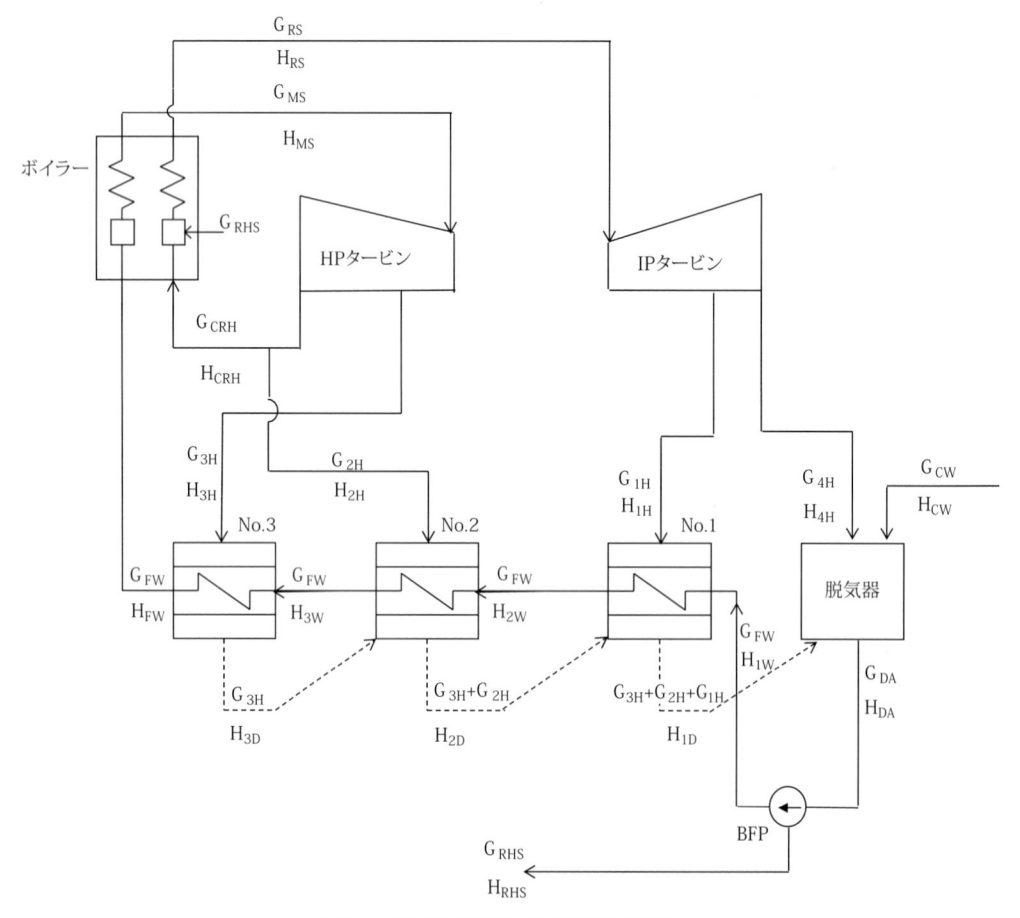

図8.3 最終給水流量と入出熱の考え方

【高圧第2給水加熱器廻り】

$$G_{FW}H_{2W} + G_{2H}H_{2H} + G_{3H}H_{3D} \\ = G_{FW}H_{3W} + (G_{3H} + G_{2H})H_{2D} \quad \cdots(8.10)$$

$$G_{2H} = \frac{H_{3W} - H_{2W} + A(H_{2D} - H_{3D})}{H_{2H} - H_{2D}} G_{FW} \quad \cdots(8.11)$$
$$= B \cdot G_{FW}$$

【高圧第1給水加熱器廻り】

$$G_{FW}H_{1W} + G_{1H}H_{1H} + (G_{2H} + G_{3H})H_{2D} \\ = G_{FW}H_{2W} + (G_{3H} + G_{2H} + G_{1H})H_{1D} \quad \cdots(8.12)$$

$$G_{1H} = \frac{H_{2W} - H_{1W} + (A+B)(H_{1D} - H_{2D})}{H_{1H} - H_{1D}} G_{FW} \quad \cdots(8.13)$$
$$= C \cdot G_{FW}$$

【脱気器（Deaerator）廻り】

$$G_{CW}H_{CW} + G_{4H}H_{4H} + (A+B+C)G_{FW}H_{1D} \\ = G_{DA}H_{DA} \quad \cdots(8.14)$$

$$G_{DA} = G_{4H} + G_{CW} + (A+B+C)G_{FW} \quad \cdots(8.15)$$

$$G_{DA} = G_{FW} + G_{RHS} \quad \cdots(8.16)$$

【最終給水流量の式】

$$G_{FW} = \frac{G_{RHS}(H_{DA} - H_{4H}) - G_{CW}(H_{CW} - H_{4H})}{(A+B+C)(H_{1D} - H_{4H}) + H_{4H} - H_{DA}} \quad \cdots(8.17)$$

8.1.7 性能試験結果の評価

性能試験時には各種条件を設計値に極力近づけるよう努めるが、外的因子や機器状態により、設計値とのある程度の偏差は避けられない。この設計値との偏差は、修正する必要がある。

8.1.7.1 性能修正

性能修正は、蒸気加減弁を一定の開度に保った場合の熱消費率と出力の変化量を示す修正曲線または修正係数を使用する。修正項目としては、タービン内部効率または発電機効率に主に影響を及ぼすものと、タービン内部効率への影響は少ないがタービンプラントサイクルへ主に影響を及ぼすものに大別される[17][18]。

ASME PTC 6 Full-Scale Testの場合は、タービンサイクルへの影響を及ぼすパラメータは実測値より求め、タービン外部より影響される項目のみを対象に熱消費率・出力修正する。一方、Alternative Testの場合は、タービンサイクルへ影響を及ぼす項目についても、修正曲線を用いて熱消費率・出力の修正を行う。尚、一般的には計器準備、設置の手間や計器の費用を考慮し、タービンサイクル・タービン効率に影響を及ぼす両項目を、修正曲線を用いて修正する方法が多い。表8.1に、代表的な修正項目の例を示す。

表8.1 性能修正項目

No.	代表的な修正項目の例
（i）	主蒸気圧力
（ii）	主蒸気温度
（iii）	再熱器圧力降下
（iv）	再熱蒸気温度
（v）	排気真空
（vi）	発電機力率

8.1.7.2 計測不確かさと裕度について

試験における測定は、必ずしも完全なものではなく、その不完全さが結果として測定誤差（測定の不確かさ：Measurement Uncertainty）を招く。各試験規格における計測の不確かさの評価は、その試験方法（計測器の仕様、データのばらつき等）の妥当性確認を目的とするもので、性能試験の最終結果を修正する立場にない。つまり、測定の不確かさを性能試験結果の修正に使用するかは、ユーザとメーカ間の協議によって決定される。

一方、裕度（Tolerance）は、上述の測定の不確かさを考慮し、予めユーザとメーカ間が試験結果の修正に適用可能な値で、契約上取り決めるものである。

8.1.7.3 性能劣化修正について

性能試験は試運転終了後速やかに行われなくてはいけないが、事情により延期された場合、期間に応じた経年劣化修正を適用する場合がある。

タービン性能は運転時間とともに低下するのが常である。8.1.4.2項で述べたように、性能試験は初併入から8週間以内に行う事を推奨しているが、経年的な劣化が生じる事から出来る限り早い時期に行う事が望ましい。これは、蒸気タービンの静止体と回転体との間隙の拡大による蒸気漏洩の増大、スケール付着やエロージョンによる蒸気通路部の劣化な

どに起因する。また、これ以外に給水加熱器の性能低下などのプラント補機の経年劣化も生じる。

経年劣化量は、蒸気タービンの型式、運転条件により異なり、各タービンについて定められなければならないが、IECによれば表8.2に示すような効率の経年劣化量が規定されている。ASMEにおいては試運転の初期段階でエンタルピドロップ試験（ベンチマーク確認）を実施し、性能試験時との効率比較を結果に反映することを推奨している。但し、復水式蒸気タービンのようなタービン排気部が湿り蒸気となる場合、排気部エンタルピの評価が困難な為、現実的ではなく、図8.4、式8.18[22]に示す劣化量を計上する場合がある。

表8.2 効率の経年劣化量

出力	初通気から 2～12ヶ月経過	初通気から 12～24ヶ月経過
150MW 未満	0.1 %/月	0.06 %/月
150MW 以上	0.1×150/P %/月	0.06×150/P %/月

P：タービン定格出力（MW）（IEC／TC5による）

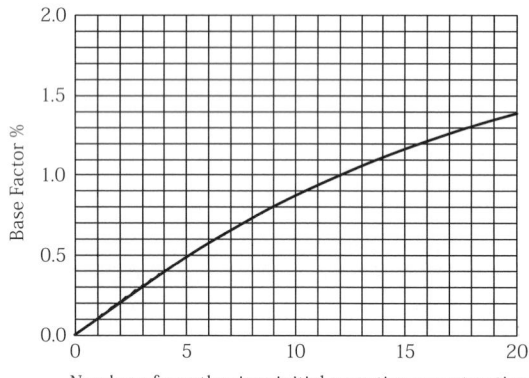

図8.4 ASME PTC 6 Report特性曲線

$$劣化量 = f \times \frac{BF}{\log MW} \sqrt{\frac{Initial\ Pressure, psig}{2400}} \quad \cdots (8.18)$$

BF＝ASME PTC 6 Report特性曲線の読取り値
MW＝タービン定格出力
f＝1.0（火力タービンの場合）
　　0.7（原子力タービンの場合）

8.2 製造技術（manufacturing technology）

蒸気タービンは、19世紀後半に実用化されて以来、絶え間ない技術革新により、高効率化と大容量化が進められ、大形で重量のある数多くの部品から成り立っている。これらの部品の製造は、多種少量生産でかつ高精度加工を要する。以下に代表的構成部品である、タービン軸、動翼、車室の製作加工について、コンピュータ利用による自動化を中心に述べるとともに、タービン組立技術およびロータ高速回転バランスシステムについて説明する。

8.2.1 タービン軸材

ロータ軸材は厳しい機械的性質（引張強度、靱性など）や内部の健全性が要求されるため、厳選されたスクラップ材を原材料として使用する。スクラップは電気炉で溶解された後、取鍋精錬炉で真空下で精錬され、清浄な鋼になる。その後、真空下で鋳型に鋳込まれた鋼塊は内部品質の改善とロータ形状への整形のための鍛錬を行った後、結晶粒の微細化と必要な機械的性質を得るための熱処理を行い、要求品質を満足させる造り込みを行っている。

ロータ軸材の製造工程は下記の工程となっている。

溶解・造塊→鍛錬→焼鈍→調質前加工→検査→調質（焼入れ・焼き戻し）→調質後最小限加工→検査→中心孔トレパン加工→中心孔材料試験→中心孔仕上加工→検査→応力除去焼鈍前外部仕上加工→検査→応力除去焼鈍→材料試験→熱ひずみ試験用基準面加工→検査→熱ひずみ試験→検査→余長切断・中心孔研磨→検査→防錆・梱包→出荷の順であり、図8.5に図解して示す。

8.2.2 タービン軸加工

タービン軸は、12Cr, Cr-Mo-V鋼あるいはNi-Cr-Mo-V鋼等の大形鍛造品で、動翼植え込み部は、0.01mm以下の加工精度が要求されている。さらにジャーナル部、ディスク外径、側面などの複雑な加工サイクルが必要である。本加工は、図8.6に示すように、NC（numerical control）旋盤にて加工され、信頼性の高い高能率、高精度加工を可能とするため、工具経路の自動作成チェックを行う誤動作防止チェックシステムをもっている。システム構成を図8.7に示す。

8.2.3 動翼加工

大型蒸気タービンには通常1万本以上の動翼が使用されるが、タービンの高性能化のため、タービン

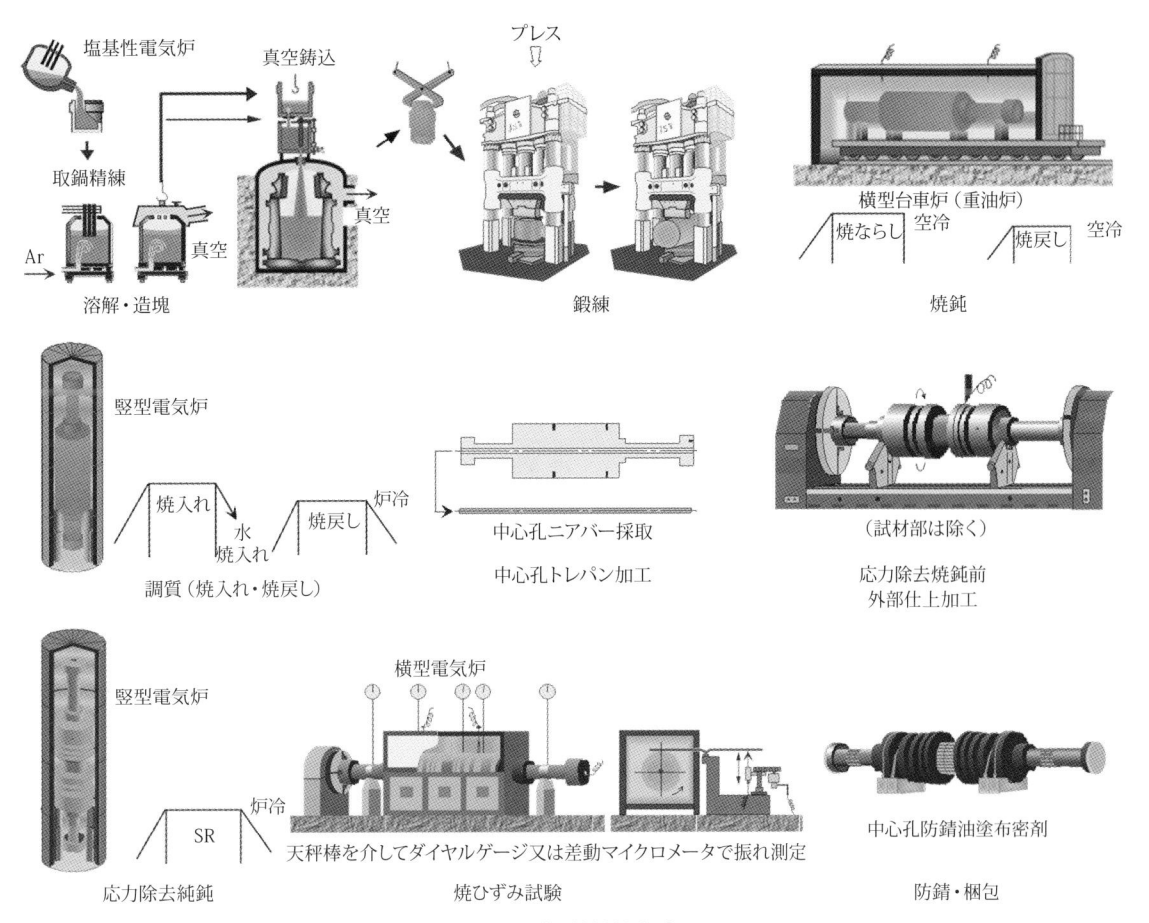

図8.5 タービン軸材製造プロセス

図8.6 NC旋盤によるタービン軸加工

ごとに最適設計が行われる。従って寸法、形状、材質がタービンごとに異なり、生産形態は1ロット100本程度の典型的な多品種少量生産である。タービン動翼の材料は、主として12Cr鋼であり、小型の動翼（翼長300mm未満）は角材から削り出しているが、大型の動翼は材料の歩留りを改善するため型鍛造により素材を製造し、切削加工で仕上げている。動翼は、図8.8のように、カバー部、プロファイル部、根部の3部分に大別され、従来構造に比べ強度面に優れ振動減衰効果の高い一体構造型翼が主流となっている。

プロファイル部の形状は、複雑な3次元形状であることから、専用の高精度多頭5軸NC加工機（図8.9）により、正確かつ滑らかに加工されている。根部、カバー部についても各々の部位が正確に加工される事はもちろんであるが、互いの位置関係も高い精度を要求されていることから、マシニングセンタを用いて同時集約加工をされている。使用されるマシニングセンタは、ATC（automatic tool changer）及びPPL（pallet pool line）を有することにより、長時間の無人運転が可能となっている。機械加工された動翼は、細部の面取り、プロファイル部の研磨

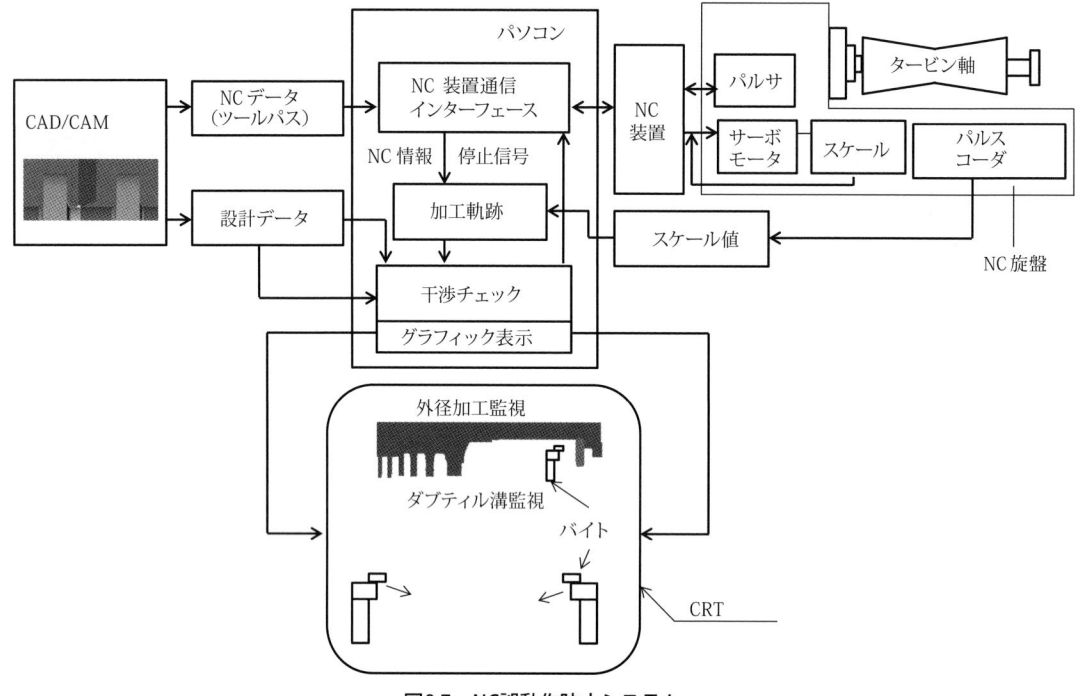

図8.7 NC誤動作防止システム

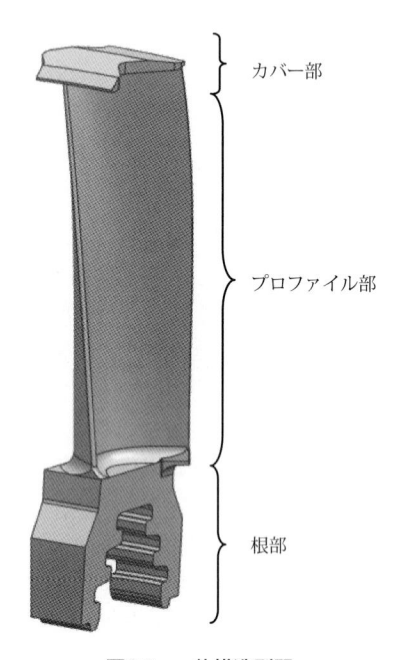

図8.8 一体構造型翼

図8.9 多頭5軸NC加工機

仕上げを経て最終材料検査を受ける。なおプロファイル面の研磨仕上げは専用のベルト研磨機を使用することで品質の安定化と大幅な作業効率向上を実現している。

設計で作成されたCAD（computer aided design）データは、PDM（product data management）システムを介し、製造側に支給される。また、製造では最新CAM（computer aided manufacturing）を使用することにより、設計思想と相違ない高精度なNCプログラムを効率良く作成可能である。更に、作成されたNCプログラムは工作機械切削シミュレーションソフトにて、実際の工具動作をパソコン上で正確にシミュレーションすることが可能であり、生産

ラインの設備を一切停止させること無く実生産が開始される。

8.2.4 車室加工

車室は、高圧車室と低圧車室に大別され、高圧車室はMo入り特殊鋳鋼により製作され、水平接手面によって上下に分けられている。また低圧車室は水平接手面によって上下に分けられた、鋼板製の溶接構造物である。高圧車室の機械加工の重要な点は、水平接手面加工と軸心保持であり、水平接手面は平面度0.01mm、1.6Rmaxの高精度加工が必要である。また、軸心保持のため上下車室を合わせて締め付け、特殊ボーリング加工機によって加工される。低圧車室も同様であり、寸法的には最も大きい部品であるため、大型の工作機械を用いて加工される。さらに同じ取り付け状態で溝加工から合わせ面の加工、穴あけなど全ての作業を平行して高精度に行える大型複合加工機の出現により加工精度、能率の向上がはかられるようになった（図8.10）。

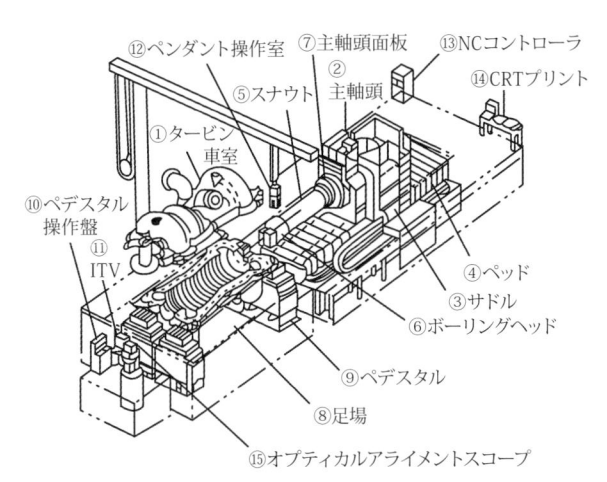

図8.10 車室加工機

8.2.5 静翼加工

ノズルダイヤフラムは、蒸気通路を構成する静翼と静翼を固定する外輪と内輪から成り、全て溶接により一体結合されている（図8.11）。静翼の材料は主として12Cr鋼であり、静翼は動翼同様に多頭5軸NC加工機により正確かつ滑らかに加工されている。ノズルダイヤフラムの加工は、2分割半円盤を静翼面にくい違いが生じぬ様に加工することが重要である。また静翼面は、研磨により仕上げ面をより滑らかにして高効率化をはかっている。また、ノズル面積はタービン全体の性能や振動にも影響する為、全品、噴口面積が適正である事が確認された後に出荷される。

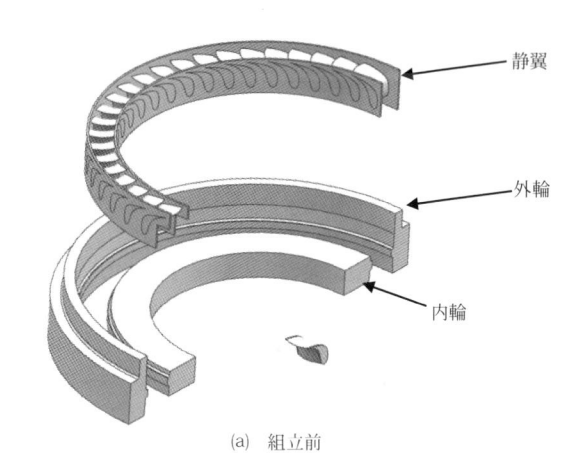

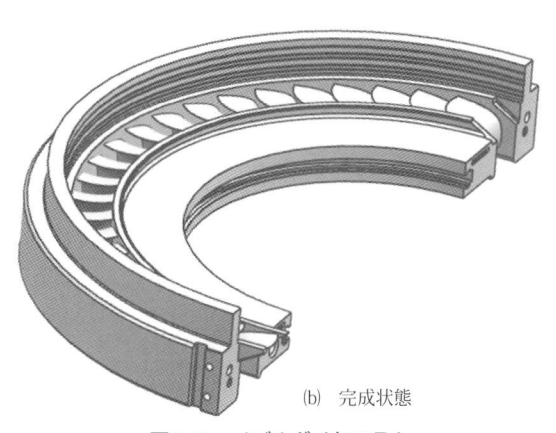

(a) 組立前

(b) 完成状態

図8.11 ノズルダイヤフラム

8.2.6 タービン組立

タービンの製造には、約5,000種、10万点におよぶ部品を必要とするため、従来は工場における総合組立が不可欠であった。この主な理由は、全部品が

完全にそろっているかの確認と、各部品の加工精度が組立状態で、良好であるかの確認のためである。すなわち回転体であるロータと静止体である車室、ノズルダイヤフラムとの間隙は、運転上の信頼性と熱性能を左右するため、実際に組立て、加工誤差がすべて集積された状態で間隙をチェックすることが必要であった。本作業を省略するためコンピュータを用いた間隙管理システム（以下CCS：clearance control system）が開発され、適用している。このCCSは、コンピュータを最大限活用して、加工方法、測定方法を抜本的に改善し部品加工及び組立て効率を飛躍的に向上させるものである。いわば工場組立をコンピュータでの仮想組立に置き換えたものである。

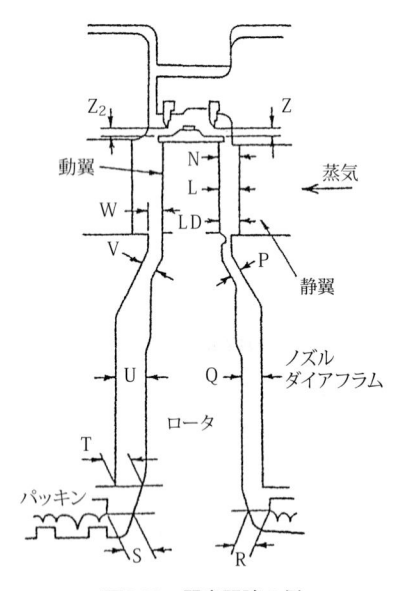

図8.12　翼車間隙の例

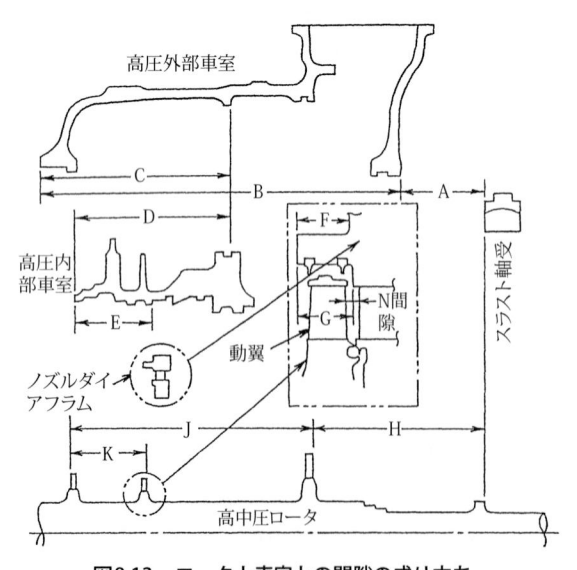

図8.13　ロータと車室との間隙の成り立ち

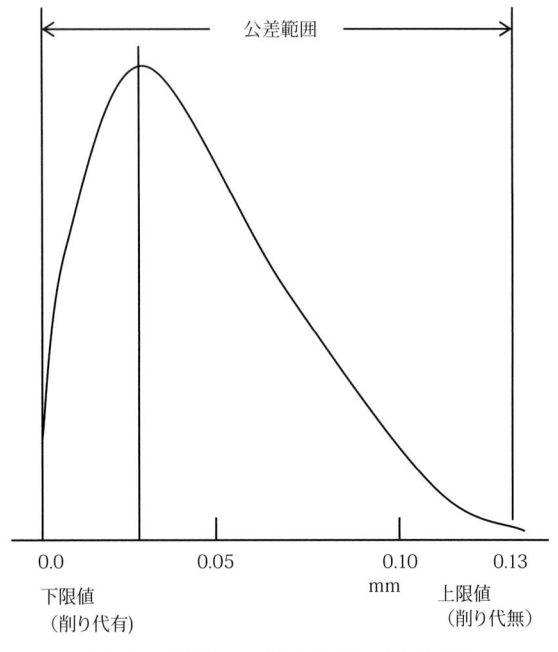

図8.14　部品加工寸法の公差に対する分布

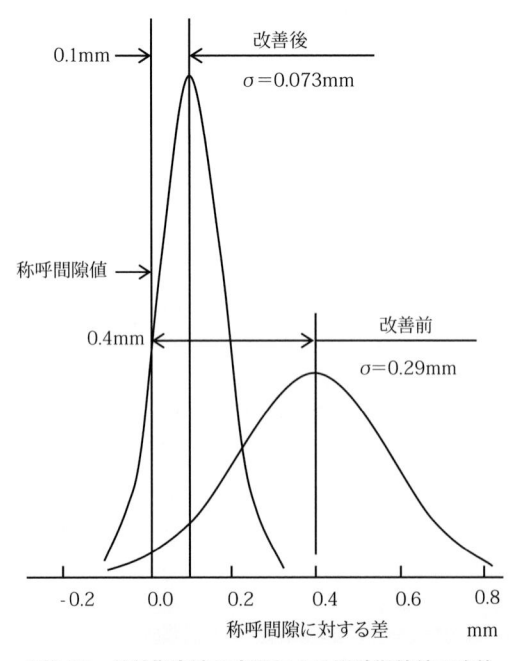

図8.15　公差指定法の変更による間隙期待値の改善

(1) 翼車間隙の成り立ちと問題点

　蒸気タービンのロータとノズルダイヤフラムの各段落は、図8.12に示すような箇所の間隙を管理している。通常この段落は40段程度で、大型タービンでは、70段を越え、管理される間隙は約1,000個程度となる。

　たとえば図8.13に示したN間隙は、高圧外部車室、内部車室、スラスト軸受、ロータおよびノズルダイヤフラムから影響され、関連する寸法は10数個に及び、それらの集積から成り立っている。また1個の部品寸法はいくつかの間隙に影響することから、それぞれ加工誤差を持つ部品寸法の集積として、これら全部の間隙値を計画通りの許容範囲に収めることは困難である。そこで多数の関連する部品寸法の公差をせばめず、かつ調整加工を最少にするために、統計的に部品寸法を分析したところ次のような点が判明した。（ⅰ）部品寸法に対する加工誤差は、偏って分布する（図8.14）。（ⅱ）部品公差の指定寸法の変更により間隙期待値の改善が可能である（図8.15）。

(2) コンピュータを用いた間隙の管理

　以上の検討をもとに、部品の加工が進展して行く段階で、設計寸法と既加工部品の実測寸法を入力として、常に最終の間隙状態を予測計算しながら、こ

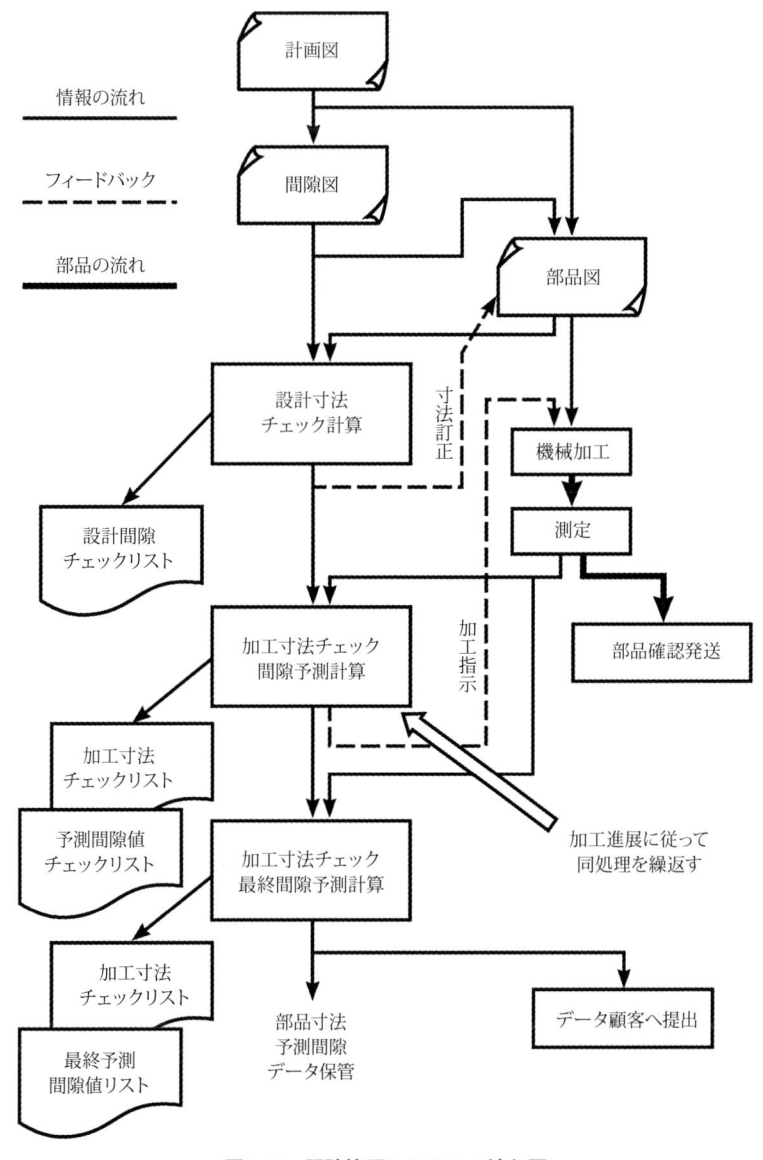

図8.16　間隙管理システムの流れ図

の結果を次々と次加工部品に反映してやれば、全体として、調整加工が最少となりバランスのとれた間隙値を得ることができる。
  (a) 設計段階
    部品設計の段階では、称呼寸法と公差から、最終の期待間隙値を計算し、これが計算値と一致することを確認する。
  (b) 部品加工段階
    部品の加工が進展するに従い、設計寸法は加工実測寸法に順次置き換えられ、この手続きを順次繰り返して行けば、測定誤差は公差幅に対して十分小さいから期待間隙の予想分布はより収れんしていく。
  (c) 全部品の加工完了段階
    このようにして全部の設計寸法が、加工寸法に置き換えられれば、実測寸法の集積は、測定不確かさをもつだけとなり、最終予測間隙値が得られる。図8.16にこれらの処理の流れを示す。

コンピューターによる間隙調整により工場内での組立確認作業を省略することにより、大幅な工程短縮が可能となった。

8.2.7 ロータ高速回転バランスシステム

タービンロータのように回転する物体には不釣合があり、重心が回転中心からずれていると、回転したとき、遠心力により振動が生ずる。この振動を低減させるため動翼を植え込んでロータが出来上がった後に、不釣合をできるだけ小さくしなければならない。この釣合を取る作業をバランシング作業といい釣合試験装置（図8.17）を用いて行う。タービンロータは、駆動装置により振動絶縁用のトーショ

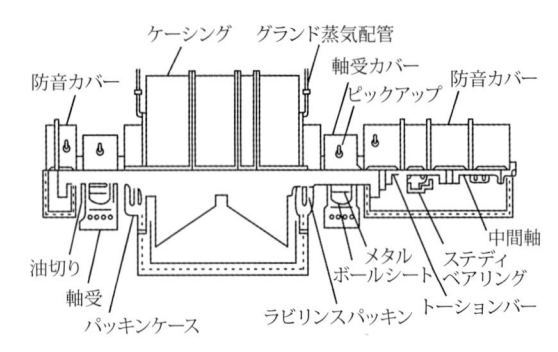

図8.17　釣合試験装置

ンバーを介して駆動されるようになっている。軸振動ピックアップは、左右のジャーナル部とカップリング部の合計4個所に取り付けられている。この軸振動ピックアップから発信された信号は、自動計測装置に取り込まれる。本釣合システムを採用する事により、タービンロータの釣合わせを高精度かつ高効率で達成することができる（図8.19）。

8.3 検査技術（inspection technology）

非破壊検査（non-destructive inspection：以下NDIと略記）とは、工業用材料、構造物などの検査対象物を傷つけたり、分離したり、破壊したりせずに、それらの性質、状態などを検査する方法である。

8.3.1 非破壊検査の方法と分類

NDIを検査の対象によって分類すれば表8.5となる。また、測定手段としての物理現象に着目して分類したものを表8.6に示す。

8.3.2 非破壊検査の目的と効果

NDIの目的あるいは効果の主なものを製品信頼性の向上および製造技術の改善の観点から表8.7に示

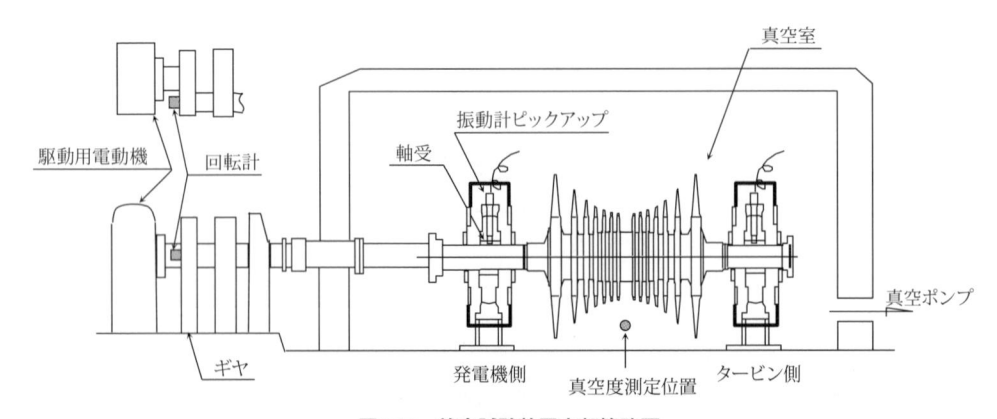

図8.18　釣合試験装置内部簡略図

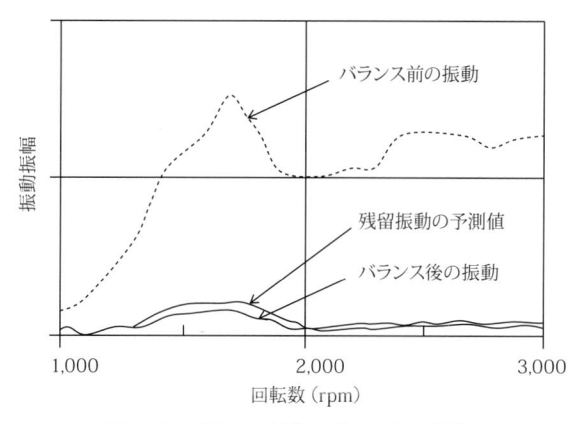

図8.19 バランス前後のジャーナル振動

8.3.3 各種非破壊試験の方法とタービン部品への適用例

(1) 浸透探傷試験（penetrant test：PT）

被検査物表面に開口しているきずを目で見やすくするため浸透液により拡大した像にして、指示模擬（indication）を表す方法であって浸透液の色調の違いと洗浄形式の違いによって、表8.8に示す試験法があり、対象とするきず性状、被検査物表面状態等に応じて試験法を選定する。試験手順とタービン主要部品への適用事例（代表例）を表8.9に示す。

表8.5 検査対象によるNDIの分類

	検査対象	検査方法（代表例）
1	材料、溶接部のきず（欠陥）	放射線、超音波、浸透探傷試験
2	物性を含めた各種の計測、腐食量、表面処理層、変形	超音波厚さ計、電磁誘導法、ホログラフィ干渉法、磁気特性
3	材料（異種材検査）	電磁誘導法
4	ひずみ	抵抗線歪計、応力塗料

表8.8 浸透探傷検査法の分類

浸透液の色調	洗浄形式
蛍光浸透液による探傷	水洗性蛍光浸透探傷試験
	後乳化性蛍光浸透探傷試験
	溶剤除去性蛍光浸透探傷試験
染色浸透液（赤液）による探傷	水洗性染色浸透探傷試験
	後乳化性染色浸透探傷試験
	溶剤除去性染色浸透探傷試験

表8.6 利用する現象による検査法の種類

利用する物理現象		従来から使われている検査法	新しい検査法
放射線	透過	X線、γ線透過探傷試験	中性子線透過試験
	回折、散乱	X線応力測定、厚み計（β線）	X線CT法（computerized tomography）
超音波	透過、反射	超音波探傷試験（UT）	電磁UT
	減衰	―	フェーズドアレイUT
	共振	超音波厚み計	AE（acoustic emission）
	干渉	―	超音波ホログラフィ
磁気	磁場	磁気探傷試験（磁粉法ほか）	―
電気	電流	渦電流探傷試験、材質判別	―
	抵抗	き裂深度計、厚み計	―
熱	温度	サーモグラフィ	サーモピュアー（走査型赤外線カメラ）
表面張力		浸透探傷試験	

表8.7 NDIの目的（効果）

目的（効果）	説明
製品信頼性の向上	（ⅰ）素材の検査から完成品までの一連の工程の中で、材料、製造、技術の良否を判定して破損につながる因子を摘出し修正する。 （ⅱ）全数（全長）検査ができる。 （ⅲ）稼働中の製品が定期点検中に検査ができる。
製造技術の改善	（ⅰ）適用しようとしている製造技術を、試作、試験の段階でNDIの結果を見ながら改良を進めることにより能率良く、かつ適切に改善できる。 （ⅱ）溶接方法や鋳造、鍛造方法の改善に有効。

表8.9 浸透探傷検査事例

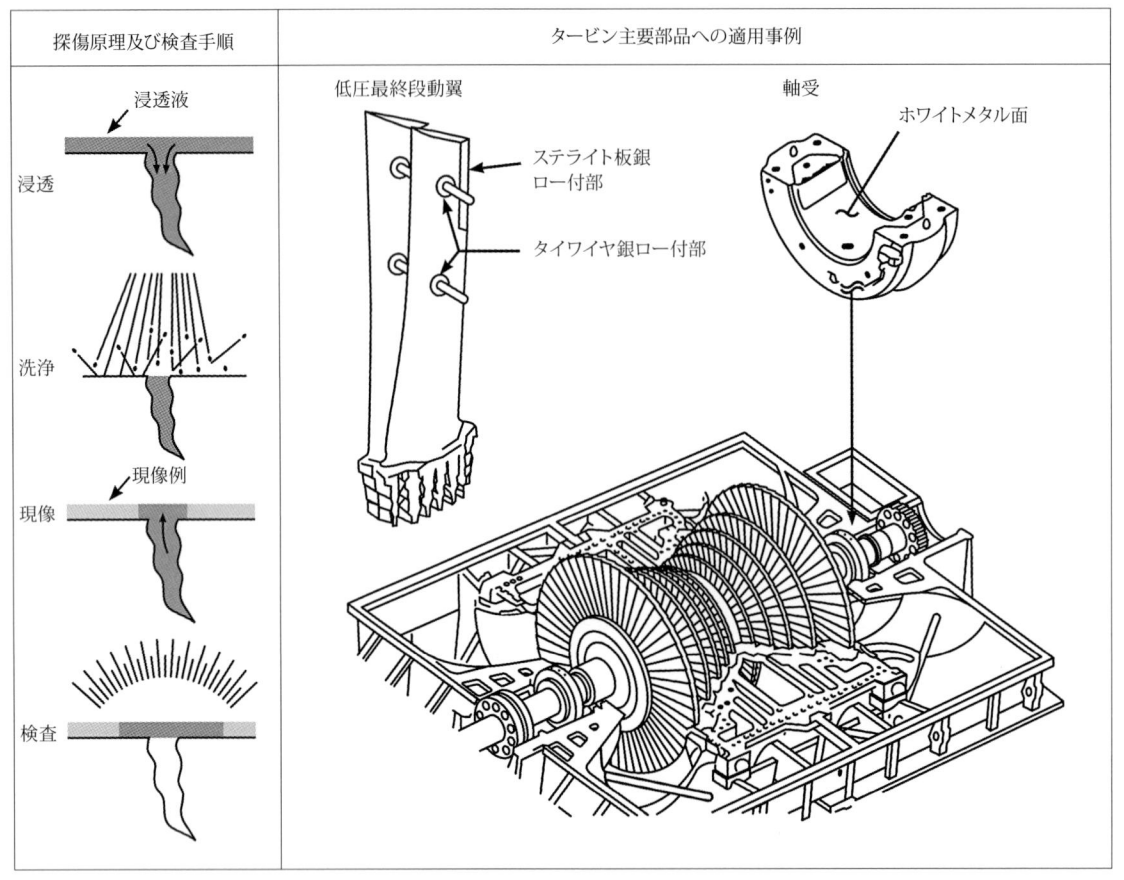

探傷原理及び検査手順	タービン主要部品への適用事例
浸透／洗浄／現像／検査	低圧最終段動翼（ステライト板銀ロー付部、タイワイヤ銀ロー付部）／軸受（ホワイトメタル面）

(2) 磁粉探傷試験（magnetic particle test：MT）

強磁性体に磁場を与えると、強磁性体内に磁力線が数多く発生する。もし磁性体の表面または表面付近に磁力線をさえぎるようなきずがあると、その部分で磁力線が表面空間に漏えいしきずの両側に磁極が現れ、そこに小さな磁石ができたのと同じ状況となる。この部分に微細な鉄粉を近づけると鉄粉粒子が吸着し、鉄粉擬集模様（indication）が出来る。この模様によってきずの存在を知ることができる。基本原理を図8.20に示す。また、試験方法とタービン主要部品への適用事例を表8.10に示す。

(3) 超音波探傷試験（ultrasonic test：UT）

持続時間が0.5～5μs程度の非常に短い超音波パルスを材料中に送信し、その波が試験材のきずによって反射されるのを受信して、きずの位置・大きさなどを知る方法である。この方法では、試験材の1つの面に探触子（これは水晶振動子などで構成される）を油などを介して接触させて、垂直探傷の場合は縦波、斜角探傷の場合は主に横波、表面波探傷の場合は表面波を送信し、その反射波（エコー）を受信する。図8.21は垂直探傷の場合の原理を示す。パルス発振器により発生した電圧を探触子に加えると、振動子が振動して超音波パルスが発生し、一定の速度で内部に伝搬していく。そして超音波パルスの一部はきずに当り、そこで反射して探触子に戻ってくる（欠陥エコー）。

きずに当たらなかった超音波パルスは試験材の底面で反射して探触子に戻る（底面エコー）。したがって、きずで反射した超音波が先に探触子に戻り、その後に底面に反射した超音波が探触子に戻る。探触子においては、超音波が高周波電圧に変換されて受信器を通り、ブラウン管などの指示器にはいる。図8.21のように1個の探触子を送信・受信兼用にする一探触子法の場合には、発振器から直接の高周波電圧も受信器に入る。したがって、指示器のブラウン管の横軸をパルス発振器の発振時刻を基点として走査すると、ブラウン管には図8.22のような図形が得られる。この図形からきずの位置とその大き

第8章 試験・製造・検査技術・規格

表8.10 磁粉探傷試験事例

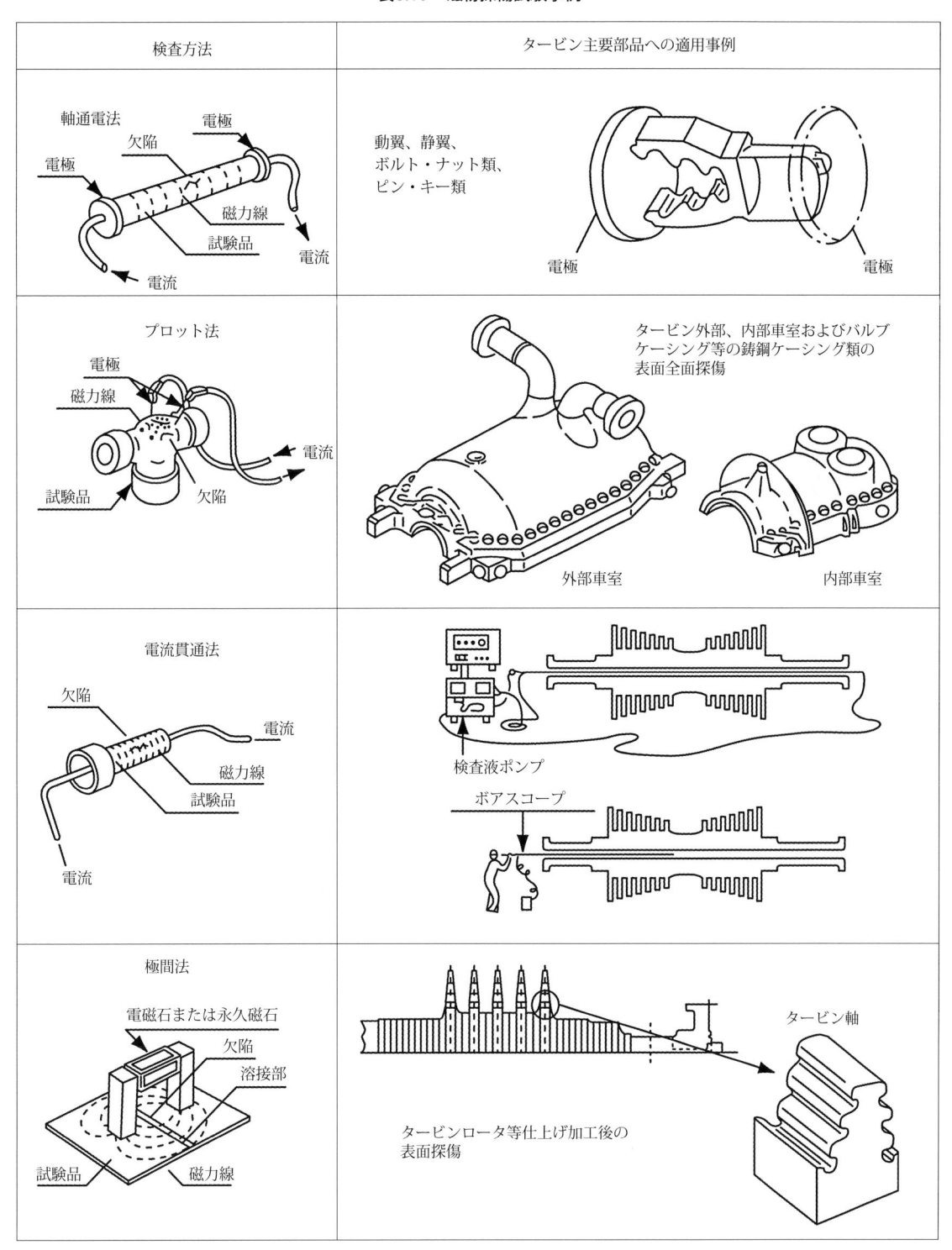

検査方法	タービン主要部品への適用事例
軸通電法	動翼、静翼、ボルト・ナット類、ピン・キー類
プロッド法	タービン外部、内部車室およびバルブケーシング等の鋳鋼ケーシング類の表面全面探傷（外部車室、内部車室）
電流貫通法	（検査液ポンプ、ボアスコープ）
極間法	タービンロータ等仕上げ加工後の表面探傷

さを知ることができる。探触子の構造と構成を図8.23、図8.24、図8.26に示す。また超音波探傷試験事例を図8.25、図8.27に示す。

(4) 放射線透過試験（radiographic test：RT）
　放射線を試験体に照射し、透過した放射線の強さの変化からきずの状態を知る方法であり、放射線の

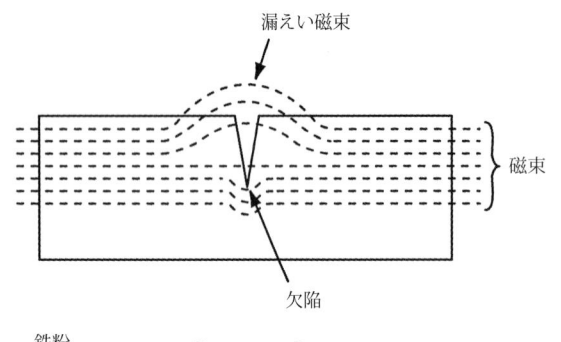

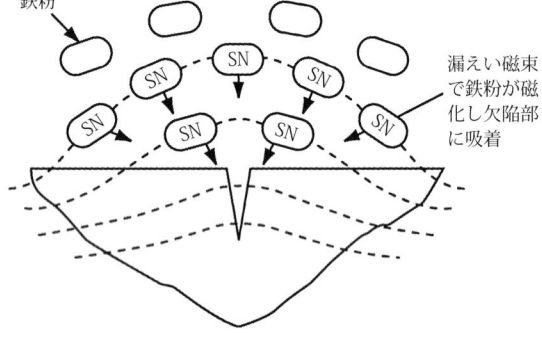

図8.20 磁粉探傷検査の原理

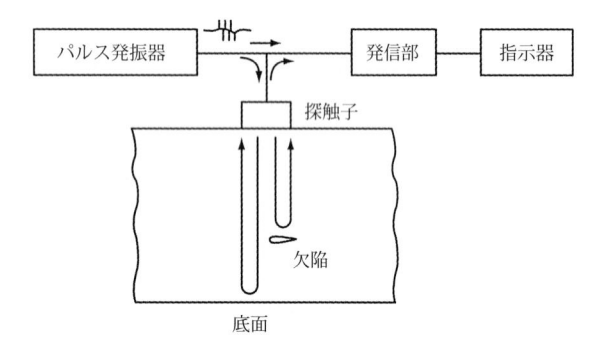

図8.21 パルス反射法の原理

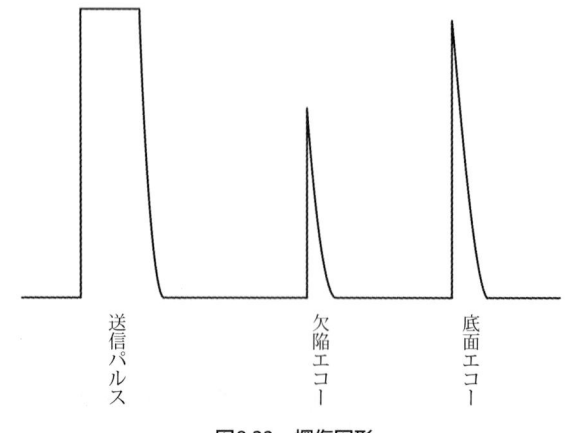

図8.22 探傷図形

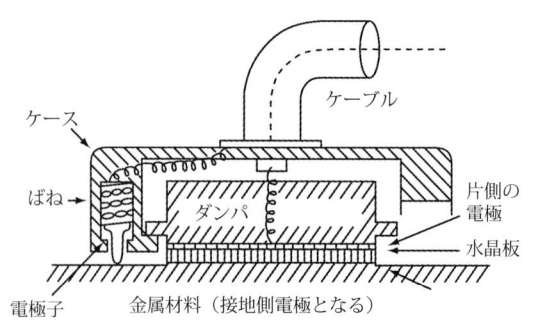

図8.23 垂直探触子の構造

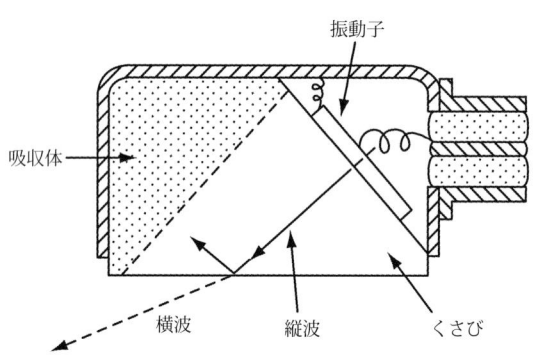

図8.24 斜角探触子の構造

線源としては、X線、γ線が主に用いられる。試験体の内部にきずがあると、放射線透過線量がきずの空間分だけ増加し、X線フィルムの黒化が増加することとなり、きずからの投影像がフィルム上に写し出される。このことからきず形状の判断および記録の保存性に優れているが、きずの厚さ方向位置が求めにくいこと、また放射線透過方向と大きな角度をなす面状きずを検出しにくい欠点がある。代表的な試験方法（撮影配置）を図8.28と図8.29に示す。また放射線透過試験事例を図8.30に示す。

8.3.4 振動計測

タービンロータの振動計測は、タービンの運転状態を判定するのに大変有効である。タービンロータの振動計測用のセンサは接触式と非接触式の2種類あり、両者の構成を図8.31と図8.32に示す。接触式では、ロータの振動が直接センサの動きとなって計測される。これに対して非接触式では、ロータとセンサの間隙の変化により、センサにより励起される渦電流が変動することを利用して間接的にロータの振動を測定するものである。

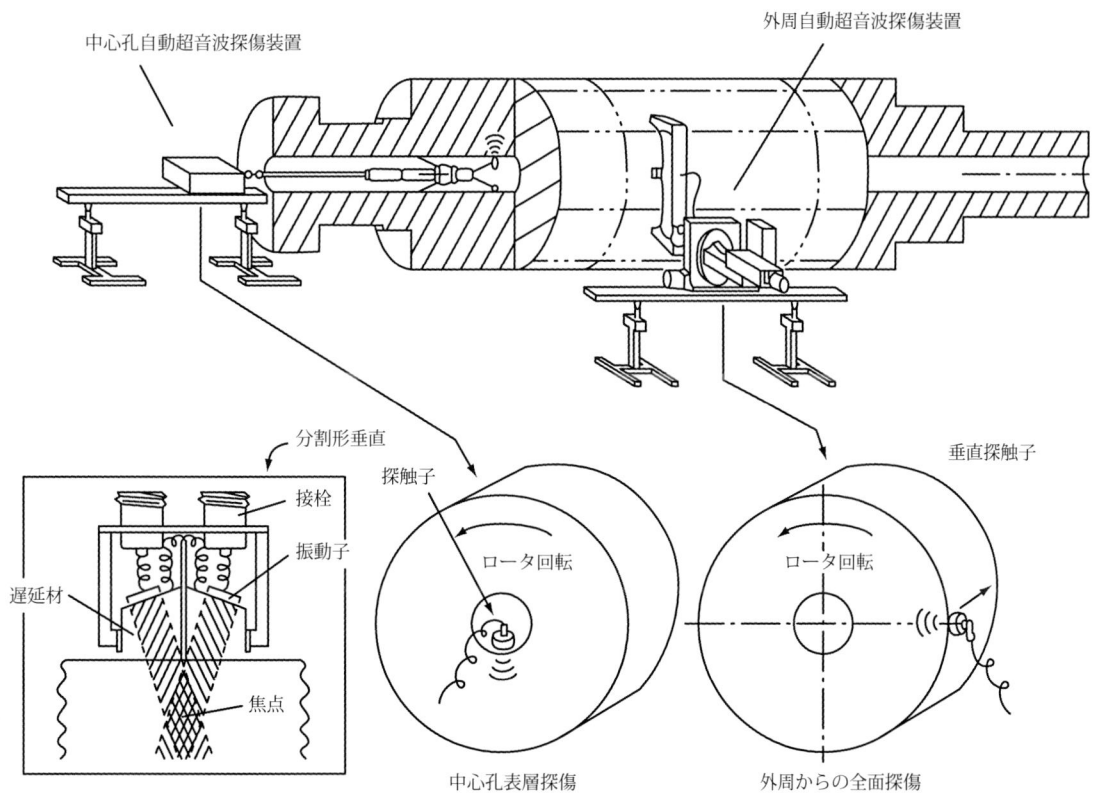

図8.25　超音波探傷検査事例1（タービン軸素材時の探傷検査）

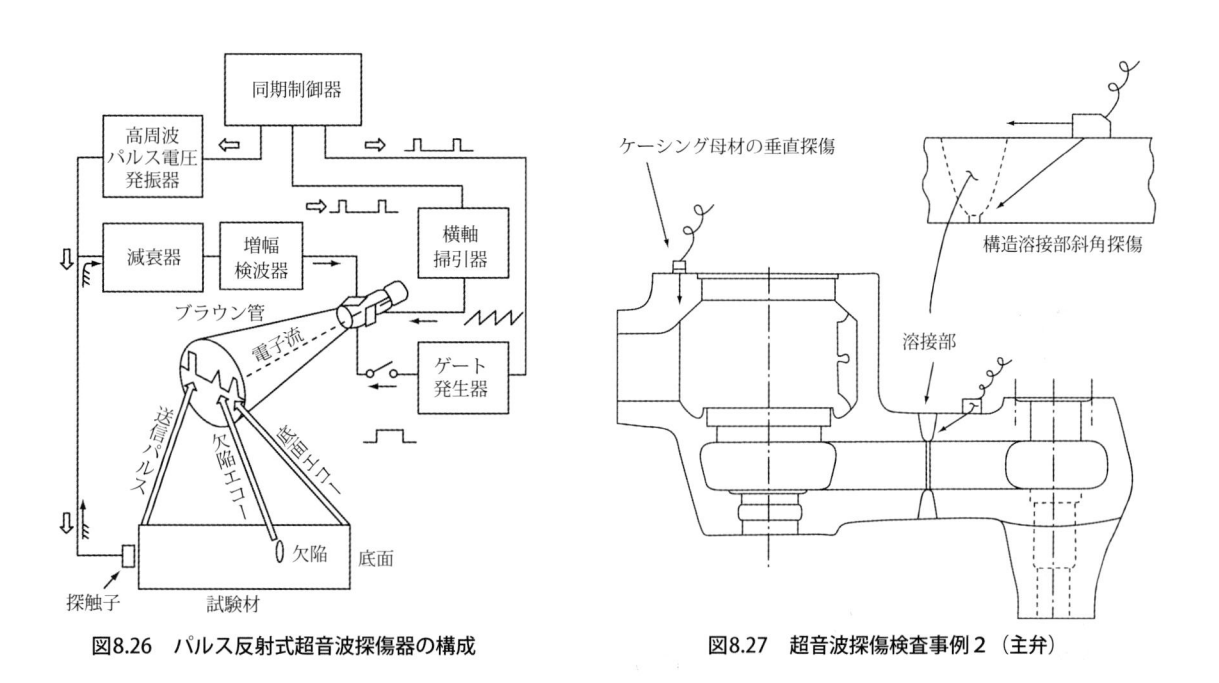

図8.26　パルス反射式超音波探傷器の構成

図8.27　超音波探傷検査事例2（主弁）

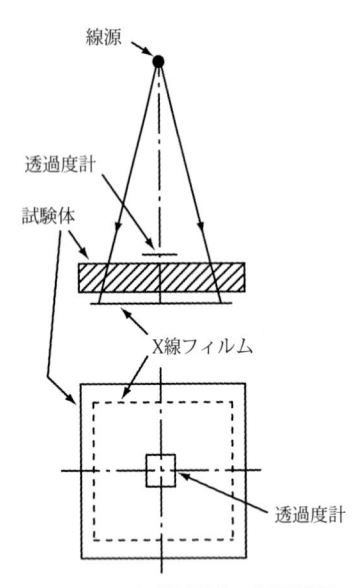

図8.28　平板状試験体の撮影配置

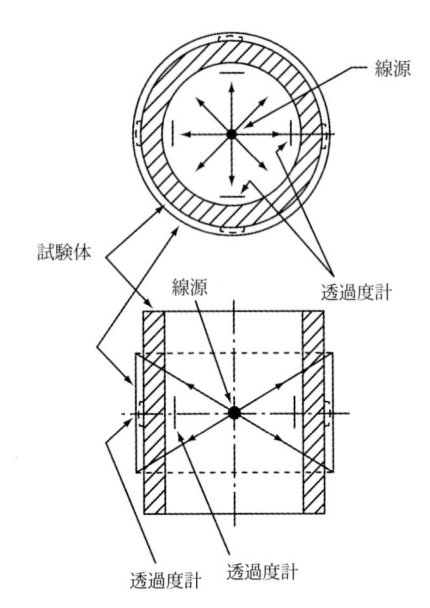

図8.29　管状試験体の撮影配置（内部線源撮影方法）

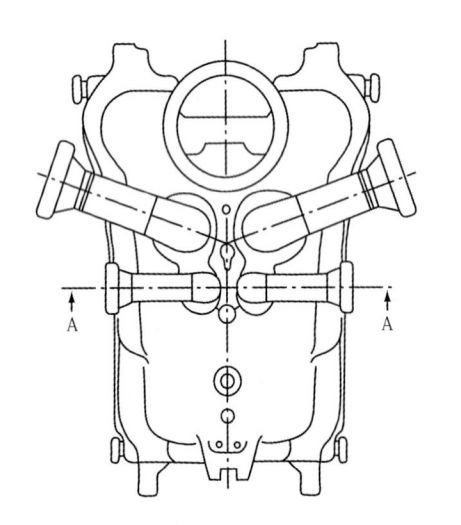

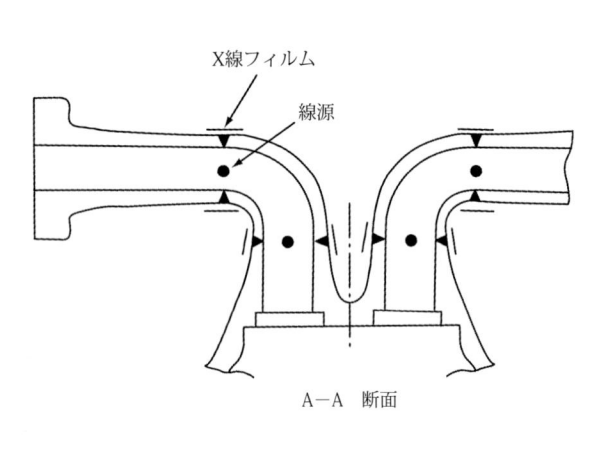

図8.30　放射線透過試験事例（高圧タービン外部車室溶接部の探傷）

8.4　蒸気タービン規格（code and standard）

蒸気タービンの規格としては前述の性能試験規格以外に一般仕様に関する規格や非破壊検査に関する規格などがある。

非破壊検査に関する規格としてはJEAC3703（発電用蒸気タービン規定）があり、非破壊検査種目や許容欠陥サイズについて規定しているが、ここでは詳細は省くことにする。

8.4.1　一般仕様に関する規格

JIS B 8101（蒸気タービンの一般仕様）が国内では最も広く使用されている。これ以外にJEAC3703（発電用蒸気タービン規定）があるが、基本的にはJISと大差はない。JISは蒸気タービンの適用範囲から設計、機能、運転、保守、監視に至る項目について規定しているが、内容的には蒸気タービン関係者に広く受け入れられているものである。これらより主なものを抜粋し、説明する。

(1) 適用範囲

発電用蒸気タービンについて規定され、その他の用途の蒸気タービンへの適用も可としている。

(2) 出力の定義

発電用タービンの定格出力とは、回転数、タービ

図8.31 接触式センサー

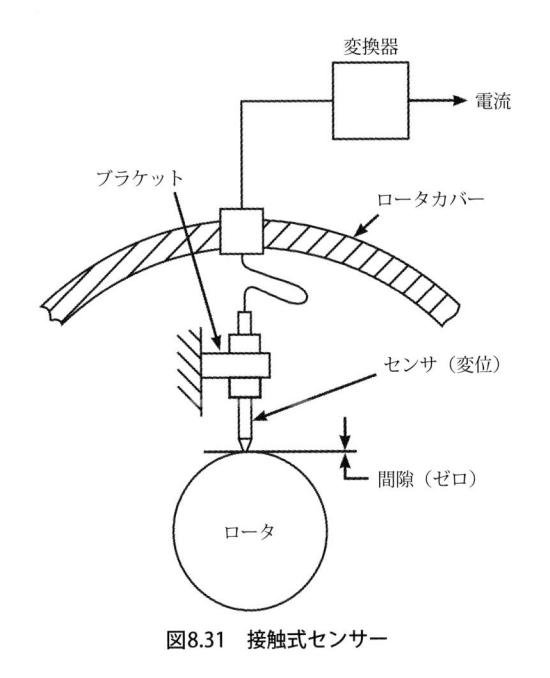

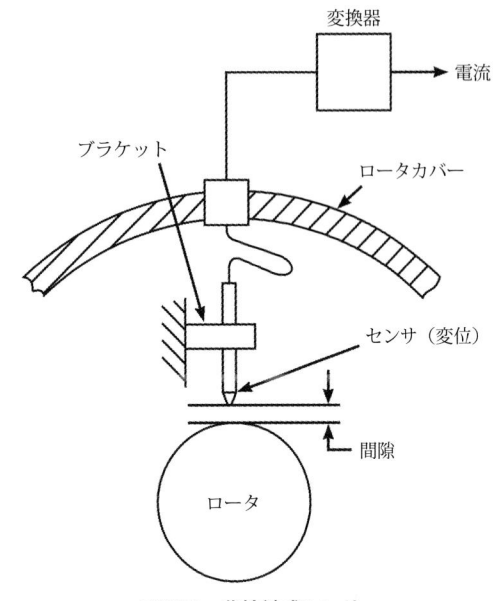

図8.32 非接触式センサー

ン入口での蒸気条件（圧力・温度）・給水加熱条件・排気圧力および再熱条件などが所定の条件下で運転される場合の発電機端子における保証連続出力を指している。

(3) 調速装置

定格負荷をしゃ断した場合に、非常調速機構が作動する回転数まで回転が上昇するのを防止する調速装置を設けるよう規定している。無負荷から定格負荷までの整定回転数調定率は定格回転数の3％～5％、また、無負荷におけるタービンの回転数調整範囲は少なくとも定格回転数の上下各6％とする（受渡当事者間の協議によって調整範囲は変更できる）。なお、タービン・発電機においては他で同意なければ運用上定格回転数の98％以下、101％以上での連続運転の要求をしてはならないとしている。

(4) 最大回転数

タービンの過速度試験は115％以下が望ましいとしており、いかなる理由があっても120％を越えてはならないと規定している。また、この試験は製造者の工場で実施することを勧めており、試験回数は1回限りとし試験時間は2分間以内と規定している。

(5) 非常停止装置

調速装置とは別の装置として、タービン定格回転数の111％以下で作動する非常停止装置を設置しなければならない。このほかにも必要に応じて排気圧力の限度値以上の上昇、潤滑油圧力の限度値以下の低下およびスラスト軸受の限度値以上の摩耗と温度上昇に対する防止装置を要求している。

(6) 振動

軸および軸受でのタービンの振動の警報値と停止値のガイドラインとしてはP196の表9.1、表9.2、表9.3を参照のこと。振動値が表に示す値の2倍を越えた場合は非常停止することが望ましいとしている。

(7) 水圧試験

大気圧以上の蒸気圧力のかかる部分では、最高使用圧力の1.5倍以上での水圧試験の実施を規定している。ただし、使用状態では十分安全に設計しているが、このような水圧試験の圧力では破壊する可能性のある材料を用いている場合、もしくは水圧試験によることが適切でない場合は、受渡当事者間の協議によって試験圧力の変更もしくは協議した別の方法による試験が行われる場合もある。

また、欧州の圧力機器指令（PED）97/23/ECは最大許容圧力が0.5barを超える圧力機器及び組立部品の設計、製造の適合性評価を行うための要求事項を定めたもので、圧力機器の対象として、圧力容器、安全弁、配管等が含まれている。

PED 97/23/ECでは、耐圧試験圧力は下記のどちらか大きい値以下でなければならないとしている。

1. 最大許容圧力と最高許容温度を考慮した使用上の最大荷重に対して1.25倍した値
2. 最大許容圧力に対して1.43倍した値

上記の耐圧試験圧力の値が製品に対して有害かつ現実的でない場合には、承認された他の圧力値で耐圧試験を実施することは可能であるが、耐圧試験以外の追加試験（非破壊検査等）を実施する必要がある。

(8) 圧力および温度変化に対する許容限度

蒸気タービンの運用において定格運転時の蒸気条件を越える許容範囲についてきめ細かく規定している。

(9) 潤滑油

タービン油（JIS K 2213）を指定している。またタービン軸受の出口温度については77℃を越えてはならないとしている（小容量タービンに対しては85℃まで許容することができる）。

(10) 標準計器

タービンとともに供給すべき標準計器の品目を規定している。

(11) 監視計器・保安装置

タービンについての常識的かつ必要最小限と判断されるものが示されている。

8.4.2 海外規格

海外先進国においては、蒸気タービン仕様について、それぞれ国家的規格が制定され使用されている。英国ではBS規格、ドイツではDIN規格、フランスではNF規格、カナダではCSA規格、米国ではASME規格や材料関係でASTM規格がある。国際規格としてIEC 60045-1があり、このIEC規格はJIS B8101の基になっており、国際的に広く使用されている。またISO（International Organization for Standardization）では、蒸気タービンに関する機械部品、機械振動などについて規格がある。

表8.11に、蒸気タービンに関するIEC規格、及び表8.12にその他振動に関連するISO規格を示す。

表8.11 蒸気タービンに関連するIEC規格一覧

規格番号	規格名	関連するJIS規格
IEC 60045-1（1991）	Steam Turbines Part 1：Specifications	JIS B 8101（2012）：蒸気タービン一般仕様
IEC 60953-1（1990）	Rules for steam turbine thermal acceptance tests. Part1：Method A- High accuracy for large condensing steam turbines.	—
IEC 60953-2（1990）	Rules for steam turbine thermal acceptance tests. Part2：Method B-Wide range of accuracy for various types and sizes of turbines.	JIS B 8102（2012）：蒸気タービン受渡試験法
IEC 60953-3（2001）	Rules for steam turbine thermal acceptance tests. Part3：Thermal performance verification tests of retrofitted steam turbines.	JIS B 8105（2004）：蒸気タービン受渡試験法、改造時の性能確認
IEC 61370（2002）	Steam Turbines, Steam Purity	JIS B 8223：ボイラの給水及びボイラ水の水質
IEC 61063（1991）	Acoustics - Measurement of airborne noise emitted by steam turbines and drive machinery	—
IEC 61064（1991）	Acceptance tests for steam turbines speed control systems	—

表8.12　蒸気タービンの振動に関するISO規格一覧

規格番号	規格名	関連するJIS規格
ISO 7919-1（1996）	Mechanical Vibration of non-reciprocating machines - Measurements on rotating shafts and evaluation criteria -Part1：General guidelines	JIS B0910（1999）：非往復動機械の機械振動－回転軸における測定及び評価基準－　一般指針
ISO 7919-2（2009）	Mechanical vibration - Evaluation of machine vibration by measurements on rotating shafts - Part2：Land-based steam turbines and generators in excess of 50MW with normal operating speeds of 1,500r/min, 1800r/min, 3,000r/min and 3600r/min	－
ISO 7919-3（2009）	Mechanical vibration - Evaluation of machine vibration by measurements on rotating shafts - Part3：Coupled industrial machines	－
ISO 10816-1（1995）	Mechanical Vibration - Evaluation of machine vibration by measurements on non-rotating parts - Part1：General guidelines	JIS B0906（1998）：機械振動－非回転部分における機械振動の測定と評価－　一般指針
ISO 10816-2（2009）	Mechanical Vibration - Evaluation of machine vibration by measurements on non-rotating parts - Part2：Land-based steam turbines and generators in excess of 50MW with normal operating speeds of 1,500r/min, 1,800r/min, 3,000r/min and 3,600r/min	－
ISO 10816-3（2009）	Mechanical Vibration - Evaluation of machine vibration by measurements on non-rotating parts - Part3：Industrial machines with nominal power above 15kW and nominal speeds between 120r/min and 15,000r/min when measured in situ	－

8章記号法

記号	項目	単位	ページ番号
C	流出係数	-	173
C_x	レイノルズ数から独立した流出係数	-	173
C_1、C_2、C_N	修正係数	-	173
R_d	ノズルスロート部でのレイノルズ数	-	173
d	ノズルスロート部直径	m	174
ρ	密度	kg/m^3	174
dP	差圧	Pa	174
HR_c	補正後熱消費率	kJ/kWh	173
HR	補正前熱消費率	kJ/kWh	173
P_b	発電機端出力	kW	173
P_g	正味電気出力	kW	173
G_{FW}	最終給水流量	kg/h	174/175
G_{MS}	主蒸気流量	kg/h	173/174
G_{RS}	再熱蒸気流量	kg/h	173/174
G_{RHS}	再熱器スプレー流量	kg/h	173/174/175
G_{CRH}	高圧排気流量	kg/h	173/174
G_{CW}	復水流量	kg/h	174/175

G_{3H}	高圧第3給水加熱器抽気流量	kg/h	174/175
G_{2H}	高圧第2給水加熱器抽気流量	kg/h	174/175
G_{1H}	高圧第1給水加熱器抽気流量	kg/h	174/175
G_{4H}	脱気器抽気流量	kg/h	174/175
G_{DA}	脱気器出口流量	kg/h	174/175
H_{MS}	主蒸気エンタルピ	kJ/kg	173/174
H_{FW}	最終給水エンタルピ	kJ/kg	173/174
H_{RS}	再熱蒸気エンタルピ	kJ/kg	173/174
H_{RHS}	再熱器スプレーエンタルピ	kJ/kg	173/174
H_{3H}	高圧第3給水加熱器抽気エンタルピ	kJ/kg	174
H_{2H}	高圧第2給水加熱器抽気エンタルピ	kJ/kg	174/175
H_{1H}	高圧第1給水加熱器抽気エンタルピ	kJ/kg	174/175
H_{4H}	脱気器抽気エンタルピ	kJ/kg	174/175
H_{CW}	脱気器入口復水エンタルピ	kJ/kg	174/175
H_{3W}	高圧第3給水加熱器入口給水エンタルピ	kJ/kg	174/175
H_{2W}	高圧第2給水加熱器入口給水エンタルピ	kJ/kg	174/175
H_{1W}	高圧第1給水加熱器入口給水エンタルピ	kJ/kg	174/175
H_{DA}	脱気器出口給水エンタルピ	kJ/kg	174/175
H_{3D}	高圧第3給水加熱器ドレンエンタルピ	kJ/kg	174/175
H_{2D}	高圧第2給水加熱器ドレンエンタルピ	kJ/kg	174/175
H_{1D}	高圧第1給水加熱器ドレンエンタルピ	kJ/kg	174/175

＜参考文献＞

(1) JIS B 8102：2012「蒸気タービン受渡試験方法」「事前の協定及び手配」P.8, 4.2（2012年5月）
(2) JIS B 8102：2012「蒸気タービン受渡試験方法」「機器及び流れの遮断」P.10, 4.4.4 a（2012年5月）
(3) JIS B 8102：2012「蒸気タービン受渡試験方法」「試験状態の最大許容偏差及び許容変動」P.14, 表3（2012年5月）
(4) JIS B 8102：2012「蒸気タービン受渡試験方法」「受渡試験で使用してよい計器及び平均不確かさ」P.16〜P.17, 表4（2012年5月）
(5) JIS B 8102：2012「蒸気タービン受渡試験方法」「受渡試験に使用する測定計器の取付位置と形式を示す例」P.19, 図3（2012年5月）
(6) ASME PTC 6-2004「Performance Test Code on Steam Turbines」「Agreement Prior to Test」P.7, 3-2.2（2005年10月）
(7) ASME PTC 6-2004「Performance Test Code on Steam Turbines」「Flows that shall be isolated」P.10, 3-5.5（2005年10月）
(8) ASME PTC 6-2004「Performance Test Code on Steam Turbines」「Permissible Deviation of Variables」P.13, Table 3-1（2005年10月）
(9) ASME PTC 6-2004「Performance Test Code on Steam Turbines」「Methods of Comparing Test Results Valve Point Basis」P.17〜P.18, 3.13.2（2005年10月）
(10) ASME PTC 6-2004「Performance Test Code on Steam Turbines」「Typical Connections for Measuring Electric Power Output by Three Wattmeter Method」P.26, Fig.4-2(d)（2005年10月）
(11) ASME PTC 6-2004「Performance Test Code on Steam Turbines」「Primary Flow Section with Plate-Type Flow Straightener (Recommended) P.30, Fig.4-3(a)（2005年10月）
(12) ASME PTC 6-2004「Performance Test Code on Steam Turbines」「Evaluation of Laboratory Calibration Data」P.36, 4-8.15（2005年10月）
(13) ASME PTC 6-2004「Performance Test Code on Steam Turbines」「Evaluation of Laboratory Calibration Data Average Value」P.36, 4-8.15.1（2005年10月）
(14) ASME PTC 6-2004「Performance Test Code on Steam Turbines」「Location and Type of Test Instruments」P.39, Fig.4-11(a)（2005年10月）
(15) ASME PTC 6-2004「Performance Test Code on Steam Turbines」「Instruments and Methods of Measurement」P.51〜58（2005年10月）
(16) ASME PTC 6A-2000「Appendix A to PTC 6, The Test Code for Steam Turbines」「Calculation of Test Cycle Heat Rate」P.55〜57（2001年7月）
(17) ASME PTC 6A-2000「Appendix A to PTC 6, The Test Code for Steam Turbines」「Calculation of Group 1 Corrections」P.78〜85（2001年7月）
(18) ASME PTC 6A-2000「Appendix A to PTC 6, The Test Code for Steam Turbines」「Calculation of Group 2

Corrections」 P.85～87（2001年7月）]
(19) ASME MFC-3M-1989「Measurement of Fluid Flow in Pipes Using Orifice, Nozzle, and Venturi」「Principles of the Method of Measurement and Computation」P.10, 4.1 Equation 13（1990年1月）
(20) ASME MFC-3M-1989「Measurement of Fluid Flow in Pipes Using Orifice, Nozzle, and Venturi」「Principles of the Method of Measurement and Computation」P.11, 4.1 Equation 17（1990年1月）
(21) ASME MFC-3M-2004「Measurement of Fluid Flow in Pipes Using Orifice, Nozzle, and Venturi」「Principles of the Method of Measurement and Computation」P.49, 3-3 Equation 3-1（2005年8月）
(22) ASME PTC 6 Report-1985「Guidance for Evaluation of Measurement Uncertainty in Performance Tests of Steam Turbines」「Timing Of Test」P.9, Fig.3.3（1986年）
(23) IEC 60953-1「Rules for steam turbine acceptance tests Part 1：Method A – High accuracy for large condensing steam turbines」（1990年）
(24) IEC 60953-2「Rules for steam turbine acceptance tests Part 2：Method B – Wide range of accuracy for various types and sizes of steam turbines」（1990年）
(25) 大井雅雄ほか，タービン精密機械，50巻1号，p.141～142（1984.1）
(26) 川口弘忠ほか，大型蒸気タービンの加工技術，ターボ機械，7巻5号，p.33～39（1979）
(27) 増田信行ほか，タービンブレードFMSの開発，三菱重工技報，Vol.22, No.5, p.105～112（1985.11）
(28) 坂本博宣ほか，タービンケーシング加工における自動計測システムの開発，火力原子力発電，Vol.35, No.9, p.67～74（1984.9）
(29) 藤沢二三夫ほか，大規模回転軸系のつりあわせ法に関する研究，ターボ機械，14巻11号（1986）
(30) 角田健太郎，"蒸気タービン軸材製造プロセス" 日本製鋼所 室蘭製作所より
(31) JIS B 8101：2012「蒸気タービンの一般仕様」（2012年5月）
(32) JIS B 8102：2012「蒸気タービン受渡試験法」（2012年5月）
(33) JIS B 8105：2004「蒸気タービン受渡試験法、改造時の性能確認」（2004年3月）
(34) JIS B 8223：2006「ボイラの給水及びボイラ水の水質」（2006年10月）
(35) JIS B 0910：1999「非往復動機械の機械振動－回転軸における測定及び評価基準－ 一般指針」（1999年3月）
(36) JIS B 0906：1998「機械振動－非回転部分における機械振動の測定と評価－ 一般指針」（1998年1月）
(37) IEC 60045-1 ed1.0「Steam Turbines」（1991年6月）
(38) IEC 60953-1「Rules for steam turbine acceptance tests Part 1：Method A - High accuracy for large condensing steam turbines」（1990年）
(39) IEC 60953-2「Rules for steam turbine acceptance tests Part 2：Method B - Wide range of accuracy for various types and sizes of steam turbines」（1990年）
(40) IEC 60953-3「Rules for steam turbine thermal acceptance tests. Part3：Thermal performance verification tests of retrofitted steam turbines.」（2001年12月）
(41) IEC61370「Steam Turbines, Steam Purity」（2002年6月）
(42) IEC61063「Acoustics - Measurement of airborne noise emitted by steam turbines and drive machinery」（1991年4月）
(43) IEC 61064「Acceptance tests for steam turbines speed control systems」（1991年5月）
(44) ISO 7919-1「Mechanical Vibration of non-reciprocating machines - Measurements on rotating shafts and evaluation criteria- Part 1：General Guidelines」（1996年7月）
(45) ISO 7919-2「Mechanical Vibration - Evaluation of machine vibration by measurements on rotating shafts Part 2：Land-based steam turbines and generators in excess of 50MW with normal operating speeds of 1500r/min, 1800r/min, 3000r/min, 3600r/min」（2001年11月）
(46) ISO 7919-3「Mechanical Vibration - Evaluation of machine vibration by measurements on rotating shafts Part 3：Coupled industrial machines」
(47) ISO 10816-1「Mechanical Vibration - Evaluation of machine vibration by measurements on non-rotating parts Part 1：General guidelines」（1995年12月）
(48) ISO 10816-2「Mechanical Vibration - Evaluation of machine vibration by measurements on non-rotating parts Part 2：Land-based steam turbines and generators in excess of 50MW with normal operating speeds of 1500 r/min, 1800r/min, 3000r/min, 3600r/min」（2001年11月）
(49) ISO 10816-3「Mechanical vibration - Evaluation of machine vibration by measurements on non-rotating parts - Part 3：Industrial machines with nominal power above 15 kW and nominal speeds between 120r/min and 15000 r/min when measured in situ」（1998年5月）
(50) 田沼唯士，「蒸気タービンの国際規格」ターボ機械第41巻，第7号（2013年7月）
(51) JIS B 8102：2012「用語及び定義式」p.5 3.3(b)熱消費率（heat rate）式(4)p.8.4.2（2012年5月）

第9章
運用技術と保守

9.1 プラントの運転
    9.1.1 運用上の留意点
    9.1.2 起動準備
    9.1.3 起動昇速
    9.1.4 並列・負荷上昇
    9.1.5 通常運転
    9.1.6 プラント停止操作
    9.1.7 保安装置作動試験
    9.1.8 給電運用による出力調整
    9.1.9 周波数変動範囲の拡大（英国規格対応等）
    9.1.10 実際の周波数変動対応（復水絞り運転）
    9.1.11 最低負荷運転
    9.1.12 ボイラー変圧運転
9.2 運転自動化
    9.2.1 自動化の目的
    9.2.2 自動化システム
    9.2.3 蒸気タービンの運転自動化
9.3 コンバインドサイクル運転法
    9.3.1 コンバインドサイクル発電の仕組み
    9.3.2 コンバインドサイクル発電の構成
    9.3.3 運用上の注意点
    9.3.4 運転方法
9.4 プラントの保守
    9.4.1 日常保守
    9.4.2 定期点検と定期事業者検査
    9.4.3 定期点検時の補修

第9章　運用技術と保守

9.1　プラントの運転

プラントの運転上の留意点は、機器の安全を確保する安全運転と、有効に熱エネルギーを電気エネルギーに変換する効率運転の2つに集約される。

本項においてはタービン・発電機の運転上の留意点と、基本的な運転方法について述べる。

9.1.1　運転上の留意点

(1)　安全運転

タービンの安全運転の確保には、振動管理および車室（casing）ロータ（rotor）のクラック（crack）防止が重大事故防止の観点から最も重要である。

振動管理においては、日常の振動値の推移および起動停止時の振動値の推移に十分注意することが必要である。

蒸気タービンの振動管理値については、「発電用火力設備の技術基準の解釈第24条」により、運転中の振動の全振幅の警報値が定められており、それを表9.1に示す。停止値については、「発電用蒸気タービン規程：JEAC-3703」において、表9.2の値以下が望ましいとされている。

また表9.3「蒸気タービンの一般仕様：JIS B 8101」においては、全振幅の警報値およびその値の2倍を超えた場合、停止することが望ましいとされている。

IEC 60045-1、Steam turbines-Part1：Specificationsでは振動の評価の基準は軸受の振動速度によることとし、定常状態、定格速度において2.8 mm/s以内を良好な振動値と規程している。軸振動については軸受振動の通常2倍以上という表現にとどめ、評価の基準から省いている。

振動が発生する原因としてアンバランス（unbalance）、オイルホイップ（oil whip）、ラビング（rubbing）等があげられる。

アンバランスはロータの曲がり、動翼等の回転体部品の周方向モーメント不均一により発生するもので、これに対してはバランスウエイトの取付けにより修正を行うことが多い。

オイルホイップ現象は軸受の潤滑油膜（oil film）

表9.1　振動の警報値（全振幅mm）

測定場所	定格回転速度	警報値	
		回転速度が定格回転速度未満の時	回転速度が定格回転速度以上の時
軸受	3,000回毎分又は3,600回毎分	0.075	0.062
	1,500回毎分又は1,800回毎分	0.105	0.087
軸	3,000回毎分又は3,600回毎分	0.150	0.125
	1,500回毎分又は1,800回毎分	0.210	0.175

表9.2　振動の停止値（全振幅mm）[1]

定格回転速度 min^{-1} 又はrpm	振動の振幅	
	軸	軸受
2,500未満	0.350	0.175
2,500以上　4,000未満	0.250	0.125
4,000以上　6,000未満	0.200	0.100
6,000以上　10,000未満	0.150	0.075
10,000以上	0.125	0.062

表9.3　振動の警報値（全振幅mm）[2]

測定場所	回転速度（min^{-1}）	定格回転速度未満における全振幅	定格回転速度以上における全振幅
軸受	2,500未満	0.105	0.087
	2,500以上　4,000未満	0.075	0.062
	4,000以上　6,000未満	0.060	0.050
	6,000以上　10,000未満	0.045	0.037
	10,000以上	0.037	0.031
軸	2,500未満	0.210	0.175
	2,500以上　4,000未満	0.150	0.125
	4,000以上　6,000未満	0.120	0.100
	6,000以上　10,000未満	0.090	0.075
	10,000以上	0.075	0.062

注1）振動の値が、表に示す値の2倍を超えた場合は、タービン・発電機を自動停止することが望ましい。なお、産業用小容量タービンでは、手動で停止してもよい。
2）回転速度を更に細分化し、各々の回転速度域に対して、この表の範囲内で適切な警報値を決定してもよい。
3）先行的な処置を行うため、振動の振幅の絶対値だけでなく、振動の増加率を加味して警報値を決定することができる。

の自励振動によるもので、軸受の単位面積当りの荷重が比較的小さな機械に発生しやすい。これに対しては、軸受荷重・軸受給油量・軸受給油温度を適正に管理する必要がある。

ラビングは回転体のこすりにより発生するもので、起動時の上下半車室の温度差等により車室が変形してロータと接触する場合が多い。

タービンの振動は、急激に振幅が増加する場合があり、警報により停止操作を行っても振動値が停止域を超える場合がある。このため、振幅増加率を考えた警報、自動停止装置を採用する場合がある。

タービンロータには、高速回転体であるための遠心力による応力のほか、温度差による熱応力（thermal stress）が同時に働く。運転状態により大きな温度差が生じた場合には、ロータ外表面または中心孔表面に過大な応力が発生しクラックに進展する恐れがある。

ケーシング、弁箱等の肉厚部周辺にも、内部圧力による応力のほか温度差による熱応力等が働き過大な応力が発生することがある。

起動時においては、タービン金属温度と蒸気温度の温度差、タービン高温部の温度、温度変化率等適正な管理を行うことにより、過大な熱応力の発生を防止することが重要である。また、負荷の増減に当たっても、ロータの温度変化率を守って運転することが必要である。図9.1に第一段落蒸気室許容内外面金属温度差制限、図9.2にロータ温度変化率制限の一例を示す。

ロータの種類	高圧部
ロータの呼称径	660.4mm
温度測定場所	第1段蒸気室内面

1. 曲線上の数値は1サイクル当たりの寿命消費指数%を表す。

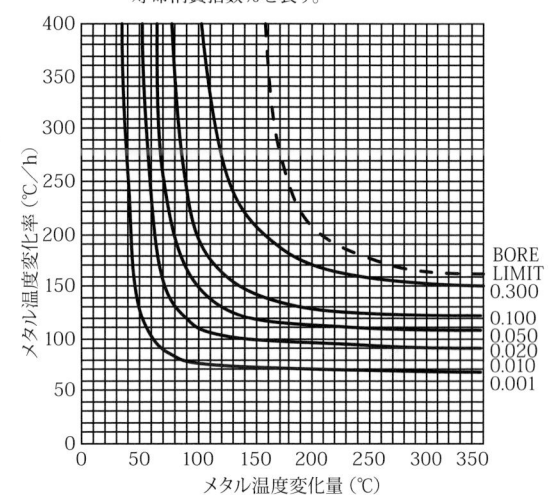

図9.2　ロータ温度変化率制限曲線

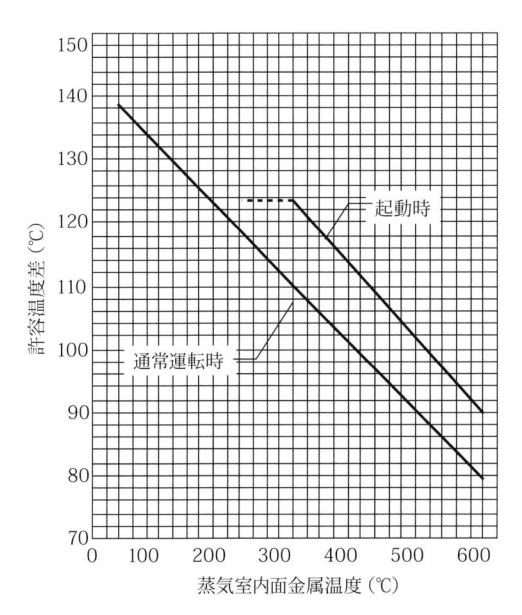

図9.1　第一段蒸気室許容内外面金属温度差曲線

(2) 効率運転

タービン運転中において効率に大きく影響を与えるのは復水器（condenser）の真空度（vacuum）である。このため、復水器細管の清浄度（cleaness factor）の維持、詰まりの防止、空気等の漏入防止が必要である。

復水器細管の清浄度維持に対してはボールクリーニング装置等の利用があり貝等による細管の詰まり対策としては復水器逆洗弁（reversing valve）の利用により防止する方法が採用されている。

効率運用の例としては、循環水ポンプ（CWP：circulating water pump）が2台ある場合は、低負荷時1台のポンプを停止することにより、動力の低減をはかることができる。この場合、海水温度・復水器出入口温度・復水器真空度の変化などを十分検討することが必要である。

また、可動翼循環水ポンプの採用により、必要冷却水量に見合ったポンプ動力とする動力低減対策が行われる場合もある。

9.1.2 起動準備

(1) 軸受給油温度の管理

一般にタービン油では油膜が期待できる最高温度は約80℃以下であり、通常運転回転数域では流体潤滑（hydrodynamic lubrication）状態であり十分な油膜が確保されているが、起動・停止時の低回転数域では境界潤滑（boundary lubrication）状態となり、軸受にとって非常に厳しい状態となる。特に停止時のホット（hot）状態では、高温部に近い車軸は極めて高温になっており、給油による冷却により、ようやく安全範囲を保っていると考えられる。

従って給油温度の管理は極めて大切なことである。起動時には軸受とロータジャーナル間に形成される油膜厚さが薄くなることから、給油温度を低く保つ必要があり、高回転域では軸受安定性確保（オイルホイップ振動防止）のために給油温度を適正温度に上げる必要がある。

(2) 復水器の起動

循環水ポンプの起動に先立ち、必要に応じプライミング真空ポンプ（priming vacuum pump）を運転して循環水系統の空気抜き、水張りを行う。循環水ポンプ起動後は吐出弁を定められた開度とする。

(3) 復水ポンプの起動

復水器ホットウエル（hotwell）の水位を確認し、かつ復水再循環系統が構成されていることを確認して復水ポンプ（condensate pump）を起動する。

低圧給水加熱器など熱交換器、復水系の空気抜きを行う。

(4) プレボイラー・クリーンアップ運転[3]

貫流ボイラーの場合、汽水分離機構を持たないので、ブローにより給水中の不純物を系外に排出できない。そのため、高純度の給水を用いる必要があり、ボイラーへ通水開始する前段階で、給水加熱器を含めた給水系統のクリーンアップ運転により、ボイラー給水水質を向上させている。図9.3にプレボイラー・クリーンアップ系統を示す。

クリーンアップ運転は上流の系統からステップ毎に実施するが、実際のプレボイラー・クリーンアップ運転例を次に示す。

① 復水ブロー

復水ポンプを運転して復水再循環運転を実施しながら、復水を系外にブローし水質を向上させる。

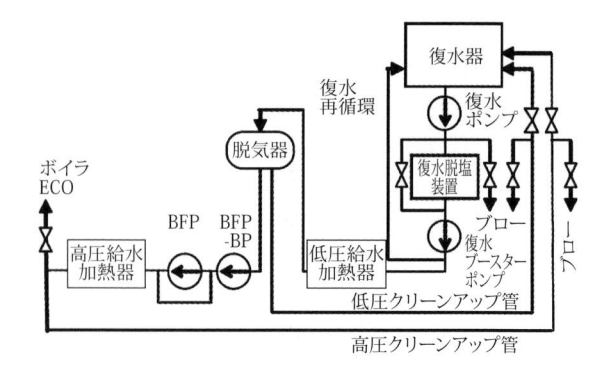

図9.3　プレボイラー・クリーンアップ系統図

② 復水循環

復水再循環系統を使用して復水再循環運転しながら復水脱塩装置に通水して浄化する。

③ 低圧クリーンアップブロー

復水ポンプ、復水ブースタポンプを運転して脱気器からブローする。

④ 低圧クリーンアップ循環

復水ポンプ、復水ブースタポンプを運転して脱気器から復水器へ循環する。

⑤ 高圧クリーンアップブロー

復水ポンプ、復水ブースタポンプ、BFPブースタポンプを運転して高圧給水ポンプ出口からブローする。

⑥ 高圧クリーンアップ循環

復水ポンプ、復水ブースタポンプ、BFPブースタポンプを運転して高圧給水ポンプ出口から復水器へ循環する。

(5) 真空上昇

真空ポンプ（vacuum pump）の起動に先立ちタービンのターニングを確認し、タービングランドにシール蒸気を送り、車室内にグランドから空気が流入しないよう調整する。特に、タービンが極めてホットな状態の時は、空気流入より、ロータ、車室等の熱変形につながるので注意が必要である。

復水型タービンでは、復水器真空は大気圧との差により低圧車室を復水器の方向に変形させる力として働き、低圧タービン下部車室に軸受を支持させる構造のタービンでは、復水器真空上昇につれて低圧タービンロータは沈下する。

なお、車室、軸受部等の剛性の小さいタービンでは、振動対策として復水器真空をできるだけ低くして起動するものがある。

9.1.3 起動昇速

最初に、タービン起動時の蒸気温度について述べる。タービン起動時の入口蒸気温度は、タービン蒸気室金属温度より約42℃（28〜56℃）高いものがよいとされている。

一般に採用される蒸気条件で、例えば、蒸気圧力5.88MPa、450℃の蒸気を真空-963hPaまで絞り膨張させた場合、温度降下は約37℃であり絞り膨張後の蒸気温度は413℃となる。すなわち42℃第1段金属温度より高い蒸気をタービン起動時に流入させても、タービン内部が真空であれば第1段落部の金属温度より約5℃高い蒸気が流入することになるわけである。

冷機起動においては起動に先立ち蒸気によりロータを予熱（prewarming）する必要がある、これは、ロータ材料の破面遷移温度（FATT：fracture appearance transition temperature）を上回った状態で起動昇速することにより万一過速域に入った場合でも、ロータを脆性破壊させないためである。

火力発電用大型タービンの第1段落車室内面金属温度と必要予熱時間の一例を図9.4に示す。

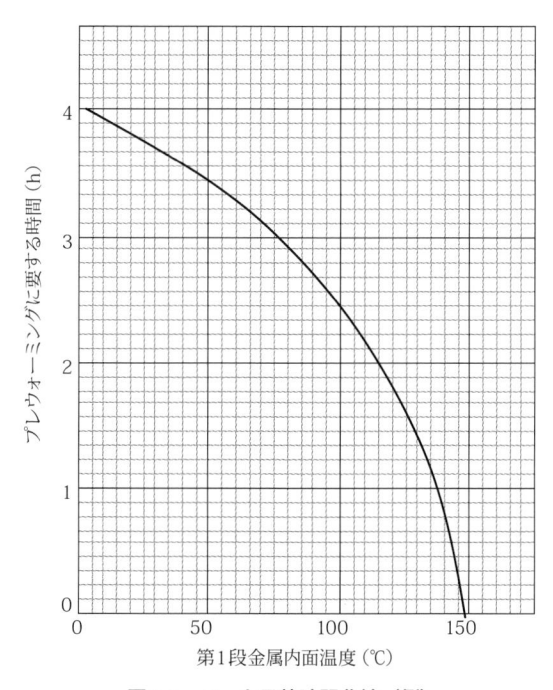

図9.4 ロータ予熱時間曲線（例）

復水器真空、入口蒸気温度が所定の値になればタービンの起動を行う。

起動に先立ち以下の項目を確認する。
- タービンターニング中の偏心
- 伸び差
- 高温部各部の温度、温度差
- 軸受給排油温度
- 排気室温度とスプレー状態

以上の状態を確認し、主蒸気止め弁副弁（または加減弁）を徐々に開き起動する。起動後回転数が250〜400rpmに昇速したのを確認し弁を閉める。タービンが惰性で回転している状態で、各部の異音の有無を点検する。これをラブチェックと呼んでいる。

異常がなければ次の指定回転数まで昇速する。昇速率は起動時のタービン金属温度、蒸気温度等により異なるが一般に3,000rpm機：100〜300rpm/min、3,600rpm機：120〜360rpm/minである。

また、指定保持回転数は700〜1,000rpmであるが、ロータの危険速度域を避けて選定する。一定時間保持後、同じ要領で定格回転数まで昇速する。復水器真空が変動すると、低圧タービンのアライメント（alignment）が変化しやすいので、起動中の真空変化は可能な限り避けたほうがよい。

9.1.4 並列・負荷上昇

定格回転数となったならば、タービン各部温度、温度差、伸び差、振動等異常のないことを確認して系統に並列する。

並列後、速やかに主蒸気止め弁の副弁を操作して初期負荷に整定させる。所定の初期負荷整定時間を保持したのち、主蒸気止め弁の副弁使用による全周噴射から加減弁使用による部分噴射への切替を行う。

この切替は主蒸気止め弁後の圧力の上昇を監視しながら加減弁を絞り主蒸気止め弁前後の圧力差が約0.69MPa以内として主蒸気止め弁を全開する。切替後は加減弁にて負荷制御を行う。

加減弁起動の場合は、加減弁を操作して初期負荷に整定・負荷制御させる。

負荷上昇においては特に以下の項目に注意する。
- 第1段落車室内外面温度差
- 加減弁蒸気室内外面温度差
- 再熱蒸気室内外面温度差
- 車室の伸び、伸び差
- 振動
- 復水器真空度、排気室温度

また、貫流ボイラーユニットでは起動系から貫流系への切替があり、このときに主蒸気温度、圧力が大きく変化する場合があるので監視の強化が必要である。

9.1.5　通常運転

蒸気タービンの運転中の安全確保と熱効率維持のため、蒸気圧力、蒸気温度等各部の状態値を可能な限り計画値内で行う基準値運転が重要である。

なお、運転中に守ることが望ましいとされる蒸気条件については、「発電用蒸気タービン規程：JEAC-3703」により次のように定められている。

(1) 蒸気圧力

通常の運転状態においては、主蒸気止め弁入口における平均蒸気圧力が定格負荷時にはいずれの12ヶ月間においても定格蒸気圧力の100％を超えず、この場合の最高蒸気圧力が定格蒸気圧力の110％を超えない範囲である。

異常の場合には、定格蒸気圧力の120％まで入口蒸気圧力が瞬間的に上昇してもよいが、いずれの12ヶ月間においてもこのような異常上昇時間の総計が12時間を超えない範囲である。

再熱蒸気圧力については、定格出力時の再熱蒸気圧力の120％を超えない範囲である。

(2) 蒸気温度

① 定格蒸気温度が566℃以下の場合

通常の運転状態においては、主蒸気止め弁入口および再熱蒸気止め弁入口における蒸気温度はいずれの12ヶ月間においてもその平均が定格蒸気温度を超えず、この場合の最高蒸気温度は定格蒸気温度を8℃以上超えない範囲である。

異常の場合には瞬間的に定格蒸気温度を8℃から14℃まで超えてもよいが、いずれの12ヶ月間においてもこのような異常上昇時間の総計が400時間を超えない範囲である。

また、14℃から28℃までの定格蒸気温度を超える運転は、いずれの12ヶ月間においてもこのような運転時間の総計が80時間を超えない範囲である。

いずれの場合も定格蒸気温度を28℃以上超えない範囲である。

また、定常的な温度変動は14℃以下とし、できるだけ少なくなるよう運転を規定する。

② 定格蒸気温度が566℃を超える場合

許容変動限度は受渡当事者間の合意による。

9.1.6　プラント停止操作[3]

停止に際しては、起動過程のように熱応力のような制約は厳しくないが、タービン駆動給水ポンプから電気駆動給水ポンプへの切替等にて負荷を保持する場合がある。また、解列負荷は、電力系統への影響度を勘案し決定する必要があるが、一般的には10％負荷程度である。

プラントの停止は、予定停止期間と停止中の保修作業の有無、および次回起動時の運転条件を考慮して停止する必要があり、ボイラー・タービン停止方法により一般的には次の4種類に分類される。

(1) タービン通常停止／ボイラーバンキング

夜間停止し翌朝起動する等の場合等の停止方法。

(2) タービン強制冷却停止

停止後タービン車室を開放する等の作業が伴なう場合、停止後のタービンの冷却時間を短縮し、早期に作業が開始できるようにするため、停止過程でのタービンへの流入主蒸気、再熱蒸気温度を通常停止の蒸気温度より低下させて停止するタービン停止方法。この場合は伸び差、振動などには十分注意を払う必要がある。

(3) ボイラー冷却停止

ボイラー関係の補修作業のため、ボイラーを短時間で冷却するため、解列後も給水・空気を連続して供給して冷却するボイラーの停止方法。

(4) ボイラー／タービン冷却停止

定期点検等前項のタービン・ボイラー冷却停止の双方を実施して停止する方法。

9.1.7　保安装置作動試験

タービンが連続運転されている場合、最も重要なことは緊急時に安全に停止することができることである。このため、定期的に保安装置を試験し作動状態を確認する。試験項目と内容は次のとおりである。

(1) 主蒸気止め弁、再熱蒸気止め弁等開閉試験

蒸気タービン運転中、主蒸気止め弁等各蒸気弁の弁棒、ブッシング等は高温の蒸気にさらされ酸化スケール等が付着する。このため閉動作時に弁棒が固着（stick）して全閉とならない事態が生じやすい。これを防止する目的で、1～2日に1回開閉テストを行う必要がある。

(2) 非常調速機試験

非常調速機の各摺動部は固着することがあるので、これを防止する必要がある。本試験は、主蒸気止め弁などが実際に作動しないように、ロックアウ

ト（lockout）する装置の使用により実施する。ロックアウト中のオーバースピードに対してはバックアップガバナ（backup governor）により保護される。

(3) スラスト保護装置試験

タービンのスラスト軸受は、軸受中最も過酷な荷重を受ける。スラスト軸受の摩耗は翼の接触損傷、翼車円板の破損、これによる車室の破裂等重大事故の原因となりかねない。従ってスラスト軸受の摩耗を早期に検出し、タービンを緊急に停止することが必要となる。

試験はトリップ回路を除外し、スラスト位置検出器を移動させて行う。

(4) 補助油ポンプ、ターニング油ポンプ、非常用油ポンプ自動起動試験

主油ポンプの故障時のバックアップとしての補助油ポンプ、補助油ポンプのバックアップとしてのターニング用軸受油ポンプ、交流電源喪失時タービンを安全に停止させるため直流電源を使用している非常用軸受油ポンプの自動起動の確認を行う。

(5) 抽気逆止弁開閉試験

抽気逆止弁はタービンが過速度トリップした場合等、抽気系から蒸気が逆流してさらにタービンの速度が上昇することを防止するためのものである。

抽気逆止弁は、外部から駆動する閉動作用スプリングと開動作用のエアーシリンダとピストンが設置されていて、閉テストはタービンリセット状態でエアーシリンダに供給されている空気を抜きスプリング力により閉操作を行うものであるが、高負荷運転中の閉テストでは逆止弁内の蒸気（抽気）流れにより差圧が生じ、弁は部分的に閉まるが全閉させることはできない。

9.1.8 給電運用による出力調整[3]

電力需要は刻々と変化するので、それに合わせた電力の供給を行なう必要がある。電力需要の変化に対して、水力のみでは対応できないため、火力発電プラントでも出力調整が必要となる。出力調整は、給電指令に基づき、目標出力を得るようにボイラー・タービン協調制御によって蒸気流量が調節され、タービン制御装置により加減弁開度を調節し、蒸気タービンの出力や回転数が制御されている。

給電指令による出力調整は、以下のような自動制御により運転される。

(1) 自動周波数制御
　　（AFC：automatic frequency control）

発電量と需要のアンバランスにより系統周波数が変動する。電力系統の周波数を規定値内に維持するよう、発電機出力を調整する。

(2) 経済負荷配分制御（ELD：economic load dispatching または EDC：economic load dispatching control）

各発電ユニットに対して、総合発電原価が最も安価となるよう負荷を配分する。

9.1.9 周波数変動範囲の拡大（英国規格対応等）

近年、電力自由化に伴い、内外ともに送電系統を独立系発電事業者等に開放する場合が多くなった。また再生可能エネルギーの導入が増えてきた。この際、系統の信頼性を保護することは大変重要である。従って、連続運転が可能な周波数と運転は可能であるが時間制限がある周波数（運転限界周波数）を定義し、各事業者はこれを遵守している。

表9.4および9.5に日本国内の電力会社の事例を、表9.6に海外の主要なコードを示す。

表9.4　日本国内の運転可能周波数（50Hz地区）

50Hz地区		北電	東北	東京
連続運転可能周波数	下限	48.5Hz	48.5Hz	48.5～49.5Hz　2秒
	上限	50.5Hz	50.5Hz	50.5～51.5Hz　2秒
運転限界周波数	下限	47Hz	—	—
	上限	51.5Hz	—	—

表9.5　日本国内の運転可能周波数（60Hz地区）

60Hz地区		中部	関西	北陸
連続運転可能周波数	下限	58.5Hz	58.5Hz	58.5Hz
	上限	60.5Hz	61.2Hz	61Hz
運転限界周波数	下限	—	57Hz　2秒	58Hz　60秒 57Hz　5秒
	上限	—	—	—

60Hz地区		四国	九州	沖縄
連続運転可能周波数	下限	58.5Hz	58.5Hz	58Hz
	上限	61Hz	60.5Hz	61Hz
運転限界周波数	下限	57.5Hz　60秒	58Hz　90秒 57.5Hz	58Hz
	上限	—	—	61.8Hz

表9.6 主要な海外コード

50Hz地区		ドイツ Transmission Code 2007	英国 UK Grid Code
連続運転 可能周波数	下限	48.5Hz	49Hz
	上限	51.5Hz	51Hz
運転限界 周波数	下限	47.5Hz	47Hz
	上限	51.5Hz	52Hz

9.1.10 実際の周波数変動対応（復水絞り運転）

欧州Grid Codeには、周波数変動（増加）対応として、30秒以内に定格出力比で2～5％（国毎に異なる）発電機出力を増加させてその発電機出力を15分間維持する「発電機出力増加拡大対応（Primary Response）」の要求がある。この要求を実現する手段の一つとして復水絞り運転（Condensate Throttling Operation）がある。一般的に火力発電プラントではボイラー燃料の増加指令に対しボイラーから発生する蒸気量増加の追従には遅れがあるため、ボイラー燃料の増し焚きだけでは本要求に対応することは不可能である。そのため、ボイラー燃料の増し焚き指令と同時に、図9.5に示す脱気器抽気止弁と第5、6抽気止弁、および、脱気器水位調節弁を急速に絞り込むことにより、蒸気タービンからの脱気器抽気蒸気流量、および第5、6抽気蒸気流量を絞り蒸気タービン後続段蒸気流量を増加させて発電機出力を30秒以内に規定出力まで増加させる。この復水流量と抽気流量を絞り発電機出力を増加させる運転を復水絞り運転という（図9.6）。

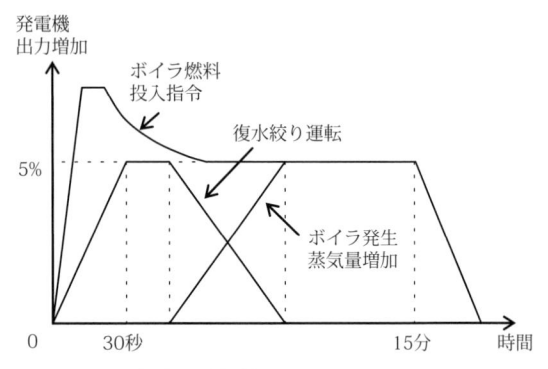

図9.6 発電機出力増加対応（Primary Response）（例）

復水絞り運転を実現するため、抽気止弁には流量調節が可能なバタフライ弁を適用する。復水絞り運転の間、脱気器からボイラーへ送水される給水流量と、復水器から脱気器へ送水される復水流量にアンバランスが生じ脱気器水位は低下するため、復水絞り運転が適用されるプラントは貯水量10分程度の大容量の脱気器を備えている。また復水器から脱気器水位調節弁までの復水系統内にバッファーとしての復水貯蔵タンクを備えている。

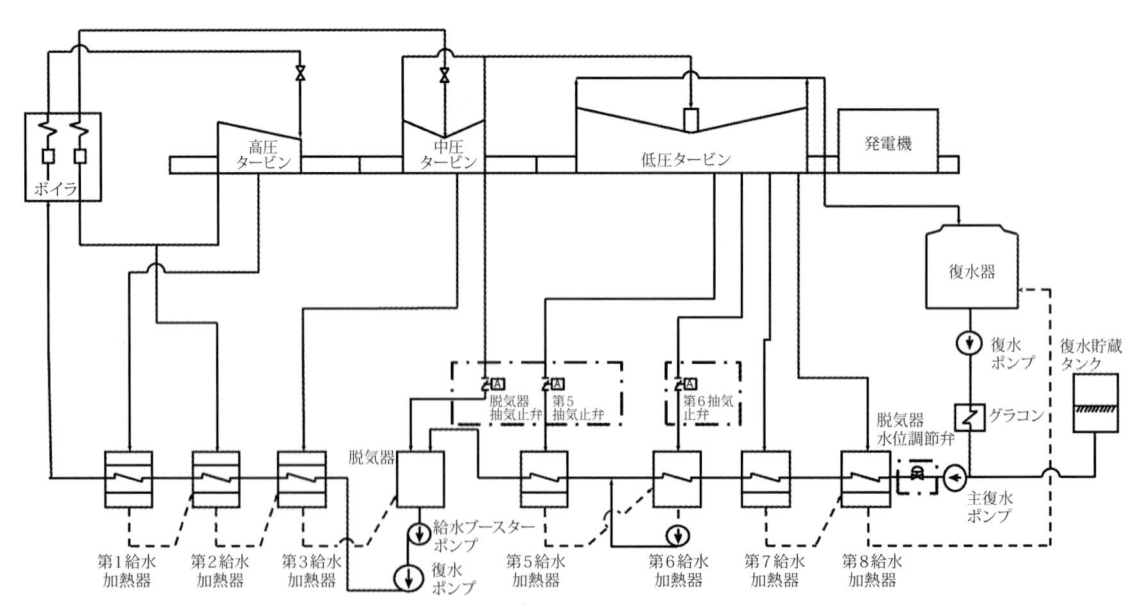

図9.5 給水・蒸気主管系統図

ボイラー発生蒸気流量が規定の発電機増出力に見合った流量まで増加した時点で復水絞り運転を解除し、脱気器水位を回復させる。また、周波数変動（増加）対応をタービン加減弁絞り運用ではなく復水絞り運転で行うため、貫流ボイラーの通常運転においてタービン加減弁は全開運用（完全変圧運転）が一般的であり、タービン加減弁絞りロスのない高効率運転が可能となる。

9.1.11 最低負荷運転[3]

電力需要に対する原子力発電や高効率火力発電のベース負荷運用により、昼間と夜間の電力需要に対する供給力調整のため、火力プラントの最低負荷運転は、夜間停止運用と共に重要な運用となる。特に大容量プラントのより低い最低負荷での運転を可能とすることと、低負荷域での発電効率向上などが要求される。

最低負荷は、プラントの燃料、容量、主機、補機の性能などによって異なるが、一般的な最低負荷は定格出力の10～40％程度である。最低負荷運転時のタービン関係の検討課題と考慮事項として、代表的なものは以下のとおりである。

(1) 蒸気流量

蒸気流量が減少すると、ボイラー過熱器、再熱器の流量アンバランスから局部的な過熱の問題があるため、蒸気温度、ガス温度、蒸発管壁温度に注意が必要である。貫流ボイラーの場合は、火炉水壁を構成する蒸発管内流動安定のため最大蒸発量の25～30％以上の給水量を確保する必要がある。

(2) タービン排気室の湿り度

低負荷運転では、ボイラー特性から再熱蒸気温度が低下したり、復水器の真空度上昇によって排気室の湿り度が上昇することがあるので、低圧タービン最終段翼が侵食されないよう、湿り度に注意して運転する必要がある。

(3) タービン排気室の温度

低負荷運転では、復水器が高真空度となる傾向にあり、排気室温度が低下するため、振動、伸び差等に影響を及ぼすことがある。さらに、定格出力の5～10％程度の極めて低い出力では、蒸気流量が減少するため風損によりタービン排気室温度が上昇することがある。これを防止するため、排気室にスプレー水を噴射して冷却するのが一般的であるが、連続してスプレー水が噴射されることは、最終段翼の侵食の可能性があり注意が必要である。

(4) 給水加熱器のドレンコントロール

給水加熱器ドレンは熱効率向上を目的として、できる限り下段の給水加熱器へ回収される構成とされている。そのため低負荷運転域では給水加熱器の器内圧力が低下し、各給水加熱器内圧力差が減少するため、下段給水加熱器へのドレンの排出が困難となってくることから、回収先を復水器等に切り替えるなどの注意が必要である。

(5) ボイラー給水ポンプの制御

低負荷運転では、給水流量が減少するため、ボイラー給水ポンプ吐出流量も減少する。ボイラー給水流量がポンプの再循環流量を下回る場合は、再循環制御弁によりポンプの最少流量を確保した運転となるため、長時間運転する場合は制御弁の損耗等に注意が必要である。また、タービン駆動給水ポンプにおいては、タービンの危険速度付近の運転とならないよう考慮する必要がある。

9.1.12 ボイラー変圧運転[3]

従来型の定圧運転は、主蒸気圧力を一定として加減弁開度を変えることにより出力を調整するのに対し、変圧運転では、加減弁開度を一定として、主蒸気圧力を変えることで出力を調整する運転である。

変圧運転の目的と効果は次のとおりである。

(1) 熱効率の向上

① 主蒸気圧力を変圧にすることにより低負荷域での熱効率が向上する。

② 部分負荷でのタービン加減弁絞り損失を低減できるためタービン内部効率が向上する。

③ 部分負荷での給水ポンプ吐出圧力が低減できるので給水ポンプ軸動力（タービン駆動等、可変速ポンプの場合）の低減によりタービンプラント熱効率が向上する。

④ 変圧のため高圧タービン排気温度、すなわち再熱器入口蒸気温度が高く保持されるため再熱器での必要熱吸収量が減少し再熱蒸気温度が低負荷で高く保持できる。

(2) 負荷変化応答性の向上

① 加減弁絞りによる蒸気温度降下が排除、または軽減されるため、負荷変化による高圧タービン各部の温度変化幅が減少し、負荷変化速度を増加させることが出来る。

② 低負荷域でもボイラー内の蒸気域で容積流量が高く保てるため、注水制御等が安定する。また、上記により起動時間も短くすることが

可能である。

近年の火力発電プラントは、原子力や高効率火力発電のベース負荷運用に対し、電力需要に対する負荷調整機能を有することが不可欠であり、こうした要求に優れた特性を持つ変圧運転プラントが広く採用されている。定圧運転と変圧運転のそれぞれ給水圧力と主蒸気圧力の関係を例として図9.7に示す。

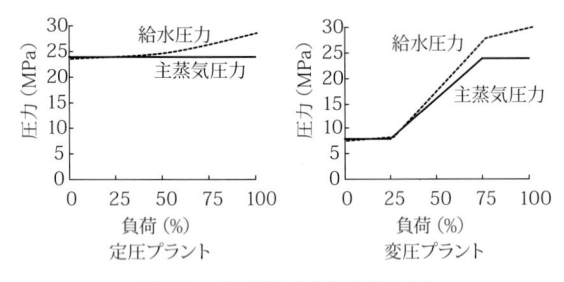

図9.7 定圧運転と変圧運転の例

9.2 運転自動化

蒸気タービンの運転自動化については、小容量のものから電気事業用の大容量のものまでその用途によりさまざまなものがあるが、ここでは最近の事業用火力発電所の蒸気タービンの自動化の例について述べる。

火力発電プラントにおいて、蒸気タービンの運転操作で最も注意を要し運転員が緊張するのは、起動操作のときである。昭和40年代までは熟練運転員がタービン車室金属温度、主蒸気温度をもとにタービン内での温度差を算出し昇速率、各回転数での暖機運転（ヒートソーク：heatsoak）時間等を算出し、蒸気加減弁等の操作を行いタービンを起動していた。

火力発電所に電子計算機が導入された初期においては、計算機の処理スピードが遅く、制御に使用することができなかったため、運転データ記録装置としての機能を果たしていただけであった。昭和40年代に入って、電子計算機の能力の向上にともないその機能を拡大していく過程で、運転操作面における計算機の適用対象として蒸気タービンの起動操作のシーケンスモニタ（TSM：turbine sequence monitor）が採用され、蒸気タービンの運転自動化の第一歩が記された。TSMは、今までの熟練運転員が判断していた昇速、ヒートソーク時間等昇速過程における操作に必要な情報を計算機にて計算し、その結果を運転員に知らせるので、運転員は計算結果に従い操作することにより、熟練運転員と同等の操作をすることが可能となった。

その後、昭和40年代後半には、タービンの起動操作を計算機で直接行うDDC（direct digital control）制御よるTSC（turbine sequence control）が採用され、計算機の能力向上につれて自動化の範囲は順次拡大された。

最近の大容量火力発電所においては、蒸気タービン、ボイラーおよび補機を含めた起動停止操作全般の自動化のみならず、緊急事故時の対応操作の自動化をも含めた全自動化ユニットとなっている。

蒸気タービンの運転自動化については、小容量のものから電気事業用の大容量のものまでその用途によりさまざまなものがあるが、ここでは最近の事業用火力発電所の蒸気タービンの自動化の例について述べる。

9.2.1 自動化の目的

蒸気タービンの運転操作は、次のような目的で自動化される。

- 頻繁な起動停止および負荷調整の対応
- プラントの高効率運転
- 機器疲労の極小化
- 事故低減
- 少数運転員によるプラントの運転

9.2.2 自動化システム

(1) 自動化の範囲

- 起動操作のスケジュール計算プログラム
  熱応力管理（ミスマッチチャート等）を含む
- 起動の自動化
  冷缶冷機起動、暖缶暖機起動、事故後の急速再起動等を含む
- 停止の自動化
  次の起動を考慮したボイラーホットバンキング（boiler hot banking）停止、冷却停止、緊急事故停止等を含む
- 通常運転中の自動化
  通常の負荷調整にともなう給水ポンプ等補機の起動停止やプラント異常時の処置等を含む

(2) 自動化コンソール

従来の中央制御盤では、自動化システムを進行させるためのコンソールとして、中央操作室の制御盤上に、運転フェイズの選択、操作系統の自動／手動選択、ブレークポイントに対する自動操作の進行許

可等のボタン（PB）を配置した「自動化コンソール」を設けている（図9.8参照）。

コンソール画面では自動化の進行状態を確認するとともに、個々の自動化操作メッセージも確認できるようになっている。例えば、タービン起動のタイミングや、ラブチェック確認後の再昇速指令タイミングなど、プラント運転上重要なタイミングにおいては、オペレータの指示、確認操作を経て自動化を進行させることができる。

① 運転フェイズ選択

　運転フェイズ選択PBは、「起動」、「通常運転」、「停止」、「緊急事故」、「再起動」のうち1ヶ選択できる。

② 系統選択

　火力発電プラントの設備を約20の操作系統に分類し、各操作系統に対応して自動／手動選択PBを配置し、自動操作の部分的不調に対しては、その系統を手動に落とすことにより、他系統の自動操作が支障なく継続できるよう自動操作全体を構成している。

タービンプラントの自動操作系統を分けた例を示す。

- タービン本体系統
  主蒸気止め弁、蒸気加減弁、再熱蒸気止め弁、中間阻止弁等の各蒸気弁、タービンのリセット／トリップ、タービンドレン弁類
- 真空・海水系統
  真空系統、海水系統、復水器、軸冷系統、グランド蒸気系統
- 復水系統
  復水ポンプ、復水昇圧ポンプ、脱塩装置類
- 低圧給水加熱器系統
  低圧給水加熱器抽気、脱気器、ドレン弁類、ブロー弁類
- 高圧給水加熱器系統
  高圧給水加熱器抽気、ドレン弁類、ブロー弁類
- 給水ポンプ系統
  給水ポンプタービン制御、給水制御、給水ポン

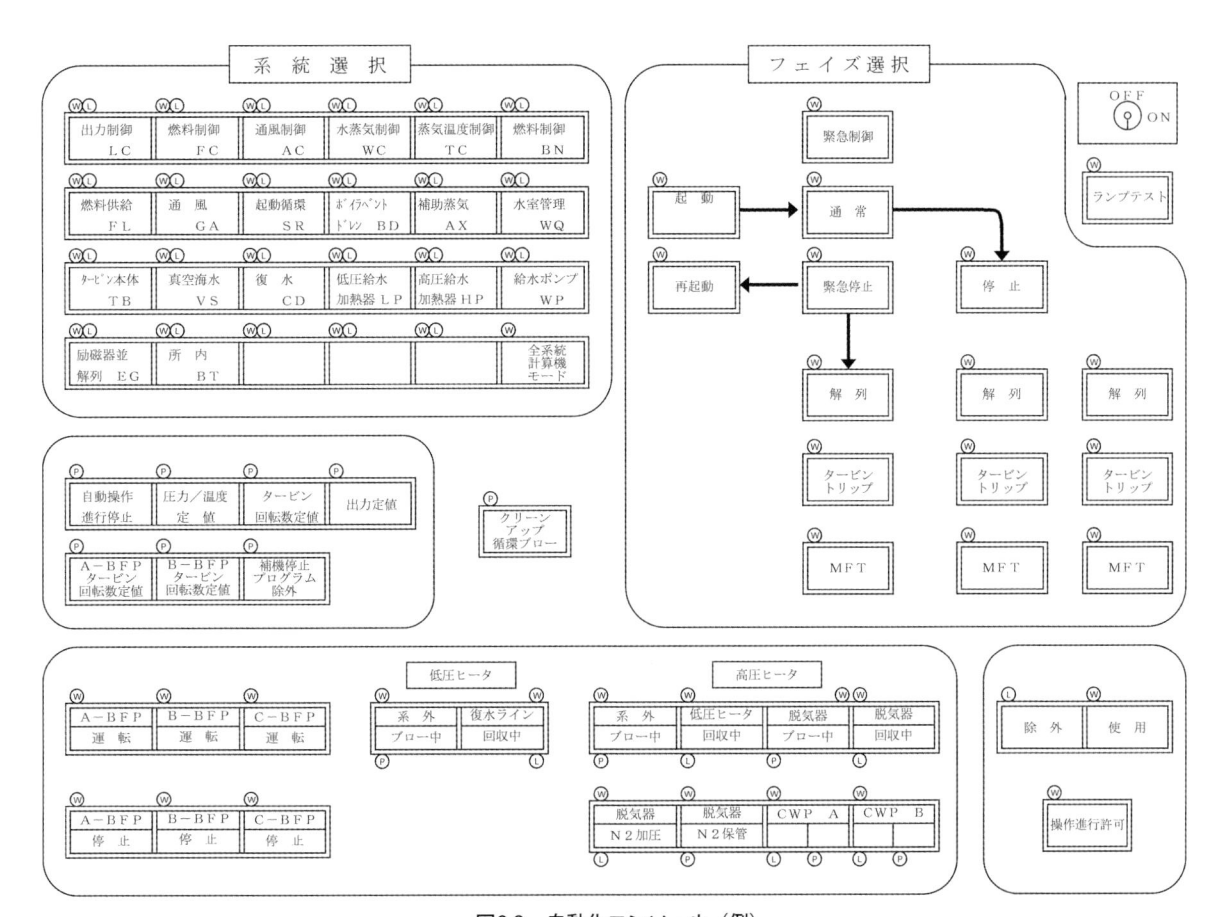

図9.8　自動化コンソール（例）

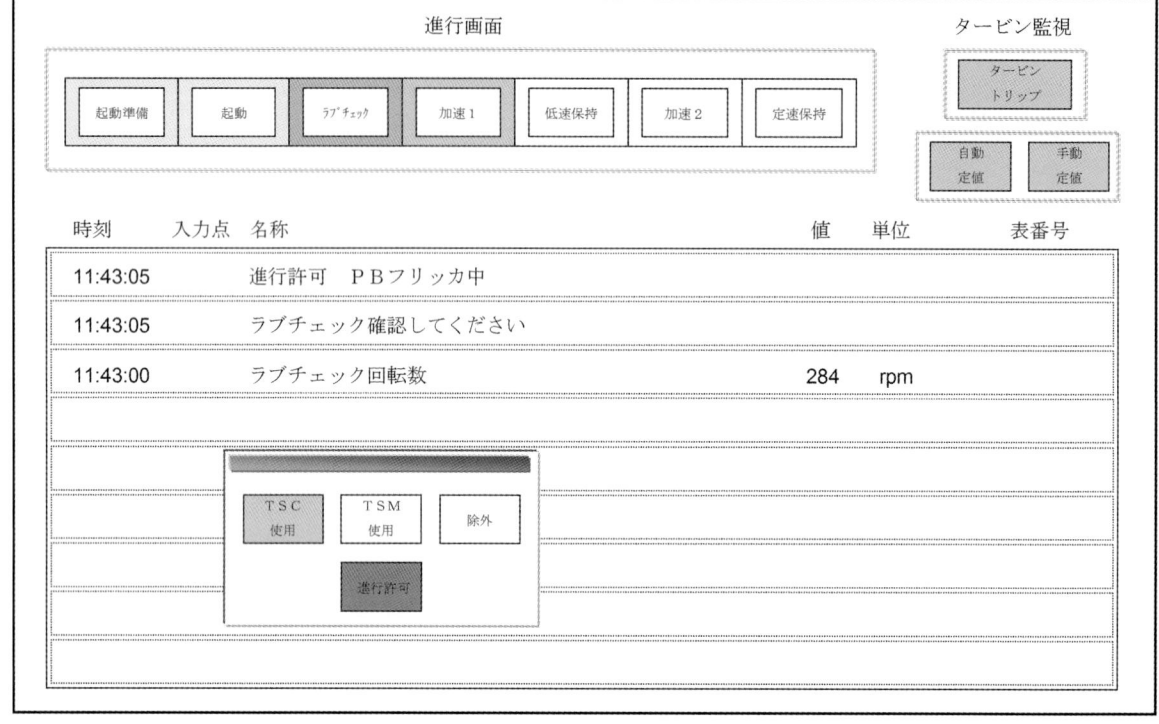

図9.9　自動化コンソールパネル（例）

プ水張り

また近年のプラントについては、CRTオペレーションシステムの採用により、監視操作機能が集中化されており、自動化進行時のブレークポイント制御を実施するための自動化コンソールパネルにて、進行状況や各種メッセージを表示している（図9.9参照）。

9.2.3　蒸気タービンの運転自動化

最近の火力発電用クロスコンパウンド（cross compound）型蒸気タービン（定格回転数3,000／1,500rpm）の運転自動化を計算機と電気油圧式制御（EHC：electro hydraulic control）装置により実現した例を紹介する。

(1) 起動制御

タービン起動時に発生する熱応力へ対処するためのミスマッチチャート（図9.10）は熱応力管理の代表的な手法であり、自動化システムのスケジュール計算プログラムの一環として内蔵される。タービン起動時の熱応力を緩和させるため、ミスマッチチャートにより次の起動パラメータを算出している。

- タービン昇速レート
- 低速ヒートソークの保持時間
- 高速ヒートソークの保持時間
- 初負荷量
- 初負荷の保持時間
- 負荷上昇レート

自動化システムはこれら起動パラメータを使用して熱応力を管理しながら、自動化によるタービン起動を行う。また昨今では、各タービン製造者によりミスマッチチャートによらない新しい熱応力管理も各種考案され、適用されている。

以下にタービン起動時の制御方法について示す。

① プリウォーミング

長期間タービンを停止した後では、ロータ、ケーシングメタル等の温度は、室温近くまで低下している。この状態で起動すると流入する蒸気との温度差により、ロータに大きな熱応力が発生するので、タービン起動前に少量の蒸気を使用してタービンロータのウォーミングをする。また前項9.1.3の通り、ロータの脆性破壊を回避する目的も含んでいる。

② 速度制御

計算機の設定した回転数目標値（rpm）、昇速率（rpm/分）で蒸気タービンの昇速を開始

第9章　運用技術と保守

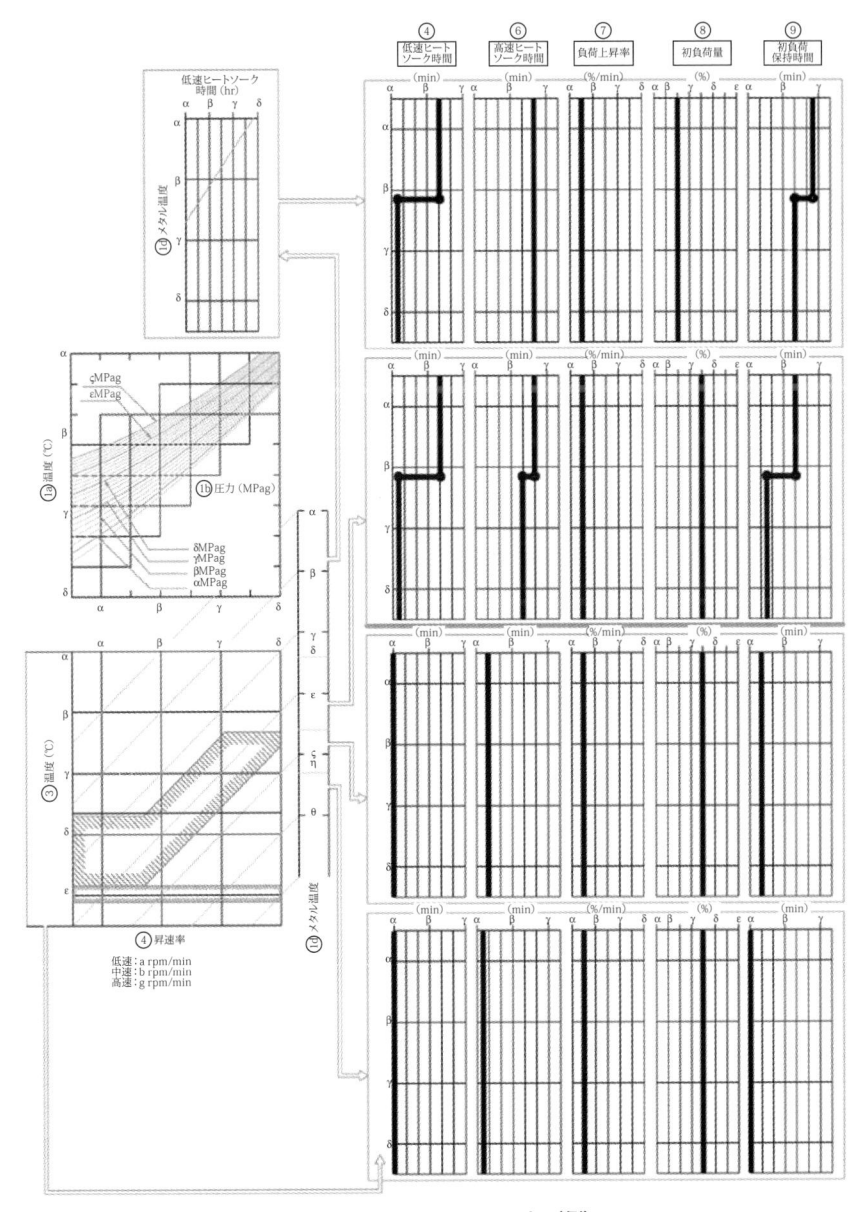

図9.10　ミスマッチチャート（例）

する。

　昇速率は、起動前のタービンケーシングメタル温度と初段出口蒸気温度の温度差（ミスマッチ温度）より求められ、回転数目標値は、昇速途中のブレークポイント（ラブチェック、ヒートソーク等）毎の目標回転数が設定される。

　昇速制御は主蒸気止め弁バイパス弁または蒸気加減弁の制御により行い、通気から所定負荷までは全周噴射制御として起動時のタービン熱応力を緩和し、所定負荷以上の負荷域では弁切替を行い部分噴射制御として部分負荷効率の向上をはかる。

　図9.11に通気から定格回転数までの昇速制御曲線例を示す。

［ラブチェックと昇速］

　計算機からの起動指令によりラブチェック回転数250rpmまで昇速する。

　250rpmに到達すると、ラブチェックのため主蒸気止め弁バイパス弁または蒸気加減弁全閉し、計算機はラビングの有無を判断する。

207

(注) 一次タービンの回転数を示す

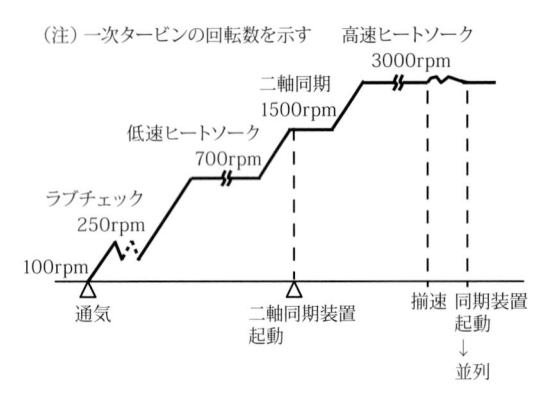

図9.11　昇速制御曲線（例）

ラブチェックの結果が正常であれば再昇速指令がEHCに与えられ低速ヒートソーク回転数700rpmまで昇速する。

［低速ヒートソーク］

700rpmに到達し、低速ヒートソークがあれば計算機より回転数「保持」の指令が出力される。

ヒートソークが完了すると計算機から「保持解除」が出力され、目標回転数1,500rpmが与えられる。なお、ヒートソークが必要ない場合は、次の目標回転数まで昇速される。

［二軸同期制御］

回転数が1,500rpmに到達すると、二軸同期装置を起動して、一次タービン（primary turbine）と二次タービン（secondary turbine）に直結された発電機を電気的に結合させるため二軸同期制御を行う。

一次タービン速度（設定）と二次タービン速度（フィードバック速度信号）の速度偏差が無くなるように二次タービンのスピードマッチング弁（SMCV：speed matching control valve）を制御し、二次タービン速度を一次タービンの速度の2分の1に一致させる揃速制御を行う。

一次タービンと二次タービンの速度偏差が許容値以内になれば、計算機からの指令により界磁遮断器を投入して二軸同期を行う。

二軸同期の完了が確認されると、スピードマッチング弁を全閉とする。

［定格回転数、高速ヒートソーク］

二軸同期が完了すると、目標回転数が3,000rpmに設定されて所定の昇速率で昇速する。

定格回転数に達すると、計算機から高速ヒートソークが設定されて所定時間回転数が「保持」され、ヒートソーク完了で「保持解除」となる。

③　昇速中にタービン、発電機に振動が発生した場合の制御

［振動振幅値が注意値に達した場合］

振動の監視は、計算機で行い、必要に応じてEHCに回転数「保持」等の出力を行う。

a.　危険速度域以下

計算機は直ちに昇速を中止し、回転数保持の出力が出される。

EHCは、この回転数保持を解除する指令が出されるまでその回転数を保持する。

一方計算機は、注意域にある時間の累積を行い、累積時間が規定時間を超える場合はトリップ指令を出すシステムもある。

b.　危険速度域

昇速を中止し、直ちに危険速度域より下の低速ヒートソーク回転数まで可能な最大降速率で回転降下して、回転保持し、振動の傾向を監視する。その後の処置はa.と同様。

c.　危険速度以上

その時の昇速率のまま定格回転速度まで上昇し、回転保持を行い、振動の傾向を監視する。その後の処置はa.と同様。

［停止値に達した場合］

振動保護装置（主保護および後備保護装置）にて直ちにタービンをトリップさせ、ターニングに戻し運転状態の異常の有無等調査確認を行う。

④　自動同期制御

高速ヒートソークが完了すると、自動同期装置により電力系統と発電機の周期制御を行う。

自動同期制御は次のものから構成される。

- 自動電圧平衡制御

  系統と発電機の両電圧を検出し、電圧差の大小により発電機側の界磁を調整し、行きすぎがなく速やかに電圧を平衡させる。

- 自動揃速制御

  系統と発電機の両周波数を検出し、周波数差によりタービン発電機の速度を調整し速やかに周波数を一致させる。

- 自動同期投入制御

  系統と発電機の位相差を検出し、位相差に比

例した電圧を得て、遮断器の投入時間を見込み、周波数差および電圧差が許容値内にある時だけ、同位相で遮断器を投入する。

(2) 負荷制御

同期並列が完了すると、直ちに初負荷までの負荷上昇を行う。初負荷到達後ヒートソークが必要な場合は、計算機からの指令により出力保持操作を行う。

所定のヒートソークが完了すると計算機から、保持解除が出力され、つづいて目標負荷および負荷上昇率が設定される。

所定負荷に到達すると、計算機より弁切替指令が出力され、主蒸気止め弁バイパス弁全周噴射から蒸気加減弁部分噴射への切替を行う。

弁切替が完了すると「タービンガバナ自動」に投入され、以後プラント総括制御（APC：automatic plant control）装置のボイラー・タービン協調制御によって蒸気加減弁制御が行われ、目標発電機出力を得るようにタービン流入蒸気量が調節される。

9.3 コンバインドサイクル運転法[4]

9.3.1 コンバインドサイクル発電の仕組み

コンバインドサイクル発電とは、内燃力発電と汽力発電を組み合わせた複合発電のことである。内燃機関としては主にガスタービンが使用される。まずガスタービンを使って発電し、タービンの排気ガス等からの排熱を利用して蒸気タービンを回し、発電する仕組みとなっており、従来の発電方式に比べて熱効率が高いことが特徴である。

図9.12にコンバインドサイクル発電の仕組みを示す。

9.3.2 コンバインドサイクル発電の構成[5][6]

コンバインドサイクル発電はガスタービンと蒸気タービンの組合せ方により、一軸型と多軸型の構成がある。図9.13に多軸型コンバインドサイクルシステムの構成を、図9.14に一軸型コンバインドサイクルシステムの構成を示す。

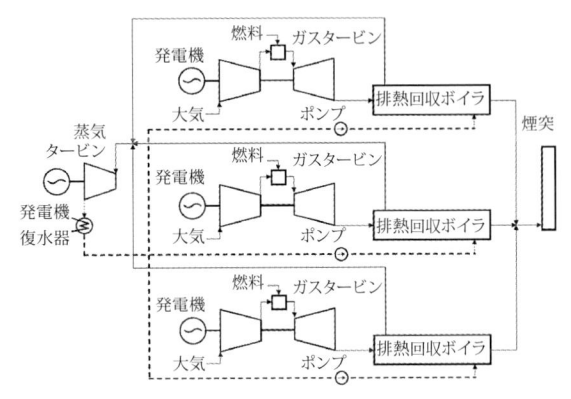

図9.13　多軸型コンバインドサイクルシステムの構成

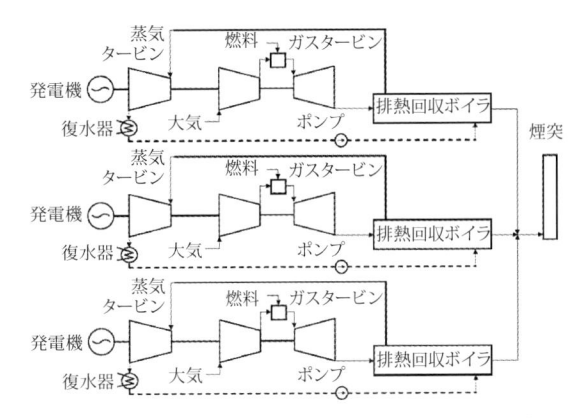

図9.14　一軸型コンバインドサイクルシステムの構成

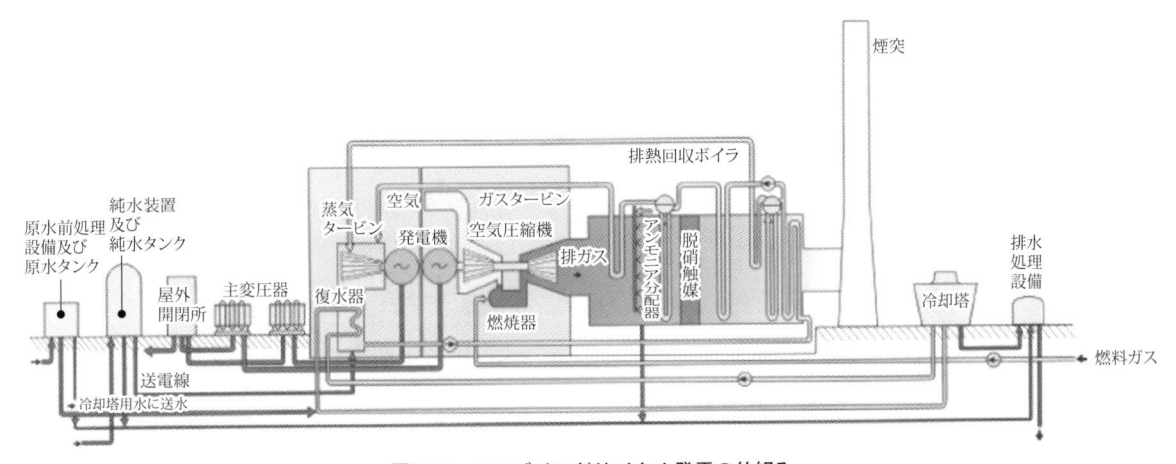

図9.12　コンバインドサイクル発電の仕組み

一軸型は、ガスタービン、蒸気タービン、排熱回収ボイラーが同一軸で連結する形式であり、多軸型は、複数のガスタービン、排熱回収ボイラーと、単一の蒸気タービンを連結する形式である。

また、一軸型のなかでも、蒸気タービン軸にクラッチ機能をもつものもある。SSS（Synchro-Self-Shifting）クラッチと呼ばれ、それを採用することにより、以下の運用上のメリットがある。

① 蒸気タービンの回転数が上昇してガスタービン側の回転数と等しくなると自動的に嵌合し、ガスタービンより低速になると自動的に離脱する機械的構造となっている。このため1軸型パワートレンでありながら、ガスタービンを単独起動することができる等、運用の多様性が図れる。

② HRSGで発生する蒸気を利用して、蒸気タービン起動条件を確立できるため、補助ボイラや外部からの蒸気供給が不要である。

③ プラント起動時、GT起動から蒸気タービン起動条件確立までの間、蒸気タービンが高速で空転することがないため、加熱防止用冷却蒸気が不要となることによる設備費低減、及び運用性向上が図れる。

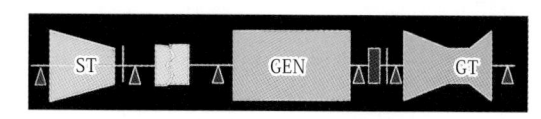

図9.16　SSS嵌合前後の軸系模式図

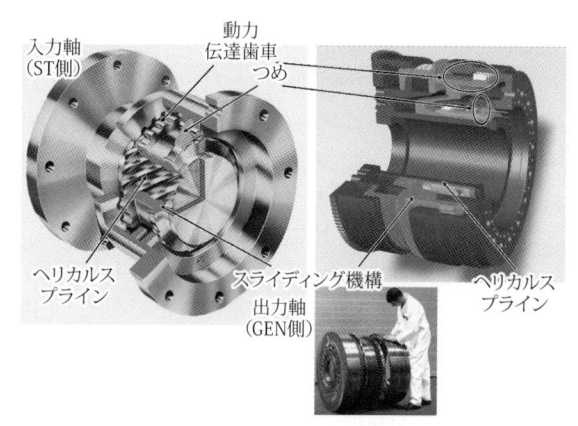

図9.17　SSSクラッチの構造

9.3.3　運用上の注意点

図9.18に、一軸型コンバインドサイクル発電プラントの概略制御系統を示す。ここでは、コンバインドサイクル発電プラントの主な制御系の内容と運用上の注意点を概説する。

コンバインドサイクル発電プラントではガスタービンの空気圧縮機入口案内翼を制御することにより、低負荷での排ガス流量を減少させ排ガス温度を高くし排熱回収ボイラーでの熱回収を容易にするとともに、主蒸気温度の変化幅を小さくするようにしている。

一方、排熱回収ボイラーの特徴として、蒸気温度はガスタービン排ガス温度によって、ほとんど一義的に定められてしまう（1,300℃級以上のプラントでは、排ガス温度が高く、主蒸気温度、再熱蒸気温

図9.15　SSSクラッチの嵌合メカニズム

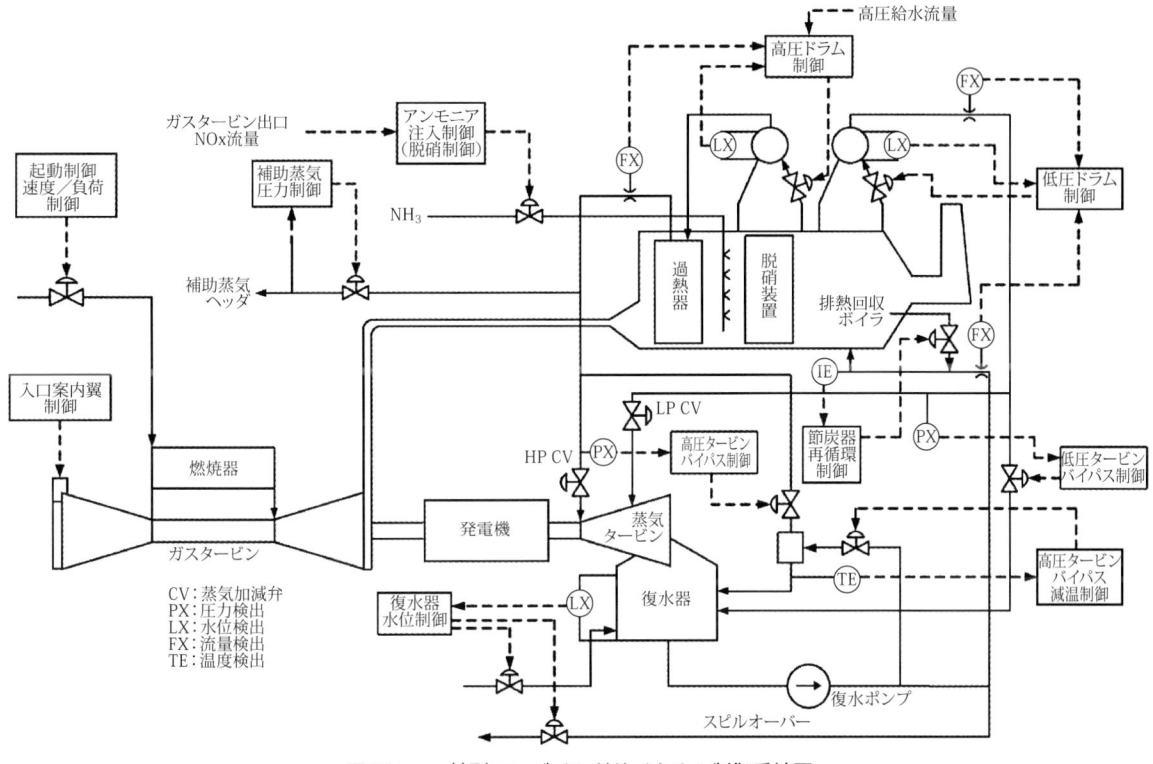

図9.18 一軸型コンバインドサイクルの制御系統図

度を定格温度に保つためにスプレイ制御を行っており、約50％以上の負荷帯では、主蒸気温度、再熱蒸気温度は一定となる）。

また、低負荷時ではガスタービンの排ガス温度特性上、従来のコンベンショナル火力に比べて大幅に温度が低下するため、大きな負荷変化に際しては蒸気タービンロータ熱応力の制限によって負荷変化率を小さくするなどの考慮も必要である。

同様に、多軸型の場合も複数台のガスタービンを負荷変化させる場合は、蒸気タービン熱応力を考慮する必要が生じる。

蒸気圧力は定圧と変圧のいずれの方式も取りうるが、排熱回収特性の改善と蒸気タービン排気湿り度の軽減、および制御の簡略化のため、一軸型も多軸型も通常運用は蒸気タービン加減弁全開変圧方式が採用されている。

コンバインドサイクル発電プラントの出力制御について、その概要を説明する。一軸型は、ガスタービンと蒸気タービンが同一駆動軸に連結され1台の発電機にトルクを伝達するもので、ガスタービンが全体の出力の約3分の2を負担し、応答性の速い速度／負荷制御機能を発揮している。蒸気タービンは、ガスタービンの排ガスを熱源とする排熱回収ボイラーの発生蒸気を最大限に利用するため、起動・停止時を除き、通常運転中は加減弁を全開で運転する。

ガスタービン排ガスの熱量は負荷にほぼ比例して変化するため、部分負荷から定格負荷まで整定時でのガスタービン・蒸気タービンの出力比は、ほぼ2対1の関係を持っている。ただし、負荷変化する場合、ガスタービン出力は直ちに応答するのに対し、蒸気サイクル系は非常にゆっくりとした応答になるため、軸トータルとしての負荷応答特性は、ガスタービンが先行し蒸気サイクル系の遅れをカバーする形となる。

したがって、負荷制御は従来火力にて行っている蒸気タービン加減弁を速度／負荷設定器の信号で調節して行うのではなく、ガスタービン燃料流量調節弁を速度／負荷設定器の信号で調節する方法となる。

制御上は、調節する操作端が異なるだけで、基本的には従来火力もコンバインドサイクル発電プラントも同様である。ただし、コンバインドサイクル発

電プラントの場合は前述したように、通常、加減弁は全開運用であり、速度変化に対しては蒸気タービン出力を調節する機能を持たせておらず、軸出力の約3分の1は、系統周波数変動に対しては応答しない固定出力となる。すなわち、蒸気タービン出力は瞬時には変化せず、軸出力の瞬時変化は結局、ガスタービン出力変化分であることがわかる。

このため、蒸気タービンの応答遅れを保障するようにガスタービンは許容変化率内で速い応答をさせる配慮が必要となる。

9.3.4 運転方法

ここでは、多軸型や一軸型（クラッチ）は通常の蒸気タービンと運転方法が変わらないため、ここでは一軸型（リジッド）について記述する。

(1) 起動方法

図9.19に一軸型コンバインドサイクル発電プラントの起動操作概略手順を示す。

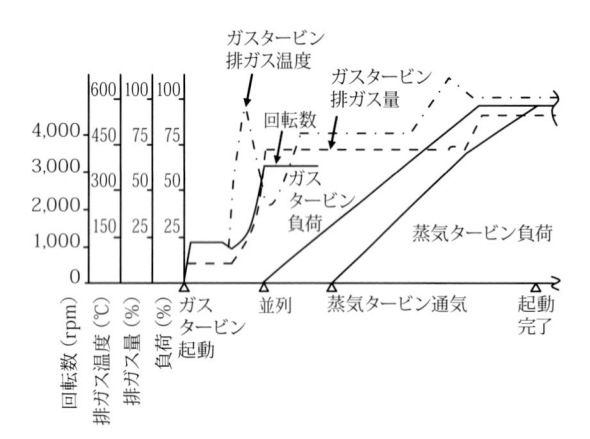

図9.19　起動操作手順

コンバインドサイクル発電の起動であるが、発電用大型ガスタービンは、自力では起動できないため、燃料パージ操作から点火するまで、および点火操作後も昇速途中までは別の動力による補助が必要である。一般的には、起動用モータとトルクコンバータとの組合せあるいは、トルクコンバータが使用できず発電機を電動機としたサイリスタによる起動方式を採用している。

点火後、ガスタービンの制御は、速度制御に入り、基本的には燃料流量を調節することによって行われる。前述の補助動力は、この間、次の点を考慮して規定のパターンでトルクを変える制御を行う。

燃料流量を多くすると昇速中は空気流量が少ないため燃焼温度が上昇し、排気ガス温度制限を超える恐れがあることから、過度の燃料投入を防ぐために、ある程度の補助動力を必要とする。逆に、燃料流量が少な過ぎると燃焼の安定性を失い火炎喪失の恐れがあるため、補助動力は必要以上に上げてはいけない。昇速トルクとして2つの制御を行っているが、制御の干渉を避けるため、補助トルク側はパターン的に出力を変え、燃料制御側でフィードバック制御を行うようにしている。

一方、排熱回収ボイラー側は、ガスタービンの排ガスにより熱の移動が起きる。複圧式の場合、上流側の熱吸収が大きいと下流側の温度上昇が遅く、逆に上流側の熱吸収が小さいと下流側の温度上昇が早くなる。熱吸収量を左右するのは、高圧ドラムの圧力であり、タービンバイパス弁による主蒸気圧力制御設定値によって決まることになる。排熱回収ボイラーがホット状態の場合、排ガス温度が低い起動時は、高圧側での熱吸収は少なく低圧側は昇温しやすい。逆に、ウォーム・コールド状態では高圧側を昇温するために排ガスの熱が奪われ、低圧側は昇温しづらい特徴がある。

また熱源がガスタービンの排ガスであるため、昇速時はボイラー側要求で、熱量を増減させるということはできない。したがって、高圧／（中圧）／低圧の初期状態とタービンバイパス圧力設定によって、初期の昇温特性、蒸発特性を制御することとなる。

この間、蒸気タービンは一軸型の場合、低圧側にクーリング蒸気を導入する必要がある。これはガスタービンと同軸上にあるので、蒸気タービンが無通気でも定格回転数まで昇速され、タービン低圧段で風損により温度上昇し、主機を損傷させる恐れがあるため、通常60～70%回転数から、低圧蒸気加減弁を開けて、自缶蒸気または補助蒸気をクーリング用として通気する。

クーリング蒸気は定格回転数で低圧段の温度上昇が起きない量となるよう、低圧蒸気加減弁開度を制御する。

なお、補助蒸気系統からの供給を行わないプラントでは、クーリング蒸気発生待ちのため、排ガス温度が高い中間回転数で一旦保持を行い低圧ドラムの昇温を行うようにしている（図9.20）。

蒸気タービンクーリングは、タービン内の蒸気が流れていれば良いことから、並列後高圧蒸気加減弁が開き、規定の蒸気流量が流れるようになった時点

第9章　運用技術と保守

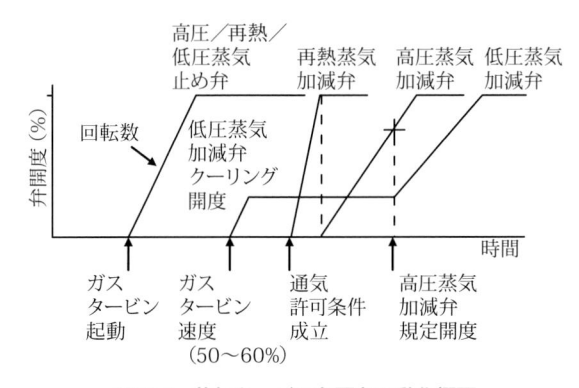

図9.20　蒸気タービン主要弁の動作概要

で、クーリング用蒸気は不要となる。したがって、補助蒸気からクーリング蒸気を供給している場合はこの時点で供給を停止する。

並列操作は、ガスタービンガバナを用い揃速し、同期投入を行う。並列後、初負荷をとり負荷上昇に移るが、負荷上昇は燃料投入量の増加で行い、燃料流量指令をその時々のプラント状態によって変化率を変え、あるいは保持しながら増加させる操作となる。

ガスタービン単体としては、通常運転の変化率で起動しても問題はないが、排ガス温度がガスタービンの出力上昇に伴い急激に上昇することから、後流のHRSGの熱応力、蒸気温度の上昇を受けた蒸気タービンの熱応力を考慮する必要があり、燃料流量の増加レート、保持負荷／保持時間を適切に設ける必要がある。

蒸気タービンへの通気は、代表メタル温度に対し主蒸気温度が通気できる許容値内に入った時点で通気する。通気後、蒸気タービン加減弁の開速度は蒸気発生に同調するように設定する必要がある。主蒸気圧力が高い場合、タービンバイパス弁により制御できるが、低い場合、加減弁の開度を抑えるしかないため、起動時に圧力制御を行うプラントもある。一般的には、通気時まではタービンバイパス弁で起動時の圧力を保持し、通気後は圧力設定値から一定レートにて加減弁を開動作させ、タービンバイパス弁は制御動作により閉となり、最終的に発生蒸気が加減弁を介して、全量蒸気タービンに流入するようにする。

加減弁の開速度が早すぎると蒸気圧力の低下を招き、遅すぎると主蒸気圧力の急上昇を招くため、ガスタービンの出力の上昇と協調がとれるよう、プラント状態によって適切に決める必要がある。

通気以降、なるべく早くタービンバイパス弁を閉にする理由としては、蒸気タービンで仕事をする蒸気を増やし、起動損失をなるべく少なくする、およびタービンバイパスから復水器に高い熱量の蒸気が大量に入ると復水器出入口の海水温度差が制限値を超える恐れがあるためである。

高圧および低圧の蒸気加減弁が全開して（再熱3重圧の場合は、中圧蒸気の再熱管への投入も併せ）、起動操作は完了する。

起動完了後の負荷変動は、蒸気加減弁は全開運用であるため、ガスタービン負荷に応じて、負荷変動の対応を行うことになる。

(2)　停止方法

続いてコンバインドサイクル発電の停止であるが、図9.21に一軸型コンバンドサイクル発電プラントの停止操作概略手順を示す。

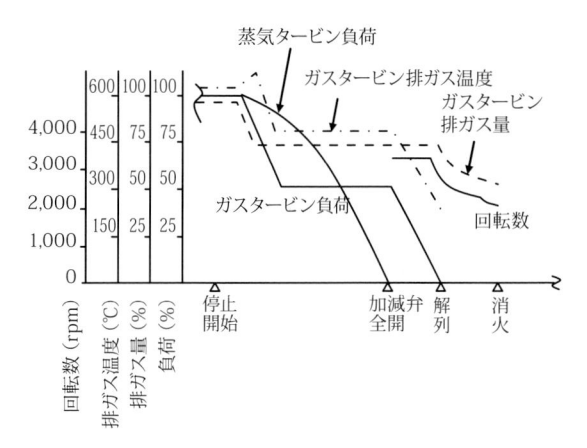

図9.21　停止操作手順

ガスタービン出力、すなわち燃料流量指令を一定レートで下げる。蒸気加減弁はガスタービン規定出力以下の時点から閉じ始め、閉速度はガスタービンの出力低下速度より早くする。これは、排ガス温度の降下により主蒸気温度が低下することから、蒸気温度の変化による蒸気タービン熱応力の増大や、ロータの温度の低下を防ぐためである。ただし蒸気加減弁の閉速度が急すぎる場合、タービンバイパス系統から復水器に高い熱量の蒸気が流入し、復水器出入口海水温度差の上昇や、停止損失の増大を招く恐れがあることから、加減弁閉操作の開始タイミング、および閉速度は適切に設定する必要がある。

213

解列後もガスタービンは燃焼を保持しており、ガスタービン停止操作にて燃料を絞り回転数を降下させて、燃焼ガス温度を徐々に低下させる。これにより、消火時の空気流量をなるべく減少させることで、消火時にガスタービンが受ける熱応力を低減する。

ガスタービン消火後、回転数が100～数十rpmまで低下したところで、排熱回収ボイラー出口ダンパを閉にする。これは、煙突効果等によりガスタービン入口から流れた空気が後流側に引かれ、ガスタービンが回転降下しない状態となることを避け、ターニング運転に入れるとともに、排熱回収ボイラーをバンキング状態にするためである。

9.4 プラントの保守

蒸気タービンプラントの保守は、発電用、工場用等用途やプラントの規模によりその内容が異なるが、ここでは、主として事業用火力発電所の蒸気タービンプラントの保守について述べる。

蒸気タービンの保守には、タービンの運転中に行う「日常保守」、定期的に行う「定期点検」等があり、これらの保守管理を的確に行ない設備の性能や機能を維持・向上させることにより電力の安定供給を図っている。

9.4.1 日常保守

保修員や運転員による日常巡視点検により機器の状態を把握することと、外部からの点検手入れを行うことにより、設備の機能維持と異常箇所の早期発見による事故の未然防止を図っている。

日常における巡視点検は定められた方法で、チェックシートにより確認しなければならない。

なお、点検頻度は一日1回以上とし、その点検項目の例を表9.7に示す。

表9.7 日常点検項目（例）

設備	点検項目
タービン本体	振動、異音 車室からの蒸気の漏洩 ボルトナット類のゆるみ 軸受の振動、異音、過熱および排油の状態
主要弁	弁体の振動、異音 弁のグランド部、シート部からの蒸気の漏洩 作動源の異常
主要熱交換器等	蒸気の漏洩 水位

9.4.2 定期点検と定期事業者検査

火力発電設備用蒸気タービンついては、「電気事業法」において定める時期ごとに定期事業者検査を行うことが規定されており、この検査に合わせて定期点検を実施している。

(1) 定期事業者検査の実施時期

検査時期については、「電気事業法施行規則第94条の2」で定めており、蒸気タービンにあっては、運転が開始された日、又は定期事業者検査が終了した日以降4年を超えない時期としている。

ただし時期変更について、「電気事業法施行規則第94条の2第2項第1号」で定めており、蒸気タービンにあたっては、3月を限度として、定期事業者検査時期の延長を承認することができる。

(2) 定期事業者検査の内容

検査内容については、「電気事業法施行規則第94条の3」に定められており、実施方法に関して、設備の保守に対して、設備の十分な保安水準を確保するため機器の開放、分解、非破壊検査または試運転等について規定されている。

なお、表9.8の点検内容については、必要に応じて「火力発電所の定期点検指針」を参照することができる。

また定期点検については、設備の重要度、運用形態、過去履歴等を考慮した最適な点検インターバルを定め、信頼性の確保と効率化の両立をはかっている。

9.4.3 定期点検時の補修

蒸気タービンの主要部品の劣化損傷形態には、高温クリープ（creep）、低サイクル疲労（low cycle fatigue）、高サイクル疲労（high cycle fatigue）等があり、これらによって劣化した部位は定期点検時に補修を行っている。

劣化原因と補修実績（例）を表9.9に示す。

蒸気タービンプラントにおいては、表9.9の点検補修にあわせて各部位の精密検査、余寿命診断等が計画的に実施されており、設備の保全に万全が期されている。

第9章　運用技術と保守

表9.8　開放、分解による点検及び作動試験等の定期事業者検査の十分な方法の例示

種別＼項目	点検内容
1．車室	開放点検 a．高中圧上半車室を取外し、隔板、ラビリンスパッキンを取付けた状態で点検を行う。 b．定期事業者検査の隔回ごとに低圧上半車室を取外し隔板、ラビリンスパッキンを取付けた状態で点検を行う。 c．必要に応じてPT検査を行う。
2．車軸、円板、動翼	開放点検 a．車室を開放した範囲において車軸は取外さず静かに回転させて次の点検を行う。 　・車軸　・円板　・翼および取付け部 　・シュラウド、レーシングワイヤー b．必要に応じてPT検査を行う。
3．隔板、噴口、静翼	開放点検 a．上半高中圧初段の噴口の点検を行う。 b．隔板を車室に取付けた状態で点検を行う。 c．必要に応じてPT検査を行う。
4．軸受	外観点検 a．軸受部の外観点検を行う。
5．主要弁 　主蒸気止め弁 　再熱蒸気止め弁 　主蒸気加減弁	開放点検 a．各主要弁を分解し、ストレーナー、弁体、弁座等の点検を行う。 b．必要に応じてPT検査を行う。
6．非常停止装置	外観点検 　非常調速機、トリップ機構等の外観点検を行う。 作動試験 　分解開放したものは組立後、非常停止装置の作動試験を行う。
7．復水器	開放点検 　水室を開放し内部及び細管の目視点検を行う。

表9.9　定期点検時の補修実績（例）[7]

劣化原因＼機器部位	動翼	車軸	車室	隔板噴口	主弁	調速装置	軸受
1．高温クリープ	◎		○	○	○		
2．低サイクル疲労		○	◎	○	◎		
3．高サイクル疲労	○				◎		
4．応力腐食割れ	◎						
5．浸食・固体粒子	○			◎	◎		
6．浸食・ドレン	◎						
7．鋳造欠陥			◎			○	
8．締付力低下・ボルト			○				
9．摩耗					◎	○	○

◎：補修事例あり　　○：補修事例少数あり

＜参考文献＞
(1) 日本電気協会,「JEAC 3703発電用蒸気タービン規程」第7章　振動
(2) 日本規格協会,「JIS B 8101蒸気タービンの一般仕様」13.振動, 付属書1（参考）JISと対応する国際規格との対比表
(3) 火力原子力発電技術協会、火力原子力発電技術協会誌（2003年8月号）, 入門講座「火力発電所の運転」Ⅱコンベンショナル火力設備, pp.108～110・pp.113～115
(4) 火力原子力発電技術協会、火力原子力発電技術協会誌（2010年11月号）, 入門講座「コンバインドサイクル発電」（改訂版）, pp.40～50
(5) 火力原子力発電技術協会、火力原子力発電技術協会誌（2010年3月号）, 入門講座「コンバインドサイクル発電」（改訂版）, pp.44・pp.53
(6) 三菱重工技報　Vol.42, No.3（2005.10）, 一軸コンバインドサイクル用大容量単車室再燃蒸気タービンの開発
(7) 火力発電設備定期検査合理化検討委員会, 事業用火力発電設備定期検査合理化検討資料集（昭和62年12月）

215

第10章
機械駆動用蒸気タービン

10.1 機械駆動用蒸気タービンの特徴
 10.1.1 機械駆動用蒸気タービンの使用環境
 10.1.2 適用規格
10.2 機械駆動用蒸気タービンの形式と用途
 10.2.1 機械駆動用蒸気タービンの形式
 10.2.2 機械駆動用蒸気タービンの用途
10.3 機械駆動用蒸気タービンの設計
 10.3.1 翼流路(フローパス)設計
 10.3.2 軸系・軸受設計
 10.3.3 低圧段翼設計
 10.3.4 長期運転技術
10.4 舶用蒸気タービン
 10.4.1 概要
 10.4.2 構造
 10.4.3 設計
10.5 機械駆動用蒸気タービンの運転
 10.5.1 機械駆動用蒸気タービンの運転範囲
 10.5.2 機械駆動用蒸気タービンの起動トルク例
 10.5.3 機械駆動用蒸気タービンの冷機起動例
 10.5.4 機械駆動用蒸気タービンの自動起動
 10.5.5 舶用蒸気タービンの運転
10.6 最新の技術動向(FLNGへの適用)

第10章　機械駆動用蒸気タービン

蒸気タービンは発電機駆動以外に機械駆動用にも広く利用されている。特に石油・化学プラント内ではポンプ、送風機あるいは圧縮機の駆動機、製糖プラントではミル（粉砕機）駆動機、また、船舶用推進主機（本書では機械駆動用とした）としてなど多種多様な機械用駆動機とし使用されている。

蒸気タービン出力も様々で小さいものではポンプ駆動用で数十キロワット/kWからエチレンプラント分解ガス圧縮機駆動用のように数十メガワット/MWの比較的高出力のものもある。また、タービン回転数も1,000rpm程度から15,000rpm以上といった幅広い速度範囲で使用されている。特に可変速駆動機として使用されることが多く、被駆動機側にとって柔軟な運転ができることが大きなメリットとなっている。

入口蒸気条件はエチレンプラント分解ガス圧縮機駆動用タービンでは10MPa/500℃程度の超高圧蒸気（SHP steam）が駆動用蒸気として使用されるが、多くの場合、圧縮機あるいは大型ポンプ駆動用として4MPa/380℃近辺の高圧蒸気（HP steam）が使用されている。また、プラント内の蒸気バランスを考慮して中小型ポンプ駆動用には1.5MPa/260℃程度の中圧蒸気（MP steam）が使用される。

10.1　機械駆動用蒸気タービンの特徴

本項では主に機械駆動用蒸気タービンの特徴について概説する。

10.1.1　機械駆動用蒸気タービンの使用環境

機械駆動用蒸気タービンは様々な機械用駆動機として使用されており、使われる環境、利用方法も発電用タービンとは違ってくる。ここでは、機械駆動用蒸気タービンが実際どのように使われているかについて簡単に述べる。

(1) 石油・化学プラント内での蒸気タービンの利用

石油精製・石油化学プラントは、いくつかのプロセスユニットを組み合わせていることが多く、蒸気システムを含むユーティリティー設備は供用となっている。

余熱回収のために蒸気を発生させているプロセスも多く、石油・化学プラント全体の蒸気バランスを最適にすることが、熱効率のよいプラント設計に繋がる。プラント全体の蒸気システムは、様々な状況を考慮し、どの状況においてもバランスが取れていなければならない。

- 各プロセスユニットのスタートアップ
- 各プロセスユニットの運転負荷
- 運転モード
- プロセス原料の違い
- 蒸気を発生又は消費している機器の停止
- 季節変動など

石油精製プラント・化学プラント内では蒸気タービンが様々なポンプや圧縮機動力として使用されているが、どの機器を蒸気タービン駆動とするかを一概に取り決めることは出来ない。大別すると以下のような場合に蒸気タービンが採用されることが多い。

- プロセス上の要求があるものは蒸気タービンとする。
- 停電時の対策が必要なものは動力電源のいらない蒸気タービンとする。
- 中小型ポンプ・圧縮機に予備機がある場合、動力として蒸気バランスが取れれば、モータと背圧タービンで冗長化をおこなう。これにより、停電時に運転継続できるだけでなく、モータと背圧タービンを切り替えることで、プラント内の蒸気バランスを調整できる。
- より低圧力レベルの蒸気が必要な場合は、背圧あるいは、抽気タービンを採用する。
- 中大型ポンプ・圧縮機動力として蒸気バランスが取れれば背圧タービン、バランス上困難であれば復水タービンとする。
- 大型ポンプ・圧縮機駆動用として復水タービンを採用する。
- 高圧蒸気の余剰が多量にある場合は、（抽気）復水タービンで発電することも考慮する。

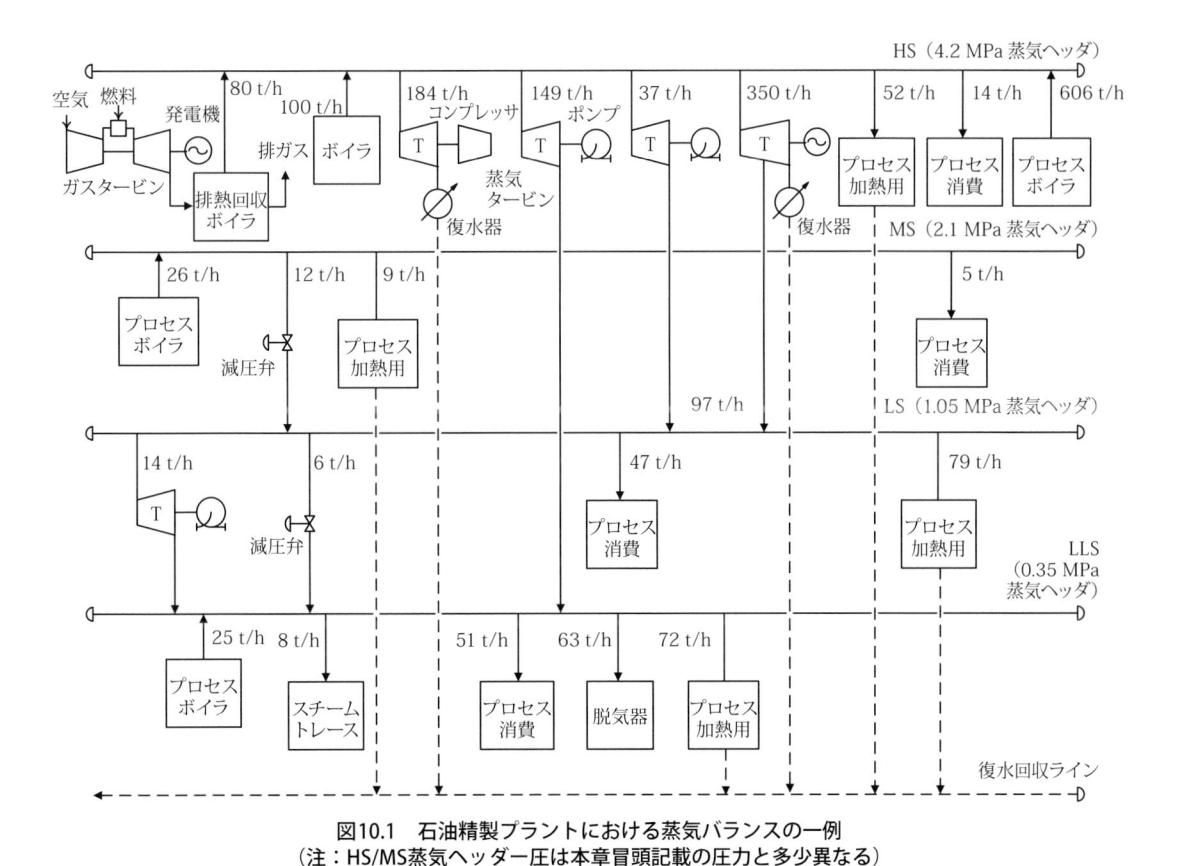

図10.1 石油精製プラントにおける蒸気バランスの一例
（注：HS/MS蒸気ヘッダー圧は本章冒頭記載の圧力と多少異なる）

これらの考え方はプラントの種類や規模などによって異なるが、高圧蒸気を減圧弁の代わりに背圧タービンあるいは抽気タービンを使って、カスケード的により低い圧力レベルの蒸気を作りだすことで、プラント全体の熱効率の向上を図っている。

図10.1に石油精製プラントにおける蒸気バランスの一例を示す。

(2) 可変速駆動機としての利用

発電用蒸気タービンは一定回転数での運転となるが、機械駆動用タービンは多くの場合、可変速条件での運転となる。例えば圧縮機の運転点は通常、定格運転点以外に複数運転点が存在する。これらの複数の運転点での運転は圧縮機の吸込側絞り弁を使って実現することもできるが、特に抵抗系負荷を持つ圧縮機では回転数を変化させて仕様点を満足する方がより圧縮機側にとって効率の良い運転が可能となる。但し、運転範囲が広い場合は負荷範囲も広くなるため、部分負荷での効率が良い多弁式タービン（Multi Valve Turbine）を使用する。

圧縮機駆動用タービンの調速範囲は定格回転数の70％から105％内で検討するのが一般的である。尚、詳細は後述するが、可変速タービンの場合、運転回転数の整数倍あるいはノズルパッシング周波数（Nozzle Passing Frequency）と各段タービン翼のいずれかの固有振動数との共振現象は避けられないため、共振でタービン翼が受ける繰り返し応力に対して十分な強度を有したアンチューンド翼（否離調翼）（Untuned Blade）が採用されている。これは機械駆動用蒸気タービンの大きな特徴と言える。

(3) タービン起動時の負荷状況

発電用蒸気タービンは発電機の慣性モーメントおよび、風損（Windage Loss）は考慮するとしても基本的には無負荷状態で昇速し定格回転数に達した後に負荷取りを行うが、ほとんどの機械駆動用タービンは始動時にある程度の負荷を負った状態での起動となる。特に圧縮機の起動における必要起動トルクはガスの条件（ガス比重等）によって異なり、セトルアウト（圧縮機系を脱ガスせずに圧縮機が停止した時に吐出圧と吸込圧が平衡になった状態）での起動は大きな起動トルクが必要となる。一方、蒸気タ

ービンは比較的起動トルクが大きいため、定速電動機のように起動可否についての検討は多くの場合不要である。

(4) 設置場所の特殊性

石油・化学プラント内(特にプロセスユニット内)は爆発性ガス雰囲気が生成される危険場所となる場合が多く、そのエリアに設置される蒸気タービンも危険場所に対応したものとなる。蒸気タービン本体に違いはないが、タービン本体および、その補機システムに設置される計装品を含む電気設備品は防爆電気機器を使用する必要がある。また多くの場合タービンは屋外あるいは屋根付きの簡易建屋に設置され、直射日光、風雨に曝されるため、タービン外表面に塗布される塗装仕様、および外装保温材料を含め屋外仕様となる。

(5) タービン内部改造による出力増強

石油・化学プラントにおいては製造装置の能力増強を行うケースが多々あり、その際に圧縮機の能力増強が必要な場合がある。蒸気タービン駆動の場合、圧縮機の能力増強に伴い、各段のタービンノズルの改造（交換）により比較的容易に10%程度の出力増強が可能である。

10.1.2 適用規格

機械駆動用蒸気タービンに広く適用されている規格としてAPI規格が挙げられる（但し、舶用タービンは除く）。特に石油・化学プラントで使われる蒸気タービンには多くの場合、API規格が適用となる。蒸気タービンに関する代表的なAPI規格は下記2規格である。

- API611 (General-Purpose Steam Turbines for Petroleum, Chemical, and Gas industry Services)
- API612 (Petroleum, Petrochemical and Natural Gas Industries- Steam Turbines- Special Purpose Applications)

尚、API611/612はISO規格との共同規格（各々ISO10436、ISO10437）となっている。

API611は通常、予備機があり、タービン出力も比較的小さく、連続運転が要求されない、クリティカルサービスで無いタービンに適用される。例えば予備機を持つポンプ駆動用の小出力タービンなどに適用されることが多い。また、蒸気圧が4.8MPa以下、蒸気温度が400℃以下、またタービン回転数が6,000rpmを超えないタービンに対して適用とな

る。一方、API612はAPI611の適用範囲を超えるクリティカルサービスのタービンに適用される。石油・化学プラント内で使用される圧縮機駆動用蒸気タービンはほとんどの場合、高圧蒸気を使用し予備機の無いクリティカルサービスとなるためAPI612が適用される。

API612の主な要求事項について簡単に説明する（API 612 7th edition - 2014年版参照）。

(1) 最高連続回転数

タービンは定格運転回転数の少なくとも105%まで連続運転できるよう設計する必要があり、この回転数を最高連続回転数（Maximun Continuous Speed）と呼んでいる。発電用タービンの様に定格運転回転数が最高使用回転数とならないことに注意が必要である。工場出荷前の機械的運転試験はこの最高連続回転数で運転される。

(2) ノズル許容荷重・許容モーメント

蒸気配管の熱伸びによってタービンノズルに反力をうける。タービンノズル耐力の設計はNEMA SM24（Land-Based Steam Turbine Generator Sets 0 to 33,000 kW）に従う。NEMA SM24では一つのノズルに合成荷重（Fr）と合成モーメント（Mr）が同時にかかった場合および、排気ノズルの中心線を基準に入口、排気、抽気ノズルにかかる合成荷重（Fc）および合成モーメント（Mc）が同時にかかった場合の許容荷重および許容モーメントが下記式で表わされており、タービンノズル耐力はこれらの式を満足する必要がある。尚、ここで言う合成荷重・合成モーメントは3方向（x-y-z）にかかる合成荷重・合成モーメントのことである。

各単独ノズルの評価式：
$$3Fr+Mr\leq 500De \quad \cdots(10.1)$$

入口、排気、抽気ノズル等にかかる荷重およびモーメントを考慮した評価式：
$$2Fc+Mc\leq 250Dc \quad \cdots(10.2)$$

Deはノズルサイズ（inch）、Dcは全ノズルを合わせた相当ノズルサイズ（inch）を意味する。

(3) タービンロータの危険速度

タービンロータについては曲げ危険速度解析の実施が要求されている。解析結果で必要とされる危険速度と運転回転数のマージン（Separation Marginと呼ぶ）はAmplification Factor（AF）の大きさによって異なり、表10.1の通りとなる。

曲げ危険速度解析に加え、振り危険速度解析の実

表10.1　Separation Marginの決定手順

Amplification factor（AF）	Separation Margin（SM）%	Remarks
AF＜2.5	SMを取る必要無し	Critically Damped
AFが2.5以上で危険速度が最低回転数より低い場合	$SM = 17 \times \left[1 - \dfrac{1}{AF - 1.5}\right]$	SMは最低回転数に対するパーセンテージで表わす。
SMが2.5以上で危険速度が最高連続回転数より高い場合	$SM = 10 + 17 \times \left[1 - \dfrac{1}{AF - 1.5}\right]$	SMは最高連続回転数に対するパーセンテージで表わす。

施も要求されており、被駆動機、増・減速機を含むトレイン全体軸系の振り固有振動数は運転回転数範囲に対して10%のマージンを取る必要がある。

(4) 許容振動値

タービンの許容振動値は最高連続運転回転数を含む指定運転点において軸振動（全振幅）で25μmあるいは下記式で求められた値のどちらか小さい値となる。また、機械的運転試験の際に、タービンの振動値がこの許容振動値以内であることを確認する。

$$許容軸振動（全振幅）\ A = 25.4\sqrt{\dfrac{12{,}000}{N}}\ \mu m$$

…(10.3)

（N：タービン回転数rpm）

(5) タービン材料

タービン車室を含む耐圧部品の材料は蒸気圧力が520kPaあるいは蒸気温度が230℃を超える場合は、鋼製とすることが規定されており、例として高圧タービン車室にはSCPH2/SCPH11等の鋳鋼が使用されている。また、最高蒸気温度が410℃を超える場合は低合金鋼を使用する規定がある。通常、高圧タービン車室にはSCPH21/SCPH23/SCPH32等のCr-Mo鋳鋼品が使用されている。タービン軸およびディスクには鍛造鋼を、ノズル・動静翼・シュラウド・蒸気用ストレーナーには11-13%Cr鋼、チタン、Ni-Cu合金（ASTM B127相当）を使用する規定がある。

(6) 工場運転試験

工場出荷前試験の一つとして工場での機械的運転試験（Mechanical Running Test）の実施が義務付けられている。本運転試験では最高連続回転数にて少なくとも4時間連続運転を行いタービンに機械的問題が発生しないことを確認する。運転中にタービンロータの軸振動、軸移動、軸受温度の計測を行い各測定値が規定値以内であることを確認すると共に、軸振動については周波数分析を行うことにより非同期成分の振動値の評価も行う。また、4時間連続運転の終了時に過速度非常停止装置の作動テストも実施する。予備のタービンロータを購入している場合は主機ロータと同様な機械的運転試験を行う。尚、本試験は、特に指定がない限り無負荷で行う。また、タービンの昇速および降速時に軸振動・位相角を計測することによりゼロ回転数から最高連続回転数までに現れる危険速度を特定するが、事前に合意されたアンバランス量をロータに付加することで曲げ危険速度解析の検証試験（Unbalanced Rotor Re-sponse Verification Test）を実施することが規定されている。

10.2　機械駆動用蒸気タービンの形式と用途

10.2.1　機械駆動用蒸気タービンの形式

機械駆動用としては流れによる分類として、主に次の3つに分類される。

(1) 復水タービン（Condensing turbine）
(2) 背圧タービン（Backpressure turbine）
(3) 抽気タービン・混気タービン
　　（Extraction turbine, Induction turbine）

また、構造により次の区別をすることもできる。

(4) 単段タービン（Single stage turbine）と多段タービン（Multi stage turbine）
(5) 単弁式タービン（Single valve turbine）と多弁式タービン（Multi valve turbine）

(1) 復水タービン

復水タービンの代表的なフロー図を図10.2に示す。復水タービンは、蒸気を真空まで膨張させて復水器で冷却して水に戻す。タービンでの熱落差が大きく、蒸気のもつエネルギを最大限に利用すること

ができるので、背圧タービンよりも同一出力に対する必要蒸気消費量が少ない。しかし、投入エネルギのうち蒸気のもつ大きな気化潜熱が復水器で冷却水に奪われ捨てられる。

構造は図10.3に示すように段落数が多く複雑で、かつ低圧部では蒸気の比容積が大きくなるため長翼が使用され、排気フランジ口径は大きく重量も増加する。

復水タービンは復水器およびこれに附属する機器など大型の付帯設備を必要とする。また、復水タービンの排気圧力は大気圧以下となるため、蒸気タービングランド部へ非凝縮性ガスである空気の混入を防ぐシール蒸気ユニットを設ける必要がある。

石油化学プラントでは、一般的に高圧蒸気（HP steam）を用いて、多弁（単弁）多段復水タービンで、中型から大型の機械（大型ポンプ、圧縮機、等）を駆動する。また、プラント内の自家発電設備などにも用いられる。

(2) 背圧タービン

背圧タービンの代表的なフロー図を図10.4に示す。背圧タービンは、動力を発生させながらかつ中・低圧のプラント用蒸気を必要とする場合に適している。投入エネルギのうち排気のもつ熱量を有効に二次利用することができる。減圧弁を用いて高圧蒸気から中・低圧蒸気を発生させると、動力を回収する代わりに騒音の形でエネルギロスを発生させてしまう。

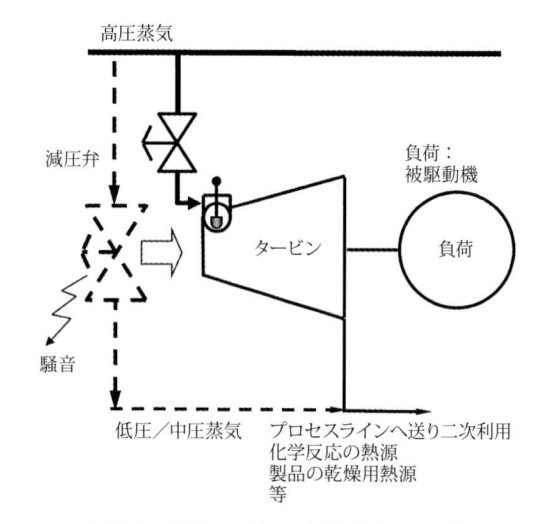

図10.2 復水タービンの代表的なフロー図

図10.4 背圧タービンの代表的なフロー図

タービンでの熱落差は比較的小さく、利用できるエネルギが少ないため出力は制限される。図10.5に示すように一般的に段落数は少なく、また高圧蒸気の範囲で使用されるため蒸気の比容積が小さく、ノズルおよび動翼高さは低くなりタービン全体としても小型かつ軽量となる。

石油精製プラントでは、一般的に高圧蒸気を用いて、中型の多弁（単弁）多段背圧タービンで、中型機械（中型ポンプ、中型圧縮機、等）を駆動しながら、中圧蒸気（MP Steam）や低圧蒸気（LP Steam）を発生させる用途に用いられる。また、中圧蒸気を用

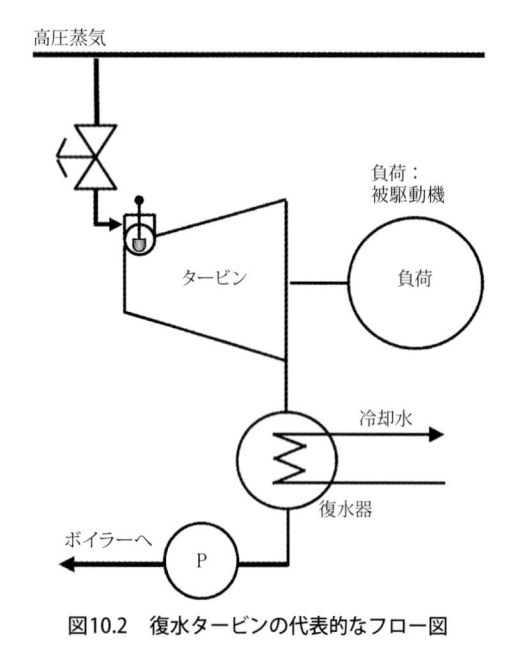

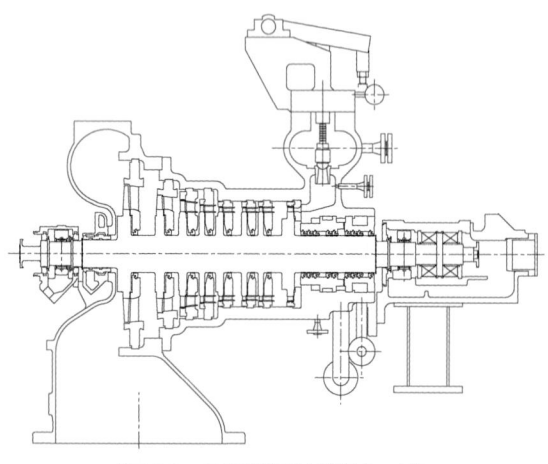

図10.3 多弁多段復水蒸気タービン
（ヒートポンプ圧縮機駆動用）（荏原エリオット）

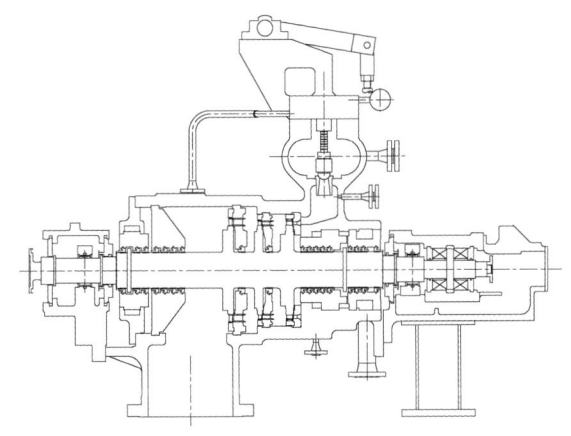

図10.5　多弁多段背圧蒸気タービン
（リサイクルガス圧縮機駆動用）（荏原エリオット）

いて、小型単弁単段背圧タービンで補機ポンプを駆動する。

(3) 抽気タービン・混気タービン

抽気（混気）タービンの代表的なフロー図を図10.6に示す。抽気タービンはタービンの中間段落より中低圧の蒸気を抽出してこれをプラント用蒸気として利用するもので、抽気加減弁を境にして高圧部と低圧部に分けられる。

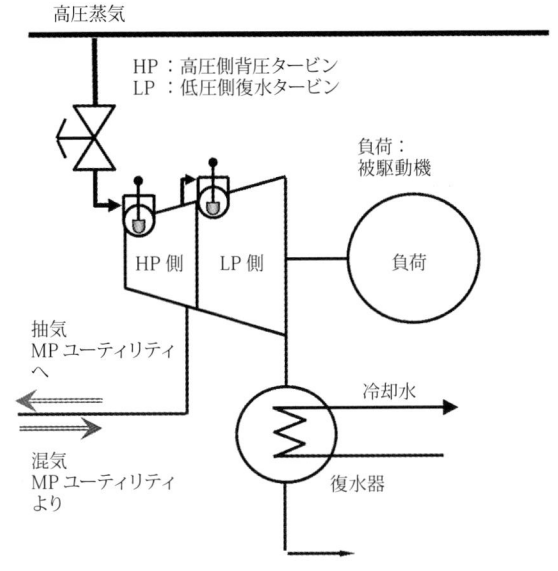

図10.6　抽気（混気）復水タービンの代表的なフロー図

抽気復水タービンでは、蒸気は全て高圧部（背圧タービン部）で一度動力回収され、その一部は抽気されてプラントで使用される。残りの蒸気は低圧部（復水タービン部）で真空まで膨張して動力回収され復水器に至る。また、抽気背圧タービンは、二種類の中・低圧プラント用蒸気を必要としかつ動力を必要とする場合に使用される。

混気復水タービンは、高圧部から流入し動力回収されて膨張した蒸気にプラントから導入された中低圧蒸気が混合され、混気加減弁を経由して復水器に至る。

図10.7に示すように抽気（混気）タービンでは二つの加減弁が存在する。入口加減弁は、高圧部へ流入する蒸気量を制御している。抽気（混気）加減弁は低圧部に流入する蒸気量を制御している。二つの加減弁は互いに協調して速度と抽気（混気）量の双方に対する要求を満たすよう制御している。抽気（混気）タービンは運転可能域が広い。負荷変動を持つプロセス機器の必要動力を、速度を調整しながら満足させる。同時に、変動するプラント内の蒸気要求量を、抽気（混気）量調整しながら満足させることができる。

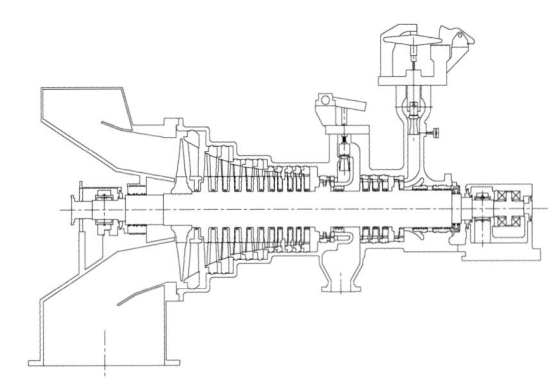

図10.7　多弁多段抽気復水蒸気タービン
（分解ガス圧縮機駆動用）（荏原エリオット）

石油化学プラントでは、最も良く用いられる型式であり、例えば超高圧蒸気（SHP Steam）を用いて、大型多弁多段抽気復水タービンで大型圧縮機を駆動しながら、高圧蒸気や中圧蒸気を発生（消費）させる用途に用いる。発生した高圧蒸気や中圧蒸気はさらに別のタービンの駆動用に用いられる。

(4) 単段タービン・多段タービン

単段タービンはタービンで利用できる断熱熱落差が小さい場合、出力が小さく効率よりも設備費に重点を置く場合、常用でない場合、容易な取扱が要求される場合などに使用される。通常多く使用されるのは単弁・単段のカーチスタービンである。

この場合、バランス型蒸気加減弁が機械式ガバナ

で直接駆動されるケースが多い。手動ノズル弁を有するものもあり、出力によってはこれを全開、全閉として絞り損失を減らす方法をとっている。ジャーナル軸受は小出力のものではオイルリングを用いたライナー軸受を用いる。またカーチス翼のためスラスト力が小さいので、スラスト軸受は位置決め用の玉軸受を用いる場合が多い。

図10.8に示すように、単弁・単段タービンは構造が単純で取り扱いも容易で安価なため、プラント内に存在する蒸気を用いて多くの場所で用いられる。石油化学や石油精製プラントでは、油ポンプ、復水ポンプ、等の各種補機駆動用として、製糖、製紙、食品工業では各種機械の駆動用として幅広く使用されている。また、プラント内の効率改善のため、減圧弁の代わりに用いて小規模発電を行う場合もある。

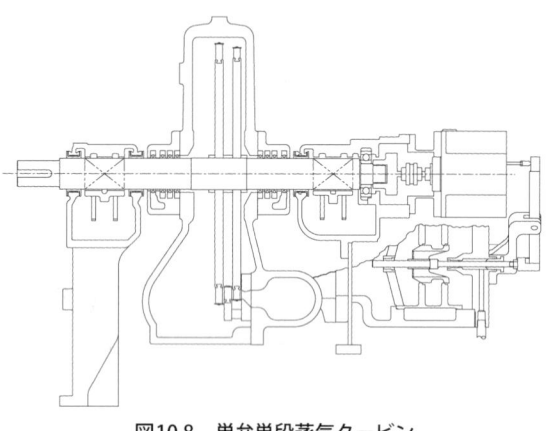

図10.8　単弁単段蒸気タービン
（荏原エリオット）

多段タービンは、ノズル・動翼で構成される段落が二段以上の翼列を持つタービンで、単段タービンに比較して大きな熱落差を有効に利用できる。中・大出力を求められる主機を駆動する蒸気タービンでは必然的に多段タービンが選定される。

段数が多いほど軸方向寸法が長くなり、据え付け面積が大きく重量も重くなり、初期費用も高くなるが、最適段数を用いることで最大効率を引き出すことができる。

多段タービンは、単段とは異なり一般的に一次危険速度より運転速度範囲が高いたわみ軸となり、曲げ危険速度解析を行い運転速度から危険速度を十分離すよう設計・製作される。また高速運転仕様の場合には、低速バランス取りだけでなく、危険速度より高い実速度下でバランスを取り安全性を高めている。

機械駆動用の多段タービンの場合、衝動型ベースタービンと、反動型タービンの2種類が存在する。

衝動型ベース（復水の場合は低圧部は反動段となる）のタービンは、速度比が約0.5で最も効率が高くなるため、段数が少なくシンプルとなる。動翼における圧力差が少ないため動翼先端における漏れが少なくパッキン隙間は広い。また、ダイアフラムノズル内径側には、比較的小さな軸径に対してばね式パッキンが設置され漏れは少なく、異常振動時にも接触による損傷は少ない。このように運転・保守管理が比較的容易である。

一方反動タービンは、反動度を50%とすると速度比が0.7で最も効率が高くなるため、全体として段落数は多くやや大型となる。しかし、衝動タービンより熱力学的には効率が優れる。動翼における圧力差が存在するため翼先端にパッキンがあるが漏れは多い。静翼内径側の軸径が大きく漏れは比較的多くなる。大出力の場合は漏れの影響を抑えれば熱力学的効率高さのメリットを生かせる。隙間管理が効率に大きな影響を及ぼすため、運転・保守管理には注意が必要である。

(5) 単弁式タービン・多弁式タービン

蒸気タービンの回転数・出力を変化させるためには、タービンに流入する蒸気流量を調整する必要がある。この調整のためにタービン入口には蒸気加減弁が設けられている。その形式によって単弁式（single-valve）と多弁式（multi-valve）に大別される。

単弁式は主に小中流量の部分送入ノズルのタービンに用いられており、全負荷範囲について一つの加減弁によってタービンに流入する蒸気を制御する。通常は加減弁の中間開度で運転されており、加減弁の絞りによる圧力損失は多弁式に比べて大きくなる。

一方、多弁式は主に大流量の全周送入ノズルのタービンや効率に重点を置くタービンに用いられている。図10.9に示すように調速段ノズルを適当な割合で分割し、その分割数と同じ数の加減弁を必要蒸気流量に従って順次開けていく。複数の加減弁を持つ多弁式では、単弁式に比べて初段ノズル前の圧力損失を小さくすることができる。

図10.10に示す単弁多段タービンは、図10.11のような多弁多段タービンに比較すると部分負荷における効率が劣るため、石油化学や石油精製プラント

第10章 機械駆動用蒸気タービン

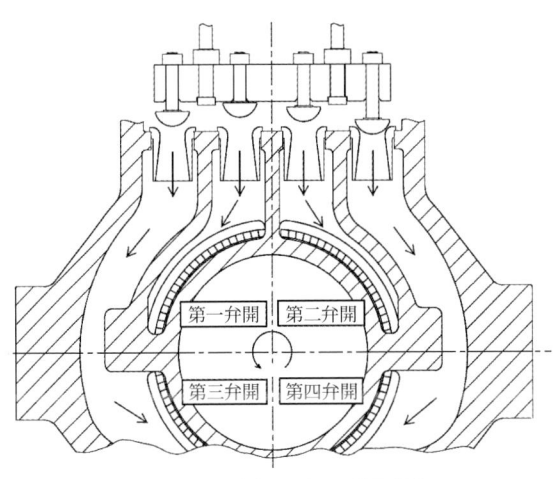

図10.9 調速段ノズルの蒸気流れ

図10.10 単弁多段蒸気タービン
（荏原エリオット）

図10.11 多弁多段蒸気タービン
（荏原エリオット）

機械駆動用の蒸気タービンの総出力の約80％から90％が石油化学、石油精製プラントで使用される圧縮機駆動用蒸気タービンである。次にボイラ給水ポンプ駆動用蒸気タービンで、総出力の約10％程度である。

また傾向としては、圧縮機駆動は概ね15MW以上の抽気復水型の大型機と、6MW未満の背圧型小型機に分類できる。蒸気条件は、需要先のプロセス蒸気バランスに応じた条件下で運用される。

事業用火力の給水ポンプ駆動は、10MW前後の復水中型機が主流である。発電機駆動用主蒸気タービンと同じ蒸気条件下で運用されることもあり、入口蒸気条件は15MPaを越えるものから、1MPaクラスまで多岐に亘っている。

その他の駆動用では、5MW以下の背圧小型機が中心である。主に1MW未満は大半がポンプ駆動用の単段背圧タービンであり、総計台数の約60％を占める。

タービンの形式は、一部のラジアル型を除き、全て単車室、非再熱、単流排気の軸流型である。

(1) 石油化学プラント圧縮機駆動用蒸気タービン

石油化学プラントにおいては様々な圧力・温度レベルの蒸気が発生し使用される。超高圧蒸気は高温で運転されるプロセス分解炉の余熱を熱源として発生する。この超高圧蒸気の大部分は大型圧縮機の駆動タービンに導入される。このタービンは一般的に抽気復水型で、圧縮機を駆動しながら同時に高圧蒸気や中圧蒸気の供給源となる。この高圧蒸気や中圧

図10.12 分解ガス圧縮機トレイン
（荏原エリオット）

での需要が減少してきている。

10.2.2 機械駆動用蒸気タービンの用途

毎年発表される「ターボ機械」誌「生産統計（蒸気タービン）」によると、ここ10年の日本における

第10章　機械駆動用蒸気タービン

図10.13　エチレンプラント蒸気バランスフロー

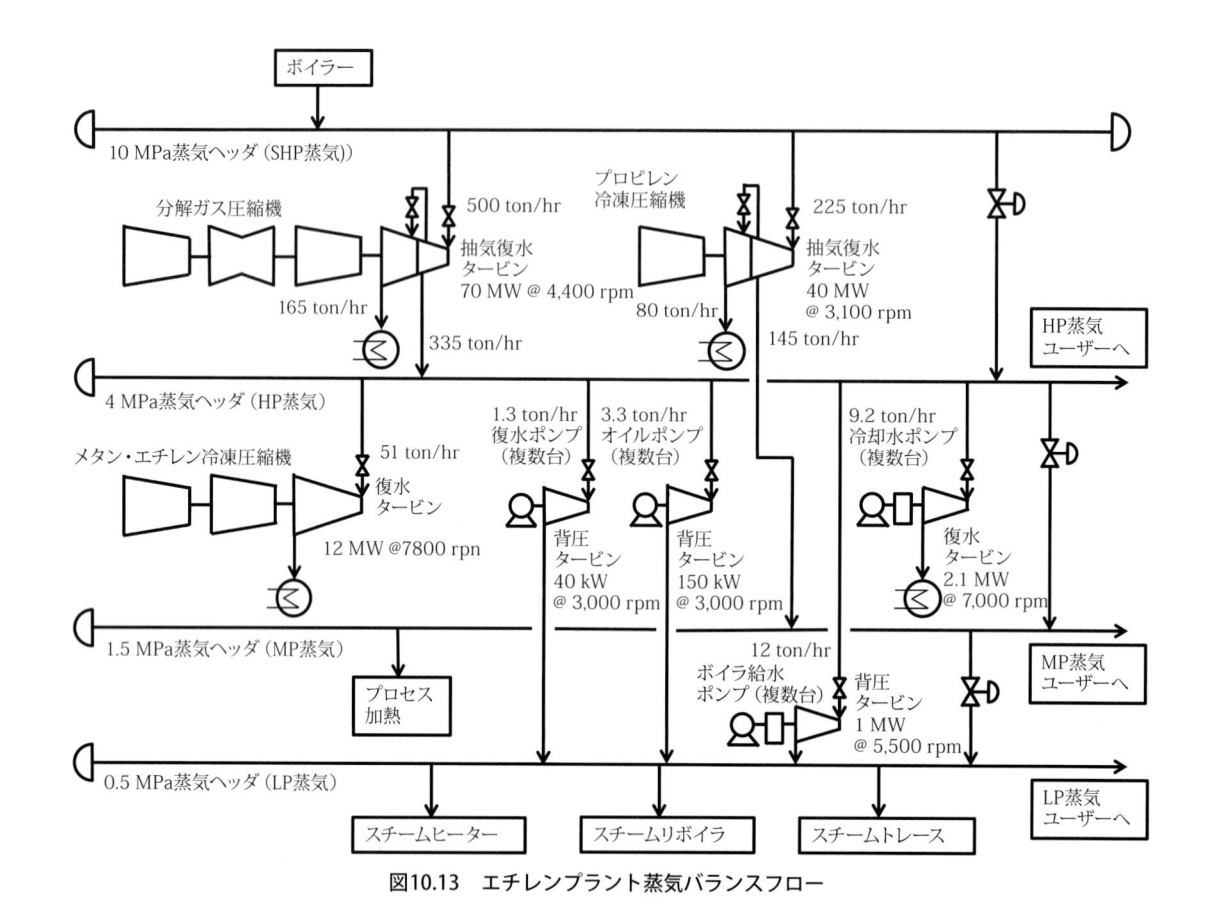

蒸気は、別の圧縮機の駆動用やプラント内での熱源となる。

　低位のレベルの蒸気を減圧弁により発生させるのではなく、機械駆動用蒸気タービンを用いることで、プラント内の蒸気バランスを最適化し総合効率を上げている。図10.13にエチレンプラントの蒸気バランスフローの例を示す。

　プラント内の圧縮機やポンプの必要動力や蒸気量のバランスから、各圧力レベルの蒸気の利用方法はさまざまに変化する。この様に、機械駆動用蒸気タービンは、各プラントの個別仕様に従い最適設計されるため、蒸気条件、出力、回転数、等は、プラント毎に異なった仕様となる。圧縮機を最適のプロセス条件で運転するため、タービンの速度は定格速度の70から105％の範囲で変動する。かつ入口及び抽気の加減弁を調整しながら0から100％の低位レベルの蒸気を供給するため、これらの変動に耐える耐久性と制御追従性が要求される。また、石油化学プラントは4から6年の（場合によっては10年の）連続運転が通常行われるため高い信頼性が要求される。

　次に、国内で製造される機械駆動用タービンとして大型に分類されるエチレンプラント向け圧縮機駆動用タービンの例を挙げる。ここでは主に次の3種類のガス圧縮機トレインが用いられる。(i) 分解ガス圧縮機（図10.12）、(ii) プロピレン冷凍ガス圧縮機、(iii) エチレン（メタン）冷凍ガス圧縮機である。エチレンプラントは近年大型化による効率化が進み、年産100万トン規模が主流となっている。これに従い蒸気タービンも大出力化してきている。
　次に具体的なタービンの例を示す。

(1.1)　分解ガス圧縮機駆動用蒸気タービン
〔仕様〕

- 多弁多段抽気復水式
- 翼列数：10段
- 入口口径：2×18" - 2,500#（*1）
- 入口蒸気条件：9.85MPaG/492℃
- 入口蒸気消費量：690ton/hr
- 抽気口径／圧力：24" - 600#/3.65MPaG
- 排気口径／圧力：88" - 125#/18PaA

- 回転数：3,134 - 4,114rpm
- 定格出力：66,642kW
- 納入先：インド

(*1) ここで、#はJPI 7S-15やASME B16.34などで示される配管クラスを示す。例えば、2500#は2500ポンドクラスを意味する。

図10.14　分解ガス圧縮機駆動用蒸気タービン
(荏原エリオット)

(1.2) プロピレン冷凍ガス圧縮機駆動用蒸気タービン

〔仕様〕
- 多弁多段抽気復水式
- 翼列数：16段
- 入口口径：1×16" - 1,500#
- 入口蒸気条件：10.05MPaG/494℃
- 入口蒸気消費量：404.8ton/hr
- 抽気口径／圧力：14" - 600#/4.17MPaG
- 排気口径／圧力：105" - 125#/14PaA
- 回転数：2,201 - 3,082rpm
- 定格出力：65,566kW
- 納入先：サウジアラビア

(1.3) エチレン冷凍ガス圧縮機駆動用蒸気タービン

〔仕様〕
- 多弁多段抽気復水式
- 翼列数：8段
- 入口口径：1×18" - 600#
- 入口蒸気条件：4.07MPaG/375℃
- 入口蒸気消費量：364ton/hr
- 抽気口径／圧力：20" - 600#/1.80MPaG
- 排気口径／圧力：72" - 125#/14PaA
- 回転数：3,918 - 5,485rpm
- 定格出力：24,817kW
- 納入先：サウジアラビア

図10.15　プロピレン冷凍圧縮機駆動用蒸気タービン
(荏原エリオット)

図10.16　エチレン冷凍圧縮機駆動用蒸気タービン
(荏原エリオット)

(2) 石油精製プラント圧縮機駆動用蒸気タービン

(2.1) FCC（Fluid Catalytic Cracking）プロセス

FCCプロセスでは、分解反応によって軽質の炭化水素ガスが生成される。この軽質炭化水素ガスからLPGなどを回収するために、中・大出力プロセスガス圧縮機を用いる。このガス圧縮機用駆動機として、多弁多段復水タービンを用いる。大きいものでは30MWほどのタービン定格出力のものもある。またガス圧縮機は、処理するガスの組成の変動や様々な運転モードがあるため、広い運転速度範囲を持つ蒸気タービンが駆動機として適している。

FCC（Fluid Catalytic Cracking）プロセスでは、触媒再生塔の高温で圧力を持つエネルギのガスをガスエキスパンダを用いて動力回収し、プラント内の省エネルギを図る場合もある。この場合回収動力を用いて、触媒再生用空気圧縮機を駆動するが、さらに蒸気タービンを直結してプロセス安定までのバックアップ用として用いる場合もある。

（2.1.1） 空気圧縮機駆動用蒸気タービン
〔仕様〕
- 多弁多段復水式
- 翼列数：12段
- 入口口径：12"- 600#
- 入口蒸気条件：4.02MPaG/360℃
- 排気口径／圧力：88"- 125#/0.014MPaA
- 回転数：2,760 - 3,864rpm
- 定格出力：31,094kW
- 納入先：インドネシア

（2.2） ガソリン、灯軽油製品とするためには、硫黄分の除去が必要であるため、水素を用いて精製される。この装置を脱硫装置と呼ぶが、ここでは水素ガスが装置内を循環している（リサイクルガス）。ここに、ガス圧縮機が用いられる。リサイクルガスの分子量は、ある程度で変化する。またプロセス起動時には分子量の大きく異なる窒素を取り扱うために、ガス圧縮機は幅広い回転数域での運転が必要である。さらに、分子量が小さい水素ガスを高い圧力まで昇圧するために、高速回転が求められる。このような可変速特性と高速回転の仕様から、蒸気タービンが被駆動機と直結させた形で多く用いられている。

近年の動向として、プラントのさらなる効率化と初期コストの低減のため、圧縮機はさらなる小型化・高速設計化が進み、蒸気タービンに関してもさらなる高速化・高効率化が求められている。

（2.2.1） リサイクル圧縮機駆動用蒸気タービン
〔仕様〕
- 多弁多段背圧式
- 翼列数：3段
- 入口口径：8"- 600#
- 入口蒸気条件：3.66MPaG/310℃
- 排気口径／圧力：18"- 150#/0.34MPaG
- 回転数：7,141 - 10,712rpm
- 定格出力：5,378kW
- 納入先：トルコ

（2.2.2） 水素ガスブースター圧縮機駆動用蒸気タービン
〔仕様〕
- 単弁多段背圧式
- 翼列数：3段
- 入口口径：4"- 600#
- 入口蒸気条件：3.63MPaG/380℃
- 排気口径／圧力：12"- 150#/0.44MPaG
- 回転数：9,098 - 14,385rpm
- 出力：504kW
- 納入先：アラブ首長国連邦

⑶ ポンプ駆動用蒸気タービン
（3.1）舶用ポンプ駆動用タービン
現在、船舶用ポンプ駆動用タービンは主にタンカー用カーゴオイルポンプ及びバラストポンプ駆動用である。

カーゴポンプは船から陸上のタンクに重油等を荷役する時に使用される。バラストポンプは重油等を荷役後船のバランスを保つ為タンクに海水を張る時に使用される。通常カーゴポンプタービンは3台、バラストポンプタービンは1台搭載される。

オイルショック以前はタービンは横型だったが1970年代より船内スペースの有効活用の為立型となり、現在では全て立型タービンが採用されている。タービンは船の大きさによりカーチス単段又はラトー3段タービンとなる（表10.2参照）。

タービンは高性能、コンパクト化及び取り扱いの容易性に主眼をおいて設計、製作されている。

表10.3に㈱シンコーのカーゴタービンのラインアップを示す。

蒸気条件は、入口：1.45～1.85MPaG×飽和温度、排気：−66.7kPaGが一般的であるが、最近では省エネ及び環境への配慮から蒸気消費量を減少する為に過熱蒸気を採用するケースもある。

（3.1.1）構造
カーチス単段タービンはロータディスクをシャフトに焼きばめされているがラトー3段タービンはロータとシャフトが一体構造となっている。危険速度は定格回転数の125％以上の剛性軸とし50～105％回転数のポンプ使用範囲において安定した運転ができる。ラトー3段タービンはコンパクトにする為タービンシャフトとピニオンはリジットカップリングで結合されて高速軸は3点軸受を採用している。タービンケーシングはカーチス単段は軸流排気を採

表10.2 タンカーの大きさとタービン機名（RX：カーチス単段、RVR：ラトー3段）

	タンカーの大きさ	COP m³/h	m	タービン機名	タービン kW	蒸気条件 MPaG×Temp.℃×kPaG
(a)	45k～75kPC	1,000～2,000	125±5	RX1	400～900	1.45×SAT.×-66.7
(b)	110k タンカー アフラマックス	2,500～3,000	130±5	RX1（RVR-1）	1,050～1,300	1.45×SAT.×-66.7
(c)	160k タンカー スエズマックス	3,500～4,000	135±5	RVR-1	1,550～1,850	1.45×SAT.×-66.7
(d)	280k～300k VLCC	5,000～5,500	145±5	RVR-2	2,400～2,700	1.85×SAT.×-66.7

表10.3 ㈱シンコーの機名と主要品目

Item \ MODEL	RX1	RVR-1	RVR-2
Type	Curtis 1-stage	Reteau 3-stage	
Max. output （kW）	1,300	2,000	4,000
Max. Speed （turbine shaft）（min⁻¹）	7,200	7,200	7,200
Inlet steam press. & temp. （MPaG×℃）	1.85 × 280		
Exhaust steam	−80kPaG～30kPaG		
Rotational output shaft	Counter - clockwise facing toward pump		
Steam inlet bore （mm）	125	150	150
Steam exhaoust bore （mm）	400	500	600
Lubrication system	Forced lubrication（Turbine oil ISO VG68）		
Main LO pump （m³/h×kPaG）	8×100		
Priming LO pump （m³/h×kPaG）	7.2×40（遠心ポンプ）		
Coolong water required（S.W.）（m³/h）	15	15	20
Speed regulating governor	Woodward UG or PG		
Range of speed change	50～100% of rated speed		
Weight（excluding generator）（kg）	3,500	5,500	7,400

用し、ラトー3段タービンは垂直二割れとなっている。

減速装置は立型1段シングルヘリカルを採用し効率が良く、低騒音で運転が行なえる様、精密歯切り後シェービング加工を施工している。減速車室は垂直二割れでヒンジを設け簡単に開放ができ歯車の点検ができる構造となっている。

油タンクは台板に内蔵され電動油ポンプ、ストレーナー、オイルクーラー等は台板上にコンパクトに配置されている。

(3.1.2) 制御装置

回転数制御は機械ガバナー又は電子ガバナーを採用し、蒸気加減弁は蒸気圧力によるアンバランスをなくす為復座弁方式とし広範囲の負荷にできる様配慮されている。蒸気加減弁は速度制御のみならずタービントリップ時危急遮断できる非常遮断弁の機能も兼ねている。

タービン起動時電動補助ポンプが始動されない限り蒸気加減弁が開かない様起動インターロック装置が設けられ軸受の損傷を防止している。

図10.17にカーチス単段タービンの断面図、図10.18に外観を示す。又、図10.19にラトー3段タービンの断面図、図10.20に外観を示す。

(3.2) 陸用ポンプ駆動用タービン

ポンプの用途としては主に冷却水ポンプ、ボイラー給水ポンプ、復水ポンプ及び各プラントに応じた各種プロセスポンプがある。タービンは蒸気条件、蒸気バランス等よりカーチス単段背圧タービン、ラ

第10章 機械駆動用蒸気タービン

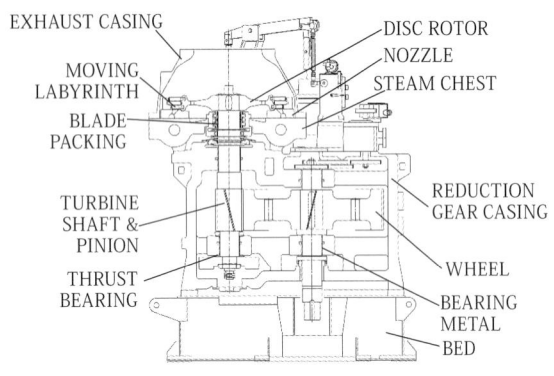

図10.17 カーチス単段タービン断面図（シンコー）

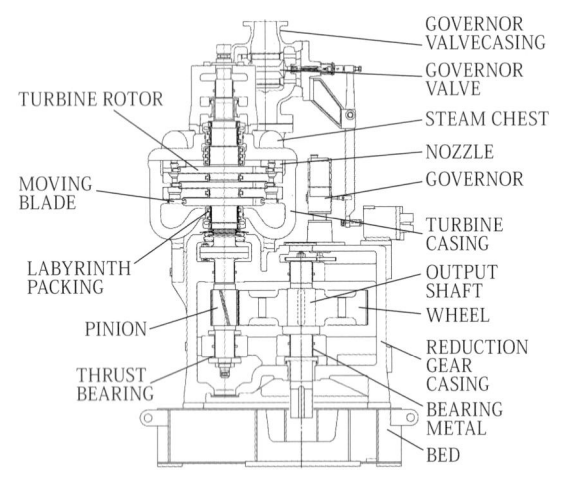

図10.18 ラトー3段タービン断面図（シンコー）

図10.19 カーチス単段タービン外観（シンコー）

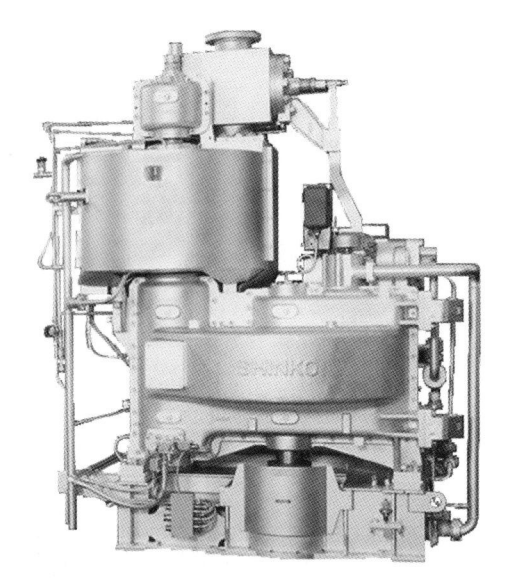

図10.20 ラトー3段タービン外観（シンコー）

トー多段背圧タービン及ラトー多段復水タービンが採用されている。タービンはほとんどが横型だが、復水ポンプに於いて低有効吸込水頭（NPSHA）の要求時ポンプを低位置に設置する為立型タービンを採用することもある。図10.21に断面図を示す。

単段タービンにはハンドノズルバルブが装備されており、ポンプ定格出力をハンドノズルバルブ"閉"でタービン定格出力をハンドノズルバルブ"開"で出力が得られる様設計されている。

通常、モーター駆動のポンプがあり、モーター駆

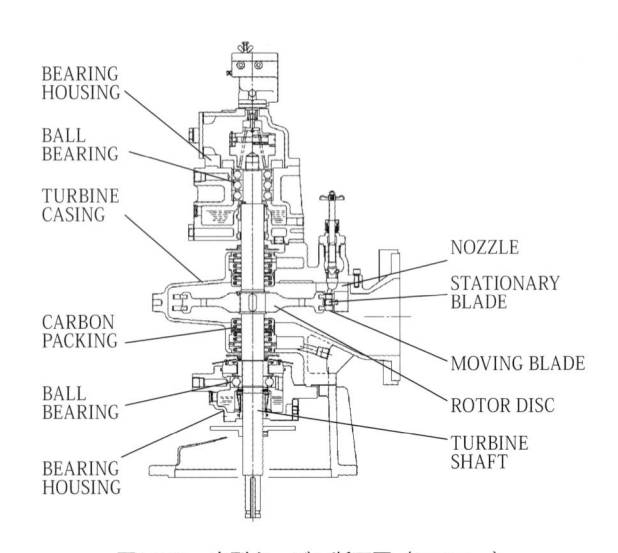

図10.21 立型タービン断面図（シンコー）

第10章　機械駆動用蒸気タービン

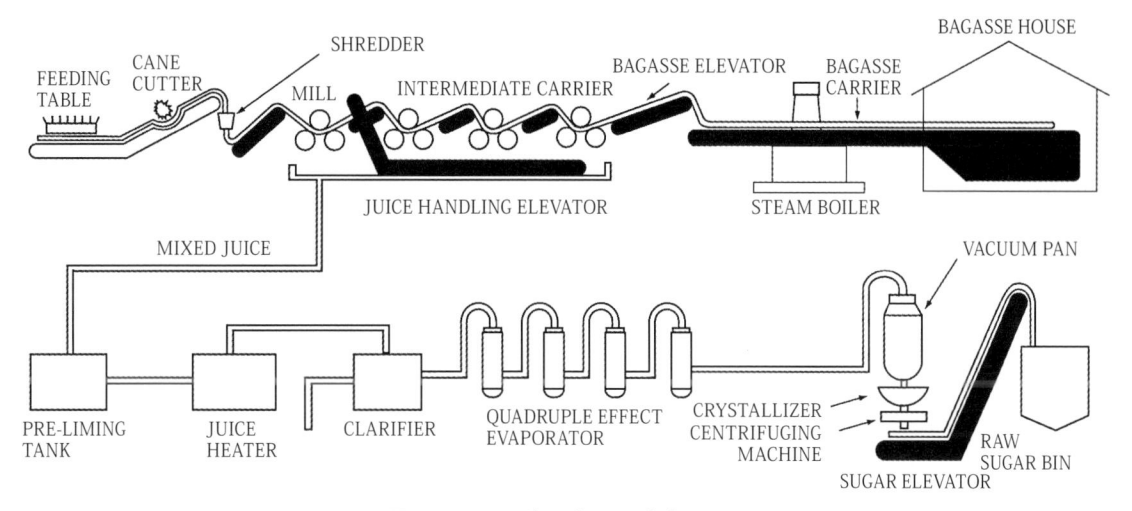

図10.22　シュガープラント生産フロー

動との並列運転を考慮してガバナはアイソクロナスガバナを採用している。またタービン駆動ポンプをスタンバイ機とする場合はモーター駆動ポンプに異常が発生した時瞬時に起動しなければならない。

この為に単段背圧タービンでは常時排気暖気でスタンバイしており起動信号でタービン入口に装備されているピストン弁が開き、低回転暖機運転なしで瞬時に定格速度まで昇速する。

(4) 産業機械駆動用タービン

ポンプ駆動以外では代表的なものに押込送風機、誘引送風機等のファン駆動用タービンがある。

ファン駆動用タービンは主にカーチス単段背圧タービンが採用されている。ファンはGD^2が大きいので瞬時応答用加速用蒸気をより流入させる為ノズル面積裕度を他の機械駆動用タービンより大きく設計している。

その他機械駆動用タービンとしてはシュガープラントでケンカッター、シュレッダー及びミル駆動用に蒸気タービンが使用されている。ケンカッター、シュレッダーはサトウキビを細かく切断し、その後ミルでジュースを絞り出す。絞りかすはバガスと呼ばれボイラーの燃料となる。通常、ケンカッターは2台、シュレッダーは1台、ミルは5〜6台設置される。図10.22に生産フローを示す。

主にケンカッター及びミル駆動用タービンはカーチス単段背圧式、シュレッダー駆動用タービンはラトー多段背圧タービンが使用されている。シュレッダーは負荷変動が激しくガバナ弁が全閉、全開を繰り返す過酷な運転がされている。この為にタービン定格回転数を5,000rpm以下とし、速度制御装置のリンク等の強度に配慮した設計をしている。

10.3 機械駆動用蒸気タービンの設計

図10.23に示すように一定回転数で運転される発電用蒸気タービンに対し回転数と負荷がともに増加変動する可変速運転を行う機械駆動用蒸気タービンでは、各構成要素の設計基準が異なる。図10.24に定格回転数と定格出力の適用例を示す。大型エチレンプラント用に適用される3,000〜4,000rpmの低速域で50〜100MWの高出力を出す大型、肥料・メタノールプラントに適用される8,000〜14,000rpm 高速域で20〜最高42MWまでの中・高出力を出す中型、さらに石油精製プラントに適用される

発電用駆動機
⇒定格回転数に到達後に100%出力
機械駆動用蒸気タービン
⇒回転数と出力をともに上昇させて定格回転数で100%出力

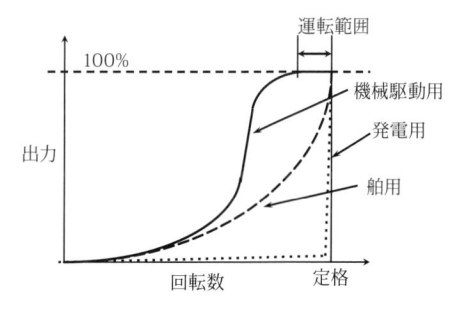

図10.23　回転数と出力変化の比較

第10章 機械駆動用蒸気タービン

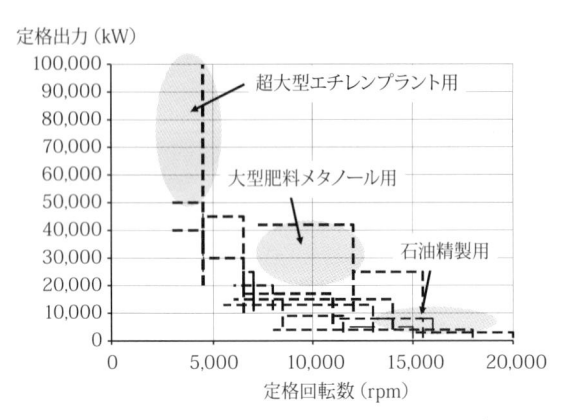

図10.24 定格回転数と定格出力の適用マップ

20,000rpmの高速型に区分される。

図10.25〜図10.27に示す低速高出力蒸気タービンのトレイン外観、断面及びロータ外観と比較し、図10.28〜図10.30に高速高出力蒸気タービンを同様に示す。定格回転数、周速の増加に伴い静動翼段数が減少している。軸受スパンを短縮しロータ軸径を相対的に大きくして高効率で高速回転域に対応できる設計となっている。

より高速になるとロータ剛性を大きくするため短い軸受スパン内に多くの段数を組み込む必要があ

図10.27 低速高出力蒸気タービンのロータ外観
（三菱重工コンプレッサ）

図10.25 超大型エチレンプラント用の外観
（三菱重工コンプレッサ）

図10.28 大型メタノールプラント用の外観
（三菱重工コンプレッサ）

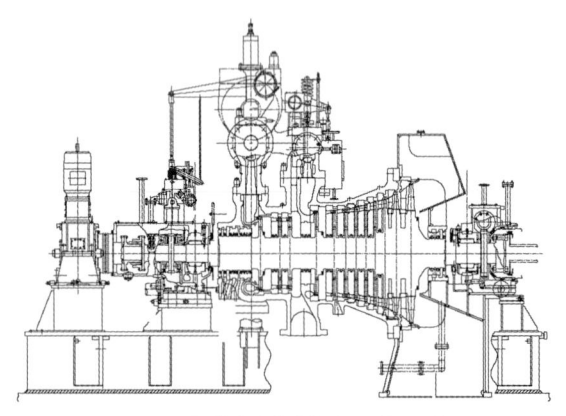

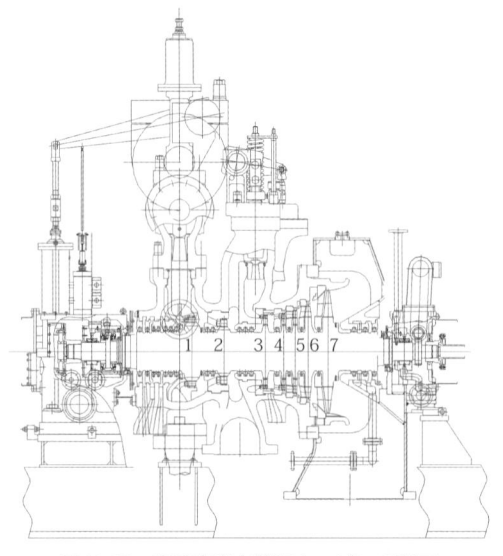

図10.26 低速高出力蒸気タービンの断面
（三菱重工コンプレッサ）

図10.29 高速高出力蒸気タービンの断面
（三菱重工コンプレッサ）

図10.30 高速高出力蒸気タービンのロータ外観
（三菱重工コンプレッサ）

り、静翼（ノズル）と動翼がより接近しノズル後流側に発生するノズルウェークの流速・圧力変動による加振力が大きくなる。高速化による遠心力と高出力による加振力に耐えることに加え、高効率となる動翼の設計が要求される。強度と性能の両立をいかに取るか、これが機械駆動用蒸気タービン流路設計で重要となる。これらの事例は、高圧中圧段に衝動翼を用いた場合であるが、反動翼設計では、衝動翼設計より段数が多くなり、高速化に関してはより設計的な工夫が必要となる。

高圧部の流路・動翼設計ついては、発電用と機械駆動用で大きな違いはないが、低圧段の長翼設計では違いがある。発電用のアンチューン翼では定格が一定回転数で回転数の変動が数％しかなく、共振回避を行える。一方、機械駆動用低圧段動翼は75％〜105％の回転数運転範囲で50％から全負荷が作用し動翼共振が回避できない。全負荷が作用し動翼共振が回避できない機械駆動用低圧段動翼は、共振時でも必要な振動強度を有するよう剛性を大きくした形状、組立構造なっている。また、前述のようにノズルウェークの加振力が発電用に比べて大きく、排気圧力も高く高真空ではない場合も多く最終段が受ける負荷は発電用に比べ10倍近く増加するため、より厳しい動翼の振動設計基準が適用され動翼の形状や体格も異なる。

10.3.1 翼流路（フローパス）設計

基本的な全体効率は各段の速度比をいかに適正に選択できるかによって決定される。駆動する圧縮機が必要とする定格回転数や出力はプロセス条件やそのガス処理量で変わり、より高速になると機械駆動用蒸気タービンの高周速に対して静翼（ノズル）から噴出する蒸気流速も大きくする必要があり、1段あたりのエンタルピーも大きくなる。図10.31に示すように回転数・周速に対する段数の最適化を行う場合、蒸気タービン入口と出口で固定されている全エンタルピーを適正な段数で分配するが、流体性能に加え高速回転が可能な軸受スパン内に必要な段数の静翼（ノズル）と動翼をコンパクトに配置することも考慮しなくてはならない。また、一段あたりの静圧差による曲げモーメントや動翼に作用する流体加振力に対して十分な強度を有する形状が要求される。

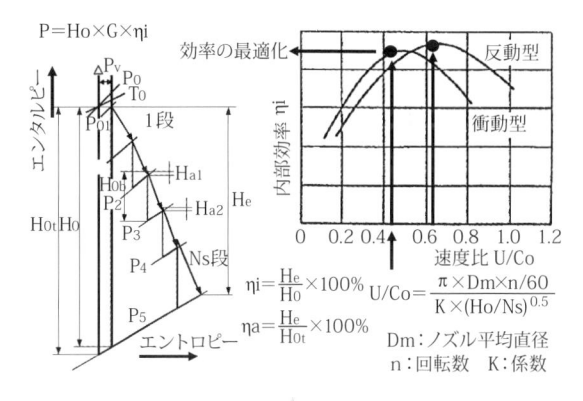

$P = H_o \times G \times \eta i$

$\eta i = \dfrac{H_e}{H_0} \times 100\%$

$\eta a = \dfrac{H_e}{H_{ot}} \times 100\%$

$U/C_o = \dfrac{\pi \times Dm \times n/60}{K \times (H_o/N_s)^{0.5}}$

Dm：ノズル平均直径
n：回転数　K：係数

P：出力　　　 ηi：内部効率　　Ns：段数、平均直径の最適化
Ho：断熱熱落差　ηa：全体効率　　衝動型、反動型の選定
G：蒸気流量

図10.31　回転数・周速に対する段数の最適化

図10.32に抽気復水型の高速蒸気タービンの膨張線図の例を示す。ひとつのプロセスで使用する各種ガスに対する圧縮機をそれぞれ駆動する蒸気タービン全体で熱効率が高くなるように高圧、中圧の蒸気源を組み合わせ最適なヒートバランスとなるようプラントを設計する。その各入口出口の蒸気条件に応じて膨張線図も異なる。負荷をとったまま可変速運転するため、高圧と低圧部の蒸気量を調整する入口1段の熱落差を大きくとり流量と回転数、効率と運転中の熱落差が変化しても必要な出力が得られるようにしている。

各段速度三角形から決定されるフローパターンに対応するよう静翼（ノズル）と動翼の入口出口角度が決定される。高速蒸気タービン翼プロファイルの例を図10.33に示す。

ノズルの枚数や動翼断面形状は翼への流体加振力

第10章 機械駆動用蒸気タービン

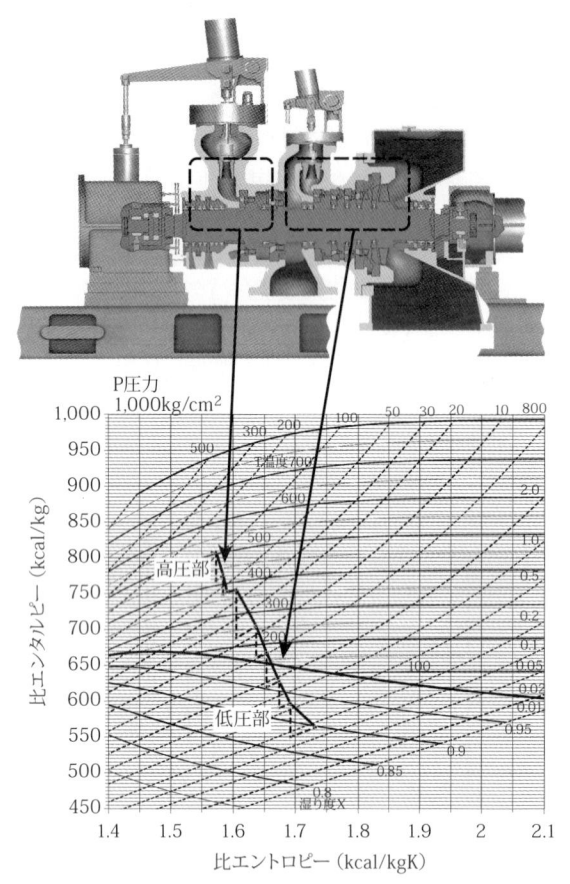

図10.32 高速蒸気タービンの膨張線図の例

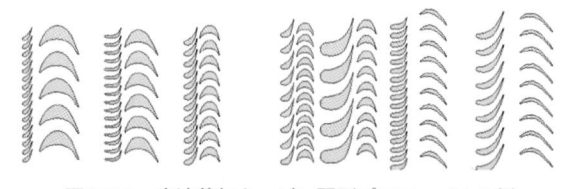

図10.33 高速蒸気タービン翼列プロファイルの例
（三菱重工コンプレッサ）

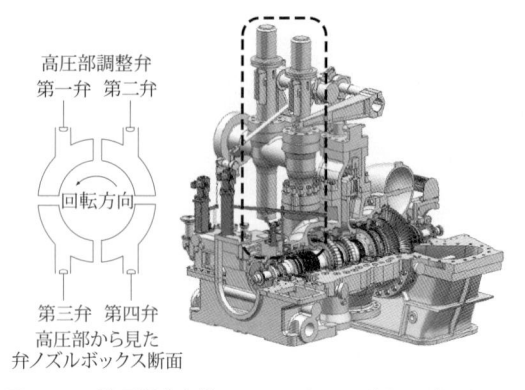

図10.34 流量調整弁後のショックロードとノズルウェーク加振力の比較（三菱重工コンプレッサ）

図10.35 流量調整弁後のショックロードとノズルウェーク加振力の比較（三菱重工コンプレッサ）

の大きさ、加振周波数、動翼振動応答などを考慮し設計される。特に衝動型を用いた高速高出力の蒸気タービンでは、適正な速度比とするため圧力膨張比とノズル出口流速が大きくなり、また、ノズル出口と動翼入口間の軸方向距離を狭めるコンパクトな設計としているため、発電用に比べ、Stimulus（加振力と定常外力に比率）が数倍大きくなる。動翼は高速回転による遠心力と大きな流体加振力に耐えられるように極力曲げ剛性を大きくなる形状となっている。

また、図10.34に示すように蒸気流量を調節する

調整弁の後流ある1段ノズルは部分挿入となるため他の段に比べ大きな衝撃流体力が動翼に作用する。このショックロードに耐えるように1段動翼の形状と組立方法を工夫している。

図10.35は、高圧、高温、高速仕様の合成ガス圧縮機用蒸気タービンの高圧部調速段（高圧1段）に適用するテノン型動翼と、テノンがないISB型を比較し示している。負荷の小さい中間段動翼と比較すると非常に高剛性の動翼構造となっている。

図10.36に、調速段に主に作用するショックロードインパルス加振力と中間段、低圧段長翼に作用するノズルウェーク加振力（NPF：ノズルパッシング周波数での高次モードに対する高周波数加振力）を比較している。調速段は、中間段の10倍を超えるStimulusで動翼振動強度設計を行う必要がある。

図10.37に高速高出力蒸気タービン流路設計の例を示す。近年、流体解析技術の著しい進歩によって性能予測や流路形状の改善による効率向上が可能に

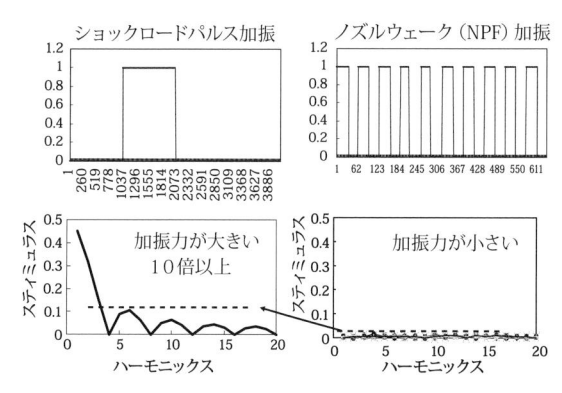

図10.36 流量調整弁後のショックロードとノズルウェーク加振力の比較

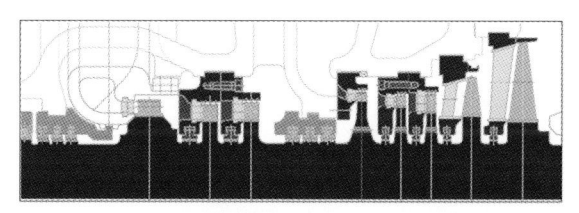

図10.37 高速高出力蒸気タービン流路例
（三菱重工コンプレッサ）

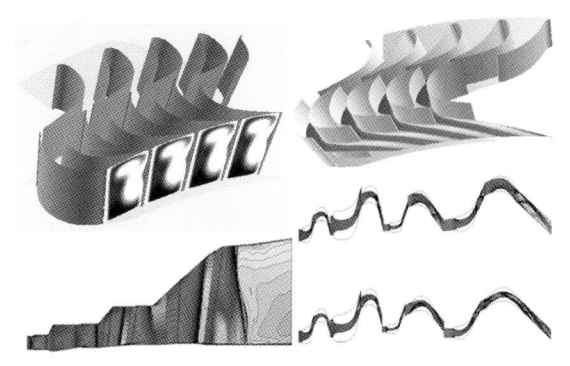

図10.38 高速高出力蒸気タービン多段流体解析事例
（三菱重工コンプレッサ）

なっており、図10.38に示す高速高出力蒸気タービン多段流体解析と動的・静的強度により全体最適化を行っている。

10.3.2 軸系・軸受設計

機械駆動用蒸気タービンの軸系設計はAPI規格（アメリカ石油協会American Petroleum Institute）のAPI612 Special Purpose Steam Turbinesに従って行われる。可変速であるため定格回転の70％から105％に対し振動応答倍率に応じてロータの固有値（クリティカルスピード）からの回避率（Separation Margin）と固有値通過時と116％オーバースピードでの許容振動振幅、非同期振動についても細かく規定されており、より信頼性の高いロータ設計が要求される。

図10.39にロータ振動応答に対する要求事項をまとめる。ロータの固有値からの回避率に加え、クリティカルスピードでのアンバランス（不釣り合い）に対するロータ応答性を下げて、低振動モードの流

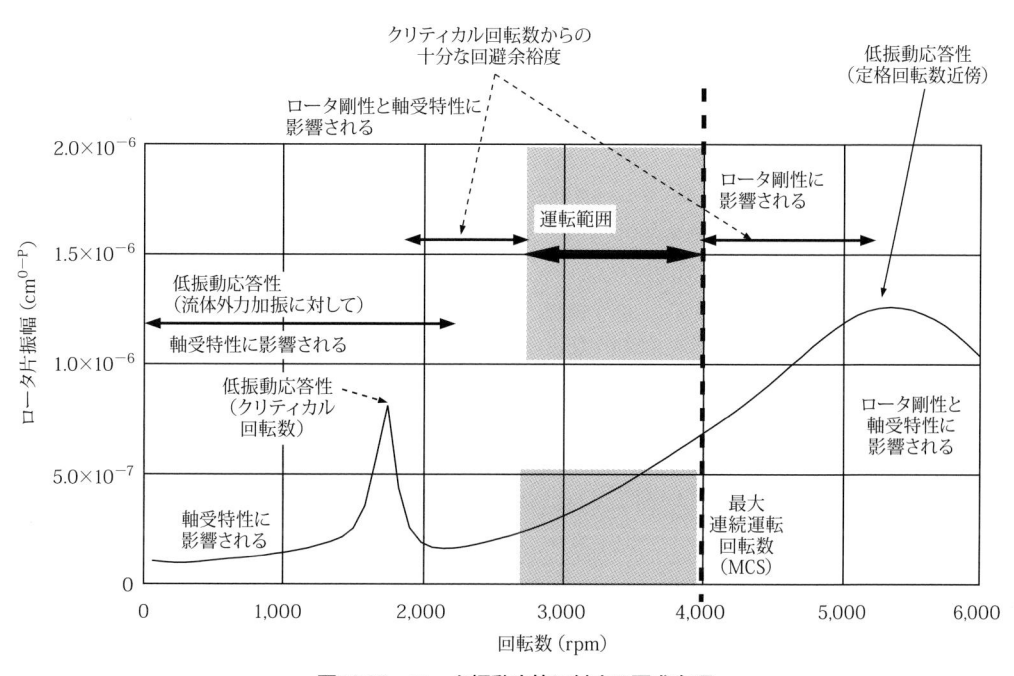

図10.39 ロータ振動応答に対する要求事項

第10章 機械駆動用蒸気タービン

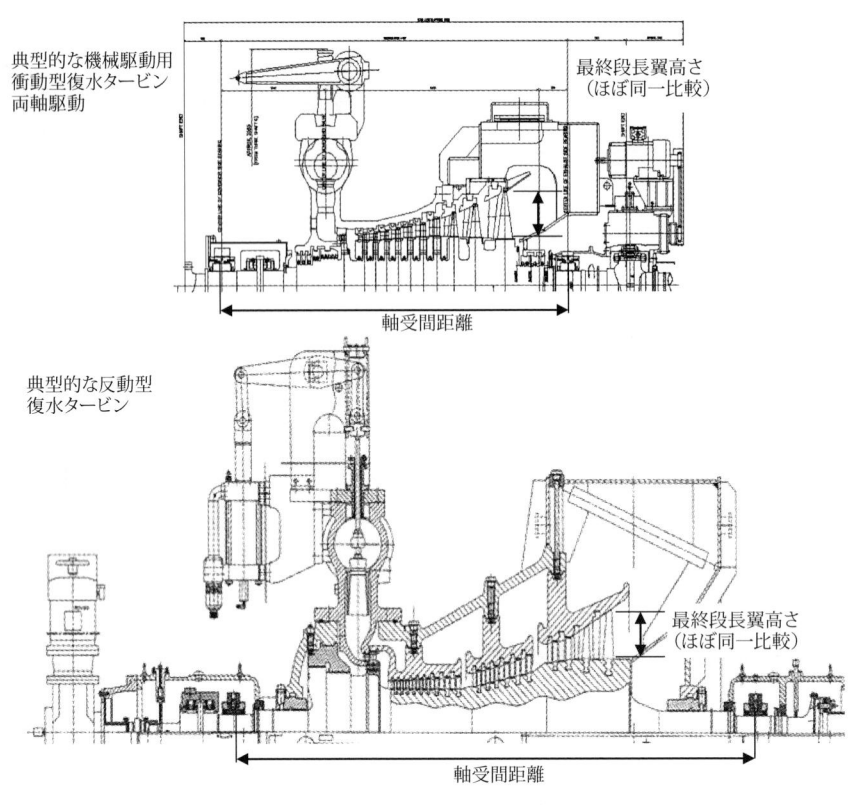

図10.40 ロータ体格の比較例

体加振動に対する安定性を確保する必要がある。その特性は、軸受型式とその軸受乗数（ばね係数と減衰係数）ロータ体格から決まる剛性に影響され、これらを最適化することが重要となる。

図10.40に機械駆動用衝動型蒸気タービンと反動型についてロータ体格を最終段動翼高さが同じ場合で比較した例を示す。軸受間距離とロータシール部軸径が大きくことなる、振動振幅の許容値は、定格回転数が低速の場合を例に取ると、発電用の1/3（約25μmp-p）と非常に厳しい。このため、より軸受間距離を短く、軸径を大きく、相対的に軸剛性をより高くする設計となっている。

図10.41に軸剛性評価インデックスについて衝動型を用いた機械駆動用と反動翼を用いる発電用を比較する。機械駆動用が2倍以上より高い剛性を有し高速回転となるほど、剛性を大きくしていることがわかる。

低速タービンでは運転回転数下限と剛体一次固有値の回避率を取ることが難しく、また、高速タービンでは運転回転数上限についてロータの曲げ1次固

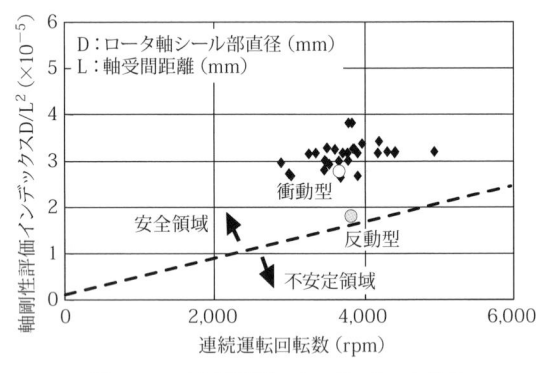

図10.41 軸剛性評価インデックスの比較

有値に対する回避率を取るために軸剛性を大きくする必要がある。設計指標のひとつとして図10.41に示す軸直径と軸受距離の比率を定格回転数に対して一定値以上に設定することが重要である。

図10.42に機械駆動用ロータ振幅の実測例を示す。

API規格の許容値より約1/2程度となっている。
ロータを支持するジャーナル軸受は高周速・高軸

第10章 機械駆動用蒸気タービン

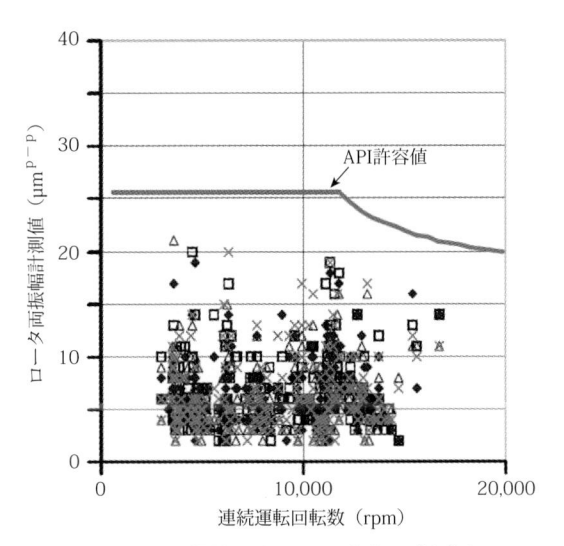

図10.42 機械駆動用ロータ振幅の実測例

ーナル軸受のタイプと特性を比較して示す。

通常、4枚パッド、5枚パッドで構成され、軸荷重を2枚のパッドで受ける場合をロードビットインパッド（LBP）、1枚のパッドで受ける場合をロードオンパッド（LOP）と区別している。それぞれの軸受型式で、水平方向、縦方向の軸受乗数と特性が異なり、それに対応してロータの固有値とその応答性、外部不安定力に対する安定度が異なる。

図10.44に示すようにロータの振動特性を総合評価する場合、軸受とその軸受を支持するペデスタル

受負荷に耐える必要があり直接潤滑型を用いて潤滑油量と掻き混ぜ損失を低減し、プレロードを付け、ロータ回転軸と軸受中心を偏心させ曲率差により油膜スクウィズ効果を大きくし負荷能力を増加させ、さらに熱伝導性のよい材質を用いて軸受温度を制限値以内に下げる工夫をしている。図10.43にジャ

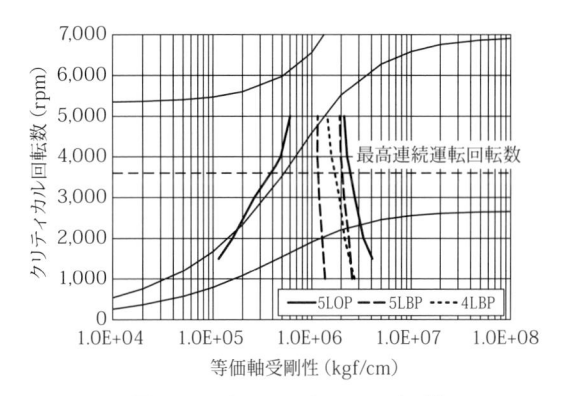

図10.44 クリティカルマップの例

軸受荷重型式		LBP（Load Between Pad）		LOP（Load On Pad）
パッド数		4パッド（4LBP）	5パッド（5LBP）	5パッド（5LOP）
パッド配置図				
静的	負荷分担	より良好	より良好	良好
	摩擦損失	良好	良好	より良好
動的	クリティカル回転数からの共振回避	1H（水平1次） 1V（垂直1次） 共振回避余裕度　減少	4 LBPと5 LOPの中間的な振動特性	1H／2H 共振回避余裕度 増加
	ロータ振動応答性	同上	同上	1H／2H応答性 （Qファクター）　低
	ロータ安定性	流体外力加振 ロータと軸受台の剛性 応答感度大	流体外力加振 ロータと軸受台の剛性 応答感度大	1H：減衰大 2V：ロータと軸受台の 　　剛性による
低速ターニング時摺動起動トルク		より良好	良好	良好
組立性・軸受隙間管理		良好	良好	より良好
潤滑油供給量		良好	良好	より良好

図10.43 ティルティングパッドジャーナル軸受の比較

（軸受台）を含めた等価剛性と各支持剛性に対するロータ振動固有値の関係を示したクリティカルマップが用いられる。各軸受のロータ支持方法（On PadかBetween Pad）で各振動モードの応答する固有値が異なってくるため運転条件に適したタイプを選ぶことが重要である。

図10.45に示すように高速小型高出力タービンではロータのアンバランス振動応答に加え、軸シール部の旋回流や動翼部の偏心に起因するスティームホワールによる不安定化力や非定常流体力が作用し圧縮機と同様に不安定振動が発生する場合がある。

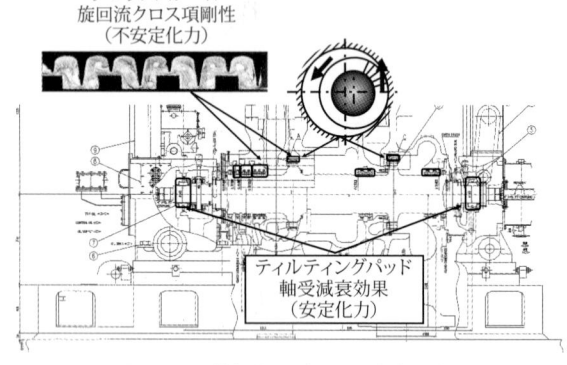

図10.45　蒸気タービンの不安定化力

ロータ振動特性が安定化するために、この不安定化力に対し十分な減衰力をジャーナル軸受で確保する必要がある。図10.46に示すように、その余裕度を不安定化力に対する減衰力を比較したチャートをもとに評価し安定化領域になるよう軸受・ロータを設計する。

陸上の石油化学プラントでは機械駆動用蒸気タービンとプロセス用圧縮機はコンクリート製の基礎に設置されるが、FPSO（Floating Production, Storage and Offloading system）やFloating LNGでは船上の鉄骨構造物上に設置されるため、基礎変形を考慮した台板支持方法と剛性や全体の振動固有値との共振回避など検討する必要がある。図10.47にFloating LNG 3点支持と共振回避の例を示す。

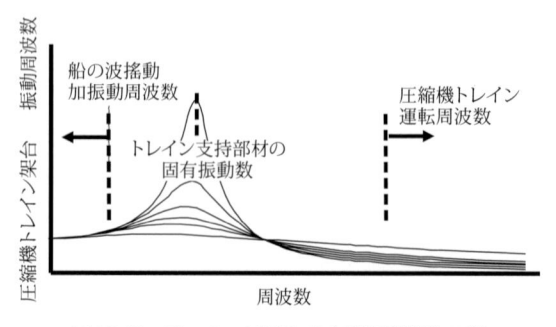

図10.48にFloating LNG 3点支持振動特性の例を示す。数Hzの船の波搖動周波数と圧縮機トレインの最低運転回転数（周波数）の間に固有値を持ち、圧縮機トレインの基礎となる船舶デッキの変形を吸

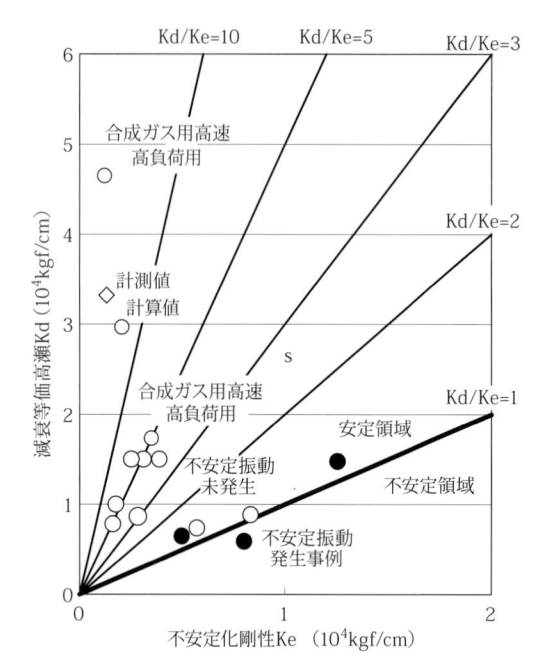

図10.46　不安定化力に対する減衰力の余裕度設計例
（三菱重工コンプレッサ）

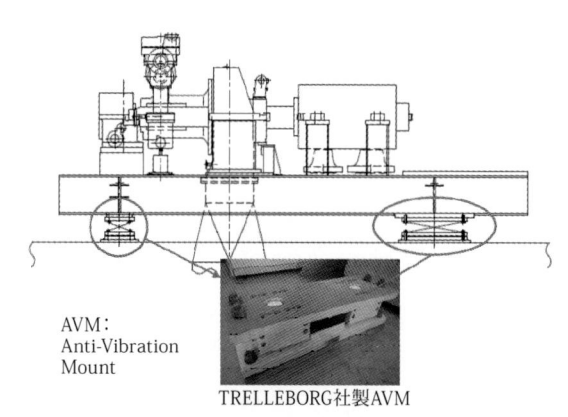

図10.47　Floating LNG 3点支持の例
（三菱重工コンプレッサ）

図10.48　Floating LNG 3点支持振動特性の例

収し振動を下部に伝えないようにするとともに、船の波搖動加振力に応答しない重荷重支持構造となっている。

また図10.49に鉄骨構造物上にモジュールとして設置した例を示す。この場合もモジュールの固有振動数、回転体の加振力の振動応答を構造システム全体で振動的な問題がないことを解析・評価を行う。

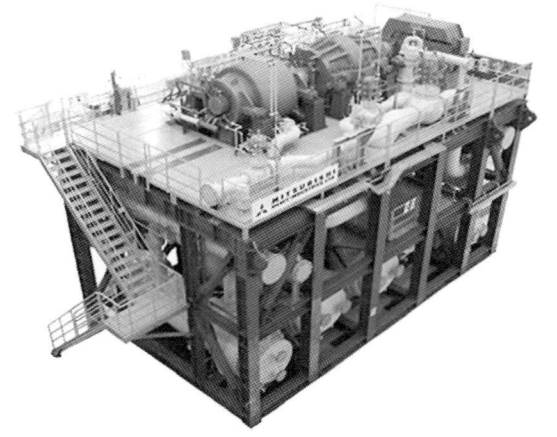

図10.49　鉄骨構造物上に設置したモジュール
（三菱重工コンプレッサ）

10.3.3　低圧段翼設計

一定速度の発電用蒸気タービンと可変速の機械駆動用蒸気タービンの設計で最も異なる点の一つは低圧段の翼設計である。一定速度の発電用の場合、3,000rpm/3,600rpmに固定回転数に対し変動幅が±数％であり、その狭い運転範囲の中に長翼の固有振動数がないように動翼を設計する共振回避の思想をとっている。一方、可変速の機械駆動用の場合、基本的に共振しても必要な振動強度を有するように長翼の振動固有値を高くし振動応答を小さくする高剛性の翼形状と支持、組立方法を採用している。

図10.50及び図10.51に発電用共振回避長翼と機械駆動用非共振回避長翼を比較して示す。翼体格を比較すると発電用は細長く最低次（一次固有値 有限綴り翼）のTIP（Tangential In Phase）モードの固有値は3H〜4H（ハーモニックス）の範囲にあるが、機械駆動用は7H以上と相対的に高く設計している。

数％の狭い回転数範囲で運転され、その範囲で共振回避を行った共振回避翼（チューン翼）に対し、定格回転数の75％から105％の広範囲で可変速運転される機械駆動用蒸気タービンでは、低次モードの翼固有値とのハーモニック共振、また、高次モードの翼固有値とノズルパッシング周波数との共振が存在し、必然的に、非共振回避翼（アンチューン翼）の設計が要求される。

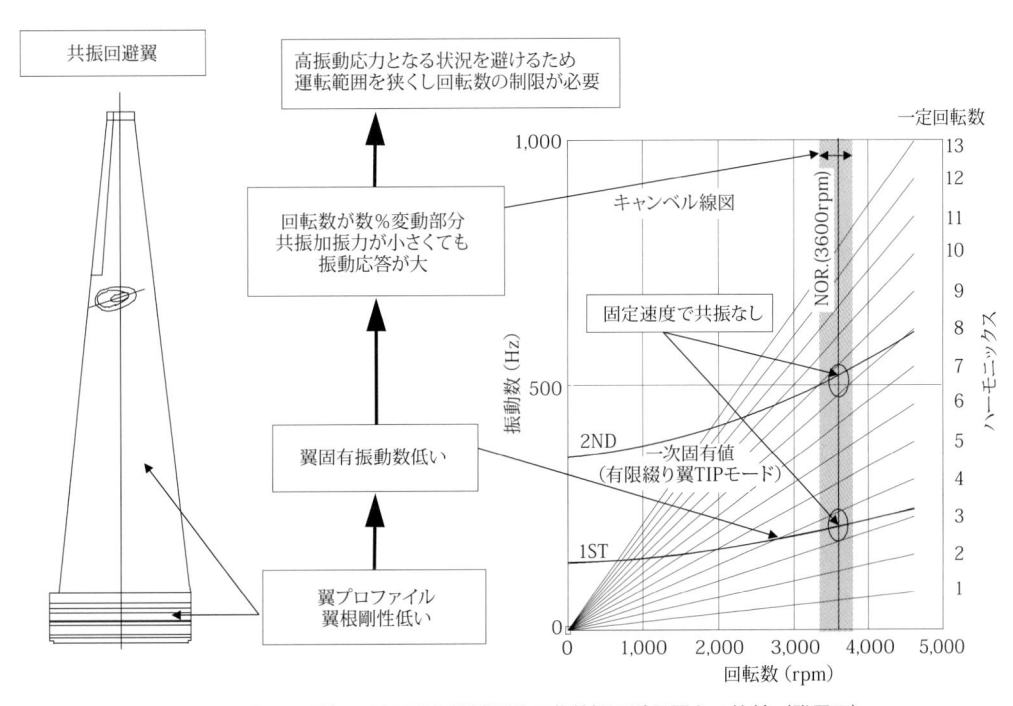

図10.50　発電用共振回避長翼と機械駆動用非共振回避長翼との比較（発電用）

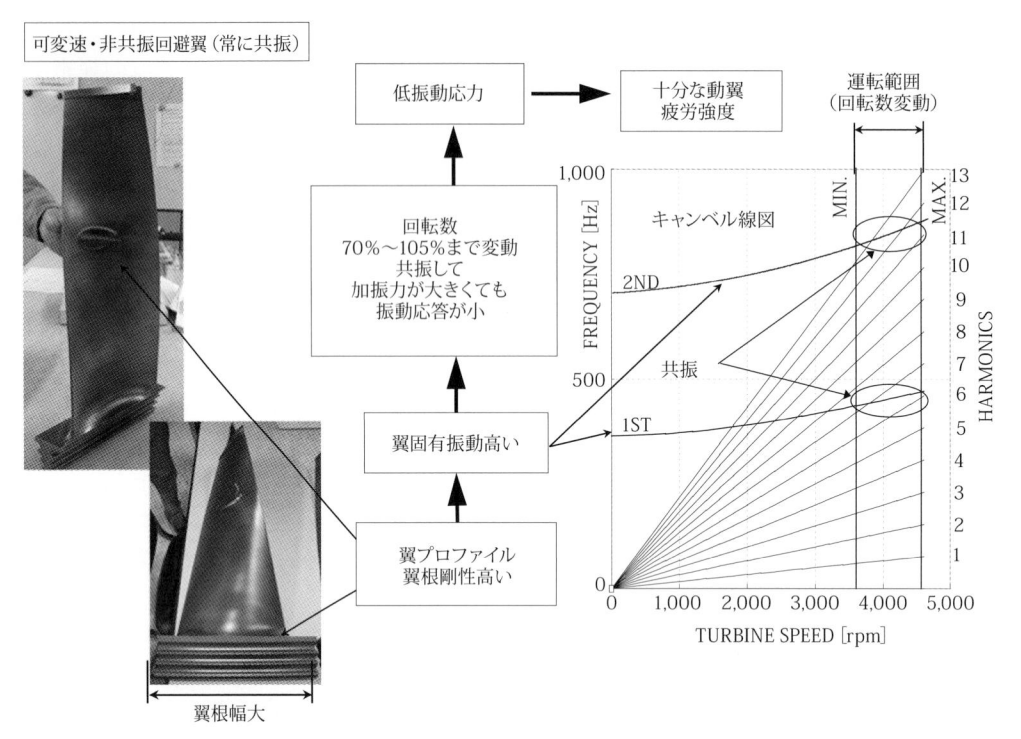

図10.51 発電用共振回避長翼と機械駆動用非共振回避長翼との比較（機械駆動用）
（三菱重工コンプレッサ）

　機械駆動用最終段事例500mm（20inch相当）、最高回転数4,750rpm、あるいは250mm（10inch相当）、最高回転数10,000rpmをもとに長翼を発電用3,000rpm用にスケール設計したとすると33inch相当の長翼の最低次固有値を3〜4Hから7H以上と2倍近く高くする翼形状の設計を行うことなり、性能と振動・遠心強度を両立させる難しさが理解できる。

　また、高純度テレフタル酸（PTA）プラント用ギアド圧縮機、空気分離用軸流圧縮機あるいはボイラー給水ポンプ（BFP）を駆動するために、一定回転数の駆動機（発電用蒸気タービンや固定速モータ）を適用する場合がある。実際には回転数と負荷の上昇があり、その回転数変動幅が大きくなり、図10.52に示すように共振回避範囲から外れるとStimulusが著しく大きくなる。振動応力が増加し許容値を超えて損傷するリスクを小さくするため、回転数変動幅を小さくする必要がある。

　図10.53に最大蒸気流量900t/hを超えて高排気圧力に適用可能な可変速型低圧段長翼（高剛性）のと固定速型（低剛性、低負荷）の実際の翼を比較し示す。この可変速型低圧段は約5,000rpm、3段で50,000kW以上を出すことができる。

　低圧段の排気圧力については、図10.54に示すように発電用は真空圧力が2inch Hg abs程度と低く環状面積あたりの質量流量の値（Loading）も 10×10^{-3} lb/hr/ft^2 と負荷が小さいが、機械駆動用では15〜20inch Hg absと圧力が高くLoadingも7倍程度高負荷の設計がされる場合があり、動翼体格も異なってくる。

　図10.55に示すように低圧段が膨張していく段階で過熱域から過飽和域、飽和域まで状態が変化していくが、特に湿りが2％から6％の領域が乾湿交番域であり、この段では蒸気中の塩素などの腐食性物質が濃縮し、動翼やロータディスクを腐食させ静的、動的強度を低下させる。

　化学プラントでも、ボイラの水質管理制御は行うが、中圧ラインのボイラの水質管理基準が高圧よりも厳しい要求がないことや、低圧蒸気ラインには化学プロセスで使用した蒸気も加えて蒸気タービンに混気して有効利用するため、発電プラントに比べ、高濃度の腐食性物質を含んだ蒸気がタービン低圧段に入ってくる場合がある。

　図10.56に示すように、温度と圧力の状態図にお

第10章　機械駆動用蒸気タービン

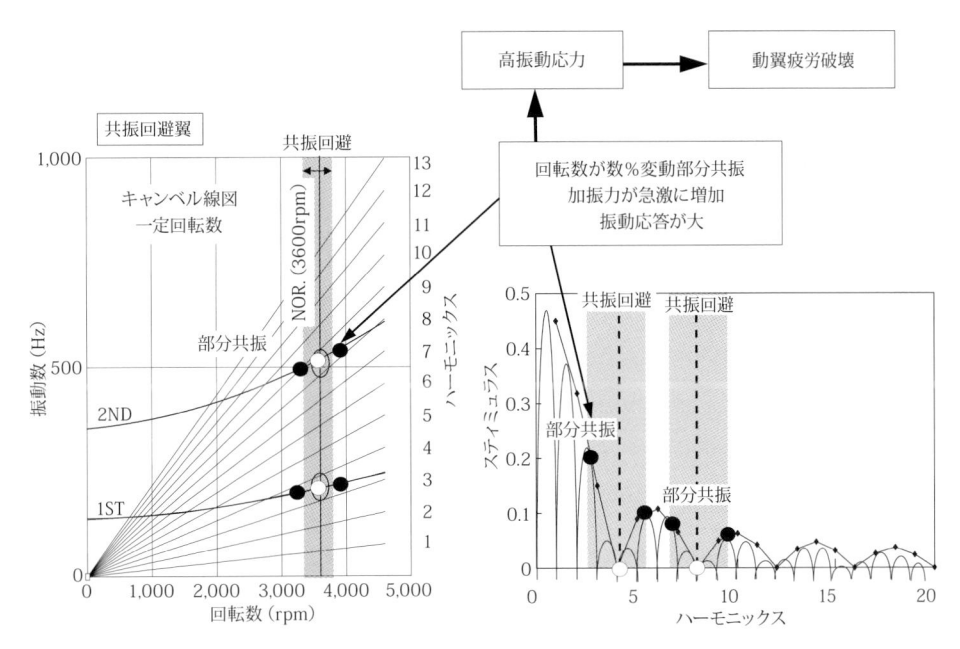

図10.52　発電用共振回避長翼を機械駆動用に適用する場合のリスク

図10.53　低圧段長翼の可変速型と固定速型の比較

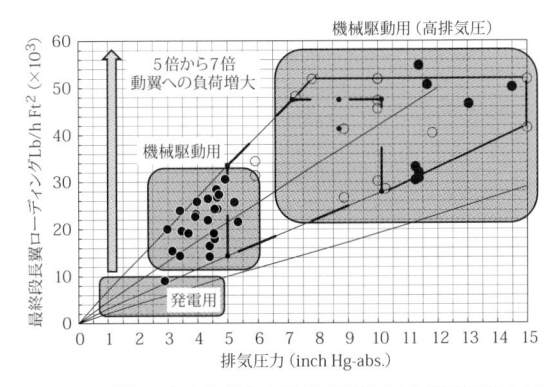

図10.54　排気圧力と最終段長翼負荷発電用と機械駆動用の比較

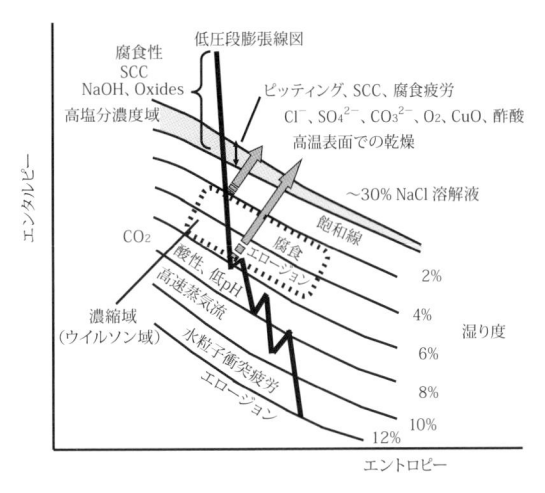

図10.55　蒸気タービン膨張過程との損傷事象

いて過飽和域と各段の膨張線の位置関係により高濃度の腐食性物質が発生し、蒸気中の腐食性物質の濃度が高い場合は、より圧力の高い段に高濃度の物質が析出する。

この腐食環境での疲労強度については、乾湿交番域にある段の動翼の振動応力許容値は過熱域よりも下げて必要な余裕度が取れるように振動応力がより小さくなる動翼及び翼根の設計を行っている、

図10.57に乾湿交番域での振動応力評価（Goodman線図）による振動強度評価の例を示す。

241

第10章 機械駆動用蒸気タービン

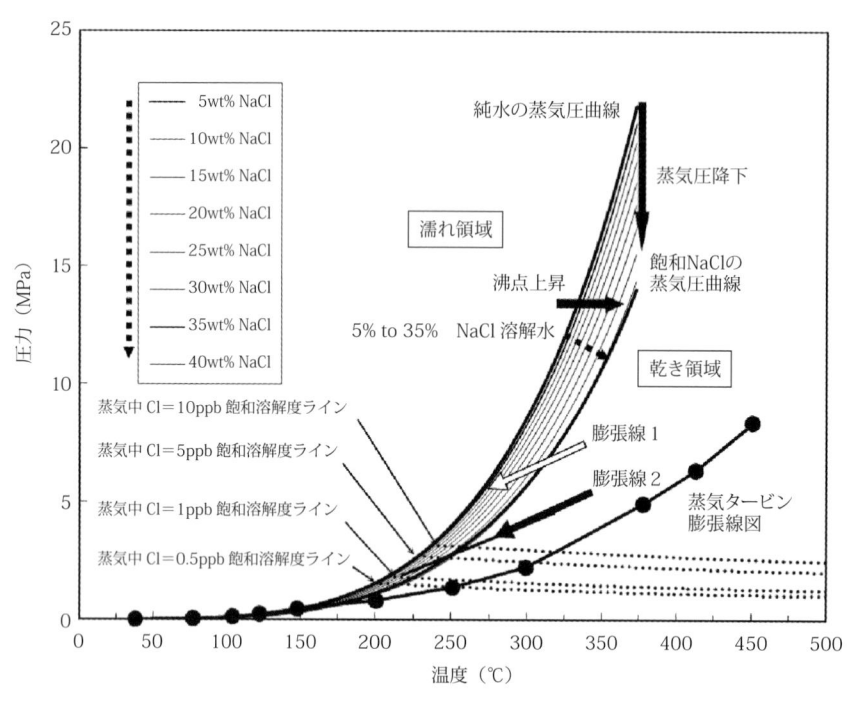

図10.56 蒸気中塩素濃度に対する過飽和域膨張過程とNaCl濃度の違い

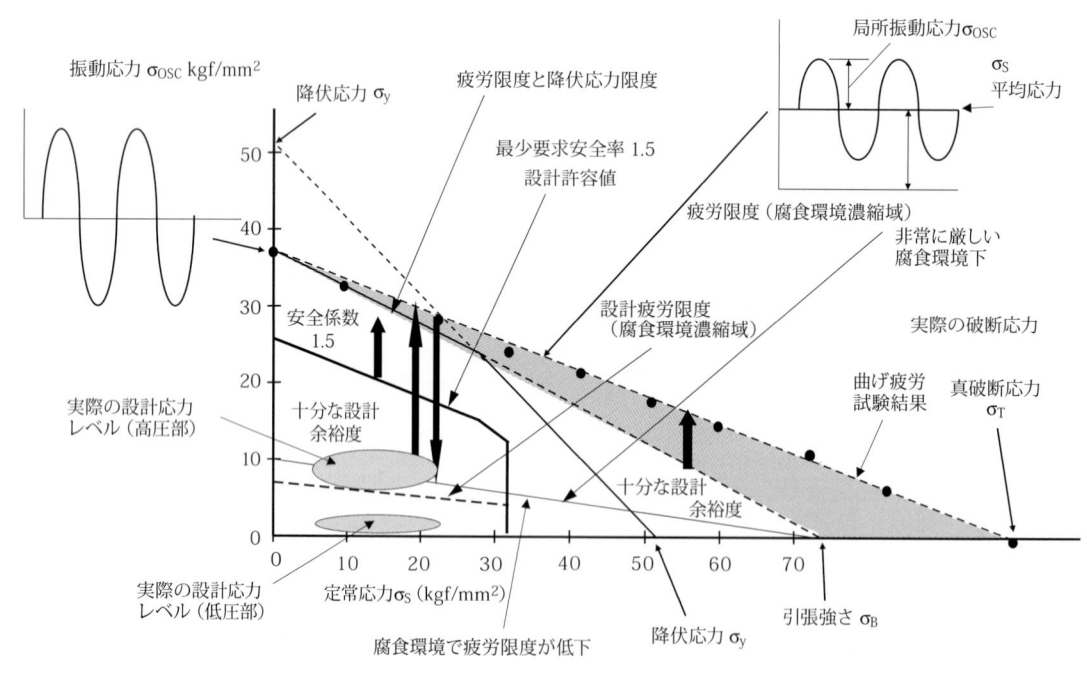

図10.57 乾湿交番域での振動応力評価（Goodman線図）

　遠心力と流体による曲げモーメントから求められる静的応力（平均応力）と共振時の動翼振動応答から求められる動的応力（局所振動応力）から強度評価点が決定される。この強度評価点と曲げ疲労試験から求められた疲労限度を必要な設計余裕度を考慮した許容疲労限度からさらに強度安全係数を有する

242

よう動翼が設計される。特に、腐食疲労域（濃縮域）では、疲労限度が低下するため、さらに安全余裕をとる必要がある。

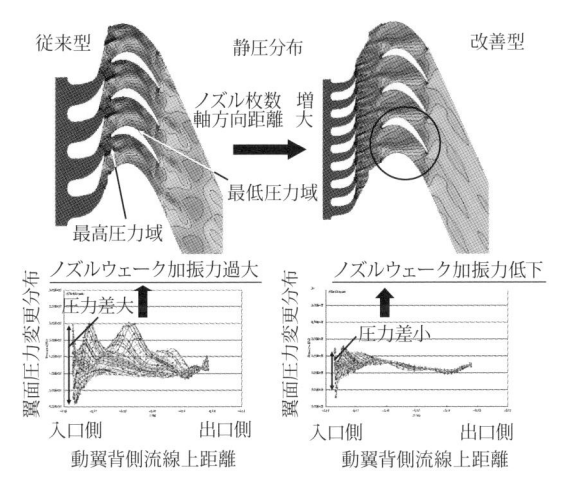

図10.58 乾湿交番域の段の非定常流体解析とノズルと翼形状の設計事例（三菱重工コンプレッサ）

この乾湿交番域の段の負荷、出力は前後段に比べ一般的に大きくまた高速高負荷タービンでは、適正な速度比とするため圧力膨張比とノズル出口流速が大きくなり、また、ノズル出口と動翼入口間の軸方向距離を狭めるコンパクトな設計としているため、発電用に比べ、Stimulus（加振力と定常外力に比率）が数倍大きくなる。図10.58に示す非定常流体解析を行い、流体加振力を予測しノズルと翼形状の適正な設計を行っている。

10.3.4 長期運転技術

国内外の法規上、2年程度で定期検査を行う発電用に対し、機械駆動用蒸気タービンでは海外の石油化学プラントでは基本的に規定がないところも多く、生産性と短期投資回収する点から長期連続運転が行われ10年以上開放点検しないプラントが多い。

また、他のプラント機器の問題でプラント停止頻度が高く蒸気タービン内部及び外部損傷が発生する。

図10.59に蒸気タービンの損傷例と表10.3.1にその基本原因を示す。

配管内部の高硬度の酸化鉄粉末が蒸気とともに高速で流入しノズルや動翼表面のエロージョン損傷、低圧部の乾湿交番域での腐食性環境での腐食疲労、潤滑油のメンテナンス不足による特性劣化と軸受負荷低下と損傷などが発生する。そのため、さまざまな補修技術も適用されている。

長期運転中に路内のノズルと翼表面に蒸気中のシリカなどが析出し通路面積の減少、表面粗さ増大による性能低下が生じる。

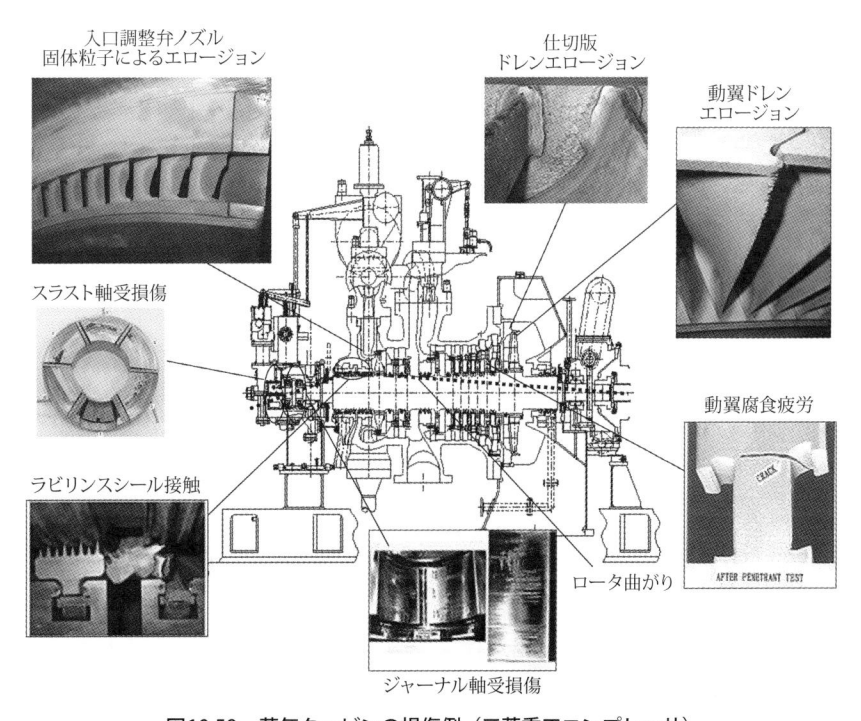

図10.59 蒸気タービンの損傷例（三菱重工コンプレッサ）

表10.4 蒸気タービンの損傷と原因

構成要素		損傷モード	発生要因
流路部	調整弁	弁軸 曲げ疲労破壊（流体力）、摩耗	蒸気高速流 流体励振力
	高圧部ノズル	高硬度個体粒子衝突 エロージョン付着（ファウリング）	配管内 高硬度個体粒子
	高圧部動翼	同上	配管内高硬度個体粒子 蒸気中 不純物
	低圧部ノズル	付着（ファウリング）	蒸気中 不純物
	低圧部動翼	水粒子衝突エロージョンファウリング	高湿り度高速蒸気流蒸気中不純物
回転部	高圧部動翼	高サイクル疲労破壊 遠心力 破壊	過大励振力回転数 異常上昇
	低圧部動翼	同上、腐食疲労破壊	水処理 不適合回転数 異常上昇
	ロータ	接触、摺動、軸曲がり高振動、ディスクSCC	不適切スタートアップドレン流入、蒸気中不純物
	スラストカラー軸	接触、摺動、ひっかき、摩耗	過大軸方向力 潤滑供給不足
	軸受	接触、摺動、溶融	同上
静止部	車室（ケーシング）	クリープ変形、クリープ破壊、エロージョン、腐食	運転許容範囲オーバー 異常ドレン流入、電食
	仕切板	曲げ変形、エロージョン、腐食	同上
	シール	接触、摺動、エロージョン	不適切スタートアップドレン流入

図10.60に10年近く長期運転後の不純物付着状況を示す。

図10.60 長期運転後の不純物付着状況
（三菱重工コンプレッサ）

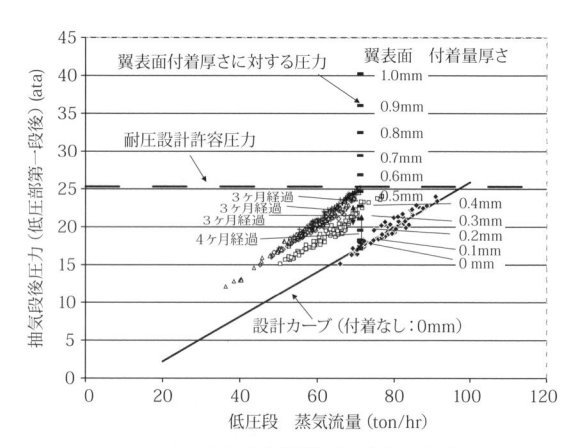

図10.61 流路内部付着量と内部圧力上昇

ケーシングは入口部のノズル出口圧力で耐圧設計されているが、図10.61に示すようにスケールが付着し段後圧力が上昇するとケーシング耐圧設計圧力以下とするため入口蒸気量を下げ出力を制限しなくてはならず、プラントの生産量が低下してしまう。

この翼部付着物は中圧低圧部では水で洗浄可能な物質であるため該当する段の湿り度を大きくすることにより洗浄が可能である。しかし、高圧部の主蒸気ラインに減温弁を設置し蒸気供給ライン全体の温度を下げることなり負荷減少などプラントの運転を長時間制限する必要がある。そこで近年、蒸気タービンの抽気弁室にボイラー給水に用いられる水を直接噴射する構造と方法が採用され負荷制限なく定格運転で数時間での短時間洗浄と性能回復を実現している例もある。図10.62に車室内直接水噴射によるオンライン洗浄技術の例を示す。

通常運転では湿り域となる低圧段の数段では常時洗浄されるため比較的スケールの付着は少ないが、上流側の過熱域では1mm程度の厚さで付着する。例えば40ata 480℃の抽気弁室に140℃程度の水を一様に噴射すれば入口部の温度が低下し水噴射流量

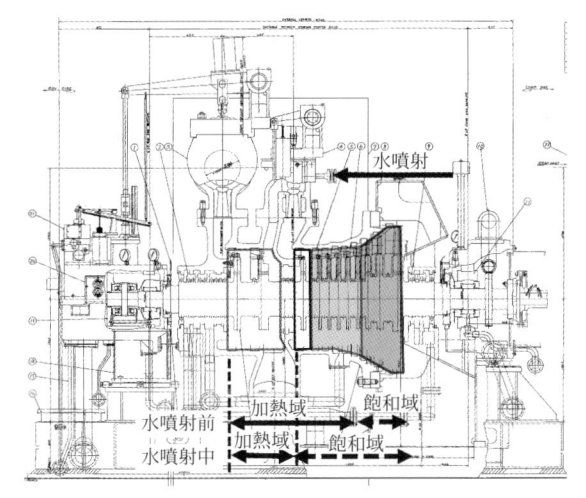

図10.62 車室内直接水噴射によるオンライン洗浄技術の例
（三菱重工コンプレッサ）

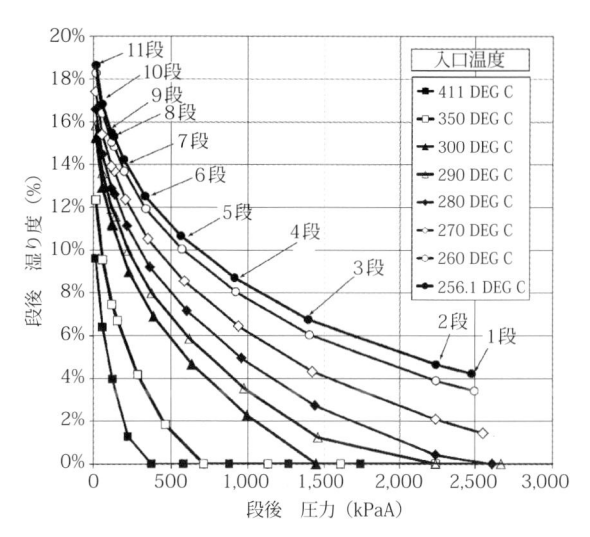

図10.64 オンライン洗浄時の湿り度内部変化

を増やすことで過熱域も湿り域となり付着物を洗浄することができる。図10.63にオンライン洗浄時の湿り度の変化を膨張線図の移動と合わせて示す。

短時間ではあるがドレンエロージョンのリスクがある。そのため低圧段には特別なドレン回収構造や動翼表面に高硬度のコーティングを用いエロージョン防止対策を行っている。

オンライン洗浄中の入口温度と低圧部1段（抽気段後）の圧力及び復水中の電気伝導度変化を図10.65に示す。水噴射量を示す圧力調整弁の開度を増加させると、蒸気通路部の析出していた塩素化合物が洗浄され水に溶解しピークを示している。これは低後流側から順に湿り度が上昇し洗浄されている段に相当している。

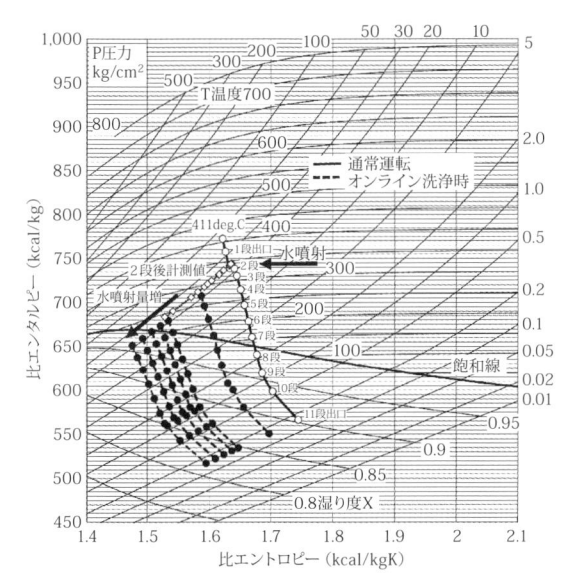

図10.63 オンライン洗浄時の湿り度内部変化

水噴射量の増加にともない低圧部の膨張線図が低温、低エンタルピー・低エントロピー側に移動し各段の湿り度が増加する方向になっていることがわかる。

図10.64に示す水噴射中の各段の湿り度の変化からわかるように、通常最終段の出口の湿り度が12％程度であるが、洗浄時は16％程度に増えるため、

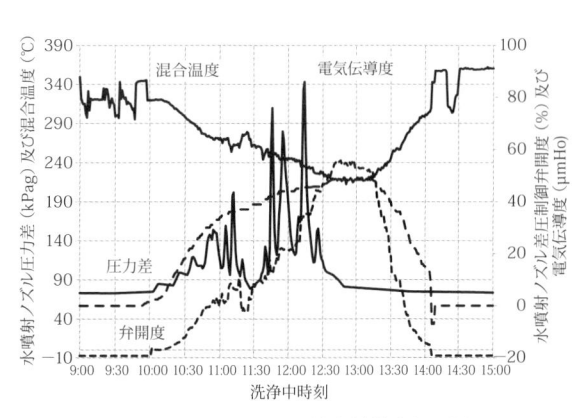

図10.65 オンライン洗浄状態変化の例

図10.66に示すように、洗浄前は流路内部に不純物が付着し同一低圧部流量に対し抽気段後の圧力が上昇していたが、洗浄後は蒸気流路面積が元の状態

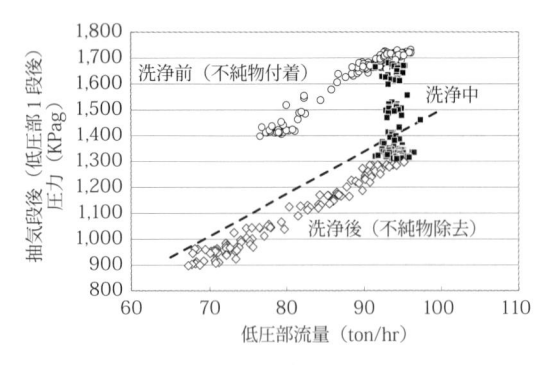

図10.66 洗浄時の抽気段後圧力変化

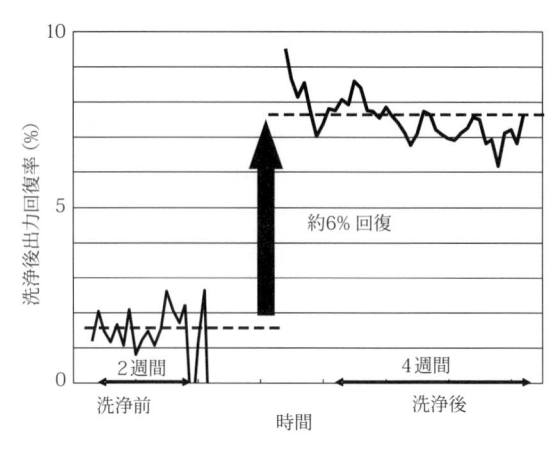

図10.67 洗浄後の出力改善事例

に戻り、両者の関係が設計どおり（破線）となっている。

図10.67に示すように洗浄後の出力改善事例では、洗浄後に効率が上昇し出力も回復している。

洗浄中は短時間ではあるが、通常運転より湿り度が大きくなり、そのドレンエロージョン防止に加え、通常運転時の湿り度条件での長期運転時のエロージョン対策も行っている。さらに、付着防止及び洗浄効率を良くするための表10.5に示す表面改質技術も適用されている。実際にこれらの技術を総合的に実機に適用した例を図10.68に示す。

図10.68の例では、不純物付着による流路面積の時間当たりの減少率を低減し、内部圧力の上昇を抑え長期間運転での運転制限を回避するため、ノズルピッチを大きくしている、これは、ノズル枚数の低減による性能向上の利点も有している。長期運転

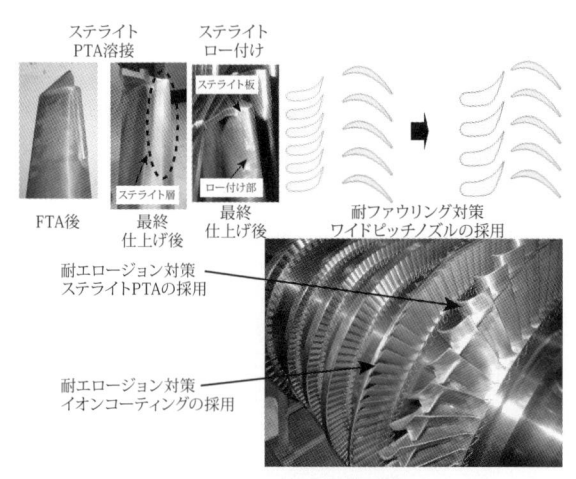

図10.68 性能劣化対策のための動翼表面処理と翼設計事例
（三菱重工コンプレッサ）

表10.5 流路損傷防止用の表面処理例

事象	高硬度個体粒子エロージョン（SPE）	水粒子衝撃エロージョン（DAE）	不純物付着ファウリング	腐食疲労
発生メカニズム	塑性変形損傷	脆化疲労損傷	相変化 表面エネルギー	腐食性化学物質 濃縮 誘起電位
温度領域	高	低	高から低	低 湿り領域
適用表面処理 ○： 接合強度 低 寿命 短 ◆： 新技術 接合強度 高 寿命 長	○プラズマスプレー ◆ボロン拡散処理 ◆活性化窒化処理とCrN複合膜	○ステライトロー付け プラズマスプレー ◆イオンプレーティング ◆プラズマトランスファーアーク溶接（PTA）	○無機質塗布 シーラント複合膜 ○テフロン処理 ◆ニッケル-リン複合膜	○無機質／有機質塗布及びPTFE シーラント複合膜 ◆活性化窒化 ニッケル-リン 多層複合膜
適用部位	ノズル 仕切板	動翼 ノズル 仕切板	動翼 ノズル	動翼 ノズル 仕切板

第10章　機械駆動用蒸気タービン

のエロージョン対策として、疲労限度低下のない高硬度のイオンプレーティングやステライトPTA（Plasma Transfer Arc welding）が採用されている。

10.4　舶用蒸気タービン
10.4.1　概要
(1)　技術の進展

1897年反動式蒸気タービン生みの親であるイギリスのパーソンスは、英海軍観艦式で史上初めての蒸気タービン駆動船であるタービニア号のデモンストレーションを行った。図10.69に示すタービニア号は段数71段、軸馬力2000SHPの反動タービン（パーソンスタービン）を搭載し、32.76ノットと当時の最高速度を達成した。18世紀末に蒸気船が登場して以来、船舶の駆動源はおもに往復式蒸気機関であり、このパーソンスの成功により蒸気タービンは軍艦や商船のエンジンとして用いられるようになった。開発初期は駆動軸がプロペラと直接繋がっている直結タービンであったため回転数が低く、蒸気タービンの段数が増し直径は大きくならざるを得なかった。

図10.69　タービニア号

図10.70は1912年に北大西洋で沈没したタイタニック号の低圧蒸気タービンロータである。タイタニック号は3軸推進で2機の往復式蒸気機関の排気で低圧タービンを駆動する複合機関であった。低圧タービンはロータ直径19ft（5.8m）、最終翼長22in（559mm）、回転数190rpm、重量300tを超える巨大なものであった。

このような大型タービンをコンパクトにする技術として、減速歯車を介してプロペラと繋ぐ減速ター

図10.70　タイタニック号低圧タービンロータ

ビンが開発された。1910年にパーソンスは貨物船の往復式蒸気機関（700HP）を減速タービンに換装することにより、25%の軽量化と20%の性能向上を達成した。

その後、General Electric社により調速段に速度複式衝動段（カーチス段）、後流段に圧力複式衝動段（ラトー段）を採用した舶用タービンが開発された。

本形式を用いることによりコンパクト化が可能になり、動翼における差圧が小さいため、ロータのチップクリアランスを大きくできるメリットがある。現在でも三菱重工舶用機械エンジン㈱と川崎重工業㈱の舶用蒸気タービンはこの形式を採用している。

(2)　ディーゼル主機の台頭とLNG船

19世紀末に登場した舶用蒸気タービンは1970年初めまではVLCC（Very Large Crude Oil Carrier）やULCC（Ultra LCC）などの超巨大原油タンカーや高速コンテナ船に搭載されていた。しかし、1970年代、2度のオイルショックにより、重油価格が高騰し、高性能なディーゼル機関が台頭することになる。

もともと蒸気タービンより優れた燃料消費率を有していたディーゼル機関は、その性能をさらに向上させ、大出力に対応できるようになり、舶用主機はディーゼル機関に席巻されることになった。

このため、世界で10社以上あった舶用蒸気タービンメーカは殆どが撤退し、1980年代には三菱重工業㈱（現 三菱重工舶用機械エンジン㈱）と川崎重工業㈱の2社を残すのみとなった。

しかし、蒸気タービン主機はLNG船（液化天然ガス運搬船）の登場によりその活路を見出すことになる。

LNG船はタンクへの侵入熱により蒸発するガス

247

（BOG：Boil Off Gas）を処理するためガス炊きのボイラを備えており、そのボイラで発生させた蒸気によりタービンを駆動する。1981年に国内初のLNG船が建造されて以降、約25年間、主機は唯一蒸気タービンという状況にあった。しかし、近年、重油とBOG両方を燃料とする２元燃料ディーゼル機関（DFD機関）や再液化装置の開発によりディーゼル機関を主機、または電気推進用発電機の駆動に用いるシステムが現れた。これに対し、三菱重工舶用機械エンジン㈱と川崎重工業㈱は主蒸気圧力、温度を高くした再熱蒸気タービンを開発し、従来より15％サイクル効率を向上させたプラントにより巻き返しを図りつつある。

10.4.2　構造

舶用主機蒸気タービンの構造は基本的には発電用タービンと同様であるが、以下のような特徴をもつ。

①　可変速運転

最大出力までの全回転領域で、タービンロータやタービン翼は共振に耐えうる振動強度を有する。

②　後進運転

船舶の停止時、後進運転時には低圧タービンに装備された後進タービンによりプロペラ軸を逆転させることができる。

③　クロスコンパウンド型

高圧タービンと低圧タービンを別軸とすることにより、どちらかのタービンが故障しても非常時運転を可能とするRedundancy（代行能力）の要求に対応できる。

図10.71に三菱重工舶用機械エンジン㈱のMS型タービンの全体構成図、および図10.72にその外観

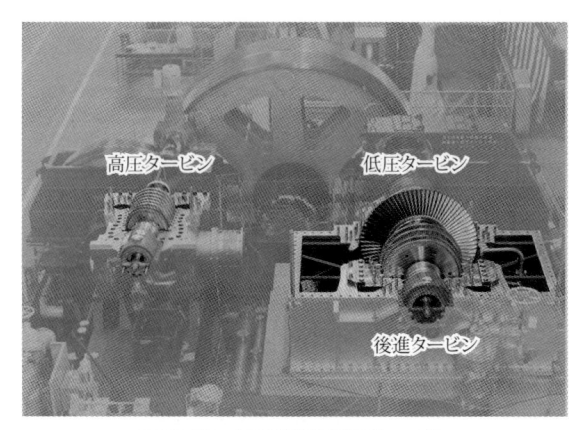

図10.72　MS型高圧/低圧タービン
（三菱重工舶用機械エンジン）

を示す。主な構成機器は高圧タービン、低圧タービン、後進タービン、主復水器、減速機である。ボイラからの主蒸気（5.9MPaG、510℃）は前進操縦弁を通り高圧タービンに流入し仕事をしたのち、レシーバパイプを経て低圧タービンに流入し排気真空（5kPa）まで膨張して仕事を終える。高、低圧両タービンの出力軸は各々たわみ継手を介して減速機に繋がれ、２段減速されプロペラ軸に動力を伝達する。また、後進時には主蒸気は後進操縦弁を通じ、後進タービンに流入し一気に排気真空まで膨張し仕事をする。低圧タービンの排気室に導かれた蒸気は復水器で凝縮し復水となり給水系統へと送りだされる。図10.73は川崎重工業㈱のUA型タービンの全体構成図である。UA型、MS型ともに基本的な機器構成はほぼ同じであり高圧タービン、低圧タービン、減速機、主復水器が大変コンパクトにまとめられている。表10.6にMS型シリーズのラインナップを示す。舶用主機蒸気タービンはこのように出力に

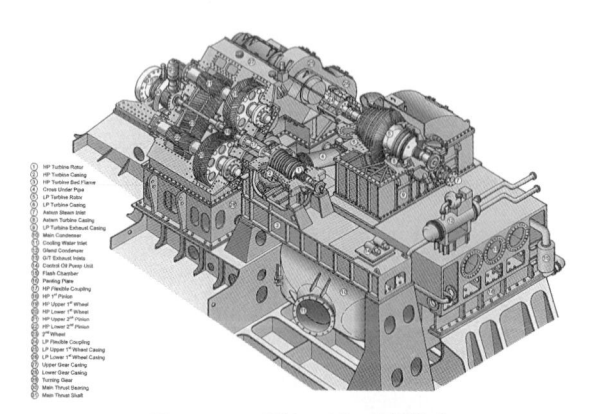

図10.71　MS型タービン全体構成
（三菱重工舶用機械エンジン）

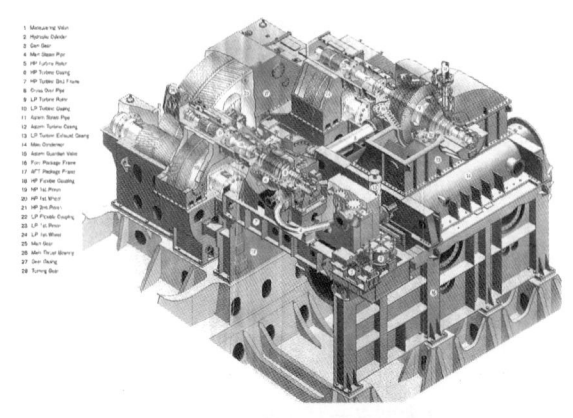

図10.73　UA型タービン全体構成
（川崎重工業）

表10.6 MS型タービンラインナップ

出力PS	8,000	10,000			20,000			30,000		40,000		50,000	60,000
タービン型式	MS8-2	MS12-2	MS15-2	MS18-2	MS21-2	MS24-2	MS28-2	MS32-2	MS36-2	MS40-2	MS45-2	MS50-2	MS60-2
高圧タービン 型式	H-14	H-17			H-20			H-22			H-26		H-28
高圧タービン 回転数(rpm)	9,800	8,000			6,700			5,950			4,850		3,850
低圧タービン 型式	L-8	L-11			L-14			L-16		L-18		L-20	L-23
低圧タービン 回転数(rpm)	6,400	5,300			4,600			4,000		3,400		3,100	2,800
主減速歯車装置	最適の減速歯車システム(タンデムアーティキュレート型またはデュアルタンデムアーティキュレート型)												
主推力軸受	T-5	T-6	T-7	T-8	T-8	T-9	T-10	T-12	T-13	T-15	T-17	T-19	T-21	T-23
主復水器	ヒートバランス線図にしたがう												
総質量(t)	120	160	200	220	240	260	280	300	320	350	400	430	

H-17:高圧タービンの基本直径は17インチ　　L-11:低圧タービンの最終段翼長は11インチ
T-7:主権力軸受の公称表面積は0.7m²

応じたユニットが整備されており、設計コストを抑えることができる

10.4.3 設計

前節では蒸気タービンシステムの基本構造について述べたが、ここでは三菱重工舶用機械エンジン㈱と川崎重工業㈱により各々開発された最新の再熱タービンをベースにタービン構成の詳細、および設計手法について説明する。

10.4.3.1 高中圧タービン

表10.7に三菱重工舶用機械エンジン㈱のMR型、および川崎重工業㈱のURA型タービンの基本仕様を比較して示す。また、図10.74にMR型、図10.75にURA型高中圧タービンの断面図を示す。蒸気条件に関しタービン入口圧力はMR型で9.8MPaG、URA型で11.7MPaGと非再熱に比べ4～6MPa高くなっ

表10.7 MR型、URA型タービン仕様

	MR型	URA型
蒸気条件	9.8MPaG×555℃/555℃	11.7MPaG×560℃/540℃
高圧タービン段数	5+1(カーチス)	4+2(セミカーチス)
中圧タービン段数	6	6
低圧タービン段数	10+2(後進カーチス)	10+2(後進カーチス)
高中圧車室材	高Cr鋳鋼	CrMoV鋳鋼
高中圧ロータ材	CrMoV鍛鋼	CrMoV鍛鋼
最大伝達動力	23,500kW	36,800kW

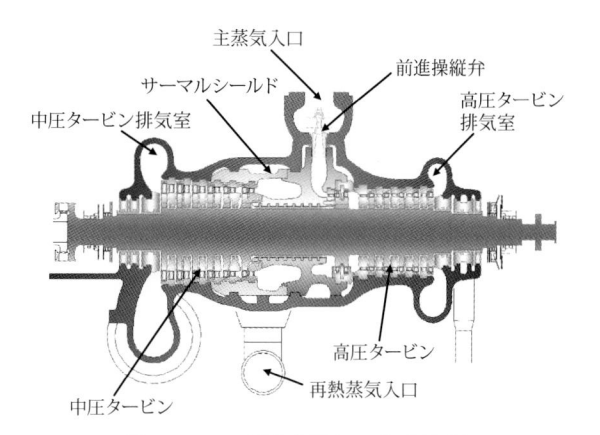

図10.74 MR型高中圧タービン断面図(三菱重工舶用機械エンジン)

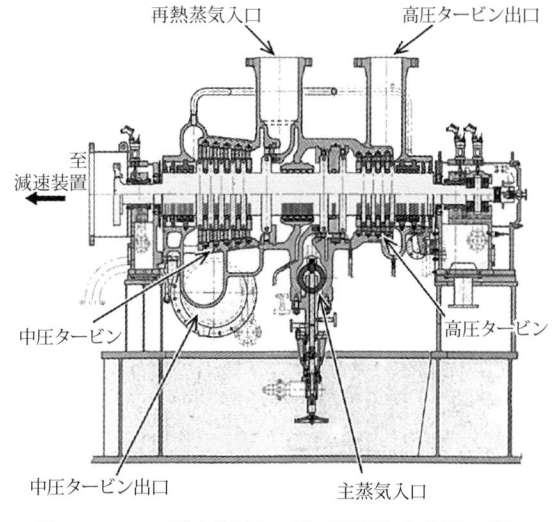

図10.75 URA型高中圧タービン断面図(川崎重工業)

ている。

また、タービン入口温度はMR型では非再熱の510℃より45℃、URA型では520℃より40℃とそれぞれ高い設計となっている。高圧タービンについてはMR型は調速段としてのカーチス段と5段のラトー段により構成されており、主蒸気は車室上部から流入する。一方、URA型は2段のセミカーチス段と4段のラトー段により構成され、主蒸気は車室下部の左右2ヶ所から調速段に流入する形式をとっている。

中圧タービンについてはMR型、URA型ともに6段のラトー段からなり、再熱蒸気はMR型の場合、車室上部から、URA型の場合、下部より流入する。

とくに、高圧タービンでは圧力上昇により翼高さが小さくなり動翼先端の漏洩損失が増すため、シール機能の強化が必要である。図10.76にMR型高圧タービン動翼のチップシール部を示す。従来がテノンかしめの綴り翼であったのに対し、ISB（Integral Shroud Blade）構造にすることによりフィン数を2本から3本に増やしている。

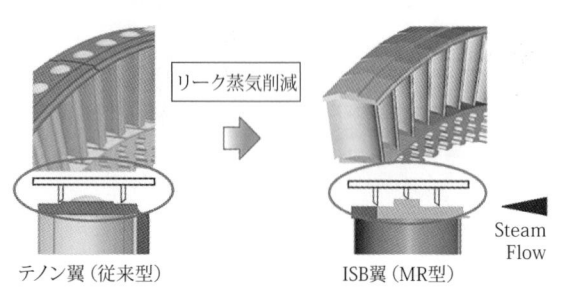

図10.76 MR型タービン動翼シール構造
（三菱重工舶用機械エンジン）

翼形については両社ともノズル、動翼の高性能化を図っているが、MR型の場合は三次元流動解析技術をもちいて、比較的翼高さの大きなノズルを対象に翼高さ方向に弓型をしたバウノズルを採用している。

また、高中圧車室について材料面では表10.7に示すように、MR型では高Cr鋳鋼、URAはCrMoV鋳鋼を採用して高温化対策をおこなっている。これらの材料は高温クリープ強度に優れており、陸用タービンで実績を持つものである。高中圧車室構造については車室軸方向温度勾配、および非再熱と再熱運転モードの切り替えなどにより熱変形が生じ蒸気漏れを起こすことが懸念される。この対策としてMR型の場合、図10.74に示すサーマルシールドを中圧入口部に設け、高圧排気蒸気を導くことにより車室軸方向の温度勾配を緩やかにしている。URA型の場合は図10.77に示す独立蒸気室を呼ばれるセミ2重車室構造を採用することにより、熱変形を小さくする工夫が施されている。図10.78にMR型高中圧タービンのFEM解析結果（温度分布）を示す。

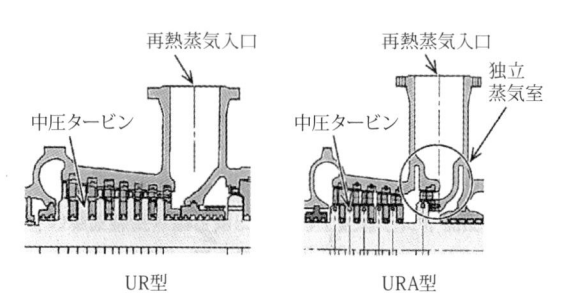

図10.77 URA型中圧タービン入口構造
（川崎重工業）

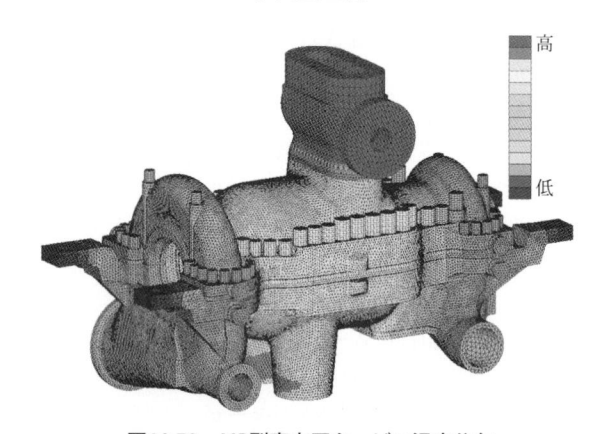

図10.78 MR型高中圧タービン温度分布
（三菱重工舶用機械エンジン）

このような構造強度解析には三次元FEMを用いて、様々な運転パターンに応じ、非定常解析をおこない蒸気漏れが起きないように設計されている。

10.4.3.2 低圧タービン

図10.79、および図10.80にMR型とURA型の低圧タービン断面図を示す。低圧タービンについては非再熱に対し、MR型、URA型ともに2段と段数を増して、両方とも10段の構成となっている。上流段はラトー段であり、低圧最終翼群はMR型では4段、URA型では5段となっている。

また、後進タービンは両社ともに2列カーチス2段を採用している。このカーチス段において、主蒸気圧力から排気真空へ膨張するため、圧力比が極端に大きくなる。本カーチス段の段落速度比は0.1近傍と、通常の発電用タービンにはない作動条件である。

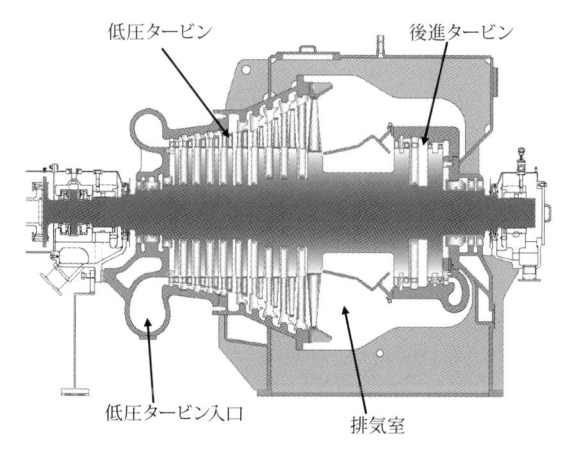

図10.79　MR型低圧タービン断面図
（三菱重工舶用機械エンジン）

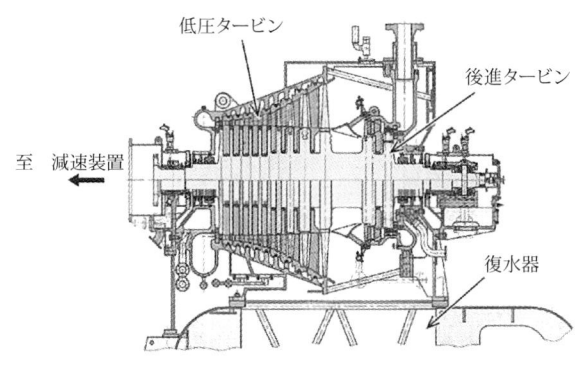

図10.80　URA型低圧タービン断面図
（川崎重工業）

10.5　機械駆動用蒸気タービンの運転

10.5.1　機械駆動用蒸気タービンの運転範囲

API612規格等では、機械駆動用の蒸気タービンの運転範囲に関して以下の内容が規定されている。

- #1 定格出力を定格速度にて、指定の蒸気条件の中の最低の入口条件と、最高の出口条件のもとで、連続的に運転できること。
- #2 タービンは定格速度の105％（最大連続回転数）で連続的に運転できること。
- #3 定格出力を定格速度にて、指定の蒸気条件の中の最高の入口条件と、最高／最低の出口条件のもとで、連続的に運転できること。
- #4 ユーザー指定の最低速度で最大トルクとなる状態を、指定の蒸気条件の中の最低の入口条件と、最高の出口条件のもとで、連続的に運転できること。
- #5 指定の抽気・混気条件で、連続的に運転できること。
- #6 最高入口条件にて、無負荷単独運転ができること。
- #7 定格速度の116％のトリップ速度まで損傷なく運転できること（但し105％以上では連続運転を規定するものではない。）。
- #8 回転体は最大連続回転数の121％の過速度まで運転温度状態にて安全に運転できること（但し、回転部品の局所的な塑性変形などは許容する。）。

速度制御を行うことで被駆動機のプロセス条件の最適化を図ることが、機械駆動用蒸気タービンの特徴・利点である。上記の運転範囲で安定して運転を行うため、回転体としては曲げ危険速度、捩じり危険速度について十分なマージンを持つことが必要である。翼列としては、部分負荷も含めて幅広い運転域で、遠心力と蒸気曲げ振動強度に対する配慮が不可欠である。

また、ケーシングは最高入口条件に耐え、かつ#1の最大流量条件を満足し、ノズル・動翼は最高入口条件から最大流量条件まで満足できる流路容量を有することが必要である。

10.5.2　機械駆動用蒸気タービンの起動トルク例

蒸気タービンは低速状態から大きなトルクを発生する。用途によっては必要起動トルクの理由からモータを選択できずタービンを選択する場合がある。

図10.81に起動トルクカーブ例を示す。

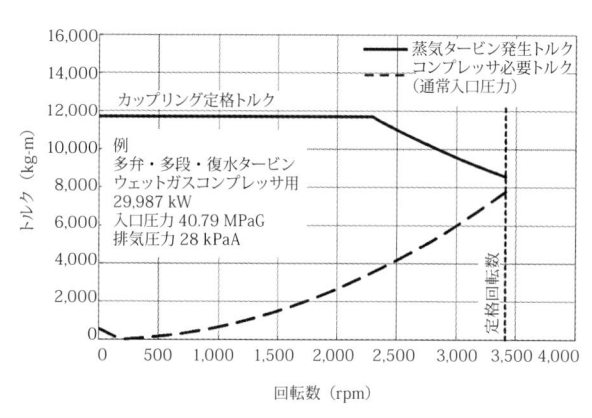

図10.81　蒸気タービン起動トルクカーブ例

10.5.3　機械駆動用蒸気タービンの冷機起動例

(1) 背圧タービンの起動例、0rpmよりガバナによる自動昇速の場合（図10.82参照）

〔起動前暖機・暖管〕

蒸気タービンを起動する前に排気仕切弁又は排

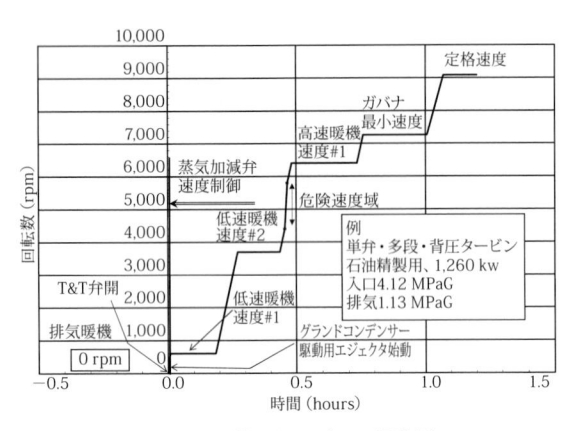

図10.82 背圧タービンの起動例

気逆止弁のバイパス弁を開けてT&T弁（Trip & Throttle valve：主蒸気止め弁）下流のケーシングドレン弁を開けることで、排気側よりタービンケーシングに蒸気を導入しケーシングを暖機する。また、同時にタービン上流の主蒸気配管の暖管を行う。

〔起動〕
　排気仕切り弁を全開としT&T弁を徐々に開き、ロータを低速回転させる。ロータの回転開始後、グランドコンデンサを起動しグランド部を微真空に保ち蒸気漏れを防ぐ。

〔低速暖機・昇速・危険速度域通過〕
　蒸気加減弁が低速暖機速度#1にて速度制御することを確認後、T&T弁を徐々に全開とする。ガバナの自動昇速機能を用いて冷機起動曲線に従い自動的に速度制御を行い通常の運転域の最小回転数まで昇速していく。危険速度域では昇速レートは早く設定されすばやく通過させ、運転域の最小回転数まで昇速していく。昇速する過程でなんらかの異常（振動増加、異音、等）があった場合は、前のステップの回転数まで減速し、しばらくケーシング温度を平衡させ振動値減少を確認し再度昇速させる。

〔起動完了・プロセス制御〕
　運転域の最小回転数に達したことを確認後、再度T&T弁が全開となっていることを確認する。基本的な起動動作はここで終了となる。圧縮機駆動用蒸気タービンでは、ガバナへのプロセス制御の速度信号を有効化することで通常プロセス運転開始となる。

〔停止ステップ〕
　プロセス制御を無効化し、速度を最小回転数に下げトリップさせる。回転停止する前にグランドコンデンサを停止させる。停止後排気側を遮断する。

(2) 復水タービンの起動例、ターニング装置付き・危険速度域下までT&T弁昇速、以後ガバナによる自動昇速の場合（図10.83参照）

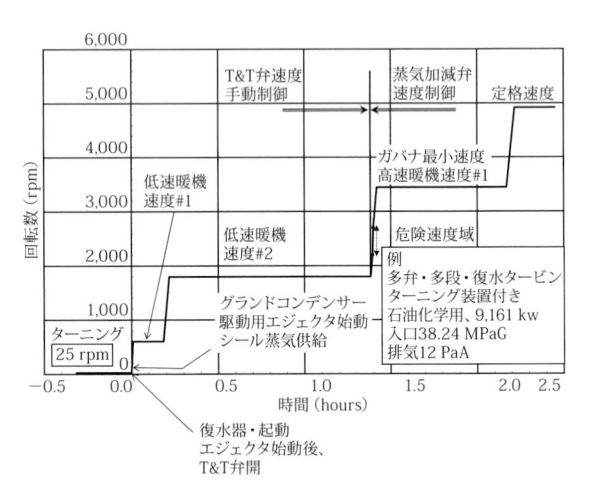

図10.83 復水タービンの起動例

〔起動前ターニング・暖管〕
　蒸気タービンを起動する前にタービン上流の主蒸気配管の暖管を行う。ケーシング内圧力が大気圧力以上であることを確認後ドレン排出する。
　タービンを起動する前にターニングを1時間程度行う。ターニング装置起動後、タービン起動前に復水器・起動エジェクタを始動し排気圧力を低真空状態とする。

〔起動〕
　シール蒸気が十分に過熱蒸気であることを確認する。T&T弁を徐々に開き、ロータを低速回転させる。ロータの回転後、グランドシールにシール蒸気を供給し、グランドコンデンサを起動しグランド部を微真空に保ち蒸気漏れを防ぐ。ターニング装置が設置されている場合は、この作業をターニング中に行ってもよい。

〔低速暖機〕
　タービンの回転数はT&T弁のスロットル機能を用いて手動にて調節する。
　加速中になんらかの異常（振動増加、異音、等）があった場合は、前のステップの回転数まで減速し、しばらくケーシング温度を平衡させ振動値減少を確認し再度昇速させる。
　低速暖機速度#1の速度に達したことを確認後、排気圧力の真空度の調節を行う。

低速暖機速度#1での保持時間中、異常音、振動及び軸受温度の異常が無ければ、T&T弁を徐々に開き、低速暖機速度#2の回転速度に調節する。

〔危険速度域通過・起動完了・プロセス制御〕

低速暖機速度#2での保持時間中異常が無ければ、次はタービンを危険速度通過となる。T&T弁をゆっくりと全開にしていき、実速度がガバナに組込まれた設定速度に到達するとガバナによる速度制御に移行する。危険速度域では昇速レートは早く設定されすばやく通過させ、運転域の最小回転数まで昇速していく。最小回転数に達したことを確認後、再度T&T弁が全開となっていることを確認する。暖機保持時間の運転が満足であれば基本的な起動動作はここで終了となる。抽気タービンであれば抽気制御を有効化させ、圧縮機駆動用蒸気タービンでは、ガバナへのプロセス制御の速度信号を有効化することで通常プロセス運転開始となる。

〔停止ステップ〕

プロセス制御を無効化し、抽気制御を無効化し、速度を最小回転数に下げトリップさせる。回転停止する前にシール蒸気とグランドコンデンサを停止させる。停止後排気真空を破壊する。その後一定時間ターニングしロータの曲がりを防ぐ。

10.5.4 機械駆動用蒸気タービンの自動起動

機械駆動用はひとたび運転に入るとプラントとともに4～6年は連続運転となる。すなわち、起動回数が少ないため自動起動を要求されるケースは少ない。しかし、起動時に危険速度域をT&T弁を用いてマニュアルで通過させると過速度を引き起こす恐れから、近年は運転員が容易に起動できるようにガバナの自動昇速機能を用いてガバナ速度レンジまで昇速させるケースが増えている。

10.5.5 舶用蒸気タービンの運転

(1) 制御方法

通常、主機タービンの出力は高圧車室入口部の前進操縦弁と、これとは別に設けられた後進操縦弁により制御される。前進操縦弁と後進操縦弁は電気油圧装置を介して制御コンソール上の制御レバー、もしくはボタン操作で遠隔操作される。

港湾航行中は、制御レバーのポインタを設定することにより、所定のプロペラ回転数になるように回転数フィードバック制御装置が働く。

タービンが過回転になる場合、遠隔操作システムにプログラムされた自動減速シーケンスにより、過回転防止装置が作動する。過回転以外にも軸受給油圧低下、軸受温度上昇などに対し、トリップ機能が設定されている。もし、電気油圧系が作動しなくなった場合にも前進操縦弁、後進操縦弁のハンドルを手動で操作することによりタービンの制御が可能である。

(2) 起動方法

図10.84にMS型タービンの起動方法手順を示す。タービン運転の前に復水器、潤滑油系統の準備を終え起動に備える。暖機は暖気装置により行われ、暖気終了後、ターニング運転にて待機、離岸準備を整え、ターニングギヤ離脱、オートスピニングによりロータ曲がりが無いことを確認後、離岸となる。オートスピニングとはロータの曲がり防止のため、主蒸気により船が動かない程度に前後進タービンを回転させる舶用タービン特有の運転方法である。

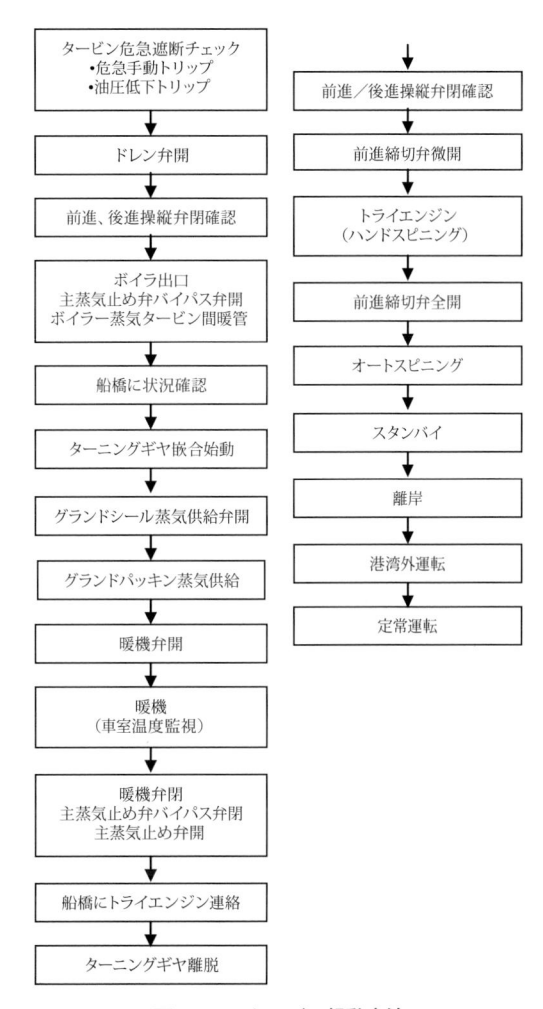

図10.84 タービン起動方法

10.6 最新の技術動向（FLNGへの適用）[25]

Floating LNG（以降、FLNGと記載）プラントとは海底ガス田からLNG（液化天然ガス）を生産する為に、船（Hull）上に作られたプラントである。通常の陸上のLNGプラントでは圧縮機や発電機の駆動機としてガスタービンやモータが採用されるが、ガスタービン駆動の場合、定期的な保守点検の為にプラント稼働率を上げる事ができない。そこで世界初のFLNGプラントではプラント稼働率の向上による採算性を重視し、圧縮機、発電機の駆動機として蒸気タービンが採用された。

10.6.1 蒸気タービン適用メリット

蒸気タービンの採用のメリットは以下の通り。

(1) プラント稼働率の向上
(2) 事故時の安全性確保

プラント稼働率について、ガスタービン駆動の場合連続運転期間が約2年であるのに対し、蒸気タービンの場合API612-6th（ISO 10437）[26]で5年連続運転を要求されているように、長期間連続運転できるよう設計されている。加えて、上述の長期運転技術を採用する事で10年以上の連続運転も実現可能となり、プラント稼働率の向上に貢献できる。

事故時の安全性確保については、ガスタービンと比べて蒸気タービンのケーシング肉厚が厚く、万一の過速度事故で動翼が飛散しても車室外に貫通しない。FLNGプラントは限られたスペース内にプラント機器が密集する為に、万一の事故の際も二次災害を起こさない機器が求められる。

10.6.2 FLNG向け蒸気タービン技術

FLNG特有の蒸気タービン技術を以下に紹介する。

(1) 揺動の対策

蒸気タービン据付デッキが揺動により変形した場合でもタービン台板上面は平面を保つ必要が有る為、AVM（Anti-Vibration Mount）による三点支持台板を適用し、単一のAVM三点支持台板（図10.47）上に蒸気タービンと被駆動機を設置した。また波による船の傾きを考慮し、配管の傾斜勾配を陸上プラントより大きく設計することで、波の影響を受けることなくドレンを排出できるように設計する。

(2) 配管反力対策

FLNGプラントでは機器、配管がコンパクトなモジュールに納められている為、配管から受ける反力が通常の陸上プラントの5倍以上に達する。このような過大な配管反力を受けても回転体と静止部品が接触しないよう車室剛性を上げた設計を行い、FEM解析で反力に対する健全性を確認する。

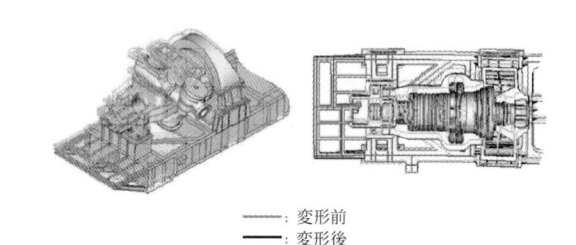

― 変形前
― 変形後

図10.86　配管反力解析（三菱重工コンプレッサ）

(3) 操作性、メンテナンス性の工夫

FLNGプラントでは少ない人員で操業、点検を行うため起動から停止に至る、タービン運転の自動化をはじめ、復水器やグランドコンデンサなどの補機類も遠隔操作可能としている。またトリップ装置のオンラインテストも遠隔操作で行う事が出来るよう設計する。またメンテナンスに関しては常設クレーンに限りがある為、1台のクレーンでも車室解放、反転ができるようツールを設計する。

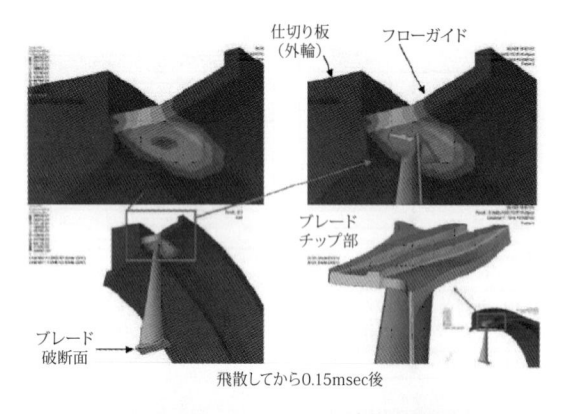

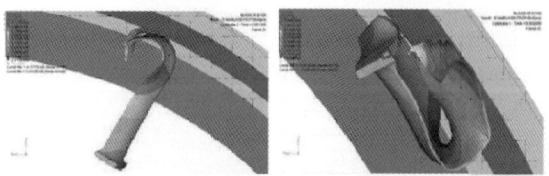

仕切り板（外輪）
フローガイド
ブレードチップ部
ブレード破断面

飛散してから0.15msec後

図10.85　動翼飛散時の解析例（三菱重工コンプレッサ）

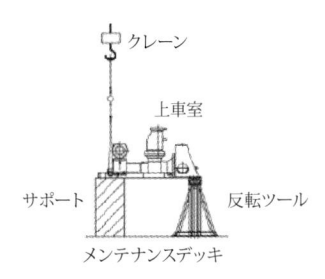

図10.87 メンテナンスツール（車室反転治具）

<参考文献>
(1) Hata. S. et al., Recent Technologies for the Reliability and Performance of Mechanical-Drive Steam Turbines in Ethylene Plants, Proceedings of the 29th Turbomachinery Symposium（2005）, pp.15-23
(2) Hata, S., Sasaki, T., Ikeno, K., New Technologies of Synthesis Gas Compressor Drive Steam Turbines for Increasing Efficiency and Reliability, Proceedings of the 31st Turbomachinery Symposium, Houston,（2002）, pp.75-83
(3) Bhat. G.I., Hata. S. et al., New Technique for Online Washing of Large Mechanical?Drive Condensing Steam Turbines, Proceedings of the 33rd Turbomachinery Symposium（2004）, pp.57-65
(4) Saga.M, Hata. S. et al., Repair Technologies of Mechanical Drive Steam Turbines for Catastrophic Damage, Proceedings of the 34th Turbomachinery Symposium（2005）, pp. 15-23.
(5) Kaneko.Y, Hata. S. et al., Analysis of Vibratory Stress of Integral Shroud Blade for Mechanical Drive Steam Turbine, Proceedings of the 36th Turbomachinery Symposium（2007）, pp. 31-37.
(6) Hata, S., Nagai. N. et al., Investigation of corrosion fatigue phenomena in transient zone and preventive coating and blade design against fouling and corrosive environment for Mechanical Drive Steam Turbines, Proceedings of the 37th Turbomachinery Symposium, Houston,（2008）, pp.25-36.
(7) Isum. O, Hata, S., et al., Verification Full Load Test of 900t/h Large Mechanical Drive Steam Turbine for ASU based on the Principle of High Scale Model Similarity, Proceedings of the 38th Turbomachinery Symposium, Houston,（2009）
(8) Hata, S., New Technique for Online Washing of Large Mechanical?Drive Condensing Steam Turbines, Proceedings of 2007 AIChE Spring National Meeting Ethylene Producer Conference, Houston,（2007）
(9) Hata, S., Steam Turbine Internal Blades/Diaphragm Corrosion and Fatigue Failures, Proceedings of 2008 AIChE Spring National Meeting Ethylene Producer Conference, Houston,（2008）
(10) Hata, S., Case Study: Assessing a New Technique for Online Washing of Large Mechanical?Drive Condensing Steam Turbines, Proceedings of ROTATE 2007, UAE Abu Dhabi,（2007）
(11) 秦　聰, 平野竜也, 若井宗弥, 塚本　寛, 蒸気タービン翼素への不純物付着による性能低下と新洗浄方法(第1報, 付着現象と従来洗浄方法の検討), 日本機械学会論文集, B編, 72巻723号（2006年11月）, pp.2589-2595
(12) 秦　聰, 平野竜也, 若井宗弥, 塚本　寛, 蒸気タービン翼素への不純物付着による性能低下と新洗浄方法(第2報, 新洗浄方法), 日本機械学会論文集, B編, 72巻, 724号（2006年12月）, pp.2970-2979
(13) 秦　聰, 宮脇俊裕, 長井直之, 山下晃生, 塚本　寛, 機械駆動用蒸気タービン動翼の腐食疲労現象と寿命向上に関する研究（第1報, 腐食性物質の濃縮域と腐食疲労に関する考察), ターボ機械, 第35巻2号（2007年2月）, pp.8-16
(14) 秦　聰, 安井豊明, 山田義和, 塚本寛, 機械駆動用 蒸気タービン動翼の腐食疲労現象と寿命向上に関する研究（第2報, 動翼表面改質による寿命向上), ターボ機械, 第35巻3号（2007年3月）, pp.50-59
(15) 秦　聰, 機械駆動用蒸気タービンのノズル・動翼に適用しているコーティング技術, ターボ機械, 第29巻, 第5号（2001）, pp.40-47
(16) Hata, S., Nagai. N. et al., International No.1, October-December 2008, Investigation of Corrosion Fatigue Phenomena in Transient Zone and Preventive Coating and Blade Design against Fouling and Corrosive Environment for Mechanical Drive Turbines
(17) MHI, Hata, S, et al., 39th Turbomachinery Symposium September 2010 Lecture×Proceedings Measurement of Dynamic Performance of Large Tilting Pad Journal Bearing and Rotor Stability Improvement, Proceedings of the 39th Turbomachinery Symposium, Houston（2010）
(18) 古川　守・杉田英昭, 詳説　舶用蒸気タービン（下巻), 成山堂書店（2009）
(19) 伊東誠ほか, 舶用高効率推進プラント（Ultra Steam Turbine）の開発, 三菱重工技報, vol.44, No.3（2007）
(20) 堀家　弘ほか, 過去の経験と最新技術の融合―川崎URA型再熱式蒸気タービン, 川崎重工技報, 166号（2008）
(21) 木村英夫, 川崎重工UR型再熱タービンプラントについて, 日本舶用機関学会誌, 第4巻, 第8号（1970）
(22) 藤川卓爾, 蒸気タービンの歴史（1～3), 火力原子力発電, vol.61, No.7～9（2010）
(23) DG Nicholas, A brief history of the marine steam turbine, Trans IMarE, vol.108, Part1, pp.67-88
(24) 坂上茂樹, 舶用蒸気タービン百年の航跡, ユニオンプレス（2002）
(25) 小林, 清水, 河島, 香田, ターボ機械協会, 月刊「ターボ機械」2013年3月号　論文FLNGプロジェクトにおける蒸気タービンの設計
(26) ISO 10437「(Identical) Petroleum, petrochemical and natural gas industries - Steam turbines - Special-purpose applications」2005

付録　わが国産の主要な事業用蒸気タービン

出荷先国	電力・発電会社	発電所（コンバインドを含む）	出力 MW[注1]	入口圧力 MPaG（ゲージ圧）	蒸気温度℃ 入口／再熱	回転速度 (min⁻¹)	形式-最終段翼長 翼長はインチ	種類[注2]	製作者	運開年（）は予定
国内	北海道	苫東厚真3号	73.9	16.90	566/538	3000	SRT-35.4	火力CC用	三菱重工業	1998
国内	北海道	苫東厚真4号	700	25.00	600/600	3000	TC4F-43	火力用	日立	2001
国内	北海道	泊　3号	912	5.50	270.8/269.5	1500	TC4F-54	原子力用	三菱重工業	2009
国内	北海道	森	25	0.59	162.4	3000	DF-26	地熱用	東芝	1982
国内	北海道	知内2号	350	24.10	566/566	3000	TC4F-26	火力用	東芝	1998
国内	北海道	石狩湾新港1号	560.4	15.90	600/600	3000	TCDF-48	火力CC用	東芝	(2019)
国内	東北	原町2号	1000	24.50	600/600	3000/1500	CC4F-41	火力用	日立	1998
国内	東北	東通1号	1100	6.55	282/194	1500	TC6F-41	原子力用	東芝	2005
国内	東北	葛根田2号	30	0.34	147.5	3000	SCSF-23	地熱用	東芝	1996
国内	東北	柳津西山1号	65	0.64	166	3000	SCDF-23	地熱用	東芝	1995
国内	東北	能代1号	600	24.50	538/566	3000	TC4F-41.5	火力用	富士電機	1993
国内	東北	能代2号	600	24.10	566/593	3000	TC4F-42	火力用	東芝	1994
国内	東北	八戸5号	142	12.90	543/543	3000	SCSF-48	火力CC用	東芝	2014
国内	東北	能代3号	600	24.50	600/600	3000	TCDF-48	火力用	東芝	(2019)
国内	東北	東新潟3号系列	135	0.85	500	3000	TC2F-40	火力CC用	三菱重工業	1984, 1985
国内	東京	袖ヶ浦4号	1000	24.50	538/538	3000/1500	CC4F-44	火力用	三菱重工業	1979
国内	東京	常陸那珂1号	1000	24.50	600/600	3000/1500	CC4F-41	火力用	日立	2002
国内	東京	広野5号	600	24.50	600/600	3000	TCDF-48	火力用	三菱重工業	2004
国内	東京	柏崎刈羽7号	1356	6.69	284/264	1500	TC6F-52	原子力用	GE/東芝	1997
国内	東京	品川1号系列#1〜#3	130	10.50	538/538	3000	SCSF-42	火力CC用	東芝	2001〜2003
国内	東京	富津4号系列#1〜#3	172.3	12.60	558/558	3000	TCDF-33.5	火力CC用	東芝	2008〜2010
国内	東京	鹿島7号系列#1〜#3	141	12.40	543/543	3000	SCSF-48	火力CC用	東芝	2014
国内	中部	川越1号・2号	700	31.00	566/566/566	3600	TC4F-33.5	火力用	東芝	1989
国内	中部	浜岡5号	1380	6.69	283.7/252.6	1800	TC6F-52	原子力用	日立	2005
国内	中部	碧南1,2号	700	24.10	538/566	3600	TC4F-40Ti	火力用	東芝/日立	1991/1992
国内	中部	碧南3号	700	24.10	538/593	3600	TC4F-40Ti	火力用	三菱重工業	1993
国内	中部	碧南4,5号	1000	24.10	566/593	3600	TC4F-40Ti	火力用	東芝	2001/2002
国内	中部	西名古屋7号#1,#2	396	15.70	590/580	3600	TC4F-48Ti	火力CC用	東芝	(2017/2018)
国内	北陸	七尾大田2号	700	24.10	593/593	3600	TC4F-40	火力用	日立	1998
国内	北陸	志賀2号	1358	6.69	283.7/252.6	1800	TC6F-52	原子力用	日立	2006
国内	関西	海南4号	600	24.10	538/552/566	3600	TC6F-30	火力用	東芝	1973
国内	関西	舞鶴2号	900	24.50	595/595	3600/1800	CC4F-43	火力用	東芝	2010
国内	関西	御坊1号、赤穂1号、南港1号	600	24.50	538/538	3600	TC4F-31	火力用	三菱重工業	1984, 1987, 1990
国内	関西	大飯3,4号	1180	5.90	274/257.8	1800	TC6F-44	原子力用	三菱重工業	1979
国内	関西	美浜1号	341	5.50	269/253	1800	TC2F-41	原子力用	三菱重工業	1970
国内	関西	舞鶴1号	900	24.50	595/595	3600/1800	CC4F-46	火力用	三菱重工業	2004
国内	中国	三隅#1	1000	24.50	600/600	3600/1800	CC4F-46	火力用	三菱重工業	1998
国内	中国	島根#2	820	6.55	282	1800	TC6F-38	原子力用	日立	1989
国内	四国	伊方3号	890	5.10	266/250	1800	TC4F-52	原子力用	三菱重工業	1994
国内	四国	橘湾1号	700	24.10	566/593	3600	TC4F-40	火力用	東芝	2000
国内	四国	坂出 リプレース	102	10.30	550/566	3600	SRT-40	火力CC用	三菱重工業	2010
国内	九州	苓北2号	700	24.10	593/593	3600	TC4F-40	火力用	東芝	2003
国内	九州	苅田新#1	360	24.10	566/593	3600	TCDF-40Ti	火力CC用	東芝	2001
国内	九州	新大分3-1-1,2,3号	85	10.00	538/538	3600	TCSF-40	火力CC用	日立	1998
国内	九州	玄海3,4号	1180	5.90	274/257.8	1800	TC6F-44	原子力用	三菱重工業	1993, 1997
国内	九州	八丁原	55	0.69	169.6	3600	TCDF-25	地熱用	三菱重工業	1977
国内	沖縄	牧港9号	125	17.80	538/538	3600	TCDF-22.2	火力用	富士電機	1981
国内	沖縄	吉の浦1号、2号	251	10.35	548/550	3600	SCSF-32	火力CC用	富士電機	2012, 2013
国内	電源開発	橘湾1号、2号	1050	25.00	600/610	1800	CC4F-48	火力用	GE/東芝、三菱重工業	2000
国内	電源開発	磯子新1号	600	25.00	600/610	3000	TCDF-45.3	火力用	Siemens	2002
国内	電源開発	磯子新2号	600	25.00	600/620	3000	TCDF-48	火力用	東芝	2009
国内	常磐共同火力	勿来10号 IGCC	-	-	-	-	-	火力CC用	三菱重工業	2007
国内	川崎製鉄	千葉	57	0.63	510	3000	SC1F-28		三菱重工業	1987
国内	扇島パワー	扇島1,2,3号	142.4	12.60	555/555	3000	TCSF-48	火力CC用	日立	2010, 2010, 2015

付録　わが国産の主要な事業用蒸気タービン

出荷先国	電力・発電会社	発電所（コンバインドを含む）	出力 MW[注1]	入口圧力 MPaG（ゲージ圧）	蒸気温度℃ 入口／再熱	回転速度 (min⁻¹)	形式-最終段翼長 翼長はインチ	種類[注2]	製作者	運開年 （）は予定
国内	住友金属工業	鹿島	507	24.10	538/566	3000	TCDF-42	火力用	東芝	2007
国内	大阪ガス	泉北3号、4号	96	12.40	566/566	3600	SCSF-40	火力CC用	東芝	2009
国内	日本製紙	静岡MSN-PJ	112	16.6	566/566	3000	SC1F-31.4	火力	富士電機	2016
UAE	Arabian Power	Umm Al Nar ST11	308	8.72	566	3000	SCDF	火力CC用	東芝	2007
アイスランド	Reykjavik Energy	Hellisheidi LPU #1	34	0.10	120	3000	TCTF-31	地熱用	東芝	2007
イタリア	Edison Termoelettrica	Torviscosa	286	12.00	565/565	3000	TCDF-48	火力CC用	東芝	2006
イタリア	ENEL	TORREVALDALIGA NORD #2〜#4	686	24.60	600/610	3000	TC4F-40.5	火力用	三菱重工業	2009, 2010
インド	TATA Power	Mundra #1〜#5	830	24.10	565/593	3000	TC4F-42	火力	東芝	2013
インド	APPDCL	KRISHNAPATNUM #1,#2	800	24.60	565/593	3000	TC4F-35.4	火力	三菱重工業	2012, 2015
インドネシア	Magma Nusantara Limited	Wayang Windu Unit 1	110	1.01	181	3000	SCDF-27.4	地熱用	富士電機	1999
インドネシア	Sumitomo Corporation	Tanjung Jati B #3	708	16.60	538/538	3000	TC4F-42	火力用	東芝	2011
エジプト	East Delta Electricity Production	Ain Sokhna #1 & #2	650	24.90	566/566	3000	TC4F-33.5	火力用	日立	2013
カナダ	Capital Power	Genesee #3	495	24.10	566/566	3600	TCDF-40	火力用	日立	2008
韓国	Korea Southern Power	Samcheok Green Power Energy #1	1100	24.60	600/600	3600	TC4F-48Ti	火力用	東芝	2015
ケニア	Kenya Electricity Generating	Olkaria IV #1,2	75	0.50	158	3000	SCDF-31	地熱用	東芝	2014
タイ	EGAT	Mae Moh Unit 4〜7 Mae Moh Unit 8〜13	150 300	13.9 16.0	538/538	3000	TCDF-26 TCDF-33.5	火力用	富士電機	1984〜1985 1987〜1995
台湾	台塑石化	FP-1 Unit-1〜4	600	24.5	538/566	3600	TC4F-32	火力用	富士電機	1998〜1999
中国	Formosa Power (Ningbo)	NB-1	162	12.36	538	3000	SCSF-31.4	火力用	富士電機	2004
中国	Guodian Taizhou Generating	泰州#1	1000	24.90	600/600	3000	TC4F-48	火力用	東芝	2007
中国	The Qinshan Third Nuclear Power Company	Qinshan Phase III #1 & #2	728	4.41	257.6/243.4	3000	TC4F-52	原子力用	日立	2003
ニュージーランド	Mighty River Power	Nga Awa Purua	139	2.34	221	3000	SCDF-31.4	地熱用	富士電機	2010
ニュージーランド	Contact Energy	Te Mihi #1	84	0.43	153	3000	TCTF-31.2	地熱用	東芝	2014
ブルガリア	Maritsa East 2 TPP EAD	Maritsa East 2 #1	177	12.80	540/540	3000	TCDF-36	火力用	東芝	2007
英国	Conoco Phillips	Immingham	210	10.00	535	3000	TCDF-26	火力CC用	東芝	2009
米国	Calpine	Baytown Cogeneration	276	13.80	566	3600	TCDF-33.5	火力CC用	東芝	2002
米国	Calpine	Morgan Energy Center	295	13.90	566	3600	TCDF-33.5	火力CC用	東芝	2003
米国	Florida Power & Light	Martin	473	13.70	566/566	3600	TC4F-33.5	火力CC用	東芝	2005
米国	Calpine	Greenfield	505	15.60	556/556	3600	TC4F-33.5	火力CC用	東芝	2008
米国	Wisconsin Public Service	Weston #4	583	24.70	582/582	3600	TC4F-33.5	火力用	東芝	2008
米国	Florida Power & Light	West County #1	517	16.10	582/593	3600	TC4F-40	火力CC用	東芝	2009

257

付録　わが国産の主要な事業用蒸気タービン

出荷先国	電力・発電会社	発電所（コンバインドを含む）	出力 MW[注1]	入口圧力 MPaG（ゲージ圧）	蒸気温度℃ 入口／再熱	回転速度 (min⁻¹)	形式-最終段翼長 翼長はインチ	種類[注2]	製作者	運開年 （）は予定
米国	Omaha Public Power District	Nebraska City #2	720	17.00	566/566	3600	TC4F-33.5	火力用	東芝	2009
米国	City Public Service of San Antonio	Spruce	800	16.90	566/566	3600	TC4F-33.5	火力用	東芝	2010
米国	Kansas City Power & Light	Iatan #2	914	24.60	582/582	3600	TC4F-40	火力用	東芝	2010
米国	LS POWER	Sandy Creek	958	26.00	582/582	3600	TC4F-40	火力用	東芝	2013
米国	PSCo	COMANCHE #3	828	25.20	566/593	3600	TC4F-36	火力用	三菱重工業	2010
米国	SEGS 1/2：Cogentrix SEGS 3/4/5：NextEra	SEGS #1〜#5	#1：14.7 #2〜#5：33	#1：3.6 #2〜#5：10.5	#1：415 #2〜#5：510	3600	#1：SC1F-11.2 #2〜#5：SC1F-20	太陽熱用	三菱重工業	1985〜1988
マレーシア	Jimah Energy Venture SDN. BHD.	Jimah #1	753	16.60	538/566	3000	TC4F-36	火力用	東芝	2009
リビア	GECOL	Zwitina CCPP	250	12.44	535	3000	TCDF-36	火力CC用	富士電機	2013
トルコ	Zorlu	Kizildere II	66	0.75	173	3000	TC2F-22	地熱用	富士電機	2013
オマーン	Oman Power & Procurement	SUR U10, U20 SUR U30	328.8 161.7	13.7 13.6	563/559 563/559	3000	TCDF-36 TCDF-23.9	火力CC用	富士電機	2014

注1　蒸気タービン出力
注2　火力CCはガスタービン・蒸気タービンコンバインドサイクル

索 引

〔あ〕

アイソクロナス（isochronous） ……………… 100
アイソストレス法………………………………… 149
アキシャルエントリー…………………… 74, 76, 78
アキュムレータタービン（accumulator turbine） … 13
アクチュエータ…………………………………… 85
アクティブクリアランスコントロール
　（ACC：Active Clearance Control） ………… 140
圧縮機…………… 222, 223, 225, 226, 227, 228, 253
圧力差……………………………………………… 224
圧力損失……………………………………… 68, 224
圧力複式タービン…………………………………… 5
圧力複式衝動段（ラトー段）…………………… 247
圧力膨張比………………………………………… 234
圧力容器…………………………………………… 68
油エゼクタ………………………………………… 85
油フィルタ………………………………………… 84
油ポンプ……………………………………… 84, 224
アブレイダブルコーティング………………… 70, 75
アブレイダブルシール（abradable seal）……… 139
アンチューンド翼………………………………… 219
アンチューン翼……………………………… 233, 239
安定性…………………………………………… 236
アンバランス（不釣り合い）……………… 196, 235

〔い〕

イオンプレーティング…………………………… 247
異材溶接型………………………………………… 79
一次危険速度…………………………………… 224
一次元設計………………………………………… 49
一軸式……………………………………………… 64
一軸式コンバインドサイクル…………………… 64
一体鍛造型………………………………………… 79
入口加減弁……………………………………… 223
入口出口角度…………………………………… 233
インタセプト弁…………………………………… 86
インテグラルシュラウド………………………… 75

〔う〕

運転域…………………………………… 251, 252, 253
運転速度範囲……………………………… 224, 227
運転モード……………………………………… 227
運動方程式……………………………………… 37

〔え〕

エアシリンダー弁………………………………… 88
影響係数…………………………………………… 44
エキスパート・システム……………………… 151
エチレンプラント……………………………… 231
エネルギ式………………………………………… 37
エネルギ損失係数………………………………… 40
エロージョン……………………………… 73, 78, 129
エロージョン損傷……………………………… 243
遠心力…………………………………… 197, 233, 251
遠心力によるねじり戻り応力………………… 154
遠心力による引張応力（centrifugal stress）… 154
遠心力による曲げ応力………………………… 154
エンタルピー…………………………………… 233
エンタルピ・エントロピ線図…………………… 37
エンタルピドロップ試験……………………… 176
鉛直地震力……………………………………… 167
円胴形…………………………………………… 78
円板外径………………………………………… 49
円板径…………………………………………… 49
円板形…………………………………………… 78

〔お〕

オイルホイップ（oil whip）… 151, 153, 160, 196, 198
オイルホイップ安定性検証テスト結果………… 162
オイルリング…………………………………… 224
オーステナイト系……………………………… 125
オーステナイト鋼…………………………… 6, 78
オーバースピードトリップ装置……………… 104
オーバレイ溶接………………………………… 80
オーバロード弁………………………………… 66
オリフィス……………………………………… 173
オンライン洗浄………………………………… 244

〔か〕

カーチス………………………………… 249, 250
カーチス（Charles G. Curtis） ………………… 4
カーチスタービン……………………………… 223
カーチス段……………………………… 10, 72, 247, 250
カーチス翼……………………………………… 224
カーブドアキシャルエントリー式……………… 78
回転円板損失…………………………………… 49
回転数…………………………………… 49, 247
回避率（Sep-aration Margin）……………… 235
外部車室………………………………………… 67
外部冷却方式…………………………………… 80
改良12%Cr鋼………………………………… 78, 80
改良12%Cr鋳鍛鋼……………………………… 68
カウンターフロー……………………………… 63
掻き混ぜ損失…………………………………… 237
角運動量保存則………………………………… 39
加減弁… 199, 201, 203, 211, 213, 223, 224, 226, 252
加減弁駆動部…………………………………… 98
加振周波数……………………………………… 234
加速損失………………………………………… 48
加振力………………………………………… 233
ガス・蒸気タービン複合サイクル
　（gas and steam combined cycle）………… 30
過速度………………………………………… 253
硬さ法………………………………………… 146
過熱域………………………………………… 240
過熱蒸気……………………………………… 252
ガバナ………………………………… 251, 252, 253
可変速運転…………………………………… 233
可変速駆動機………………………………… 218
可変速特性…………………………………… 228
下方排気型…………………………………… 142

過飽和損失 48
過飽和域 240
カルノーサイクル 20
乾き翼列効率 44, 48
簡易フリーボルテックス設計 51
間隙 181
乾湿交番域 240
γ線 186

〔き〕

機械駆動用蒸気タービン 231
機械駆動用タービン 17
機械効率 45
機械式ガバナ 223
機械式調速機 92
機械式調速装置 90
機械的運転試験 220, 221
機械油圧式調速機 91
気化潜熱 222
幾何流出角 53
危険速度 199, 208, 220, 221, 224, 253
危険速度域 252, 253
基準流量計 170
基礎設計 164
起動エジェクタ 252
起動トルク 251
キャンベル線図 77, 156
給水加熱器 81
給水流量計基準方式 170
凝縮損失 48
共振 248
共振回避（tuning） 156, 233, 239
共振回避長翼 239
強制振動 150
局所振動応力 242
許容振動値 221
許容疲労限度 242
キングスベリー型 83

〔く〕

空気圧式調節器 81
空気分離用 240
クリティカルサービス 220
鞍形 74
クラッチ 65
グランド蒸気復水器 82
グランド 62, 222
グランドコンデンサ 252, 253
グランドシール 252
グランドシール蒸気 253
グランド蒸気給気弁 81
グランド蒸気調整器 81
グランド蒸気排気弁 81
グランド蒸気排風機 82
グランドパッキン 65, 69

グランドパッキン蒸気 253
クリープ 214
クリープ損傷（creep damage） 146
クリープボイド（キャビティ） 148
クリスマスツリー脚 78
クリティカルマップ 238
クロスコンパウンド 206, 248
クロスコンパウンド形式 64
群翼 77

〔け〕

経験的アプローチ（Empirical Approach） 153
経済負荷配分制御 146
傾斜熱処理材 81
計測不確かさ 175
経年劣化修正 175
ゲタ溝 74
減圧弁 219, 222, 224, 226
原子力用タービン 16
減衰係数 236

〔こ〕

高圧車軸 79
高圧車室入口 253
高圧蒸気 222, 223, 225
高圧蒸気（HP steam） 218
高圧タービン 62, 248, 249, 250
高位発熱量基準（HHV基準） 25
高温クリープ強度 250
高強度鋼 77
高効率 204
高次モード 234
工場運転試験 221
高真空度 203
合成荷重 220
合成荷重・合成モーメント 220
合成ガス圧縮機 234
合成モーメント 220
剛体一次 236
高中圧一体型タービン 62, 63
高中圧一体車軸 79
高中圧車室 250
高中圧車室構造 250
高中圧タービン 249, 250
高中低圧一体車軸 79
高中低圧一体型タービン 63
高中低圧一体型溶接ロータ 79
効率 38, 197
効率運転 196, 197
効率化 214
効率の定義 44
コジェネレーションシステム
（co-generation system） 32
コーティング 72, 80, 245
コーティング等によるノズル表面の硬化処理 160

固定速モータ	240
固定翼	76
固有値（クリティカルスピード）	235
混圧タービン（mixed pressure turbine）	12, 28
混圧弁	87
混気	223
混気加減弁	223
混気タービン	223
混気復水タービン	223
コンバインドサイクル	16, 210, 211, 212, 213
コンバインドサイクルシステム	209
コンバインドサイクル発電	64

〔さ〕

サージング	153
サーマルシールド	68
サイクルアイソレーション	154, 171
最高連続回転数	220, 221
最終給水流量	174
最終段翼	131
最終翼長	247
最小回転数	252, 253
再生サイクル	11, 24
最大連続回転数	251
最低速度	251
再熱逆止弁	88
再熱係数	44
再熱サイクル	12, 23
再熱再生サイクル	24
再熱蒸気温度	200, 211
再熱蒸気タービン	248
再熱蒸気止め弁	86, 200, 205
熱蒸気止め弁	215
再熱タービン	249
三次元設計	51
三次元流れ	127
三次元有限要素法	155
3点支持	238

〔し〕

シールリング	66
シール	236
シール蒸気	81, 252
シール蒸気ユニット	222
シールフィン	73, 75
自家発電設備	222
磁気軸受	82
軸受	62, 197
軸受温度	253
軸受給油温度	197, 198
軸受乗数	236
軸受台	62
軸振動	221
軸ねじり振動（torsional vibration）	160
軸方向コード	53

軸封システム	81
軸流型	225
軸流タービン（axial flow turbine）	10
軸流チョーク	42
軸流排気室	143
試験タービンによる実負荷試験翼の信頼性確認（Verification by Actual Steam Test Facility）	158
失速フラッタ	155
実負荷試験設備およびテレメータ試験	159
湿分分離器	12
自動起動	253
自動昇速	251, 253
磁粉探傷試験	184
絞り損失	66, 224
絞り調速方式	66
湿り	240
湿り蒸気流れ	43, 129
湿り損失	48, 134, 140
湿り損失係数	44
ジャーナル軸受	82, 224, 236
車軸	62, 215
車室	62, 65, 196, 215
ジャッキアップ	83
自由渦型（Free Vortex）	43
主油タンク	84
主油ポンプ	84
週末起動停止運用	146
主蒸気圧力	203
主蒸気温度	211, 213
主蒸気加減弁	86
主蒸気止め	199, 200
主蒸気止め弁	85, 205, 207, 209, 215, 252, 253
主蒸気・排気圧力制御	101
主蒸気流量計基準方式	171
手動ノズル弁	224
主復水器	248
主油ポンプ	109
シュラウド	73, 74, 221
シュラウドカバー	74
潤滑油系統	84, 253
潤滑油装置	62
準三次元設計	51
瞬時最大速度上昇率	90
蒸気連絡管	64
蒸気圧力	199, 200, 211
蒸気温度	197, 199, 200, 203, 213
蒸気加減弁	205, 207, 209, 213, 224
蒸気消費量	222, 226, 227
蒸気タービンの耐震設計	166
蒸気バランス	218, 219, 225, 226
蒸気ヘッダ	81
小規模発電	224
蒸気曲げ振動強度	251
蒸気用ストレーナー	221

蒸気力による曲げ応力（steam bending stress）	155	ステージバイパス方式	66
蒸気励振力との共振応力	155	ステライト	78, 247
衝撃波損失	129	ステライト材	164
状態方程式	36	ストドラ（Aurel Boleslav Stodola）	6
衝撃流体力	234	ストレートアキシャルエントリー式	78
昇速レート	253	スプリングバックシール	70
冗長化	97	スプレー	69
衝動型	224	スラスト	201
衝動タービン	4, 51, 72, 224	スラスト軸受	65, 70, 82, 224
衝動段	9, 71	スラスト力	224
衝動段静翼	72	スリット（slit）	142
衝動段動翼	74	スロート	53
衝動翼	233		
触媒再生塔	228	〔せ〕	
初段ダブルフローノズルボックス	66	静エンタルピ	37
ショックロード	234	脆化（embrittlement）	149
所内率	25	制御弁	85
シリカ	243	制御油圧系統	109
肥料・メタノールプラント	231	制御油系統	84
自励振動	150, 197	制御油ポンプ	84
自励振動応力	155	整定速度調定率	90
真空	223, 253	静的応力	242
真空荷重	68	静的地震力	167
真空度	197, 253	制動損失	48
シングルフロー	63	性能試験	170
振動	196, 199, 208, 253	性能試験規格	170
振動応答	234	性能修正	175
振動応力	157	性能劣化修正	175
振動応力（vibratory stress）	155	静翼	65, 71, 215, 224
振動管理	196	静翼（ノズル）	233
振動計測	186	静翼ヒーティング	73
振動診断（vibration diagnosis）	150	静翼ホルダ	72
浸透探傷試験	183	セカンダリー機	64
振動値	252	石炭ガス化複合発電	
振動値減少	252	（IGCC=integrated coal gasification combined cycle power plant）	33
〔す〕		石油化学	224, 225
吸込油ポンプ	84	石油化学プラント	222, 223, 225
水滴エロージョン評価方法の分析	165	石油化学プラント圧縮機	225
水平地震力	167	石油精製	224
水平二つ割り構造	67	石油精製プラント	222, 224, 225, 231
水平フランジ	67	石油精製プラント圧縮機	227
スイング型再熱止め弁	86	接触	153
スイング式チェッキ弁	88	セトルアウト	219
スーパークリーン	81	全エンタルピ	37
末広ノズル	4	遷音速流れ	127
隙間管理	224	センシタイズパッキン	139
スクウィズ効果	237	全周一群翼	77
スケール	244	全周挿入ノズル	224
スケール設計	240	全周噴射	66, 207
スケール対策（solid particle erosion）	160	先進超々臨界圧	
スタッキング	138	（A-USC=Advanced Ultra Super Critical pressure）	124
スチームホワール（steam whirl）	80, 126, 151, 153, 160	先進超々臨界圧火力プラント （A-USC=Advanced Ultra Super Critical pressure）	33
スティームホワール	238	線図効率	44

先進超々臨界圧タービン……………………… 68
センタリングビーム……………………………… 164
全内部効率………………………………………… 44

〔そ〕

騒音………………………………………………… 222
送電端熱効率……………………………………… 25
速度係数…………………………………………… 40
速度検出部………………………………………… 99
速度三角形………………………………… 38, 77, 233
速度信号…………………………………………… 253
速度制御…………………………………………… 252
速度調整範囲……………………………………… 90
速度比……………………………………… 50, 224, 233
速度複式（velocity compound）………………… 9
速度複式衝動段…………………………………… 247
速度複式タービン………………………………… 4
速度変動率………………………………………… 90
組織観察法（Aパラメータ法）………………… 148
組織観察法（微視き裂測定法）………………… 149
塑性変形…………………………………………… 251
粗大水滴…………………………………………… 43
ソリッドパーティクルエロージョン………… 72
損失の種類………………………………………… 43

〔た〕

ターンナップ損失………………………………… 46
ターニング………………………………… 252, 253
ターニング運転…………………………………… 253
ターニングギヤ…………………………………… 253
ターニング装置………………………………… 81, 252
ターニング油ポンプ……………………………… 84
タービン…………………………………………… 223
タービン軸………………………………… 176, 221
タービン軸加工…………………………………… 176
タービン熱効率…………………………………… 25
タービンの形式…………………………………… 63
耐圧部品の材料…………………………………… 221
耐エロージョン…………………………………… 164
大気放出板………………………………………… 69
耐震基準…………………………………………… 164
代表的なタービンの基礎形状と埋め込み金物 165, 166
タイボス…………………………………………… 77
ダイアフラムノズル……………………………… 224
太陽熱タービン…………………………………… 17
多円弧軸受………………………………………… 83
多軸式……………………………………………… 64
多弁式タービン…………………………………… 224
多段蒸気タービン………………………………… 225
多段背圧式………………………………………… 228
多段タービン……………………………… 223, 224
単段タービン……………………………………… 224
多段復水式………………………………………… 228
多段復水タービン………………………………… 227

多段流体解析……………………………………… 235
脱気器……………………………………………… 174
脱硫装置…………………………………………… 228
ダブルシュラウド………………………………… 74
ダブルフィンシール構造………………………… 70
ダブルプラグ構造………………………………… 85
ダブルフロー……………………………………… 63
多弁式……………………………………………… 224
多弁式タービン（Multi Valve Turbine）……… 219
玉軸受……………………………………………… 224
たわみ軸…………………………………………… 224
段…………………………………………………… 71
暖気………………………………………………… 253
暖気装置…………………………………………… 253
タンジェンシャルエントリー式………………… 76
単軸くし形（tandem compound）……………… 14
単純半径平衡式…………………………………… 43
単純復水タービン（straight condensing turbine）… 11
段数……………………………………… 50, 224, 247
単体ロータねじり加振試験……………………… 159
単段蒸気タービン………………………………… 224
単段タービン……………………………………… 223
タンデムコンパウンド形式……………………… 64
断熱熱落差………………………………………… 223
ダンプ弁…………………………………………… 88
単弁………………………………………………… 224
単弁式……………………………………………… 224
単弁式タービン…………………………………… 224
段落………………………………………………… 224
段落仕事…………………………………………… 38
段落数……………………………………… 222, 224
段落速度比………………………………………… 250
段落内部効率……………………………………… 38

〔ち〕

チタン合金……………………………… 77, 78, 130
チップフィン……………………………………… 139
地熱タービン……………………………… 17, 63
中圧車軸…………………………………………… 79
中圧蒸気（MP steam）………………… 218, 223, 225
中圧タービン……………………………… 62, 249, 250
中間段……………………………………………… 234
中間段落…………………………………………… 223
抽気………………………………………… 11, 223
抽気圧力制御……………………………………… 101
抽気加減弁………………………………………… 223
抽気逆止弁………………………………………… 87
抽気制御…………………………………………… 253
抽気タービン（extraction turbine, bleeder turbine）
　………………………………… 13, 218, 219, 223, 253
抽気背圧タービン………………………………… 223
抽気復水…………………………………………… 227
抽気復水型………………………………… 225, 233
抽気復水蒸気タービン…………………………… 223
抽気復水タービン………………………… 27, 223

抽気弁	87
中空翼	73
中低圧一体型タービン	63
中・低圧蒸気	222
チューン翼	239
超音波探傷試験	184
超過膨張	42
超高圧・高圧一体型タービン	62
超高圧蒸気（SHP steam）	218, 223, 225
超高圧タービン	62
調速装置	62, 90, 189
調速段	65, 72, 234
調速段動翼	74
調速段ノズル	72, 224, 225
超々臨界圧（USC=Ultra Super Critical pressure）	124
超々臨界圧火力プラント（USC=Ultra Super Critical pressure）	32
超々臨界圧タービン	68
長翼	233
長翼設計	54
超臨界圧	124
直接潤滑型	237
直接水噴射	244

〔つ〕

ツェリー（Y. H. Zeolly）	5
翼と軸の連成振動	158
つぼ形車室	67
釣合試験装置	182
釣合ピストン	79

〔て〕

低圧最終翼群	250
低圧車軸	79
低圧車室	68, 198
低圧蒸気	222
低圧静翼	73
低圧タービン	62, 198, 199, 247, 248, 249, 250, 251
低圧長翼	77
低圧動翼	77
低圧排気室	142
低圧翼	73
低位発熱量基準（LHV基準）	25
ディフューザ	143
定格出力	227, 228, 251
定格速度	251
定格負荷	65
定期事業者検査	214, 215
定期点検	214
定常応力（steady stress）	154
ディスク	221
ディスクのアンブレラ型屈曲運動	158
低速バランス	224
ディフューザー	68
ティルティングパッド軸受	83

適正膨張状態	42
テーパランド型	83
テノン	74, 234
電気式調速機	95
電気抵抗法	147
電気的励振力との共振応力	155
電気伝導度	245
電気油圧系統	253
電気油圧式制御装置	85
電気油圧式（電子式）調速装置	94
電空式調節器	82
電子式調速機（電子ガバナ）	95
電気機械駆動式アクチュエータ	85
電動駆動式アクチュエータ	85

〔と〕

等価剛性	238
動静翼	221
動的応力	242
動翼	71, 74, 215, 224, 233, 251
動翼共振	233
動翼先端	250
動翼の材料	78
動力回収	223, 228
動翼加工	176
止め弁	85
ド・ラバル（Carl Gustaf Patrik de Laval）	4
トリップ	252, 253
トリップ速度	251
トルク	39
ドループ（droop）	100
ドレンエロージョン	245
ドレンエロージョン対策（drain erosion）	164
ドレンキャッチャ	73, 141, 164
ドレン除去機構	141
ドレンスリッド	73
ドレンセパレータ	142, 164
ドレン排出	252
ドレン弁	88

〔な〕

内部車室	67
内部漏洩損失	49
内部漏洩損失係数	44
内部冷却方式	80
ナビエ・ストークス（Navier Stokes）の運動方程式	42

〔に〕

二円弧軸受	83
二軸並列形（cross compound）	14
二次損失	45, 134, 137
二重車室構造	67
二次元粘性解析	52
2段再熱タービン	15
日常保守	214

入射角·· 54

〔ね〕

捩じり危険速度·· 251
捩り危険速度解析·· 220
捩り戻り··· 76
捩り翼··· 75
熱効率··· 45
熱源·· 225, 226
熱効率······································· 200, 203, 218, 219, 233
熱サイクル効率·· 24
熱消費··· 173
熱消費率·· 67, 173
熱落差··· 222
熱落差··· 38, 224, 233
熱落差配分·· 50
熱量·· 222

〔の〕

ノズルパッシング周波数（Nozzle Passing Frequency）
·· 219
ノズル······················· 65, 71, 221, 224, 250, 251
ノズルウェーク·· 233
ノズル許容荷重・許容モーメント······························· 220
ノズルグループ··· 65
ノズル締切り調速方式·· 65
ノズルダイヤフラム··· 72, 179
ノズル表面のコーティング（nozzle coating）······· 161
ノズルパッシング周波数··· 239
ノズル板·· 72
ノズルボックス·· 65

〔は〕

パーソンス·· 247
パーソンス（Sir. Charles Algernon Parsons）········· 4
ハーモニック共振·· 239
ハーモニックス·· 77, 239
背圧·· 225
背圧型··· 225
背圧蒸気タービン·· 223
背圧タービン（back pressure turbine, top turbine）
·· 12, 26, 218, 219, 222
排気圧力·· 252, 253
排気環状面積··· 64
排気逆止弁·· 251
排気口··· 63
排気仕切り弁·· 251, 252
排気室···································· 199, 203, 248, 251
排気真空··· 248
排気損失··· 45, 68, 142
排気タービン（exhaust turbine）······························· 13
排気流数··· 49
破壊的評価（DE：destructive evaluation）·········· 149
破面遷移温度··· 149
パッキン··· 224
パッキン隙間·· 224

パッキンリーク·· 66
バックアップガバナ·· 201
発電機効率··· 25
発電端熱効率·· 25
発電用原子炉施設に関する耐震設計審査指針······· 166
発電用蒸気タービン·· 231
ばね係数·· 236
ばね式パッキン··· 224
バネ支持方式·· 68
波搖動周波数··· 238
バランシング作業·· 182
バランス型蒸気加減弁·· 223
バルブマネージメント（valve management）········· 163
バルブマネージメント··· 161
半径方向平衡式·· 42
反動型··· 224
反動タービン······················· 4, 39, 72, 224, 247
反動段··· 9, 71
反動段静翼·· 72
反動段動翼·· 76
反動度······································ 9, 39, 71, 224
反動翼·· 233
ハンドターニング装置··· 81
反復流入タービン·· 11

〔ひ〕

ヒートソーク································· 204, 206, 208
ヒートバランス·· 233
非凝縮性ガス··· 222
非共振回避長翼·· 239
非常調速機··································· 104, 200, 215
非常調速機構·· 189
非常停止装置································ 104, 189, 215
非定常現象·· 135
非常用油ポンプ·· 109
微小水滴··· 43
ピッチ·· 53
非定常流体力··· 238
非定常流体解析·· 243
非同期振動·· 235
非破壊検査·· 182, 214
非破壊検査装置
（non-destructive evaluation equipment）········· 149
比熱比·· 36
比容積·· 222
疲労·· 214
疲労試験··· 242
疲労損傷（fatigue damage）································· 148

〔ふ〕

不安定化力··· 238
不安定振動······································· 80, 238
ブースターポンプ·· 85
フード損失··· 46
フォーク脚··· 78

フェライト系	125
負荷制御	199, 209, 211
負荷変動	223
複合軸受	84
複合弁ケーシング	87
復水	225
復水タービン（condensing turbine）	26
復水型タービン	198
復水器	68, 197, 198, 213, 215, 222, 223, 252, 253
復水器一体方式	68
復水器真空度	199
復水タービン（condensing turbine）	11, 218, 222
復水ポンプ	224
復水流量	174
復水流量計基準方式	170
輻流形	6
複流形ノズルボックス	66
輻流タービン（または半径流タービン radial flow turbine）	10
腐食性物質	240
腐食疲労	243
不足膨張	42
不つりあい振動	151
浮動ブッシュ軸受	83
部分送入損失	49
部分挿入ノズル	224
部分負荷	65, 224, 251
部分噴射	65, 199, 207
プライマリー機	64
ブラシシール	70, 139
フラッタ振動（flutter vibration）	157
プラント性能劣化診断のLOGIC TREE	154, 155
フリースタンディング翼	77
ブレード	71
ブレードリング	72
プレストレス	76
プレロード	237
不足膨張	42
プロセス	227, 228
プロセス制御	103, 252, 253
プロセス分解炉	225
プロファイル	72
プロファイル損失	45, 131
プロファイル損失係数	44
噴口面積	179
分流	62

〔へ〕

平均応力	242
ペデスタル	237
ベローズ接続方式	68
ヘロン（Heron）	4
弁	62
変圧運転方式	66

〔ほ〕

保安装置	62, 106, 200
ボイラー	200, 202, 203, 212
ボイラー過熱器	203
ボイラ効率	24
放射線透過試験	185
膨張	223
膨張線	37
膨張線図	245
防爆電気機器	220
飽和域	240
補機ポンプ	223
補助油ポンプ	84, 109
ボス比（boss ratio：外径／内径）	40, 127
捕捉損失	48
ポリッシング回路	85
ホワイトメタル	82
ポンプ	222, 225, 226
ポンプ損失	49

〔ま〕

マージン段	54
マーチンの式	49
毎深夜起動停止運用	146
曲げ1次	236
曲げ危険速度	251
曲げ危険速度解析	220, 224
曲げ危険速度解析の検証試験	221
マルチスケール	135
マルチフィジクス	135

〔み〕

ミッチェル型	83

〔む〕

無負荷単独運転	251

〔も〕

モード円バランス実施方法	162
モジュール	239
モノブロック型	80

〔や〕

焼嵌型	81

〔ゆ〕

油圧式調節器	81
有効効率	45
裕度	175
油膜ダンパ軸受	83
油冷却器	84
ユングストローム兄弟（Birger & Fredrik Ljungstrom）	5

〔よ〕

溶接型	81
溶接ロータ	81
翼脚	74

翼形	52, 250
翼形設計	52
翼コード	53
翼根	74
翼のねじり	42
翼軸連成ねじり振動	
（blade-disc-shaft cou-pled torsional vibration）	157
翼断面形状	136
翼長	63
翼プロファイル	233
翼列	62, 224, 251
翼列数	226, 227, 228

〔ら〕

ライナー軸受	224
ラインフィルタ	85
ラジアル型	225
ラトー（A. Rateau）	5
ラトー段	72, 250
ラビリンス型シール	70
ラビリンスシール	126
ラビング	196, 207
ランキンサイクル（Rankine cycle）	20, 45

〔り〕

リーフシール	70, 140
流出角	41
流出速度損失（リービング損失）	43
流線曲率法	51
流体加振力	233, 234, 243
流入部	65
流量係数	40, 173
臨界圧力比	41
臨界流量	42

〔れ〕

冷機起動	251
冷却	126
冷却水	222
レーシングワイヤ	77
連成振動モードの例	158
連続運転	226, 251, 253
連続の式	36

〔ろ〕

漏洩損失	134, 139
ロータバランス技術	160
ロータを接合	126
ロードオンパッド	237
ロードビットインパッド	237

〔A〕

AE（acoustic emission）	183
Alternative Test	170
Amplification factor	220, 221
API規格	220, 235
API611	220
API612	251
ASME B16.34	227
ASME PTC 6 Report特性曲線	176
ASME PTCPM	153
ATC（automatic tool changer）	177
A-USC（Advanced Ultra-Supercritical）	15
Aクラス	166

〔B〕

BFP	240
BWR	16
Bクラス（廃棄物処理設備など）	166

〔C〕

CAD（computer aided design）	178
CAM（computer aided manufacturing）	178
CCS：clearance control system	180
CFD（Computational Fluid Dynamics）	45, 135
C-G-S軸系	65
Cr-Mo-V鋼	125, 176
C-S-G軸系	65
Cクラス（タービン、発電機など）	166

〔D〕

DCS（Distributed Control System）	95
DSS：Daily Start and Stop	131, 146

〔E〕

E/Hアクチュエータ	85
ELD：economical load dispatching	146
E.L.E.P.	46
Eulerの式	39
Expansion Factor	174

〔F〕

FATT：fracture appearance transition temperature	149, 199
FCC	227, 228
FCCプロセス	227
Floating LNG	238
FPSO	238
Full-Scale Test	170

〔G〕

Goodman線図	241

〔H〕

HIPタービン廻りの基礎形状と埋め込み金物	166
HMI（Human Machine Interface）	95
HVOF	164

〔I〕

ISB（Integral Shroud Blade）	234, 250
ISO10436	220
ISO10437	220

〔J〕

JPI 7S-15	227

〔L〕

leaned	138
LEG軸受	84
Loading	240

〔M〕

magnetic particle test：MT	184
Measurement Uncertainty	175
MEB（Moisture Extracing Bucket）	142

〔N〕

NC（numerical control）	176
NCプログラム	178
NDE：non-destructive evaluation	146
NDI	182
Negative Hood	46
NEMA SM23	220
Ni超合金	68
NiCr合金	78
Ni-Cr-Mo-V鋼	126, 176
NPF：ノズルパッシング	234
N間隙	181

〔P〕

PCD	38
PDM（product data management）	178
penetrant test：PT	183
Plasma Transfer Arc welding	247
PLC（Programmable Logic Controller）	94
Positive Hood	46
PPL（pallet pool line）	177
PTA	240
PWR	16

〔Q〕

Qファクタ設計法	159

〔R〕

radiographic test：RT	185

〔S〕

Separation Margin	220, 221
stagnation	37
Stimulus	234
swept	138
Sクラス（原子力圧力容器など）	166

〔T〕

T.E.P.	46
Terryタービン	11
Throat Tapノズル	173
TIP（Tangential In Phase）	239
Tolerance	175
TSC	204
T&T弁	252, 253

〔U〕

U.E.E.P.	46

〔W〕

Wall Tapノズル	173
WSS：week-end start up and shutdown	146

〔X〕

X線	186
X線回折法	148, 149
X線CT法（computerized tomography）	183

1%Cr鋼	81
2.25%Cr鋼	81
2 out of 3 Voting	104
3.5%Ni鍛鋼	80
12%Cr鋼	78, 80
12Cr	176
12Cr鋼	125
12% CrMoV鋼	74
13%Cr鋼	74
17-4PH鋼	78

ultrasonic test：UT ……184

蒸気タービン〔新改訂版〕　　　　　　　　定価：本体3,500円＋税
©ターボ機械協会2013

平成 2年 4月 1日	初版　　　第1刷発行
平成25年10月 1日	新改訂版　第1刷発行
平成29年 2月 1日	新改訂版　第2刷発行

著者承認
検印省略

編　者　　一般社団法人 ターボ機械協会
　　　　　〒113-8610　東京都文京区本駒込6-3-26

発行者　　小林　大作

発行所　　日本工業出版株式会社
　　　　　〒113-8610　東京都文京区本駒込6-3-26
　　　　　TEL (03)3944-1181(代)　FAX (03)3944-6826

■乱丁落丁はお取り替えいたします。

ISBN978-4-8190-2512-6　C3053　¥3500E

蒸気タービン関連広告

- RMFジャパン
- IHI
- 荏原エリオット
- 神威産業
- 川崎重工業
- 木村洋行
- JFEエンジニアリング
- 新川電機
- シンコー
- 新日本造機
- ソフトウェアクレイドル
- 大生工業
- 中部プラントサービス
- 東芝
- 日本ピラー工業
- NUMECAジャパン
- フォイトターボ
- 富士電機
- 丸和電機
- 三菱重工コンプレッサ
- 三菱日立パワーシステムズ

TOSHIBA
Leading Innovation >>>

先進のエコテクノロジーで、
未来へつなぐエネルギーを。

拡大し続けるエネルギー需要にも応えたい。環境ニーズにも応えたい。

東芝は確かな技術力でその両立を実現します。CO_2排出量を低減した高効率な火力や、

風力・水力といった再生可能エネルギーなどの新たな発電技術を開発。

ベストミックスによる電力の安定供給に貢献します。

同時に、製造するすべての製品において環境性能 No.1 を追求していきます。

確実に成長を続けながら持続可能な社会を実現するために、

東芝はエコ・リーディングカンパニーとして先進技術を生み出し続けます。

株式会社 東芝　エネルギーシステムソリューション社
〒212-8585　神奈川県川崎市幸区堀川町 72-34
http://www3.toshiba.co.jp/power/index_j3.htm

東芝グループは、持続可能な
地球の未来に貢献します。　ecoスタイル

Fe 富士電機
Innovating Energy Technology

豊かなプラントノウハウを電気の
安定供給に活かしています。

| 空気冷却発電機 | 自家用発電設備 | 非再熱タービン | 再熱タービン | 地熱発電設備 |

1959年（昭和34年）に最初の蒸気タービンを製造して以来，総出力37,000MW／560台を超える蒸気タービン設備を製作し，世界各国に納入しています。事業用分野では，1973年（昭和48年）に我が国初の超臨界・純変圧プラントを送り出し，これまでにない高効率運転を実現。日本の火力発電所の主流になっています。また中容量機では，世界最大級の162MWシングルシリンダー蒸気タービンを製作・納入しました。地熱発電分野では，1960年（昭和35年）に国内初の商用設備を納入，139MWの世界最大級など2,800MWを超える製作実績があり，世界のトップメーカーの1つに数えられています。

富士電機の火力発電設備

富士電機株式会社　〒141-0032　東京都品川区大崎1-11-2（ゲートシティ大崎イーストタワー）

エネルギーの新次元へ。

MHI
MITSUBISHI HITACHI POWER SYSTEMS

三菱重工業と日立製作所の火力発電システム事業が統合することにより、両社がこれまでに培ってきた世界最高レベルの技術と経験を持ち寄ることで、日本で、そして世界で、エネルギー分野においてあらゆる期待にお応え致します。

新次元の「Power System」は三菱日立パワーシステムズがリードしてまいります。

三菱日立パワーシステムズ
MITSUBISHI HITACHI POWER SYSTEMS

https://www.mhps.com/

ものづくりを信じる仲間がここにいる

石油・ガスプラントの「心臓部」と呼ばれ回り続ける使命の機械。
高性能の製品を作り続けるために、私たちは100年以上にわたってその技術を磨いてきました。
三菱重工コンプレッサは、機械駆動用蒸気タービンとコンプレッサのリーディングカンパニーとして、世界を前に進めていきます。

MOVE THE WORLD FORWARD

MITSUBISHI
HEAVY
INDUSTRIES
GROUP

三菱重工コンプレッサ株式会社

本社：広島市西区観音新町四丁目6番22号
営業統括センター：東京都港区芝五丁目34-6
http://www.mhicompressor.com

©2017 MITSUBISHI HEAVY INDUSTRIES COMPRESSOR CORPORATION All Rights Reserved.

CONDITION MONITORING SYSTEM
CMS

SHINKAWA

振動は回転機械の「声」です。

振動にこそ、回転機械の故障の予兆はいち早く現れます。新川電機が提案する新たなCMS（回転機械の状態監視システム）は、振動を解析、診断し、トラブルを未然に防ぐものです。国内外50カ所以上もの販売サービス拠点を駆使し、こだわりの安心をお届けします。

infi∞SYS
24時間回転機械を見守る、振動解析診断システム

- 小型から大型まで、あらゆる回転機械に対応
- 高度なデータ解析と多様なグラフ
- 高速かつ多様なシステム構成
- 使いやすい操作性と表現力豊かな描画機能

Kenjin
小型・軽量で機動性に優れた、ポータブル振動解析システム

- すばやくセットアップ、その場でデータ解析
- 高度なデータ解析と多様なグラフ
- 高速データ収集
- 使いやすい操作性と表現力豊かな描画機能

詳しい情報はこちらへ　www.shinkawaelectric.com

導入後の安心こそが、日本で磨きあげた、私たちの強みです。

新川電機株式会社
〒102-0083 東京都千代田区麹町4丁目3-3 新麹町ビル3F

株式会社 **ソフトウェアクレイドル**

Cradle
MSC Software Company

見えない現象が見えると
新たなアイデアが見えてくる。

数値流体シミュレーションでものづくりの未来を支えます。

ソフトウェアクレイドルは1984年の創業以来、数値流体シミュレーションソフトウェアの開発に取り組んでいる日本企業です。長年の実績と、日本人マインドをもったサポート体制は常にお客様から高い支持を受けています。私たちはこれからも数値流体シミュレーションでモノづくりの現場にさらなるメリットをもたらすべくソフトウェアの開発にチャレンジし続けます。

ソフトウェア製品の開発・販売
1984年の創業以来、国内で一貫して科学技術計算ソフトウェアの開発、販売に取り組んでいます。

熟練スタッフによる受託解析サービス
単発の計算業務が多く、利用頻度が少ないお客様、解析作業は必要だが、その作業に人員を割り当てられないお客様のために、クレイドルの専任スタッフがお客様に代わり計算作業を行います。

カスタマイズ開発サービス
ソフトウェア標準機能をこえた計算機能の導入、自動化システムなどの省力化ツールの構築など、お客様のニーズに合わせて製品をカスタマイズし、納入するサービスを行っています。国内・自社開発ならではの柔軟な対応が好評です。

技術サポートサービス
ソフトウェアご利用時の技術的な疑問に、ユーザー専用ページ(Q&A)、電子メールにて専任の国内スタッフが敏速に対応します。

教育・トレーニングサービス

STREAM　熱設計PAC　SCRYU/Tetra　scFLOW

無料体験セミナー実施中 ▶▶ http://www.cradle.co.jp/seminar/

株式会社 **ソフトウェアクレイドル**
本　　社　大阪市北区梅田3-4-5 毎日インテシオ　TEL.06-6343-5641　FAX.06-6343-5580
東京支社　東京都品川区大崎1-11-1 ゲートシティ大崎　TEL.03-5435-5641　FAX.03-5435-5645

www.cradle.co.jp
ソフトウェアクレイドル　検索

Kingsbury, Inc.® キングスベリー LEGベアリング
Leading Edge Groove Bearing

LEG ベアリング（Leading Edge Groove）は、回転機の高効率化をコンセプトに開発された、キングスベリー独自の設計仕様です。

従来のオイルバス式（油槽式）と異なり、シュー表面に潤滑油を直接供給するため、シューの冷却効果や給油量の削減等により、給油システムを含むトータルコストの低減が図れます。

回転機の高効率化は、
クリーンエネルギー化の一翼を担います。

LEGジャーナルベアリング

LEGスラストベアリング

用途：
- ガスタービン
- 蒸気タービン
- コンプレッサー
- ポンプ
- 高速ギア 他

特長：
- 潤滑油量を約60％低減
- ベアリング動力損失を約45％低減
- シュー表面温度が従来より8〜28℃低下

キングスベリー・オイルバス式（油槽式）スラストベアリング
Flooded Lubrication Equalizing Thrust Bearing

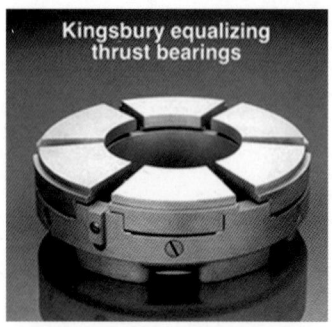

キングスベリーのイコーライジング（自動調芯）スラストベアリングは、LEGスラストベアリングと同様、軸のミスアライメントを許容できます。このために軸受内の各シューが均等に荷重を受けられるため、軸受本来の負荷性能を最大限に発揮できます。

標準型Jタイプの軸受は、弊社サービスセンターにて在庫しており、短納期にも対応できます。

オイルバス式（油槽式）スラストベアリング

日本総代理店

株式会社 木村洋行 第2事業部

〒100-0005 東京都千代田区丸の内3-3-1（新東京ビル） TEL.(03)3213-0255 FAX.(03)3213-0470
E-mail: s2@kimuracorporation.co.jp URL: http://www.bearing-pro.jp

■ **Customer Demand:**
Large, efficient, critical-service steam turbines and centrifugal compressors.

■ **Challenge:**
Select a global partner with a long heritage and proven technology in olefins applications.

■ **Result:**
An Elliott-installed base that is second to none.

They turned to Elliott
for Leadership in Olefins Processing.

1930年代の世界最初の商業用プラントから現在の超大型プラントに至るまで、数多くのオレフィンプラントから、その高効率、高い信頼性、そして比類ない専門技術によりエリオットのコンプレッサー・蒸気タービンは選ばれてきました。
信頼されてきた豊富な実績とすぐれた技術は、コンプレッサー・蒸気タービンの製造から連結試験までを行うことができる日本と米国の両拠点工場と、全世界に展開されているサービス拠点により支えられています。

COMPRESSORS ■ TURBINES ■ GLOBAL SERVICE

ELLIOTT GROUP
EBARA CORPORATION

The world turns to Elliott.
www.elliott-turbo.com

エリオットグループ

千葉県袖ヶ浦市中袖20-1
電話 (0438) 60-6111
http://www.elliott-turbo.com/jp/

蒸気タービンの エキスパート。

私たち新日本造機は
高効率タービンの専門メーカーとして、
五十年以上にわたり
バイオマスやコジェネレーションなど、
多くの分野でご愛顧いただいています。

最大出力 70MW

Generating Power for Human Life, SNM

新日本造機株式会社

http://www.snm.co.jp/j/

本社／〒141-6025 東京都品川区大崎2-1-1 ThinkPark Tower
TEL.03(6737)2636

西日本営業所
TEL.0823(71)1177

呉製作所
TEL.0823(71)1111

超高速、超高精度、全自動。

次世代のターボ機械専用流体解析システム

ターボ機械向け構造格子流体解析ソフトウェア
FINE™/Turbo

- ターボ機械向けテンプレートとウィザードで、完全6面体のマルチブロック構造格子を自動作成
- 非圧縮から超音速まで、すべての流れに対応
- ターボ機械に特化したモデル、境界条件を搭載
- 多段ターボ機械に対応した最新の高速非定常計算手法 Non-Linear Harmonic 法を搭載
- 収束高速化技術 CPU Booster が利用可能

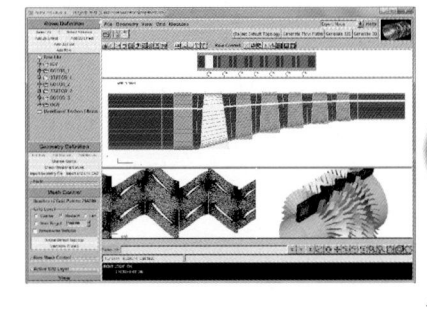

FINE™ Flow INtegrated Environments

ターボ機械向け3次元設計・最適化ツール
FINE™/Design3D

パラメトリックな翼形状モデリングツール AutoBlade™、遺伝的アルゴリズム、人工知能、効率的な最適化アルゴリズムといった多彩な機能を統合

音響解析ソフトウェア
FINE™/Acoustics

- 音響および振動音響解析のための、最先端の有限要素法および境界要素法ソルバーを搭載
- 音響アナロジーによる FW-H ソルバー、定常解析からの音源構築ソルバー FlowNoise 搭載

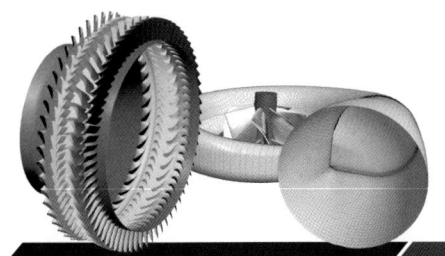

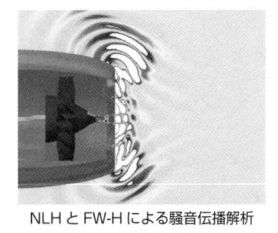

NLH と FW-H による騒音伝播解析

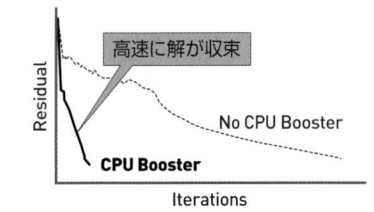

高速に解が収束
Residual / No CPU Booster / CPU Booster / Iterations

| さまざまなターボ機械に対応 | さまざまな物理モデルを搭載 | CPU Boosterで最大10倍高速 |

非構造格子対応の汎用流体解析ソフトウェア
FINE™/Open with OpenLabs

熱流体、燃焼、混相流、騒音など、さまざまな物理モデルを搭載
ユーザーカスタマイズ機能 OpenLabs を搭載

自動メッシュ生成ツール総合パッケージ
AutoMesh™

- ターボ機械向けテンプレートとウィザードで、完全6面体のマルチブロック構造格子を自動作成
- 大規模複雑形状のダーティーな CAD データから、完全六面体、あるいは六面体ベースのハイブリッド格子(六面体、四面体、プリズム等)の高品質メッシュを自動生成

詳細は弊社 Web サイトまで
業務拡大のためエンジニア募集中！

NUMECA（ニューメカ）ジャパン株式会社　http://www.numeca-jp.com
〒105-0003 東京都港区西新橋1丁目17番15号北村ビル
Tel: 03-6205-4416　Email: info-jp@numeca.com

FINE/Turbo、FINE/Open with OpenLabs、FINE/Design3D、FINE/Acoustics、AutoMesh は、ベルギー NUMECA International のベルギーおよびその他の国における商標または登録商標です。その他すべての会社名、製品名およびサービス名等は、それぞれ各社の商標または登録商標です。

タービン油の品質を保ち、機器の信頼性向上に貢献します

OIL FILTER 浄油機

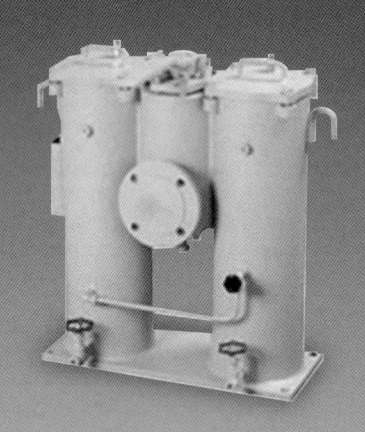

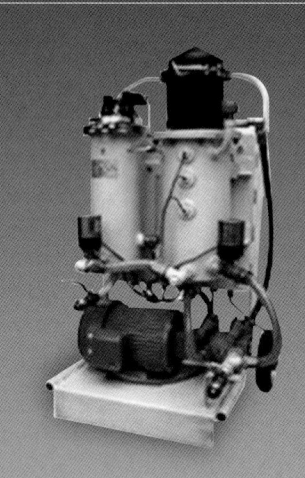

OIL COOLER 熱交換器

特殊品対応いたします。まずはご相談ください。
E-mail：info@taiseikogyo.co.jp
ＴＥＬ：03-6912-9922

50年以上の信頼と実績のオイルフィルタ、クーラ専門メーカー

大生工業株式会社 〒170-8428 東京都豊島区南大塚3-53-11 今井三菱ビル6F
TEL.03-6912-9922（代表） FAX.03-6912-5921

http://www.taiseikogyo.co.jp/

特殊高速回転試験 & 燃焼試験
丸和電機におまかせください

MEI 丸和電機株式会社
Maruwa Electronic Inc.

弊社の **高速回転＆燃焼技術** でお客様の研究開発をサポートをいたします

◆各種回転試験
- 過回転試験
- 回転破壊試験
- エロージョン試験
- 回転中のひずみ計測
- 回転加熱試験

SPINTESTER

弊社の試験機(スピンテスタ)は様々な回転試験に対応いたします

回転エロージョン試験

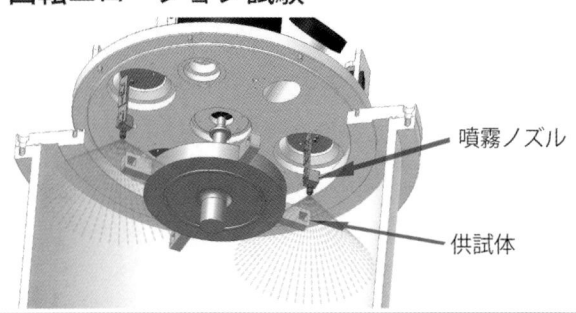

噴霧ノズル
供試体

回転翼振動試験(回転加振試験)

◆燃焼試験
- ガスエロージョン試験
- 性能試験
- 高温材料の耐久評価
- 熱疲労試験

高温燃焼試験機 (1500℃)

◆アプリケーション対応
ご要望にあわせて設計・製作いたします

- ギアレス高速発電機
  - タービン設計　発電機設計
- 5軸制御型磁気軸受
  - オイルフリー　メンテナンスフリー

ギアレスタービン発電機

丸和電機㈱　〒277-0814 千葉県柏市正連寺253　TEL:04(7132)0013 FAX:04(7132)5703
E-mail: sales@maruwa-denki.co.jp　URL:http://www.maruwa-denki.co.jp/

KAMUI CO., LTD.
TOKYO JAPAN

熱交換器のことは
カムイにお任せください。

■取扱品目

熱交換器の製造及び販売

- ・水冷式油冷却器
- ・空冷式油冷却器
- ・プレート式熱交換器
- ・排ガス用熱交換器
- ・純水用熱交換器
- ・一般化学用熱交換器

- ・蒸気加熱器・復水器
- ・流動層熱交換器
- ・流体磁気処理装置
- ・自動液晶調整機

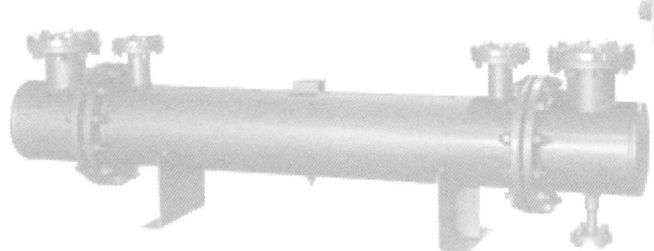

東京本社および大阪・名古屋営業所は、下記住所へ移転致しました

神威産業株式会社

本社 〒104-0045 東京都中央区築地 2-11-24（第 29 興和ビル別館） TEL.03(3549)0331 FAX.03(3545)8500
http://www.kamui.co.jp　E-mail : info@kamui.co.jp

大阪営業所　〒550-0011 大阪市西区阿波座 2-2-18（大阪西本町ビル）　TEL.06(6543)0701 FAX.06(6543)0277
名古屋営業所　〒468-0014 名古屋市天白区中平 1-227　TEL.052(217)9131 FAX.052(217)9133

RMFジャパン

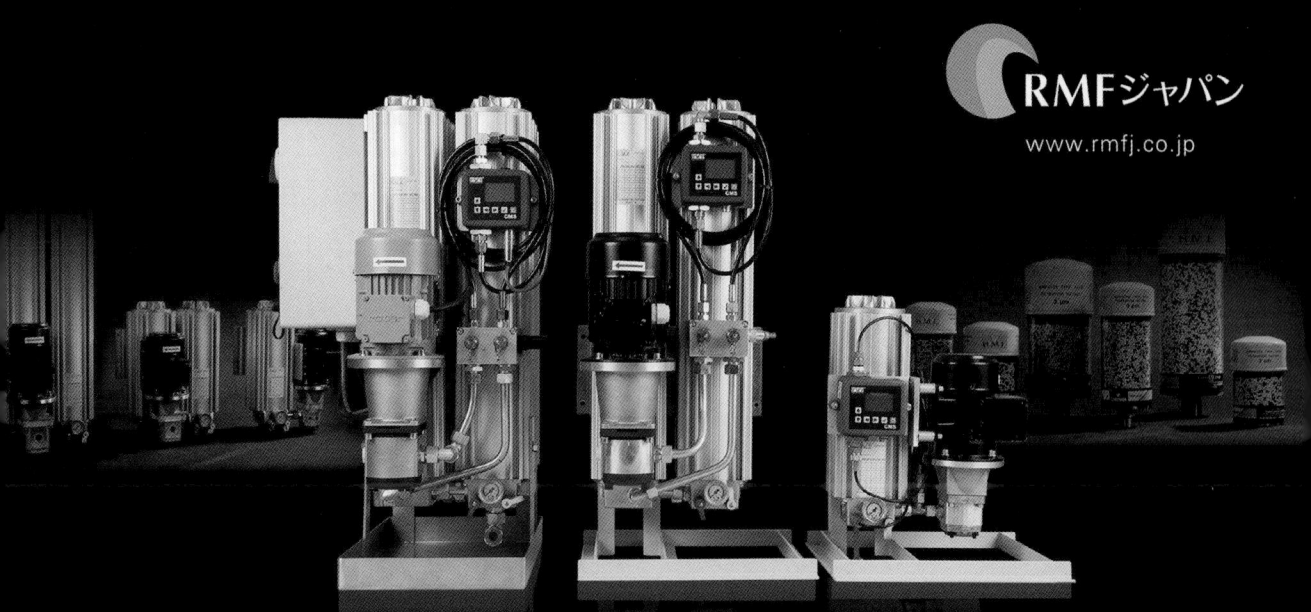

www.rmfj.co.jp

RMF Concept

$\beta_2 \geq 2300$ を誇る、圧倒的濾過精度フィルタと、最先端のオイル状態監視技術の融合によるオイル清浄度管理の実現!

RMF Clean Technology

アプリケーション

世界27ヶ国での実績、RMFの多彩なアプリケーション。
機械への常時設置から、特殊機械への搭載、
フラッシングまで幅広い用途で活用されています。

Product Lineup

Off-line Oil Filter
オフライン・高精度フィルタ

0.5μmマイクロフィルタテクノロジー

「超精密フィルタ」がポンプと一体のユニット

オイルタンクへの後付けが容易!

- 機械とオイルの延命
- 高い清浄度を実現
- 水分エレメントも選択可能

High FlowFilter
ハイフローフィルタ

1μmグラスファイバーエレメント

「速さ」と「精度」の両立を実現

高効率濾過技術を、大流量型濾過装置に搭載!

- 大流量 80L/min・500L/min
- 大容量コンタミ捕捉性能
- 選べるエレメント 1～12μm(β値 >200)

Air Conditioners / KL Series
ドライヤー付エアーブリーザ

3μmプリーツ式エアフィルタ

外部からの「コンタミ・水分」をシャットアウト

安全で環境にも優しい! 耐久性アップ!

- ラインフィルタの延命に貢献
- コンタミ管理の第一歩
- タンクに設置するだけ

Oil Quality Sensor
OQS・オイルクオリティセンサ

オイル状態(劣化)監視の最先端

オイルの電気化学的特性から高精度に劣化を検知する

- 誘電率と導電率の2次元的原理による高精度センシング
- 対象オイル種の設定が可能（鉱物油・合成油他）
- コンパクト、高耐久性

お問い合わせ・詳しくはホームページをご覧ください。　RMFジャパン 検索　www.rmfj.co.jp

世界のエネルギー輸送を支える
原油タンカー用
カーゴオイルポンプ＆タービン
（世界シェア約80％）

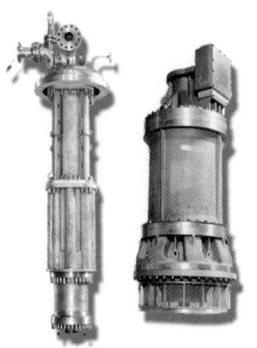

LNG実液テストを
可能にする国内初の
LNGポンプ試験装置

クリーンエネルギーの
安定供給に貢献する
LNG・LPG・DMEポンプ

史上最大 3万kW 発電機タービン
（タイ向）

株式会社シンコー
広島・東京・神戸・アムステルダム
バンコク・シンガポール・上海

ホームページ　世界のシンコー　検索

中部電力グループ

キラリの技、ホットな心
中部プラントサービス

「お客さまからベストパートナーとして認められる
　プラントサービスを提供する会社」を目指します

営業種目
- 発電設備の建設・保守・運転事業
- ガス供給設備および熱供給設備の建設・保守事業
- 石油・化学プラント設備の建設・保守・点検事業
- 環境・廃棄物処理設備などの各種プラントの建設・保守事業
- 電気計装設備の建設・保守事業
- 設計、調査・検査およびコンサルティング事業
- 各種装置、器具等の製作・販売修理および販売代理業
- 労働者派遣事業
- 発電事業およびエネルギー供給に関する事業
- 古物商（機械工具）
- バイオマス燃料の調達・販売事業

株式会社　中部プラントサービス
〒456-8516 名古屋市熱田区五本松町11番22号
TEL.052-679-1200　FAX.052-679-1245
http://www.chubuplant.co.jp/

ガスタービン定期点検

スチームタービン定期点検

Kawasaki
川崎式産業用蒸気タービン

長い伝統と最新の技術で150MW級までの幅広いニーズにお応えします。

高効率
高信頼性
容易な保守
幅広い適用範囲

川崎重工
ガスタービン・機械カンパニー
エネルギーソリューション本部　国内営業部・海外営業部
〒105-8315 東京都港区海岸一丁目14番5号
TEL：(03) 3435-2267　FAX：(03) 3435-2022

TURCON タービンコントロールシステム　VOITH

SMR
サーボアクチュエーター
― 特長 ―
- 高/低油圧に対応
- ポジションコントロール内蔵
- ダイナミックで高速/正確なコントロール
- ヒステリシス無

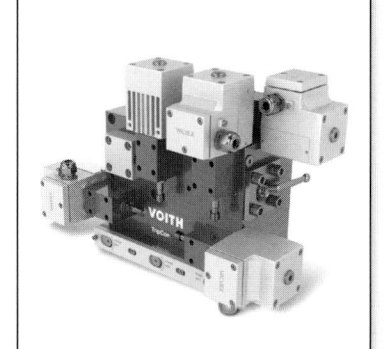

TSM
トリップシャットオフモジュール
― 特長 ―
- 2 out of 3
- 運転中に故障品の交換可能
- 最小の費用で既存のトリップシステムを最新化
- パーシャルストロークテスト可

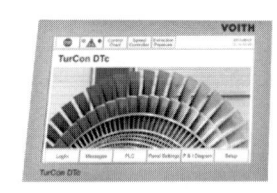

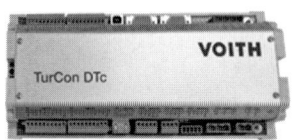

TurCon DTc
コンパクトタービンコントローラー
― 特長 ―
- 7インチタッチスクリーン
- 速度、圧力制御等
- 2 out of 3 速度センサ対応

フォイトターボ株式会社　〒210-0005 神奈川県川崎市川崎区東田町 11-27 住友生命川崎ビル 9F
Tel：044-246-0555（代）　Fax：044-246-0660

JFE Steam Turbines

自社設計・製作の
「蒸気タービン」

発電所や各種プラントを一括請負できる
「総合エンジニアリング機能」

総合力であらゆるニーズに
お応え致します。

JFEエンジニアリング株式会社

原動機事業部　営業部
横浜本社 230-8611 神奈川県横浜市鶴見区末広町二丁目1番地
TEL 045-505-7858　FAX 045-505-7713
http://www.jfe-eng.co.jp

トータルシール技術で世界をリードし、新時代の要求に応える

**確かなシール技術と豊富な製品ラインナップで
プラントの安全運転に貢献するピラーガスケットシリーズ**

膨張黒鉛系うず巻形ガスケット
No.2600

高気密用うず巻形ガスケット
No.2600LT&LTL

高温用うず巻形ガスケット
No.2700

PILLAR 日本ピラー工業株式会社

本社・営業本部　〒532-0022 大阪市淀川区野中南2丁目11番48号
TEL:06(6305)1941／FAX:06(6305)0606
URL http://www.pillar.co.jp/
E-mail : sales@pillar.co.jp

IHIギヤード圧縮機
Integrally Geared Centrifugal Compressor

IHI

IHI ギヤード圧縮機は、日本の多くの製鉄所の酸素プラントに納入されており、また、海外にも多数納入されております。酸素圧縮機に関しまして、ご使用されている小型圧縮機を大型の酸素圧縮機に集約していただくことで素晴らしい省エネ効果をお約束します。

高圧酸素圧縮機（6 段圧縮）

株式会社 IHI　回転機械セクター　営業部

〒135-0062　東京都江東区東雲1-7-12　KDXビル2F　　電話 03-6219-5071　FAX 03-6219-5075
ホームページアドレス　http://www.ihi.co.jp/compressor/

ターボ機械

本体価格￥1,980（税別）／年間購読料￥21,000（12冊）

本誌は、ポンプ、送風機、圧縮機、タービンなど、ターボ機械に関する技術向上と振興を目的としてターボ機械協会の会誌としても採用されている、流体機械・流体工学の専門誌です。従来この種の専門誌では研究面と実際面での乖離が指摘されますが、本誌はその両者の橋渡し役として、内外の研究成果、技術情報の迅速な提供と実際面の適用重視の視点で編集されているため、ユーザ、学界、産業界から高く評価されております。

購読のお申し込みは　フリーコール **0120-974-250**
http://www.nikko-pb.co.jp/

日本工業出版(株) 販売課

〒113-8610　東京都文京区本駒込6-3-26　TEL. 03-3944-8001　FAX. 03-3944-6826
E-mail：sale@nikko-pb.co.jp

Always viewing the new technology

明日の技術に貢献する日工の月刊技術誌

専門誌	誌名
プラントエンジニアのための専門誌	配管技術
液体応用工学の専門誌	油空圧技術
建築設備の設計・施工専門誌	建築設備と配管工事
ポンプ・送風機・圧縮機・タービン回転機械等の専門誌	ターボ機械
建設機械と機械施工の専門誌	建設機械
試験・検査・評価・診断・寿命予測の専門誌	検査技術
やさしい計測システム専門誌	計測技術
メーカー・卸・小売を結ぶ流通情報総合誌(隔月刊)	流通ネットワーキング
環境と産業経済の共生を追求する	クリーンエネルギー
クリーン環境と清浄化技術の専門誌	クリーンテクノロジー
無害化技術を推進する専門誌(隔月刊)	環境浄化技術
画像技術の専門誌	画像ラボ Image Laboratory
ユビキタス時代のAUTO-IDマガジン	月刊自動認識 バーコードシンボル RFID バイオメトリクス
光技術の融合と活用のための情報ガイドブック	光アライアンス
超音波の総合技術誌(隔月刊)	超音波TECHNO Ultrasonic Technology
アメニティライフを実現する Amenity & Ecology	住まいとでんき
つくる・えらぶ・つかうひとのための	福祉介護テクノプラス
日本プラスチック工業連盟誌	プラスチックス Japan Plastics
生産加工技術を支える	機械と工具

日本工業出版

●本社 〒113-8610 東京都文京区本駒込6-3-26 tel.03-3944-1181 fax.03-3944-6826
●大阪営業所 tel.06-6202-8218

http://www.nikko-pb.co.jp/ e-mail：info@nikko-pb.co.jp/